2025

최신개정판

하이클래스

생물학개론

심화편

기본편

Part Ⅰ. 분자와 세포

Part Ⅱ. 유전학

Part Ⅴ. 동물생리학

Part Ⅶ. 생태학

Part Ⅰ. 분자와 세포

Part Ⅱ. 유전학

Part Ⅲ. 진화생물학

Part Ⅳ. 분류학

Part Ⅵ. 식물생리학

부록_기출문제

PART I

분자와 세포

하이클래스 생물

01 세포의 구조와 기능

1 원핵세포(prokaryotic cell)

(1) **세포벽(cell wall)**: 펩티도글리칸(peptidoglycan)

(2) **세포막(cell membrane)**

메소솜(mesosome): 원핵세포의 세포막이 안쪽으로 접혀 들어간 자루 모양의 구조물로 세포 호흡 기능과 밀접한 관계가 있으며 DNA복제 개시점과 연결하여 DNA분배에 관여하는 것으로 알려져 있다.

(3) **핵양체(nucleoid)**: 핵산이 있는 지역으로 DNA가 촘촘하게 존재하지만 막으로 둘러싸여 있지는 않고 주변의 세포질보다 더 밝게 보인다.

(4) **리보솜(ribosome)**: 단백질 합성장소

(5) **편모(flagella)**: 세포의 운동에 관여하는 기관(단수: flagellum)

(6) **선모(pili)**: 원핵세포의 표면에 존재하는 접촉 구조(단수: pilus)

❖ 원핵세포의 편모, 선모는 9+2 구조로 되어 있지 않고 편모(flagella)는 플라젤린(flagellin)이라는 단백질로 구성되어 있으며 선모(pili)는 필린(pilin)이라는 단백질로 구성되어 있다.

❖ 진핵세포의 편모(flagella), 섬모(cilia, 단수: cilium)는 9+2 구조로 되어 있으며 튜불린(tubulin)이라는 단백질로 구성되어 있다.

2 진핵세포(eukaryotic cell)

(1) 핵(nucleus)

① **핵막**(nuclear envelop): 2중막으로 되어 있고 핵막에는 지름이 약 100nm 정도 되는 핵공(nuclear pore)이 뚫려 있다. 핵공을 제외한 안쪽 핵막 부분은 핵막하층으로 되어 있는데 이것은 핵막을 기계적으로 지지하여 핵의 모양을 유지하게 한다.

② **염색사**(chromonema): DNA와 단백질의 복합체인 염색질(chromatin: 염색사를 구성하는 물질)로 구성되어 있다. 세포 분열할 때 염색사가 응축하여 염색체(chromosome)로 된다.

③ **핵질**(karyoplasm): 핵 안에 존재하는 반유동성 물질로 mRNA와 tRNA가 합성된다.

④ **인**(핵소체, nucleolus): 리보솜 RNA(rRNA)를 합성할 수 있는 DNA가 있어서 rRNA를 합성하고 세포질로부터 유입된 단백질이 rRNA와 결합하여 리보솜 큰 소단위체와 리보솜 작은 소단위체가 합성된다. 이들 두 단위체들은 핵공을 통해 세포질로 빠져 나간 후 큰 소단위체와 작은 소단위체가 결합하여 완전한 리보솜으로 조립된다.

❖ 염색질
DNA분자들과 함께 있는 단백질의 집합체로 염색약에 의해 염색이 잘 되는 물질

❖ 염색체
단백질과 결합하고 있는 하나의 완전한 DNA분자

(2) 리보솜(ribosome): 세포의 단백질 합성장소

① **자유 리보솜**(유리 리보솜, free ribosome): 반 유동성의 세포기질(사이토졸, cytosol:세포질의 세포소기관 사이를 채우고 있는 액체부분)에 떠돌아다니는 리보솜에서 만들어진 단백질은 세포질 내에서 기능하거나(해당 과정의 효소, 세포골격 등), 핵공을 통해서 들어가기도 하고 미토콘드리아나 엽록체의 막 단백질 등을 만든다.

② **부착 리보솜**(membrane–bound ribosome): 소포체나 핵막의 바깥쪽에 붙어 있는 리보솜으로 여기에서 합성하는 단백질의 운명은 일반적으로 막에 삽입되거나 리소좀과 같은 소기관 내에 포함(세포 내 소화효소)되거나 세포 밖으로 분비되는 단백질(호르몬, 효소)을 만든다.

❖ 자유리보솜에서 만들어져서 미토콘드리아, 엽록체로 이동하는 단백질들은 막에 존재하는 단백질 전좌체(protein translocator)를 이용하여 수송된다.

(3) 소포체

소포체(endoplasmic reticulum, ER)는 많은 진핵세포에 있는 전체 막의 절반 이상을 차지하는데 시스터나(cisternae)라고 불리는 소낭이 연결된 광범위한 막의 네트워크이다.

① **매끈면 소포체(활면 소포체, smooth ER)의 기능**

㉠ 매끈면 소포체는 막에 효소가 있어서 세포막의 구성 성분이 되는 인지질의 합성과 척추동물의 성호르몬과 부신 겉질에서 분비되는 다양한 스테로이드 호르몬을 생산한다.

㉡ 소장의 융털 상피에서 지방을 재합성한다.

㉢ 간세포에서 약과 독소를 해독한다(약물 분자에 수산기를 붙여서 더 잘 용해되고 체내에서 제거되기 쉽게 만들어준다).

㉣ 매끈면 소포체는 칼슘 이온을 저장한다.

㉤ 포도당-6-인산 가수분해효소가 있어 탄수화물 대사에 관여하고 글리코젠을 분해한다.

② **거친면 소포체(조면 소포체, rough ER)의 기능**

㉠ 다양한 종류의 세포들은 거친면 소포체에 부착된 리보솜에 의해 생산된 단백질을 분비하는 통로이다. 분비 단백질은 거친면 소포체의 특정 지역인 전환기 소포체로부터 기포처럼 튀어나온 소낭막에 싸여져 소포체를 떠나 수송소낭으로 되어 골지체로 이동한다.

㉡ 단백질을 형성하는 폴리펩타이드가 거친면 소포체의 내부에 들어가면 각각의 선형 폴리펩타이드는 최종 형태로 접혀지는 물리적 변형이 일어나고 이후에는 또 다른 변형이 행해진다.

㉢ 당단백질을 만들기 위해서 탄수화물 그룹이 첨가되는 것과 같은 단백질의 화학적 변형이 내강에서 일어난다.

㉣ 거친면 소포체 막에 끼어있는 효소가 자신의 막을 구성하는 인지질을 합성하여 확장된다. 즉, 거친면 소포체는 세포에 필요한 막을 만드는 곳이다.

(4) 골지체(golgi apparatus)

소포체에서 떨어져 나온 많은 수송 소낭은 골지체(golgi apparatus)로 이동한다. 골지체의 두 극은 시스(cis: 물질 수용)면과 트랜스(trans: 물질 수송)면으로 부르기도 한다. 시스면(형성면)은 소포체 근처에 위치해 있고, 소낭이 떨어져 나가는 곳이 트랜스면(성숙면)이다.

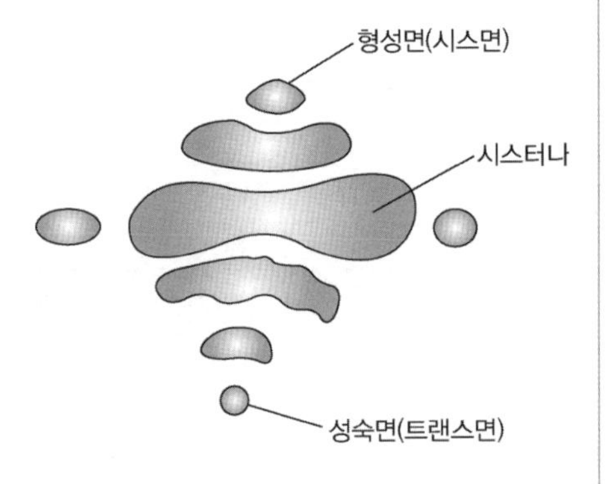

❖ 딕티오솜
무척추동물이나 식물의 세포질에 산재하는 딕티오솜은 골지체의 구성요소라 할 수 있다.

소포체로부터 떨어져 나온 수송 소낭은 골지막과 융합함으로써 소포체의 물질을 시스면 쪽의 골지체에 전달한다. 트랜스면에서는 소낭들이 성장한 후 떨어져 나가 다른 장소로 이동한다. 골지체의 각 시스터나는 소포체의 시스터나와는 달리 연결되어 있지 않으며, 시스에서 트랜스 지역까지 각 시스터나 별로 독특한 효소들을 가지고 있어서 물질을 단계적으로 합성하고 다듬는 가공과정이 일어난다.

① 시스면에서 트랜스면으로 이동하면서 추가적인 단백질의 화학적 변형(아미노산을 제거하거나 작용기를 붙이거나 지질이나 탄수화물을 첨가하거나 다양한 골지 효소들이 당단백질에 붙어있는 탄수화물을 변화)을 시킨다.

② 난낭의 일부를 없애고 다른 것들로 치환하여 다양한 탄수화물을 만들어 낸다.

예 셀룰로스는 세포막 안에 위치한 셀룰로스 합성효소에 의해 만들어지고, 골지체는 펙틴과 여러 가지 비셀룰로스성 다당류와 같은 고분자들을 만들어낸다.

③ 단백질의 이동을 조절(막으로 보내거나, 리소좀으로 보내는 등 여러 목적지로 보내는 역할을 하도록 인산기와 같은 분자적 표식을 마련)하고 골지체로부터 나오는 분비소낭들은 막의 표면에 특정 소기관들의 표면 또는 세포막에 있는 결합부위(수용체)를 인식하는 분자들을 가지고 있어서 특정 지역을 잘 찾아가게 되므로 분비 기능이 활발한 세포에 골지체가 발달되어 있다.

❖ 소낭의 형성에서 결정적으로 중요한 역할을 하는 단백질인 클라트린은 소낭 바깥 표면 위에 격자 형태로 연장시켜 클라트린-피복 소낭(clathrin-coated vesicle)을 완성한다. 이렇게 형성된 소낭은 소포체에서 골지체를 거쳐 세포막에 이르기까지 여러 가지 단백질을 각각의 목적지까지 수송하는 역할을 한다.

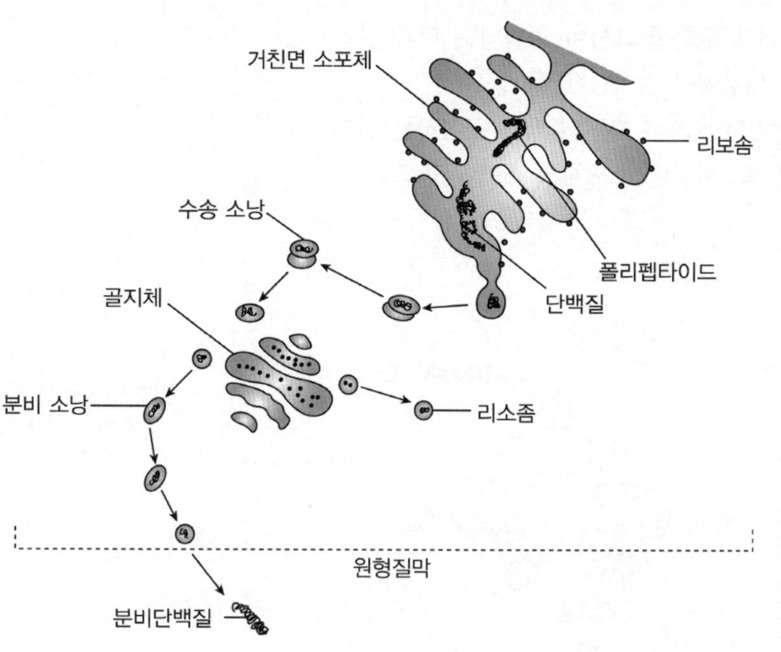

(5) 리소좀(lysosome)

주로 동물세포에 있으며 고분자들을 소화하기 위해 이용하는 가수분해효소가 들어있는 단일막으로 구성된 소낭으로 몇몇 리소좀들은 골지체의 트랜스 면으로부터 출아함으로써 나올 것이다. 리소좀은 식세포작용에 의해 형성된 식포와 융합하여 리소좀 효소들이 이 들을 소화하는 작용을 하거나 손상된 소기관이 막에 의해 둘러싸이고 리소좀이 이 소낭과 융합한 후 분해하여 재활용하는 자가소화작용(세포 내 소화)을 한다.

거친면 소포체에서 만들어진 리소좀 내의 효소들은 산성 환경에서 활성화되므로 리소좀의 막에는 양성자 펌프가 있어서 내부를 산성으로 유지한다. 그리고 리소좀에서 빠져나온 효소들은 거의 활성을 나타내지 못하는데 그 이유는 세포질이 중성 pH를 갖기 때문이다. 그러나 많은 수의 리소좀으로부터 효소들이 과도하게 방출되면 자신을 소화하여 세포를 파괴할 수 있다.

리소좀 효소 질병은 리소좀에 존재하는 하나의 가수분해효소가 없는 질병이다. 그 결과 결핍된 효소에 대한 기질이 리소좀 내에 축적되어 나타나는 질병으로 테이-삭스병(Tay-Sachs disease)과 폼페병(Pompe's disease)이 있다. 테이-삭스병은 지질분해효소가 제대로 작동하지 않아 뇌세포가 특정 지질대사를 하지 못하여 지질이 뇌세포에 축적되면서 유아에게 경련을 일으키고 지적능력의 퇴화를 겪게 하는 질병이다. 또한 폼페병은 α-글루코시데이스 효소의 선천적 결핍으로 글리코젠이 여러 세포의 리소좀 내에 축적되는 열성 유전 질환으로 특히 근육세포에 축적되어 세포가 손상되며 근육이 약해지고 심장근육에 이상이 발생하는 심근 병증이 생기게 된다.

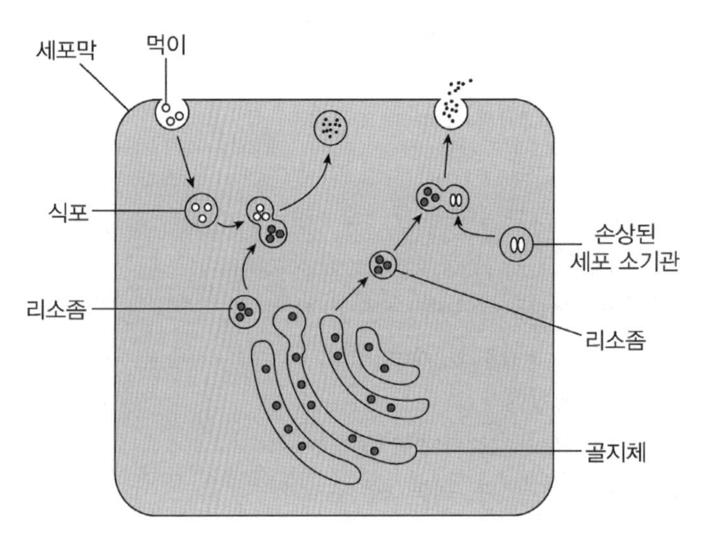

▲ 식세포작용에 의해 형성된 식포와 융합한 리소좀의 소화작용과 손상된 소기관의 자가 소화작용

Tip

단백질이 세포 내에서 합성되어 이동하는 경로

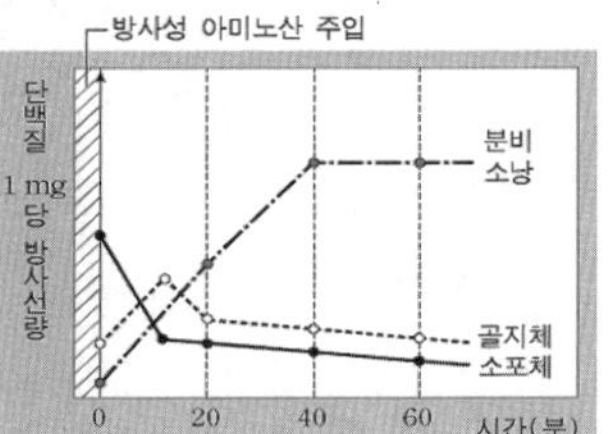

- 리보솜에서 방사성 아미노산을 이용해서 합성된 단백질이 거친면 소포체에 가장 많이 포함되어 있다가 수송 소낭이 떨어져 나와 골지체와 융합하므로 골지체에 방사성 물질이 많아지게 된다.
- 골지체에서 분비 소낭이 분리되므로 방사성 물질이 분비 소낭에 나타나게 된다.

❖ α-글루코시데이스
글리코사이드 결합의 가수분해를 촉매하여 글루코오스를 생성하는 효소의 총칭. α-글루코시데이스와 β-글루코시데이스가 있다.

(6) 중심 액포(central vacuole)

식물세포 내막계의 한 부분인 액포는 소포체와 골지체로 만들어진 커다란 소낭으로 성숙한 식물세포는 이러한 액포들이 합쳐져서 중심 액포로 발달하고 원생생물의 경우는 수축포라 하며 염분과 수분의 농도를 조절한다. 또한 발아효모에서 액포는 아미노산을 저장하고 독성을 분해하는 역할을 한다.

① 가수분해효소들이 존재하여 리소좀과 유사하지만 다른 여러 가지 역할도 수행한다.
② 유기산, 당분, 저장 단백질과 같은 유기화합물을 저장하고 칼륨과 염소 같은 식물세포의 무기이온의 주요 창고역할을 한다.
③ 어떤 액포는 꽃잎의 색을 나타내는 색소(안토시아닌, anthocyanin)를 함유하고 있어 곤충을 유인하는 데 이용된다.
④ 동물에게 독이 되는 독성물질이나 맛없게 만드는 화합물을 가짐으로써 포식자로부터 식물을 보호하기도 한다.
⑤ 식물세포의 생장에 중요한 역할을 하는데 이는 액포가 물을 흡수하여 커짐으로써 세포의 생장을 가능하게 한다.
⑥ 식물세포 내부의 수분 함량을 조절하여 **삼투압을 유지하는 역할을 한다.**

❖ 내막계(부착리보솜에서 만들어지는 막 단백질로 구성된 세포 소기관) 핵막, 세포막, 소포체, 골지체, 리소좀, 중심 액포

(7) 미토콘드리아와 엽록체

미토콘드리아와 엽록체의 막 단백질은 거친면 소포체의 부착리보솜에서 만들어지는 내막계의 일부가 아니고 세포질 속을 자유롭게 돌아다니는 자유 리보솜과 미토콘드리아와 엽록체 자체에 포함되어 있는 리보솜에 의해 만들어진다. 이들은 리보솜뿐만 아니라 고유의 DNA도 가지고 있어서 자기증식이 가능하다.

① **미토콘드리아(사립체, mitochondria)**: 화학 에너지를 ATP에 저장하는 장소로서 이중층의 2중막으로 둘러싸여 있는데, 외막은 밋밋하지만 내막은 크리스타(cristae, 단수로 crista)라고 부르는 주름진 구조로 되어 있다. 내막을 경계로 미토콘드리아의 내부는 두 부분으로 나뉘는데 하나는 외막과 내막 사이의 좁은 공간(막 사이 공간)이며, 다른 하나는 내막으로 둘러싸인 미토콘드리아 기질(mitochondrial matrix)이다. 크리스타와 미토콘드리아 기질에서 ATP를 생성한다.
② **엽록체(chloroplast)**: 광합성 장소로서 이중층의 2중막으로 둘러싸여 있고 내부에는 틸라코이드(thylakoid)라고 하는 또 다른 막 구조가 있다.

(8) 미소체(microbody)

퍼옥시좀과 글리옥시좀을 말하며 단일막으로 구성되어 있다. 리소좀과 다르게 내막계에서 만들어지지 않고 세포질의 자유리보솜에서 만들어지는 단백질, 소포체에서 만들어진 지질과 자신이 합성한 지질을 병합하여 수를 늘려간다.

① **퍼옥시좀**(peroxisome): 간의 퍼옥시좀은 알코올이나 다른 해로운 물질을 분해하여 독성을 제거한다. 이때 부산물로 독성 물질인 과산화수소를 생성하는데 이는 카탈레이스(catalase)라는 효소에 의해서 물과 산소로 분해된다.

② **글리옥시좀**(glyoxysome): 식물의 씨앗에 있는 지방 조직에서 발견되는 글리옥시좀이라고 하는 특화된 퍼옥시좀은 씨에 있는 지방산을 당으로 바꾸어 주는 효소를 가지고 있어서 싹트는 식물이 스스로 광합성을 통해 양분을 얻을 수 있을 때까지 필요한 양분을 제공한다.

❖ 젤웨거증후군(Zellweger syndrome)
퍼옥시좀이 없이 태어나는 희귀한 유전질환으로 유독한 과산화물이 축적되어 신생아는 거의 1년 이상 살지 못한다.

예제 | 1

미토콘드리아에 대해서 옳지 않은 것은? (경기)

① 산소를 사용하여 ATP를 생성한다.
② 자체 DNA를 갖는다.
③ 이중층의 내막과 외막으로 되어 있다.
④ 동물세포에는 있으나 식물세포에는 미토콘드리아가 없다.

| 정답 | ④
미토콘드리아는 원핵세포를 제외한 대부분의 모든 세포에 있다.

예제 | 2

진핵세포에서 세포소기관의 기능에 대한 설명으로 옳지 않은 것은? (국가직 7급)

① 골지체 – 단백질의 가공 및 포장
② 조면소포체 – 스테로이드의 합성과 독성물질의 중화
③ 리소좀 – 외부에서 운반된 물질과 세포소기관의 분해
④ 퍼옥시좀 – 과산화수소와 긴 지방산 사슬로 이루어진 지질의 분해

| 정답 | ②
스테로이드의 합성과 독성물질의 중화작용은 활면소포체에서 일어난다.

02 세포골격과 세포 간 연접

1 세포골격

세포 골격은 많은 세포 소기관들의 위치를 고정시켜 세포의 구조 형성과 활성에 중요한 역할을 하며, 세포의 이동 또는 세포 소기관의 이동은 일반적으로 세포 골격과 운동 단백질(motor protein)의 상호 작용으로 이루어진다. 세포 골격은 미세 섬유, 중간 섬유, 미세소관의 세 가지 구조로 되어 있다.

❖ 세포 골격의 역할
세포의 모양 유지

〈세포 골격의 구조와 기능〉

특성	미세 섬유(액틴 섬유) (microfilament, actin)	중간 섬유 (intermediate filament)	미세소관(튜불린 이합체) (microtubule)
구조	서로 꼬인 2개의 액틴이란 구형 단백질이 나선 모양으로 꼬인 구조	중간 정도의 케이블로 꼬인 섬유성 단백질	튜불린 분자로 된 13개의 기둥으로 속은 비어 있음
지름	7nm	8~12nm	25nm(내부 공간 15nm)
단백질	액틴	다양한 단백질 예 케라틴	α와 β 튜불린
기능	• 세포의 모양 유지(장력에 저항) [세포 모양의 변화] • 운동 단백질인 마이오신과 접촉하여 근육 수축 • 아메바 운동 • 세포분열 시 세포질 만입 • 세포질 유동	• 세포의 모양 유지(장력에 저항) [고정] • 핵막하층 형성 • 세포 소기관들을 제자리에 고정	• 세포의 모양 유지(압력에 저항) [이동] • 세포의 이동(섬모, 편모) • 세포분열 시 방추사에 의한 염색체의 이동 • 세포 소기관을 이동시키는 운동 단백질의 궤도 역할(운동 단백질: 키네신, 디네인)

❖ 미세 섬유

❖ 중간 섬유
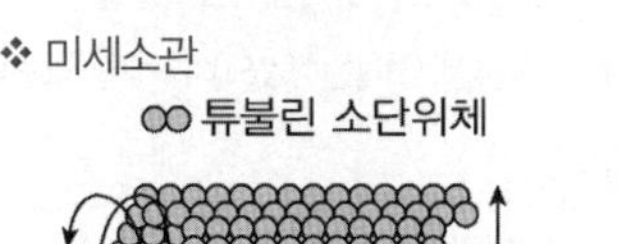

❖ 미세소관
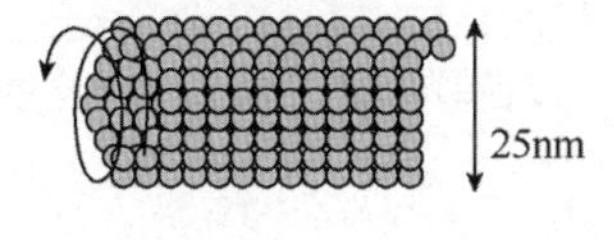

(1) 미세 섬유(액틴 섬유, microfilament)

액틴(actin)이라는 구형 단백질로 구성되어 있어서 액틴 섬유라고 부르기도 한다. 미세 섬유는 장력에 견디게 함으로써 세포의 모양을 유지해주며 액틴과 운동 단백질인 마이오신에 의해 일어나는 수축을 통해 근육 수축이 일어나고 아메바 운동이 일어난다. 식물세포에서 액틴-마이오신 상호 작용과 액틴에 의한 졸(sol)-젤(gel) 전환 과정은 세포질 유동(cytoplasmic streaming)에 관여한다. 또한 일부 세포에서 미세섬유는 세포막 바로 안쪽에 그물망과 같은 구조를 형성한다.

(2) **중간 섬유**(intermediate filament)

중간 섬유는 지름이 약 8~12nm로 미세 섬유보다는 크고 미세소관보다는 작은 중간 정도이다. 미세소관과 미세섬유는 모든 진핵세포에서 발견되지만 중간섬유는 척추동물을 포함하는 일부 동물세포에서만 관찰된다. 중간 섬유는 미세 섬유처럼 장력을 견디는 데 관여하며, 케라틴(keratin)이 포함되는 한 단백질 그룹에 속하는 분자들로부터 만들어진다. 다세포 상피세포인 표피세포는 죽은 세포이며 케라틴 단백질로 가득 차있다. 중간 섬유는 세포 소기관의 위치를 고정시키며 핵막의 내부를 차지하는 핵막하층의 구성 성분이 된다.

❖ 중간섬유를 구성하는 단백질
- **상피조직**: 케라틴(keratin)
- **결합조직**: 비멘틴(vimentin)
- **근육조직**: 데스민(desmin)
- **신경조직**: 페리페린(peripherin)과 GFAP(glial fibrillary acidic protein–아교세포 섬유 산성 단백질)
- **핵막하층**: 라민(lamin)

(3) **미세소관**(microtubule)

미세소관은 끝에 튜불린(tubulin) 이합체가 부착되면서 길이가 길어지며, 또한 분해되어 세포의 다른 미세소관을 형성하는 데 다시 이용된다. 방추사의 경우 튜불린 단백질이 붙으면 길어지고 떨어지면 짧아진다. 미세소관은 세포의 형태를 유지해 줄 뿐만 아니라 미세 섬유와 중간 섬유가 장력에 견디게 해주는 성질과는 다르게 압력에 저항한다.

미세소관은 알파(α), 베타(β) 튜불린 단백질로 이루어진 이합체로 이루어져 있다. 한쪽 말단은 양성(+)말단(β튜불린), 다른 반대쪽 말단은 음성(−)말단(α튜불린)이며, 미세소관의 양성(+)말단에서 튜불린 이합체의 결합과 분해속도가 더 빠르게 일어난다. 미세소관의 합성과정 동안 튜불린 이합체는 GTP 분자와 결합된 상태로 존재하는데 미세소관의 끝에서부터 GTP가 GDP로 가수 분해될 경우 미세소관의 분해가 일어나게 된다.

미세소관에는 운동 단백질이 붙어 있어서 세포 소기관이 이동할 수 있도록 궤도를 제공해준다. 미세소관을 이용해 세포 소기관을 이동시키는 운동단백질로는 키네신(kinesin)과 디네인(dynein)이 있는데 키네신은 미세소관의 플러스 말단 쪽으로 물질을 이동시키며, 디네인(dynein)은 마이너스 말단 쪽으로 물질을 잡고 미세소관을 타고 이동한다. 세포분열 시에는 중심체로부터 뻗어 나온 미세소관이 염색체에 결합해 분열하는 세포로 염색체가 양분될 수 있도록 하는 기능을 한다.

① **중심체**: 중심체는 두 개의 중심립 한 쌍이 직각으로 존재한다. 각 중심립은 3개의 미세소관이 한 단위가 되어 9단위가 둥글게 배열한 구조로 되어 있다(9+0 구조).

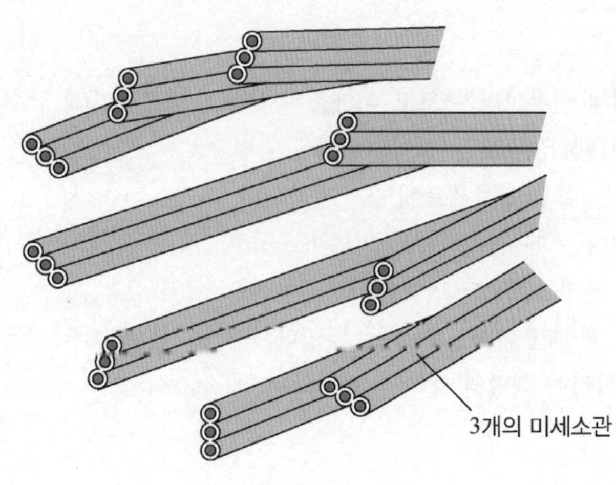

▲ 중심립(9+0 구조)

② **섬모와 편모**: 섬모나 편모의 미세소관은 기저체(basal body)에 의해 세포에 고정되어 있는데 기저체는 중심립과 구조적으로 유사하다. 미세소관으로 이루어진 9개의 이합체가 둥글게 배열되어 있으며 가운데 2개의 미세소관이 있다(9+2 구조).

하나의 미세소관 이합체에서 다음 이합체로 뻗어 있는 각 운동 단백질은 디네인(dynein)이라고 부르는 거대 단백질로, 여러 개의 폴리펩타이드로 구성되어 있다. 한 이합체의 디네인 팔이 인접한 이합체에 붙어 당기면 이합체가 서로 반대 방향으로 미끄러져 간다.

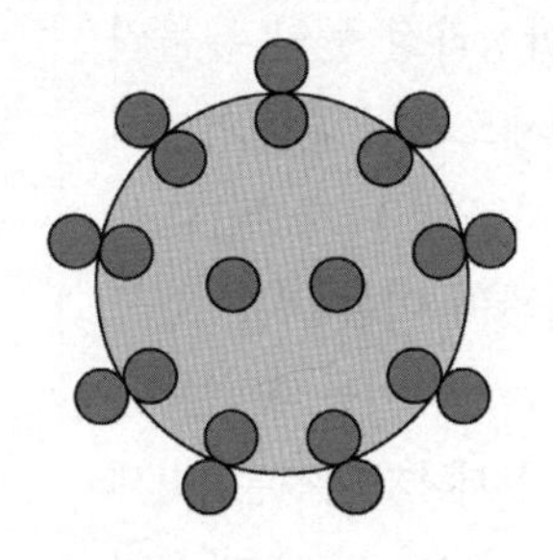

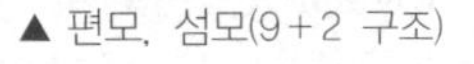

▲ 편모, 섬모(9+2 구조)

예제 | 1

세포골격의 구조와 기능에 대한 설명 중 옳은 것은? (지방직 7급)

① 미세소관은 알파와 베타 튜불린이라는 단백질 소단위체로 구성되어 있다.
② 중간섬유는 두 개의 서로 꼬인 액틴 나선모양을 하고 있다.
③ 섬모의 횡단면에서 볼 수 있는 9+2 구조는 미세섬유이다.
④ 핵막층을 형성하는 것은 미세소관이다.

| 정답 | ①
액틴 나선모양은 미세섬유의 구조, 섬모의 9+2 구조는 미세소관, 핵막층은 중간섬유이다.

③ 미세소관의 운동 단백질

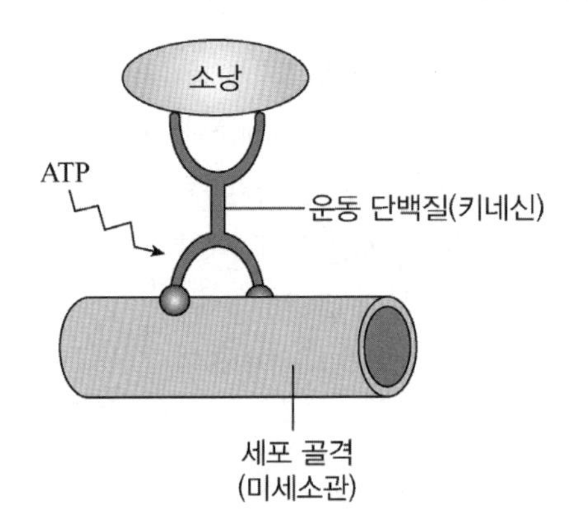

» 운동 단백질은 소기관이 미세소관을 따라 이동할 수 있게 해준다.

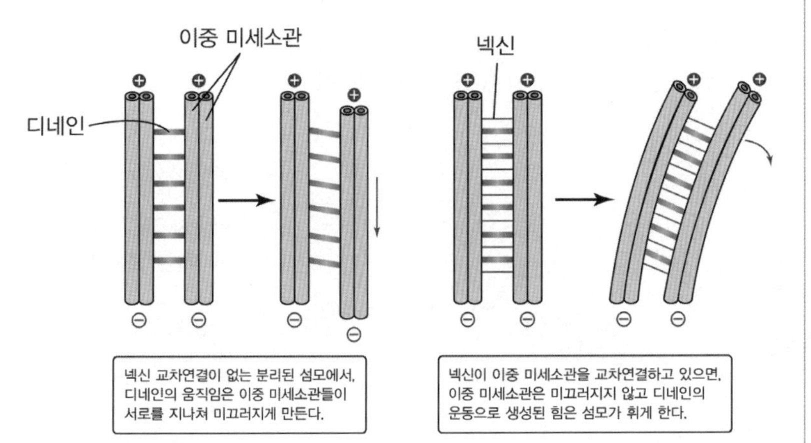

» ATP 에너지를 이용하여 한 미세소관 이합체의 디네인 팔이 다른 이합체를 붙들어 위로 밀어 올린 후 떨어졌다가 다시 붙는 과정이 되풀이된다. 두 이합체는 세포에 고정되어 있으며 넥신(nexin)이라는 단백질로 교차 연결되어 있기 때문에 편모나 섬모는 구부러지게 된다.

예제 | 2

필라멘트의 기능에 대한 다음 설명 중 옳지 않은 것은? (경기)

① 미세섬유 – 이동 역할, 형태 변화
② 미세섬유 – 편모와 섬모의 구성 성분
③ 중간섬유 – 기계적 지지 역할, 외형 유지
④ 미세소관 – 세포 소기관 이동 역할

| 정답 | ②
편모와 섬모의 구성 성분은 미세소관이다.

❖ 키네신(Kinesin)
양성 말단으로 소낭 이동

❖ 디네인(Dynein)
음성 말단으로 소낭 이동

❖ 뉴런에서 축삭돌기 내에 존재하는 모든 미세소관의 음성말단은 신경세포체 쪽을 향하고 있고, 양성말단은 축삭돌기 말단을 향해 있다.

2 동물세포의 세포외 기질(세포와 세포 사이의 공간)

세포외 기질(Extracellular Matrix, ECM)의 주요 구성 성분은 당단백질로 세포에 의해 분비되며 당단백질은 지지, 부착, 이동 조절에 관여한다. 동물세포에서 가장 많은 양을 차지하는 당단백질은 콜라겐으로 콜라겐 섬유는 다른 종류의 당단백질인 프로테오글리칸(proteoglycan)이 그물처럼 싸여진 곳에 끼어 들어가 있다. 어떤 세포들은 당단백질인 피브로넥틴이 세포막에 묻혀있는 인테그린(integrin)이라는 세포 표면의 수용체 단백질에 세포외 기질을 부착시킨다.

인테그린은 세포막을 통과하여 한쪽은 ECM과 다른 쪽은 세포질 쪽에 있는 세포 골격의 미세 섬유에 붙어 있는 단백질에 붙는다. '통합한다(integrate)'라는 단어로부터 유래된 인테그린은 세포외 기질과 세포 골격 사이의 변화를 전달함으로써 세포의 바깥쪽과 안쪽에서 변화를 통합하게 된다.

즉 인테그린은 세포막에 있는 수용체 단백질로 작용하여 세포의 바깥쪽과 안쪽에 변화를 준다.

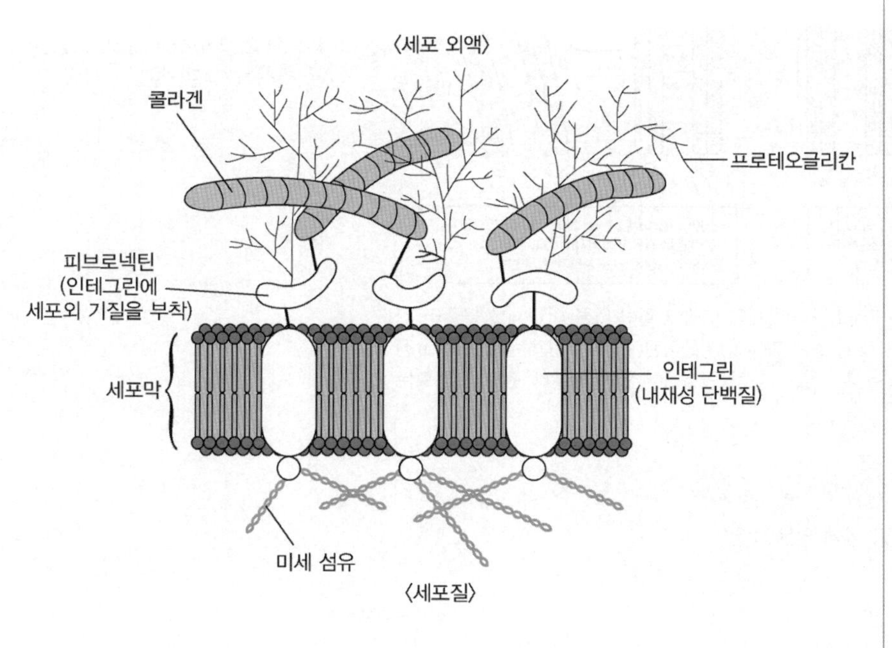

예제 | 3

동물의 세포외기질(extracellular matrix)에 해당하지 않는 것은? (서울)

① 콜라겐(collagen)
② 피브로넥틴(fibronectin)
③ 프로테오글리칸 (proteoglycan)
④ 인테그린(integrin)

| 정답 | ④
인테그린은 세포막에 있는 수용체 단백질이다.

3 세포 간 연접

(1) 식물(원형질 연락사)

식물세포의 벽은 원형질 연락사(plasmodesmata)라고도 부르는 구멍이 나 있는 통로가 있다. 식물세포는 한 세포에서 다른 세포로 원형질 연락사를 통해 이온과 작은 분자들을 이동하게 해준다.

(2) 동물(밀착 연접, 부착 연접, 간극 연접)

① **밀착 연접**(tight junction): 이웃하는 세포들의 막이 밀착해 단단하게 붙어 있어서 물질이 새어 나가지 못하도록 판을 형성한다. 이와 같은 판은 소화관을 따라 이어져 있어서 소화관 속의 내용물이 새어 나가지 못하도록 하며 특정 단백질도 함께 붙어 있다. 피부세포 사이의 밀착연접은 우리 피부가 방수가 되도록 한다. 또한 모세혈관 벽의 내피세포들이 밀착연접으로 단단하게 결합하고 있어서 혈뇌장벽을 형성한다.

② **부착 연접**(adherens junction)**과 데스모솜**(desmosome): 고정시키는 못처럼 작용하여 세포를 조인다. 인접한 상피세포 주변에 연속적인 접착벨트를 형성하기도 하고, 세포를 세포 골격 섬유와 함께 고정시키는 역할을 한다. 세포와 세포 사이에 공간을 만들어 물질이 이동할 수도 있다.

③ **간극 연접**(gap junction, 연락 연접, 교신 연접): 인접한 세포 간에 세포질 통로를 제공해 주는 간극 연접은 심장 근육이나 발생 초기 동물의 배아에서 많은 조직 내 세포들 간의 교신 과정에 필요하다. 식물의 원형질 연락사와 구조는 다르지만 기능이 유사하며 심장 근육은 연락 연접을 통해 모든 근육이 빠르게 수축할 수 있다.

▲ 식물세포의 연접

▲ 동물세포의 연접

❖ 밀착 연접은 클라우딘(claudin)과 오클루딘(occludin) 단백질이 사슬형태로 배열되어 두 세포 사이를 밀봉하고 있다.

❖ 부착 연접과 데스모솜은 카드헤린족에 속하는 막 관통 단백질이며, 부착 연접은 액틴섬유에 연결되어 있고 데스모솜은 중간섬유에 연결되어 있다.

❖ 헤미데스모좀
상피세포에 있는 케라틴섬유를 기저층(기저판)에 고정시킨다. 기저층(basal layer)은 포유동물에서 피부의 표피를 이루고 있는 5개 층에서 가장 밑에 분포하는 층이다.

❖ 간극 연접은 코넥신(connecxin) 단백질의 복합체인 코넥손(connexon)으로 이루어져 있다.

03 막의 구조와 기능

1 막의 유동성 정도

(1) 저온 환경에 적응된 생물은 불포화 지방산을 많이 가지고 있다. 분포화 탄화수소는 이중결합이 있는 꼬리를 갖는 인지질로 되어 있는데 꼬리는 구부러져 있기 때문에 낮은 온도에서도 포화 탄화수소들에 비해 서로 빈틈없이 채워지지 못하고 유동성을 유지하게 된다(지방산의 길이가 짧다).

(2) 고온 환경에 적응된 생물은 빈틈없이 쌓일 수 있는 포화 지방산을 더 많이 갖고 있기 때문에 막이 덜 유동적이므로 고온에서도 막이 손상되지 않고 유지될 수 있다(지방산의 길이가 길다).

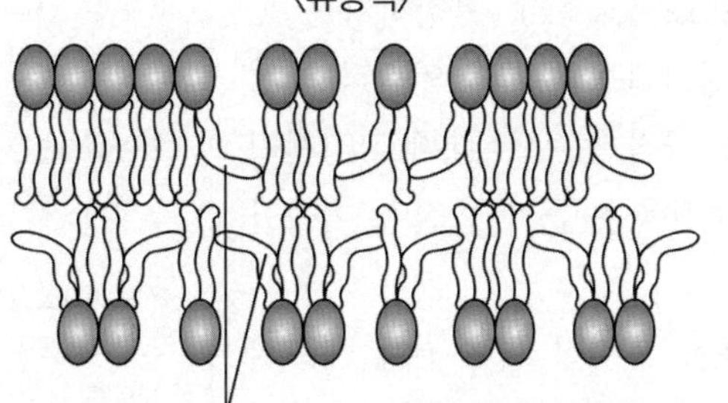

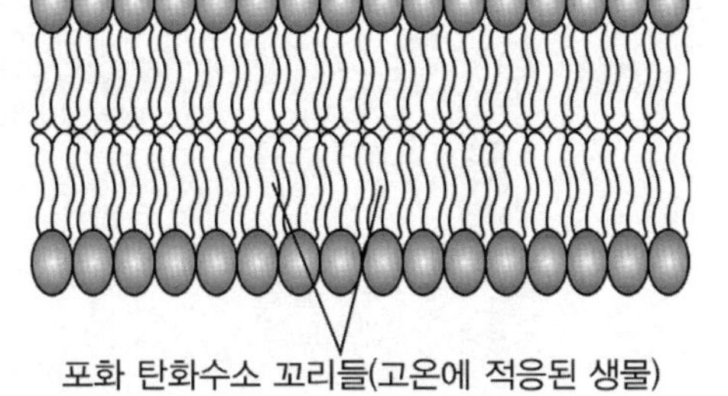

▲ 생물의 막 유동성 정도

» **막 유동성 정도**: 인지질들의 불포화 탄산수소 꼬리들은 구부러져 있어 빈틈없이 꽉 채워지지 않기 때문에 막은 유동성을 갖는다.

(3) 동물세포막의 콜레스테롤

동물세포의 세포막은 스테로이드인 콜레스테롤이 인지질 분자들 사이에 끼어 있는데 콜레스테롤은 온도에 따라서 막 유동성에 대해 다른 효과를 갖는다.

① 낮은 온도에서 콜레스테롤은 인지질이 정상적으로 채워지는 것을 방해함으로써 막이 고체화되는 것을 방지하여 일정한 막 유동성을 갖도록 하는 데 도움을 준다.

② 체온 범위의 온도에서 콜레스테롤은 인지질의 이동을 방해함으로써 막의 유동성을 감소시켜 인지질이 안정된 구조를 갖도록 한다.

❖ 식물세포는 콜레스테롤이 매우 낮으므로 주로 지방산에 의해 막 유동성이 유지된다.

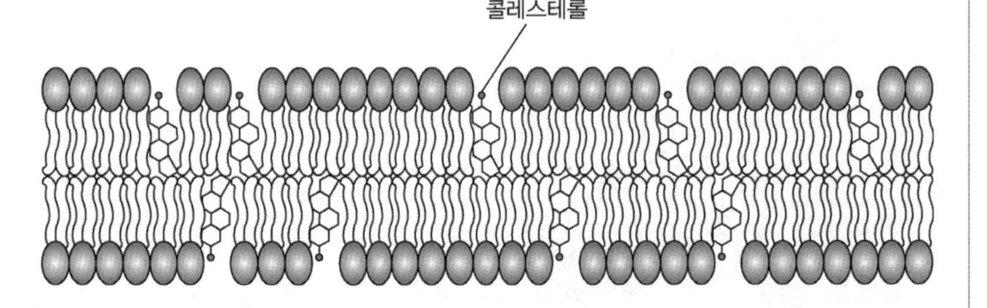

▲ 동물의 막 유동성 정도

» **동물세포막 내의 콜레스테롤**: 콜레스테롤은 낮은 온도에서는 인지질이 정상적으로 채워지는 것을 방해하여 막의 유동성을 증가시키지만, 체온 범위 온도에서는 인지질의 이동을 방해하여 막의 유동성을 감소시킨다.

예제 | 1

인공 세포막을 만들기 위해 지방산으로 탄소 16개짜리 팔미트산(16 : 0)과 탄소 18개짜리 스테아르산(18 : 0), 탄소 20개짜리 아라키드산(20 : 0), 탄소 18개에 이중결합 하나를 가진 올레산(18 : 1)을 이용하여 인지질을 만들었다. 다음 중 어떤 지방산을 가진 인지질의 함유량을 높이면 인공 세포막의 유동성이 가장 높을까? (서울)

① 팔미트산과 스테아르산　② 팔미트산과 올레산

③ 스테아르산과 올레산　④ 스테아르산과 아라키드산

| 정답 | ②

팔미트산은 탄소의 수가 가장 적으므로 지방산의 길이가 짧아서 유동성이 높고, 올레산은 이중결합을 갖고 있으므로 유동성이 높다.

2 막 단백질

(1) 내재성 단백질(integral protein)

막을 완전히 통과하는 단백질이며 지질 이중층의 소수성 중심부 내부로 들어가 있는 막 관통 단백질이다. 알파나선 구조로 감겨져 있는 비극성 아미노산으로 구성되어 있으며 인테그린은 내재성 단백질의 하나이다.

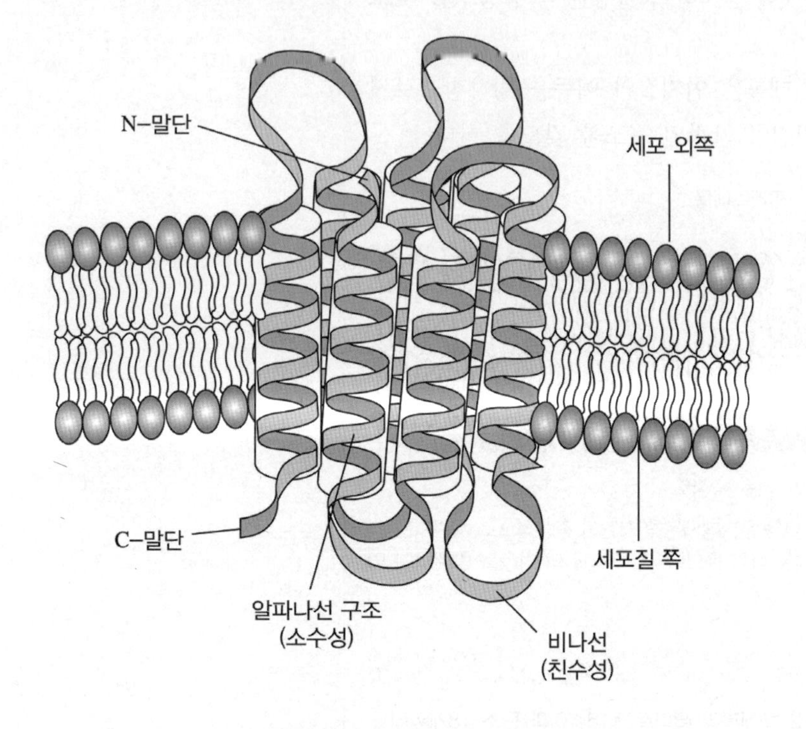

» **막 관통 단백질의 구조**: N-말단은 세포의 바깥쪽을 향하고 있고 C-말단은 세포 안쪽을 향하고 있다. 단백질의 소수성 부분인 알파나선의 2차 구조가 막의 소수성 중심부에 있고, 비나선형의 친수성 부분은 세포막의 바깥쪽과 세포막의 안쪽 수용액과 접촉되어 있다.

(2) **주변부 단백질**(peripheral protein)

지질 이중층에 박혀 있지 않고 막의 표면에 느슨하게 붙어 있거나, 내재성 단백질의 돌출된 부분에 붙어 있다.

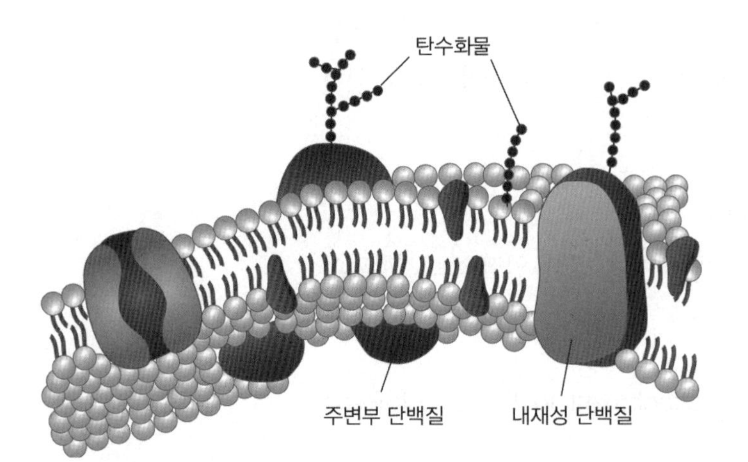

» 동물세포 원형질막의 단백질이나 인지질에 붙어 있는 보풀같이 생긴 올리고당을 글리코칼릭스(당질피질, 당단백질/당지질)라 하며 이 분자들은 세포의 인지과정에서 중요한 역할을 한다.

3 세포막 단백질에 의해 수행되는 여러 가지 주요 기능

(1) **수송**(transport)

통로 단백질이나 운반체 단백질에 의해 물질을 한 쪽에서 다른 쪽으로 이동시킨다. 물 분자의 수송은 아쿠아포린(aquaporin)이라고 알려진 통로 단백질 때문에 크게 촉진된다. 물은 극성인 분자라도 크기가 작아서 인지질 이중층에 있는 소수성 지역을 통과할 수는 있지만 신속하게 통과할 수는 없으므로 물 분자 수송 단백질인 아쿠아포린에 의해서 삼투가 더 활발하게 이루어진다(1초에 약 30억 개의 물 분자를 수송).

(2) **효소로 작용**(enzymatic activity)

막 단백질이 효소인 경우 대사 과정을 수행한다.

예 셀룰로스 합성효소, 인지질 분해효소C(PLC, phospholipase C)

(3) **신호전달**(signal transduction)

호르몬이나 신경전달물질과 같은 화학 신호를 세포 안쪽으로 전달한다.

예 수용체 단백질

심화편 I

(4) 세포와 세포의 인식(cell-cell recognition)

일부 막 탄수화물은 대부분 단백질과 공유결합으로 당단백질(glycoprotein)이 되어 특정 세포와 다른 세포를 구별하는 인식표로 기능할 수 있게 한다. 예를 들어 사람의 혈액형은 적혈구 세포의 표면에 있는 당단백질과 당스핑고지질(당지질)과 같은 응집원에 의해서 A형, B형, AB형, O형으로 명명된다.

(5) 세포 간 결합(intercelluar joining)

인접한 세포들의 막 단백질은 교신 연접이나 밀착 연접으로 결합되어 있다.

(6) 세포 골격과 세포외 기질의 부착(attachment to the cytoskeleton and extracellular matrix)

인테그린은 세포막에 있는 수용체 단백질로 작용하여 세포의 안쪽과 바깥쪽에 변화를 준다.

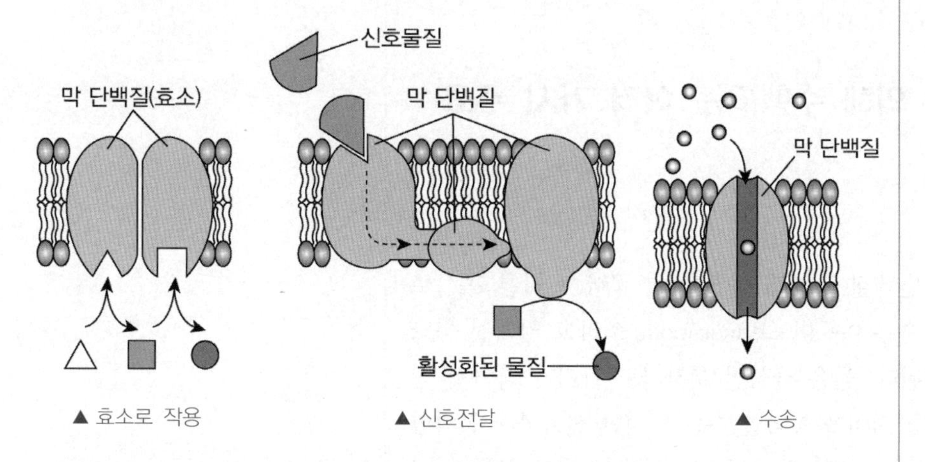

▲ 효소로 작용 ▲ 신호전달 ▲ 수송

Check Point

• 인체면역결핍바이러스(HIV)의 도움 T세포 인식

HIV의 외부 표면에 있는 당단백질은 도움T세포 표면에 있는 CD4라는 단백질을 인식하여 AIDS를 유발하는데, CD4외에도 CCR5(chemokine receptor type 5, CD195)라는 공동수용체에도 붙어야만 HIV에 감염된다는 사실을 발견하였다. 소수의 HIV저항성인 사람들의 도움T세포에는 CCR5라고 하는 단백질을 만드는 유전자의 변형 때문에 CCR5가 없어서 HIV에 노출되어도 AIDS에 걸리지 않는 것을 관찰하였다.
마라비록(maraviroc, 상품명은 셀센트리)은 CCR5를 저해하여 HIV의 감염치료를 목적으로 개발되어 임상실험이 시작되었다.

4 단백질의 여러 가지 주요 기능

(1) **구조 단백질**(structural protein): 콜라겐, 엘라스틴, 케라틴

(2) **촉매 단백질**(enzymatic protein): 가수분해효소, 산화환원효소

(3) **신호 단백질**(hormonal protein): 호르몬, 신경전달물질

(4) **운반 단백질**(transport protein): 헤모글로빈

(5) **방어 단백질**(defensive protein): 항체

(6) **수용체 단백질**(receptor protein): 아세틸콜린 수용체

(7) **운동 단백질**(contractile and motor protein): 마이오신, 키네신, 디네인

(8) **저장 단백질**(storage protein): 카제인(우유에 들어 있는 주요 단백질 중 하나인 일종의 인 단백질)

(9) **수송 단백질**(transport protein): 통로 단백질, 운반체 단백질

❖ 운동단백질은 수송하는 물질의 종류에 따라서 두 가지 범주로 구분한다. 첫째는 액틴필라멘트를 이동시킬 수 있는 마이오신 단백질이고 두 번째는 미세소관을 구성하는 튜불린 단백질과 상호 작용하여 미세소관을 따라 특정한 방향으로 이동할 수 있는 키네신과 디네인이다.

예제 | 2

생물체내에서 단백질의 주요기능으로 옳지 않은 것은? (경기)

① 주된 에너지저장물질이다.
② 세포막을 통한 물질수송을 한다.
③ 세포내 분자들의 활성을 조절한다.
④ 화학반응을 촉매한다.

| 정답 | ①
주된 에너지저장물질은 지방이다.

예제 | 3

동물세포막 당지질(glycolipid)의 가장 중요한 기능은? (지방직 7급)

① 낮은 온도에서 막의 유동성 유지
② 세포 간의 상호인지(cell recognition)
③ 농도기울기에 따른 촉진확산(facilitated diffusion)에 관여
④ 농도기울기에 역행하는 분자의 능동수송(active transport)에 관여

| 정답 | ②
당지질과 당단백질은 세포와 세포의 인식기능에 관여한다.

04 세포의 신호전달

1 세포의 신호전달 방식

(1) **내분비 신호전달(endocrine signaling)**: 혈액을 통해 흐르다가 표적세포로 전달되는 호르몬에 의한 신호전달 방식으로 항상성을 유지하기 위한 것이다.

(2) **국소 분비 신호전달**

① **주변 분비 신호전달**(근거리 신호전달 paracrine signaling): 분비세포에서 방출한 분비물이 혈액으로 분비되지 않고 세포 근처의 조직액을 통해 확산함으로써 근처의 표적세포에 작용하는 신호전달 방식

② **자가 분비 신호전달**(autocrine signaling): 분비된 분자가 분비세포 자신에 작용하여 분비세포가 곧 표적세포가 되는 신호전달 방식

예 국소 분비 신호전달물질: 성장인자나 히스타민, 사이토카인, 프로스타글란딘, 기체형태인 산화질소(NO) 등

(3) **시냅스 신호전달(synaptic signaling)**: 신경전달 물질에 의한 신호전달 방식

❖ 자가 분비 신호전달의 예
- 암세포가 지속적으로 성장인자를 만들어낸 후 스스로 신호를 인식해서 통제 없이 분열
- 도움T세포가 사이토카인을 분비해서 자신을 증식(클론선택)

2 세포의 신호전달 경로

세포의 신호전달 경로는 수용 → 전환 → 반응의 순서이다.

(1) **수용(reception)**: 특정 신호전달분자는 자신의 단백질 수용체의 3차원 장소에 결합하는데 이와 같이 수용체에 결합하는 분자를 리간드라 한다.

(2) **전환(transduction)**: 수용체 단백질의 신호를 특정한 세포내 반응을 유도할 수 있는 형태로 바꾸어 준다.

(3) **반응(response)**: 전환된 신호가 마지막으로 세포의 특정한 반응을 일으키게 된다.

3 세포 신호전달 수용체 단백질

(1) 세포 내 수용체(핵 수용체, 세포질 수용체, intracellular receptor)

표적세포의 핵 또는 세포질에 있는 수용체 단백질로서 활성화되면 전사인자로서 특정한 유전자의 발현을 유도한다. 신호전달분자(리간드, ligand)가 수용체에 도달하기 위해서는 표적세포의 세포막을 통과하여야 하므로 신호전달분자들이 소수성 분자이거나 크기가 작아야 인지질층을 쉽게 통과할 수 있다. 이러한 소수성 신호전달분자로는 스테로이드호르몬이나 티록신이 있고 분자량이 아주 작아서 인지질 사이를 자유롭게 통과할 수 있는 기체형태의 산화질소(NO)가 있다. 호르몬이 세포내로 들어가서 세포질이나 핵에 존재하는 세포내 수용체에 결합하여 호르몬 수용체 복합체로 된 후 전사인자로 작용하여 유전자의 발현을 유도한다.

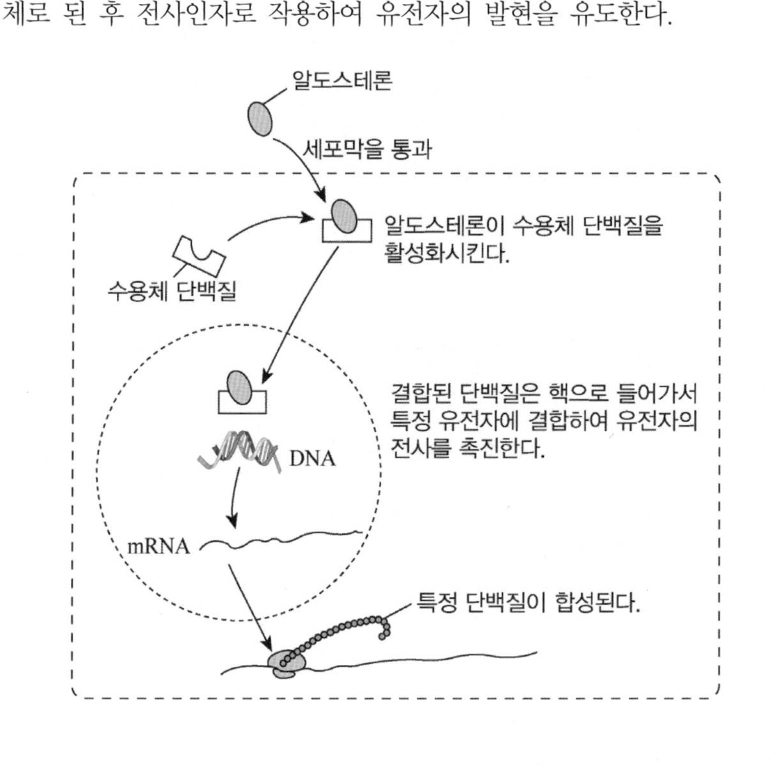

❖ 암컷 새와 개구리의 에스트라디올은 간세포의 세포질 수용체와 결합하여 비텔로제닌 유전자의 전사를 촉진한다. 비텔로제닌 단백질(난황단백질)은 난황 형성에 작용한다.

(2) 세포막 수용체(receptor in the plasma membrane)

세포막에 위치하고 있는 수용체 단백질로서 특정한 신호전달분자(리간드)가 결합하면 형태가 변하거나 모이게 되어 세포 내부로 정보를 전달한다.

① G 단백질 결합 수용체(G protein–coupled receptor, GPCR): 세포 표면의 막 관통 수용체(내재성 단백질)로 G 단백질을 활성화시킨다. 이들 하나의 폴리펩타이드 안에 막 관통 α 나선이 일곱 개 있는 원기둥 형태이다.

❖ G 단백질(G protein)
세포막의 세포질 쪽에 붙어 있으며(주변부 단백질) 분자 스위치로서 기능한다. GTP와 GDP 중 어느 것이 결합하는가에 따라서 켜지고 꺼진다.

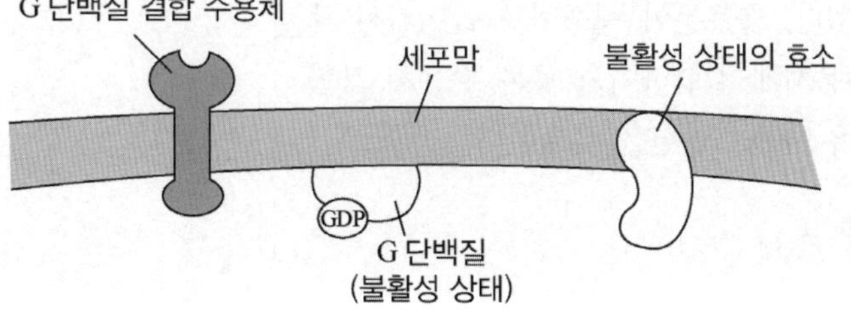

» G 단백질에 GDP가 결합하면 G 단백질은 불활성화된다.

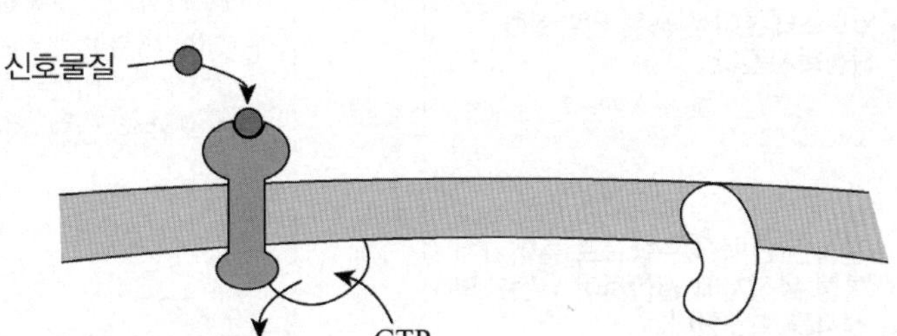

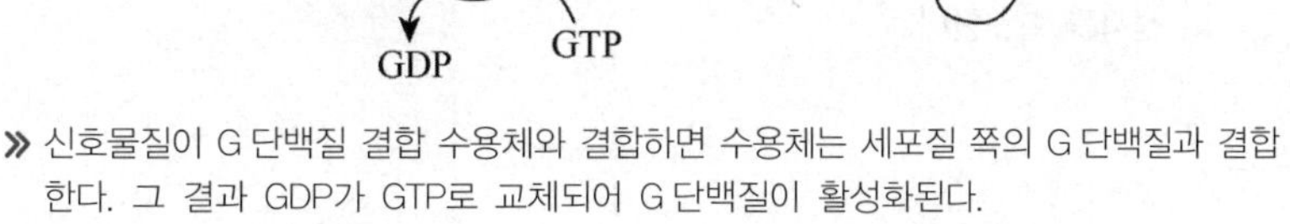

» 신호물질이 G 단백질 결합 수용체와 결합하면 수용체는 세포질 쪽의 G 단백질과 결합한다. 그 결과 GDP가 GTP로 교체되어 G 단백질이 활성화된다.

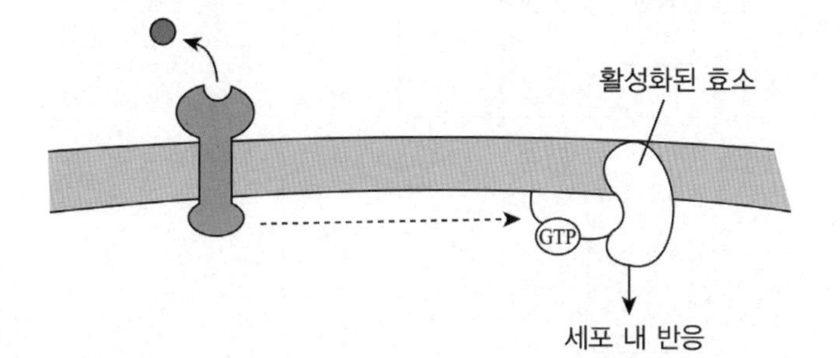

» 활성화된 G 단백질은 효소와 결합하여 효소를 활성화시켜서 세포 내 반응을 일으키게 한다.

② **타이로신 인산화 효소 수용체**(receptor tyrosine kinase, RTK): 세포 표면의 막 관통 수용체로 타이로신에 인산기가 붙으면 활성화되어 세포 반응을 일으키는 신호전달 경로를 활성화시킨다(한 번에 하나 이상의 신호전달 경로를 활성화시킬 수 있다).

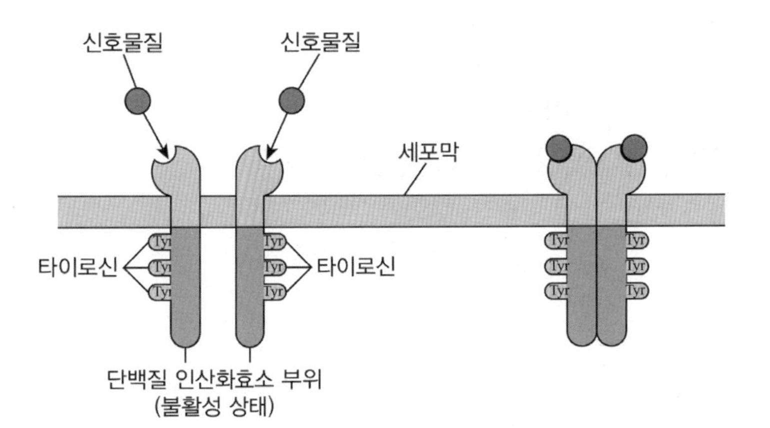

» 신호물질이 타이로신 인산화효소 수용체에 결합하면 두 수용체 폴리펩타이드 단량체가 결합하여 이량체를 형성한다.

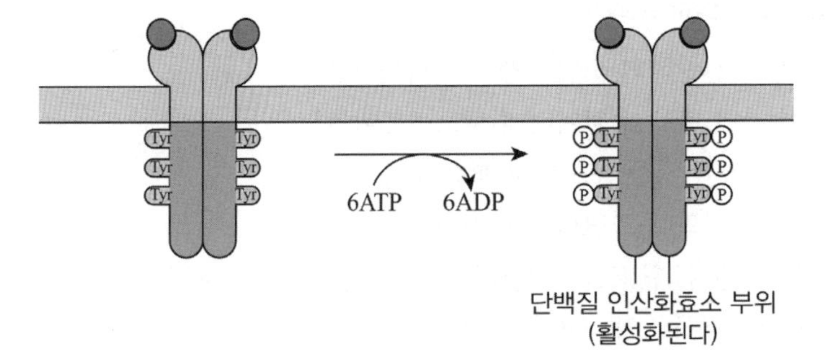

» 각각의 타이로신 인산화효소가 상대편 타이로신 부위에 ATP로부터 온 인산기를 결합시키면 단백질 인산화 부위가 활성화된다.

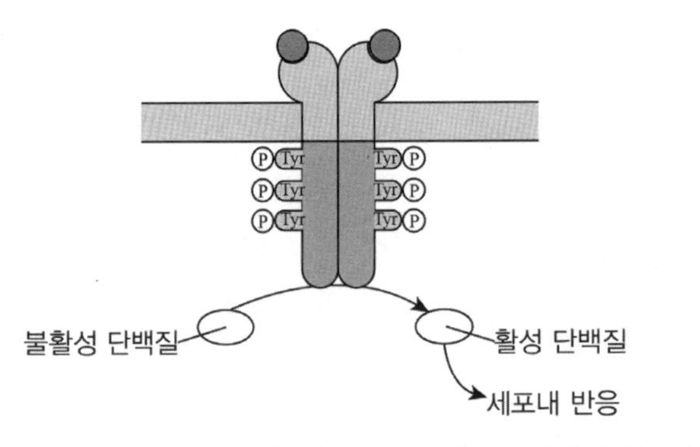

» 불활성 단백질이 타이로신에 결합하여 활성화되면 세포 내 반응을 일으키게 된다.

예제 | 1

동물호르몬 중 표적세포에서 수용체(receptor)의 위치가 다른 것은? (지방직 7급)

① 프로게스테론
② 부신피질 자극호르몬
③ 부갑상선 호르몬
④ 글루카곤

| 정답 | ①

프로게스테론은 스테로이드호르몬이므로 세포 내 수용체이고, 부신피질 자극호르몬, 부갑상선 호르몬, 글루카곤은 세포막 수용체이다.

③ **이온 통로 수용체**(Ion channel receptor): 신호전달분자(리간드)가 결합하면 수용체의 구조가 변화하여 통로로 작용할 수 있는 막 수용체이다.

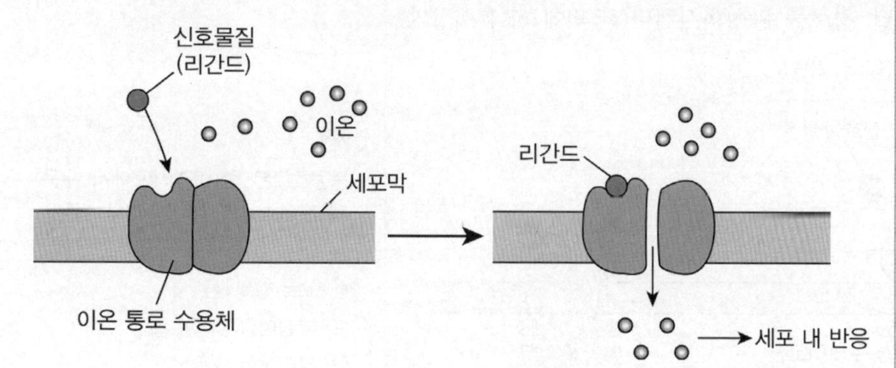

» 리간드가 결합하면 이온 통로가 열려서 특정 이온이 통로를 통해서 이동하여 세포 내 반응을 유발한다. 리간드가 떨어져 나가면 이온 통로는 다시 닫힌다.

4 세포의 신호전환

(1) 신호전환 경로(signal transduction pathway)

특정한 신호분자가 세포막의 수용체에 결합하면 도미노가 쓰러지듯이 세포내에서 단백질 인산화효소의 연속적인 반응이 일어나서 세포반응이 일어나도록 한다. 단백질 인산화효소는 인산기를 ATP에서 떼어내어 단백질로 옮겨주는 효소이며 인산화된 단백질의 구조변화는 단백질의 기능을 주로 비활성형에서 활성형으로 변화시킨다. 단백질 탈인산화효소는 단백질에서 인산기를 제거하여 단백질 인산화효소가 재사용될 수 있도록 한다. 단백질의 인산화와 탈인산화 과정은 세포내에서 필요에 따라 활성을 켜고 끄는 분자 스위치로 작용한다.

(2) 신호 물질

① **제1전령자**(1차 신호전달자, first messenger): 수용체에 결합하는 호르몬이나 신경전달 물질과 같은 신호물질(리간드)

② **제2전령자**(2차 신호전달자, second messenger): 제1전령자에 의해 시작된 신호를 세포 내부로 전달해 주어 세포내 반응을 일으키는 비단백질 분자들이나 이온을 제2전령자라고 한다. cAMP, cGMP, IP3(이노시톨3인산, inositol trisphospahte), DAG(다이아실글리세롤, diacylglycerol), Ca^{2+} 등이 이에 해당하며, 이들은 인산기를 ATP에서 떼어내어 단백질을 순차적으로 인산화 시켜주는 단백질인산화효소를 활성화시키거나 Ca^{2+}의 방출을 촉진하여 세포내 반응을 일어나게 한다.

㉠ cAMP(고리형 AMP): 세포막에 박혀있는 아데닐산 고리화 효소에 의해 ATP가 cAMP로 되어 단백질인산화효소를 활성화시킨다.

㉡ cGMP(고리형 GMP): 구아닐산 고리화 효소에 의해 GTP가 cGMP로 되어 단백질인산화효소를 활성화시킨다.

내피세포(혈관에 존재하는 편평한 형태의 세포)에서 분비되는 산화질소(NO)는 세포내 신호 전달에 중요한 구아닐산 고리화 효소를 활성화한다. 구아닐산 고리화효소에 의해 합성된 cGMP는 동맥 주위에 있는 평활근 세포를 이완시키고 혈관을 확장시켜 혈액이 잘 흐르도록 하여 근육에 혈액공급을 증가시키는 작용을 하므로 심장에 불충분한 혈류로 인하여 발병하는 가슴 통증인 협심증 치료에 사용되어 왔다.

또한 남성이 성적으로 흥분하게 되면 NO가 특정 세포로부터 성기의 발기조직으로 방출되어 평활근이 이완되고 발기조직의 해면체가 혈액으로 채워져서 발기가 유도된다. 비아그라(시트르산 실데나필)는 NO의 활성을 끝내도록 하는 효소의 활성을 억제해서 NO 반응 경로를 오래 활성화 시켜서(cGMP를 GMP로 가수 분해되는 것을 방해) 발기를 유지하게 한다.

㉢ DAG(다이아실글리세롤, diacylglycerol): 지질유래 화합물로 단백질 인산화 효소를 활성화한다.

㉣ IP3(이노시톨3인산, inositol trisphosphate): 지질유래 화합물로 매끈면 소포체에서 Ca 이온통로를 열어 Ca^{2+}을 세포질로 방출하도록 한다.

㉤ Ca^{2+}: 광범위하게 사용되는 제2전령자이다.

Check Point

cAMP

고리형 AMP 또는 사이클릭 AMP이라고 하며 아데닐산 고리화효소에 의해 ATP에서 cAMP로 된다. 1971년 노벨상을 수상한 E. W. 서덜랜드는 cAMP가 세포 내의 효소 등을 활성화하여 그 세포 특유의 호르몬에 대해 반응을 일으킨다고 주장했다. 세균에 존재하는 cAMP는 cAMP 수용 단백질(대사 촉진 단백질, CRP)과 결합하여 복합체를 형성하고, 포도당 감수성 오페론의 프로모터 부분에 결합하여 전사활성을 촉진시키는 작용을 한다.
이외에도 아드레날린이나 글루카곤의 혈당 상승작용을 중개하는 역할을 하는 것으로 밝혀졌다. 그 후 다른 많은 호르몬이나 신경전달 물질도 세포 내 cAMP를 매개로 세포 내의 효소 등을 활성화하여 여러 작용을 발현하는 것을 확인하고, 호르몬 등의 세포외 정보물질(제1전령)에 대하여 cAMP가 세포 내 정보물질(제2전령)로서 작용한다는 제2전령학설을 확립하였다.

❖ 콜레라독소는 염과 물의 분비를 조절하는 데 관여하는 G단백질을 변형시킨다. 변형된 G단백질은 GTP를 GDP로 가수분해하지 못하여 활성화되어 있는 상태에서 유지되며, 따라서 아데닐산 고리화효소의 활성을 촉진하여 cAMP가 계속 만들어지게 된다. 그 결과 높은 농도의 cAMP는 많은 양의 염을 장으로 배출하도록 만들며 이에 따라 삼투에 의해서 물이 배출되어 다량의 설사가 나타나게 된다.

❖ 내피세포에서 분비되는 NO는 시냅스 소포에 저장되어있지 않고 필요에 따라 만들어져서 확산된 후 빠르게 분해된다.

❖ 세포막에 있는 특정종류의 인지질(포스파티딜 이노시톨 2인산, phosphatidylinositol 4,5-bisphosphate: PIP2)이 세포막에 존재하는 인지질 분해효소C(phospholipase C, PLC)에 의해서 DAG와 IP3로 분해되어 DAG는 그대로 이중층에 남아있고 IP3는 세포질로 방출된다.

❖ 가장 많이 사용되는 두 가지 2차 신호 전달자는 cAMP와 Ca^{2+}이다.

심화편 I

ATP → (아데닐산고리화 효소, Pyrophosphate $P-P_1$) → 고리형 AMP → (인산이에스테르 가수분해효소, H_2O) → AMP

» cAMP: 인산기가 3′과 5′ 탄소에 결합하고 있어서 고리형 배열이 된 것이다.

5 에피네프린에 의한 글리코젠 분해를 촉진하는 신호전달계

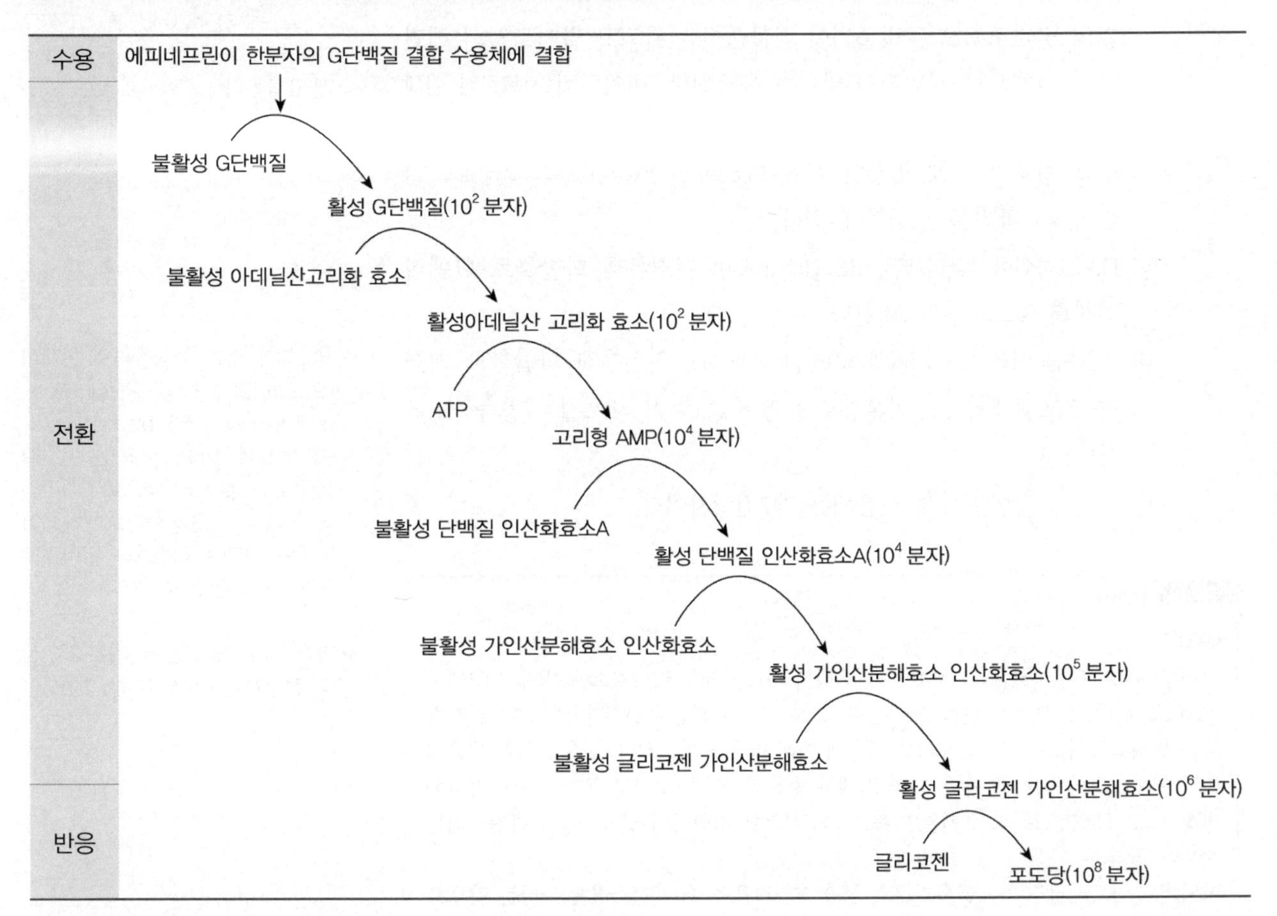

» 단백질 인산화효소A는 세린/트레오닌 인산화효소이다.

» 단백질 탈인산화효소(protein phosphatase, pp)는 단백질에서 인산기를 빠르게 제거하는 탈인산화를 일으킨다. 탈인산화에 의해 단백질 인산화효소를 불활성화 시킴으로써 탈인산화효소는 신호가 더 이상 존재하지 않는 경우 신호전달 경로를 차단하는 수단을 제공한다. 또한 탈인산화효소는 단백질 인산화효소가 재사용될 수 있도록 하여 세포가 새로운 신호에 대해 다시 반응을 나타낼 수 있게 해준다.

Check Point

(1) **수용성 호르몬에 대한 세포막 수용체:** 수용성 호르몬은 세포외 배출작용을 통해 분비되어 세포막 수용체에 결합하면 신호전달경로가 시작되어 세포 내 단백질에 연속적인 변화를 일으켜서 세포 외부의 화학신호를 특정한 세포 내 반응으로 바꿔준다. 또한 세포질에 있는 단백질을 활성화시켜서 핵으로 이동하게 하여 특정 유전자의 발현을 촉진하는 전사인자를 활성화시킨다.

(2) **지용성 호르몬에 대한 세포 내 수용체:** 지용성 호르몬은 무극성(소수성)분자이므로 내분비세포의 세포막을 그대로 통과하여 확산된 후 표적세포의 소수성인 인지질층을 통과하여 세포 내부로 확산되어 들어가서 표적세포의 핵 또는 세포질에 있는 수용체 단백질을 활성화시키고, 호르몬-수용체 복합체는 전사인자로 작용하여 유전자 발현을 하도록 한다.

6 세포 신호전달의 특이성

(1) 동일한 신호물질에 대한 세포 반응의 특이성

같은 신호물질에 대해서 표적기관에 따라 다른 반응이 나타나는 원인은 세포사이의 다른 차이들과 마찬가지로 서로 다른 종류의 세포는 다른 단백질 조합을 가지고 있기 때문이다.

① 수용체 단백질이 다른 경우

② 신호전환경로가 다른 경우

㉠ 신호전환경로가 분리되어 두 가지 반응을 나타내는 경로로 갈라지게 되는 경우로 이런 경우는 한 번에 하나 이상의 신호전달경로를 활성화 시킬 수 있는 타이로신 인산화효소 수용체가 사용된다.

㉡ 다른 신호에 의해서 발생되는 경로와 상호작용하여 하나의 반응을 조절하게 되는 경우

(2) 아드레날린이 다양한 반응을 일으키는 이유

아드레날린 수용체는 알파(α)와 베타(β) 두 종류로 나뉘며 또 여러 개의 아형(α_1, α_2, β_1, β_2, β_3)을 가지고 있다.

① 간세포의 아드레날린 수용체는 세포막에 존재하는 β-유형 수용체이다. 이 수용체는 단백질 인산화효소를 활성화 시켜서 글리코젠을 분해하여 포도당을 혈액으로 방출시킨다.

② 골격근으로 가는 혈관을 감싸고 있는 평활근 세포에 있는 아드레날린 수용체는 세포막에 존재하는 β-유형 수용체이다. 이 수용체는 단백질 인산화효소를 활성화시켜서 평활근이 이완되고 혈관확장이 되어 골격근으로 혈류가 증가한다.

③ 장으로 들어가는 혈관을 감싸고 있는 평활근 세포에 있는 아드레날린 수용체는 세포막에 존재하는 α－유형 수용체이다. 이 수용체는 단백질 인산화효소를 활성화시키기보다는 다른 G단백질과 다른 효소가 작동하는 신호 전달 경로를 유도한다. 그 결과 평활근이 수축되고 혈관수축이 되어 장으로 가는 혈류가 감소한다.

(3) 골격단백질에 의한 신호전환의 효율

여러 개의 신호 중계 단백질의 상호작용을 촉진시키고 연관된 성분들의 활성화를 가속화하기 위해서 신호 중계 단백질이 동시에 결합되어 있는 지지대 단백질(골격 단백질, scaffolding protein)에 의해서 신호전환의 효율이 증가될 수 있다.

❖ 비스코트 알드리치 증후군(WAS)
X염색체 유전자 돌연변이로 단 하나의 중계단백질 결핍으로 인해 반복적으로 감염이 일어나고 피부에 습진이 생기며, 혈소판 감소증 등이 나타난다.

7 막대세포에서 빛의 유무에 따른 수용기 전위의 생성

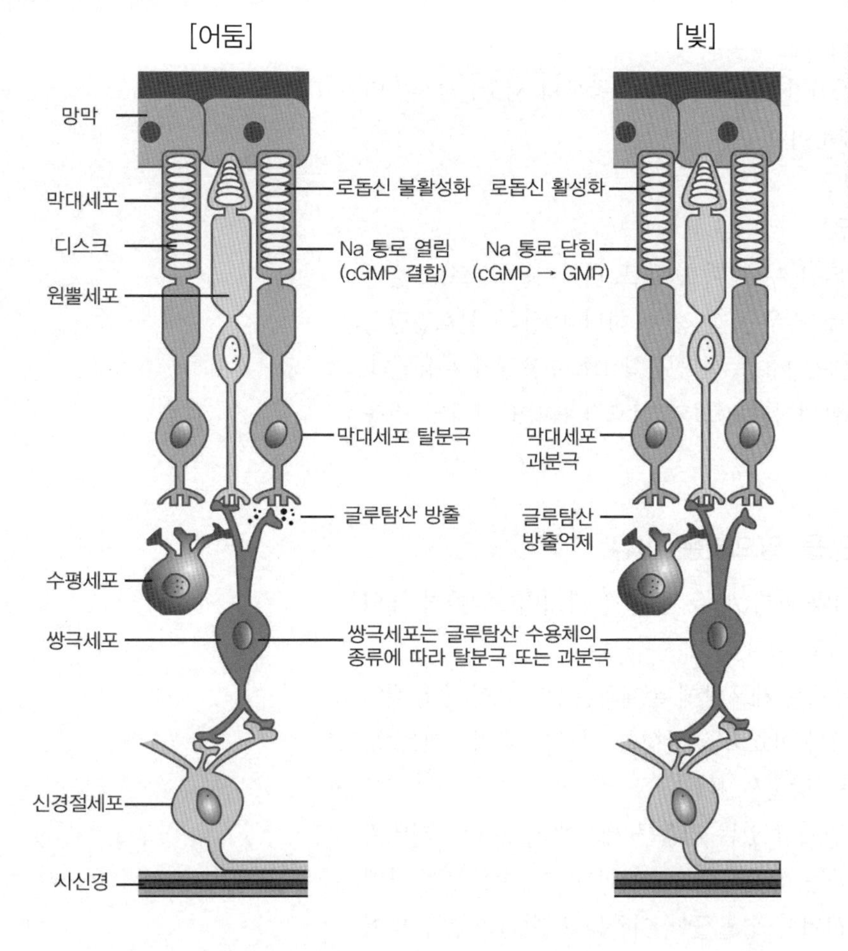

(1) 밝은 곳에 있다가 어두운 곳에 들어가면 막대세포에 존재하는 옵신(opsin)은 레티날(retinal)과 결합해서 로돕신(rhodopsin)을 합성한다.

(2) 로돕신이 빛을 흡수하면 레티날의 일부가 변화되면서 로돕신을 활성화시킨다.

로돕신이 빛을 흡수하면 레티날은 분자 모양이 굽은 형태인 시스형 레티날에서 펴진 형태인 트랜스형 레티날로 변하게 된다. 분자의 형태가 변하게 되면 레티날이 옵신으로부터 떨어져 나오게 되어 신경세포에 신호전달물질로 작용하게 된다(빛에 의한 활성화는 로돕신의 색을 붉은 색에서 노란 색으로 변화시키기 때문에 탈색이라는 표현을 쓰기도 한다).

(3) 활성화된 로돕신은 디스크 막의 트랜스듀신(transducin)이라는 G단백질을 활성화시킨다.

(4) 트랜스듀신이라는 G단백질은 포스포다이에스터레이스(PDE, phosphodiesterase)를 활성화시킨다.

(5) 활성화된 PDE는 cGMP를 GMP로 가수분해하여 cGMP를 Na 통로로부터 분리시킨다.

(6) cGMP가 Na 통로로부터 떨어져 나오면 Na 통로가 닫히고 Na^+에 대한 막의 투과성이 낮아져서 막대세포는 과분극 된다 광수용기세포는 휴지상태(어두운 곳에 있을 때)에서는 상대적으로 탈분극 되어있고(어두울 때 cGMP는 막대세포의 Na 통로에 결합하여 Na 통로를 열려 있는 상태로 유지시킨다), 적합자극에 대해서는 과분극이 일어나는 유일한 감각세포이다(광수용기세포의 신호변환은 일반적인 신호변환과 반대로 작용한다).

(7) 막대세포가 과분극 되면 글루탐산(신경전달물질)의 방출이 억제된다.

(8) 글루탐산에 의해서 탈분극 되었던 쌍극세포는 과분극 되고 과분극 되었던 세포는 탈분극되면서 일어나는 막전위 변화가 뇌세포에 전달되어 시각이 성립된다(쌍극세포는 글루탐산수용체의 종류에 따라 과분극 되거나 탈분극 된다).

❖ 과분극
막전위를 유발하는 세포막에 의해 분리된 전기적 하전량이 휴지 상태 이상으로 증가하는 현상이다. 세포의 막은 일반적으로 내부가 음(−), 외부가 양(+)의 방향으로 분극하고 있는데, 세포 내부는 휴지막전위 이상으로 음(−)이 된다.

❖ 측면억제
빛이 막대세포나 원뿔세포를 자극하면 수평세포들은 멀리 떨어져 있는 광수용기 세포들과 쌍극세포들을 억제하여 밝은 부분은 더 밝게 하고 주변의 어두운 부분은 보다 어둡게 만들어 상의 대비가 또렷해지게 하는 것을 말한다.

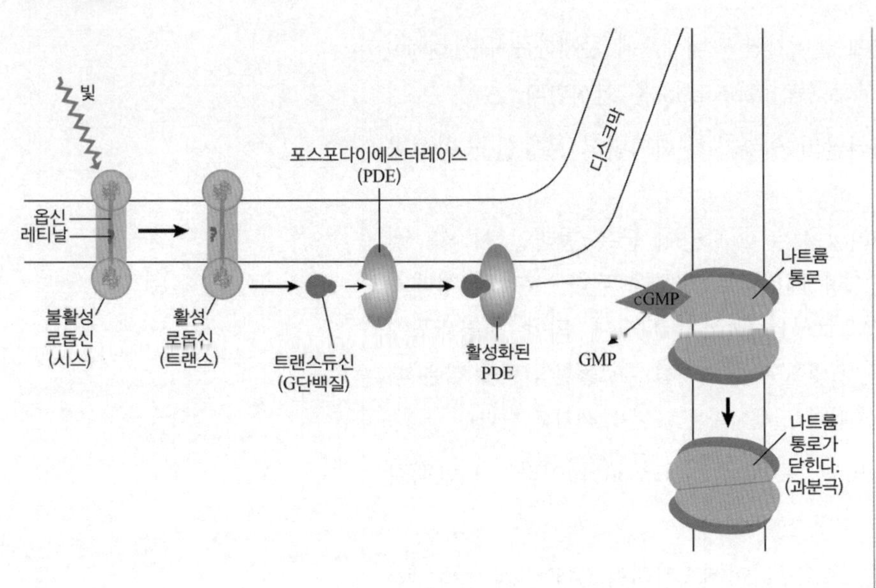

시스 이성질체 (굽은형) —빛→ 트랜스 이성질체 (일자형)

▲ 레티날

예제 | 2

척추동물의 광수용기에 대한 설명으로 옳지 않은 것은? (국가직 7급)

① 빛을 비추면 간상세포에 존재하는 나트륨(Na^+) 채널이 열린다.

② cGMP는 간상세포의 나트륨(Na^+) 채널에 결합하여 나트륨 채널을 열려있는 상태로 유지시킨다.

③ 활성화된 인산디에스테르가수분해효소(PDE)는 cGMP를 GMP로 가수분해하는 반응을 촉매한다.

④ 활성화된 트랜스듀신은 인산디에스테르가수분해효소(PDE)를 활성화시킨다.

| 정답 | ①

빛을 비추면 간상세포에 존재하는 나트륨(Na^+) 채널이 닫힌다.

05 세포호흡 과정

1 세포호흡(cellular respiration) 장소와 반응식

(1) **장소**: 세포질, 미토콘드리아(mitochondria)

(2) 반응식

$$C_6H_{12}O_6 + 6O_2 + 6H_2O \rightarrow 6CO_2 + 12H_2O$$

세포호흡은 유기영양소가 분해되는 이화 작용이며 에너지가 방출되는 발열반응이고, 유기물이 산화되는 산화 작용이다.

(3) 호흡기질(respiration substrate)

생물의 세포호흡에 이용되는 유기물로 탄수화물과 단백질 및 지방이 있으며, 이들 중에서 주로 포도당이 호흡기질로 이용된다. 섭취한 영양소(탄수화물, 단백질, 지방)는 소화기관에서 소화되어 혈액으로 흡수된 후 온몸의 조직세포에서 최종적으로 분해된다.

(4) 호흡효소

탈수소효소 (dehydrogenase)	호흡기질로부터 수소를 떼어내어 기질을 산화시키는 효소	조효소: NAD^+(nicotinamide adenine dinucleotide, 니코틴산아마이드 아데닌 다이뉴클레오타이드), FAD(flavin adenine dinucleotide)
전자전달효소 (electron transport enzyme)	전자 운반에 관여하는 효소(사이토크롬, cytochrome: b, c, a, a_3)	보결족(prosthetic group): Fe(철 이온이 2가와 3가를 오가면서 전자를 전달)
탈탄산효소 (decarboxylase)	카복시기를 갖는 유기산으로부터 CO_2를 떼어내는 효소	피리독살인산: 아미노산 탈탄산효소 등의 조효소 티아민피로인산: 피루브산 탈탄산효소 등의 조효소

(5) NAD^+와 FAD에 의한 전자전달

$NAD^+ + 2H^+ + 2\ominus \rightarrow NADH + H^+$

$FAD + 2H^+ + 2\ominus \rightarrow FADH_2$

❖ 산화제와 환원제
- NADH, $FADH_2$: 환원제(환원형)
- NAD^+, FAD : 산화제(산화형)

즉, $Xe^- + Y \rightarrow X + Ye^-$ 에서
- 전자공여체인 물질 Xe^-는 Y를 환원시키므로 Xe^-환원제(환원형)라 한다.
- 전자수용체인 물질 Y는 Xe^-를 산화시키므로 Y를 산화제(산화형)라 한다.

2 세포호흡의 전 과정

해당과정, 피루브산의 산화와 시트르산회로(TCA회로), 산화적 인산화(전자전달과 화학삼투)의 세 단계에 걸쳐 이루어진다.

(1) 해당 과정(glycolysis)

1분자의 포도당($C_6H_{12}O_6$) 이 2분자의 피루브산($C_3H_4O_3$) 으로 분해되는 과정으로 세포질에서 일어난다.

(2) 피루브산의 산화와 TCA 회로(pyruvate oxidation and TCA cycle)

해당 과정에서 생성된 피루브산이 이산화탄소와 수소로 분해되는 과정으로 미토콘드리아 기질에서 일어난다.

(3) 산화적 인산화(전자전달계와 화학삼투)(oxidative phosphorylation, chemiosmosis)

해당 과정과 TCA 회로에서 생성된 H^+가 지니고 있던 전자가 여러 가지 전자전달계를 거치면서 산소와 결합하여 물이 생성되는 과정으로 미토콘드리아 내막에서 일어난다.

❖ 산화환원반응은 항상 전자의 이동이 일어나지 않을 수도 있다. 전자가 완전히 전달될 수도 있지만 전기음성도에 의해 생기는 극성 때문에 전자의 공유결합정도만 변하기도 한다.

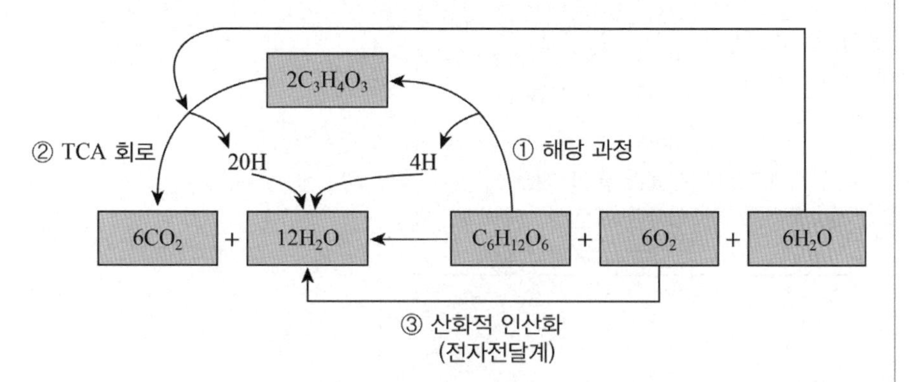

3 세포호흡 단계

(1) 제1단계(해당 과정, E · M · P 경로): 세포질

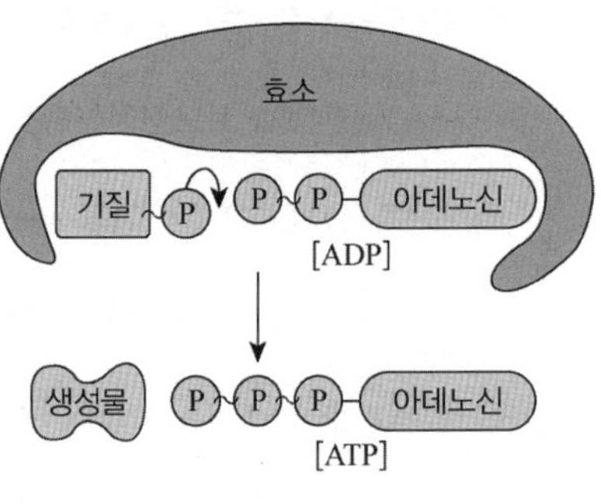

▲ 기질 수준 인산화

① 1분자의 포도당($C_6H_{12}O_6$) 이 2분자의 피루브산($C_3H_4O_3$) 으로 분해되는 과정이다.

② $C_6H_{12}O_6 \rightarrow 2\ C_3H_4O_3 + 4\ H$
$(2NADH + 2H^+) + 2ATP$

③ 산소가 없어도 일어난다.

④ 탈수소효소에 의해서 2NADH가 생성된다(포도당이 피루브산으로 분해될 때 방출된 전자에 의해서 NAD^+가 NADH로 환원된다).

⑤ 1분자의 포도당이 2분자의 피루브산으로 분해될 때 2분자의 ATP가 소모되고(에너지 투자기) 4분자의 ATP가 생성된다(에너지 회수기). 따라서 해당 과정에서 2ATP가 생성된다(기질 수준 인산화).

실험 (가) 해당 과정에 필요한 포도당, 효소, 조효소, ADP, 인산을 넣은 수용액을 만들고 포도당의 농도 변화를 알아본다.
(나) 시간 t에서 소량의 ATP를 첨가하고 포도당과 피루브산의 농도 변화를 알아본다.

결과 (가)에서 포도당이 분해되지 않은 이유는 ATP가 공급되지 않았기 때문이다. 시간 t에서 소량의 ATP를 첨가한 결과 포도당이 분해되기 시작한 것으로 보아 우선 ATP가 소모된 후에 ATP가 생성된다는 것을 알 수 있다.

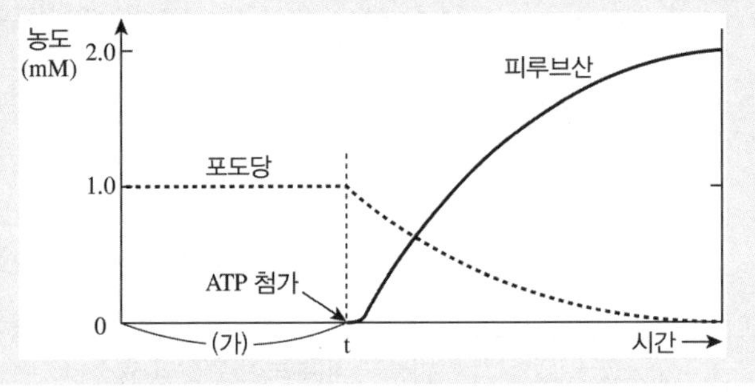

예제 | 1

해당과정(glycolysis)에 대한 설명으로 옳지 않은 것은? (국가직 7급)

① 해당과정은 기질수준 인산화 반응을 포함한다.
② 해당과정은 에너지를 생산하기 위해 산소(O_2)가 필요하다.
③ 해당과정은 1개의 포도당 분자로부터 2개의 NADH 분자를 얻는다.
④ 해당과정은 1개의 포도당 분자로부터 2개의 피루브산(pyruvate) 분자가 생성된다.

| 정답 | ②
해당과정은 산소가 없어도 일어난다.

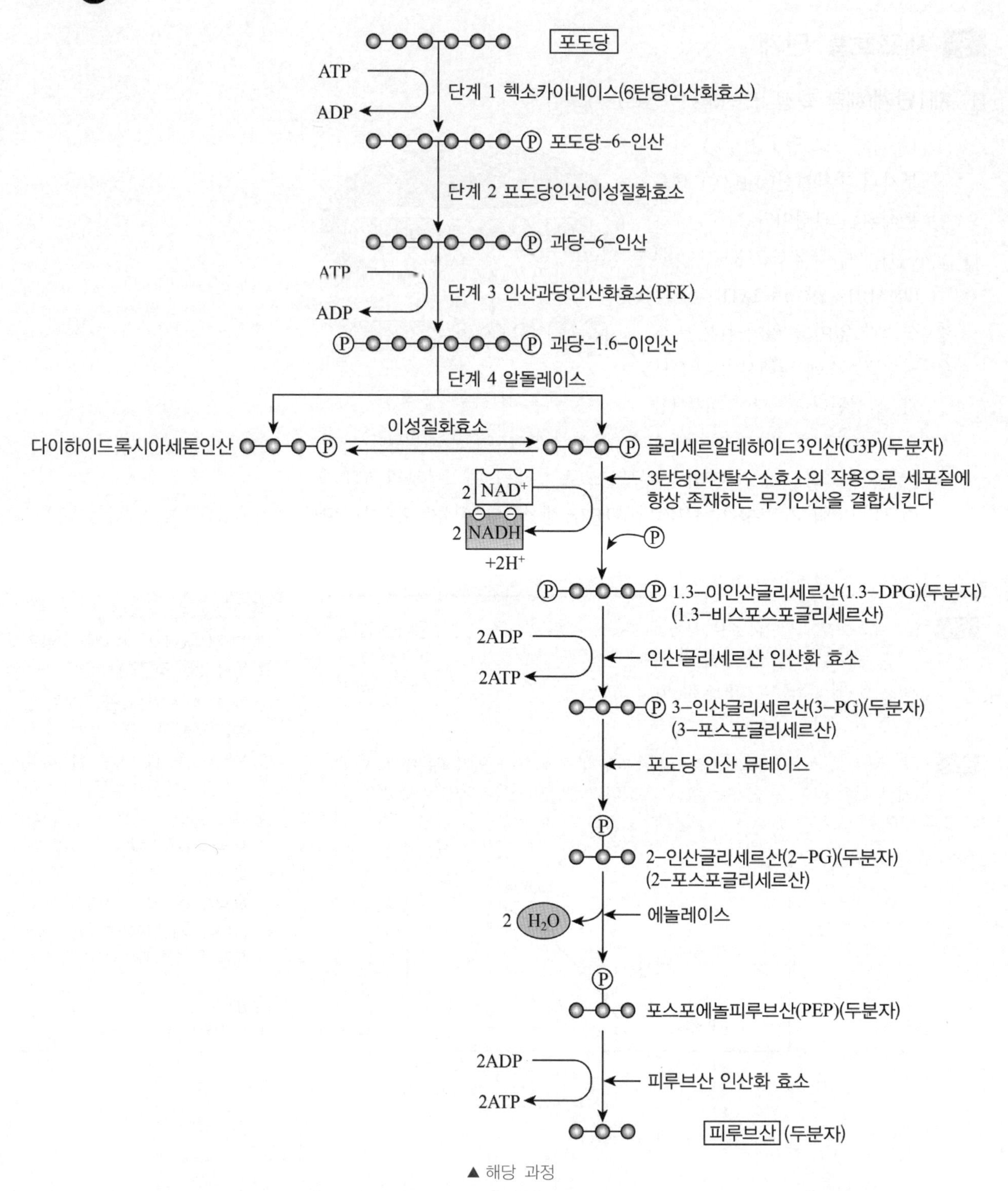

▲ 해당 과정

» 알돌레이스에 의해서 생성된 2개의 삼탄당 중 하나인 글리세르알데하이드3인산(G3P)만이 피루브산으로 되고 다이하이드록시아세톤인산(DHAP)은 삼탄당인산 이성질화 효소에 의해서 신속하고도 가역적으로 글리세르알데하이드3인산(G3P)으로 변환된 후 바로 다음 단계로 진행된다.

Check Point

- **포도당을 즉시 인산화하는 주된 이유**
  세포 밖으로 포도당이 확산되어 나가는 것을 방지하기 위한 것이다. 전하를 띤 인산기를 붙여서 인산화하면 인산기의 전하 때문에 포도당 6-인산이 세포막을 쉽게 통과하지 못한다.
- **되먹임 기작에 의한 세포호흡의 조절**
  세포가 활동을 해서 세포의 ATP 농도가 떨어지기 시작하면 세포호흡이 증가한다. 세포호흡 결과 충분한 양의 ATP가 공급되면 유기물질들을 다른 기능에 쓰려고 아껴 놓기 위해서 세포호흡 속도를 감소시킨다. 이 경우에 해당 과정의 효소들을 조절함으로써 이루어지는데 이때 중요한 조절점 하나는 해당 과정의 단계 3을 촉매하는 인산과당인산화효소(phospho fructo kinase, PFK)이다. 따라서 해당 과정의 단계 3은 해당과정을 조절해주는 핵심단계이다.
  인산과당인산화효소는 특정한 억제 물질이나 활성 물질에 대한 수용체 자리를 가지고 있는 다른 자리 입체성(allosteric)효소이다.
  이 효소는 ATP에 의하여 불활성화되고 ADP나 AMP에 의하여 활성화된다. AMP는 ADP로부터 유래되므로 ATP의 축적에 의하여 이 효소가 불활성화되면 해당 과정은 느려진다. 세포가 활동해서 ATP가 ADP나 AMP로 전환되면 이 효소는 다시 활성화된다. 또한 시트르산(citric acid)의 이온화형태인 citrate는 PFK의 다른 자리 입체성 조절자로 작용하므로 고농도의 시트르산은 인산과당인산화효소(PFK)의 작용을 억제해서 해당과정 속도와 시트르산 회로 속도를 맞추어 주어 물질대사 균형이 이루어진다.

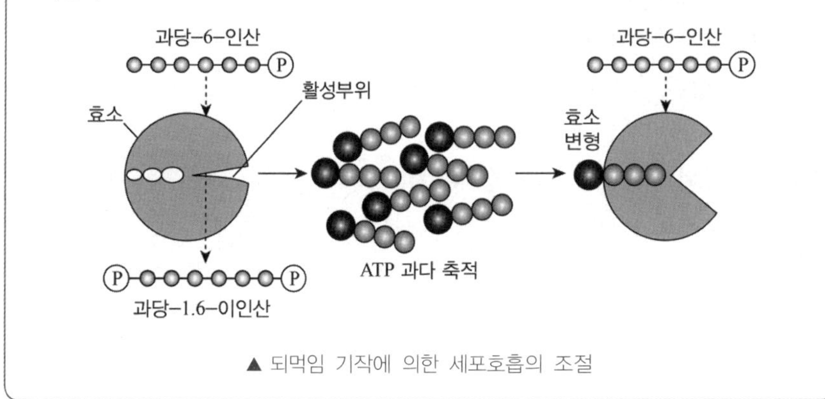

▲ 되먹임 기작에 의한 세포호흡의 조절

(2) **제2단계(TCA 회로, 시트르산 회로, 크렙스 회로)**: 미토콘드리아 기질(mitochondria matrix)

① 해당 과정에서 생성된 피루브산이 능동수송으로 미토콘드리아로 들어가서 여러 가지 효소들에 의해 여러 가지 화학반응을 거쳐 이산화탄소와 수소로 분해되는 과정이다.

$$2C_3H_4O_3 + 6H_2O \rightarrow 6CO_2 + 20H(8NADH + 8H^+ + 2FADH_2) + 2ATP$$

② 산소가 공급되지 않는다면 전자전달계가 중단되고, 그 결과 전자전달계로부터 NAD^+와 FAD가 공급되지 않아 TCA 회로는 일어나지 않는다. 즉 TCA 회로는 산소가 없으면 진행되지 않고 산소가 있어야 진행된다.

③ 피루브산에 포함된 탄소는 탈탄산효소에 의해 CO_2의 형태로 분해되고, 고에너지 전자는 탈수소효소의 조효소인 NAD^+와 FAD에 전달되어 NADH와 $FADH_2$를 생성한다.

④ 피루브산의 산화와 TCA 회로의 과정

㉠ 3탄소 화합물인 피루브산(C_3)으로부터 탈탄산효소에 의해 CO_2가 방출되고, 탈수소효소에 의해 NADH가 생성된 후, 조효소 A (coenzyme A, CoA)와 결합하여 2탄소 화합물인 아세틸 CoA가 된 다음에 아세틸 CoA에서 CoA가 떨어진 아세틸기가 TCA 회로로 들어간다.

㉡ 아세틸기는 미토콘드리아에 있는 옥살아세트산(C_4)과 결합하여 시트르산(C_6)이 된다.

㉢ 시트르산은 탈탄산효소에 의해 CO_2가 방출되고, 탈수소효소에 의해 NADH가 생성된 후 α-케토글루타르산(C_5)으로 된다.

㉣ α-케토글루타르산(C_5)은 탈탄산효소에 의해 CO_2가 방출되고, 탈수소효소에 의해 NADH 가 생성된 후 CoA-SH와 결합하여 석시닐 CoA로 된다. 석시닐 CoA의 CoA-SH는 인산기에 의해 대체되는데 이때 인산기가 GDP에 전달되어 GTP를 생성한 후 GTP의 인산기는 ADP에 전달되어 최종적으로 ATP를 생성하고 석신산(C_4)으로 된다(기질 수준 인산화).

㉤ 석신산은 탈수소효소의 작용으로 $FADH_2$를 생성하면서 푸마르산(C_4)이 된다.

㉥ 푸마르산은 H_2O과 결합하여 말산(C_4)이 된다.

㉦ 말산은 탈수소효소의 작용으로 NADH를 생성하면서 옥살아세트산이 된다. 이 옥살아세트산은 다시 아세틸 CoA와 결합하여 시트르산을 생성한다.

❖ GTP는 ATP를 합성하는 데 사용되기도 하지만 세포의 일에 직접 사용되기도 하고 일부 생물의 경우는 직접적으로 ATP를 형성하기도 한다.

용어 개정

- 활성아세트산 → 아세틸 CoA
- 숙식산 → 석신산
- 숙시닐 CoA → 석시닐 CoA

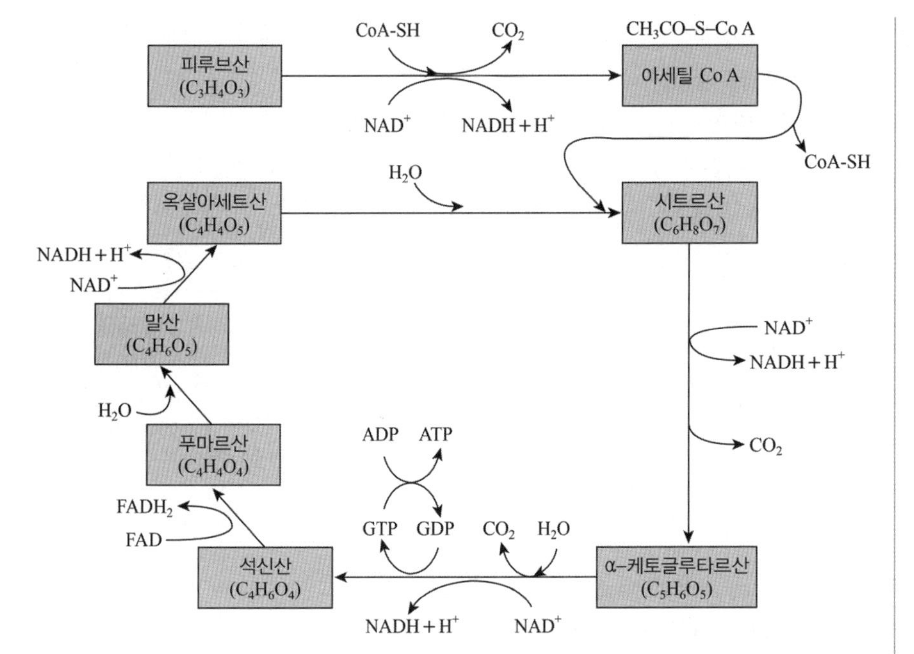

» 1분자의 피루브산이 TCA 회로를 거치면 CO_2 3분자, $NADH+H^+$ 4분자, $FADH_2$ 1분자, ATP 1분자가 생성된다. 포도당 1분자를 완전히 산화시키기 위해서는 TCA 회로가 2번 진행되어야 하므로 6분자의 CO_2, 8분자의 NADH, 2분자의 $FADH_2$, 2분자의 ATP가 생성된다(아이소시트르산: 시트르산에서 물 1분자가 제거되고 다시 물 1분자가 첨가되면서 생긴 시트르산 이성질체).

❖ 아세틸기가 TCA회로를 한 번 돌면서 완전히 분해되면 두 분자의 CO_2가 생성되는데 이때 방출된 CO_2의 탄소는 아세틸기에 있던 탄소가 아니고 옥살아세트산에 있던 탄소원자가 CO_2에 포함되어 방출되는 것이다. 즉, 아세틸 CoA로부터 TCA 회로로 들어가는 아세틸기에 있는 탄소 원자들은 한 번 돌 동안 TCA 회로를 떠나지 않는다.

TCA 회로에서 생기는 중간 대사 물질(COOH를 갖는 유기산)의 화학 구조식

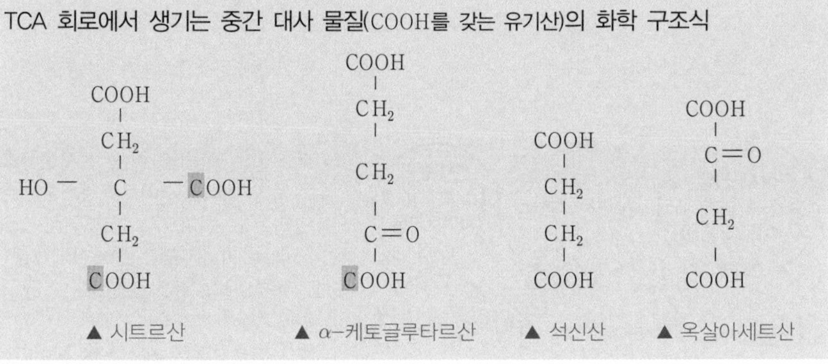

❖ 유기산 분자의 구조식에서 짙게 표시한 탄소는 아세틸 CoA를 경유해서 들어간 탄소가 아니고 옥살아세트산에 있던 탄소이며, 이들은 시트르산이 α-케토글루타르산으로 될 때와 α-케토글루타르산이 석신산으로 될 때 CO_2로 TCA회로를 떠나는 2개의 탄소를 나타낸 것이다. 석신산은 대칭분자이므로 탄소를 구별할 수 없게 된다.

(3) 제3단계(산화적 인산화): 미토콘드리아 내막

전자전달계와 화학삼투를 통해서 ATP를 생성한다. 해당 과정과 TCA 회로에서 생성된 NADH와 $FADH_2$가 지니고 있던 전자가 여러 가지 전자전달사슬을 거치면서 전자전달효소들의 산화환원 반응에 의해 산소와 결합하여 물이 생성되는 과정으로 미토콘드리아 내막에서 일어난다.

$$24H + 6O_2 \rightarrow 12H_2O$$

① 미토콘드리아 내막의 전자전달사슬은 4개의 전자전달효소 복합체(내막 안에 있는 복합체Ⅰ, 복합체Ⅲ, 복합체Ⅳ와 기질 쪽 방향으로 내막에 붙어있는 복합체Ⅱ)와 이들 사이를 왕복하며 전자를 운반하는 전자운반체인 조효소Q(CoQ, 유비퀴논, 전자전달사슬에서 단백질이 아닌 유일한 화합물로 소수성 분자이며 특정한 복합체에 속해 있지 않아 막 안에서 개별적인 이동성을 갖고 있다), 사이토크롬c로 이루어져 있다.

② NADH + H^+가 NAD^+로 산화되면서 방출된 고에너지 전자(e^-)는 전자전달효소 복합체Ⅰ로 전달된 후 유비퀴논(Q)분자로 전해진다.

③ $FADH_2$가 FAD로 산화되면서 방출된 고에너지 전자(e^-)는 전자전달효소 복합체Ⅱ로 전달된 후 유비퀴논(Q)분자로 전해진다. 이때 방출된 양성자(H^+)는 미토콘드리아 기질로 방출된다.

④ 유비퀴논(Q)분자로 전해진 전자가 전자전달효소 복합체Ⅲ으로 전해지면 복합체 내의 전자운반체인 사이토크롬b, C_1을 거쳐서 막 사이 구획을 자유로이 확산할 수 있는 전자운반체인 사이토크롬 c로 전달된 후 전자전달효소 복합체Ⅳ로 전해지고 복합체 내의 전자운반체인 사이토크롬a와 a_3를 통해 미토콘드리아 기질에 있는 H^+과 함께 O_2에 전달되어 물(H_2O)이 생성된다.

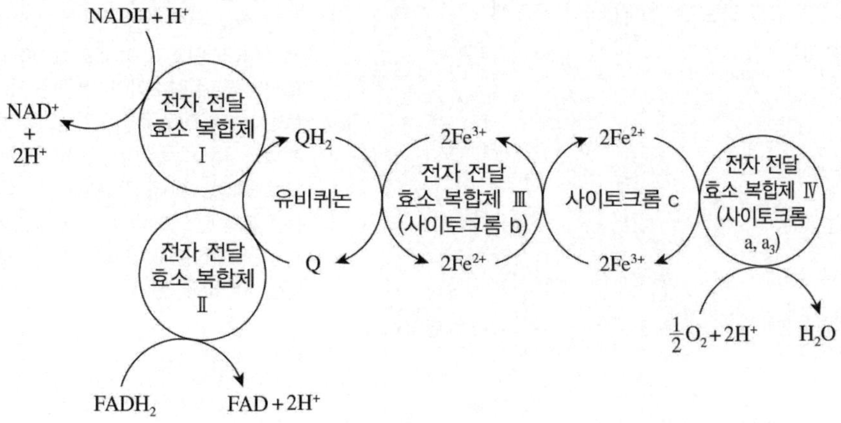

NADH + H^+ → 전자 전달 효소 복합체 Ⅰ → NAD^+ + $2H^+$; QH_2 / 유비퀴논 / Q; 전자 전달 효소 복합체 Ⅱ: $FADH_2$ → FAD + $2H^+$; $2Fe^{3+}$ / 전자 전달 효소 복합체 Ⅲ (사이토크롬 b) / $2Fe^{2+}$; $2Fe^{2+}$ / 사이토크롬 c / $2Fe^{3+}$; 전자 전달 효소 복합체 Ⅳ (사이토크롬 a, a_3); $\frac{1}{2}O_2 + 2H^+$ → H_2O

❖ 진핵세포의 전자전달사슬은 미토콘드리아 내막에 있지만 원핵세포의 전자전달사슬은 세포막에 있다.

❖ 전자전달사슬의 첫 번째 전자전달 복합체Ⅰ은 플라보 단백질이라고 불리는데 플라빈 모노뉴클레오타이드(FMN)라는 보결분자단을 가지고 있어서 그런 이름을 얻었다. 이 플라보 단백질은 전자들을 철-황 단백질(복합체Ⅰ의 철과 황이 결합된 단백질)로 전자를 넘겨주면 철-황 단백질은 전자들을 유비퀴논으로 넘겨준다. (보결분자단: 복합 단백질에서 아미노산 부분에 해당하지 않는 화학 물질)

❖ 사이토크롬b를 갖는 전자전달효소 복합체Ⅲ은 사이토크롬c 환원효소라고도 하며, 사이토크롬a와 a_3를 갖는 전자전달효소 복합체Ⅳ를 사이토크롬c 산화효소라고도 한다.

❖ 사이토크롬은 색소 단백질이다. 사이토크롬의 헴 그룹은 Fe원자를 가지고 있으며 Fe을 함유한 헤모글로빈의 헴 그룹과 유사하다.

예제 | 2

전자전달사슬에서 NADH와 $FADH_2$가 공통으로 전자를 전달하는 최초의 단백질은? (경북)

① 유비퀴논　② 전자운반체Ⅱ
③ 전자운반체Ⅲ　④ 사이토크롬C

| 정답 | ③
공통으로 전자를 전달하는 최초의 화합물은 유비퀴논이지만 유비퀴논은 단백질이 아니다.

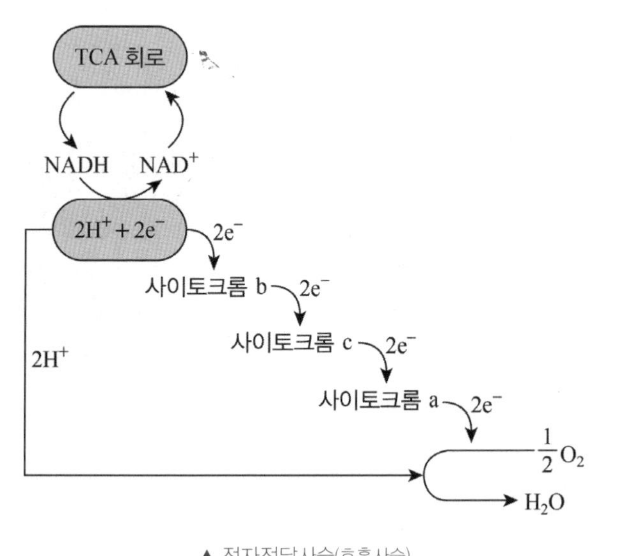

▲ 전자전달사슬(호흡사슬)

» ① 에너지 방출은 한 번의 폭발반응 대신에 여러 단계들을 거쳐서 전자들이 산소로 떨어지게 하기 위해 세포호흡은 전자전달사슬을 이용한다. 전자전달사슬은 진핵세포의 경우 미토콘드리아 내막에 존재하고, 원핵세포의 경우는 세포막에 존재한다.

② 전자가 이동할 때 전자가 가진 에너지 준위(보유량)는 점점 감소한다.
(에너지량: NADH, $FADH_2$ > 사이토크롬b > 사이토크롬c > 사이토크롬a > 사이토크롬a_3 > O_2)

③ 전자는 전자친화력이 작은 물질에서 전자친화력(전기음성도)이 큰 물질로 이동한다.
(전자친화력: NAD^+, FAD < 사이토크롬b < 사이토크롬c < 사이토크롬a < 사이토크롬a_3 < O_2)
따라서 전자친화력(전기음성도)이 가장 큰 물질은 산소이므로 산화적 인산화에서 전자의 최종 수용체는 O_2이다.

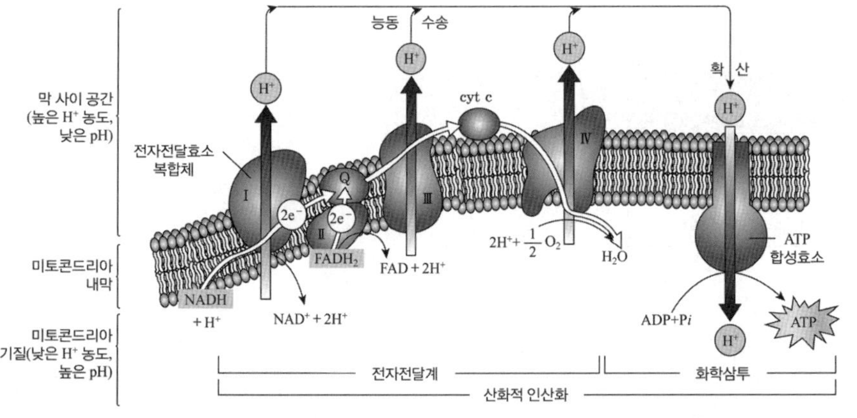

» **산화적 인산화에서 화학삼투에 의한 ATP 합성**: 미토콘드리아 내막에는 전자전달사슬이 위치하고 있어 고에너지 전자가 전자전달사슬을 이동하는 사이 에너지가 방출되어 미토콘드리아 기질에서 막 사이 공간(막간 공간)으로 H^+을 들여보낸다(능동수송). 따라서 막 사이 공간(막간 공간)에는 H^+의 농도가 높아 H^+ 농도 경사가 생기며, H^+의 농도 기울기(양성자 구동력)에 의해 H^+이 막 사이 공간에서 미토콘드리아 기질로 ATP 합성효소가 포함된 통로를 통해 돌아올 때(확산) ATP 합성효소(ATP synthase)가 활성화되어 ATP가 합성된다. 이와 같이 막을 사이에 두고 수소 이온(H^+)의 농도 기울기에 의해 ATP가 합성되는 과정을 화학삼투(chemiosmosis)라 하며 에너지 짝물림(energy coupling)기작이다. (여기에서 삼투는 막을 관통하는 H^+의 흐름을 의미한다.)

❖ H^+이 기질로 확산될 때 ATP가 생성된다.
원핵세포의 경우에는 H^+이 세포 내로 확산될 때 ATP가 생성된다.

Check Point

ATP합성효소

ATP 합성 효소는 F_0와 F_1의 두 부분으로 나누어진 단위체이며, F_0와 F_1단위체는 고정자와 F_1단위체를 회전시키는 회전자에 의해 연결된다. F_0단위체는 막을 관통하고 있으며 원통형 구조를 하고 있어 수소 이온이 이동할 수 있는 통로로 기능한다. F_1단위체는 ATP를 합성하는 효소 활성을 지닌 구조이며, 이 부분에 ADP와 무기인산이 결합한다.

❖ ATP 합성효소

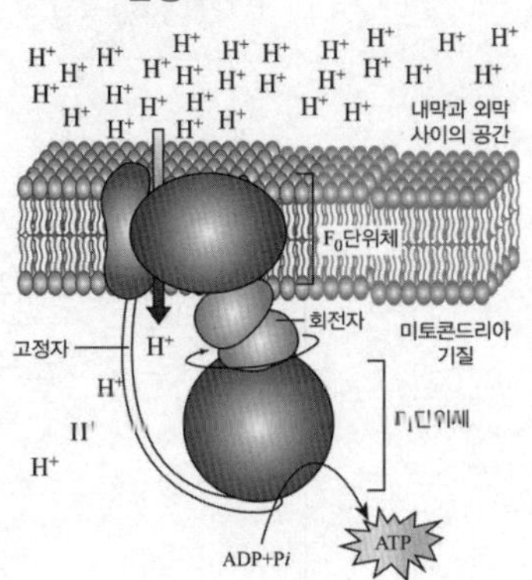

미토콘드리아의 전자전달사슬을 구성하는 4개의 전자전달효소 복합체 중에서 복합체 Ⅰ, Ⅲ, Ⅳ는 양성자펌프의 기능을 하지만 복합체 Ⅱ는 양성자펌프의 기능을 하지 못한다.
따라서 전자를 복합체 Ⅱ로 전달하는 $FADH_2$는 NADH $+H^+$에 비해 막 사이 공간으로 퍼내는 양성자의 수가 더 적다.

- NADH $+H^+$ 1분자에서 생성되는 H_2O 1분자당 약 3ATP 생성
- $FADH_2$ 1분자에서 생성되는 H_2O 1분자당 약 2ATP 생성

따라서 NADH 분자와 $FADH_2$ 분자는 ATP를 만들기 위해 사용될 수 있는 저장된 에너지를 나타낸다.

❖ 호흡과정에서 에너지 이동
포도당 → NADH, $FADH_2$ → 전자전달사슬 → 양성자구동력 → ATP

예제 | 3

미토콘드리아를 pH 8 인 용액에 충분한 시간 동안 넣어두었다가 꺼내 pH 4인 용액으로 옮겼더니 ATP가 합성되었다.

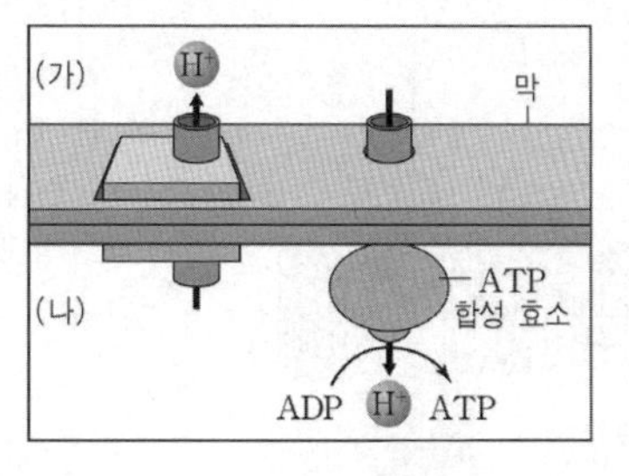

이에 대한 설명으로 옳은 것은?

ㄱ. 전자전달이 일어나지 않아도 H^+농도 구배가 생기면 ATP가 합성된다.
ㄴ. (가)보다 (나)의 pH가 높을 때 ATP가 합성된다.
ㄷ. (나)에서 (가)로의 H^+의 이동에는 ATP의 에너지가 이용된다.

① ㄱ, ㄴ　　② ㄱ, ㄷ
③ ㄴ, ㄷ　　④ ㄱ, ㄴ, ㄷ

| 정답 | ①

(가)는 미토콘드리아 막사이공간이고 (나)는 미토콘드리아 기질이다.
ㄷ. (나)에서 (가)로의 H^+의 이동에는 에너지가 이용된다.

06 세포호흡에서 생성되는 ATP

1 세포호흡에서 생성되는 ATP(38ATP로 계산할 경우)

(1) 해당 과정

포도당이 피루브산으로 분해될 때 2ATP를 이용하고 효소의 작용으로 호흡기질에서 이탈된 인산기가 ADP와 결합하여 4ATP가 생성되므로 결과적으로 2ATP가 생성된다(기질 수준 인산화).

(2) TCA 회로

α-케토글루타르산이 석신산으로 전환될 때 효소의 작용으로 α-케토글루타르산에서 이탈된 인산기가 ADP와 결합하여 ATP가 생성되는데, TCA 회로가 2번 진행되므로 2ATP가 생성된다(기질 수준 인산화).

(3) 산화적 인산화

해당 과정에서 생성된 $2NADH+2H^+$가 전자전달사슬을 거치면서 전자전달 복합체의 산화환원 반응을 통해 6ATP가 생성되고, TCA 회로에서 생성된 $8NADH+8H^+$가 전자전달사슬을 거치면서 전자전달 복합체의 산화환원 반응을 통해 24ATP가 생성되며, $2FADH_2$가 전자전달사슬을 거치면서 전자전달 복합체의 산화환원 반응을 통해 4ATP가 생성되므로 산화적 인산화에서 모두 34ATP가 생성된다.

① 해당과정 2ATP
② TCA 회로 2ATP
③ 산화적 인산화
- 해당 - $2NADH + 2H^+ \rightarrow 2H_2O \times 3ATP = 6ATP$
- TCA
  - $8NADH + 8H^+ \rightarrow 8H_2O \times 3ATP = 24ATP$
  - $2FADH_2 \rightarrow 2H_2O \times 2ATP = 4ATP$

→ 34ATP

(+
38ATP

Check Point

세포호흡에 의한 ATP 생성량 계산

한 분자의 포도당이 분해되어 생성되는 ATP 분자의 개수가 38ATP라고 정확하게 나타낼 수 없는 이유에 대해서 알아본다.

① 일반적으로 한 분자의 NADH 가 세 분자의 ATP를 생성하고, 한 분자의 $FADH_2$는 두 분자의 ATP를 생성하므로 38ATP라고 계산하였다. 그러나 실제로는 NADH

분자와 $FADH_2$ 분자 숫자에 대한 ATP 분자 숫자의 비율은 정수가 아니고, 한 분자의 NADH는 2.5에서 3.3분자 정도의 ATP를 합성할 수 있는 수소 이온의 이동력을 생성한다. $FADH_2$를 통해서 전자들을 전자전달계로 제공하는 경우에는 $FADH_2$ 한 분자가 1.5에서 2분자의 ATP를 합성하는 데 필요한 H^+을 수송한다. 따라서 지금까지 NADH $+H^+$ 1분자에서 생성되는 H_2O 1분자당 약 3ATP를 생성하고, $FADH_2$ 1분자에서 생성되는 H_2O 1분자당 약 2ATP를 생성한다는 가정 하에 한 분자의 포도당에서 38ATP가 생성된다고 계산한 것이다.

② 미토콘드리아 내막은 NADH에 대해 비투과적이므로 세포실에서 미토콘드리아 기질로 선사쌍반 옮겨수기 때문에 ATP 생성량은 세포질에서 미토콘드리아로 전자를 전달하는 두 가지 셔틀의 유형에 따라서 다소 달라진다. 대부분의 세포에서는 전자들이 미토콘드리아의 NAD^+로 건네져서 약 세 분자의 ATP가 만들어지므로 38ATP가 생성된다. 그러나 뇌세포와 같은 특정한 세포의 경우 세포질의 NADH에서 미토콘드리아의 FAD 로 전자들이 건네져서, 세포질의 NADH로부터 세 분자가 아닌 약 두 분자의 ATP만이 만들어지므로 36ATP가 생성된다.
- 말산-아스파트산 셔틀(malate-aspartate shuttle, 대부분의 세포)
  세포질에서 NADH의 전자를 미토콘드리아 기질에서 NAD^+가 받는다.
- 글리세롤인산 셔틀(glycerolphosphate shuttle, 뇌세포와 같은 특정한 세포)
  세포질에서 NADH의 전자를 미토콘드리아 기질에서 FAD가 받는다.
  NADH(해당과정에서 생성) + 다이하이드록시아세톤인산(DHAP) → NAD^+ + 글리세롤3인산
  FAD + 글리세롤3인산 → $FADH_2$ + DHAP

③ 호흡 동안 산화환원 반응에 의하여 생성된 H^+의 기울기(양성자 구동력)는 피루브산을 세포질에서 미토콘드리아로 수송하는 데에도 사용된다.

❖ NADH 1분자가 미토콘드리아 내막을 가로질러 10개의 H^+을 능동수송 시켰을 때 3개~4개의 H^+이 기질로 확산되면서 1개의 ATP를 생성한다. 만약 3개의 H^+이 기질로 확산되면서 1개의 ATP를 생성한다면 1분자의 NADH는 약 3.3분자의 ATP를 합성하지만, 4개의 H^+이 기질로 확산되면서 1개의 ATP를 생성한다면 1분자의 NADH는 약 2.5분자의 ATP를 합성하게 된다.

❖ 양성자 구동력
양성자에 저장된 에너지

2 세포호흡에서 생성되는 ATP(32ATP로 계산할 경우)

1개의 $NADH+H^+$가 NAD^+로 되면서 방출된 고에너지 전자가 전자전달사슬을 지나면서 방출되는 에너지에 의해 10개의 H^+을 능동수송 시키면 4개의 H^+이 ATP합성효소가 있는 통로로 확산되어야 1분자의 ATP가 생성되는 것으로 생화학자들은 일치를 하고 있다. 따라서 $NADH+H^+$ 1분자에서 생성되는 H_2O 1분자당 약 2.5ATP가 생성되고, $FADH_2$ 1분자에서 생성되는 H_2O 1분자당 약 1.5ATP가 생성된다.

❖ 글리세롤 인산 셔틀을 이용하는 뇌세포의 경우는 30ATP가 생성된다.

① 해당과정 2ATP
② TCA 회로 2ATP
③ 산화적 인산화
- 해당 - $2NADH + 2H^+$ → $2H_2O \times 2.5ATP$ = 5ATP
- TCA
  - $8NADH + 8H^+$ → $8H_2O \times 2.5ATP$ = 20ATP
  - $2FADH_2$ → $2H_2O \times 1.5ATP$ = 3ATP

→ 28ATP

(+ 32ATP

Check Point

산화적 인산화의 저해 작용

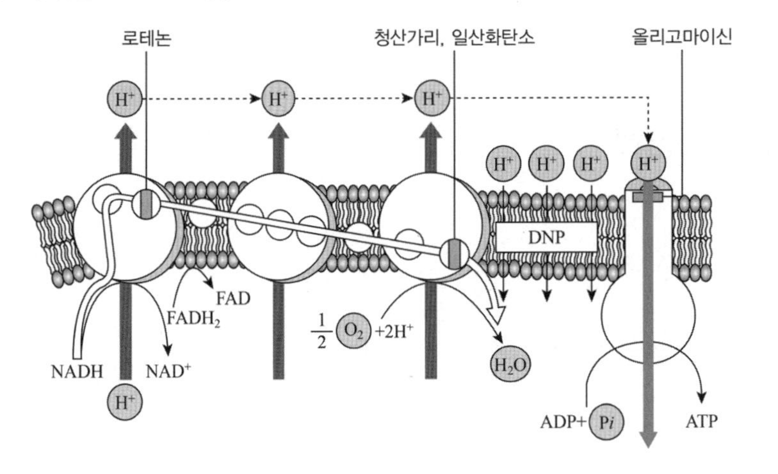

① **로테논(rotenone)**: 첫 번째 전자전달 단백질 복합체와 결합하여 전자전달을 방해하여 전자의 흐름을 중지시켜서 ATP는 합성되지 않는다.

② **안티마이신A**: 사이토크롬 b에서 사이토크롬 c_1으로의 전자전달을 방해하여 전자의 흐름을 중지시켜서 ATP는 합성되지 않는다.

③ **KCN(시안화칼륨, 청산가리)과 일산화탄소**: 마지막 전자전달 단백질 복합체와 결합함으로써 전자가 산소에 전달되는 것을 방해하여 전자의 흐름을 중지시켜서 ATP는 합성되지 않는다.

④ **DNP(dinitrophenol, 짝풀림제)**: H^+을 미토콘드리아 내막의 인지질층을 통해 빠져나가게 함으로써 내막을 경계로 더 이상 H^+의 농도 기울기가 형성되지 않아 전자전달 사슬은 계속적으로 작동하지만 ATP는 합성되지 않는다.

⑤ **올리고마이신(oligomycin)**: H^+이 ATP 합성효소를 통해 기질로 확산되는 것을 방해해서 ATP가 합성되지 않고 전자의 흐름도 억제된다.

⑥ **써모제닌(thermogenin, UCP: uncoupling proteins, 생체 짝풀림제)**: 동면하는 동물의 갈색지방이라고 하는 조직은 미토콘드리아가 특히 많은 세포로 구성되어 있다. 미토콘드리아 내막의 써모제닌은 H^+을 미토콘드리아 내막의 인지질층을 통해 빠져나가게 함으로써 내막을 경계로 더 이상 H^+의 농도 기울기가 형성되지 않아 전자전달 사슬은 계속적으로 작동하지만 ATP는 합성되지 않고 열로 완전히 전환시켜 동면하는 동안에 체온조절에 중요한 역할을 한다.

3 호흡 에너지의 효율

- 호흡에서 포도당 1몰이 완전히 분해되면 686kcal의 에너지가 방출된다.
- 이때 ATP 속에 저장되는 에너지: 38ATP × 7.3kcal = 277.4kcal

(∵ ATP → ADP + 인산 + 7.3kcal)

$$\therefore \text{효율} = \frac{277.4\text{kcal}}{686\text{kcal}} \times 100 \fallingdotseq 40\%$$

❖ 전자전달 저해제를 처리하면 저해 전의 전자운반체는 환원되고 저해 후의 전자운반체는 산화된다.

예제 | 1

세포 호흡의 전자전달계에 대한 설명으로 옳은 것은? (국가직 7급)

① 세균에서 전자전달계의 단백질 복합체는 세포막에 존재한다.
② 전자가 흐를 때 수소이온은 내막에서 기질로 이동한다.
③ 짝풀림 물질(uncoupler)을 처리하면 전자전달이 억제되어 ATP가 생성되지 않는다.
④ 시토크롬c 산화효소의 저해제를 처리하면 전자전달계에는 별 영향이 없다.

| 정답 | ①

② 수소이온은 어느 쪽으로나 이동한다.
③ 짝풀림 물질을 처리해도 전자전달이 억제되지 않는다.
④ 시토크롬c 산화효소의 저해제를 처리하면 전자전달이 억제된다.

- 32ATP일 경우 ATP 속에 저장되는 에너지: 32ATP × 7.3kcal = 233.6kcal

$\therefore$ 효율 $= \frac{233.6\text{kcal}}{686\text{kcal}} \times 100 \fallingdotseq 34\%$

4 탄수화물 · 단백질 · 지방의 산화

(1) 탄수화물의 산화

① 포도당으로 분해된 후 해당 과정, TCA 회로, 산화적 인산화를 거쳐 ATP를 생성한다.

② 과당과 갈락토스는 과당이인산으로 전환된 후 해당 과정, TCA 회로, 산화적 인산화를 거쳐 ATP를 생성한다.

(2) 지방의 산화

지방산과 글리세롤로 분해된 후 지방산은 베타산화(β − oxidation)라는 물질대사 경로로 지방산을 2탄소 조각으로 분해하는데 2탄소 조각은 아세틸 CoA로 되어 TCA 회로에 이용된다. 베타산화 과정 중에 NADH와 $FADH_2$도 생산되어 ATP생산에 사용되므로 지방은 탄수화물에 비해 아주 훌륭한 에너지원으로, 지방에너지의 대부분은 지방산에 저장되어 있다. 글리세롤은 G3P로 된 후 피루브산으로 전환(해당 과정)되어 TCA 회로, 산화적 인산화를 거치며 ATP를 생성한다.

(3) 단백질의 산화

아미노산으로 분해된 후, 탈아미노 반응에 의해 아미노기가 제거되고 각종 유기산으로 된다. 유기산은 피루브산, 아세틸 CoA, TCA 회로의 중간 산물로 전환되어 세포호흡에 이용되며 제거된 아미노기는 NH_3로 되었다가 간에서 요소로 합성된 후 오줌으로 배출된다.

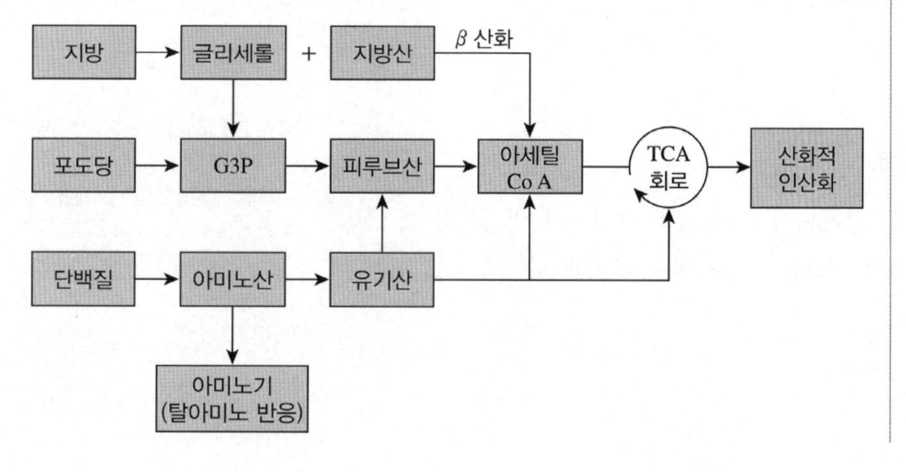

❖ 생합성(동화작용경로)
인간은 시트르산회로에 존재하는 유기산을 변화시켜 20종류의 아미노산 중 절반 정도를 만들 수 있다. 또한 피루브산으로부터 포도당을 만들고 아세틸 CoA로부터 지방산을 만들 수 있다. 이러한 생합성(동화작용)경로는 ATP를 합성하지 않고 대신에 ATP를 소모한다.
따라서 해당과정과 시트르산회로는 물질대사 교차로이며 이 교차로를 통해서 어떤 분자들을 세포에 필수적인 분자들로 전환시킬 수 있다. 물질대사는 다재다능성과 적응성을 가지고 있다.

5 호흡률(respiratory quotient, RQ)

호흡에서 흡수된 O_2와 방출된 CO_2의 몰수의 비, 즉 $\left[\frac{\text{방출된 } CO_2}{\text{흡수된 } O_2}\right]$이다.

❖ 호흡률은 호흡기질에 따라서 다르다.

- 탄수화물: $C_6H_{12}O_6+6O_2+6H_2O \rightarrow 6CO_2+12H_2O \Rightarrow \frac{6CO_2}{6O_2}=1$
- 단백질(글루탐산): $C_5H_{11}O_2N+6O_2 \rightarrow 5CO_2+4H_2O+NH_3 \Rightarrow \frac{5CO_2}{6O_2} \fallingdotseq 0.8$
- 지방(스테아르산): $C_{18}H_{36}O_2+26O_2 \rightarrow 18CO_2+18H_2O \Rightarrow \frac{18CO_2}{26O_2} \fallingdotseq 0.7$
- 지방(팔미트산): $C_{16}H_{32}O_2+23O_2 \rightarrow 16CO_2+16H_2O \Rightarrow \frac{16CO_2}{23O_2} \fallingdotseq 0.7$

6 에너지 전환과 이용

(1) 에너지 전환

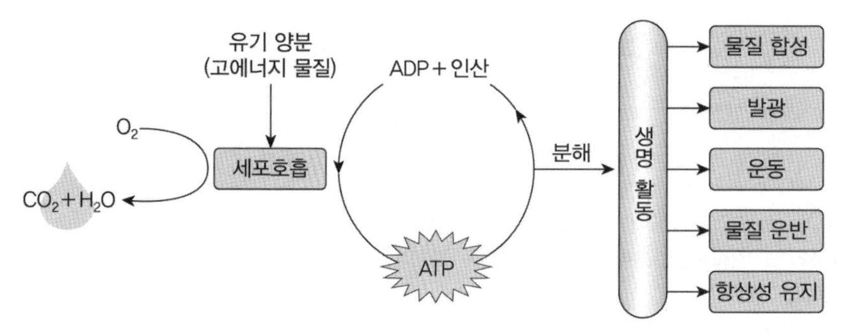

» 에너지의 전환: 빛에너지는 식물의 광합성에 의해 포도당(화학 에너지)에 저장되었다가 호흡을 통해 ATP(화학 에너지)로 전환된 후 분해되면서 생명활동에 필요한 생활 에너지로 사용된다.

(2) 에너지의 이용

① **체온 유지**: 호흡 과정에서 ATP에 저장된 에너지 또는 저장되지 못하고 방출된 에너지가 열에너지로 전환되어 생물의 체온 유지에 이용된다.

② **물질 합성**: 저분자 물질을 고분자 물질로 합성하는 동화 작용은 흡열 반응이므로 ATP가 이용된다.

③ **근육 운동**: 골격근이나 내장근, 심장근에 의한 심장박동에 많은 양의 ATP가 이용된다.

④ **물질 수송**: 능동수송이나 세포 내 섭취, 세포 외 배출 작용에 ATP가 이용된다.

⑤ **발전**: 뉴런의 세포막은 자극이 없는 휴지 전위에서도 안팎의 전위를 유지하기 위해서 ATP가 이용되며, 전기뱀장어는 전기 에너지를 발생시키기 위해서 ATP가 이용된다.

⑥ **발광**: 반딧불이는 루시페린이라는 발광 물질을 이용하여 ATP의 화학 에너지를 빛에너지로 바꾸어서 빛을 낸다.

$$\text{루시페린} + ATP + O_2 \xrightarrow{\text{루시퍼레이스}} \text{산화 루시페린} + \text{물} + \text{빛에너지}$$

예제 | 2

다음 중 ATP를 이용하는 현상으로만 묶인 것은? (경남)

가. 뿌리털에서의 수분 흡수
나. 바다반디의 발광 현상
다. 폐포의 모세혈관에서의 가스교환
라. 신장에서 양분의 재흡수

① 가, 나 ② 나, 라
③ 가, 다 ④ 가, 나, 다

| 정답 | ②
뿌리털에서의 수분 흡수는 삼투, 폐포의 모세혈관에서의 가스교환은 단순 확산이다.

예제 | 3

세포호흡의 전 과정을 통해서 32개의 ATP가 생산되었을 경우에 (A) 세포질에서 생성되는 ATP와 미토콘드리아에서 생성되는 ATP 비율, (B) 기질수준인산화에 의해 생성되는 ATP와 산화적 인산화에서의 ATP 비율을 옳게 나열한 것은? (경기)

	(A)	(B)
①	1:7	1:7
②	1:16	1:8
③	1:1	1:1
④	1:15	1:7

| 정답 | ④
(A) 세포질에서는 해당과정에 의해 2ATP가 생성되고, 미토콘드리아에서는 기질수준 인산화에 의해 2ATP와 산화적 인산화에 의해 28ATP가 생성된다.
(B) 기질수준인산화에 의해 4ATP가 생성되고, 산화적 인산화에서 28ATP가 생성된다.

발효

1 발효(fermentation)

당이 분해되어 일상생활에 유용한 물질로 되는 것으로 산소가 부족하거나 없는 경우 피루브산이 미토콘드리아로 유입되지 못하고 세포질에서 여러 과정을 거쳐 젖산, 에탄올과 같은 물질이 생성된다.

2 알코올 발효(alcohol fermentation)

산소가 없는 상태에서 효모가 포도당을 분해하여 에탄올을 만드는 과정으로 세포질에서 일어나며 탈탄산효소에 의해 CO_2가 방출되고 2ATP가 생성된다(술을 만드는 데 이용된다).

$$C_6H_{12}O_6 \rightarrow 2C_2H_5OH + 2CO_2 + 2ATP$$
(에탄올)

2ADP 2ATP
$C_6H_{12}O_6$ (포도당) — 해당 과정 → $2C_3H_4O_3$ (피루브산)
2NAD⁺ 2NADH + 2H⁺
→ $2CO_2$
$2CH_3CHO$ (아세트알데하이드) → $2C_2H_5OH$ (에탄올)

기포 발생 장치

포도 농축액+효모를 하루에 2~3회 저어준다. (15~20℃, 3~5일)
A

공기와의 접촉을 차단한다. (15~20℃, 7일 정도)
B

기포 발생이 멈추면 마개를 닫는다.
C

» **포도주 제조과정**: A 과정에서 저어주는 이유는, 효모에 산소를 공급하면 세포호흡을 하여 효모가 빠른 속도로 늘어나는데 그 후 B와 같이 공기와의 접촉을 차단하면 산소 공급을 막아 호흡기질을 TCA 회로와 전자전달계를 통해 분해되지 못하도록 막고 알코올 발효가 일어나도록 하기 위해서이다. C에서 기포 발생이 멈추면 알코올 발효가 끝나고 술이 만들어진 것이므로 마개를 닫아 보관한다.

❖ 알코올에는 술의 주성분인 에탄올(에틸알코올)과 독성이 있는 공업용 알코올인 메탄올(메틸알코올)이 있다.

❖ Zymomonas mobilis(자이모모나스)는 산업적 목적에 많이 이용되는 세균으로 에탄올을 생산하는 통성혐기성세균으로 발효 속도는 효모보다 3~4배 빠르다. (바이오 에탄올: 일산화탄소를 배출하는 가솔린의 대체에너지로 유해물질을 배출하는 배기가스 감축 효과를 가지고 있다)

3 젖산 발효(lactic acid fermentation)

산소가 없는 상태에서 젖산균이 포도당을 분해하여 젖산을 생성하는 과정으로 세포질에서 일어나며 2ATP가 생성된다. 심한 운동을 하는 경우 O_2 공급이 부족해지면 근육에서도 일어난다(김치가 익을 때나 치즈, 요구르트 만드는 데 이용된다).

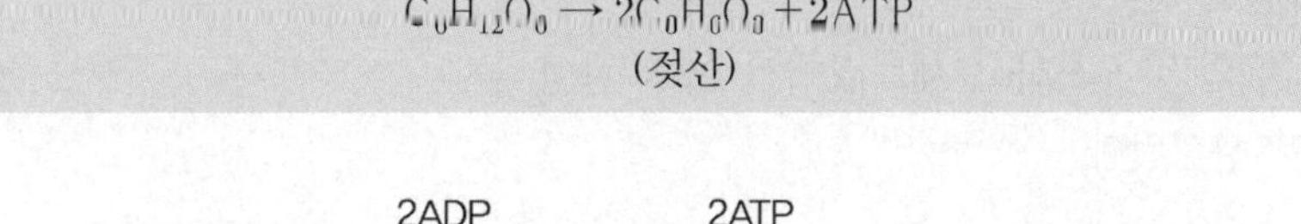

$$C_6H_{12}O_6 \rightarrow 2C_3H_6O_3 + 2ATP$$
(젖산)

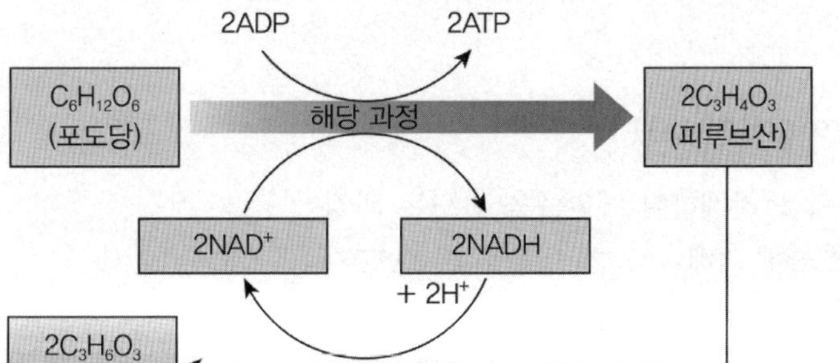

4 식초제조과정

아세트산균이 에탄올을 아세트산으로 산화시키는 과정으로 유기물을 분해할 때 전자전달계에서 산소를 이용하므로 젖산발효 또는 알코올발효보다 많은 양의 ATP를 생성한다(현미에서 식초를 얻는 데 이용).

$$C_2H_5OH + O_2 \rightarrow CH_3COOH(\text{아세트산}) + H_2O + ATP(\text{산화적 인산화})$$

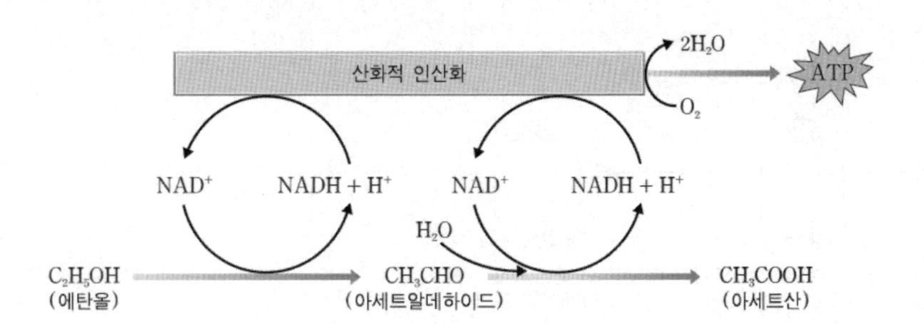

❖ 발효에서 전자의 최종 수용체는 아세트알데하이드(알코올 발효)나 피루브산(젖산발효)와 같은 유기분자이다.

예제 | 1

발효에 대한 설명으로 옳은 것은? (지방직 7급)

① 발효는 산소가 존재할 때 일어나는 반응이다.
② 알코올 발효는 피루브산을 세 분자의 이산화탄소로 분해하는 과정이다.
③ 젖산 발효는 피루브산을 젖산과 이산화탄소로 분해하는 과정이다.
④ 발효는 피루브산의 분해 및 구조 변화를 통해 NAD^+를 재공급하기 위한 반응이다.

| 정답 | ④

① 발효는 산소가 없는 상태에서 일어난다.
② 알코올 발효는 두 분자의 피루브산을 두 분자의 이산화탄소로 분해한다.
③ 젖산 발효는 이산화탄소를 방출하지 않는다.

Check Point

세포호흡과 발효의 비교

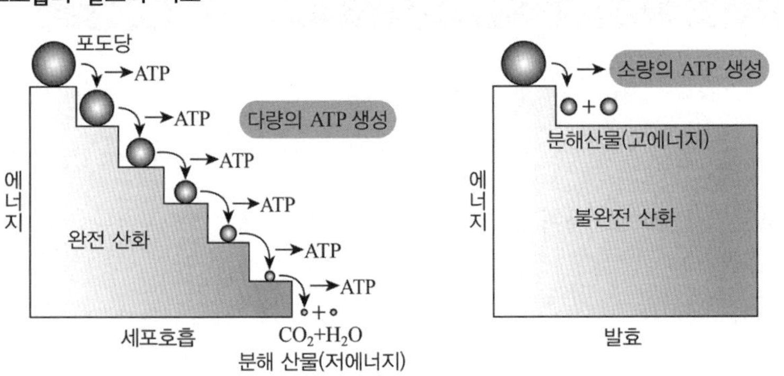

발효는 산소를 이용하지 않으므로 유기물이 완전히 분해되지 않고 에탄올, 젖산 등과 같은 중간산물까지만 만들어지기 때문에 세포호흡에 비해 적은 양의 에너지가 방출된다. 따라서 같은 양의 ATP를 만들기 위해서는 세포호흡을 할 때보다 더 빠르게 당을 소모해야 한다.

Check Point

- 세포호흡

세포호흡은 산소호흡(= 유기호흡)과 무산소호흡(= 무기호흡)으로 구별하지만 무산소호흡을 하는 세균은 극히 일부이기 때문에 앞에서 기술한 세포호흡은 산소호흡을 지칭하는 용어로 사용했다.

- 산소를 사용하지 않고 유기물을 산화시켜서 ATP를 생성하는 두 가지 기작: 무산소호흡과 발효

① **무산소호흡**(무기호흡): 전자전달사슬(호흡사슬)이 사용된다. 전자전달사슬이 사용되지만 전자의 최종 수용체로 산소를 이용하지 않고 산소가 아닌 전기음성도가 큰 물질을 사용할 수 있다. 예를 들어 황산환원세균(sulfate - reducing bacteria)은 황산염(SO_4^{2-})을 전자의 최종 수용체로 이용한다.

② **발효**: 전자전달사슬이 사용되지 않으므로 전자의 최종 수용체는 중간생성물인 피루브산(젖산발효)이나 아세트알데하이드(알코올발효)와 같은 유기분자들이다.

- 해당과정이 태고로부터 진화되어 왔다는 증거

① 산소가 존재하지 않는 환경에서 태고의 원핵생물이 ATP를 만들 수 있는 수단

② 해당과정이 세포질에서 일어난다는 것은 핵이 없는 원핵생물이 태고로부터 ATP를 만들 수 있는 수단

③ 해당과정은 산소호흡, 무산소호흡, 발효 모두 공통적으로 일어난다.

- 조건 혐기성세포와 절대 혐기성세포

① **조건 혐기성세포**(통성 혐기성세포): 산소가 있으면 산소호흡을 하고 산소가 없으면 발효를 한다.(근육세포, 효모, 젖산균, Zymomonas mobilis)

② **절대 혐기성세포**(편성 혐기성세포): 산소가 있는 환경에서는 생존할 수 없고 산소가 없는 환경에서만 생존할 수 있는 세균이나 기타의 미생물(메테인생성 세균)

③ **절대 호기성세포**(편성 호기성세포): 산소가 있는 환경에서만 생존할 수 있는 세포(뇌세포, 아세트산균)

예제 | 2

알코올 발효에 대한 설명으로 옳지 않은 것은? (경기)

① CO_2가 발생된다.

② 2ATP가 생성된다.

③ 알코올 발효에 산소를 첨가하면 알코올의 생성량이 증가한다.

④ 젖산과 알코올 발효는 공통적으로 해당 과정을 거친다.

| 정답 | ③

알코올 발효는 산소를 이용하지 않으므로 산소를 첨가하면 세포호흡이 일어나서 오히려 알코올의 생성량이 감소한다.

08 광합성 장소

1 엽록체의 막

외막과 내막의 단백질과 인지질로 구성된 2중막으로 싸여 있다.

2 엽록체의 구조

그라나와 스트로마로 되어 있으며, 자체 DNA와 리보솜을 갖고 있어서 세포 내에서 증식이 가능하다.

(1) 그라나(grana, 녹색)

틸라코이드 막에 색소, 단백질 복합체인 광계, 전자전달효소, ATP 합성효소가 있어서 명반응이 일어난다.

(2) 스트로마(stroma, 무색)

엽록체의 기질 부분으로 DNA와 리보솜이 있으며 광합성 효소가 있어서 캘빈회로가 일어난다.

그라나(명반응)
리보솜
스트로마(캘빈회로)
DNA : 자기복제
색소(틸라코이드 막에 있다)
틸라코이드

▲ 엽록체의 구조

예제 | 1

광합성 색소인 엽록소가 위치하는 곳은? (전북)

① 틸라코이드 막
② 엽록체의 기질
③ 엽록체의 내막
④ 틸라코이드 내부

| 정답 | ①
엽록체의 틸라코이드 막에 색소가 있다.

3 엽록체의 색소

(1) 주 색소

반응중심 색소로서 광합성을 하는 모든 식물과 조류(algae)에 있다.

엽록소 a(chlorophyll a, 청록색): $C_{55}H_{72}O_5N_4Mg$

(2) 보조 색소(안테나 색소)

엽록소가 잘 흡수하지 못하는 파장의 빛을 흡수하여 반응중심 색소인 엽록소 a로 전달해 주는 색소이다.

- 엽록소 b(chlorophyll b, 황록색): $C_{55}H_{70}O_6N_4Mg$
- 카로틴(carotene, 적황색)
- 잔토필(xanthophyll, 황색)

❖ 엽록소(클로로필)분자의 구조
중앙에 마그네슘원자가 위치한 포르피린 고리에 탄화수소 꼬리를 갖는다.

❖ 엽록소 a : 엽록소 b=3 : 1

❖ 카로티노이드(carotenoid, 카로틴과 잔토필)
엽록체에 손상을 주거나 활성산소 분자를 생성할 수 있는 과도한 빛에너지를 흡수해서 분산시키는 광보호 기능을 한다. 사람의 눈에도 카로티노이드와 유사한 카로티노이드가 있어서 광보호 기능을 수행하고 있다.

4 엽록체의 색소분리 실험(페이퍼 크로마토그래피)

(1) **목적**: 엽록체의 색소분리

(2) **재료**: 시금치 잎

(3) **추출액**: 메틸알코올 : 아세톤=3 : 1

(4) **전개액**: 톨루엔(유기용매를 사용한다)

(5) 결과

전개액이 거름종이를 따라 상승하면서 가장 가벼운 색소인 카로틴이 제일 높이 상승하고 다음으로 잔토필, 엽록소 a, 엽록소 b의 순서로 전개된다.

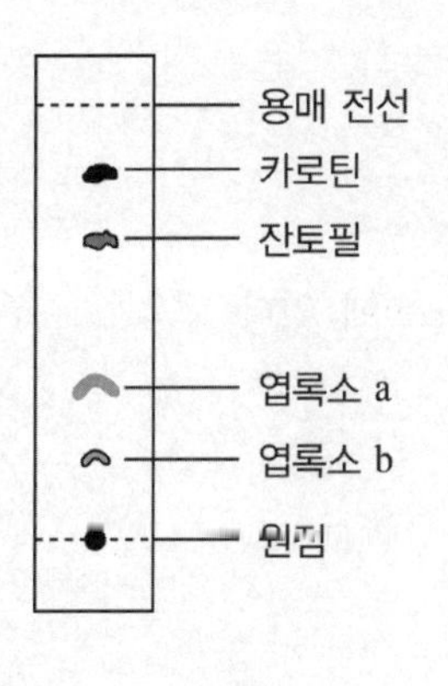

(6) Rf(물질 이동률) = $\frac{\text{색소의 이동거리}}{\text{전개액의 이동거리}}$

(7) Rf 값이 가장 큰 색소는 카로틴이며, 색소의 물질 이동률(전개율)은 전개액에 대한 용해도가 클수록, 분자의 크기가 작을수록, 거름종이에 대한 흡착력이 작을수록 커진다.

(8) 가을이 되어 기온이 내려가면 다른 색소에 비해 온도에 민감한 엽록소가 파괴되면서 엽록소 때문에 가려져 있던 카로티노이드(카로틴, 잔토필)의 색깔이 드러나 단풍이 된다.

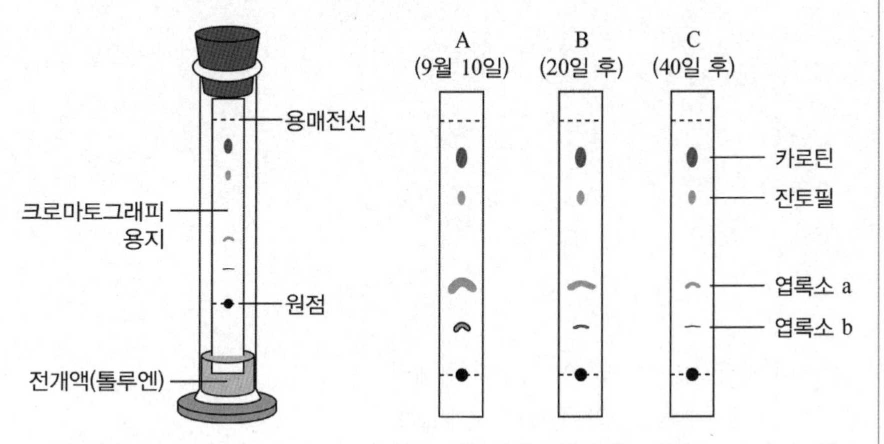

» 기온이 내려갈수록(A → B → C) 카로틴과 잔토필의 양은 변함이 없고 엽록소 a, b가 파괴된다는 것을 알 수 있다.

Tip

박층 크로마토그래피(thin layer chromatography, TLC)

녹말이나 구운석고 같은 결합제와 혼합된 실리카겔과 같은 흡착제를 미세하게 빻은 후 플라스틱판 위에 얇게 도포한 것으로, 이 판을 통해 물질이 이동하는 속도의 차를 이용해 용해된 화학 성분을 분리해 낼 수 있다(거름종이와 흡착률이 다르므로 전개율도 달라진다).

09 광합성에 영향을 미치는 요인

1 빛의 세기와 광합성량

(1) 기체의 출입

• 광합성: $CO_2 \rightarrow O_2$ • 호흡: $O_2 \rightarrow CO_2$

(2) **순광합성량**(net photosynthesis): 공기 중에서 흡수한 CO_2의 양

총광합성량(gross photosynthesis): 실제로 광합성에 쓰인 CO_2의 양

호흡량(respiration): 빛의 세기가 0일 때의 CO_2의 방출량

(3) **보상점**(compensation point)

광합성량과 호흡량이 같을 때 빛의 세기, 보상점에서는 외부로부터 기체의 출입이 없는 것처럼 보인다.

(4) **광포화점**(light saturation point)

광합성량이 더 이상 증가하지 않을 때 빛의 세기, 양지식물의 광포화점이 음지식물보다 높다.

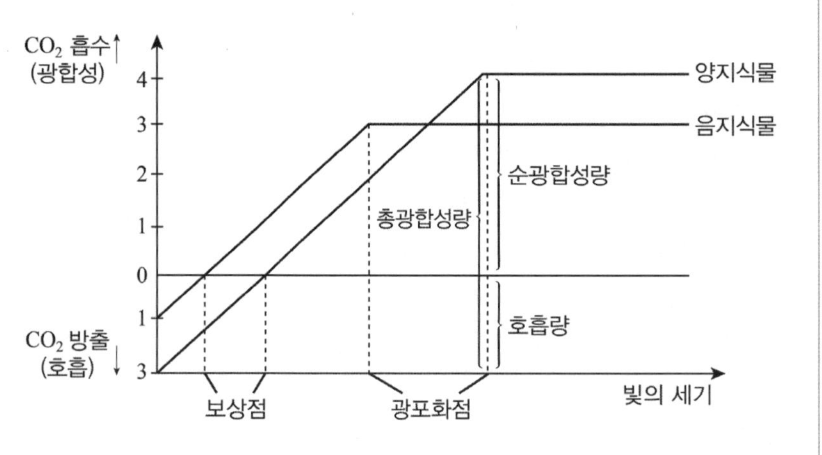

2 빛의 파장과 광합성량

(1) 파장(wavelength)

전자기파는 파장에 따라 가장 짧은 파장을 가진 γ선에서 가장 긴 파장을 가진 라디오파까지 연속적인 스펙트럼으로 나타낼 수 있다.

햇빛을 프리즘에 통과시켜 보면 햇빛은 빨간색에서 보라색까지 연속적인 색깔의 띠로 나타나는데 이와 같이 우리 눈으로 볼 수 있는 이 빛을 가시광선이라고 한다.

빛의 스펙트럼에서 보라색 바깥쪽에 있는 것을 자외선이라고 하는데 자외선은 박테리아나 바이러스를 죽이는 살균 작용을 하지만 지나치게 노출되면 피부암에 걸리기도 한다.

자외선의 바깥에 있는 χ선은 물질을 통과할 수 있어서 뼈 사진을 찍을 수 있다. χ선 바깥에 있는 γ선은 전자기 스펙트럼에서 가장 높은 에너지 영역을 형성하는데 γ선의 강력한 에너지는 의료 기기의 살균에 쓰이고, 특히 육류나 채소의 신선함을 유지하기 위해 박테리아나 벌레를 제거하는 데 사용되기도 한다.

또한 빨간색 바깥쪽에 있는 것을 적외선이라고 하고 적외선의 바깥에는 전자레인지, 텔레비전, 라디오, 휴대전화 등의 전기 기기에 이용되는 빛이 있다.

γ(감마)선	x선	자외선	가시광선	적외선	렌지	TV	라디오

← 짧은 파장(높은 에너지) 긴 파장(낮은 에너지) →

(2) 흡수 스펙트럼(absorption spectrum)

빛의 파장에 따라 광합성 색소가 빛을 흡수하는 정도를 분광광도계로 측정하여 그래프로 나타낸 것이다. 일반적으로 엽록소는 청자색광과 적색광을 잘 흡수하고 녹색광은 거의 흡수하지 않고 반사 혹은 통과시키기 때문에 녹색으로 보이게 된다.(색소에 비출 경우 색소에 의해 가장 많이 반사되거나 통과된 색은 백색광이며, 색소가 모든 파장의 빛을 다 흡수하였다면 검은색을 띠게 된다)

(3) 작용 스펙트럼(action spectrum)

식물의 잎에 빛을 비추면 파장에 따라 광합성 속도가 달라지는 것을 그래프로 나타낸 것이다. 식물은 청자색광과 적색광에서 광합성 속도가 가장 높게 나타난다.

예제 | 1

다음의 광자(photon) 에너지가 낮은 것부터 높은 순으로 올바른 것은? (서울)

가. 가시광선
나. X선
다. 라디오파
라. 자외선
마. 적외선

① 다-나-가-라-마
② 다-마-가-라-나
③ 가-다-마-나-라
④ 라-가-나-마-다

| 정답 | ②

❖ 분광광도계
파장별 세기를 측정해서 빛을 분광시키는 색채 측정 장비

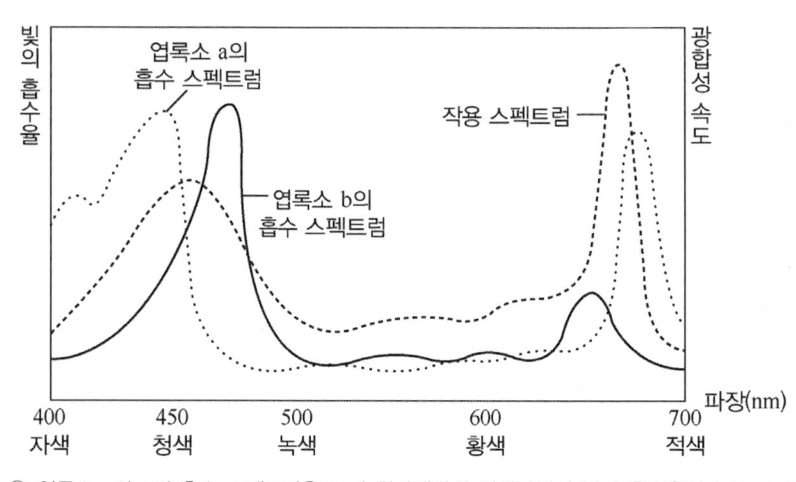

» ① 엽록소 a와 b의 흡수 스펙트럼을 보면 청자색광과 적색광에서 빛의 흡수율이 높고, 녹색광에서 빛의 흡수율이 낮다.
② 작용 스펙트럼을 보면 흡수 스펙트럼과 마찬가지로 청자색광과 적색광에서 광합성 속도가 빠르고, 녹색광에서 광합성 속도가 느리다.
③ 흡수 스펙트럼과 작용 스펙트럼의 그래프가 거의 일치하는데, 이는 엽록소가 흡수한 파장의 빛에서 광합성이 가장 활발하게 일어난다는 것을 알 수 있다.
④ **흡수 스펙트럼과 작용 스펙트럼이 정확하게 일치하지 않는 이유**는 엽록소가 흡수하지 못하는 파장(500~600nm)의 빛을 흡수하는 **다른 색소(카로틴, 잔토필)가 있기 때문**이다.

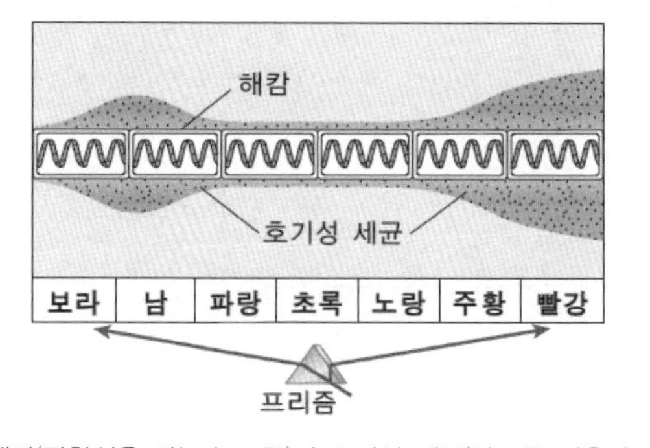

» **엥겔만의 실험**: 해캄(광합성을 하는 녹조류)과 호기성 세균(산소를 이용하여 살아가는 세균)을 슬라이드글라스 위에 놓고 커버글라스를 덮은 후 암실에 두고 프리즘으로 분광시킨 가시광선을 비추어 주면 호기성 세균은 청자색광과 적색광이 비치는 곳에 많이 모인다. 그 이유는 해캄이 청자색광과 적색광에서 광합성을 왕성하게 하여 산소의 발생이 많아졌기 때문이다(산소가 들어가지 못하도록 밀봉한 후 실험한다).

예제 | 2

적색광과 청자색을 주로 흡수하는 색소는?

① 엽록소 a
② 엽록소 b
③ 카로틴
④ 잔토필

| 정답 | ①

3 CO_2의 농도와 광합성량

빛의 세기가 약할 때는 CO_2의 농도가 증가할수록 광합성 속도가 증가하다가 CO_2의 농도가 0.03%부터는 광합성 속도가 더 이상 증가하지 않고 일정해진다. 빛의 세기가 강할 때는 CO_2 농도가 0.1%에 이르러야 광합성 속도가 더 이상 증가하지 않고 일정해진다.

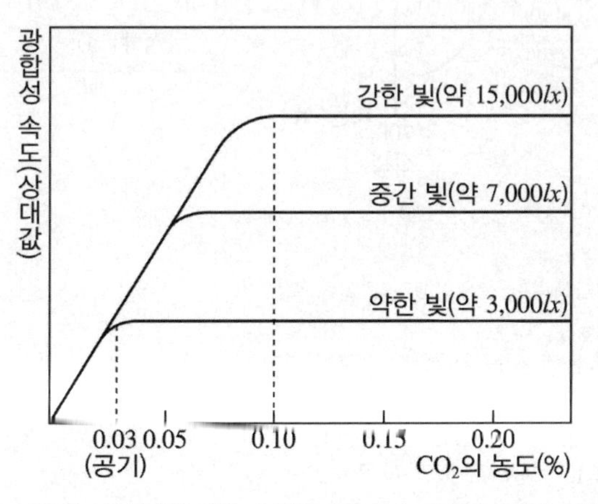

» CO_2의 농도가 0~0.03% 사이에서 제한 요인은 CO_2의 농도이며, 0.1% 이상에서는 빛의 세기가 제한 요인으로 작용한다.

❖ 제한 요인(한정 요인)
영향을 주는 요인

❖ CO_2 공급제
$NaHCO_3$

❖ CO_2 제거제
$Ca(OH)_2$, KOH

4 온도와 광합성량

빛의 세기가 약할 때는 온도가 광합성 속도에 거의 영향을 미치지 않으나, 빛의 세기가 강할 때(5~25℃ 범위)는 온도가 10℃ 올라갈 때마다 광합성 속도는 약 2배씩 증가한다. 그리고 35℃ 정도(최적 온도) 이상 올라가면 광합성 속도는 급격하게 감소한다. 광합성 속도가 온도의 영향을 받는 이유는 광합성도 식물체 내에서 일어나는 물질대사이므로 여러 가지 효소가 관여하기 때문이다.

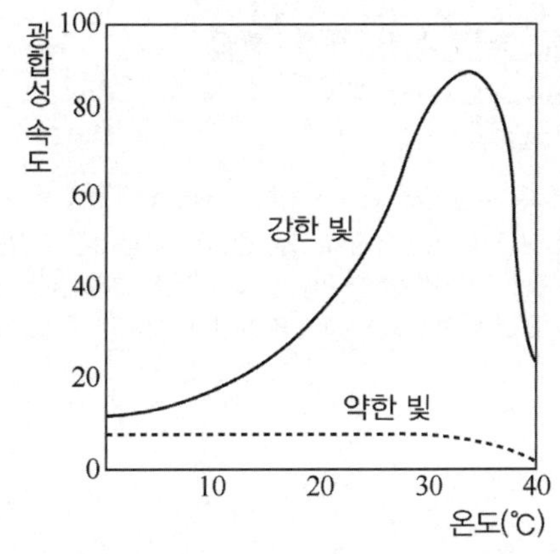

5 광합성 실험

(1) 헬몬트의 실험(1648)

① **과정**: 건조한 흙을 질그릇에 넣고 2.75kg의 어린 나무를 심은 뒤, 윗부분을 판자로 덮고 빗물과 증류수만으로 길렀다.

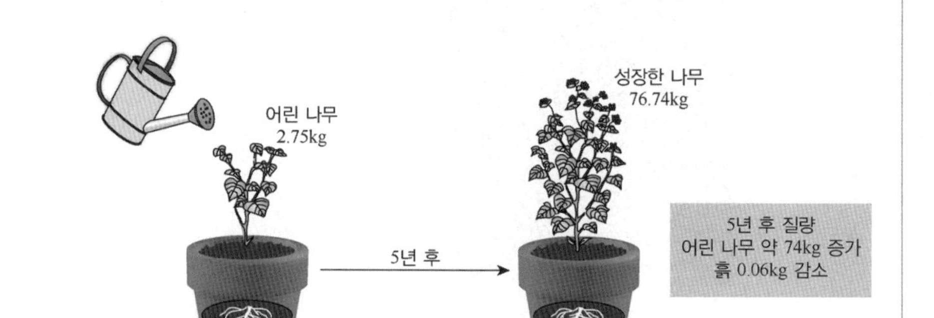

② **결론 도출**: 이 실험을 근거로 식물은 흙에서 양분을 얻어 자라는 것이 아니라 **물만으로도 자랄 수 있다고 확신**하였다.

(2) 프리스틀리의 실험(1772)

① **과정**: 식물이 광합성을 할 때 발생하는 기체가 무엇인지 알아보기 위해 다음과 같이 실험하였다.

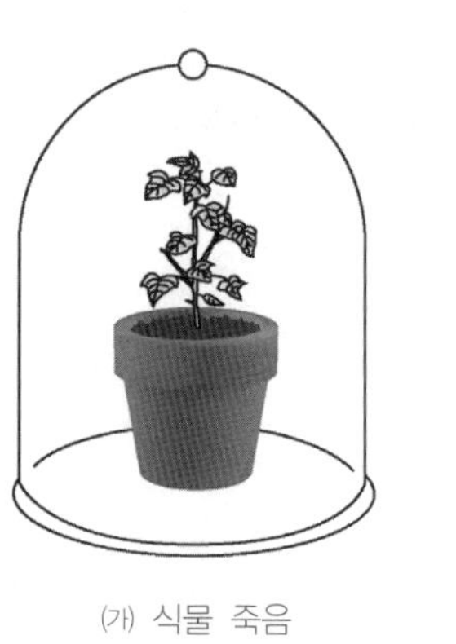

(가) 식물 죽음

(나) 생쥐 죽음

(다) 모두 생존

② **결론 도출**: 이 실험을 통하여 식물은 **나쁜 공기**(CO_2)를 **신선한 공기**(O_2)**로 바꾸는 능력**을 갖고 있다고 설명하였다.

(3) 잉겐호우스의 실험(1779)

① 과정: 프리스틀리의 방법을 보완하는 실험을 하였다.

(가) 모두 생존 (나) 모두 죽음

② 결론 도출: 쥐가 살기 위해서는 반드시 **빛이 비추는 곳**에 있는 식물이 필요하다는 사실을 밝혔다.

6 광합성 생성물의 이동

광합성에 의해 합성된 포도당은 엽록체에서 녹말로 합성되어 저장되었다가 녹말은 밤이 되면 다시 이당류인 설탕으로 분해되어 체관을 통해 줄기, 뿌리, 열매, 종자 등 식물체의 여러 부분으로 이동한다.

① 화분에 심어져 있는 봉선화 잎의 일부를 은박지와 셀로판지로 싸고 하루 동안 어두운 곳에 둔다(어두운 곳에 두는 이유: 잎에 남아 있는 녹말을 이동시키기 위해).

② 다음 날 빛이 잘 비치는 곳에 화분을 놓는다.

③ 오후에 잎을 따서 메탄올 용액에 중탕한 다음 물로 씻는다(메탄올 용액에 중탕하는 이유: 엽록소를 제거해서 탈색시키기 위해).

④ 물로 씻은 잎을 아이오딘-아이오딘화칼륨 용액 속에 넣고 색 변화를 관찰하였더니 셀로판지로 싼 부분에서 색깔이 청람색으로 변하였다.

⑤ 따라서 광합성에 의해 합성된 포도당은 엽록체에서 녹말로 전환된다는 것을 알 수 있다.

❖ 식물은 광합성을 통해 생산한 포도당을 이동시킬 때 설탕의 형태로 수송하는데, 설탕은 환원성이 없어서 이동 중 다른 생체 분자와 반응을 하지 않기 때문이다.

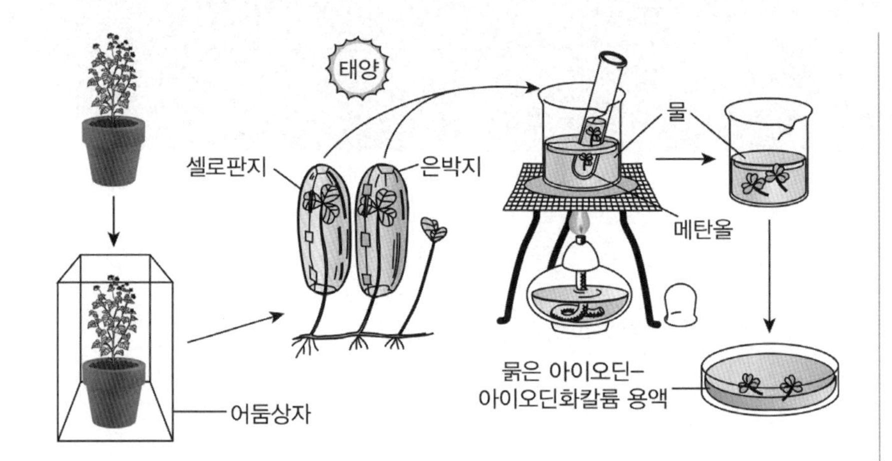

7 고랭지가 평지보다 채소가 잘 자라는 이유

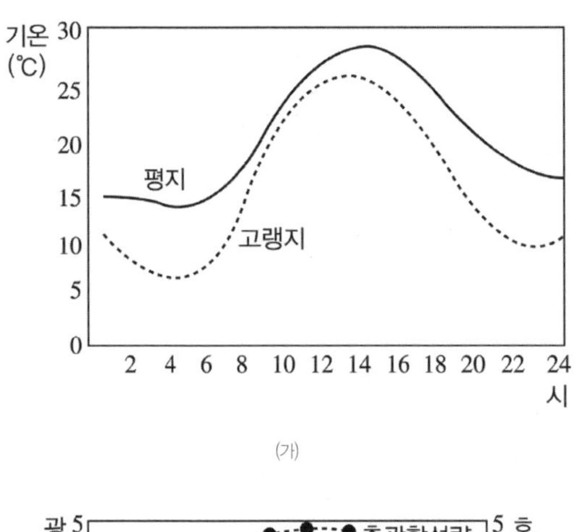

(가)

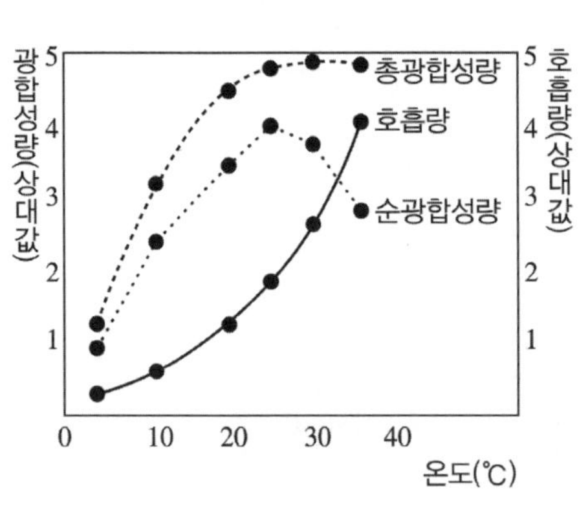

(나)

» (가)는 평지와 고랭지에서의 하루 동안의 기온 변화를 나타낸 것이고 (나)는 어떤 식물의 온도에 따른 총광합성량, 호흡량, 순광합성량을 나타낸 것이다.
식물은 총광합성량의 일부를 호흡으로 소비하므로 호흡량이 줄어들수록 식물의 생산량(순광합성량)은 증가한다. 평지와 고랭지의 온도 차이가 거의 없는 낮에는 평지와 고랭지의 광합성량이 거의 같지만 밤에는 고랭지의 기온이 평지보다 낮아 호흡량이 크게 줄어든다. 따라서 하루 동안의 순광합성량은 고랭지가 평지보다 많아지기 때문에 고랭지에서 재배하는 채소의 생산량이 평지에서 재배하는 채소의 생산량보다 더 많다.

10 광합성 과정

1 광합성의 전 과정

빛을 필요로 하는 명반응과 빛을 필요로 하지 않는 캘빈회로로 구분된다.

(1) 명반응(light reaction)

엽록체의 그라나(틸라코이드 막, thylakoid membrane)에서 빛에너지를 이용하여 물이 수소와 산소로 광분해되며 ATP와 NADPH를 생성하는 과정이다.

(2) 캘빈회로(Calvin cycle)

엽록체의 스트로마에서 명반응의 산물인 ATP와 NADPH를 이용하여 CO_2를 흡수해서 포도당과 물이 생성되는 과정이다.

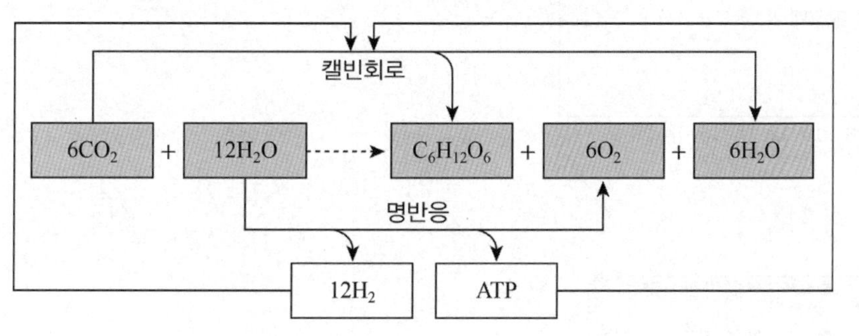

(3) 명반응과 캘빈회로의 관계

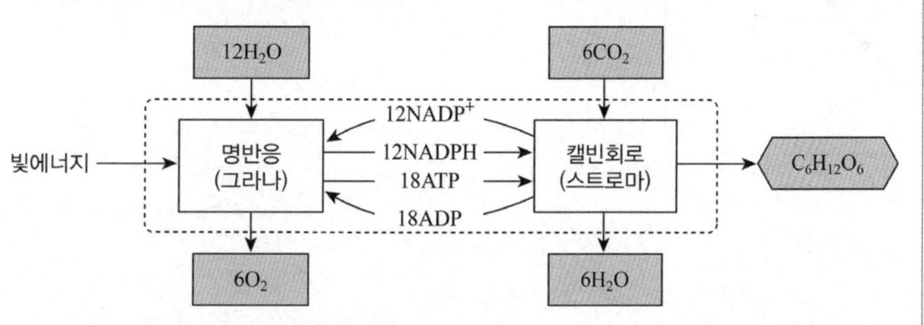

스트로마에서 캘빈회로가 일어나려면 명반응의 산물인 ATP와 NADPH가 필요하므로 명반응이 먼저 일어난 후에 캘빈회로가 일어난다.

캘빈회로가 일어나지 않으면 ADP와 $NADP^+$가 그라나에 공급되지 못하므로 명반응도 계속적으로 진행될 수 없다.

(4) 벤슨의 실험(1949)

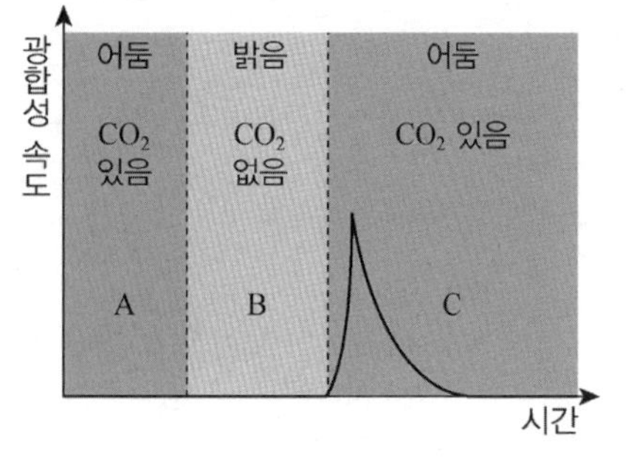

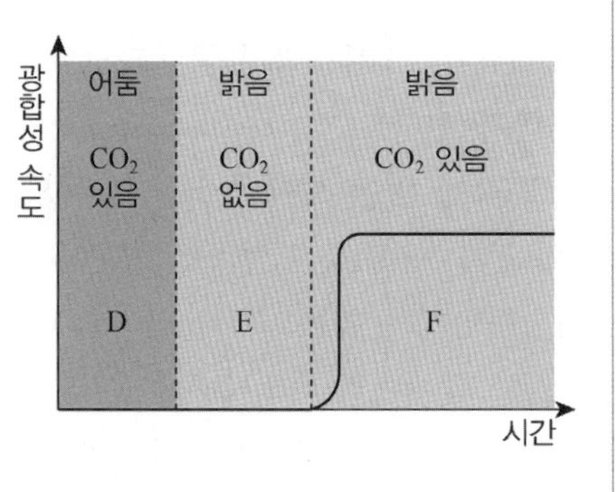

① 어두운 조건에서는 CO_2의 유무에 상관없이 광합성이 일어나지 않는다(A와 D).

② CO_2가 없으면 빛이 있어도 광합성은 일어나지 않는다(B와 E).

③ CO_2를 공급한 후에 빛을 쪼여주어도 광합성은 일어나지 않는다(A와 B).

④ 빛을 쪼여준 후에 CO_2를 공급하면 광합성이 일시적으로 일어난다(B와 C).

따라서 광합성이 일어나려면 CO_2보다 빛이 먼저 공급되어야 한다.

⑤ 빛을 계속 비추면서 CO_2를 공급하면 광합성이 계속 일어난다(F). 따라서 광합성이 계속 일어나려면 빛과 CO_2가 지속적으로 공급되어야 한다.

[결론] 광합성은 빛을 필요로 하는 명반응과 CO_2를 필요로 하는 캘빈회로가 있으며, 명반응이 캘빈회로에 영향을 준다는 것을 알 수 있다.

2 명반응(광의존 반응)

엽록체의 그라나에서 일어나며 물이 수소와 산소로 분해되는 물의 광분해 과정과 ATP를 생성하는 광인산화 과정으로 구분된다.

(1) 물의 광분해(photodissociation)

물이 빛에너지에 의해 수소와 산소로 분해되는 과정을 물의 광분해라고 한다. H_2O은 틸라코이드 내부 쪽 막에서 H^+, 전자(e^-), O_2로 분해되는데, 이때 방출된 전자(2e-)는 틸라코이드 막의 광계 II(P_{680})로 들어가 산화된 엽록소 a를 환원시키고 전자전달사슬을 통해서 $NADP^+$로 전달되어 $NADPH+H^+$을 생성한다. 이렇게 생성된 $NADPH+H^+$은 캘빈 회로에 이용되고, 발생한 O_2는 기체 상태로 방출된다.

(2) 광인산화(photophosphorlyation)

엽록소가 흡수한 빛에너지를 이용하여 ATP를 합성하는 과정으로, 순환적 광인산화와 비순환적 광인산화가 있다.

① **광계**(photosystem): 틸라코이드 막에 있는 빛에너지를 흡수하는 반응중심복합체(두 개의 엽록소 a와 전자수용체)와 이를 둘러싸고 있는 집광복합체로 구성되어 있다. 집광복합체는 엽록소 a와 엽록소 b와 카로틴, 잔토필이 모여 있으며 집광복합체내의 색소 분자들은 공명현상으로 에너지를 전달한다. 광계는 광계 I과 광계 II로 구분되며 광계 I은 700nm의 파장을 가장 잘 흡수하는 엽록소 a인 P_{700}이 반응중심 색소이고, 광계 II는 680nm의 파장을 가장 잘 흡수하는 엽록소 a인 P_{680}이 반응중심 색소이다.

❖ P_{700}과 P_{680} 색소는 동일한 엽록소 a 분자이지만 각각 다른 단백질과 결합하여 엽록소 a 분자의 전자분포가 달라져 빛(광자: 빛 알갱이)을 흡수하는 데 미세한 차이가 나타난다.

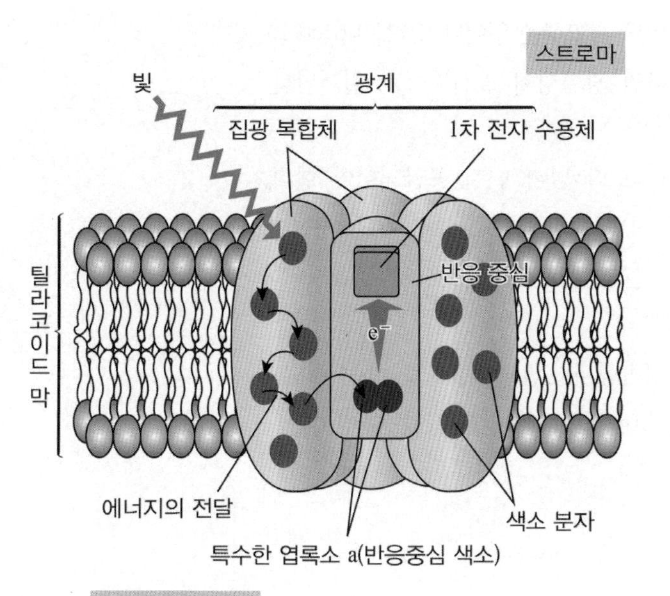

❖ 전자가 자신의 정상적 궤도에 있을 경우 색소분자는 바닥상태에 있다가 광자의 흡수로 높은 에너지 상태의 전자궤도로 전자가 뛰어오르게 되면 들뜬상태로 된다. 분리된 엽록소가 빛을 흡수할 경우 들뜬 전자는 바닥상태로 되돌아가면서 열과 형광을 발산하게 된다. 반면에 표적분자가 아주 가까이 있으면 들뜬 색소분자는 열이나 형광으로 소실되지 않고 흡수된 에너지를 다른 분자로 전달할 수 있으므로 광합성 생물의 색소는 에너지를 흡수하는 집광복합체라 부르는 안테나체계로 배열되어 있다.

② **순환적 광인산화**(cyclic photophospholylation, **순환적 전자흐름**, cyclic electron flow): 광계 I만 관여하여 ATP를 합성하는 반응이다. 광계 I의 P_{700}이 빛에너지를 받으면 고에너지 전자가 방출되는데, 이 전자는 전자수용체에 전달된 후 전자전달사슬을 거치면서 에너지를 방출하여 ATP를 생성한다. 그리고 에너지를 잃은 전자는 다시 P_{700}으로 되돌아온다.

③ **비순환적 광인산화**(non-cyclic photophospholylation, 비순환적 전자흐름 = 선형의 전자 흐름, linear electron flow): 광계 I과 II가 모두 관여하여 ATP와 $NADPH+H^+$을 생성하는 반응이다. 광계 II의 P_{680}이 빛에너지를 받으면 고에너지 전자가 방출되는데 이 전자는 전자수용체에 전달되고 전자전달사슬을 거치면서 ATP를 생성한 후 광계 I의 P_{700}으로 전달된다. 광계 I의 P_{700}에서 방출된 전자는 순환적 광인산화와는 달리 방출한 P_{700}으로 되돌아가지 않고 전자 수용체에 전달된 후 페레독신을 통과하는 전자 전달사슬을 거쳐서 $NADP^+$로 전달되어 $NADPH+H^+$를 생성한다(이 전자전달사슬은 양성자 기울기를 만들지 않기 때문에 ATP를 생성하지는 않는다). 그 결과 P_{700}에 전자가 부족하게 되는데, 이것은 광계 II의 P_{680}에서 방출되어 광계 I으로 전달된 전자에 의해 환원된다. 그리고 광계 II에서 물이 광분해되어 전자와 수소 이온을 생성하고, 산소 기체를 발생시키면서 생성된 전자가 산화된 P_{680}에 전달되어 P_{680}을 다시 원래의 상태로 환원시킨다.

❖ 전자가 사이토크롬 복합체를 지나면서 양성자기울기를 형성하지만 페레독신을 통과해서 $NADP^+$로 이동할 때는 양성자기울기를 형성하지 않는다.

❖ 광계 I 과 광계 II 는 발견된 순서에 따라 이름이 붙여졌지만 실제로는 광계 II 가 먼저 작용한다.

❖ 비순환적 광인산화가 먼저 진행된 후 순환적 광인산화가 일어난다.

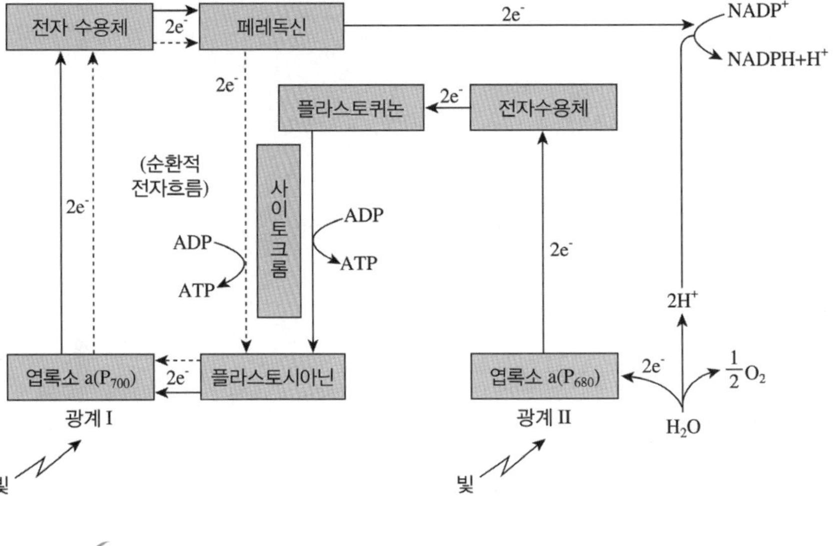

Check Point

전자전달자

- **플라스토퀴논**(plastoquinone, Pq): 벤젠고리에 결합하는 수소 2원자가 산소 2원자로 치환된 화합물
- **플라스토시아닌**(plastocyanin, Pc): 구리를 포함하는 단백질
- **페레독신**(ferredoxin, Fd): 철과 황을 함유하고 있는 단백질
- **사이토크롬**(cytochrome): 철을 함유하고 있는 단백질

❖ 현존하는 일부 광합성세균 그룹은 광계 I 과 광계 II 둘 중 하나만을 가지고 있다.

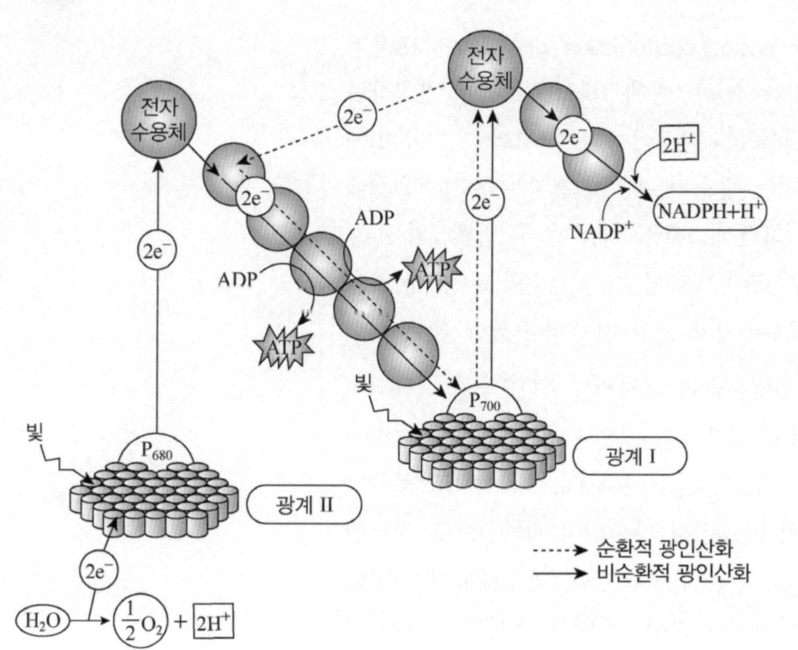

▲ 순환적 광인산화와 비순환적 광인산화

예제 | 1

광합성 과정 중 명반응에 대한 설명으로 옳지 않은 것은? (국가직 7급)

① 광계 I과 광계 II에서의 반응중심(reaction center) 엽록소의 최대흡수파장은 다르다.
② 엽록체의 틸라코이드 막에 있는 엽록소에서 빛에너지를 흡수한다.
③ 전자전달체 플라스토시아닌(plastocyanin)은 시토크롬 복합체(cytochrome complex)로부터 광계 I로 전자를 전달한다.
④ 물의 분해에 의한 O_2 생성은 광계 I에서 일어난다.

| 정답 | ④

물의 분해에 의한 O_2 생성은 광계 II에서 일어난다.

(3) 명반응에서의 화학삼투설에 의한 ATP 합성

① 틸라코이드 막에는 전자전달사슬이 위치하고 있어 고에너지 전자가 전자전달사슬을 이동하는 사이 방출된 에너지에 의해 **스트로마에서 틸라코이드 내부로 H^+이 능동수송**된다. 따라서 틸라코이드 내부에는 H^+의 농도가 높아 H^+ 농도 기울기가 형성된다.

② H^+의 농도 기울기에 의해 H^+**이 틸라코이드 내부에서 스트로마로 확산될 때 ATP 합성효소**(ATP synthase)**가 활성화되어 스트로마 쪽에서 ATP를 생성**하게 된다. 이 같은 과정을 화학삼투(chemiosmosis)라고 한다.

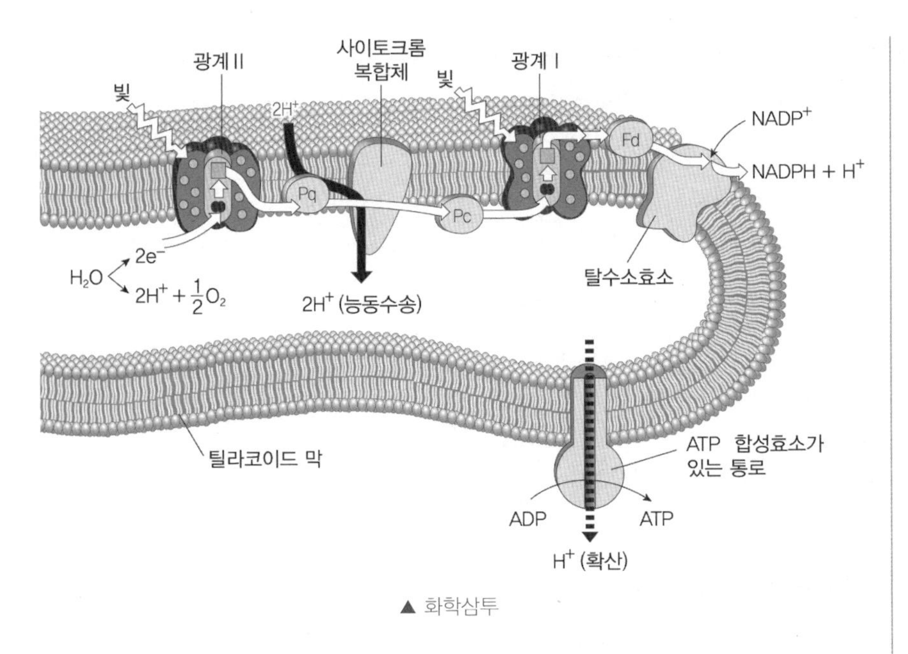

▲ 화학삼투

❖ 틸라코이드 내부에 H^+의 농도 기울기가 형성되는 이유
- 틸라코이드 공간을 향하고 있는 막 부근에서 물이 분해되어 H^+이 생성된다.
- 틸라코이드 내부로 H^+이 능동수송된다.
- 틸라코이드 막의 스트로마 쪽에서 $NADP^+$가 H^+을 붙잡아 NADPH로 된다.

❖ H^+이 기질(스트로마)로 확산될 때 ATP가 생성된다.

❖ 빛이 없을 때 틸라코이드 내부와 스트로마의 pH의 차이는 없다(pH = 7).

(4) 광합성 과정의 연구

① **루벤의 실험**: 클로렐라에 산소의 동위원소인 ^{18}O로 표지된 물($H_2^{18}O$)과 보통의 CO_2를 주고 빛을 쪼여 주면 발생하는 산소는 모두 $^{18}O_2$이다. 보통의 물(H_2O)과 산소의 동위원소인 ^{18}O로 표지된 $C^{18}O_2$를 주고 빛을 쪼여 주면 보통의 산소가 발생하였다. 즉, **광합성에서 발생하는 산소는 물에서 유래**되었음을 알 수 있다.

❖ 녹조류
파래, 청각, 해캄, 클로렐라, 볼복스

❖ 동위원소들은 질량이 약간씩 다르지만 화학반응에 있어서는 동일하게 반응한다.

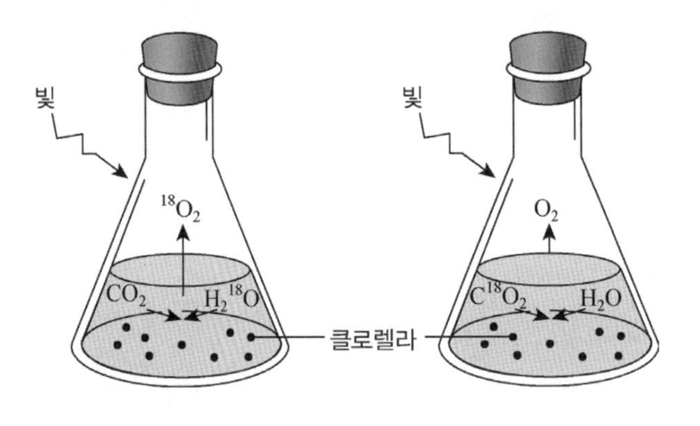

② **힐의 실험**: 힐은 엽록체의 현탁액에 환원되기 쉬운 옥살산철(Ⅲ)을 넣고 **CO_2가 없는 조건**에서 빛을 쬐면 O_2가 발생한다는 사실을 발견하였다. 이러한 사실은 엽록체에서 광합성 결과 발생하는 산소의 근원은 CO_2가 아니라 H_2O이며, CO_2가 환원되지 않고도 빛에너지에 의해 **물이 분해되어 O_2가 발생**되는 과정이 있음을 의미한다.

물의 분해로 생긴 전자(e^-)는 옥살산철(Ⅲ)을 환원시킨 것으로 보아

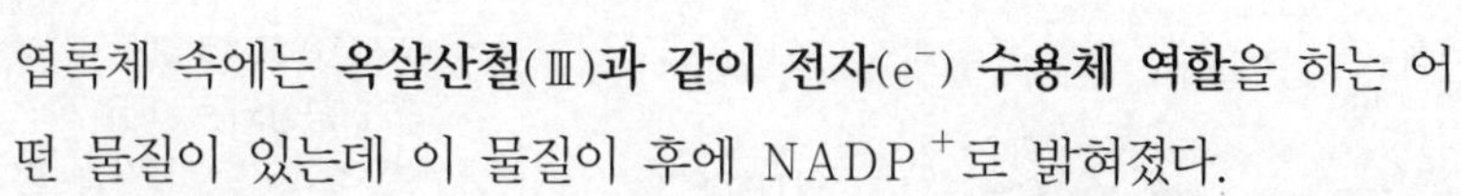

엽록체 속에는 **옥살산철(Ⅲ)과 같이 전자(e^-) 수용체 역할**을 하는 어떤 물질이 있는데 이 물질이 후에 $NADP^+$로 밝혀졌다.

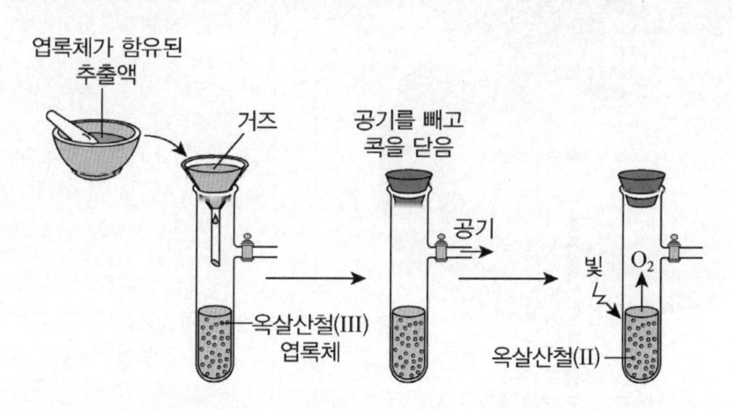

(5) 엽록체와 미토콘드리아에서의 ATP 생성 비교

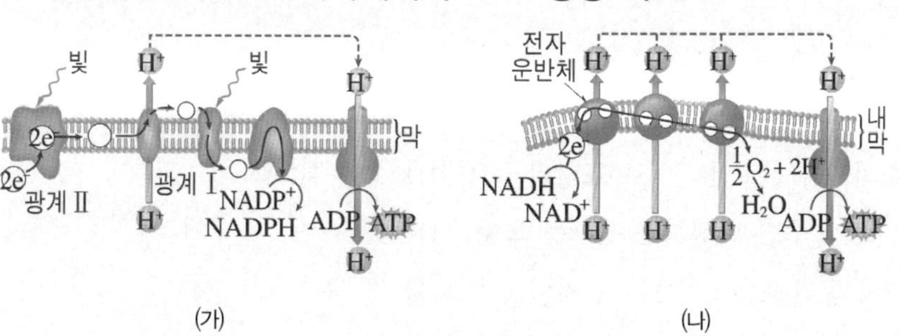

① (가)는 틸라코이드 막에서 일어나는 반응이다.

② (나)는 미토콘드리아 내막에서 일어나는 반응이다.

③ (가)에서 전자는 P_{700}, P_{680}, H_2O에서, (나)에서 전자는 NADH, $FADH_2$에서 나온다.

④ (가)에서 전자의 최종 수용체는 $NADP^+$이고, (나)에서 전자의 최종 수용체는 O_2이다.

⑤ ATP 생성 시 (가)에서는 O_2가 필요 없으나, (나)에서는 O_2가 필요하다.

⑥ (가)와 (나)에서 ATP는 막을 경계로 하여 형성된 H^+의 농도 기울기에 의해 생성된다.

예제 | 2

세포호흡과 광합성 시, 전자전달계를 통한 ATP 생성에 대한 설명으로 옳지 않은 것은? (국가직 7급)

① 미토콘드리아 내막의 바깥쪽(내외막 사이)이 안쪽(기질)보다 pH가 높다.
② 엽록체 스트로마쪽이 틸라코이드 내부보다 pH가 높다.
③ 미토콘드리아에서는 기질에서 ATP가 생성된다.
④ 엽록체에서는 스트로마에서 ATP가 생성된다.

| 정답 | ①

① 미토콘드리아 내막의 바깥쪽(막사이 공간)이 안쪽(기질)보다 pH가 낮다.

예제 | 3

다음 중 ATP가 생성되는 방식이 나머지와 다른 것은? (방역직)

① 해당과정
② 알코올 발효
③ 근육에서 젖산 발효
④ 명반응

| 정답 | ④

명반응은 광인산화에 의해서 ATP가 생성되고 나머지 과정은 기질수준 인산화에 의해서 ATP가 생성된다.

3 캘빈회로(Calvin cycle, 광독립 반응, 암반응)

엽록체의 스트로마에서 일어나고 명반응의 산물인 ATP, NADPH를 이용하며 CO_2를 흡수해서 포도당과 물이 생성되는 과정이다. CO_2의 고정, 3-PG(3-인산글리세르산)의 환원, 포도당 생성과 RuBP(리불로스이인산)의 재생 등 크게 3단계로 진행된다.

- RuBP(리불로스1,5-이인산: Ribulose bisphosphate): ⓟ－5탄소화합물－ⓟ
- 3-PG(3-인산글리세르산: 3-Phosphoglyceric acid): 3탄소화합물－ⓟ
- 1, 3-DPG(1, 3-이인산글리세르산: 1, 3-Diphosphoglyceric acid): ⓟ－3탄소화합물－ⓟ
- G3P(글리세르알데하이드3인산: Glyceraldehyde-3-phosphate): 3탄소화합물－ⓟ

(1) CO_2의 고정(탄소 고정, carbon fixation)

CO_2가 RuBP와 결합하여 3-PG가 된다. CO_2를 고정하는 효소에는 RuBP 카복실레이스인 루비스코(Rubisco) 효소가 있다.

$$6CO_2 + 6RuBP \rightarrow 12(3\text{-PG})$$

❖ 루비스코(Ribulose-1,5-bisphosphate carboxylase oxygenase) 리불로스이인산 카복실화효소/산화효소라고도 하며, 엽록체 내 단백질 중에서 가장 많은 단백질이다. 루비스코활성은 빛에 의해 조절된다. 밤에 스트로마의 pH가 7일 때는 불활성화되어 있다가 빛에 의해서 스트로마의 pH가 8 정도로 증가하게 되면 루비스코의 활성도가 높아진다.

(2) 3-PG의 환원(3-PG reduction)

3-PG는 명반응에서 생성된 ATP로부터 고에너지 인산을 받아 1, 3-이인산글리세르산이 되고, 1, 3-이인산글리세르산은 명반응에서 생성된 NADPH에 의해 환원되어 G3P가 된다.

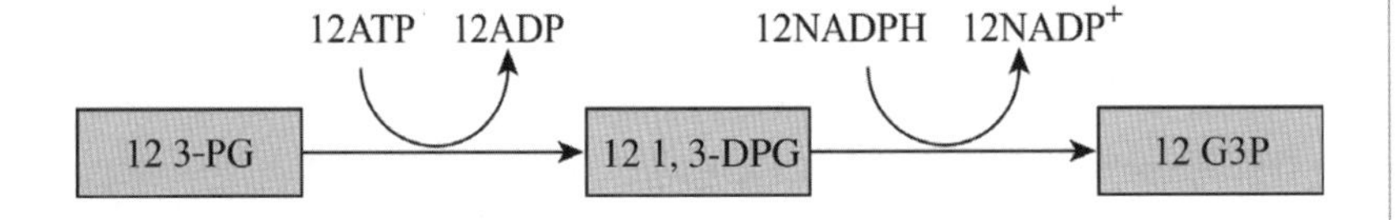

(3) 포도당 생성과 RuBP의 재생(CO_2 수용체의 재생성, regeneration of the CO_2acceptor, RuBP)

G3P의 일부가 과당 이인산으로 되었다가 포도당($C_6H_{12}O_6$)으로 합성되고, 나머지는 RuBP로 재생된다.

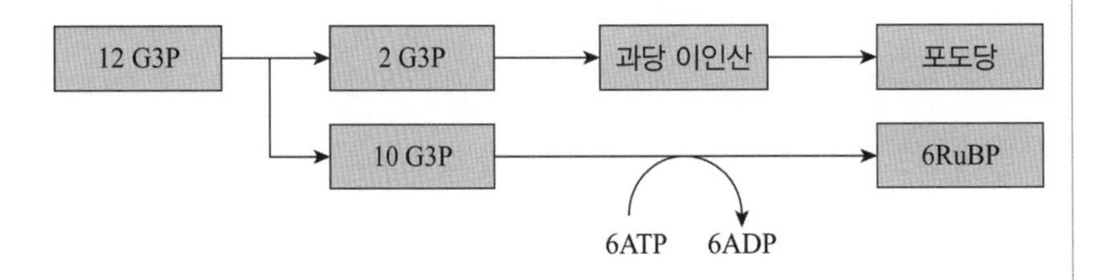

(4) 캘빈회로

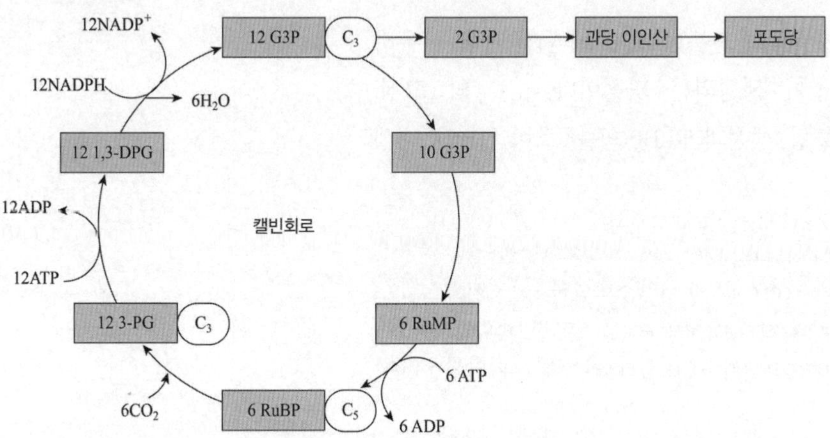

① CO_2 공급을 중단하면 RuBP는 축적되고 3－PG는 감소하게 된다.

② 빛의 공급을 중단하면 3-PG는 축적되고 G3P와 RuBP는 감소하게 된다.

③ 캘빈회로에서 직접 만들어지는 탄수화물은 포도당이 아니고 G3P(글리세르알데하이드 3인산)이다. G3P 한 분자를 생성하기 위해서는 캘빈회로가 세 번 돌아야 하며, 3분자의 CO_2, 9개의 ATP 분자, 6개의 NADPH 분자를 사용한다. 따라서 1분자의 포도당을 생성하기 위해서는 캘빈회로가 여섯 번 돌아야 하며, 6분자의 CO_2, 18개의 ATP 분자, 12개의 NADPH 분자를 사용한다.

용어 개정

- PGA → 3－PG
- DPGA → 1,3－DPG
- PGAL → G3P

(5) 유기물이 생성되는 과정을 알아보기 위한 캘빈의 실험

① 클로렐라 배양액에 $^{14}CO_2$를 계속 공급하면서 일정 시간 빛을 비춘다.

② 일정 시간 후 클로렐라가 들어 있는 배양액에 끓인 알코올을 부어 반응을 정지시키고, 반응이 정지된 클로렐라에서 물질을 추출한다.

③ 추출한 물질을 크로마토그래피법으로 1차 전개한다.

④ 방향을 바꾸어 2차 전개를 실시한 후 X선 필름에 감광시켜서 ^{14}C를 함유한 물질을 확인한다(1차 전개액과 2차 전개액은 다른 전개액을 사용한다).

⑤ 클로렐라의 배양 시간을 달리하면서 위 실험을 되풀이한 다음, 필름에 나타난 물질들을 차례로 연결하여 반응과정을 밝힌다.

예제 | 4

다음 중 캘빈회로에서 생성되는 물질은? (전남)

① 3－PG
② RuBP
③ G3P
④ 포도당

| 정답 | ③
캘빈회로에서 직접 생성되는 물질은 G3P이다.

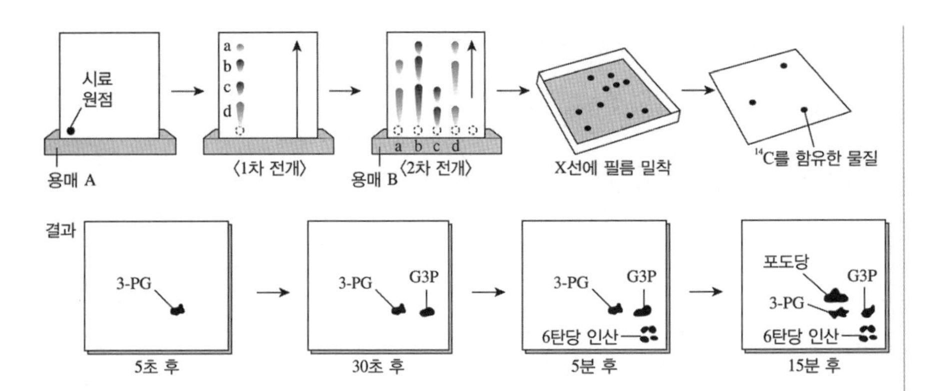

» 필름에서 나타난 물질들을 차례로 연결해 보면 $^{14}CO_2$가 3-PG → G3P → 6탄당 인산 → 포도당의 순서로 옮겨간 것을 알 수 있다. 이것은 암반응에서 CO_2로부터 포도당이 합성되기까지의 순서를 나타낸다.

4 세균의 광합성

(1) 광합성 세균(photosynthetic bacteria)

세균 중에는 세균 엽록소가 있어서 빛에너지를 흡수하여 광합성을 하는 것이 있는데, 이를 광합성 세균이라 한다.

① **종류**: 녹색황세균, 홍색황세균, 녹색세균, 남세균

② **녹색황세균**: $6CO_2 + 12H_2S \rightarrow C_6H_{12}O_6 + 12S + 6H_2O$

③ **녹색세균**: $6CO_2 + 12H_2 \rightarrow C_6H_{12}O_6 + 6H_2O$

(2) 광합성 세균의 특징

광합성 세균은 CO_2의 환원 물질로 H_2O 대신 황화수소(H_2S)나 수소(H_2)를 사용하므로 O_2가 발생되지 않는다(남세균 제외).

❖ 남세균(cyanobacteria,, 흔들말, 염주말, 아나베나, 노스톡) 산소 발생형 광합성 세균

5 세균의 화학합성

무기물이 분해될 때 나오는 화학 에너지를 이용해서 탄소동화 작용을 하는 것을 말한다.

(1) 화학합성 세균(chemosynthetic bacteria)

① **아질산균**: $2NH_3 + 3O_2 \rightarrow 2HNO_2 + 2H_2O$ +화학 에너지

② **질산균**: $2HNO_2 + O_2 \rightarrow 2HNO_3$ +화학 에너지

③ **황세균**: $2H_2S + O_2 \rightarrow 2H_2O + 2S$ +화학 에너지

④ 철세균: $4FeCO_3 + O_2 + 6H_2O \rightarrow 4Fe(OH)_3 + 4CO_2$ + 화학 에너지

- 무기물의 분해: 무기물 + O_2 → 산화물 + 화학 에너지
- 화학합성: $6CO_2 + 12H_2O \rightarrow C_6H_{12}O_6 + 6O_2 + 6H_2O$

(2) 광합성과 화학합성의 비교

구분	광합성	화학합성
공통점	탄소동화 작용: CO_2를 흡수해서 포도당($C_6H_{12}O_6$)을 합성	
이용	빛에너지	무기물이 분해될 때 나오는 화학 에너지
종류	식물, 조류(갈조류, 홍조류, 녹조류), 광합성 세균(녹색 황세균, 홍색 세균, 남세균)	아질산균, 질산균, 황세균, 철세균
색소	엽록소, 세균 엽록소	없음

(3) 생물의 영양방식

영양방식	에너지원	탄소원	종류
광 독립영양 생물	빛	CO_2	식물, 조류, 광합성세균
화학 독립영양 생물	무기물	CO_2	원핵생물
광 종속영양 생물	빛	유기물	원핵생물
화학 종속영양 생물	유기물	유기물	대부분의 생물

생각해 보자!

다음 중 캘빈회로에서 일어나는 것은 무엇이라고 생각하는가?

① CO_2 생성　② O_2 방출
③ 탄소고정　④ $NADP^+$의 환원

| 정답 | ③

광호흡과 질소동화작용

1 광호흡(photorespiration)

무덥고 햇빛이 강한 날씨에는 대부분의 식물이 수분의 증발을 방지하기 위해 기공을 닫는다. 일부 기공이 닫히게 되면 잎 속의 CO_2 농도는 감소하기 시작하고 명반응을 통해 생성되는 O_2가 증가하게 된다. 잎 내부에서의 이러한 상태는 광호흡이라는 과정을 유발한다.

무덥고 햇빛이 강한 날씨에 일부의 기공이 닫히게 되면, C_3 식물의 잎에서 CO_2가 감소하여 캘빈회로가 잘 일어나지 않게 되어 당의 생산은 감소한다. 또한 루비스코는 CO_2가 부족해지면 O_2와도 결합할 수 있기 때문에 CO_2가 감소하게 되면, **루비스코는 CO_2 대신에 O_2를 RuBP에 결합시키는 반응을 촉매한다**.

그 결과 2개의 탄소로 구성된 화합물인 글리콜산($C_2H_4O_3$)으로 되었다가 엽록체로부터 방출되어 퍼옥시좀으로 확산된 후 글라이신(NH_2CH_2COOH)으로 된다. 글라이신은 퍼옥시좀을 떠나 미토콘드리아로 들어간 후 CO_2와 NH_3를 생성한다. 이 과정은 빛이 있을 때 일어나면서 O_2가 소비되고 CO_2가 생성되기 때문에 광호흡이라 부른다. 하지만 광합성과 달리 당을 생성하지 않을 뿐만 아니라, 일반적인 호흡과는 달리 **광호흡은 ATP를 만들지 않고 오히려 ATP를 소모시킨다**.

예제 | 1

식물의 광호흡 반응에 대한 설명으로 옳지 않은 것은? (지방직 7급)

① 광호흡은 퍼옥시솜에서 일어난다.
② 높은 온도는 광호흡의 수준을 증가시킨다.
③ 글리콜산이 글리신으로 전환된다.
④ 캘빈회로와 비교했을 때 고정되는 순 탄소의 양을 더 증가시킨다.

| 정답 | ④
④ 캘빈회로와 비교했을 때 고정되는 순 탄소의 양이 감소된다.

2 C_4 식물(옥수수, 수수, 사탕수수)

대부분의 식물은 CO_2의 최초 고정 산물이 3탄소화합물인 3-인산글리세르산(3-PG)인데, 이들을 C_3 식물이라 부르고 **CO_2가 3탄소화합물 화합물인 PEP**(포스포에놀피루브산)**과 결합하여 최초 고정 산물이 4탄소 화합물**(옥살아세트산)**인 경우**를 C_4 식물이라 한다.

C_4 식물에는 잎맥 주변을 빽빽하게 둘러싸는 형태로 배열된 유관속초세포가 있고, 잎 표면과 유관속초세포사이에 엽육세포가 배열되어 있다. 이와 같이 C_4 식물의 잎에는 엽육세포와 유관속초세포라는 두 가지 서로 다른 형태의 광합성 세포가 존재하는데 캘빈회로는 유관속초세포에서만 일어난다.

날씨가 무덥고 햇빛이 강한 날씨에 일부 기공이 닫혀져 잎의 CO_2 농도가 낮아지고 O_2 농도가 증가할 때, 루비스코는 못하지만 엽육세포에만 존재하는 PEP 카복실화 효소는 CO_2에 대한 친화력이 매우 높아서 CO_2의 농도가 매우 낮은 조건에서도 엽육세포에서 효율적으로 탄소를 고정할 수 있게 된다. PEP 카복실화 효소는 CO_2를 3-PG 대신 4탄소 화합물로 고정시키는 반응을 촉매하며, 이 4탄소 화합물은 유관속초세포(다발초 세포)로 CO_2를 공급해주는 탄소 운반체 역할을 한다. 이와 같은 식물을 C_4 식물이라 하는데 C_4 식물이 CO_2로부터의 탄소를 옥살아세트산과 같은 4탄소 화합물로 고정한 후 말산으로 되면 엽육세포는 원형질 연락사를 통해 말산을 유관속초세포로 보낸다.(일부 C_4 식물은 말산대신 아스파트산으로 전환되는 경우도 있다)

유관속초세포에서 말산이 피루브산으로 될 때, CO_2를 내놓게 되는 과정이 반복되면서 CO_2 농도가 높게 유지되어 루비스코효소가 O_2 대신 CO_2를 RuBP에 결합시키는 반응을 촉매하게 된다. 따라서 CO_2는 루비스코와 캘빈 회로를 통해 당을 합성하게 되고 피루브산도 재생되어 엽육세포에서 ATP를 소모하고 PEP로 전환된다. 이러한 추가적인 ATP를 생산하기 위해 유관속초세포는 순환적 광인산화를 수행한다. 실제로 유관속초세포는 광계Ⅰ은 갖고 있으나 광계Ⅱ는 가지고 있지 않아서 순환적 광인산화가 유관속초세포에서 ATP를 생성하는 유일한 방식이다.

❖ C_3식물의 유관속초세포에는 엽록체와 루비스코가 거의 없지만 C_4식물의 유관속초세포에는 변형된 엽록체와 루비스코를 갖고 있어서 광계Ⅰ만 갖는다.

이러한 방식으로 C_4 식물은 광호흡을 최소화하고 당 생산을 증가시킨다.

C_4 식물은 광포화점이 높아서 빛의 세기가 증가해도 광합성 속도가 C_3 식물보다 증가할 뿐만 아니라 낮은 CO_2 농도에서도 광합성이 일어나므로 C_3 식물보다 광합성 효율이 훨씬 높다.

특성	C_3 식물	C_4 식물
잎의 구조	엽육세포 발달	유관속초 세포 발달
최초 광합성 산물	3-PG(C_3)	옥살아세트산(C_4)
주된 서식지 환경	온대 지역	고온 건조 지역
광포화점	낮다	높다
광합성 최적 온도	15~25℃(낮다)	30~47℃(높다)
CO_2보상점(ppm)	30~70(높다)	0~10(낮다)

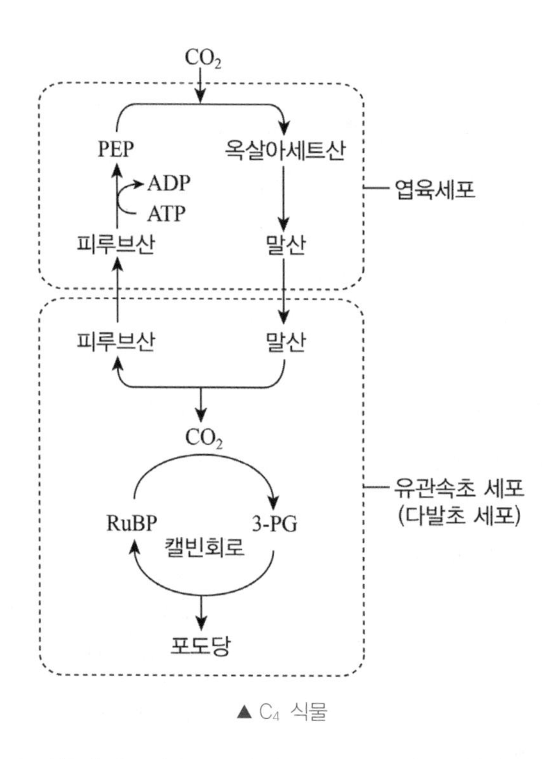

▲ C_4 식물

❖ C_4 식물의 엽육세포와 유관속초세포 사이에는 원형질연락사가 발달되어 있다.

» **공간적 분리**: C_4 식물에서는 다른 종류의 세포에서 탄소고정과 캘빈회로가 일어난다.

예제 | 2

다음은 C_3 식물과 C_4 식물에 대한 빛의 세기 및 CO_2농도에 따른 광합성 속도 그래프이다.

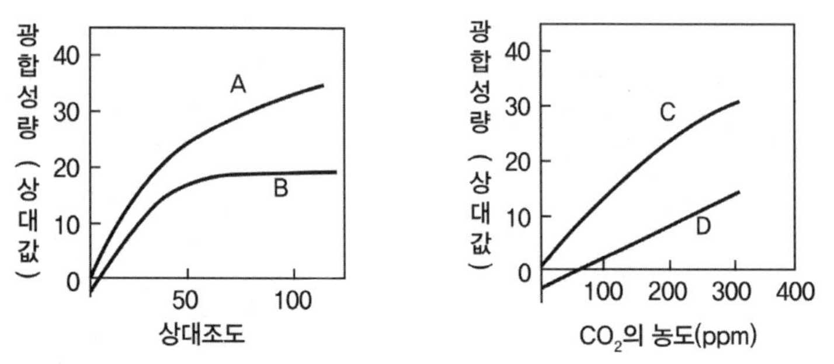

이에 대한 설명으로 옳은 것은? (경기)

① A는 빛의 세기가 강한 곳에서도 효율적으로 광합성을 하도록 적응된 식물로 광호흡을 증가시킨다.

② B는 높은 온도에서도 증산작용과 광호흡이 일어나지 않도록 적응되어 있다.

③ C는 4탄소화합물에 CO_2를 고정하여 낮은 CO_2농도에서도 효율적으로 광합성을 할 수 있다.

④ D에 해당하는 식물의 종류에는 옥수수, 사탕수수가 있다.

| 정답 | ③

A와 C는 C_4 식물이고, B와 D는 C_3 식물이다.

3 CAM 식물(선인장, 파인애플)

선인장, 파인애플과 같은 다육식물(즙이 많은 식물)은 사막에서 물을 보존하기 위해 일반적인 식물과는 반대로 낮에는 기공을 닫고 밤에 기공을 연다. 따라서 낮에 CO_2를 흡수할 수 없기 때문에 기공이 열리는 밤에 CO_2를 흡수하여 다양한 유기산에 결합시킨다. 이러한 탄소고정 방식을 이 과정이 처음으로 발견된 다육 식물인 돌나물과(crassulaceae) 이름을 따서 다육식물 유기산대사(crassulacean acid metabolism) 혹은 CAM 식물이라 부른다.

CAM 식물은 기공이 열리는 밤에 CO_2를 흡수하여 만들어진 다양한 유기산을 4탄소 화합물의 형태로 엽육세포의 액포 속에 저장했다가, 다음 날 낮에 명반응에 의해서 ATP와 NADPH가 공급되면 밤에 만들어진 유기산으로부터 CO_2가 방출되어 엽육세포에서 캘빈회로가 진행되어 당이 합성된다.

❖ 대부분의 CAM 식물도 CO_2를 흡수하여 PEP카복실화효소에 의해서 옥살아세트산으로 고정한 후 말산으로 되어 액포 속에 저장한다.

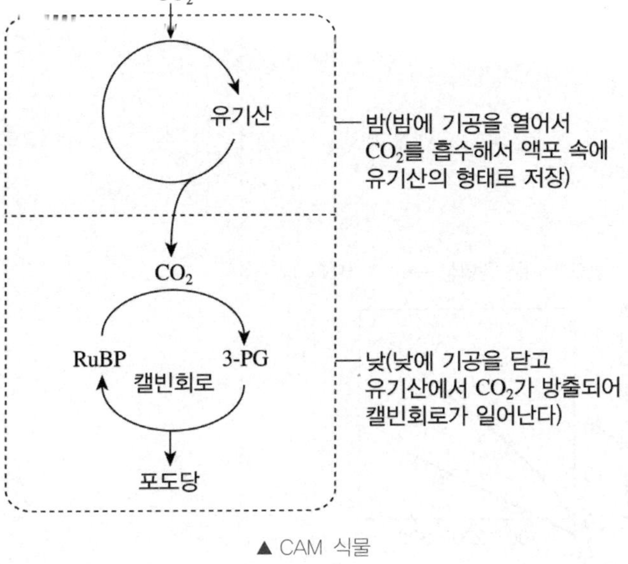

▲ CAM 식물

» **시간적 분리**: CAM 식물에서는 동일한 세포에서 탄소고정과 캘빈회로가 일어나지만 서로 다른 때에 일어난다.

예제 | 3

무덥고 건조한 기후조건에서 살고 있는 식물의 특성에 대한 설명으로 옳지 않은 것은? (지방직 7급)

① C_4 식물에서는 탄소고정과 캘빈회로가 다른 종류의 세포에서 일어난다.
② C_4 식물은 C_3 식물보다 더 최근에 기원되었다.
③ CAM 식물은 주로 밤에 기공을 열어 CO_2를 3탄소화합물로 고정한다.
④ C_4 식물은 C_3 식물에 비해 광호흡이 적게 일어나 광합성 생산량을 더 증가시킨다.

| 정답 | ③

③ CAM 식물은 주로 밤에 기공을 열어 CO_2를 4탄소화합물로 고정한다.

4 질소동화 작용(nitrogen assimilation)

무기질소화합물을 이용해서 단백질을 합성하는 작용이다.

(1) 토양 속의 무기질소화합물 흡수: 질산염(NO_3^-)이나 암모늄염(NH_4^+)의 상태로 흡수

(2) 질산의 환원

NH_4^+은 그대로 아미노산 합성에 이용되지만 NO_3^-은 NH_4^+으로 환원된 후 아미노산 합성에 이용된다.

(3) 아미노산(글루탐산) 생성

NH_4^+은 광합성 결과 생긴 당이 분해된 유기산(α-케토글루타르산)에서 카복시기(COOH)를 받아 질소동화 과정에서 생기는 최초의 아미노산인 글루탐산으로 된다.

(4) 아미노기 전이

글루탐산은 아미노기 전이 효소의 작용으로 다시 α-케토글루타르산으로 되면서 아미노기(NH_2)를 다른 유기산에 넘겨주어 여러 가지 아미노산이 생성된다.

❖ α-케토글루타르산은 질소동화작용에서 최초로 카복시기를 제공하는 유기산이다.

(5) 단백질 합성

여러 가지 아미노산이 펩타이드 결합하여 단백질이 합성된다.

예제 | 4

질소동화작용에 관한 설명으로 옳지 않은 것은?

① 토양 속에서 흡수한 NO_3^-은 NH_4^+으로 환원된 후 아미노산 합성에 이용된다.
② 식물은 스스로 공기 중의 N_2를 흡수해서 아미노산 합성에 이용한다.
③ NH_4^+은 광합성 결과 생긴 당이 분해된 α-케토글루타르산에서 카복시기(COOH)를 받아 아미노산으로 된다.
④ 질소동화 과정에서 생기는 최초의 아미노산은 글루탐산이며 아미노기 전이 효소의 작용으로 여러 가지 아미노산이 합성된다.

| 정답 | ②

식물은 스스로 공기 중의 N_2를 흡수해서 NH_4^+를 만들 수 없다.

적/중/예/상/문/제

I 분자와 세포

001

세포질 내에서 기능하는 단백질이 합성되는 장소는?

① 부착리보솜 ② 자유리보솜
③ 매끈면 소포체 ④ 골지체

➔ 세포질 내에서 기능하고 핵공을 통해서 들어가기도 하며 미토콘드리아나 엽록체의 막 단백질, 세포골격 등을 만드는 단백질은 자유리보솜에서 합성된다.

002

리소좀에 대한 설명으로 옳지 않은 것은?

① 중성환경에서 잘 작용한다.
② 손상된 세포 소기관을 자가 소화하기도 한다.
③ 식물세포보다 동물세포에 현저히 많다.
④ 가수분해효소를 많이 가지고 있으며 식포와 결합해서 식세포작용을 한다.

➔ 리소좀 내의 효소들은 산성 환경에서 활성화되므로 리소좀에서 빠져나온 효소들은 대부분 활성화되지 못한다.

003

단백질이 합성되어 세포외 배출작용으로 이동하는 경로는?

① 거친면 소포체 → 수송소낭 → 골지체 → 리소좀
② 거친면 소포체 → 수송소낭 → 골지체 → 매끈면 소포체 → 세포막
③ 매끈면 소포체 → 수송소낭 → 골지체 → 분비소낭 → 퍼옥시좀
④ 거친면 소포체 → 수송소낭 → 골지체 → 분비소낭 → 세포막

➔ 거친면 소포체에서 떨어져 나온 수송소낭은 골지막과 융합하고 골지체로부터 나오는 분비소낭들은 세포막의 표면에 융합한 후 세포외 배출작용으로 분비된다.

정답

001 ② 002 ① 003 ④

004

세포 소기관에 대한 설명으로 옳지 않은 것은?

① 인지질과 스테로이드 호르몬은 일반적으로 거친면 소포체에서 만들어진다.
② 중심액포는 식물 성장에 기여를 하며, 색소 및 독소를 가지고 있다.
③ 리보솜에서 만들어진 단백질과 같은 물질은 거친면 소포체 내부에서 화학적 변형이 일어난다.
④ 매끈면 소포체는 간에서 독소의 해독을 돕는다.

➔ 인지질과 스테로이드 호르몬은 매끈면 소포체에서 만들어진다.

005

세포 소기관에 관한 설명으로 옳지 않은 것은?

① 자유리보솜에서 만들어진 단백질은 핵공을 통해 들어가 인에서 리보솜을 합성하는 데 사용된다.
② 골지체에서 단백질의 화학적 변형이 일어나며 단백질의 이동을 조절한다.
③ 미토콘드리아는 내막계의 구성요소로서 세포호흡장소이다.
④ 중심체는 핵 근처에 있으며 2개의 중심립이 직각으로 배열되어 있다.

➔ 미토콘드리아는 내막계의 구성요소가 아니고 세포질 속을 자유롭게 돌아다니는 자유리보솜과 미토콘드리아 자체에 포함되어 있는 리보솜에 의해 만들어진다.

006

산화적 물질대사에 관여하는 퍼옥시좀의 효소는?

① 라이페이스 ② 카탈레이스
③ 헥소카이네이스 ④ 아밀레이스

➔ 카탈레이스 효소에 의해서 과산화수소를 물과 산소로 분해한다.

007

다음 중 내막계에 속하는 세포 소기관은?

① 리소좀 ② 엽록체
③ 미토콘드리아 ④ 퍼옥시좀과 글리옥시좀

➔ 핵막, 세포막, 소포체, 골지체, 리소좀, 중심 액포는 내막계이다.

정답

004 ① 005 ③ 006 ② 007 ①

008

다음 중 근육수축에 관여하는 세포골격은?

① 미세섬유　　② 중간섬유
③ 미세소관　　④ 프로테오글리칸

> 미세섬유인 액틴과 운동단백질인 마이오신에 의해 근육수축이 일어난다.

009

미세소관의 구성과 작용이 아닌 것은?

① 방추사
② 동물세포 분열 시 세포질 함입
③ 세포 소기관의 이동하는 궤도
④ 편모, 섬모, 중심립

> 동물세포 분열 시 세포질 함입은 미세섬유에 의해서 일어난다.

010

진핵세포의 세포골격에 대한 설명으로 옳지 않은 것은?

① 미세섬유는 세포 소기관을 제자리에 고정시키며 다양한 종류의 단백질로 구성된다.
② 미세소관은 편모나 섬모를 이루는 주성분으로 중심체에서 생겨난다.
③ 미세섬유는 근육의 수축을 일으킨다.
④ 중간섬유는 인접한 세포들을 서로 결집시키고 핵의 상대적 위치를 유지하게 한다.

> 세포 소기관을 제자리에 고정시키며 다양한 종류의 단백질로 구성된 세포골격은 중간섬유이다.

011

동물세포의 세포골격에 대한 설명으로 옳지 않은 것은?

① 미세섬유는 가운데가 비어 있는 데 비해 미세소관은 꽉 차 있다.
② 키네신은 세포 소기관을 양성말단으로 이동시키며 디네인은 음성말단으로 이동시키는 운동단백질이다.
③ 튜불린의 결합과 분해는 GTP의 에너지를 이용하며 미세소관의 플러스 종단에서 일어난다.
④ 미세섬유는 세포질 분열에서 수축환을 형성하여 세포질 만입이 일어나도록 한다.

> 가운데가 비어 있는 것은 미세소관이고 미세섬유는 꽉 차 있다.

정답

008 ① 009 ② 010 ① 011 ①

012

세포골격의 기능이 아닌 것은?

① 세포를 압력에 견디도록 해준다.
② 세포를 장력에 견디도록 해준다.
③ 세포 모양을 유지하도록 돕는다.
④ 세포와 세포 간 상호 교신을 한다.

➔ 세포와 세포 간 상호 교신을 하는 것은 세포골격이 아닌 세포연접(간극연접=교신연접)이다.

013

밀착연접(tight junction)의 기능으로 옳은 것은?

① 세포 간 분자의 이동을 가능하게 한다.
② 세포와 세포외 기질을 부착시킨다.
③ 세포를 중간섬유와 함께 고정시킨다.
④ 세포 간 공간을 통해 분자들이 이동하는 것을 막는다.

➔ 밀착연접은 이웃하는 세포들의 막이 밀착해 단단하게 붙어 있어 물질이 새어나가지 못하도록 판을 형성한다.

014

식물세포의 원형질 연락사와 유사한 기능을 가진 것은?

① 밀착연접
② 데스모좀
③ 간극연접
④ 세포외기질

➔ 인접한 세포 간에 세포질 통로를 제공해주는 간극연접은 식물의 원형질 연락사와 기능이 유사하다.

015

동물세포에서 막 유동성을 유지하는 콜레스테롤의 낮은 온도에서의 효과는?

① 인지질의 이동을 방해
② 인지질이 정상적으로 채워지는 것을 방해
③ 포화지방산을 증가시켜 막의 유동성을 감소
④ 불포화지방산의 증가

➔ 낮은 온도에서 콜레스테롤은 인지질이 정상적으로 채워지는 것을 방해함으로써 막이 고체화되는 것을 방지하여 일정한 막 유동성을 갖는 데 도움을 준다.

정답

012 ④ 013 ④ 014 ③ 015 ②

016

고온환경에 적응한 세포가 막 유동성을 유지하는 방법은?

① 불포화지방산이 증가하고 지방산의 길이가 짧아진다.
② 포화지방산이 증가하고 지방산의 길이가 짧아진다.
③ 불포화지방산이 증가하고 지방산의 길이가 길어진다.
④ 포화지방산이 증가하고 지방산의 길이가 길어진다.

→ 고온환경에 적응된 생물은 빈틈없이 쌓일 수 있는 포화지방산을 더 많이 갖고 있고, 지방산의 길이가 길어 막이 덜 유동적이므로 고온에서도 막이 손상되지 않고 유지된다.

017

다음 그림은 지질 이중층을 관통하는 단백질의 세 부분을 나타낸 것이다. A, B, C에 대한 설명으로 옳은 것은?

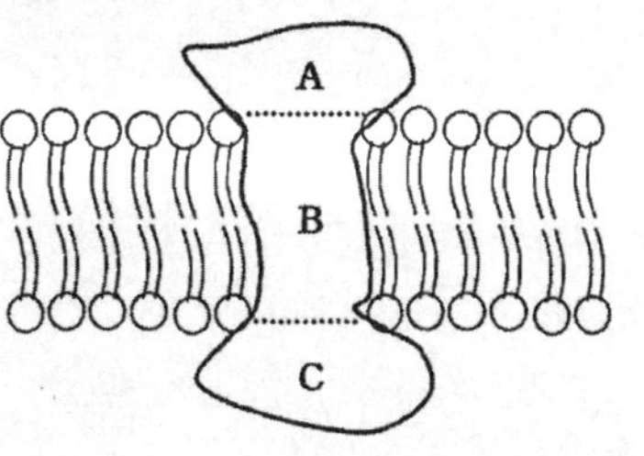

① A, C는 극성을 띠는 친수성 α－나선구조를 가진 아미노산이 대부분이며, B는 소수성 비나선 구조의 아미노산이 대부분이다.
② A, C는 소수성 비나선 구조를 가진 아미노산이 대부분이며, B는 극성을 띠는 친수성 α－나선구조의 아미노산이 대부분이다.
③ A, C는 극성을 띠는 친수성 비나선 구조를 가진 아미노산이 대부분이며, B는 소수성 α－나선구조의 아미노산이 대부분이다.
④ A, C는 소수성 α－나선구조를 가진 아미노산이 대부분이며, B는 극성을 띠는 친수성 비나선 구조의 아미노산이 대부분이다.

→ 단백질의 비나선형인 친수성 부분은 세포막의 바깥쪽과 세포막의 안쪽 수용액과 접촉되어 있고, 소수성 부분인 알파나선의 2차구조가 막의 소수성 중심부에 있다.

018

특정 세포와 다른 세포의 신호물질을 인지하고 결합하는 막 수용체의 구성물질은?

① 인지질　　② 탄화수소
③ 당단백질　　④ 콜레스테롤

→ 일부 막 탄수화물은 단백질과 공유결합으로 당단백질이 되어 특정 세포와 다른 세포를 구별하는 인식표로 기능한다.

정답
016 ④ 017 ③ 018 ③

019

막단백질의 기능으로 옳지 않은 것은?

① 신호전달
② 세포골격과 세포외기질(ECM)의 부착
③ 세포 간 결합
④ 세포 소기관의 이동

➡ 세포 소기관의 이동에 관여하는 것은 막단백질이 아니라 세포골격인 미세소관이다.

020

신호전달의 3단계를 순서대로 나열한 것은?

① 반응 → 수용 → 전환　　② 수용 → 반응 → 전환
③ 수용 → 전환 → 반응　　④ 신호 → 반응 → 전환

➡ 신호전달경로는 표적세포에서 신호를 받아들이고(수용) 세포 표적분자까지 신호를 전환하면 핵과 세포질에서 반응이 일어난다.

021

다음 중 제2전령자가 아닌 것은?

① 호르몬, 신경전달물질　　② cAMP, cGMP
③ DAG　　④ IP_3, Ca^{2+}

➡ 호르몬과 신경전달물질은 제1전령자이다.

022

척추동물의 광수용기에 대한 설명으로 옳지 않은 것은?

① 활성화된 로돕신은 트랜스듀신(transducin)이라는 G단백질을 활성화시킨다.
② 트랜스듀신이라는 G단백질은 포스포다이에스터레이스(PDE)를 활성화시킨다.
③ 활성화된 PDE는 cGMP를 GMP로 가수분해하여 cGMP를 Na 통로로부터 분리시킨다.
④ cGMP가 Na 통로로부터 떨어져 나오면 Na 통로가 열린다.

➡ cGMP가 Na 통로로부터 떨어져 나오면 Na 통로가 닫히고 Na+에 대한 막의 투과성이 낮아져서 간상세포는 과분극된다.

정답

019 ④　020 ③　021 ①　022 ④

023

세포 외 기질과 막단백질에 대한 설명으로 옳지 않은 것은?

① 동물세포에서 가장 많이 차지하는 당단백질은 콜라겐이다.
② 콜라겐섬유는 다른 당단백질인 프로테오글리칸이 그물처럼 쌓인 곳에 끼워져 있다.
③ 피브로넥틴은 세포 표면의 수용체 단백질에 세포외기질을 부착시킨다.
④ 막을 관통하는 내재성 단백질은 극성 아미노산으로 구성되어 있으며 알파나선구조이다.

➡ 막을 관통하는 내재성 단백질은 비극성 아미노산으로 구성된 알파나선구조이다.

024

G단백질 결합 수용체에 대한 설명으로 옳은 것은?

① 세포 내 수용체 단백질이다.
② 세포막 수용체 단백질이다.
③ 세포막의 세포질 쪽에 위치한 단백질로서 수용체 단백질에 의해 활성화된다.
④ 물질이나 이온의 통로로 작용하는 막 수용체이다.

➡ G단백질 결합 수용체는 G단백질을 활성화시키는 세포막 수용체이다.

025

세포호흡에서 포도당 1몰이 분해될 때 해당 과정에서 산소가 없을 경우 생성되는 ATP는?

① 1ATP ② 2ATP
③ 4ATP ④ 8ATP

➡ 2분자의 ATP가 소모되고 4분자의 ATP가 생성되므로 해당 과정에서 기질수준 인산화에 의해서 2ATP가 생성된다.

026

세포호흡에서 포도당 1몰이 분해될 때 해당 과정에서 산소가 있을 경우 생성되는 ATP는?

① 1ATP ② 2ATP
③ 4ATP ④ 8ATP

➡ 해당과정은 산소가 있거나 없거나, 즉 산소호흡이거나 무산소호흡이거나 상관없이 항상 2분자의 ATP를 생성한다.

정답
023 ④ 024 ② 025 ② 026 ②

027

세포호흡에서 피루브산 1몰이 미토콘드리아로 들어가 기질수준 인산화에 의해 생성되는 ATP는?

① 1ATP　　② 2ATP
③ 15ATP　　④ 30ATP

➡ α–케토글루타르산이 석신산으로 될 때 기질수준 인산화에 의해 1분자의 ATP가 생성된다.

028

세포호흡에서 피루브산 1몰이 미토콘드리아로 들어가 생성된 NADH가 전자전달계를 거쳐 생성하는 ATP는?

① 3ATP　　② 12ATP
③ 14ATP　　④ 15ATP

➡ 4NADH×3ATP=12ATP

029

세포호흡에서 피루브산 1몰이 미토콘드리아로 들어가 생성된 $FADH_2$가 전자전달계를 거쳐 생성하는 ATP는?

① 1ATP　　② 2ATP
③ 3ATP　　④ 12ATP

➡ $1FADH_2$×2ATP=2ATP

030

세포호흡에서 피루브산 1몰이 완전히 산화되면 생성되는 ATP는?

① 2ATP　　② 14ATP
③ 15ATP　　④ 30ATP

➡ 1ATP+12ATP+2ATP=15ATP

정답

027 ① 028 ② 029 ② 030 ③

031

세포호흡에서 아세틸 Co A 1몰이 완전히 산화되면 생성되는 ATP는?

① 2ATP ② 12ATP
③ 15ATP ④ 30ATP

➡ 피루브산이 아세틸 Co A로 될 때 1분자의 NADH(→3ATP)가 생성된다. 피루브산 1몰이 완전히 산화되면 생성되는 15ATP에서 3ATP를 빼면 12ATP이다.

032

세포호흡에서 포도당 1몰이 완전히 분해될 때 기질수준 인산화에 의해서 생성되는 ATP는?

① 4ATP ② 8ATP
③ 30ATP ④ 38ATP

➡ 해당 과정에서 기질수준 인산화에 의해서 2ATP가 생성되고 시트르산 회로에서 기질수준 인산화에 의해서 2ATP(포도당 1몰이므로 피루브산 2몰이 된다)가 생성되므로 총 4ATP이다.

033

세포호흡에서 포도당 1몰이 완전히 분해될 때 생성되는 ATP는?

① 15ATP ② 19ATP
③ 30ATP ④ 38ATP

➡ 해당 과정에서 2ATP, 시트르산회로에서 2ATP, 산화적 인산화에 의해서 34ATP가 생성되므로 총 38ATP이다.

034

세포호흡 시 세포질에서 ( )ATP가 생성되고 미토콘드리아에서 ( )ATP가 생성된다. ( ) 안에 들어갈 숫자를 순서대로 나열한 것은?

① 2, 36 ② 4, 34
③ 8, 30 ④ 12, 24

➡ 해당 과정만 세포질에서, 나머지는 모두 미토콘드리아에서 일어나므로 38ATP 중 2ATP를 제외한 36ATP가 미토콘드리아에서 생성된다.

정답

031 ② 032 ① 033 ④ 034 ①

035

다음 그림의 미토콘드리아에서 일어나는 과정에 대한 설명으로 옳지 않은 것은?

A B C

① 해당 과정은 B에서 일어난다.
② TCA회로는 A에서 일어난다.
③ 산화적 인산화는 C에서 일어난다.
④ ATP가 생성되는 장소는 A이다.

➡ A는 미토콘드리아 기질, B는 미토콘드리아 외막, C는 미토콘드리아 내막이다. 해당 과정은 세포질에서 일어나고 산화적 인산화는 미토콘드리아 내막에서 일어나지만, ATP는 내막의 기질 쪽에서 생성된다.

036

세포호흡 시 ATP 생성에 대한 설명으로 옳지 않은 것은?

① 1분자의 포도당이 분해될 때, 해당 과정에서 기질수준 인산화로 2ATP가 생성되고 수소 이탈로 $2NADH+2H^+$가 생성된다.
② 1분자의 포도당이 분해될 때, TCA회로에서 기질수준 인산화로 1ATP가 생성되고 수소 이탈로 $4NADH+4H^+$와 $1FADH_2$가 생성된다.
③ 1분자의 포도당이 분해될 때, 산화적 인산화에서는 해당 과정과 TCA회로에서 생성된 $NADH+H^+$와 $FADH_2$의 전자가 O_2에 전달되는 과정에서 34ATP가 생성된다.
④ 포도당 1분자가 분해되면 최대 38분자의 ATP가 생성된다.

➡ 1분자의 피루브산이 분해될 때, TCA회로에서는 기질수준 인산화로 1ATP가 생성되고 수소 이탈로 $4NADH + 4H^+$와 $1FADH^2$가 생성된다.

037

세포호흡 과정 중 유기물의 탄소를 이산화탄소의 형태로 제거하고 NAD^+를 NADH로 환원시키는 과정은?

① 해당 과정 ② 크렙스회로
③ 산화적 인산화 ④ 해당 과정과 크렙스회로

➡ 크렙스회로에서 이산화탄소를 제거하는 탈탄산 반응이 일어난다.

정답

035 ① 036 ② 037 ②

038

시트르산회로에서 조효소 Co A와 반응하여 아세틸 Co A가 되는 물질은?

① 피루브산
② α－케토글루타르산
③ 석신산
④ 옥살아세트산

→ 피루브산에서 CO_2가 방출되고 NADH가 생성된 후 조효소 A와 결합해 2탄소 화합물인 아세틸 Co A가 된다.

039

α－케토글루타르산이 석신산으로 될 때 생성되는 물질은?

① $FADH_2$　② NAD^+
③ GTP　④ ADP

→ GTP가 생성된 후 GTP가 GDP로 될 때 나오는 인산기에 의해서 ATP가 생성된다.

040

다음 중 TCA회로와 관계없는 유기산은?

① 시트르산
② α－케토글루타르산
③ 젖산
④ 석신산

→ 젖산은 젖산발효에 의해서 생성된다.

041

세포가 ATP를 만드는 데 사용하는 에너지를 가지고 있는 물질은?

① O_2　② H_2O
③ NAD^+　④ NADH

→ NADH와 $FADH_2$의 산화적 인산화에 의해서 ATP가 생성된다.

정답

038 ① 039 ③ 040 ③ 041 ④

042

세포호흡 과정에서 전자의 최종 수용체는?

① H_2O ② O_2
③ NAD^+ ④ 포도당

➡ 세포호흡 과정에서 전자의 최종 수용체는 산소이다.

043

해당 과정에서 과당-6-인산이 과당-1-6-이인산으로 될 때 작용하는 효소는?

① 포도당인산이성질화효소
② 카탈레이스
③ 헥소카이네이스
④ 인산과당인산화효소

➡ 인산과당인산화효소(PFK)

044

시트르산회로에서 $FADH_2$가 생성되는 단계는?

① 석신산이 푸마르산이 될 때
② α-케토글루타르산이 석신산이 될 때
③ 시트르산이 α-케토글루타르산이 될 때
④ 옥살아세트산이 시트르산이 될 때

045

산화적 인산화과정에 대한 설명으로 옳지 않은 것은?

① 전자가 이동할 때 전자가 가진 에너지 준위는 점점 감소한다.
② 전자는 전자친화력이 작은 물질에서 큰 물질로 이동한다.
③ 미토콘드리아 기질에서 막 사이 공간으로 수소이온이 능동수송될 때 ATP 에너지를 이용한다.
④ 전자친화력이 가장 큰 물질은 산소이므로 산화적 인산화에서 전자의 최종 수용체는 산소이다.

➡ 미토콘드리아 기질에서 막 사이 공간으로 수소이온이 능동수송될 때 ATP 에너지가 아닌 전자가 전달되면서 나오는 에너지를 이용한다.

정답
042 ② 043 ④ 044 ① 045 ③

046

세포호흡 시 전자전달계를 거치면서 전자가 방출한 에너지가 쓰이는 곳은?

① H^+의 능동수송
② 물의 분해
③ NADH와 $FADH_2$ 생성
④ 포도당 생성

➔ 전자에서 방출된 에너지에 의해서 미토콘드리아 기질에서 막 사이 공간으로 수소이온이 능동수송된다.

047

세포호흡에서 단백질과 지방이 호흡기질로 사용될 경우에 대한 설명으로 옳지 않은 것은?

① 지방산은 β산화라는 물질대사경로를 거쳐 아세틸 CoA로 된 후 크렙스 회로로 들어간다.
② 글리세롤은 해당 과정으로 들어가서 G3P가 된 후 피루브산으로 전환되어 크렙스회로로 들어간다.
③ 아미노산은 탈아미노반응에 의해서 아미노기가 제거된 후 세포호흡에 이용된다.
④ 단백질의 호흡률은 0.7이고 지방의 호흡률은 0.8이다.

➔ 단백질의 호흡률은 0.8이고 지방의 호흡률은 0.7이다.

048

단백질이 호흡기질로 사용될 때 노폐물로 만들어지는 물질은?

① 지방산　　② 유기산
③ 아미노기　　④ 카복시기

➔ 단백질은 아미노산으로 분해된 후 아미노기가 제거되고 유기산으로 된다. 제거된 아미노기는 암모니아로 되었다가 간에서 요소로 합성된 후 오줌으로 배출된다.

049

세포호흡과 발효에서 공통적으로 일어나는 과정은?

① 해당 과정
② 크렙스회로
③ 전자전달계
④ 화학삼투에 의한 ATP 생성

➔ 세포호흡과 발효는 모두 해당 과정을 거쳐서 일어난다.

정답

046 ① 047 ④ 048 ③ 049 ①

050

1분자의 포도당이 분해되어 젖산발효가 일어날 때에 대한 설명으로 옳지 않은 것은?

① 세포질에서 일어나며 기질수준 인산화에 의해서 2ATP가 만들어진다.
② 포유동물의 근육에서 산소가 없는 조건에서도 일어난다.
③ 피루브산에서 젖산이 될 때 NADH + H^+이 필요하다.
④ CO_2가 발생한다.

➡ 알코올 발효에서는 CO_2가 발생하지만 젖산발효에서는 발생하지 않는다.

051

세포호흡 과정에서 일어나는 반응과 장소가 잘못 짝지어진 것은?

① 해당 작용－세포질
② 시트르산회로－미토콘드리아 내막
③ 기질수준 인산화－세포기질과 미토콘드리아 기질
④ 발효－세포질

➡ 시트르산회로는 미토콘드리아 기질에서 일어난다.

052

세포호흡과 발효에 대한 설명으로 옳지 않은 것은?

① 세포호흡은 호흡기질이 완전 분해되고 발효는 호흡기질이 불완전 분해된다.
② 세포호흡이 발효보다 에너지발생량이 많다.
③ 세포호흡과 발효에서 모두 이산화탄소가 생성된다.
④ 세포호흡과 발효는 모두 발열반응이며 이화작용이다.

➡ 발효 중 젖산발효는 이산화탄소가 생성되지 않는다.

053

엽록체에 대한 설명으로 옳지 않은 것은?

① 틸라코이드 막에는 광계, 전자전달 효소, ATP 합성효소 등이 있다.
② 스트로마는 기질 부분으로 암반응이 일어난다.
③ 그라나에는 DNA와 RNA가 포함되어 있다.
④ 스트로마에는 암반응과 관련된 효소가 들어 있다.

➡ DNA와 RNA는 기질(스트로마)에 존재한다.

정답

050 ④ 051 ② 052 ③ 053 ③

054

광합성 색소 중 카로티노이드의 기능은?

① 빛을 받으면 전자를 방출한다.
② 전자전달계에 관여한다.
③ 주로 청자색광과 적색광의 빛을 흡수한다.
④ 엽록소 a의 안테나색소로 시문이 이용할 수 있는 파장의 범위를 확대해준다.

→ 엽록소가 잘 흡수하지 못하는 파장의 빛을 흡수하여 반응중심 색소인 엽록소 a로 전달해준다.

055

페이퍼 크로마토그래피에 의한 색소분리실험에서 원점에서부터 분리되는 순서를 바르게 나열한 것은?

① 카로틴–잔토필–엽록소 b–엽록소 a
② 카로틴–잔토필–엽록소 a–엽록소 b
③ 엽록소 a–엽록소 b–잔토필–카로틴
④ 엽록소 b–엽록소 a–잔토필–카로틴

→ 원점에서부터이므로 아래에서 위의 순서가 된다.

056

다음 중 엽록체의 광합성 색소가 아닌 것은?

① 엽록소 a　　② 엽록소 b
③ 안토시안　　④ 잔토필

→ 꽃잎의 색을 나타내는 색소인 안토시안은 중심 액포에 있다.

정답
054 ④　055 ④　056 ③

057

다음 그래프는 빛의 세기와 광합성량과의 관계를 나타낸 것이다. 이에 대한 설명으로 옳지 않은 것은?

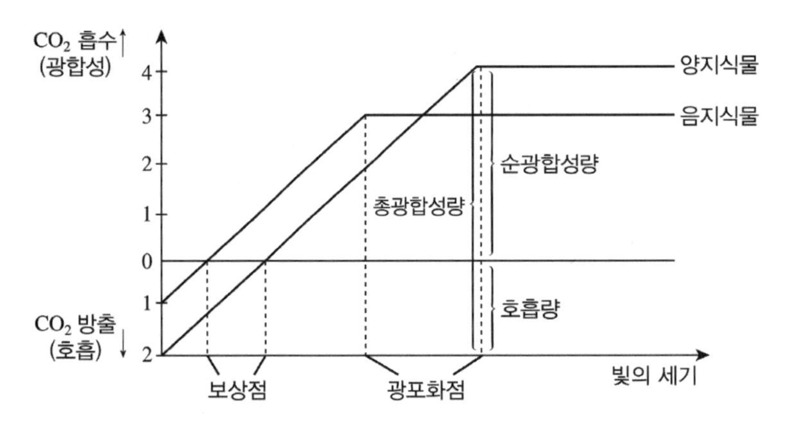

① 빛이 없을 때 CO_2 방출량은 식물의 호흡량이다.
② 광포화점에서 양지식물과 음지식물의 호흡량은 같다.
③ 보상점 이하의 빛의 세기에서는 식물이 잘 자라지 못한다.
④ 양지식물의 보상점이 음지식물의 보상점보다 높다.

➔ 광포화점에서 양지식물의 호흡량은 2, 음지식물의 호흡량은 1이다.

058

물이 든 밀폐 용기에 클로렐라를 넣은 후 $C^{18}O_2$를 공급하고 빛을 쬐여 주었을 때 $^{18}O_2$가 검출되는 곳은?

① 포도당에서만 검출된다.
② 발생하는 산소에서만 검출된다.
③ 포도당과 산소에서 검출된다.
④ 포도당과 물에서 검출된다.

➔ 광합성이 일어나 CO_2를 흡수하고 포도당과 물을 생성한다.

059

반응중심에 대한 설명으로 옳지 않은 것은?

① 광계 I 의 반응중심은 P_{700}이다.
② 광계 II 의 반응중심은 P_{680}이다.
③ 광합성의 명반응에는 2종류의 반응중심이 있다.
④ 광계 I 과 II 의 주된 흡수파장의 차이는 반응중심 색소가 다르기 때문이다.

➔ 반응중심 색소는 같지만 각각 다른 단백질과 결합해서 엽록소 분자 간의 전자분포가 달라지므로 빛을 흡수하는 특성에 미세한 차이가 나타난다.

정답
057 ② 058 ④ 059 ④

060

광합성 명반응의 비순환적 광인산화 과정에서 빛에너지를 흡수한 후 이동하는 전자의 전달단계를 일어나는 순서대로 나열한 것은?

ㄱ. 사이토크롬복합체로 전달
ㄴ. 광계Ⅱ의 전자수용체로 전달
ㄷ. 광계Ⅰ의 P_{700}으로 전달
ㄹ. 광계Ⅱ의 P_{680}
ㅁ. 물이 광분해되어 전자와 수소이온을 생성
ㅂ. NADPH 생성

① ㅁ－ㄹ－ㄴ－ㄱ－ㄷ－ㅂ
② ㄹ－ㄴ－ㅁ－ㄱ－ㄷ－ㅂ
③ ㄷ－ㄹ－ㄴ－ㅁ－ㄱ－ㅂ
④ ㄹ－ㄴ－ㄱ－ㄷ－ㅂ－ㅁ

➜ 전자의 흐름이 아니고 일어나는 순서이므로 광계Ⅱ의 P680부터 시작해야 한다.

061

광합성 과정에서 전자의 흐름을 바르게 나열한 것은?

① 광계Ⅰ → 광계Ⅱ → NADPH → O_2 → CO_2
② H_2O → 광계Ⅱ → 광계Ⅰ → NADPH → 캘빈회로
③ 광계Ⅰ → NADPH → 엽록소 → 광계Ⅱ → 캘빈회로
④ 광계Ⅱ → H_2O → 광계Ⅰ → NADPH → 캘빈회로

➜ 전자의 흐름이므로 물이 광분해되어 방출된 전자가 광계Ⅱ로 이동한다.

062

다음 중 광합성 명반응의 생성물이 아닌 것은?

① O_2 ② ATP
③ NADPH ④ 포도당

➜ 포도당은 암반응의 생성물이다.

정답
060 ② 061 ② 062 ④

063

광합성 명반응에서 순환적 광인산화와 비순환적 광인산의 차이점은?

① 순환적 광인산화와 비순환적 광인산화 반응은 광계Ⅰ과 광계Ⅱ 모두를 포함하고, 순환적 광인산화는 ATP를 생성하며 비순환적 광인산화는 ATP와 NADPH를 생성한다.
② 순환적 광인산화는 산소를 방출하고 비순환적 광인산화는 산소를 방출하지 않는다.
③ 순환적 광인산화는 광계Ⅰ만 포함하고 ATP를 생성하며, 비순환적 광인산화는 광계Ⅰ과 광계Ⅱ 모두를 포함하고 ATP와 NADPH를 생성한다.
④ 순환적 광인산화는 물의 광분해를 포함하는 반면, 비순환적 광인산화는 물의 광분해를 포함하지 않는다.

➡ ATP는 순환적 광인산화와 비순환적 광인산화에서 모두 생성되지만 NADPH는 비순환적 광인산화에서 생성된다.

064

광합성에 대한 설명으로 옳은 것은?

① 명반응은 H_2O와 NADPH를 생성한다.
② 비순환적 전자 전달과정에서 NAD^+를 환원시키기 위해서는 P_{700} 반응 중심에서 $2e^-$가 필요하다.
③ 순환적 전자흐름은 P_{700} → 전자수용체 → 페리독신 → 사이토크롬복합체 → 플라스토시아닌 → P_{700}이다.
④ 비순환적 전자흐름은 P_{680} → 전자수용체 → 물 → 플라스토퀴논 → 사이토크롬복합체 → 플라스토시아닌 → P_{700} → 페레독신 → $NADP^+$ 이다.

➡ 명반응에서 H_2O는 생성되지 않으며, 비순환 전자 전달과정에서 NAD^+를 환원시키는 것이 아니고 $NADP^+$를 환원시키는 것이다.

065

엽록체의 ATP 화학삼투합성에서 H^+이 ATP 합성효소를 통해 이동하는 방향은?

① 스트로마에서 틸라코이드 내부
② 틸라코이드 내부에서 스트로마
③ 엽록체의 막 사이 공간에서 틸라코이드 내부
④ 세포질에서 스트로마

➡ ATP 합성효소를 통해 H^+이 틸라코이드 내부에서 스트로마로 확산된다.

정답
063 ③ 064 ③ 065 ②

066

광합성 명반응에 대한 설명으로 옳은 것은?

① 빛에너지를 화학에너지로 전환하여 유기물을 합성한다.
② 루비스코(Rubisco) 효소가 작용한다.
③ NADPH와 ATP가 생성된다.
④ NADPH 및 ATP에 의해 CO_2를 탄수화물로 전환시킨다.

→ 명반응은 물의 광분해과정이고 유기물의 합성은 캘빈회로에서 일어난다.

067

캘빈회로에서 CO_2의 1차 수용체는?

① 리불로스 일인산(RuMP)
② 리불로스 이인산(RuBP)
③ 3인글리세르산(3PG)
④ 글리세르 알데하이드 3인산(G3P)

→ 리불로스 이인산(RuBP)이 CO_2를 받아서 3인글리세르산(3PG)이 된다.

068

캘빈회로에서 최초 CO_2의 고정물질은?

① 리불로스 일인산(RuMP)
② 리불로스 이인산(RuBP)
③ 3인산글리세르산(3PG)
④ 글리세르 알데하이드 3인산(G3P)

→ CO_2가 리불로스 이인산(RuBP)에 의해서 3인산글리세르산(3PG)에 고정된다.

069

캘빈회로에 CO_2 공급을 중단하면 일어나는 현상은?

① RuBP 증가, 3PG 감소
② RuBP 증가, 3PG 증가
③ RuBP 감소, 3PG 증가
④ RuBP 감소, 3PG 감소

→ CO_2 공급을 중단하면 RuBP가 3PG로 되지 않는다.

정답

066 ③ 067 ② 068 ③ 069 ①

070

캘빈회로에 빛 공급을 중단하면 일어나는 현상은?

① RuBP 증가, 3PG 감소, G3P 증가
② RuBP 증가, 3PG 증가, G3P 감소
③ RuBP 감소, 3PG 증가, G3P 감소
④ RuBP 감소, 3PG 증가, G3P 증가

➡ 빛의 공급을 중단하면 3PG가 G3P로 되지 않으며, G3P는 포도당이 되지만 RuBP는 되지 않는다.

071

엽록체와 미토콘드리아의 구조에 대한 설명으로 옳지 않은 것은?

① 명반응은 그라나의 틸라코이드 막에서 일어난다.
② 캘빈회로는 스트로마에서 일어난다.
③ 미토콘드리아의 기질에서 TCA회로가 일어난다.
④ 엽록체의 기질 부분을 크리스타라고 한다.

➡ 크리스타는 미토콘드리아 내막의 주름진 구조를 말하며, 엽록체의 기질 부분은 스트로마라고 한다.

072

미토콘드리아와 엽록체에 대한 설명으로 옳지 않은 것은?

① 두 세포기관은 유전정보물질인 DNA와 리보솜을 가지고 있다.
② 전자전달계를 거치면서 수소이온의 농도구배가 형성된다.
③ 엽록체 틸라코이드 막의 수소이온의 농도구배는 직접 암반응에 이용된다.
④ 미토콘드리아 내막의 수소이온의 농도구배는 ATP합성에 이용된다.

➡ 틸라코이드 막의 수소이온의 농도구배는 ATP합성에 이용된다.

073

화학삼투에서 세포호흡과 광합성의 공통점이 아닌 것은?

① 전자전달계가 관여한다.
② 전자의 최종 전자수용체가 동일하다.
③ ATP 합성효소가 있는 통로를 통해 양성자가 확산됨으로써 ATP가 생성된다.
④ 효소가 막에 붙어 있다.

➡ 세포호흡에서 전자의 최종 수용체는 O_2이고 비순환적 광인산화에서 전자의 최종 수용체는 $NADP^+$이다.

정답
070 ③ 071 ④ 072 ③ 073 ②

074

광합성 시 일어나는 작용을 모두 고르면?

> 다, 라, 마는 호흡에서 일어나는 작용이다.

가. 화학삼투	나. 전자전달
다. 기질수준 인산화	라. 산화적 인산화
마. 탈탄산 반응	

① 가, 나　　② 나, 다
③ 가, 나, 마　　④ 다, 라, 마

075

녹색황세균 · 녹색세균 등 광합성세균에 대한 설명으로 옳지 않은 것은?

> 광합성세균은 세균엽록소는 있지만 카로티노이드계의 색소는 없다.

① 물을 사용하지 않는다.
② 산소가 생성되지 않는다.
③ 이산화탄소 환원물질로 H_2S 또는 H_2를 사용한다.
④ 세균엽록소와 카로티노이드계의 색소가 있어서 빛에너지를 흡수한다.

076

황세균 · 질산균 등의 화학합성에 대한 설명으로 옳지 않은 것은?

> 빛을 이용하지 않지만 무기물을 산화시켜 나오는 화학에너지를 이용하여 포도당을 합성하므로 독립영양을 한다.

① 무기물을 산화시켜 에너지원으로 이용한다.
② 포도당과 산소가 생성된다.
③ 이산화탄소 환원물질로 H_2O을 사용한다.
④ 빛을 이용하지 않으며 종속영양을 한다.

077

옥수수와 사탕수수 등의 식물은 C_4 경로를 통해 광합성의 암반응이 일어난다. 이때 CO_2와 최초로 반응하는 물질과 그 결과 생성되는 물질이 바르게 짝지어진 것은?

> CO_2가 PEP와 결합하여 옥살아세트산으로 된다.

① 포스포에놀 피루브산(PEP) – 옥살아세트산
② 옥살아세트산 – 말산
③ 말산 – 피루브산
④ 피루브산 – 포스포에놀 피루브산(PEP)

정답
074 ① 075 ④ 076 ④ 077 ①

078

C_3식물과 비교해 C_4식물의 장점이 아닌 것은?

① PEP카르복실레이스에 의해서 낮은 농도의 CO_2에서도 효율적으로 CO_2를 고정한다.
② CO_2가 유관속초 세포에 효과적으로 농축된다.
③ 광호흡이 잘 일어난다.
④ 광포화점이 높다.

→ C_4식물은 광호흡을 피하기 위해서 PEP카르복실레이스에 의해 CO_2를 유관속초 세포에 농축시킨다.

079

광호흡이 일어나지 않게 하는 CAM식물의 기작은?

① 엽육세포에서 CO_2를 4탄소 물질로 고정하여 유관속초 세포에 CO_2를 방출한다.
② PEP를 이용하여 CO_2를 RuBP로 고정한다.
③ 낮 동안 기공을 닫고 밤에 캘빈회로가 일어난다.
④ 밤에 기공을 열어 CO_2를 말산과 같은 유기산 형태로 고정한 다음 낮에 CO_2를 방출하여 캘빈회로가 진행된다.

→ CAM식물은 광호흡을 피하기 위해 밤에 기공을 열어 CO_2를 유기산 형태로 고정시킨다.

080

질소동화작용에 대한 설명으로 옳지 않은 것은?

① 토양 속에서 흡수한 NO_3^-는 NH_4^+로 환원된 후 아미노산 합성에 이용된다.
② NH_4^+를 흡수한 후 유기산에서 카복시기(COOH)를 받아 아미노산이 된다.
③ 질소동화 과정에서 생기는 최초의 아미노산은 α－케토글루타르산이다.
④ 아미노기 전이효소의 작용으로 다양한 아미노산이 생성된다.

→ 질소동화 과정에서 생기는 최초의 아미노산은 글루탐산이다.

정답

078 ③ 079 ④ 080 ③

생물의
神

PART II

유전학

하이클래스 생물

12 세포주기

1 염색체(chromosome)

각각의 복제된 염색체는 2개의 자매 염색분체(sister chromatids)를 가지고 있다. 동일한 DNA의 두 염색분체는 동원체(centromere)라고 불리는 잘록한 부분에 있는데 이 부위에서 2개의 염색분체가 가장 가깝게 위치한다.

2 세포분열 단계

(1) 간기(interphase)

간기는 G_1기(G_1 phase), S기(S phase, 합성기) 및 G_2기(G_2 phase)의 세 시기로 나뉜다. 세포는 세 시기에서 단백질과 미토콘드리아 및 소포체와 같은 세포질 내의 소기관을 만들며 크기가 증가한다. 그러나 DNA는 오직 S기에만 복제되며 S기 동안 세포는 DNA뿐만 아니라 염색체 단백질과 다른 분자도 합성한다. 그러므로 세포는 생장하고(G_1), DNA를 합성하며 계속 생장하고(S), 세포분열을 위한 준비를 끝내가면서 더욱더 생장한(G_2) 후에 분열한다(M).

(2) 전기(prophase)

중심체에서 뻗어 나온 방추사 미세소관은 구성단위인 튜불린 단백질을 더 중합시킴으로써 길이가 신장되며, 중심체에서 짧은 미세소관이 방사형으로 뻗어 나와 있는데 이를 성상체라고 한다. 염색체의 두 자매 염색분체는 각각 방추사 부착점(kinetochore) 을 가지고 있는데, 이것은 염색체상의 잘록한 부분인 동원체 부위에 결합되어 있다.

(3) 전중기

전중기 동안에는 일부 방추사 미세소관이 방추사 부착점에 결합되어 있는데 이것을 방추사 부착점 미세소관(kinetochore microtubule)이라 부른다. 또한 방추사 부착점에 결합하지 않는 미세소관도 계속 자라나와 반대쪽 극에서 뻗어 나온 다른 미세소관과 상호 작용을 하게 된다. 이들은 극성 미세소관(polar microtubule)이라고도 불린다. 중기 전까지 성상체의 미세소관 또한 길어져 세포막과 접촉하게 된다.

Tip

- 식물세포는 중심립이 없어도 세포분열동안 방추사가 형성되고 동물세포의 경우 중심립을 파괴하여도 세포분열동안 방추사가 형성되는 것으로 보아 중심립은 세포분열에 필수적인 것은 아니다.
- **방추체**: 중심체, 방추체미세소관(방추사부착점미세소관, 극성미세소관, 성상체미세소관)을 모두 일컫는다.
- 단세포 원생생물인 와편모조류는 핵막이 세포분열동안에도 유지되며 염색체는 핵막에 결합되어있다. 미세소관은 핵 안의 세포질과 통하는 터널을 통해 핵을 지나가서 핵이 방향성을 갖도록 도와준다.
- 단세포 원생생물인 규조류와 균류인 효모에서도 핵막이 세포분열동안 그대로 남아있고 미세소관이 핵 안에서 방추사를 형성한다.

(4) **중기(metaphase)**

염색체가 중앙에 위치하며 자매 염색분체의 방추사 부착점에는 반대편 극에서 오는 방추사 부착점 미세소관이 결합하며 방추체가 완전히 완성된다.

(5) **후기(ananphase)**

2개이 자매 염색분체가 떨어지면서 완전한 염색체로 되며, 미세소관이 방추사 부착점 끝에서 단위체로 분해되면서 짧아짐에 따라 염색체가 양극으로 이동된다. 방추사 부착점에 결합하지 않는 미세소관은 세포 전체를 신장시키는 역할을 한다.

(6) **말기(telophase)**

핵막과 인이 나타나고 염색체의 응축이 풀리면서 2개의 딸핵이 형성된다.

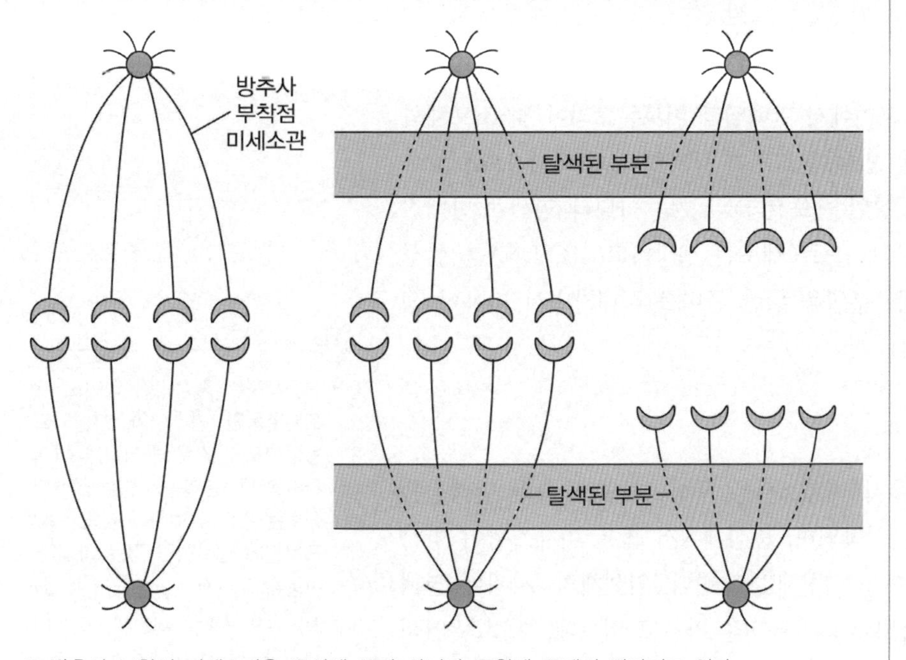

» 방추사 부착점 미세소관은 중심체 쪽이 아니라 동원체 끝에서 짧아지고 있다.

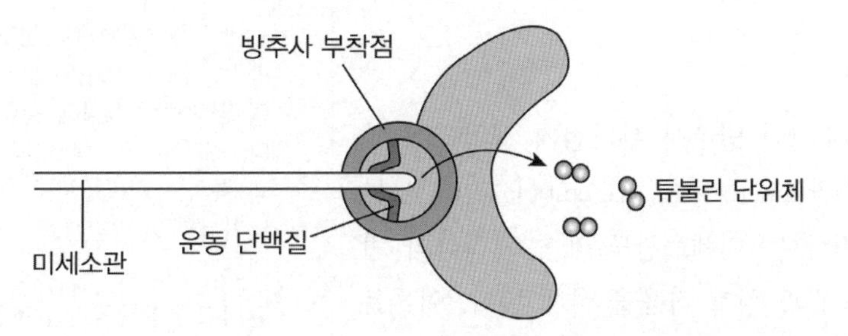

» 후기에 동원체 쪽의 미세소관에서 튜불린 단위체를 배출하여 분해가 일어나 미세소관을 따라 이동한다.

3 세포질 분열

(1) 동물세포

동물세포에서 세포질 분열은 세포질 만입에 의해서 일어난다. 세포 표면의 중간 지점에 분열홈(cleavage furrow)이라는 얕은 홈이 나타나 세포를 띠 모양으로 둘러싼다. 홈의 세포질 쪽에 있는 액틴 미세섬유는 마이오신 분자와 상호 작용하여 환의 수축을 일으켜 마치 끈을 졸라매는 것과 같이 되어 분할이 일어난다(세포질 만입).

(2) 식물세포

세포벽이 있는 식물세포의 세포질 분열은 골지체로부터 유래된 많은 수의 작은 주머니(소낭)들이 미세소관을 따라 세포의 중앙으로 이동하여 합쳐지면서 세포판(cell plate)이 형성되고 이것이 세포벽과 연결되면서 세포질이 나누어진다(세포판 형성).

4 세포질 내 신호의 증거

세포주기는 세포질 내에 존재하는 특정한 분자 신호에 의해서 진행된다는 것이다. 하나의 세포가 S기이고, 다른 세포가 G_1기에 있는 두 세포를 융합한 결과 G_1기의 핵은 곧바로 S로 들어갔다. 이것은 S기 세포의 세포질에 존재하는 특정한 분자 신호가 G_1기의 핵을 곧바로 S로 들어가도록 유도했다고 해석할 수 있다. 마찬가지로 체세포분열 중인 M기의 세포를 G_1기의 세포와 융합한 경우에도 곧바로 G_1기 세포의 핵에서 DNA가 복제되지 않았음에도 불구하고 염색질이 응축되고 방추사가 형성되어 체세포분열이 시작되었다. 즉, 세포질에 존재하는 어떤 물질이 각 시기의 진행을 조절한다는 것을 시사한다.

5 세포분열의 조절 체계

세포주기도 내부와 외부의 조절 메커니즘에 의해 조절된다.

(1) 내적 조절자: 사이클린, CDK, RB, APC

① 내적 조절의 한 부분으로 세포는 '확인점(checkpoint)'이라 불리는 검문지점이 있어서 이러한 검문지점을 통과해야 분열을 마치게 된다. 만약 G_1 검문지점에서 통과 신호가 주어지지 않으면 세포는 주기에

심화편 Ⅱ

서 벗어나 G_0기라고 불리는 분열하지 않는 상태로 멈추게 된다. 완전히 성숙한 신경세포와 근육세포는 전혀 분열하지 않고 G_0기 상태로 멈춰 있다.

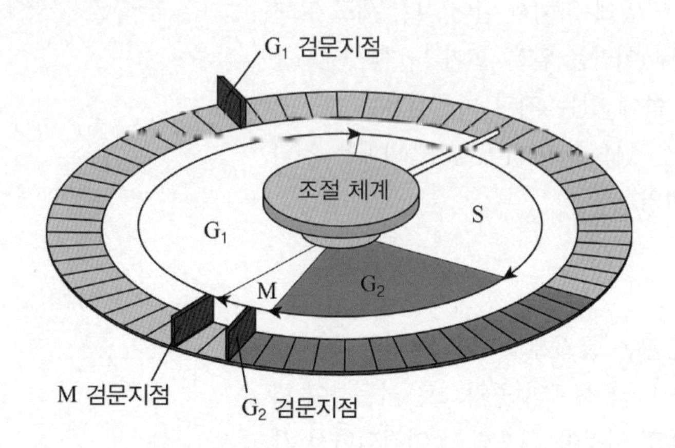

② 사이클린(cyclin)과 사이클린의존성 인산화효소는 세포주기를 조절하는 내적 조절자이다. 세포주기를 진행시키는 인산화효소는 대부분의 시기에는 불활성화된 상태로 있다. 이들은 사이클린이라는 단백질이 결합되어야 활성화되기 때문에 이 인산화효소를 사이클린의존성 인산화효소(cyclin-dependent kinase) 또는 CDK라고 부른다.

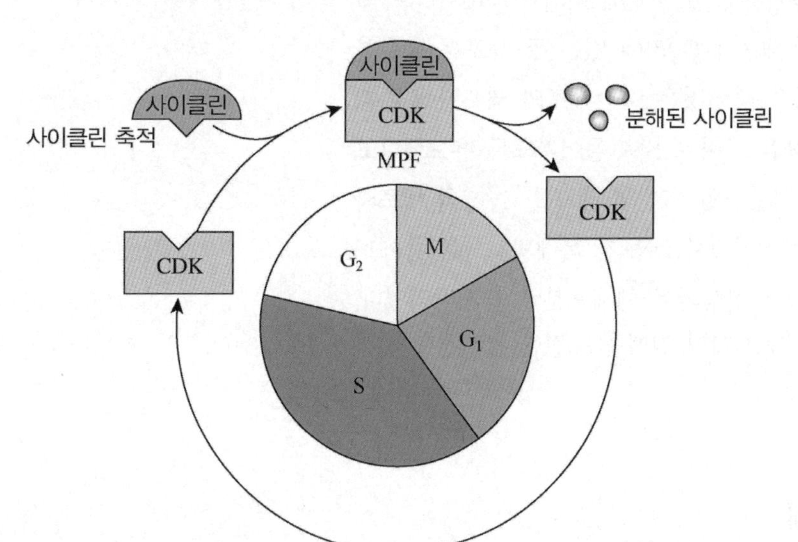

» G_2기 동안 축적되는 사이클린이 CDK에 결합하여 만들어진 복합체를 MPF 복합체(maturation-promoting factor, 성숙 유도 인자)라 하는데 MPF 복합체는 다양한 단백질을 인산화함으로써 확인점을 통과하며 MPF의 활성은 중기에 최고치에 달한다. 후기에 MPF의 사이클린이 파괴되면 남아 있는 CDK는 새로운 사이클린이 합성되어 결합할 때까지 불활성화된 상태로 있게 된다.

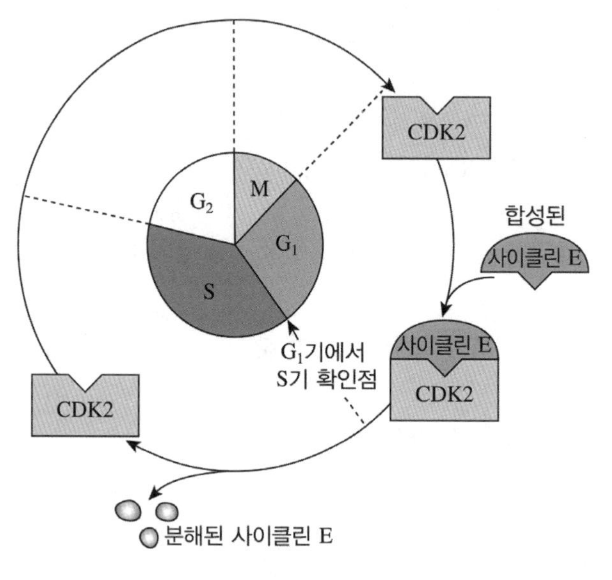

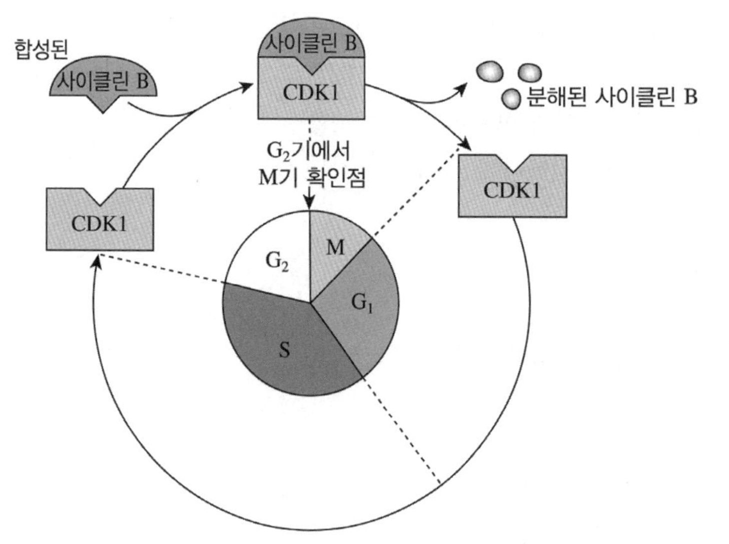

❖ MPF 복합체
사이클린B와 CDK1

» • 사이클린 E와 CDK2 복합체는 G_1기에서 S기로 진행하는 데 필요한 단백질을 인산화시킨다.
• 사이클린 B와 CDK1 복합체는 G_2기에서 M기로 진행하는 데 필요한 단백질을 인산화시킨다.
• S기에 중심체도 복제가 시작되는데, 이때 DNA 복제를 유발하는 것과 동일한 CDK(G_1 / S-CDK와 S-CDK)에 의해 촉발된다. (중심체 복제: S기에 시작되어 G_2에 완료된다.).

③ 사이클린(cyclin)과 사이클린의존성 인산화효소(CDK)의 조절시기

사이클린	결합 CDK	주요 조절 시기
D	CDK 4	G_1기
E	CDK 2	G_1기 / S기
A	CDK 2	S기
B	CDK 1	G_2기 / M기

예제 | 1

세포주기를 조절하는 사이클린과 사이클린의존성 인산화효소(CDK)의 작용 기작을 옳게 설명한 것은?
(서울)

① 사이클린 B는 S기에서 분해된다.
② 사이클린 E는 CDK1과 결합한다.
③ CDK는 사이클린의 활성화를 조절한다.
④ CDK의 수준은 세포주기에 따라 일정하다.
⑤ CDK2는 G_2기를 M기로 전이시킨다.

| 정답 | ④
① 사이클린 B는 M기에서 분해된다.
② 사이클린 E는 CDK2와 결합한다.
③ 사이클린은 CDK의 활성화를 조절한다.
⑤ CDK1은 G_2기를 M기로 전이시킨다.

④ **RB단백질**(retinoblastoma protein, 망막아종단백질): G_1기 확인점에서 세포분열을 촉진하는 전사인자와 결합하여 세포주기의 진행을 멈추게 하는 세포주기 억제인자이다. 활성화 상태의 RB에 의해 세포주기가 억제되었다가 CDK2에 의해서 RB가 인산화되면 RB가 불활성 상태로 되어 세포주기가 진행된다.

❖ 망막아종
RB유전자에 돌연변이가 일어나서 망막에 발생되는 암

⑤ **후기촉진 복합체**(anaphase promoting complex, APC): 후기의 진행을 촉진하는 효소복합체

㉠ APC는 사이클린에 유비퀴틴(ubiquitin)을 결합시켜 사이클린이 분해되도록 하여 후기의 진행을 촉진한다.

㉡ 후기가 시작되기 전에는 세파레이스(separase)에 억제단백질인 세큐린(securin)이 결합하고 있어서 세파레이스가 불활성화 상태로 되어있다. 후기가 시작되면 APC가 세큐린에 유비퀴틴을 결합시켜서 세큐린이 분해되도록 한다. 세큐린이 분해되고 나면 세파레이스가 활성화 되어 코헤신을 분해하고 자매염색분체가 분리되도록 하여 후기의 진행을 촉진한다.

㉢ M기에서 모든 염색체가 중기판상에 정렬하지 않으면 APC를 불활성화 시켜 사이클린과 세큐린의 분해를 억제하여 후기의 개시를 지연시킨다.

❖ 후기촉진 복합체(APC)
- 사이클린에 유비퀴틴을 결합시켜서 사이클린을 분해
- 세큐린에 유비퀴틴을 결합시켜서 세큐린을 분해

(2) 외적 조절자

세포분열에 영향을 미치는 요인에는 여러 가지의 화학적 또는 물리적 외적 요인이 있다.

① **성장인자**(growth factor): 외부 화학적 요인

성장인자는 다른 세포의 분열을 촉진하는 세포에서 분비되는 단백질로 분열촉진제(mitogen)라고 부르기도 하는데 대부분의 동물세포는 성장인자가 없으면 분열하지 못한다.

이러한 성장인자 중의 하나로 혈소판(platelet)에서 만들어지는 혈소판 유래 성장인자(platelet-derived growth factor, PDGF)가 있다. PDGF가 타이로신 인산화효소 수용체와 결합하면 세포가 확인점을 지나 분열할 수 있도록 해준다. 상처가 생긴 경우 혈소판이 PDGF를 방출하면 섬유아세포(fibroblast)가 분열하여 상처가 아무는 것을 도와준다.

② **밀도 의존성 억제와 부착 의존성**: 외부의 물리적 요인

㉠ **밀도 의존성 억제**(density-dependent inhibition): 세포가 꽉 차면 분열을 멈추는 현상으로 배양 용기에 세포를 배양하면 세포는 배양 용기의 표면에 한 층을 이룰 때까지만 분열하고 분열을 멈춘다. 이때 일부 세포를 제거하면 세포들이 다시 분열하지만 이웃하는 세포와 접촉하면 다시 분열을 멈춘다(접촉 저해).

ⓒ **부착 의존성**(anchorage dependence): 세포는 배양 용기의 표면이나 조직의 세포외 기질과 같은 기저층에 부착되어야 분열할 수 있다.

6 암세포(cancer cell)

암세포는 세포주기를 조절하는 정상신호를 무시하고 배양 중에 세포가 꽉 차면 분열을 멈추는 현상인 밀도의존성 억제와 배양용기의 표면이나 조직의 세포외기질과 같은 기저층에 부착되어야 세포 분열할 수 있는 부착의존성을 나타내지 않으며 성장인자가 부족해도 분열을 멈추지 않는다. 암세포는 배양액에서 영양분이 계속 공급된다면 무한정 분열을 계속할 수 있으며 영원히 죽지 않는다. 그 예로 헨리에타 랙스라는 여성으로부터 떼어낸 종양세포는 1951년 이래로 현재까지 계속 배양되고 있는 세포주로서 "헬라"라고 불리고 있다. 배양 중인 세포가 무한정 분열할 수 있는 능력을 가지게 되는 것을 형질전환 되었다고 하며 암세포처럼 행동한다.

(1) 정상세포와 암세포의 차이점

① 정상 세포

ⓐ 세포분열을 촉진하는 물질이 있을 때만 분열한다.

ⓑ 일부세포를 제거하면 다시 한 층이 될 때까지만 분열한다(밀도의존성 억제, 접촉 저해).

ⓒ 부착 의존성이 있다.

ⓓ 특정한 기능을 하는 세포로 분화한다.

② 암 세포

ⓐ 세포분열을 촉진하는 물질의 유무에 관계없이 분열한다.

ⓑ 여러 층으로 쌓아가며 분열한다(밀도의존성 억제가 없다).

ⓒ 부착 의존성이 없다.

ⓓ 특정한 기능을 하는 세포로 분화하지 않는다.

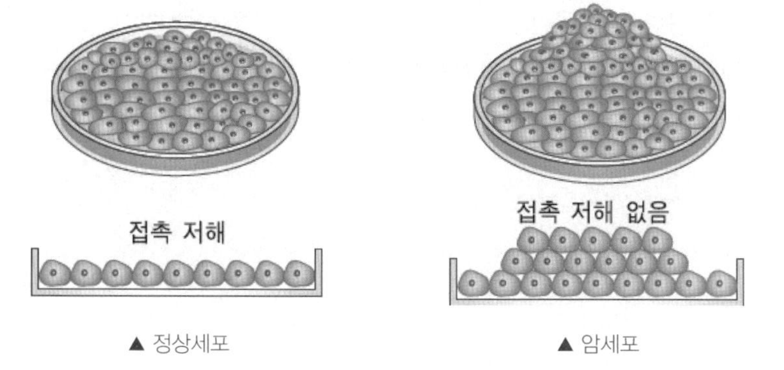

▲ 정상세포 ▲ 암세포

(2) 양성 종양과 악성 종양

① 양성 종양(benign tumor): 조직 내의 한 세포에서 정상세포가 암세포로 변화되는 과정에서 정상 조직 내에 비정상세포의 덩어리인 종양을 형성한다. 이때 비정상세포가 원래의 위치에 계속 남아 있을 경우 이 덩어리를 양성 종양이라 하며 대부분의 양성 종양은 심각한 문제를 일으키지 않는다.

② 악성 종양(malignant tumor): 암 세포가 원래의 종양으로부터 떨어져 나와 이웃한 세포나 세포외 기질에 결합하지 못하고 혈관과 림프관으로 들어가 신체의 다른 부위로 이동해 갈 수 있다. 이렇게 암세포가 원래의 위치에서 멀리 떨어진 다른 곳으로 퍼져가는 것을 전이(metastasis)라고 하며 침투성이 매우 커서 하나 혹은 그 이상의 기관의 기능을 손상시키는 것을 악성 종양이라 한다. 또한 혈관이 종양 쪽으로 자라도록 유도하는 신호분자를 분비하기도 한다. 이와 같이 악성 종양을 지닌 개체를 암을 가지고 있다고 한다. 악성 종양은 암종과 육종으로 구분한다.

㉠ 암종(Carcinoma): 상피성세포에서 발생하는 악성 종양으로 좁은 의미에서 암을 말한다.(위암, 간암, 췌장암 등)

㉡ 육종(Sarcoma): 비상피성세포에서 발생하는 악성 종양(지방 육종, 평활근 육종, 횡문근 육종 등)

(3) 세포분열 억제물질

① 빈크리스틴(vincristine), 빈블라스틴(vinblastine): 튜불린이량체에 결합해서 초기 방추사 형성을 억제(중합을 방해)하여 세포분열을 억제한다.

② 콜히친(colchicine), 콜세미드(colcemid): 튜불린이량체에 결합해서 방추사 형성을 저해하여 생식세포를 배수체로 만든다(빈블라스틴과 결합부위가 다르며 빈블라스틴보다 강력하지 않다).

③ 택솔(taxol): 항암제 중 택솔은 겉씨식물인 주목에서 발견된 것으로 미세소관의 분해를 저해하여 방추사를 고정시켜서 분열하고 있는 종양세포가 중기를 넘어가지 못하도록 한다.

④ 사이토칼라신B(cytochalasin): 미세섬유가 관여하는 세포운동을 저해하여 세포질 분열을 억제한다.

예제 | 2

암에 관련된 다음의 설명 중 옳지 않은 것은? (경기)

① 육종은 상피조직의 겉 표면 또는 안쪽 표면을 싸고 있는 부분에서 생긴다.
② 빈블라스틴은 방추사가 중합되는 것을 억제한다.
③ 악성종양은 다른 조직으로 전이 될 수 있다.
④ 항암제의 부작용으로 창자세포, 모근세포에 작용할 수 있다.

| 정답 | ①
육종은 비상피성세포에서 발생하는 악성 종양이다.

13 유전자의 본질

1 유전자의 본질이 단백질이 아니고 DNA라는 간접적 증거

① 같은 종에 속한 개체에서 하나의 세포 속에 들어 있는 DNA **뉴클레오타이드 염기의 비율이 일정한 규칙성**을 띠고 있다. 예를 들어 대장균의 DNA 뉴클레오타이드는 아데닌 염기 24.7%를 갖고 있는데 사람은 30.4%의 아데닌 염기를 가지고 있다.

② 체세포분열이 일어나기 전에 DNA**는 정확히** 2**배로 복제**되고, 체세포분열이 진행되는 동안 복제된 DNA는 2**개의 딸세포로 동일하게 배분**된다. 그러나 단백질의 경우에는 같은 개체에서도 체세포의 종류에 따라 많은 차이가 나타난다.

③ **생식세포에서의** DNA**양은 체세포의** 1/2이다. 그러나 단백질의 경우에는 생식세포에서도 단백질의 양이 체세포의 1/2로 되지 않는다.

④ 단백질과 DNA에 자외선을 쪼였을 때 각 파장에 따른 자외선 흡수율과 파장에 따른 돌연변이 발생률을 비교하면, DNA**의 자외선 흡수율이 가장 높은 파장에서 돌연변이 발생률도 가장 높다.**

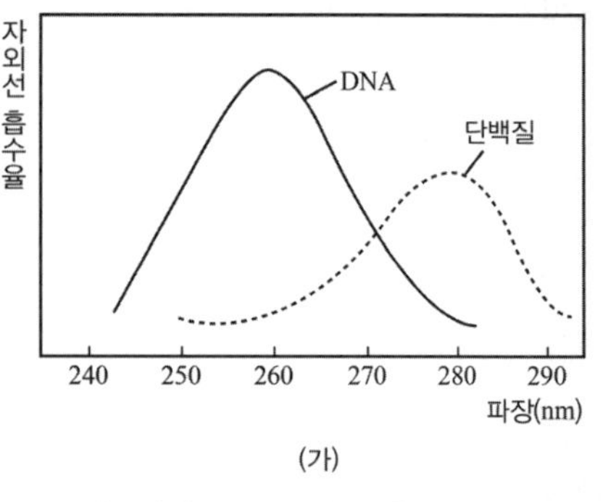

(가)

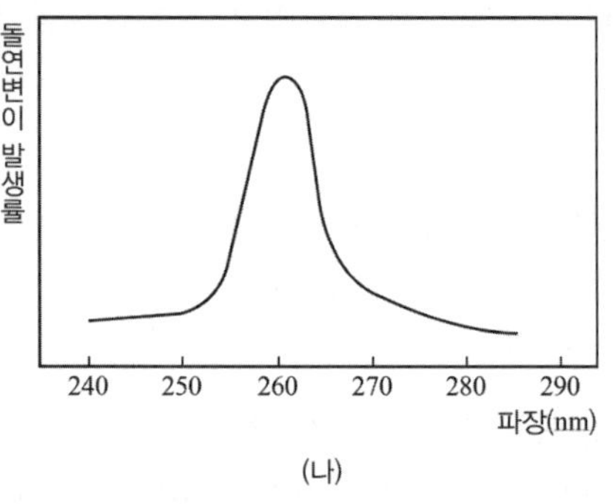

(나)

» (가) 세균에서 DNA와 단백질을 분리하여 자외선을 쪼인 결과 DNA는 260nm의 파장을 최대로 흡수하였고 단백질은 280nm의 파장을 최대로 흡수하였다.
(나) 세균에 자외선을 쪼였을 때 가장 높은 돌연변이율을 나타내는 파장도 260nm의 파장이다. 이 결과로 세균의 DNA에 최대로 흡수되는 260nm의 자외선이 DNA에 구조적 변화를 일으켜 세균의 돌연변이율을 증가시켰다고 볼 수 있다. 만약 유전자의 본질이 단백질이라면 (나)의 280nm의 파장에서 가장 높은 돌연변이 발생률을 나타냈을 것이다.

2 유전자의 본질이 DNA임을 증명하는 실험적 증거 (직접적 증거)

(1) 폐렴쌍구균의 형질전환

폐렴쌍구균에는 S형균과 R형균이 있다.

R형균(Rough type)	다당류로 이루어진 피막을 갖고 있지 않으며, 병원성이 없어 폐렴을 유발하지 않음
S형균(Smooth type)	다당류로 이루어진 피막을 갖고 있으며, 병원성이 있어 폐렴을 유발

① 그리피스의 실험

㉠ 살아 있는 비병원성 R형균을 쥐에게 주사 → 쥐가 폐렴에 걸리지 않았다.

㉡ 살아 있는 병원성 S형균을 쥐에게 주사 → 쥐가 폐렴에 걸려 죽었다.

㉢ S형균을 가열하여 죽인 후 쥐에게 주사 → 쥐가 폐렴에 걸리지 않았다.

㉣ 가열하여 죽인 S형균과 살아 있는 R형균을 쥐에게 주사 → 쥐가 폐렴에 걸려 죽었고, 죽은 쥐에서 살아 있는 S형균이 검출되었다.

[결론] 죽은 S형균에 있는 어떤 화학물질이 R형균을 S형균으로 형질을 전환시켰다. 이와 같이 형질을 전환시킨 화학물질이 유전물질이라고 결론을 내렸으나 그리피스는 형질전환을 일으킨 화학물질이 무엇인지는 밝혀내지 못하였다.

② 에이버리의 실험

㉠ (열처리로 살균한 S형균의 세포 추출물 + 단백질분해효소) + R형균을 쥐에게 주사 → 쥐가 폐렴에 걸려 죽었다.

㉡ (열처리로 살균한 S형균의 세포 추출물 + 다당류분해효소) + R형균을 쥐에게 주사 → 쥐가 폐렴에 걸려 죽었다.

㉢ (열처리로 살균한 S형균의 세포 추출물 + RNA분해효소) + R형균을 쥐에게 주사 → 쥐가 폐렴에 걸려 죽었다.

㉣ (열처리로 살균한 S형균의 세포 추출물 + DNA분해효소) + R형균을 쥐에게 주사 → 쥐가 폐렴에 걸리지 않았다.

[결론] 열처리로 살균한 S형균의 화학물질이 R형균에 작용하여 다시 피막을 만들게 하고 유독한 것으로 형질을 전환시켰다. 이렇게 형질을 전환시킨 물질이 DNA임을 확인하였다.

즉, 에이버리의 실험결과 유전자의 본질이 DNA임을 확인하였다.

(2) 박테리오파지의 형질 도입(허시와 체이스의 실험)

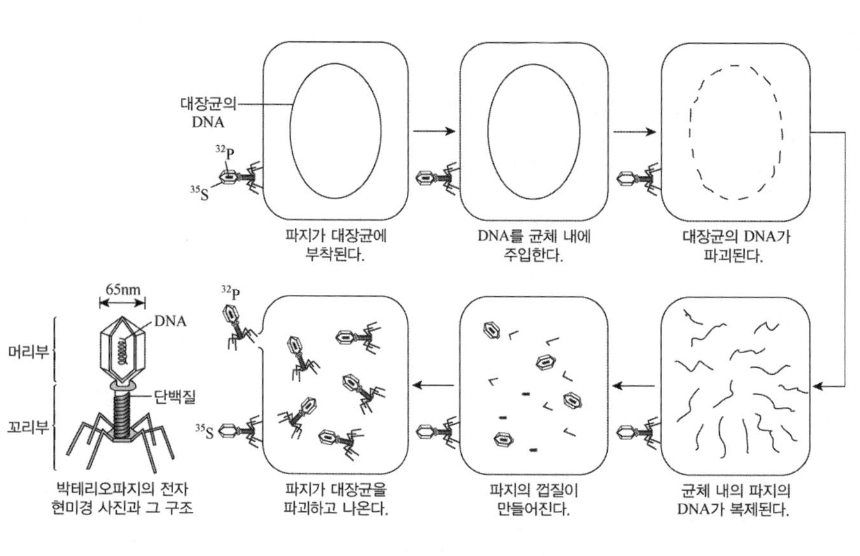

실험

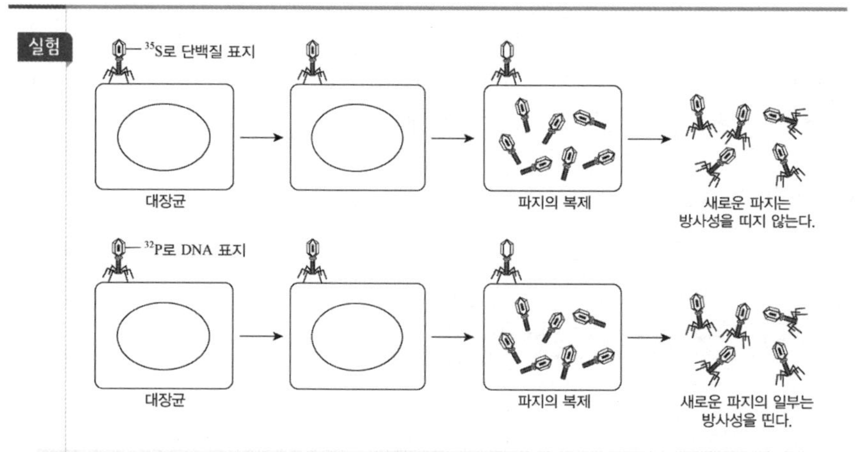

결과 ① ^{35}S로 단백질을 표지한 T_2파지를 대장균에 감염시키고, 일정 시간이 지난 후 대장균을 파괴하고 나온 T_2파지는 방사성(^{35}S)을 띠지 않는다.

② ^{32}P로 DNA를 표지한 T_2파지를 대장균에 감염시키고, 일정 시간이 지난 후 대장균을 파괴하고 나온 T_2파지의 일부는 방사성(^{32}P)을 띤다.

결론 파지의 DNA만이 대장균 안으로 들어가고, 단백질은 대장균 안으로 들어가지 않는다. 대장균 안으로 들어간 DNA는 다음 세대의 파지를 만드는 유전물질로 작용한다.

❖ 박테리오파지(T_2파지)
대장균에 침입하여 대장균을 파괴하는 바이러스로 올챙이(tadpole)를 닮아서 붙인 명칭이다.

실험

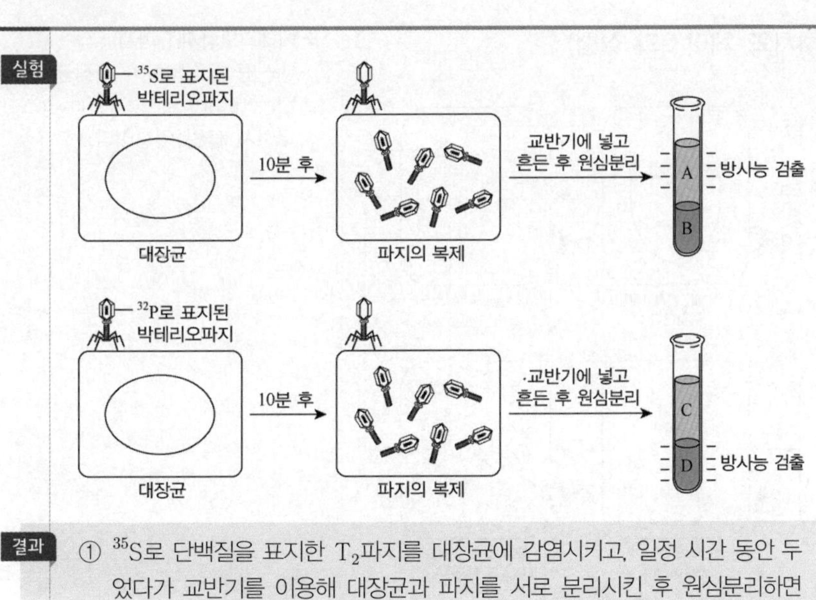

결과 ① ^{35}S로 단백질을 표지한 T_2파지를 대장균에 감염시키고, 일정 시간 동안 두었다가 교반기를 이용해 대장균과 파지를 서로 분리시킨 후 원심분리하면 윗부분에 있는 파지(A)에서만 방사능(^{35}S)이 검출되고 새로운 파지가 들어 있는 대장균(B)에서는 방사능(^{35}S)이 검출되지 않는다.

② ^{32}P로 DNA를 표지한 T_2파지를 대장균에 감염시키고, 일정 시간 동안 두었다가 교반기를 이용해 대장균과 파지를 서로 분리시킨 후 원심분리하면 윗부분에 있는 파지(C)에서는 방사능(^{32}P)이 검출되지 않고 새로운 파지가 들어 있는 대장균(D)에서는 방사능(^{32}P)이 검출된다.

결론 파지의 DNA만이 대장균 안으로 들어가고, 단백질은 대장균 안으로 들어가지 않는다. 대장균 안으로 들어간 DNA는 다음 세대의 파지를 만드는 유전물질로 작용한다. 즉 유전물질로 작용한 것은 단백질이 아니고 DNA임을 증명하였다.

예제 | 1

A바이러스의 단백질과 B바이러스의 DNA를 침투시킨 박테리오파지를 대장균에 주입했을 때 대장균에서 볼 수 있는 것은? (경기)

① A바이러스의 DNA와 A바이러스의 단백질
② B바이러스의 DNA와 B바이러스의 단백질
③ A바이러스의 DNA와 B바이러스의 단백질
④ A바이러스의 단백질과 B바이러스의 DNA

| 정답 | ②

B바이러스의 DNA가 들어갔으므로 B바이러스의 DNA가 복제되고 단백질도 B바이러스의 단백질이 합성된다.

14 핵산

1 핵산(nucleic acid)

(1) **구성 원소**: C, H, O, N, P

(2) **구성 성분**: 뉴클레오타이드(nucleotide, 염기+당+인산이 1: 1: 1로 구성된 것)

① 염기+당=뉴클레오사이드(nucleoside)

② 폴리뉴클레오타이드(polynucleotide): 뉴클레오타이드가 길게 연결된 것

(3) **핵산의 종류**

DNA와 RNA가 있으며 핵산은 인산기가 있어서 **산성**을 나타내고 **음전하**를 띤다.

종류	DNA(디옥시리보핵산) (deoxyribonucleic acid)	RNA(리보핵산) (ribonucleic acid)
염기	A(아데닌, adenine) G(구아닌, guanine)	A G
	C(사이토신, cytosine) T(티민, thymine)	C U(유라실, uracil)
당	디옥시리보스(deoxyribose) $C_5H_{10}O_4$	리보스(ribose) $C_5H_{10}O_5$
인산	1분자	1분자

① 염기

퓨린 염기(purine)	피리미딘 염기(pyrimidine)
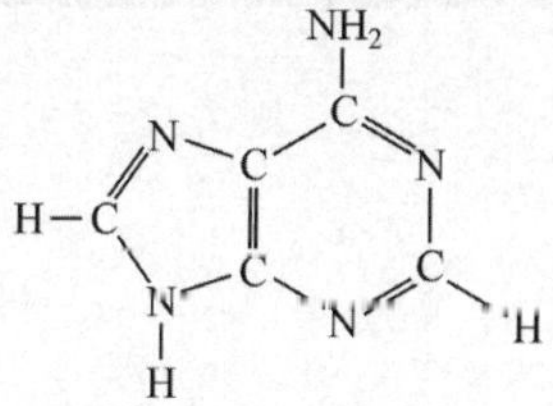 아데닌(A)	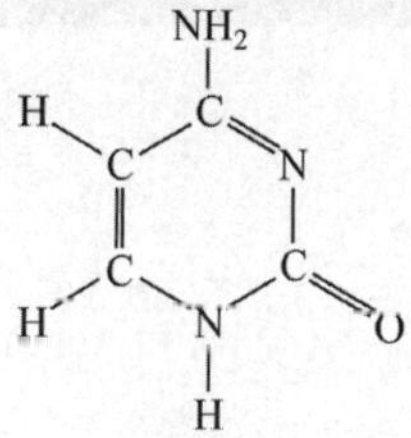 사이토신(C)
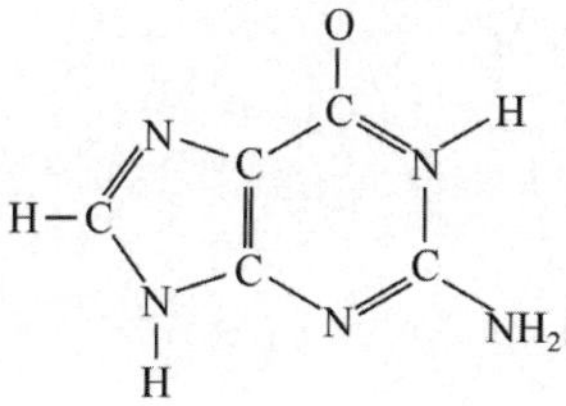 구아닌(G)	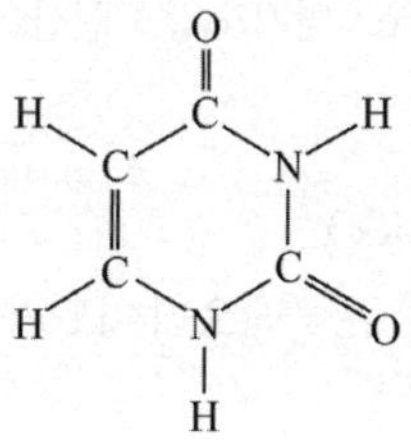 유라실(U)
	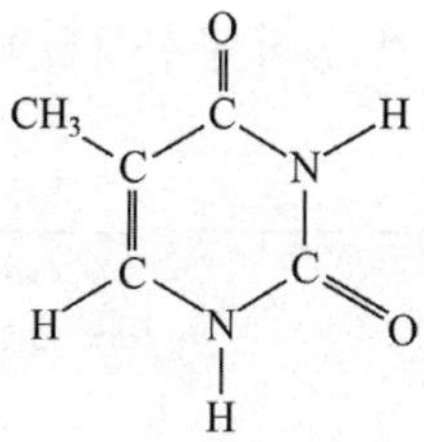 티민(T)

» **염기**: 염기는 질소를 함유하고 있어 질소 염기라고도 하며 퓨린 염기는 2중고리 구조(5각형 고리 1개, 6각형 고리 1개)로 이루어져 있고 피리미딘 염기는 단일고리 구조(6각형 고리 1개)로 이루어져 있다.

② 뉴클레오타이드의 구조

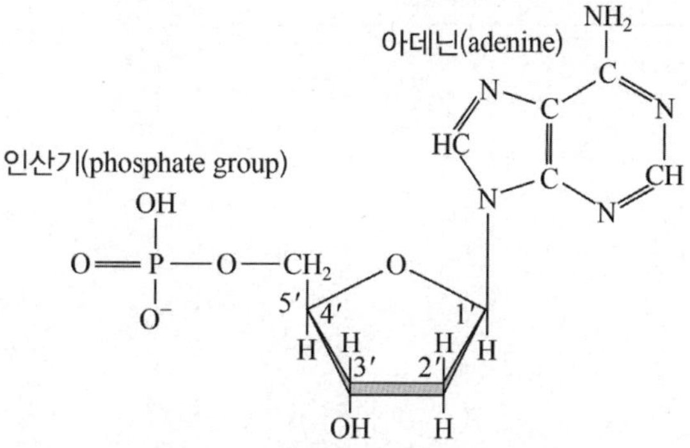

아데닌(adenine)

인산기(phosphate group)

5탄당(five-carbon sugar)

» **뉴클레오타이드**: 5탄당 고리의 오른쪽에 있는 염기 쪽 탄소를 기준으로 1번부터 시작하여 시계 방향으로 번호를 붙이는데 1번 탄소에 염기가 붙고 인산기가 붙는 곳이 5번 탄소가 된다.

③ 당(5탄당)

HO—CH₂ O OH / C C / H H H H / C—C / OH (OH)

▲ 리보스

HO—CH₂ O OH / C C / H H H H / C—C / OH (H)

▲ 디옥시리보스

» 당: 5개의 탄소로 이루어진 5탄당으로 RNA를 구성하는 리보스는 2번 탄소에 OH가 있고 DNA를 구성하는 디옥시리보스는 2번 탄소에 OH보다 O가 하나 적은 H기를 가지고 있다. 디옥시(deoxy)는 산소(oxygen) 1개가 빠졌다는 것을 뜻한다.

(4) 성질

① DNA: 유전자의 본체

② RNA: 단백질 합성에 관여

(5) 상보적 관계

핵산과 핵산은 염기 부분에서 수소결합을 하는데 이때 'A'는 반드시 'T' 또는 'U'와만 결합하고 'G'는 반드시 'C'와만 결합하는 관계이다.

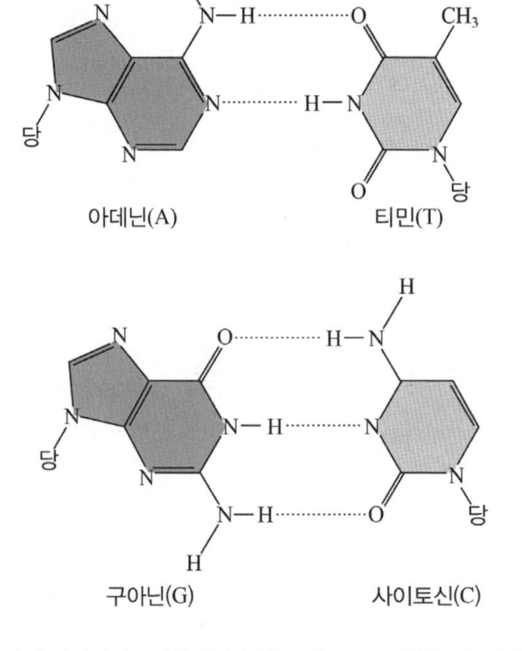

» DNA 염기와 염기 사이의 수소결합: 'A'와 'T'는 이중 수소결합을 하고 'G'와 'C'는 삼중 수소결합을 하고 있다.

2 DNA의 구조

(1) 이중나선 구조로 2가닥의 폴리뉴클레오타이드가 나선형으로 꼬여 있다.

❖ 왓슨과 크릭에 의해 플랭클린이 찍은 X선 회절사진으로 확인

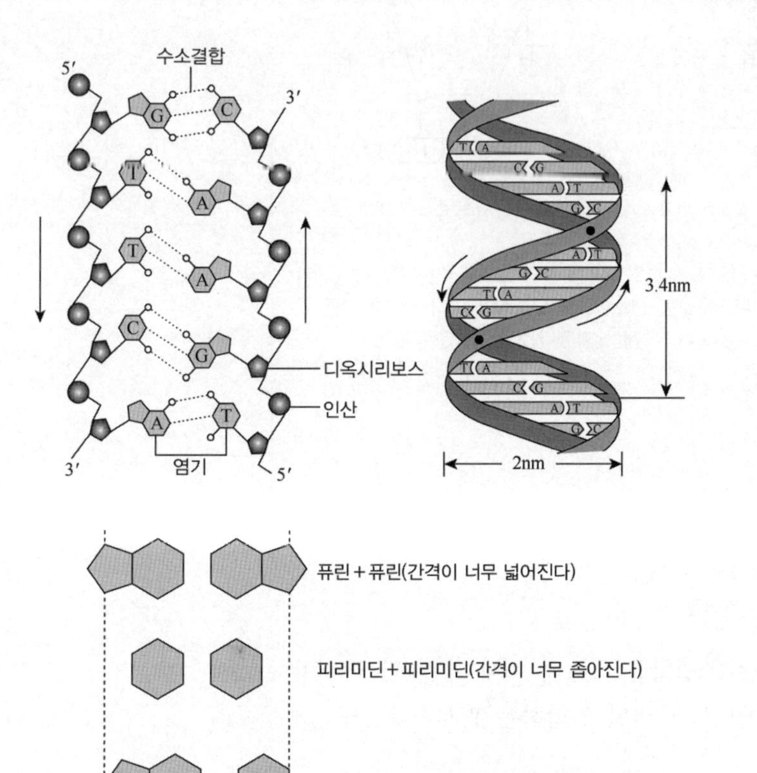

퓨린 + 퓨린(간격이 너무 넓어진다)

피리미딘 + 피리미딘(간격이 너무 좁아진다)

퓨린 + 피리미딘(간격이 일정해진다)

» ① DNA 두 사슬은 오른쪽 방향으로 꼬인 나선 모양의 구조이다(B형 DNA).

② 3.4nm마다 한 바퀴 꼬인 나선 모양으로 나선 **1바퀴에 10개의 염기쌍**(base pair, bp)이 있다.

③ **당과 인산은 DNA 분자의 바깥쪽에서 골격**을 이루고 있으며, **염기는 안쪽에 배열되어 가로대**를 이루고 있다.

④ A와 T는 2개의 수소결합을 하고 있고 G와 C는 3개의 수소결합을 하고 있다. 따라서 **G와 C가 많을수록 수소결합 수가 많으므로 안정된 구조**이고, A와 T가 많은 DNA일수록 잘 풀어진다(즉 G와 C가 많을수록 이중가닥을 끊는 데 에너지가 많이 필요하다).

⑤ DNA 사슬의 폭이 2nm로 일정한 것은 2개의 고리를 갖는 퓨린 염기와 1개의 고리를 갖는 피리미딘 염기가 1:1로 수소결합하기 때문이다. 만약 2개의 고리를 갖는 퓨린 염기끼리 결합하면 DNA 사슬의 폭이 너무 넓어질 것이고 1개의 고리를 갖는 피리미딘 염기끼리 결합하면 DNA 사슬의 폭이 너무 좁아질 것이다.

⑥ **염기와 당(글리코사이드결합), 당과 인산(포스포다이에스터결합) 사이는 공유결합**하고 있다.

❖ A형 DNA
건조한 조건에 두거나 비생리적인 조건에서 B형 DNA가 변형된 것으로 B형 DNA보다 굵고 짧다(오른쪽 방향으로 꼬인 구조).

❖ Z형 DNA
B형 DNA가 고염 농도에서 변형되어 왼쪽방향으로 꼬인 나선모양 DNA로 B형 DNA보다 가늘고 길다.

❖ 글리코사이드결합
당분자의 하이드록시기와 다른분자의 하이드록시기 사이의 결합으로 당과 당이 축합한 것을 홀로사이드(holoside)라 하며, 당과 당 이외의 성분으로 된 것은 헤테로사이드(heteroside)라고 한다.

❖ 포스포다이에스터결합
5′탄소에 결합한 인산기와 3′탄소에 결합한 하이드록시기와의 결합

예제 | 1

그림은 DNA 염기 간의 수소결합을 나타낸 것이다. ㉠, ㉡, ㉢, ㉣에 해당하는 염기는 무엇인가?

수소결합

| 정답 |

㉠과 ㉡은 이중 수소결합을 하고 있기 때문에 A와 T인데 ㉠은 2개의 고리를 갖는 퓨린 염기이므로 A이고 상보적인 ㉡은 T이다. ㉢과 ㉣은 삼중 수소결합을 하고 있기 때문에 G와 C인데 ㉢은 2개의 고리를 갖는 퓨린 염기이므로 G이고 상보적인 ㉣은 C이다.

(2) DNA의 역평행 구조

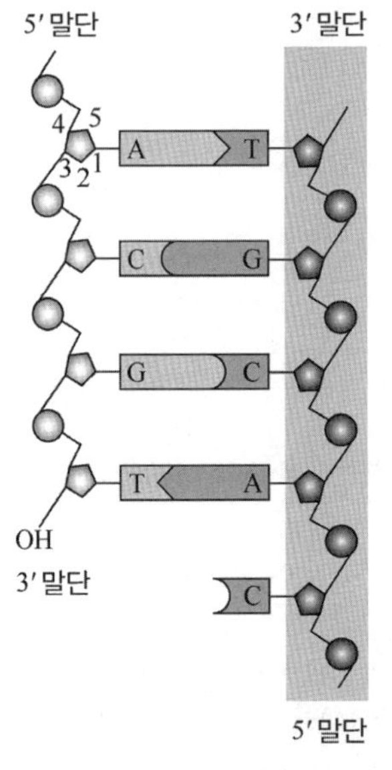

» 이중나선을 이루고 있는 2가닥은 서로 반대 방향으로 배열되어 있다(역평행 구조).

3 샤가프의 법칙(Chargaff's rule)

DNA는 이중나선 구조이므로 아데닌(A)과 티민(T)의 함량이 항상 같고, 또 구아닌(G)과 사이토신(C)의 함량이 항상 같다(즉, A 염기의 수=T 염기의 수, G 염기의 수=C 염기의 수).

퓨린 염기의 합(A+G)=피리미딘 염기의 합(T+C)

따라서 $\frac{C+T}{A+G}=1$이 성립된다.

예제 | 2

42개의 염기쌍으로 이루어진 DNA 이중나선 구조에서 $\frac{G+C}{A+T}=1.8$일 때 이 DNA가 갖는 아데닌(A)의 염기 수는?

| 정답 |

$\frac{G+C}{A+T}=1.8=\frac{9}{5}=9:5$이므로 (A+T)$-\frac{5}{14}$이고 42개의 염기쌍은 84개의 염기이므로 (A+T)

$=84\times\frac{5}{14}=30$

따라서 A=T=15개

예제 | 3

이중나선으로 이루어진 어떤 DNA 한 가닥의 염기 조성을 조사하였더니 퓨린(purine) 함량이 60%였다. 이 가닥과 상보적인 다른 가닥의 퓨린 함량은? (지방직 7급)

① 30%
② 40%
③ 50%
④ 60%

| 정답 | ②

퓨린 함량이 60%라면 피리미딘 함량은 40%이다. 피리미딘과 상보적인 다른 가닥은 퓨린이므로 40%이다.

4 RNA의 구조: 단일 사슬

5 RNA의 종류와 작용

① mRNA(messenger RNA, 전령 RNA): 염색사 위에 있는 DNA의 유전암호를 전사하여 리보솜에 전달한다.

② tRNA(transfer RNA, 운반 RNA): 단백질 합성재료인 아미노산과 결합하여 mRNA-리보솜 복합체에 아미노산을 운반한다.

③ rRNA(ribosomal RNA, 리보솜 RNA): 리보솜(단백질+rRNA)을 구성하는 성분으로 rRNA는 핵 속의 인에서 전사되고, 전사된 rRNA와 단백질이 결합하여 리보솜이 만들어진다. 세포 내에 존재하는 전체 RNA의 약 80%를 차지한다.

• DNA 추출: 세포에서 DNA 추출하기

실험

1. 시금치를 잘게 잘라 막자사발에 넣고 곱게 간다.
2. 증류수에 소금과 세제를 넣고 소금이 완전히 녹을 때까지 잘 섞어 소금-세제 용액을 만든다. 이것을 시금치가 들어있는 막자사발에 넣고 갈아준다.
   ① 소금의 Na^+는 음전하를 띠는 DNA와 결합하여 DNA를 전기적으로 중성으로 만들어 잘 뭉치게 한다.
   ② 세제는 세포막과 핵막을 구성하는 지질을 녹여 막을 파괴하여 DNA가 용액으로 나오도록 한다.
3. 거즈로 찌꺼기를 걸러내어 시금치 추출액을 만든다.
4. 시금치 추출액에 차가운 에탄올을 부어 넣는다.
   • 에탄올을 넣는 것은 DNA가 에탄올에 녹지 않는 성질을 이용하여 DNA를 떠오르게 하기 위해서이며, 이때 에탄올의 온도가 낮을수록 DNA가 더 잘 분리된다.
5. 흰색의 가느다란 실 같은 물질이 생기면 이것을 나무젓가락으로 감아올린다.

결과

1. 시금치 추출액과 에탄올이 만나는 경계 부분에 생기는 흰색의 가느다란 실 같은 물질은 세포의 핵 속에 들어 있던 염색사이다. 즉, DNA와 단백질이 결합된 상태의 염색사가 추출되어 나온다.
2. 아세트산카민 용액이나 메틸렌블루 용액과 같은 염색약으로 염색하여 확인한다.

예제 | 4

DNA에 대한 설명 중 옳지 않은 것은? (경기)

① 염기와 염기 사이는 공유결합으로 결합되어 있다 .
② 인산이 이중나선구조의 외각을 형성한다.
③ 이중나선이 반대 방향으로 되어있다.
④ 디옥시리보오스의 1′에는 질소 염기가, 5′에는 인산기가 결합해 있다.

| 정답 | ①
염기와 염기 사이의 결합은 수소결합을 하고 있다.

예제 | 5

퓨린염기의 수가 50개이며 염기 사이의 수소결합 총수 가 130개인 이중나선 DNA에서 티민 염기의 비율은?

① 10% ② 20%
③ 30% ④ 40%

| 정답 | ②
A(아데닌)을 x, G(구아닌)을 y라 하면 퓨린염기(A+G)=50개라고 했으므로 $x+y=50$, $2x+3y=130$
$\therefore x=50-y$이므로 $2(50-y)+3y=130$을 풀면 $100-2y+3y=130$이 되어 $y=30$, $x=20$이 된다.
따라서 A(아데닌)=20개, G(구아닌)=30개, T(티민)=20개, C(사이토신)=30개이므로 T(티민)=20%이다.

DNA의 반보존적 복제

1 DNA의 복제모형

(1) 반보존적 복제(semiconservative replication)

이중나선을 이루고 있는 두 가닥 중 한 가닥은 원래의 가닥이 보존되고, 나머지 가닥은 새롭게 만들어진다.

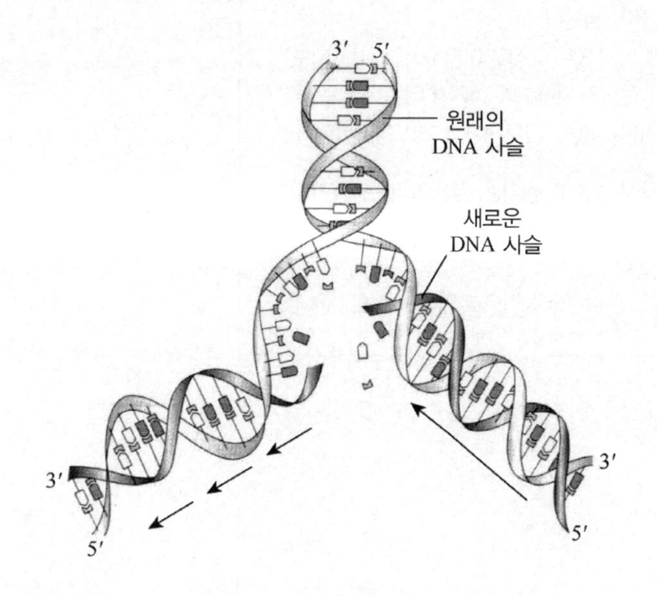

(2) 보존적 복제(conservative replication)

원래의 이중나선 가닥이 완전하게 보존되고, 새로운 가닥이 만들어진다.

(3) 분산적 복제(dispersive replication)

원래의 가닥이 보존되지 않고, 원래 가닥과 새로 생긴 가닥이 서로 섞여서 새로운 가닥을 형성한다.

원래 가닥
합성 가닥

가설 1　　가설 2　　가설 3

» 가설 1: 반보존적 복제
가설 2: 보존적 복제
가설 3: 분산적 복제

2 DNA의 반보존적 복제실험

• 메셀슨과 스탈의 실험

실험

1. 대장균을 ^{15}N가 포함된 배지에서 여러 세대를 배양하여 ^{15}N만을 갖는 대장균의 DNA 염기를 얻는다(이를 G_0이라 하자).
2. G_0기의 대장균을 ^{14}N만을 함유하고 있는 배지에서 배양한 후 DNA를 추출하고 원심분리하여 밀도 차이에 의해 DNA를 구분한다.

결과

1. 1회 분열 후: ^{15}N와 ^{14}N을 반씩 갖는 중간 밀도의 DNA($^{15}N-^{14}N$)가 얻어진다(G_1). 이 결과는 보존적 복제 모형과 일치하지 않는다(기각된다).
2. 2회 분열 후: ^{15}N와 ^{14}N를 반씩 갖는 중간 밀도의 DNA($^{15}N-^{14}N$)와 ^{14}N만을 갖는 가벼운 DNA($^{14}N-^{14}N$)가 1: 1의 비율로 얻어진다(G_2). 이 결과는 분산적 복제 모형과 일치하지 않는다(기각된다).
3. 3회 분열 후: ^{15}N와 ^{14}N를 반씩 갖는 중간 밀도의 DNA($^{15}N-^{14}N$)와 ^{14}N만을 갖는 가벼운 DNA($^{14}N-^{14}N$)가 1 : 3의 비율로 얻어진다(G_3).
4. G_0, G_1, G_2, G_3의 각 대장균에서 DNA를 추출하여 원심분리를 한 결과 다음과 같이 DNA가 분획된 위치나 모양에 차이가 났다.

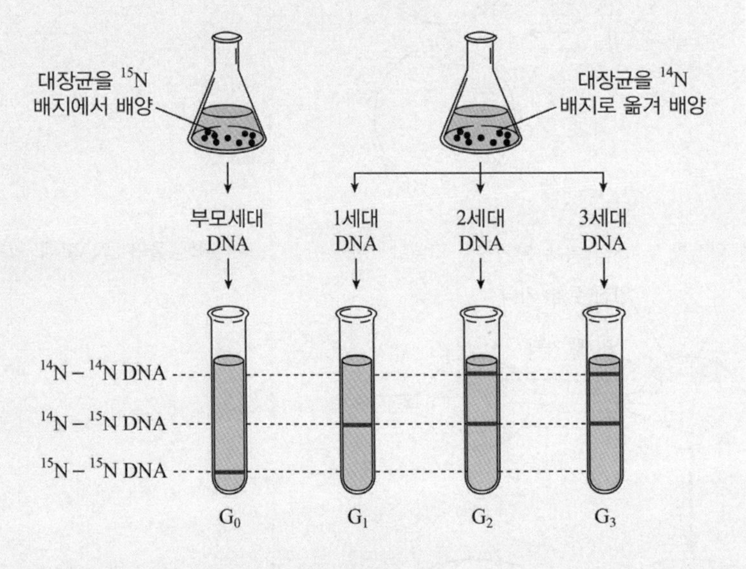

결론 이 결과를 통해 DNA는 반보존적 복제를 한다는 것을 알 수 있다.

예제 | 1

^{14}N가 포함된 배지에서 여러 세대 배양하여 ^{14}N만을 갖는 대장균을 ^{15}N를 함유하고 있는 배지에 옮겨서 배양하다가 2번 복제가 일어난 후 DNA를 분리하였을 때 300개를 얻었다면 ^{15}N로만 구성된 이중나선 DNA는? (서울)

① 50개
② 100개
③ 150개
④ 200개
⑤ 300개

| 정답 | ③

2회 분열하면 ^{15}N와 ^{14}N를 반씩 갖는 중간 밀도의 DNA($^{15}N-^{14}N$)와 ^{15}N만을 갖는 무거운 DNA($^{15}N-^{15}N$)가 1 : 1의 비율로 얻어진다.

심화편 Ⅱ

3 원핵생물과 진핵생물의 DNA 복제(replication)

(1) 복제 원점(origin of replication, Ori)

DNA 복제가 시작되는 곳으로 원형의 세균 염색체는 하나의 복제 원점을 가지고 있으며 복제 원점에서 양방향으로 진행된다. 그러나 진핵생물의 염색체는 수천 개 이상의 복제 원점을 가지고 있고 복제 원점에서 양방향으로 진행되므로 수많은 복제 기포가 동시 다발적으로 형성되며 복제의 마지막 단계에서 서로 연결되어 매우 긴 DNA 분자가 빠르게 복제된다.

❖ 원핵생물과 진핵생물의 DNA
- **원핵생물**: 원형의 DNA
- **진핵생물**: 선형의 DNA

(2) 복제 분기점(replication fork)

복제 기포의 양 끝에 있는 곳으로 새로운 DNA 가닥이 신장되는 Y자 모양의 부분이다.

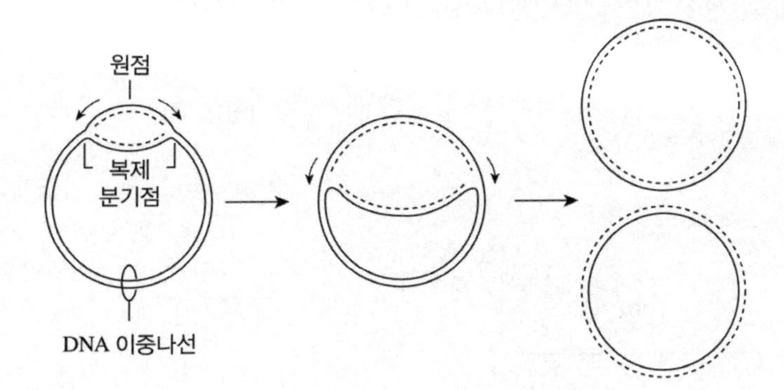

» 원핵생물의 DNA 복제는 하나의 복제 원점과 두 개의 복제 분기점을 갖는다.

❖ 원핵생물의 DNA복제: θ복제

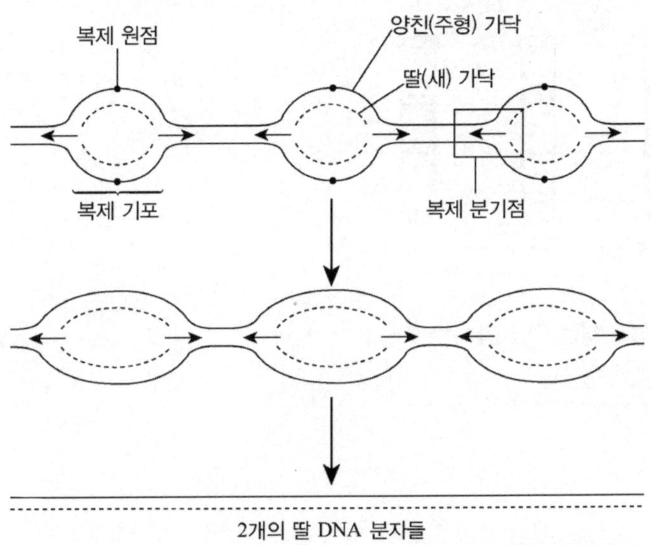

» 진핵생물의 DNA 복제는 수천 개 이상의 복제 원점을 갖는다.

4 DNA 복제과정(replication)

원핵생물과 진핵생물의 복제과정은 거의 유사하지만 비교적 DNA중합효소가 진핵생물보다 단순한 원핵생물인 대장균에서의 복제과정을 기준으로 설명할 것이다.

① DNA 이중나선을 구성하는 염기 간의 수소결합이 풀리면서 복제 분기점이 형성된다.

② DNA 중합효소는 분리된 2개의 사슬에 결합하여 복제를 시작한다.

③ DNA의 분리된 2개의 사슬을 각각 주형으로 하여 상보적인 새로운 두 가닥의 DNA가 합성된다. 이때 주형 가닥의 염기가 A면 T를, G면 C를 갖는 뉴클레오타이드가 결합한다.

④ 새로 합성된 두 분자의 DNA 염기배열 순서는 원래의 DNA와 똑같은 이중나선이 2개 생긴다.

⑤ 새로 형성된 DNA에서 한쪽 사슬은 원래의 DNA 사슬이고, 다른 쪽의 한쪽 사슬은 새로운 뉴클레오타이드로 생성된 사슬이다.

⑥ DNA **중합효소는** DNA **사슬의** 3′**의** OH **말단에만 뉴클레오타이드를 첨가**할 수 있기 때문에 DNA의 복제는 항상 5′→3′ 방향으로만 진행된다.

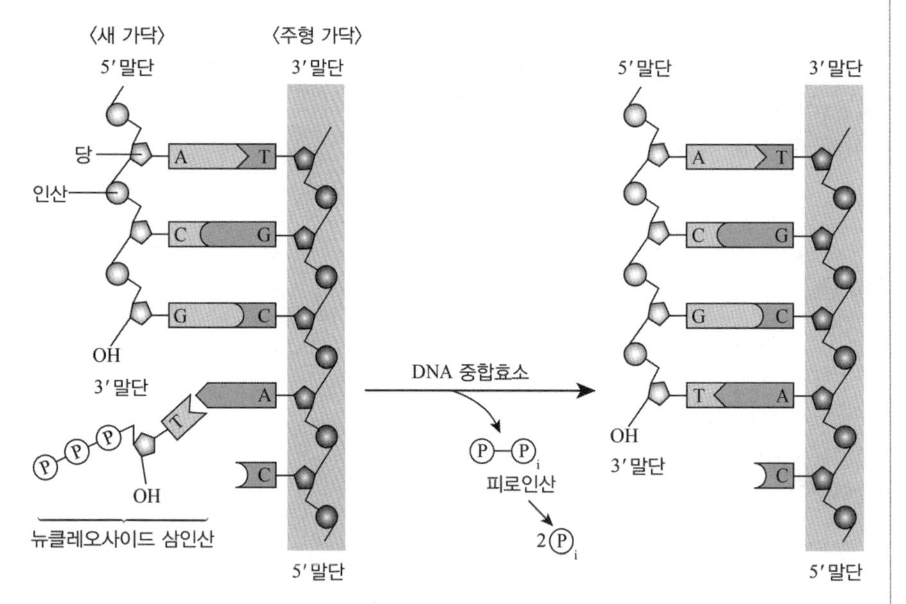

▲ DNA 복제과정

» 새로 들어오는 뉴클레오타이드는 인산기를 3개 갖고 있다가 피로인산 가수분해효소에 의해서 인산기 2개가 피로인산분자의 형태로 떨어진다. 이때 나오는 에너지에 의해서 3′OH 말단에 인산기가 공유결합(포스포다이에스터 결합)하게 된다.

Check Point

뉴클레오사이드 삼인산

리보뉴클레오사이드 삼인산(NTP)	
ATP	아데닌 염기 – 리보스 – Ⓟ~Ⓟ~Ⓟ(아데노신 삼인산)
GTP	구아닌 염기 – 리보스 – Ⓟ~Ⓟ~Ⓟ(구아노신 삼인산)
CTP	사이토신 염기 – 리보스 – Ⓟ~Ⓟ~Ⓟ(사이티딘 삼인산)
UTP	유라실 염기 – 리보스 – Ⓟ~Ⓟ~Ⓟ(유리딘 삼인산)
디옥시리보뉴클레오사이드 삼인산(dNTP)	
dATP	아데닌 염기 – 디옥시리보스 – Ⓟ~Ⓟ~Ⓟ(디옥시아데노신 삼인산)
dGTP	구아닌 염기 – 디옥시리보스 – Ⓟ~Ⓟ~Ⓟ(디옥시구아노신 삼인산)
dCTP	사이토신 염기 – 디옥시리보스 – Ⓟ~Ⓟ~Ⓟ(디옥시사이티딘 삼인산)
dTTP	티민 염기 – 디옥시리보스 – Ⓟ~Ⓟ~Ⓟ(디옥시티미딘 삼인산)

❖ ATP는 세포호흡 결과 방출된 에너지를 저장하는 장소이기도 하다.

5 역평행 신장

이중나선의 두 가닥 DNA는 서로 반대 방향을 향하고 있는 역평행 구조이므로 DNA 복제에 의해서 새로 형성된 DNA 가닥들도 역평행으로 신장하게 된다. 따라서 한쪽 가닥에서는 5′ → 3′ 방향으로 연속적으로 복제가 진행되는 선도 가닥이 형성되지만, 다른 쪽 가닥에서는 어느 정도 DNA가 풀어진 다음에 5′ → 3′ 방향으로 조금씩 복제되기 때문에 연속적이 아닌 작은 조각(오카자키 절편)으로 나누어져 복제가 진행되는 지연 가닥이 형성된다. 오카자키 절편은 DNA 연결효소(DNA ligase)에 의해 하나의 사슬로 연결된다.

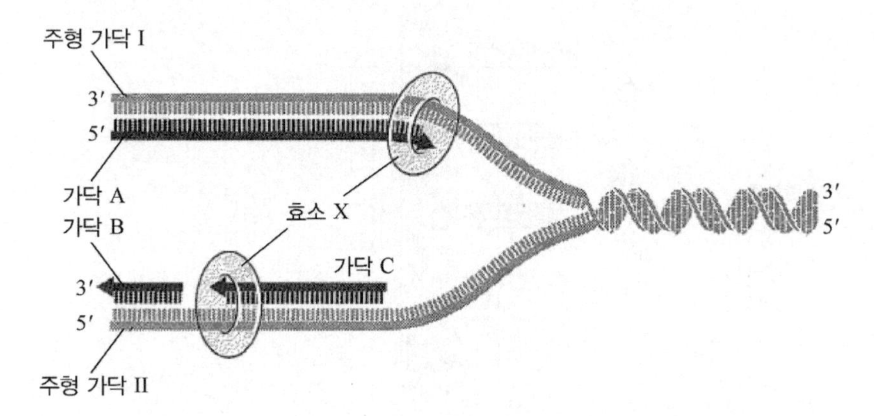

» 주형 가닥 I을 복제하는 가닥 A는 5′ → 3′ 방향으로 연속적으로 복제가 진행되는 선도 가닥이 형성되고 있지만, 주형 가닥 II를 복제하는 가닥 B와 C가 형성되기 위해서는 가닥 B가 5′ → 3′ 방향으로 복제된 후 가닥 C가 다시 복제 분기점 쪽에서 5′ → 3′ 방향으로 복제되기 때문에 작은 조각(오카자키 절편)으로 나누어지게 된다. 효소 X는 DNA 중합효소이다.

6 DNA 복제 단백질과 기능

(1) 헬리케이스(helicase)

DNA 이중나선을 풀어준다. (ATP의 에너지를 이용)

(2) 단일가닥 결합단백질(single－strand binding protein)

주형 가닥으로 사용될 때까지 단일가닥의 DNA와 결합하여 모가닥끼리 다시 결합하지 못하도록 한다.

(3) DNA 회전효소(topoisomerase, DNA 자이레이스)

DNA 가닥을 절단하거나 회전함으로써 과도하게 꼬이는 것을 교정한다. (ATP의 에너지를 이용)

(4) 프라이메이스(primase, NTP에너지 이용)

양 쪽 주형 단일 가닥 DNA의 3′ 말단 쪽에 RNA primer를 합성하는 특수화된 RNA 중합효소.

(5) DNA 중합효소 Ⅲ(DNA polymerase, dNTP에너지 이용)

① 5′→3′ 중합기능: RNA 프라이머(primer)의 3′ OH 말단에 뉴클레오타이드를 첨가시켜 DNA 가닥을 5′→3′ 방향으로 합성한다.

② 3′→5′ 제거기능: 잘못 첨가된 뉴클레오타이드를 3′→5′ 방향으로 제거하는 역할(교정)

(6) DNA 중합효소 Ⅰ(dNTP에너지 이용)

① 5′→3′ 중합기능

② 3′→5′ 제거기능(교정)

③ 프라이머를 5′→3′ 제거기능: 5′ 말단의 프라이머를 5′→3′ 방향으로 제거하여 RNA 뉴클레오타이드를 DNA 뉴클레오타이드로 교체한다(DNA 중합효소 Ⅰ과 Ⅲ은 3′ OH 말단에만 뉴클레오타이드를 붙인다).

(7) DNA 연결효소(DNA ligase)

오카자키 절편(Okazaki fragment) 사이에 생긴 틈을 포스포다이에스터(phosphodiester) 결합으로 연결(앞에 있는 절편의 5′ 말단과 뒤에 있는 절편의 3′말단을 연결)하여 완전한 새로운 DNA가닥을 형성한다.(NAD^+, ATP의 에너지를 이용)

❖ 활주클램프(sliding clamp)
DNA중합효소를 DNA주형에 단단히 부착시켜 중합효소가 DNA를 합성하는 동안 주형가닥을 따라 원활하게 진행할 수 있도록 하고 DNA 중합효소가 떨어져 나가지 않도록 붙잡는 역할을 하며, 지연가닥에서는 오카자키절편이 완성될 때마다 중합효소를 DNA에서 방출시키는 기능을 담당한다.

❖ DNA회전효소 = 위상이성질체효소
topoisomerase는 Ⅰ과 Ⅱ가 있는데 대장균에서는 Ⅱ를 자이레이스라고 한다.

❖ primer(시발체, 프라이머)
프라이메이스는 주형 DNA가닥에 하나씩 RNA 뉴클레오타이드를 첨가하면서 상보적 RNA사슬을 합성한다. 이 과정에 의해 5~10개 정도의 RNA뉴클레오타이드로 구성된 RNA프라이머가 형성된다.

❖ DNA 중합효소 Ⅰ과 Ⅲ는 모두 3′→5′ 방향으로 제거하는 교정기능이 있다(exonuclease의 기능).

❖ DNA 중합효소 Ⅰ은 프라이머를 5′→3′ 방향으로 제거하는 기능이 있다(exonuclease의 기능).

❖ DNA 중합효소 Ⅱ는 DNA손상을 수선하는 기작에 관여한다.

- 세균의 DNA 중합효소: Ⅰ, Ⅱ, Ⅲ, Ⅳ, Ⅴ (5종류 중에서 주로 복제에 관여하는 효소는 Ⅰ과 Ⅲ이다)
- 진핵생물의 DNA 중합효소: α, β, γ, δ, ε, ζ, η, θ...(15종류 중에서 주로 복제에 관여하는 효소는 α(알파), δ(델타), ε(입실론)이다.

심화편 Ⅱ

7 DNA 복제와 신장

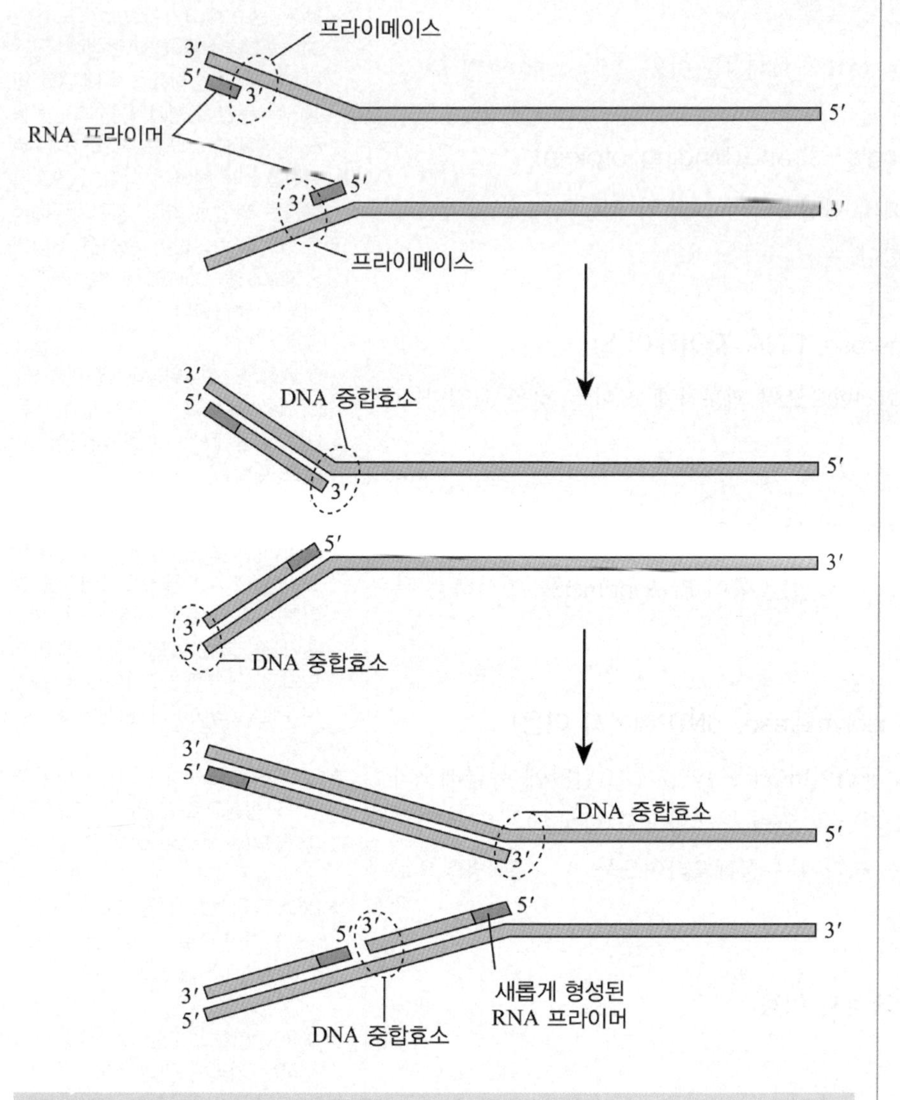

❖ DNA 중합효소가 선도가닥을 합성하는 데는 오직 한 개의 프라이머만 필요하지만 지연가닥에서는 각 오카자키 절편마다 프라이머가 필요하다.

예제 | 2

오카자키절편이 생기는 이유는? (경기)

① DNA 중합효소는 5′ → 3′으로만 작용하므로
② DNA 연결효소(ligase)에 의해 연결 되어야 하므로
③ DNA 중합효소가 계속 작용하지 못하므로
④ DNA가 주형으로 작용해서

| 정답 | ①

8 DNA 수선(뉴클레오타이드 절제 수선)

(1) 티민이량체(대부분 자외선에 의해서 생긴다)

한 가닥의 DNA에서 이웃하는 티민끼리 결합한 것으로 DNA 구조를 변형시킨다.

(2) 뉴클레이스(nuclease)

뉴클레오타이드 절제 수선 과정에서 손상된 DNA 가닥을 절단하는 효소이다.

(3) DNA중합효소에 의해서 제거된 뉴클레오타이드를 새로운 뉴클레오타이드로 교체한다.

(4) DNA연결효소에 의해 DNA말단을 연결한다.

9 DNA 분자의 말단부위 복제(진핵생물의 경우)

주형가닥의 가장 끝에 결합된 오카자키절편의 RNA 프라이머가 제거되고 나면 DNA 중합효소가 작용할 수 있는 3′말단이 없기 때문에 그곳은 DNA로 채울 수가 없다. 따라서 복제가 반복될수록 엇갈린 말단을 가진 더욱더 짧은 DNA 분자가 생기게 된다. 따라서 유전정보를 가지고 있는 유전자를 보호하기 위해서 진핵생물의 DNA는 텔로미어라는 뉴클레오타이드 서열을 갖는다.

(1) 텔로미어(telomere, 말단소체)

① 진핵생물의 DNA 말단에 존재하는 반복적·비암호화된 뉴클레오타이드 서열이다.

② 텔로미어는 유전정보를 가지고 있지 않으며, 인간의 텔로미어는 6개의 뉴클레오타이드 TTAGGG가 수천 번 정도 반복적으로 존재한다.

③ 텔로미어의 두 가지 보호 기능

㉠ 텔로미어는 반복되는 DNA 복제로 인한 손상으로부터 생물체의 유전자를 보호한다.

㉡ DNA절제수선체계가 말단부위를 절단으로 인식하는 것을 차단하는 특수 단백질과 결합하고 있다.

④ 선형의 DNA를 가진 진핵생물은 복제가 일어날수록 DNA가 짧아지므로 유전자를 보호할 수 있는 텔로미어가 있어야 하지만, 원핵생물의 DNA는 원형이므로 결과적으로 다시 만나게 되어 짧아지는 일은 일어나지 않기 때문에 텔로미어가 없다.

❖ DNA에서 오류의 회복

(1) **교정(proofreading)**: DNA중합효소가 복제할 때 생기는 오류를 고치는 기작

(2) **부정합 수선(짝 틀림 수선, 불일치 수선, mismatch repair)**
- DNA 복제과정을 마친 후 즉시 DNA를 검색하여 염기쌍의 틀린 짝을 교정하는 기작으로 부정합 수선을 위해서는 어떤 가닥을 잘라낼지를 선택해야하기 때문에 원래의 가닥과 새로 합성된 가닥을 구분하는 것이 필요하다. DNA 가닥이 복제된 후 일정 시간이 지나면 메틸기가 첨가되는데, 복제 직후 새로 복제된 가닥은 아직 메틸기가 첨가되지 않았기 때문에 원래의 가닥과 새로 복제된 가닥을 구분할 수 있게 된다.
- 대장암의 한 종류는 부정합 수선의 실패가 원인이 되어 발생한다.

(3) **절제 수선(excision repair)**
- 자외선과 같은 화학적 손상에 의해 형성된 비정상적인 염기를 제거하고 정상 염기로 교체하는 기작
- 색소성 건피증은 뉴클레오타이드 절제 수선효소의 유전적 결함으로 인해 발병하는 자외선에 의한 피부세포의 돌연변이가 원인이 되어 발생하며 종종 피부암을 일으킨다.

예제 | 3

다음 중 DNA의 새로 합성된 가닥과 주형가닥을 구분하는 것이 필요한 과정은?

① DNA교정
② 부정합 수선
③ 절제 수선
④ 부정합 수선과 절제수선

| 정답 | ②

심화편 Ⅱ

(2) 텔로머레이스(telomerase, 말단소체 복원효소)

① 텔로머레이스는 진핵생물의 생식세포에서 DNA가 복제되는 동안 짧아진 DNA를 본래의 길이로 복구해 주는 효소로서 단백질과 RNA복합체이다.

② 텔로미어의 짧아짐은 노화에 영향을 미치며, 텔로머레이스는 대부분의 체세포에서는 활성이 없지만 원생식세포와 초기 배아세포, 끊임없이 분열하는 골수세포나 장벽세포에서는 활성도가 높다.

③ 텔로미어는 TTAGGG로 되어 있으므로 이를 복구하는 텔로머레이스는 RNA 염기서열(AAUCCC)을 갖고 있어서 DNA를 계속 복제해 주는 역전사효소이다.

④ 암세포는 무한히 분열할 수 있는 성질이 있는데 모든 암의 약 90% 정도에서 텔로머레이스가 발견된다.

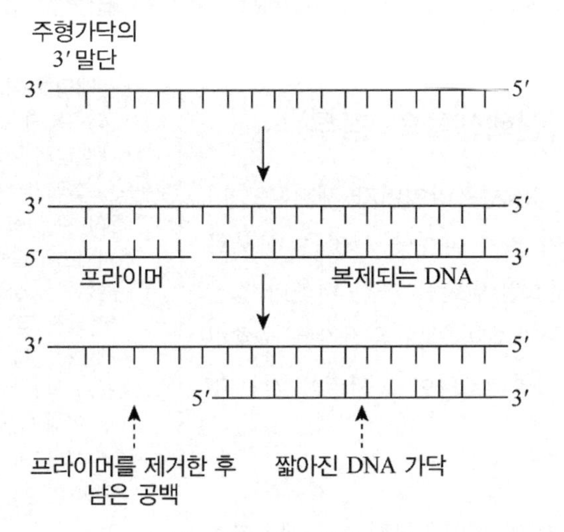

▲ 선형 DNA 말단부위의 단축

❖ DNA 이중가닥 모두 서로 반대편가닥에서 짧아지는데 프라이머가 제거되고 선도가닥, 지연가닥 모두 다시 DNA연결효소에 의해서 연결되지만 맨 마지막의 DNA 두 가닥은 모두 지연가닥이 되기 때문에 지연가닥 쪽에서만 짧아진다고 볼 수 있나.

예제 | 4

대장균의 DNA 복제에 대한 설명으로 옳지 않은 것은? (국가직 7급)

① 시발체(primer)는 RNA이다.
② 대장균은 하나의 복제원점을 가지고 있다.
③ 오카자키 절편은 두 가닥의 DNA에서 모두 생성된다.
④ DNA 중합효소는 3′에서 5′방향으로만 새로운 DNA를 합성한다.

| 정답 | ④

DNA 중합효소는 5′에서 3′방향으로만 새로운 DNA를 합성한다.

유전자의 발현

1 유전자의 형질발현

(1) 완전 배지와 최소 배지

① **완전 배지(complete medium)**: 세포가 증식하기 위해 필요한 영양소들을 골고루 갖추고 있는 배지를 말한다.

② **최소 배지(minimal medium)**: 세포가 증식하는 데 필요한 최소한의 영양 조건만을 가진 배지를 말한다. 포도당, 무기질 및 비타민을 일정한 비율로 혼합하여 만든 합성 배지로서 야생형의 세포는 이 배지에서 생명활동에 필요한 물질을 만들어 살아갈 수 있지만 특정 물질을 합성하는 유전자에 이상이 생긴 영양 요구주 돌연변이체들은 생장하지 못한다.

(2) 1유전자 1효소설(one gene–one enzyme theory, 비들과 테이텀의 붉은빵곰팡이를 재료로 실험)

① **붉은빵곰팡이**: 최소 배지에서도 생활에 필요한 단백질, 핵산을 합성하여 자란다(야생주).

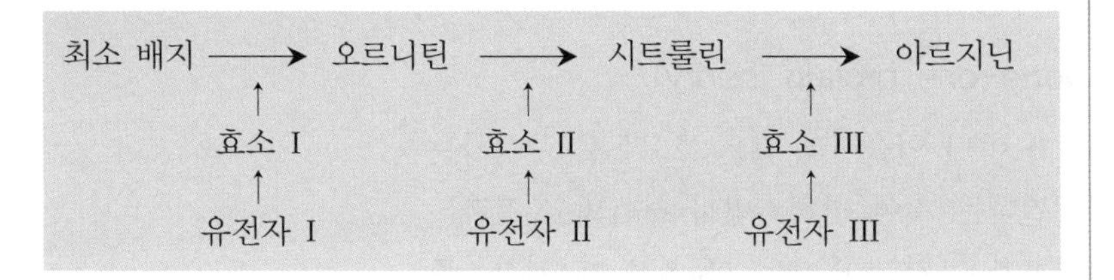

② **돌연변이주**: 붉은빵곰팡이에 X선을 쪼여 돌연변이를 일으킨 후 최소 배지에서 배양하면 생장하지 못하고 특정한 영양소를 첨가해 주어야만 생장한다(영양 요구주).

㉠ 오르니틴, 시트룰린, 아르지닌 중 어느 한 가지만 넣어주면 생활한다. → 오르니틴을 합성하는 효소 I이 없다. → 유전자 I에 돌연변이(오르니틴 요구주)

㉡ 오르니틴을 주면 살지 못하나 시트룰린이나 아르지닌 중 한 가지만 주면 생활한다. → 시트룰린을 합성하는 효소 II가 없다. → 유전자 II에 돌연변이(시트룰린 요구주)

㉢ 오르니틴이나 시트룰린 2가지를 다 주어도 살지 못하지만 아르지닌을 주면 생활한다. → 아르지닌을 합성하는 효소 III이 없다. → 유전자 III에 돌연변이(아르지닌 요구주)

붉은빵곰팡이 \ 배지		최소 배지	최소 배지 +오르니틴	최소 배지 +시트룰린	최소 배지 +아르지닌	효소	유전자
야생주		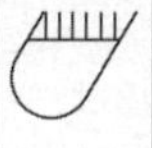	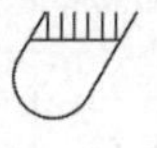		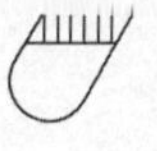	Ⅰ Ⅱ 있음 Ⅲ	Ⅰ Ⅱ 정상 Ⅲ
돌연변이주	오르니틴 요구주		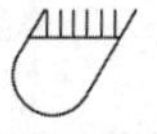	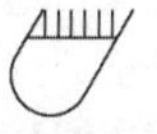	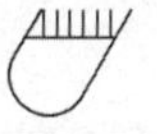	Ⅰ 없음	Ⅰ에 돌연변이
	시트룰린 요구주	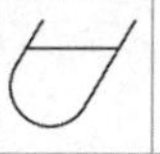		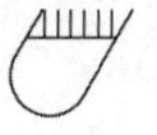	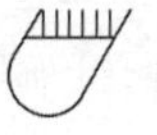	Ⅱ 없음	Ⅱ에 돌연변이
	아르지닌 요구주	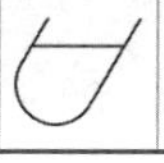		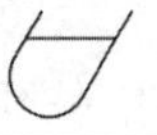	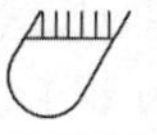	Ⅲ 없음	Ⅲ에 돌연변이

[결론] 각 돌연변이체는 아르지닌을 합성하는 과정에서 각각 한 단계만을 수행하지 못하는데 그 이유는 해당 단계에 필요한 효소가 없기 때문이라고 할 수 있다. 만약 유전자 I에 돌연변이가 일어났는데 최소 배지에서 살아갈 수 있다면 다른 유전자가 효소 I을 합성했다고 볼 수 있다. 그러나 유전자 I에 돌연변이가 일어났을 때 최소 배지에서 살아갈 수 없다는 것은 다른 유전자는 효소 I을 합성하지 못했다는 것이다. 따라서 하나의 유전자는 하나의 효소 합성에만 관여한다는 것을 알 수 있다.

(3) 1유전자 1단백질설(one gene-one protein theory)

1유전자 1효소설은 이후 효소가 아닌 인슐린과 같은 호르몬을 구성하는 단백질도 유전자에 의해 결정된다는 것이 밝혀지면서 하나의 유전자는 하나의 단백질에 대한 유전정보를 가지고 있다는 1유전자 1단백질설로 바뀌었다.

(4) 1유전자 1폴리펩타이드설(one gene-one polypeptide theory)

그 후 헤모글로빈과 같은 단백질은 2개 이상의 폴리펩타이드로 구성된다는 것과 각각의 폴리펩타이드가 각각 다른 유전자에 의해 결정된다는 것이 밝혀지면서 하나의 유전자는 하나의 폴리펩타이드에 대한 유전정보를 가지고 있다는 1유전자 1폴리펩타이드설로 수정되었다.

Tip

1유전자 1폴리펩타이드설의 예외

- 진핵생물의 유전자는 대체 RNA 스플라이싱(splicing)이라는 과정을 통해서 하나의 유전자에서 두 종류 이상의 폴리펩타이드가 만들어질 수 있다.
- 유전자가 단백질로 전혀 번역되지 않음에도 불구하고 세포에서 중요한 역할을 하는 RNA를 암호화하고 있다.

예제 | 1

야생형 붉은빵곰팡이에 X선을 처리하여 페닐알라닌을 필요로 하는 여러 돌연변이주를 얻었다. 표는 페닐알라닌 합성과정의 중간산물을 최소 배지에 각각 첨가했을 때 얻은 붉은빵곰팡이의 생장 결과이다.

구분	최소 배지	첨가물			
		페닐피루브산	프리펜산	코리슴산	페닐알라닌
야생형	+	+	+	+	+
돌연변이주 I형	−	−	−	−	+
돌연변이주 II형	−	+	+	−	+
돌연변이주 III형	−	+	−	−	+

(+: 생장함, −: 생장 안함)

이에 대한 설명으로 옳은 것을 다음에서 모두 고른 것은?

ㄱ. 돌연변이주 I형은 페닐알라닌을 합성한다.
ㄴ. 돌연변이주 II형은 코리슴산을 기질로 이용하지 못한다.
ㄷ. 페닐알라닌 합성과정은 코리슴산 → 페닐피루브산 → 프리펜산 → 페닐알라닌이다.

① ㄱ ② ㄴ
③ ㄱ, ㄴ ④ ㄱ, ㄷ
⑤ ㄴ, ㄷ

| 정답 | ②

ㄱ. 돌연변이주 I형은 페닐알라닌을 넣었을 때 생장하는 것으로 보아 페닐알라닌을 합성하지 못한다.
ㄴ. 돌연변이주 II형은 코리슴산을 넣었을 때 생장하지 못하였으므로 코리슴산을 기질로 이용하지 못한다.
ㄷ. 페닐알라닌 합성과정은 코리슴산 → 프리펜산 → 페닐피루브산 → 페닐알라닌이다.

2 DNA 유전암호

(1) 3염기설(triplet code theory)

DNA의 염기는 A, G, C, T의 4종류인데 단백질을 구성하는 아미노산은 20종류이다. 1개의 염기가 하나의 아미노산을 암호화하는 데 사용된다면 4종류의 뉴클레오타이드는 4종류의 아미노산만을 암호화할 수 있고, 2개의 뉴클레오타이드가 하나의 아미노산을 암호화한다면 16(4^2) 종류의 아미노산만을 암호화할 수 있다. 따라서 3개의 뉴클레오타이드가 하나의 아미노산을 암호화하는 유전정보로 사용되어야만 모두 64(4^3)종류의 서로 다른 아미노산을 암호화할 수 있으므로 20종류의 아미노산을 암호화하기에 충분하다.

(2) 트라이플렛 코드(triplet code)

3개의 염기가 한 조가 되어 하나의 아미노산을 지정하는 DNA의 유전암호를 말하며, 줄여서 코드(code)라고도 한다.

(3) 코돈(codon)

DNA의 코드를 상보적으로 전사한 mRNA의 3개의 염기 조합을 코돈이라 하며 A는 U, T는 A, G는 C, C는 G로 전사되어 RNA가 생긴다. 예를 들어 DNA의 염기서열이 GTACATT라면 전사된 RNA의 염기서열은 CAUGUAA가 된다.

아미노산의 종류는 20종류인데 비해 코돈의 종류는 64(4^3)종류이므로 하나의 코돈이 한 가지 아미노산을 지정하는 경우도 있지만, **한 가지 아미노산을 지정하는 데 여러 개의 코돈이 작용**하기도 한다. 하지만 **하나의 코돈이 2가지 이상의 아미노산을 지정하는 경우는 없다**.

(4) 안티코돈(anticodon)

mRNA의 코돈에 상보적으로 대응하는 tRNA 3개의 염기 조합이다.

3 DNA 유전암호의 전사(transcription)와 번역(해독, translation)

(1) DNA의 유전정보를 전달하는 RNA를 mRNA라고 하며 DNA의 유전정보에 따라 mRNA를 합성하는 과정을 전사라고 한다. 진핵생물의 경우 전사는 핵 속에서 일어나며, 원핵생물의 경우 전사는 세포질에서 일어난다.

(2) 전사된 mRNA는 핵공을 통해 세포질로 빠져나와 리보솜과 결합한 후 단백질 합성에 이용된다. mRNA에 저장되어 있는 정보를 이용하여 단백질을 합성하는 과정을 번역이라고 한다. 번역은 세포질에서 일어난다.

① DNA 유전암호(코드) 3′-TAC - CCT - AAG - ATA-5′
② mRNA의 전사(코돈) 5′-AUG - GGA - UUC - UAU-3′
③ tRNA의 운반(안티코돈) 3′-UAC - CCU - AAG - AUA-5′
④ 리보솜에서 단백질 합성(번역) 메싸이오닌-글라이신-페닐알라닌-타이로신

❖ 번역
mRNA(코돈)의 5′→3′ 방향으로 유전암호를 읽어서 아미노산을 지정한다.

〈mRNA의 유전암호(코돈)〉

첫째 염기	둘째 염기				셋째 염기
	U	C	A	G	
U	페닐알라닌 페닐알라닌 류신 류신	세린 세린 세린 세린	타이로신 타이로신 (✝) (✝)	시스테인 시스테인 (✝) 트립토판	U C A G
C	류신 류신 류신 류신	프롤린 프롤린 프롤린 프롤린	히스티딘 히스티딘 글루타민 글루타민	아르지닌 아르지닌 아르지닌 아르지닌	U C A G
A	아이소류신 아이소류신 아이소류신 메싸이오닌*	트레오닌 트레오닌 트레오닌 트레오닌	아스파라진 아스파라진 라이신 라이신	세린 세린 아르지닌 아르지닌	U C A G
G	발린 발린 발린 발린	알라닌 알라닌 알라닌 알라닌	아스파트산 아스파트산 글루탐산 글루탐산	글라이신 글라이신 글라이신 글라이신	U C A G

① 첫째 염기 → 둘째 염기 → 셋째 염기의 순서로 읽는다. 예를 들어 UUU면 페닐알라닌을 지정하고, UUA이면 류신을 지정하는 암호이다.

② 표에서 *는 개시를 나타내는 코돈이고, ✝는 정지를 나타내는 코돈이다. 즉 AUG는 메싸이오닌에 대한 코돈이면서 단백질 합성을 시작하게 하는 개시코돈이며, UAA, UAG, UGA는 지정하는 아미노산이 없어서 그곳에서 단백질 합성이 종결되므로 종결코돈(= 정지코돈)이라 한다.

❖ 코돈의 종류: 64종류

❖ 아미노산을 지정하는 코돈의 종류: 61종류

예제 | 2

다음 mRNA에 의해서 생성되는 폴리펩타이드의 아미노산 서열을 표를 이용하여 옳게 작성하시오(개시암호와 종결암호에 유의하시오).

5′ … AGCUAUGGAACGUACAAUGUCCAAAUAGAUC …… 3′

| 정답 |

개시코돈 AUG가 나올 때부터 시작하면 메싸이오닌 + 글루탐산 + 아르지닌 + 트레오닌 + 메싸이오닌 + 세린 + 라이신 다음에 오는 UAG는 정지코돈으로, 정지코돈에 해당하는 안티코돈(tRNA)은 없고 따라서 지정하는 아미노산이 없어서 그곳에서 단백질 합성이 종결된다.

❖ 개시 코돈인 AUG는 메싸이오닌을 암호화하기 때문에 폴리펩타이드가 합성될 때는 항상 메싸이오닌으로 시작되지만 그 이후에 소포체와 골지체를 지나면서 폴리펩타이드 사슬에서 메싸이오닌을 제거하기도 한다(단백질의 화학적 변형).

❖ 유전암호
- **중복성**: 하나의 아미노산을 지정하는 코돈은 여러 개의 코돈이 작용할 수 있는데 대부분 세 개의 염기 중 세 번째 염기만이 다르다.
- **명확성**: 하나의 코돈은 단 한 개의 아미노산만을 지정한다.
- **보편성(공통성)**: 코돈은 모든 생물에서 공통적이다.
- **연속성**: 동일 틀 내에서는 연속적이며 띄어쓰기가 없다.

4 생명 중심의 원리(중심설)

DNA에 저장되어 있는 유전정보는 직접 단백질 합성에 관여하지 않고 DNA 정보가 RNA로 전사된 후에 RNA에 의해서 단백질 합성이 일어난다. 이와 같이 유전정보가 DNA → RNA → 단백질 순으로 이동하는 것을 '생명 중심 원리'라고 한다.

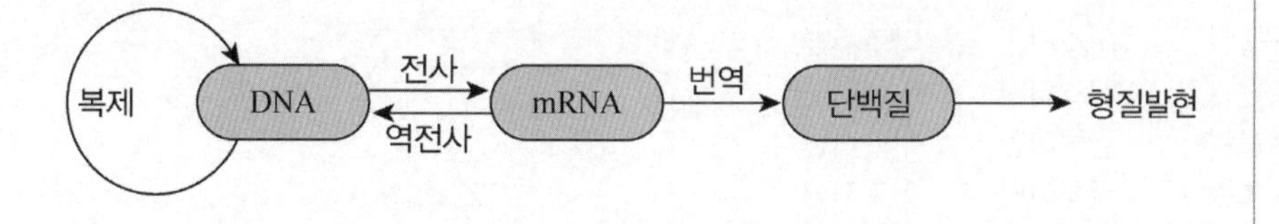

5 유전정보의 전사과정

개시 → 신장 → 종결의 3단계로 진행되며 원핵생물과 진핵생물의 전사과정은 거의 유사하지만 진핵생물의 전사과정을 기준으로 설명할 것이다.

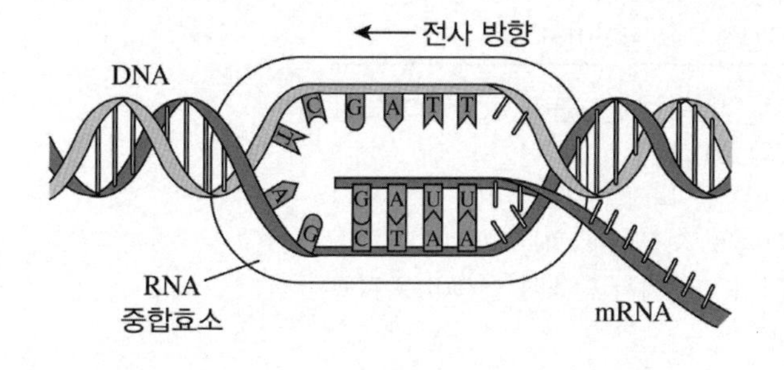

» DNA의 이중나선에서 어느 하나의 사슬에서만 전사가 일어난다. 이때 **전사에 쓰이는 DNA 사슬을 주형 가닥**이라고 하며, 핵 내에서 DNA의 한쪽 가닥을 주형으로 하여 전사된 다음 세포질로 빠져나와 리보솜에 결합하여 단백질 합성과정에 관여한다.

(1) 개시(initiation)

DNA의 프로모터(RNA 중합효소가 부착하는 장소)에 RNA 중합효소와 전사인자가 결합하여 전사개시 복합체를 형성하면서 염기 사이의 수소결합을 절단함으로써 DNA의 이중가닥이 풀어진다.

① RNA 중합효소: DNA 중합효소와 같이 RNA 중합효소는 폴리뉴클레오타이드를 5′ → 3′ 방향으로 조립한다.

② DNA 중합효소와는 다르게 RNA 중합효소는 처음부터 스스로 사슬을 만들 수 있으며 프라이머가 필요 없다.

③ 박테리아는 한 종류의 RNA 중합효소만을 갖고 있으며 이 효소를 이용해서 mRNA, tRNA, rRNA를 모두 합성한다. 진핵생물에는 I, II, III이라는 3종류의 RNA 중합효소가 핵 안에 있다. mRNA를 합성하는 데

❖ 리팜피신(rifampicin)
세균의 RNA중합효소에 결합하여 RNA합성을 저해하는 항생제(동물의 RNA중합효소에는 작용하지 않는다)

사용되는 것은 RNA 중합효소 II이다. 다른 종류의 RNA 중합효소는 단백질로 번역되지 않는 RNA 분자를 전사한다(RNA 중합효소 I은 rRNA를 합성하고, RNA 중합효소 III는 tRNA를 합성한다).

RNA 중합효소 Ⅰ	크기가 큰 rRNA
RNA 중합효소 Ⅱ	mRNA, snRNA, miRNA
RNA 중합효소 Ⅲ	tRNA, 크기가 작은 rRNA(5S rRNA)

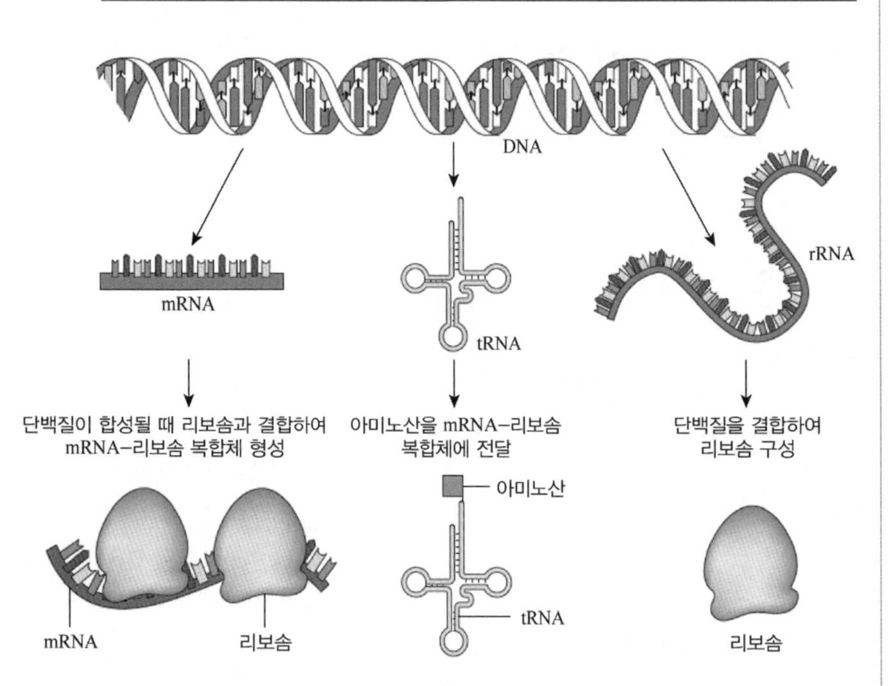

④ **프로모터**(promoter, 촉진 부위): 전사개시점(RNA합성이 실제로 시작되는 뉴클레오타이드)을 포함하며, 그 곳으로부터 수십 개 이상의 뉴클레오타이드 쌍 위쪽까지 이어져 있다. 프로모터는 RNA 중합효소가 부착하는 장소로서 전사가 시작되는 자리를 결정하고, DNA 나선의 두 가닥 중 어느 가닥이 주형으로 이용되는지를 결정한다. 프로모터는 공통적으로 전사개시점 상류에 있으며 진핵세포에서는 전사개시점 상류의 약 30번째 염기 위치에 TATA를 포함하는 뉴클레오타이드 서열인 TATA 박스를 포함하고 있다(5′-TATAAA-3′=비주형 가닥에 있는 염기서열).

⑤ **전사인자**(transcription factor): 진핵생물에서 RNA 중합효소의 부착과 전사의 개시를 중개하는 단백질로 전사인자들이 프로모터에 부착한 후에만 RNA 중합효소가 부착된다. 전사인자 중 하나인 TATA 결합단백질(TATA binding protein)도 TATA 공통서열을 인식하고 결합하여 RNA중합효소가 전사를 시작하기 위한 복합체를 형성하도록 돕는다.

⑥ **전사개시 복합체**(transcription complex): 프로모터에 부착된 전사인자들과 RNA 중합효소의 조합

❖ 전사의 방향을 하류(아래쪽)라 하고 반대 방향을 상류(위쪽)라 한다.

❖ RNA 중합효소 Ⅰ과 Ⅲ은 RNA 중합효소 Ⅱ에 의해 인식되는 것과는 다른 프로모터를 인식한다.

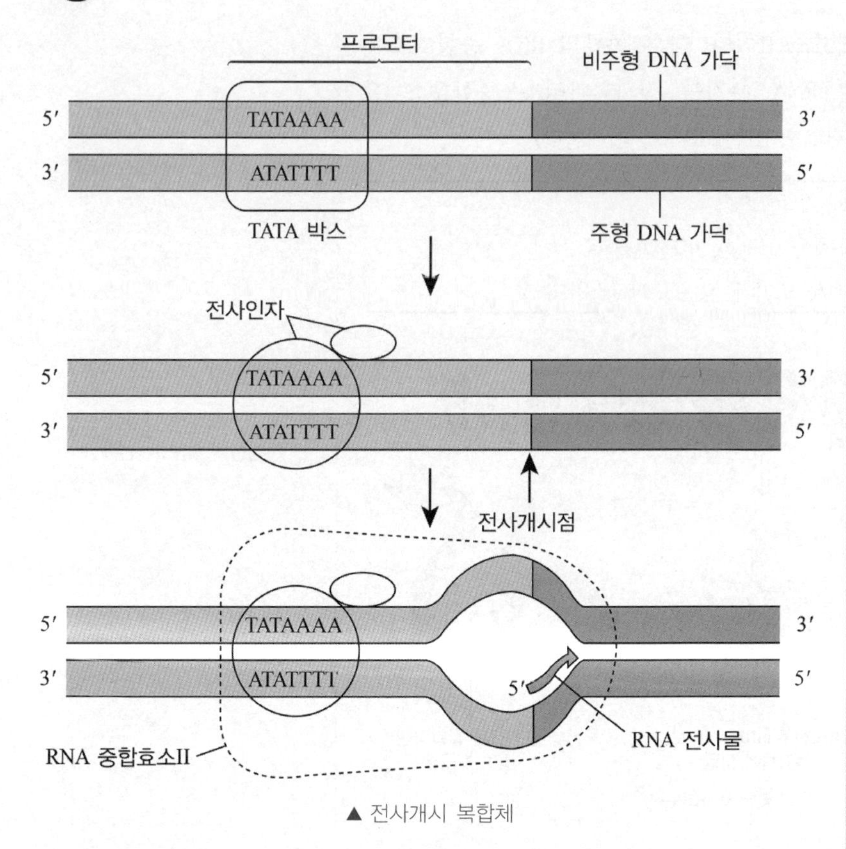

▲ 전사개시 복합체

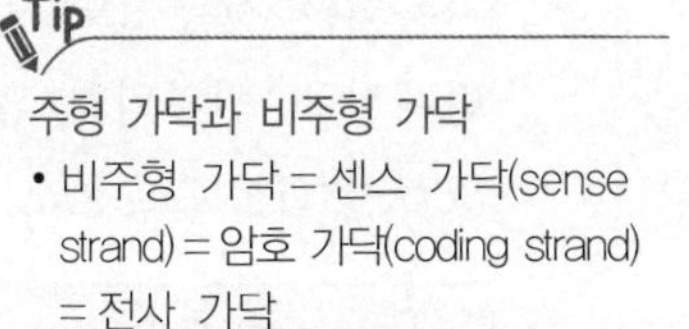
Tip

주형 가닥과 비주형 가닥

• 비주형 가닥 = 센스 가닥(sense strand) = 암호 가닥(coding strand) = 전사 가닥
  mRNA는 전사 가닥과 반대쪽의 DNA(안티센스 가닥)을 직접적인 주형으로, 핵산의 상보성을 이용하여 합성한다. 이 때문에 직접 주형이 아닌 DNA 가닥이 전사 가닥이 된다.
• 주형 가닥 = 안티센스 가닥(antisense strand) = 비암호 가닥(noncoding strand)

❖ 신장되는 전체 과정 동안 RNA중합효소와 결합되어 있는 전사인자도 있지만 대부분의 전사인자들은 전사가 시작되면 떨어져 나와 다른 RNA중합효소의 전사를 재빨리 다시 시작할 수 있도록 한다.

❖ 전사인자
TBP(타타결합단백질), TF II A, B, D, E, F, H 등이 있는데 신장하는 동안 많은 전사인자들이 분리되고 TF II F는 신장하는 전체과정 동안 Pol II와 결합되어 있다.

(2) 신장(elongation)

DNA의 한쪽 가닥이 활성화되어 주형으로 작용하고, 이에 상보적인 뉴클레오타이드가 결합하여 mRNA가 5′→3′ 방향으로 합성된다. 길어지는 RNA가닥은 RNA 중합효소의 뒤에 늘어지는데 그 길이는 RNA 중합효소가 주형을 따라 전사개시점으로부터 얼마나 멀리 이동했는지를 알 수 있다.

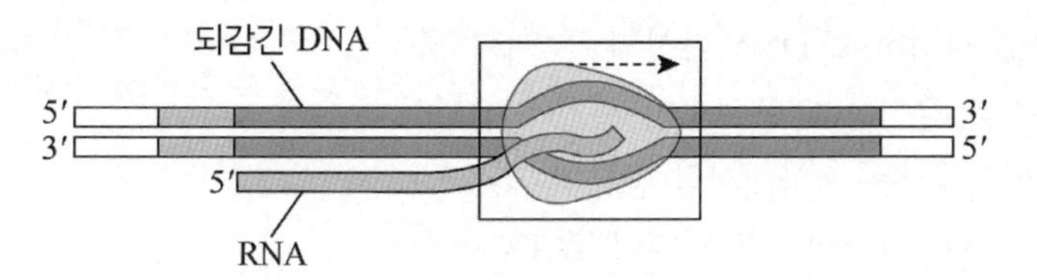

(3) 종결(termination)

RNA의 신장이 계속되면서 아데닐산중합반응 신호(AAUAAA)가 나타나게 되면 특정 단백질들이 곧바로 이곳에 부착하여 AAUAAA 신호부터 10~30염기 아래쪽에 위치한 지점에서 RNA를 끊고 RNA 중합효소에서 mRNA전구체를 떨어지게 한다. 전사가 끝난 DNA는 다시 꼬여서 이중나선을 형성한다. mRNA전구체는 즉시 사용되지 않고 RNA가공과정을 거친 후 사용된다.

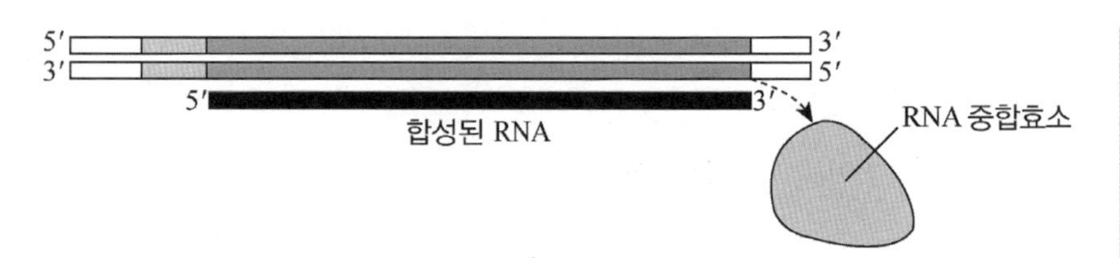

❖ 진핵생물에서 mRNA의 전사 종결은 특정서열에서 일어나지 않고 아데닐산 중합반응 신호라 부르는 서열을 포함하고 있다.

❖ 전사단위(transcription unit)
RNA분자로 전사되는 DNA 영역

Check Point

원핵생물의 전사과정

① 세균의 RNA 중합효소는 여러 폴리펩타이드로 되어있는 큰 복합체이다.
② 세균 RNA 중합효소인 핵심RNA 중합효소는 시그마인자와 결합하여 완전RNA 중합효소를 형성한다.
③ 시그마인자는 프로모터를 인식하고 프로모터에 RNA 중합효소가 결합되는 것을 조절하는 단백질이다.
④ 시그마인자는 오직 프로모터 결합과 전사시작에만 필요하고 전사가 시작되면 시그마인자는 완전RNA 중합효소에서 떨어져 나간다.
⑤ 세균의 프로모터에서 발견되는 공통서열은 전사개시점 상류의 약 10번째 염기 위치에 있는 −10공통 서열, 또는 프립나우(프리브노, pribnow) 박스라고도 하는 프로모터의 공통서열(5′-TATAAT-3′)과 약 35번째 염기 위치에 있는 −35공통 서열(5′-TTGACA-3′)이 있다.
⑥ 세균에서는 전사된 종결자(RNA서열)가 종결신호로 기능을 하여 RNA 중합효소가 DNA에서 떨어져 나오게 하고 RNA를 방출하는데 이 RNA는 더 이상의 변형이 없이 mRNA로 즉시 사용 가능하다.

6 DNA 복제와 RNA 전사의 비교

(1) 복제와 전사의 차이점

복제	전사
두 가닥이 모두 주형가닥으로 사용	한 가닥만 주형가닥으로 사용
유전자(DNA) 전체가 복제된다.	발현되는 유전자(DNA)만 전사된다.
• DNA중합효소에 의해 복제 • 세균: DNA중합효소 I II III IV V • 진핵생물: DNA중합효소 α β γ δ ϵ...	• RNA중합효소에 의해 전사 • 세균: 한 종류의 RNA중합효소 • 진핵생물: RNA중합효소 I II III
디옥시리보뉴클레오사이드3인산(dNTP)에 의해 신장된다.	리보뉴클레오사이드3인산(NTP)에 의해 신장된다.
헬리케이스와 프라이머가 필요하다.	헬리케이스와 프라이머가 필요없다.
복제원점에 DNA중합효소가 부착된다 (양방향으로 복제).	프로모터에 RNA중합효소가 부착된다 (한 쪽 방향으로 전사).
간기의 S기에 복제가 일어난다.	유전자발현이 일어날 때 전사가 일어난다.

예제 | 3

진핵생물의 DNA 복제와 전사의 차이점을 바르게 설명한 것은? (경기)

① 복제는 DNA를 합성하는 것을 말하며 전사는 아미노산 서열을 암호화하는 단백질을 합성하는 것을 말한다.
② 복제는 한 번에 여러 종류의 효소가 상호 작용하고, 전사는 한 종류의 효소만 관여한다.
③ DNA 복제 결과 새로운 가닥 한 쌍이 합성되어 이중나선을 형성하고, 전사는 한 가닥만 합성된다.
④ 복제는 새로운 가닥이 불연속적으로 신장하고 전사는 연속적으로 전사된다.

| 정답 | ③

① 아미노산 서열을 암호화하는 단백질을 합성하는 것은 번역이라 한다.
② 전사에 관여하는 RNA 중합효소도 I, II, III이라는 RNA 중합효소가 있다.
④ 복제는 새로운 가닥이 불연속적으로 신장하는 가닥이 있고, 연속적으로 신장하는 가닥도 있다.

(2) 복제와 전사의 공통점

① 3′-OH말단에 인산기를 연결

② 폴리뉴클레오타이드를 5′ → 3′방향으로 조립한다.(주형가닥의 3′ → 5′ 방향)

③ 피로인산에서 나오는 에너지를 이용하여 포스포다이에스터 결합을 하게 된다.

④ 진핵생물의 경우 핵에서 일어난다.

7 RNA 가공과정(RNA processing)

Pre-mRNA(mRNA전구체)에서 mRNA를 만드는 과정으로 핵에서 일어난다.

(1) mRNA 말단의 변화

DNA에서 전사된 mRNA는 5′캡과 3′ 폴리 A 꼬리를 형성한다.

① 구아닌(G) 뉴클레오타이드가 5′ 말단에 결합되어 5′캡(5′cap)을 형성한다.

② 50~250개의 아데닌(A) 뉴클레오타이드를 3′ 말단에 붙여 폴리 A 꼬리(poly-A tail)를 형성한다. 폴리 A 꼬리의 뉴클레오타이드들은 DNA에는 없는 서열로서 아데닐산중합반응을 통하여 전사 후에 첨가된다.

❖ 5′캡(5′cap)이 형성될 때 mRNA전구체에서 1개의 인산기가 제거되고 구아닌 뉴클레오사이드 3인산에서 2개의 인산기가 제거되며, 5′캡(5′cap)이 형성되면 5′-3′결합이 아닌 5′-5′결합으로 된다. 이후 5′ 구아닌 염기의 7번 위치에 메틸기가 첨가되어 7-메틸 구아닌 염기를 만든다.

5′ 말단에 첨가된 변형된 구아닌 뉴클레오타이드
3′ 말단에 첨가된 50~200개의 아데닌 뉴클레오타이드
단백질 암호화 영역
다중아데닐화 신호
5′
3′
G-P-P-P
AAUAAA
AAA···AAA
5′캡
5′UTR
개시코돈
종결코돈
3′UTR
폴리 A 꼬리

③ 5′캡과 3′ 폴리 A 꼬리의 기능

㉠ 성숙한 mRNA가 핵 밖으로 빠져나가는 것을 돕는다.

㉡ mRNA가 가수분해효소에 의해 분해되지 않도록 보호해 준다.

㉢ mRNA가 세포질에 도달하면 리보솜이 mRNA의 5′ 말단에 부착하는 것을 도와준다.

④ **비번역 부위**(untranslated region, UTR): 엑손의 5′ 말단과 3′ 말단에 있으며 전사가 일어난 후에 단백질로 해독되지는 않지만 리보솜 부착과 같은 기능을 갖는 mRNA의 일부분이다.

⑤ 5′캡과 3′ 폴리 A 꼬리는 5′과 3′의 비번역 부위(5UTR, 3UTR)와 마찬가지로 단백질로 번역되지 않는다.

❖ 세균 mRNA의 개시코돈 AUG 앞쪽에 있는 5′UTR에는 번역 시 리보솜이 결합하는 샤인-달가노 배열(Shine-Dalgarno sequence, SD)이 있다.
퓨린계 염기만을 포함하고 있는 이 서열은 리보솜 작은 소단위체의 16S rRNA의 한 부위와 염기쌍을 이루며 개시를 촉진한다.

(2) RNA 스플라이싱(RNA splicing)

① 암호화 영역 사이에 있는 핵산의 단백질 비암호화 단편을 인트론(intron 또는 개재서열, intervening sequence)이라고 한다. 인트론을 제외한 나머지 영역은 아미노산 암호화 서열로 번역되기 때문에 엑손(exon 또는 발현서열, expressed sequence)이라고 불린다. 많은 유전자에서 인트론이 엑손보다 상대적으로 훨씬 크다. 엑손과 인트론이라는 용어는 RNA서열과 이를 암호화하는 DNA서열에 모두 사용된다.

② 핵을 떠나기 전에 RNA로부터 인트론은 제거되고 엑손끼리 연결되어 아미노산을 암호화하는 부위가 연속적으로 된 mRNA가 만들어진다. 이와 같이 RNA의 일부가 잘리고 다시 이어 붙여지고 하는 과정을 RNA 스플라이싱이라고 한다.

③ 엑손의 5′ 말단과 3′ 말단에 있는 UTR은 인트론이 제거된 후에도 mRNA의 일부분을 구성하지만 단백질로 해독되지 않는다.

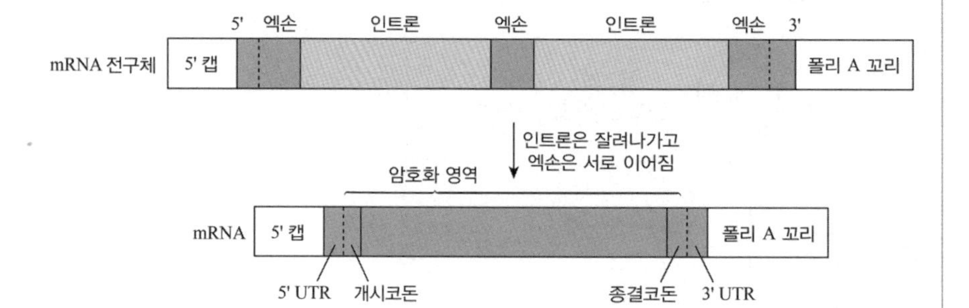

(3) RNA 스플라이싱(RNA 이어 맞추기)이 수행되는 과정

① 인트론의 양 끝에 있는 짧은 뉴클레오타이드 서열이 RNA 스플라이싱을 지시하는 신호임이 밝혀졌다.

② 핵 안에 존재하며 소형 핵RNA(snRNA, small nuclear RNA)와 단백질 분자로 구성되어 있는 소형 핵리보 단백질이라는 입자(small nuclear RNA protein)가 RNA 스플라이싱 자리를 인지하는데 약자로 snRNPs(snurps)라고 한다.

③ snRNPs들은 정해진 순서대로 mRNA의 인트론에 결합하여 인트론을 고리 형태로 만들고 두 엑손의 끝을 가깝게 하는 커다란 스플라이싱 복합체(spliceosome)를 형성하는데 이것은 거의 리보솜만큼 크다.

④ 스플라이싱 복합체는 인트론의 특정 자리와 상호 작용하여 인트론을 방출하고 이 인트론의 양 옆에 있던 두 엑손을 연결한다.

예제 | 4

진핵세포의 mRNA는 전사 후 가공 과정을 거치게 된다. 이에 대한 설명으로 옳은 것은? (국가직 7급)

① 모자형성은 mRNA 3′ 끝에 메틸 3인산 구아닌 뉴클레오티드를 부착시키는 것이다.
② 꼬리 붙이기(poly A tail)는 mRNA 5′ 끝에 일련의 긴 아데닌 사슬을 추가시키는 것이다.
③ mRNA 스플라이싱(mRNA splicing)은 엑손(exon)을 제거하고 인트론(intron)끼리 연결시키는 것이다.
④ 모자형성, 꼬리 붙이기, mRNA 스플라이싱은 모두 핵에서 일어나는 가공 과정이다.

| 정답 | ④

① 모자형성은 mRNA 5′ 끝에 메틸 3인산 구아닌 뉴클레오티드를 부착시키는 것이다.
② 꼬리 붙이기(poly A tail)는 mRNA 3′ 끝에 일련의 긴 아데닌 사슬을 추가시키는 것이다.
③ mRNA 스플라이싱(mRNA splicing)은 인트론(intron)을 제거하고 엑손(exon)끼리 연결시키는 것이다.

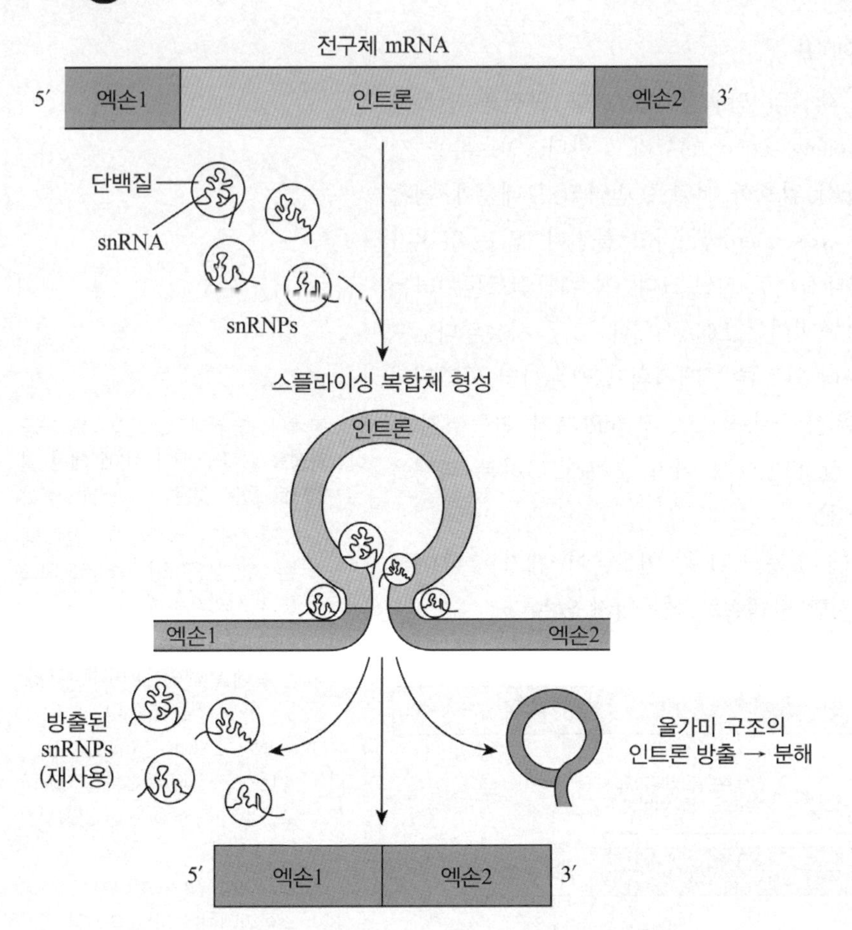

▲ 스플라이싱 복합체에 의한 인트론 제거와 엑손의 연결

(4) 리보자임(ribozyme = RNA enzyme: RNA분자 단독으로 효소 역할 하는 것의 총칭)

인트론을 잘라내는 것을 촉매하는 RNA이다. RNA 스플라이싱이 단백질이나 snRNPs가 없어도 일어날 수 있는데 그것은 인트론 RNA가 리보자임으로서의 기능을 하며 자신을 잘라내는 것을 촉매하기도 한다.

(5) 대체 RNA 스플라이싱(alternative RNA splicing, 선택적 이어 맞추기)

대체 RNA 스플라이싱 과정에서는 하나의 주 전사체에서 어느 RNA 조각을 엑손 또는 인트론으로 취급하는가에 따라 서로 다른 모양의 성숙된 RNA를 만들어 낼 수 있게 된다. 특정 세포에만 존재하는 조절 단백질이 주 전사체의 조절 부위에 결합하여 엑손-인트론의 선택을 조절하는 것이다. 대체 RNA 스플라이싱 과정으로 하나의 유전자에서 두 종류 이상의 단백질이 만들어질 수 있다.

Tip

RNA분자가 효소로 작용할 수 있는 특성

- RNA는 단일가닥이므로 상보적인 다른 부분과 염기쌍을 형성해서 특이한 3차원적 구조를 형성할 수 있다.
- RNA의 특정 염기들은 촉매작용을 하는 작용기를 갖는다.
- RNA 염기가 다른 RNA염기와 수소결합을 할 수 있기 때문에 리보자임이 스플라이싱을 촉매하는 장소를 정확하게 인식할 수 있다.

❖ 리보자임의 발견은 모든 효소는 단백질로 구성되어 있다는 생각을 쓸모없게 만들었다.

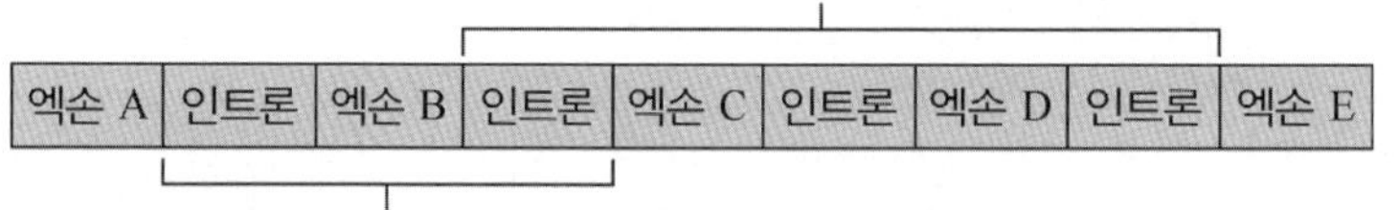

(6) 인트론의 장점

① 암호화 서열을 흩트리지 않고 대립유전자의 엑손사이에 교차가 일어날 수 있도록 하여 유전적 다양성을 증가시킨다.

② 대체 RNA 스플라이싱 과정에 의해서 한 유전자에서 두 종류 이상의 폴리펩타이드를 암호화할 수 있다.

③ 엑손 뒤섞기(exon shuffling) 과정을 통해 유용할 수 있는 새로운 단백질의 진화를 촉진할 수 있다.

Check Point

- 원핵세포인 세균은 인트론이 없으므로 스플라이싱이 일어나지 않으며, 세균세포에서는 전사와 번역이 동시에 일어난다. mRNA의 3′ 말단이 전사되는 동안 5′ 말단의 5′UTR에 있는 샤인달가노서열에 리보솜이 붙어 번역이 시작된다. 이와 같이 전사와 번역이 동시에 일어나기 때문에 세균의 mRNA는 단백질합성 전에 변형될 시간이 없으므로 5′캡과 3′ 폴리 A 꼬리첨가와 같은 가공과정도 일어나지 않지만 tRNA와 rRNA는 가공이 일어난다.
- tRNA의 가공: 세균이나 진핵세포 모두 tRNA 분자들은 전사 후 가공이 일어난다. 1개의 커다란 tRNA 전구체로부터 각각의 tRNA를 포함하는 조각으로 잘리고 다듬질과 변형과정을 통해 성숙한 tRNA를 만들어 낸다.
- rRNA의 가공: 원핵세포는 한 개의 유전자에서 rRNA가 합성된 후 23S, 16S, 5S rRNA로 가공되며, 진핵세포는 두 개의 유전자에서 rRNA가 합성된 후 큰 유전자에서 28S, 18S, 5.8S rRNA 가 가공되고, 작은 유전자에서 5S rRNA 가 가공된다. 진핵세포에서 rRNA의 가공과 리보솜의 생성은 인에서 일어난다.

❖ sno RNA(small nucleolar RNA) 인에 있는 작은 핵RNA로 rRNA가공에 관여한다.

8 단백질 합성기구

(1) tRNA

① 원핵세포와 진핵세포 모두에서 tRNA 분자는 세포질에서 해당 아미노산을 싣고 mRNA-리보솜 복합체에 아미노산을 내려놓은 후 또 다른 아미노산을 운반해 오기 위해 리보솜을 떠난다. 따라서 tRNA **분자는 반복적으로 사용**된다.

② 일부 염기가 서로 상보적이어서 수소결합을 할 수 있기 때문에 **단일 사슬의** RNA**는 접혀서 3차원적 입체구조를 형성한**다.

③ mRNA의 코돈에 상보적인 안티코돈을 가지고 있는데, 안티코돈에 따라 특정한 아미노산이 결합한다.

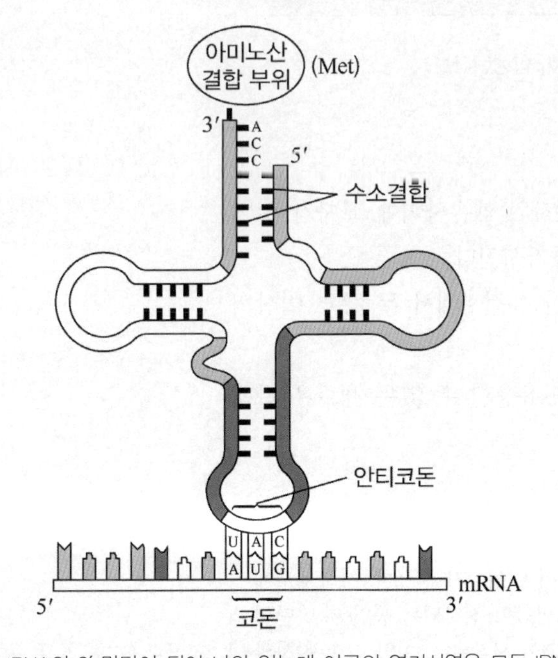

» **tRNA의 구조**: tRNA의 3′ 말단이 튀어 나와 있는데 이곳의 염기서열은 모든 tRNA가 공통적으로 CCA로 되어 있으며, 여기에 아미노산이 결합한다.

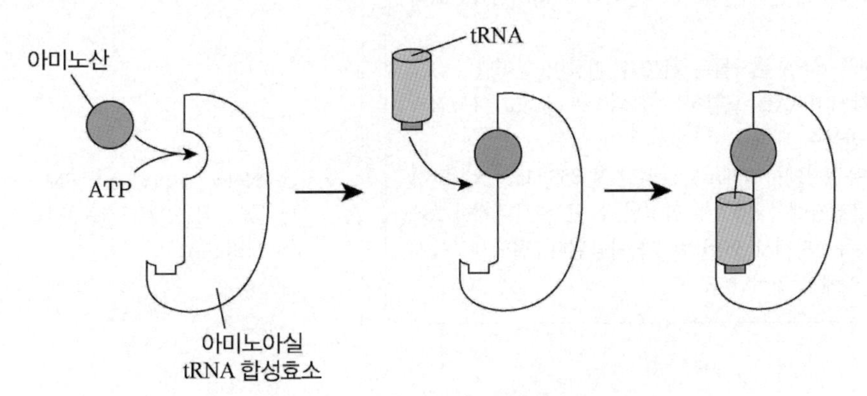

» **아미노아실 tRNA(충전형 tRNA)**: 아미노산이 tRNA에 붙어 있는 것을 말하며 아미노아실 tRNA 합성효소에 의해서 **아미노산이 tRNA에 공유결합하는데, 이때 ATP의 에너지가 이용**된다.(ATP는 두 개의 인산기를 잃고 AMP가 된다) 한 개의 아미노산마다 하나의 아미노아실 tRNA 합성효소가 있으므로 총 20종류의 서로 다른 아미노아실 tRNA 합성효소가 있다.

(2) 동요(워블, wobble)

한 종류의 tRNA가 아미노산을 규정하는 mRNA의 각 코돈을 위해 존재한다면 61개의 tRNA가 있어야 한다. 실제로는 약 45개가 있는데 이는 어떤 tRNA는 하나 이상의 코돈과 결합해야 함을 나타낸다. 이와 같이 염기쌍 형성 규칙의 느슨함을 워블이라고 한다. 워블은 한 아미노산에 몇 가

❖ **수식된 염기(변경된 염기)**
tRNA에는 50종류 이상의 수식된 염기가 존재한다. tRNA에 있는 염기가 수식되면 통상적인 염기쌍 결합과 워블 염기쌍 결합 이외에 다른 염기쌍 결합도 가능하게 된다. 안티코돈의 첫 번째 위치에 이노신(inosine, I)으로 수식되면 G(구아닌)을 제외한 모든 염기(A, C, U중 하나)와 쌍을 이룰 수 있다.

지 코돈들이 세 번째 염기에서는 서로 다르지만 같은 아미노산을 지정한다는 것을 설명해준다.

(3) **리보솜**(ribosome)

① 단백질과 rRNA(리보솜 RNA)로 이루어져 있으며 단백질 합성장소이다.

② 핵 속의 인에서 rRNA가 합성되며 세포질에서 핵으로 수송된 단백질과 결합하여 리보솜이 합성된 후 세포질로 나온다.

③ 리보솜은 큰 소단위체와 작은 소단위체로 불리는 2개의 소단위체로 구성되어 있는데, 각 소단위체는 rRNA와 단백질로 이루어져 있다.

원핵세포의 리보솜	70S(50S + 30S)
진핵세포의 리보솜	80S(60S + 40S)

❖ S(침강 계수)
원심분리했을 때 가라앉는 정도로 진핵세포의 리보솜이 크다.

④ 리보솜의 작은 소단위체에는 mRNA 결합부위가 있는데 단백질 합성 시 리보솜의 작은 소단위체가 먼저 mRNA와 결합하고, 여기에 큰 소단위체가 결합한다.

⑤ 리보솜의 큰 소단위체에는 tRNA 결합부위인 P 자리와 A 자리가 있고 아미노산을 떼어낸 tRNA가 방출되는 E 자리가 있다. 따라서 하나의 리보솜은 3개의 tRNA와 결합할 수 있다. P 자리는 신장되고 있는 폴리펩타이드가 붙어있는 tRNA(펩티딜 tRNA)가, A 자리는 아미노산이 결합되어 있는 tRNA(아미노아실 tRNA = 충전형 tRNA)가 결합하는 자리이다.

⑥ 리보솜은 mRNA에 저장되어 있는 유전정보에 따라 단백질을 합성하는 장소이다.

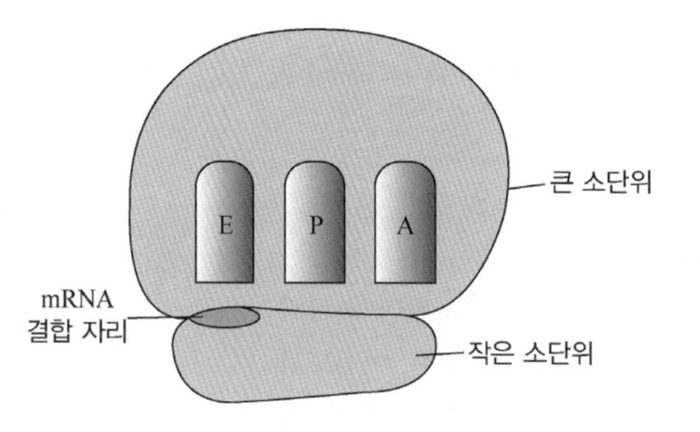

» E 자리(E site: 출구 자리)
P 자리(P site: 펩티딜 tRNA 자리)
A 자리(A site: 아미노아실 tRNA 자리)

Tip
- **원핵생물의 rRNA**: 큰소단위체(23S rRNA, 5S rRNA) 작은소단위체(16S rRNA)
- **진핵생물의 rRNA**: 큰소단위체(28S rRNA, 5.8S rRNA, 5S rRNA) 작은소단위체(18S rRNA)

9 단백질 합성과정(번역, translation)

mRNA의 코돈에 따라 아미노산을 붙여 특정 단백질을 합성하는 과정으로 개시 → 신장 → 종결의 3단계로 진행된다.

(1) 번역의 개시(initiation)

① 리보솜의 작은 소단위체와 안티코돈으로 3′UAC5′를 갖고 있으며 메싸이오닌으로 장전된 개시 tRNA는 개시코돈인 5′AUG3′와 염기쌍을 이루며 결합한다.

② 리보솜의 큰 소단위체가 와서 붙으면 번역개시 복합체가 완성된다. 이때 **개시 복합체를 형성하기 위하여** GTP **분자의 에너지를 이용**한다.

③ 메싸이오닌으로 장전된 개시 tRNA가 리보솜의 P 자리를 차지하게 되고 A 자리는 다음 아미노산을 가진 아미노아실 tRNA를 받을 준비가 되어 있다.

❖ 원핵생물에서는 리보솜의 작은 소단위체가 개시코돈의 바로 위쪽에 있는 샤인-달가노 배열에 결합한다. 진핵생물에서는 이미 개시 tRNA와 결합한 리보솜의 작은 소단위체가 5′cap에 결합한 다음에 mRNA를 따라 개시코돈을 만날 때까지 이동하는데 리보솜의 작은 소단위체가 AUG서열을 찾기 위해 3′방향으로 나아갈 때 AUG코돈 주변의 공통 염기서열(코작 서열, Kozac sequence)이 개시코돈을 선택하도록 해준다.

❖ 개시인자
번역의 개시가 일어날 때 개시인자들이 작은 소단위체와 결합하여 여러 가지 번역 구성인자들의 결합 친화력을 증가시켜 번역 개시 과정을 촉진한다. 큰 소단위체가 결합하여 번역개시 복합체가 형성되면 개시인자는 방출된다.

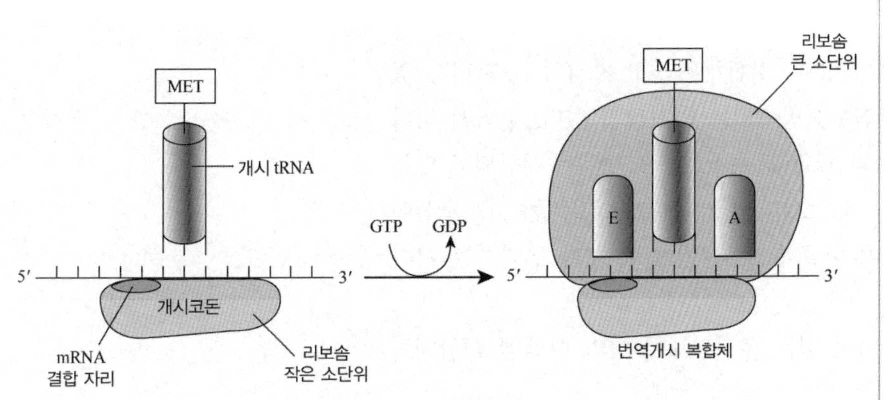

▲ 번역개시 복합체의 완성

» 리보솜의 작은 소단위체가 mRNA에 결합하고 개시 tRNA가 개시코돈과 결합한다.

» 리보솜의 큰 소단위체가 붙어서 번역개시 복합체를 형성하고 A 자리에 아미노산을 가진 tRNA가 오게 된다.

(2) 폴리펩타이드 사슬의 신장(elongation)

형성되고 있는 폴리펩타이드 사슬의 말단에 새로운 아미노산이 하나씩 결합되는 과정으로 폴리펩타이드는 항상 N-말단이라고 하는 아미노기 말단의 개시 메싸이오닌에서 C-말단이라고 부르는 카복시기 말단에 있는 마지막 아미노산까지 한 방향으로만 합성되며 다음과 같이 세 단계의 주기로 반복된다.

① **코돈의 인식**: A 자리의 mRNA 코돈과 상보적인 안티코돈을 가지고 있는 tRNA가 염기쌍을 형성한다. 이때 GTP **분자의 에너지를 이용**하는데 이는 인식 단계의 정확성과 효율성을 높여 준다.

② **펩타이드 결합의 형성**: P 자리에 있는 tRNA의 폴리펩타이드가 떨어져 A 자리에 있는 tRNA의 아미노산에 부착된다. 이때 리보솜의 큰 소단위체에 있는 펩티딜 선이효소(peptidyl transferase)의 활성을 지니는 rRNA 분자(세균의 경우 23S rRNA)가 P 자리에 있는 성장하는 폴리펩타이드와 A 자리에 있는 아미노산 사이에 펩타이드 결합 형성을 촉매하므로 이 rRNA 분자는 리보자임으로 작용한다.

③ **이동**: 리보솜은 mRNA의 3′ 말단 방향으로 **1개의 코돈**(3개의 염기)**만큼 이동**한다. 그 결과 A 자리에 있던 tRNA는 P 자리로 이동하고, P 자리에 있던 성장하는 폴리펩타이드가 떨어진 tRNA는 E 자리로 이동한다. E 자리로 이동한 tRNA는 mRNA와 리보솜으로부터 떨어져 나와 방출되며, 다음에 번역될 코돈이 A 자리로 옮겨온다. 이때 이동 단계의 에너지를 공급하기 위해서 GTP **분자의 에너지를 이용**한다.

❖ 펩타이드 결합의 형성
A 자리에 있는 아미노아실 tRNA의 아미노기가 P 사리에 있는 카보닐 탄소를 공격한 후 P 자리의 아미노산을 A 자리로 옮기면서 펩티딜 tRNA를 형성한다.

❖ 리보솜은 5′ → 3′ 방향으로 이동한다.

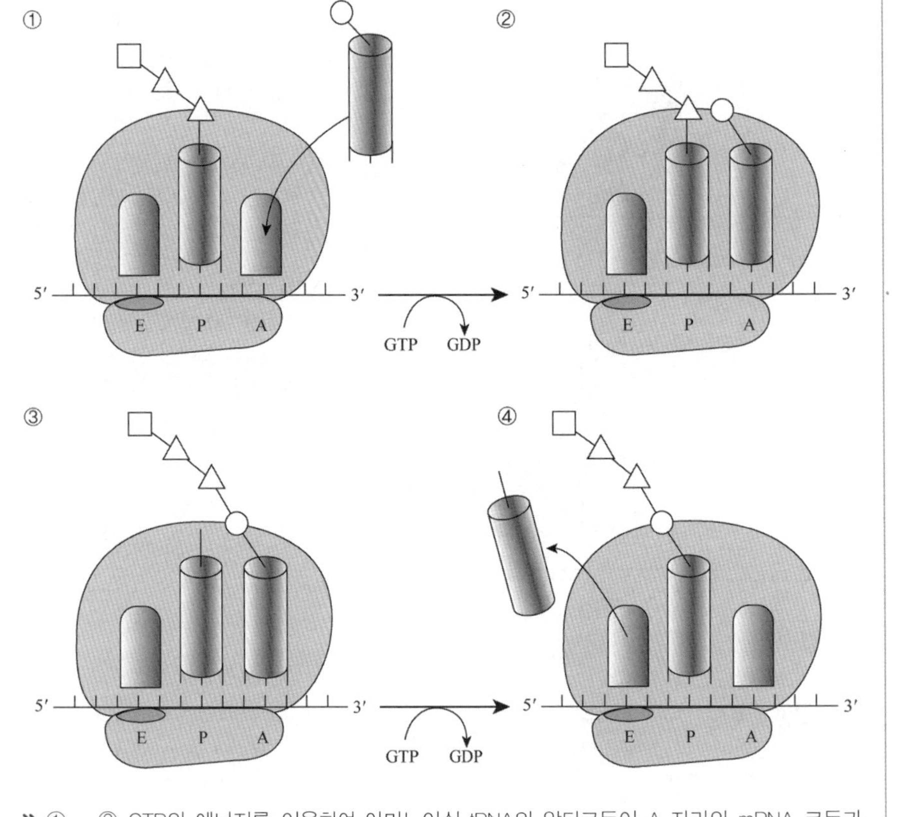

» ① → ② GTP의 에너지를 이용하여 아미노아실 tRNA의 안티코돈이 A 자리의 mRNA 코돈과 염기쌍을 형성한다.
② → ③ P 자리에 있는 성장하는 폴리펩타이드가 A 자리에 있는 tRNA의 아미노산에 결합한다.
③ → ④ 리보솜이 A 자리에 있는 tRNA가 P 자리로 가도록 이동하면 P 자리에 있던 아미노산이 떨어진 tRNA는 E 자리로 이동한 후 방출된다.

(3) 번역의 종결(termination)

① 신장은 mRNA의 종결코돈이 리보솜의 A 자리에 도달할 때까지 계속 신장된다.

② 종결코돈인 UAA, UAG, UGA 중 하나가 리보솜의 A 자리에 오면 tRNA 대신 방출인자(release factor, 분리인자)라고 불리는 단백질이 A 자리의 종결코돈에 결합한다. 방출인자는 P 자리에 있는 tRNA에 결합되어 있던 폴리펩타이드 사슬에 아미노산대신에 물 분자를 첨가해서 완성된 폴리펩타이드를 tRNA로부터 가수분해하여 출구터널을 통해서 방출시킨다.

③ 나머지 번역기구인 리보솜의 두 소단위체와 mRNA 등이 분리되며 번역기구를 해체하는데 두 분자의 GTP가 사용된다.

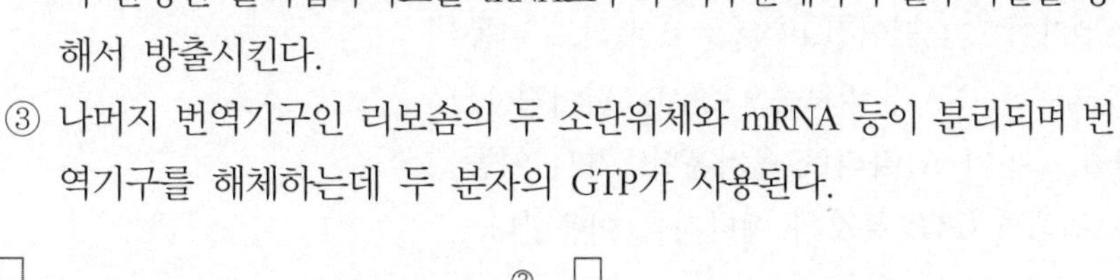

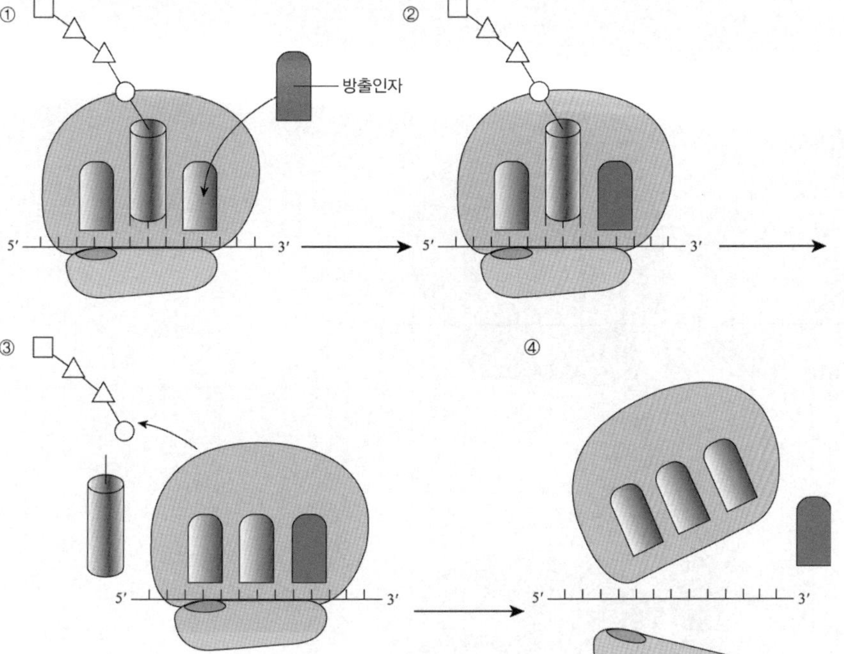

» ① → ② 리보솜이 mRNA의 종결코돈에 도달하면 방출인자가 A 자리로 들어간다.
② → ③ 방출인자는 P 자리에 있는 tRNA와 폴리펩타이드의 결합을 분해하여 방출시킨다.
③ → ④ 리보솜의 대단위체, 소단위체, mRNA는 모두 분리된다.

예제 | 5

그림은 진핵생물의 리보솜 구조를 나타낸 것이다. (지방직 7급)

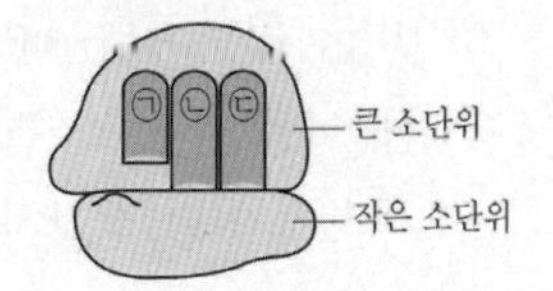

이에 대한 설명으로 옳지 않은 것은?

① ㉠자리는 완성된 폴리펩타이드가 방출되는 자리이다.
② 리보솜에는 mRNA 결합자리와 세 개의 tRNA 결합자리가 있다.
③ ㉡자리는 성장하는 폴리펩타이드 사슬을 달고 있는 tRNA를 잡는 자리이다.
④ ㉢자리는 폴리펩타이드 사슬에 붙여질 다음 아미노산을 달고 있는 tRNA를 잡는 자리이다.

| 정답 | ①

㉠자리는 P자리에 있던 성장하는 폴리펩타이드가 떨어진 tRNA가 방출되는 자리이다.

(4) 폴리솜(polyribosome, 폴리리보솜)

하나의 mRNA에서 리보솜 1개로만 단백질 합성이 일어나는 것이 아니고, 하나의 mRNA에는 여러 개의 리보솜이 결합되어 있으며 진핵생물의 경우 이들 리보솜에 의해서 동시에 동일한 단백질 합성이 일어난다.

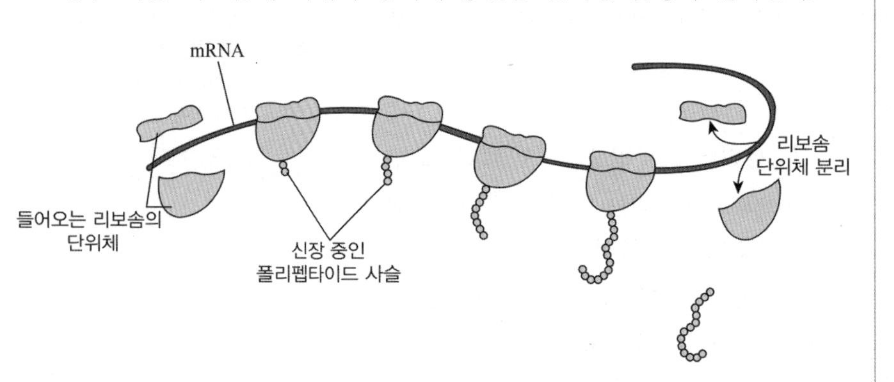

(5) 원핵세포에서 전사와 번역의 연결

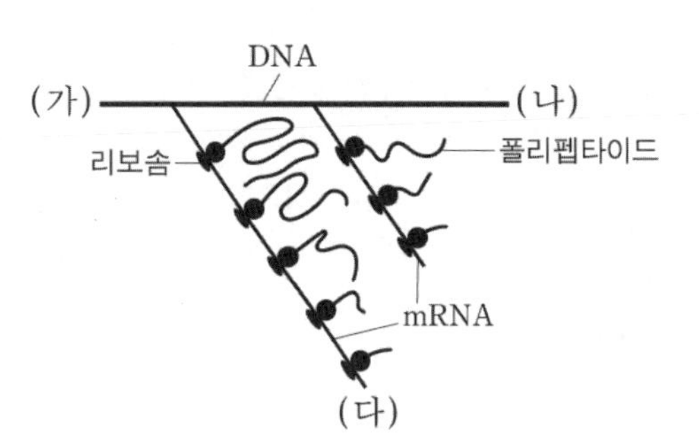

① 세균에서는 mRNA의 전사가 일어나는 순간부터 번역이 시작된다.(전사와 번역이 동시에 일어난다)

② (가)는 DNA의 5′ 말단이고 (나)는 DNA의 3′ 말단이며 (나)에서 (가)의 방향으로 전사가 진행된다.

③ (다)쪽에 mRNA의 5′ 말단이 위치한다.

④ (다)가 가장 먼저 전사되기 시작한 mRNA이다.

10 단백질을 소포체로 이동시키는 신호 기작

① 자유 리보솜은 미세소관이나 해당 과정에서 작용하는 효소와 같이 세포질에서 기능하는 단백질을 합성한다. 반면 부착 리보솜은 내막계(핵막, 세포막, 소포체, 골지체, 리소좀, 액포막) 단백질을 합성하며, 인슐린과 같이 세포 밖으로 분비되는 단백질을 합성한다.

② 폴리펩타이드 합성은 항상 세포질의 자유 리보솜에서 mRNA 분자의 번역을 시작한다.

③ 성장하는 폴리펩타이드 자체가 리보솜을 소포체에 붙이라는 신호를 주지 않으면 세포질에서 번역이 완성된다.

④ **신호펩타이드**(signal peptide): 단백질의 폴리펩타이드 처음 시작 부위(N말단)에 있는 아미노산 단편으로 단백질을 특정 부위로 이동시키도록 하는 신호로 작용한다.

⑤ 단백질을 소포체로 인도하는 신호펩타이드는 리보솜에서 빠져나오면 신호인식입자(signal recognition particle, SRP)라는 단백질－RNA 복합체에 부착되고 잠시 폴리펩타이드의 합성이 중단된다.

⑥ SRP가 리보솜을 소포체 막에 존재하는 SRP 수용체(SRP receptor) 단백질과 결합시켜 소포체 막에 리보솜을 정착시킨 후 SRP는 떨어지고, 폴리펩타이드의 합성이 재개되어 폴리펩타이드가 완성될 때까지 계속된다.

⑦ 성장하는 폴리펩타이드는 막에 있는 단백질 구멍을 통해 막을 통과하여 거친면 소포체의 내강으로 들어간다.

⑧ 신호펩타이드는 신호절단효소(signal peptidase)라는 효소에 의해 제거되고 폴리펩타이드의 완성이 일어난다.

❖ 여러 종류의 신호펩타이드(신호서열)들이 폴리펩타이드를 미토콘드리아, 엽록체, 핵의 내부, 퍼옥시좀 등으로 인도하는 데 이용되는 우편번호와 같은 역할을 한 후 최종 목적지에 도달한 후 제거된다.

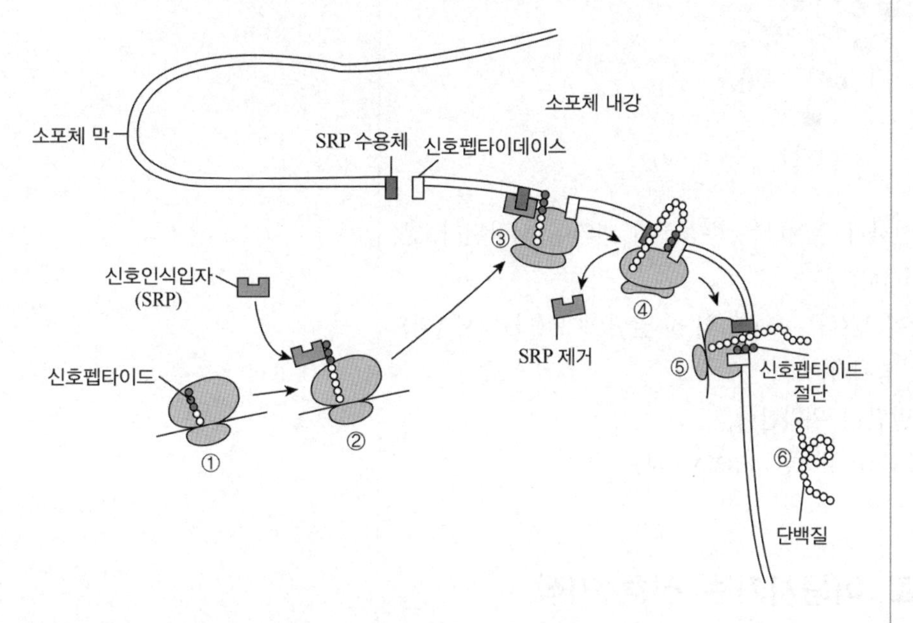

» ① 자유 리보솜에서 폴리펩타이드가 합성된다.
② SRP가 신호펩타이드에 부착된다(폴리펩타이드의 합성이 중단된다).
③ SRP가 소포체 막에 있는 SRP 수용체에 결합시켜 리보솜을 소포체 막에 정착시킨다.
④ SRP가 제거된다(폴리펩타이드의 합성이 재개된다).
⑤ 신호펩타이데이스가 신호펩타이드를 자른다.
⑥ 완성된 폴리펩타이드가 리보솜을 떠나 최종 입체 구조로 접힌다.

11 점돌연변이

DNA의 한 염기쌍(뉴클레오타이드쌍)이 변화하는 것이다.

(1) **염기치환 돌연변이(transversion)**: 한 뉴클레오타이드가 다른 뉴클레오타이드로 바뀌는 것

① **침묵 돌연변이(silent mutation)**: 변화된 코돈이 정상적인 폴리펩타이드와 동일한 아미노산을 지정하므로 암호화된 단백질에는 영향을 미치지 않는다.

예 CUA(류신) → CUG(류신)

② **과오 돌연변이(missense mutation)**: 변화된 코돈이 정상적인 폴리펩타이드와 다른 아미노산을 지정하므로 정상적으로 암호화된 단백질과 다른 단백질이 암호화된다.

예 GAG(글루탐산) → GUG(발린)

③ **정지 돌연변이(nonsense mutation)**: 변화된 코돈이 정지코돈으로 바뀌는 것

예 UAU(타이로신) → UAA(정지코돈)

④ **정지 상실 돌연변이(loss of stop mutation)**: 정지코돈이 전사코돈으로 바뀌는 것

예 UAA(정지코돈) → UAU(타이로신)

(2) **틀이동 돌연변이(frameshift mutation)**: 삽입과 결실

한 뉴클레오타이드가 추가되거나 소실되는 현상으로 삽입이나 결실된 뉴클레오타이드의 수가 3의 배수가 아니면 유전자의 해독틀(reading frame, 3염기조 묶는 법)을 바꾸게 된다. 그 결과 광범위한 아미노산 서열의 변화가 일어나게 된다.

예제 | 6

아래의 코돈 중 밑줄 친 하나만이 변경된 경우 나타나는 현상은? (서울)

mRNA 코돈이 5′−AUG−CAG−<u>A</u>AG−3′에서 한 개의 유전자가 치환된 mRNA가닥은 5′−AUG−CAG−<u>U</u>AG−3′(AUG는 개시코돈)이다.

① nonsense 돌연변이 ② missense 돌연변이
③ silent 돌연변이 ④ frameshift 돌연변이
⑤ 염색체 돌연변이

| 정답 | ①
UAG는 정지코돈이다.

❖ 낫모양 적혈구 빈혈증
산소를 운반하는 적혈구 헤모글로빈 분자의 4개 사슬(α사슬 2개, β사슬 2개) 중 β사슬의 6번째 아미노산인 글루탐산이 발린으로 바뀌어 일어나는 유전자 돌연변이이다. 적혈구의 모양이 낫처럼 변하여 산소운반 능력이 심하게 떨어져 빈혈을 일으킨다.

❖ 유사형 염기치환: 퓨린이 퓨린으로, 피리미딘이 피리미딘으로 치환되는 것
교차형 염기치환: 퓨린이 피리미딘으로 치환되는 것

17 원핵세포의 유전자 발현 조절

1 오페론(operon)

원핵생물의 DNA에서 서로 연관된 기능을 가진 프로모터, 작동 유전자, 구조 유전자를 말한다.

* 오페론 모델은 1961년 자코브와 모노가 발견했다.

(1) 프로모터(promoter: 촉진 부위)

RNA 중합효소가 결합하여 전사가 시작되는 부위이다.

(2) 작동 유전자(operator gene: 작동자)

프로모터와 구조 유전자 사이에 위치하며, 억제 물질이 결합하는 부위로 RNA중합효소가 유전자에 접근하는 것을 조절하여 구조 유전자 발현의 개시 및 종료의 작동 부위로 작용한다.

(3) 구조 유전자(structural gene)

세포가 특정 기능을 수행하는 데 관련된 일련의 단백질을 합성하는 유전자로 전사가 일어나고 번역되는 부위이다.

2 조절 유전자(regulatory gene)

독자적인 프로모터를 가지고 있어서 억제 물질(repressor)을 생산하며 억제 물질이 작동 유전자에 결합하면 RNA 중합효소가 구조 유전자를 전사하지 못하게 한다.

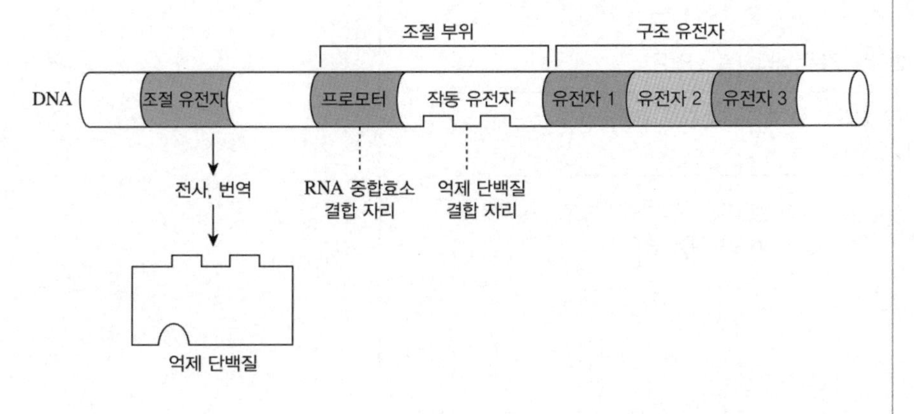

3 젖당 오페론(lac operon)

(1) 대장균

포도당 배지와 젖당 배지에서 모두 자랄 수 있다. 포도당 배지에서 자랄 때는 포도당을 에너지원으로 사용하지만 젖당 배지에서 자랄 때는 젖당 분해에 관련된 효소 3가지를 만들어 젖당을 분해하여 에너지원으로 사용한다. 따라서 포도당 배지에서 자랄 때는 효소를 만들 필요가 없지만, 젖당 배지에서 자랄 때는 젖당 분해효소를 만들어야만 살아갈 수 있다.

(2) 대장균을 포도당 배지에 배양할 경우

억제 물질이 작동 유전자(*lacO*)에 결합하여 RNA 중합효소가 프로모터(*lacP*)에 결합하지 못하므로 구조 유전자에서 mRNA 전사가 일어나지 않는다. 조절 유전자(*lacI*)는 젖당 오페론에 의해 조절되지 않고 항상 발현되어 억제 물질을 만들어 낸다.

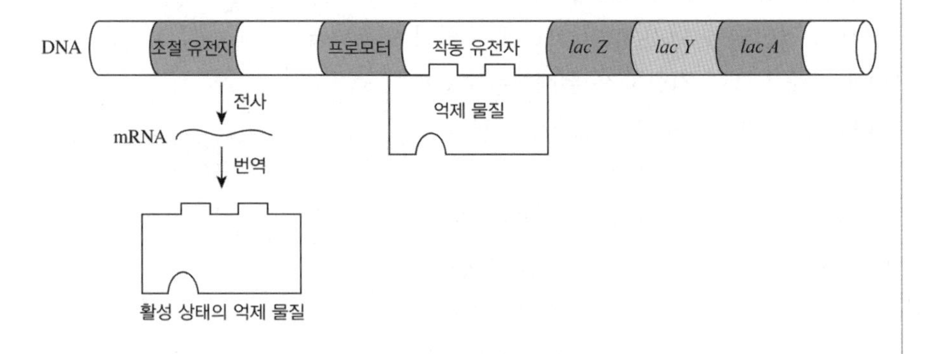

(3) 대장균을 젖당 배지에서 배양할 경우

젖당이 있으면 젖당이 조절 유전자에서 만들어진 억제 물질에 결합하여 억제 물질이 불활성화되며, 그 결과 억제 물질이 작동 유전자에 결합하지 못하게 된다. 따라서 프로모터에 RNA 중합효소가 결합하여 구조 유전자에서 mRNA로 전사가 시작되고, mRNA는 번역 과정을 거쳐 젖당 분해에 관련된 효소 3가지를 생성하게 된다.

❖ 억제 물질은 활성과 불활성의 두 가지 선택적인 모양을 가지는 다른 자리 입체성(allosteric) 단백질이다.

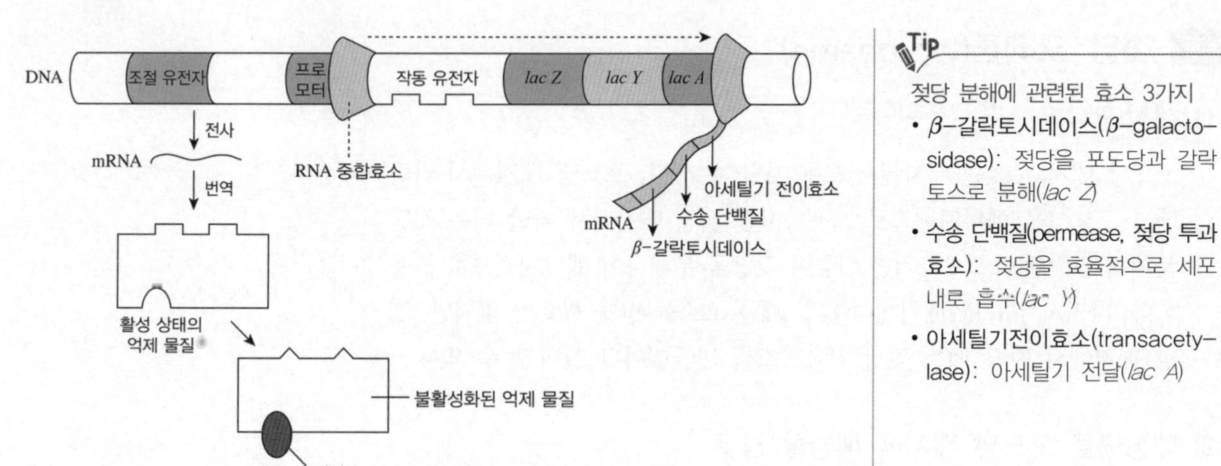

Tip

젖당 분해에 관련된 효소 3가지

- β-갈락토시데이스(β-galactosidase): 젖당을 포도당과 갈락토스로 분해(*lac Z*)
- 수송 단백질(permease, 젖당 투과효소): 젖당을 효율적으로 세포 내로 흡수(*lac Y*)
- 아세틸기전이효소(transacetylase): 아세틸기 전달(*lac A*)

(4) 대장균을 젖당과 포도당이 함께 있는 배지에서 배양할 경우

포도당이 모두 소모될 때까지는 효소를 만들지 않고 포도당이 모두 소모되면 젖당 분해에 관련된 효소를 만든다. RNA중합효소와 프로모터 간의 결합은 억제 물질이 작동 유전자에 결합되어 있지 않더라도 매우 약하다. RNA 중합효소가 프로모터에 효율적으로 결합하기 위해서는 cAMP 수용체 단백질(CRP)과 환상 AMP(cyclicAMP, cAMP)라는 2가지 물질이 프로모터에 결합하여 상호 작용해야 한다.

젖당과 포도당이 함께 있는 배지에서는 포도당에 의해서 cAMP가 ATP로 되므로 cAMP가 부족해져서 CRP가 활성화되지 않으므로 RNA 중합효소가 프로모터에 결합하지 못하게 된다. 포도당이 소모되면 ATP가 생성되지 않으므로 cAMP가 축적되어 CRP가 활성화되므로 RNA 중합효소가 프로모터에 효율적으로 결합하게 되어 젖당분해에 관련된 효소를 만든다. 따라서 이러한 기작은 cAMP 수용체 단백질(CRP)에 의해 전사를 증가시키는 양성 조절에 해당되므로 *lac*오페론은 억제 물질에 의한 음성 조절과 CRP에 의한 양성 조절의 이중 조절을 받는다.

❖ cAMP 수용체 단백질(cAMP receptor protein, CRP)
cAMP에 의해 활성화되어 RNA 중합효소를 프로모터에 결합시키는 단백질

❖ cAMP 수용체 단백질(cAMP receptor protein, CRP)을 대사 촉진 단백질(catabolite activator protein, CAP)라고도 한다.

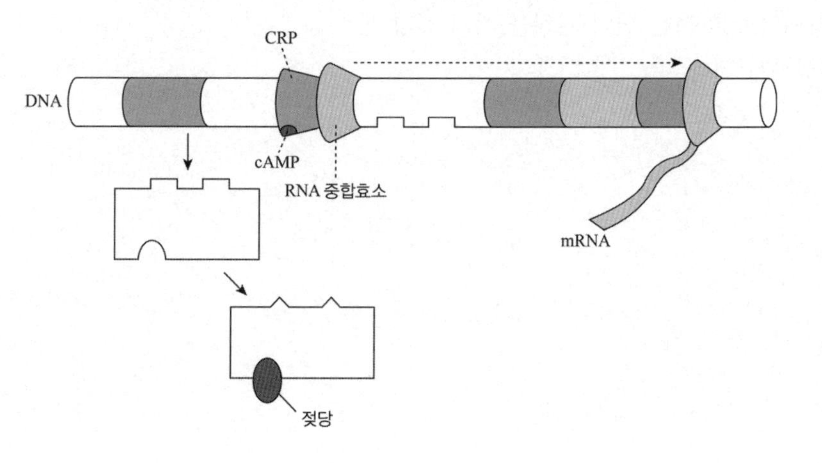

예제 | 1

대장균의 젖당오페론(lactose operon)이 활성화될 경우, 전사과정을 통해 RNA가 생성된다. 이 RNA로부터 3종류의 단백질이 만들어지고, 이들 단백질은 젖당을 이용하여 물질대사를 수행한다. 다음 중 위의 3종류 단백질을 암호화하는 유전자에 해당하지 않는 것은? (서울)

① *LacZ*
② *LacY*
③ *LacI*
④ *LacA*

| 정답 | ③

젖당 오페론에서 젖당분해에 관련된 효소 세 가지를 암호화하는 유전자는 *LacZ*, *LacY*, *LacA*이다.

4 트립토판 오페론(trp operon)

조절 유전자(*trpR*)에서 만든 억제 물질은 불활성화 상태로 만들어진다.

(1) 트립토판이 없을 경우

불활성화 상태로 만들어진 억제 물질은 그 자체로는 작동 유전자에 결합하지 못한다. 따라서 프로모터에 RNA 중합효소가 결합하여 구조 유전자에서 mRNA로 전사가 시작되고, mRNA는 번역 과정을 거쳐 트립토판 생성효소들이 만들어지고, 그에 따라 트립토판이 생성된다.

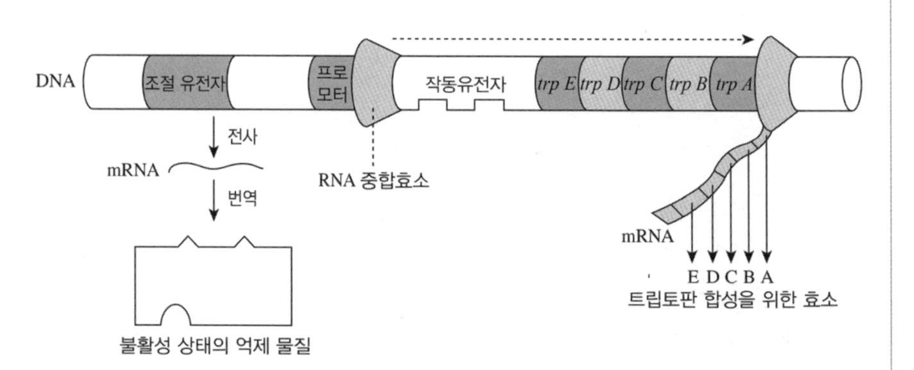

(2) 트립토판이 있을 경우

트립토판이 억제 물질에 결합하면 억제 물질이 활성화된다. 따라서 억제 물질이 작동 유전자에 결합하면 RNA 중합효소가 프로모터에 결합하지 못하므로 구조 유전자에서 mRNA 전사가 일어나지 않는다. 그 결과 트립토판 생성효소들이 만들어지지 않는다.

❖ 트립토판은 억제자 단백질과 함께 오페론의 작동을 멈추게 하는 공동 억제자로 작용한다.

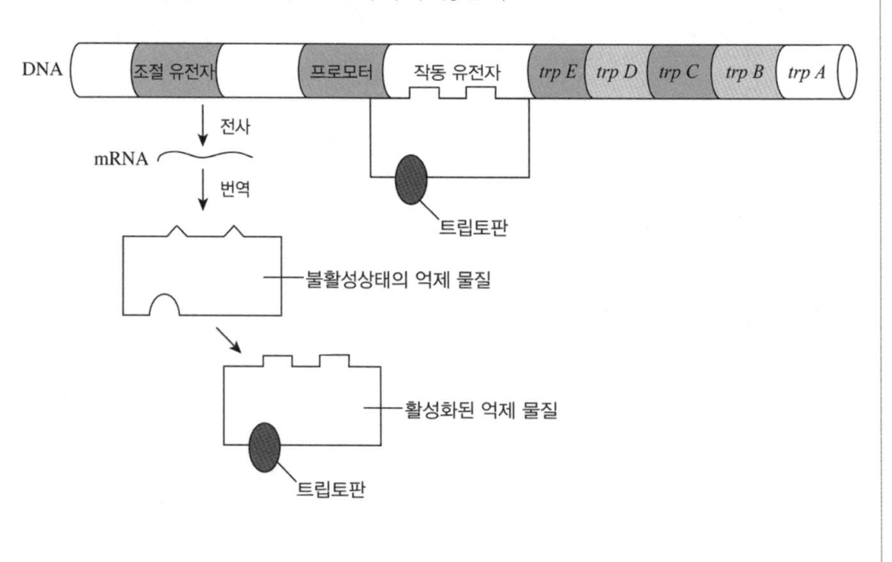

심화편 Ⅱ

5 유도성 오페론과 억제성 오페론

젖당 오페론의 경우에는 젖당이 오페론의 작동을 유도하므로 유도성 오페론(inducible operon)이라 하고, 트립토판 오페론의 경우에는 트립토판이 오페론의 작동을 억제하므로 억제성 오페론(repressible operon)이라 한다. 유도성 오페론은 일반적으로 이화작용 경로에 작용하여 영양물질을 분해하고, 억제성 오페론은 일반적으로 동화작용 경로에 작용하여 선구물질로부터 생존에 필요한 최종산물을 만들어 내는데 공통점은 억제 물질에 의해 오페론의 발현이 억제되기 때문에 유전자의 음성조절에 해당한다. 조절단백질이 직접 유전체에 작용하여 전사를 일으키는 경우에만 유전자의 양성 조절이라고 할 수 있다.

❖ CRP는 *lac* 오페론 외에도 이화 반응 경로에 작용하는 효소를 암호화하는 여러 오페론도 조절한다.

6 시스트론(cistron)

1개의 폴리펩타이드에 대응하는 유전정보라고 할 수 있다.

(1) **모노시스트론 mRNA(monocistronic mRNA)**: 번역에 있어 스플라이싱이 일어난 1개의 mRNA가 1종류의 폴리펩타이드 사슬만을 암호화하는 정보가 있는 mRNA로 대부분의 진핵세포의 mRNA가 해당된다.

(2) **폴리시스트론 mRNA(polycistronic mRNA)**: 하나의 유전자에서 전사된 mRNA가 하나 이상의 폴리펩타이드 사슬을 암호화하는 정보가 있는 mRNA를 말하며, 박테리아는 오페론을 구성함으로서 공통기능을 가진 단백질을 암호화하는 유전자 그룹을 동시에 조절할 수 있는 이점이 있다.

예제 | 2

원핵세포의 전사(transcription) 과정과 관계없는 것은? (지방직 7급)

① RNA 중합효소(RNA polymerase)　② 프로모터(promoter)
③ 억제자(repressor)　④ 리보솜(ribosome)

| 정답 | ④
리보솜은 전사과정에는 관여하지 않고 번역(해독)과정에서 단백질 합성하는 장소이다.

진핵세포의 유전자 발현 조절

1 염색질 구조의 조절

(1) 히스톤 단백질(histone protein)

① 히스톤 단백질은 작고 양전하를 띠는 염기성 단백질이므로 DNA의 음전하를 띠는 인산기 사이의 인력에 의해 결합한다.

② 진핵세포에는 H1, H2A, H2B, H3, H4 등 5가지 유형의 히스톤이 존재한다(세균에는 히스톤이 없다.).

③ **뉴클레오솜**(nucleosome): H2A, H2B, H3, H4가 각각 2분자씩 조합되어 이것을 DNA가 약 두 바퀴 감고 있는 8량체 단백질인 뉴클레오솜 핵심 입자를 형성한다. 짧은 DNA 부분인 연결자(linker DNA)는 하나의 뉴클레오솜과 다음 뉴클레오솜 사이에 있다.

④ 다섯 번째 히스톤인 H1 분자는 뉴클레오솜에서 DNA가 핵심 입자로 들어가고 나오는 지점의 연결자 DNA에 결합한다. DNA포장이 일어날 때 히스톤 H1 분자가 관여하며 30nm두께의 염색질 섬유를 형성하도록 한다.

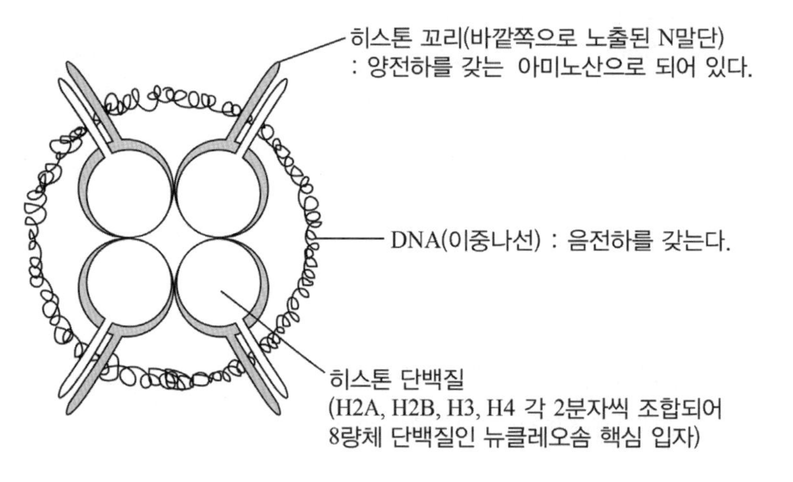

▲ 뉴클레오솜

❖ 하나의 생물체에 있는 모든 세포 속에 들어 있는 유전자는 동일하지만, 각 세포에서는 조직이나 개체의 성장 단계에 따라 특정한 유전자만 발현될 수 있도록 유전자 발현이 조절되기 때문에 필요한 단백질만 만들어진다.

(2) 히스톤 단백질의 변형(아세틸화와 탈아세틸화)

히스톤 단백질의 N-말단은 뉴클레오솜 바깥으로 노출되어 있는데 이들 히스톤 꼬리에 다양한 화학적 변형을 일어나게 한다.

① **히스톤 단백질의 아세틸화 반응**: 아세틸기(CH_3CO)가 히스톤 꼬리 부위의 라이신 아미노산(+전하를 띠게 하는 원인)에 결합하게 되는 반응이다. 아세틸화되면 양성 전하를 잃게 되어(+전하 중화) 뉴클레오솜 간의 연결이 느슨해져 유전자의 전사를 용이하게 한다.

② 탈아세틸화 반응은 위 반응의 역반응이다.

③ **히스톤 단백질의 메틸화 반응**: 히스톤 단백질의 꼬리에 메틸기($-CH_3$)가 붙으면 염색질의 응축을 가져 온다.

(3) DNA 메틸화 반응(methylation)

히스톤 단백질 꼬리에서의 메틸화 반응과는 별도로 DNA 특정 염기(주로 사이토신 염기)의 메틸화 반응에 의해 메틸기가 붙어서 메틸화되면 염색질이 응축되어 전사가 잘 일어나지 않는다.

어떤 단백질은 메틸화된 DNA에 결합하여 탈아세틸화 효소를 불러올 수 있는데 이렇게 되면 이중으로 전사를 억제하는 효과를 낼 수 있다.

linker DNA(연결자)
30 nm
아세틸화
탈아세틸화
메틸화
10 nm

▲ 아세틸화되지 않은 히스톤　　　▲ 아세틸화된 히스톤

» • 아세틸화되지 않은 히스톤은 고도로 응축되어 있다.
• 아세틸화된 히스톤은 느슨하게 풀려서 DNA가 전사될 가능성이 있다.
• **염색질 구조의 변화**: 아세틸화, 탈아세틸화, 메틸화

(4) DNA이중 나선(2nm) < 아세틸화된 히스톤(10nm섬유) < 염색질 섬유(30nm 섬유) < 고리모양의 도메인(300nm섬유) < 염색분체(700nm) < 염색체(1400nm)

(5) 뉴클레오솜 간의 연결이 느슨해지게 된 부위를 진정염색질(euchromatin)이라 하고 빽빽하게 포장된 응축된 부위를 이질염색질(heterochromatin)이라 한다.

예제 | 1

세포의 뉴클레오솜에 대한 설명으로 옳지 않은 것은? (지방직 7급)

① 하나의 뉴클레오솜은 4개의 히스톤 분자로 구성된다.
② 뉴클레오솜의 구조는 동물과 식물 그리고 곰팡이에서 발견된다.
③ 히스톤 부위에 탈아세틸화가 일어나면 히스톤과 DNA의 결합이 강화된다.
④ 히스톤 부위에 히스톤 아세틸화가 일어나는 아미노산은 리신(lysine)이다.

| 정답 | ①
① 하나의 뉴클레오솜은 8개의 히스톤 분자로 구성된다.

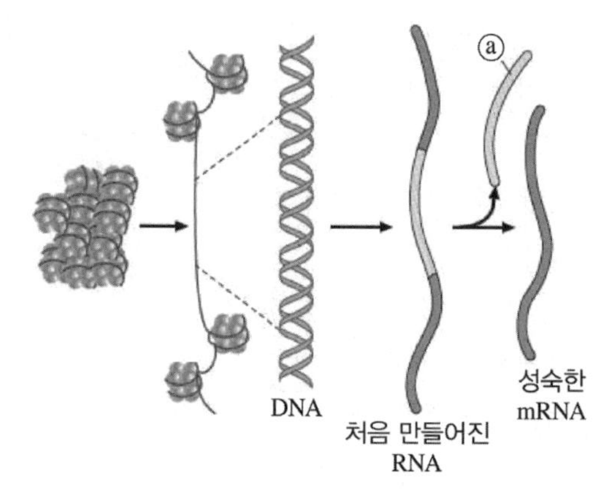

» 유전자 발현이 일어나기 위해서 고도로 응축되어 있던 히스톤이 아세틸화되어 느슨하게 풀리면 DNA가 전사되어 처음 만들어진 mRNA에서 스플라이싱이 일어나 인트론 ⓐ가 제거되고 성숙한 mRNA가 된다. (유전자 발현은 G_1기에서 가장 활발하게 일어난다)

(6) 유전외적 유전

어떤 종에서는 DNA 메틸화가 장기적으로 유전자 발현을 억제하는 기작으로 쓰인다. 이러한 염색질의 변형 현상은 DNA 염기서열에 변화가 생긴 것은 아니면서 그 영향이 다음 세대로 전달된다. 이와 같이 DNA 염기서열 그 자체가 관여되어 있지 않은 유전현상을 유전외적 유전(epigenetic inheritance, 후성 유전)이라고 한다.

(7) 유전체 각인(genomic imprinting 멘델이론에 맞지 않는 유전)

특정 대립유전자의 효과는 부계에서 물려받았는지 혹은 모계에서 물려받았는지에 관계없이 동일한 것으로 생각해왔다. 그러나 유전체 각인은 부모 중 누구로부터 대립유전자를 전달받았는지에 따라 유전자 발현 여부가 결정되는 현상을 말한다. 부모로부터 상동염색체 중에서 한 개씩을 전달받아 두 개의 상동염색체를 보유하므로 두 개의 대립유전자를 갖는다. 정상적으로는 부계 유전자와 모계 유전자 모두 동일한 발현 능력을 가지는데 각인은 특정 유전자의 발현이 두 개 부모 염색체 중 어느 하나에서만 기능하도록 제한하는 특성을 보인다. 즉, 각인유전자에 속하는 모계와 부계의 대립 유전자 중 하나만 발현이 되므로 단일대립유전자 발현의 특징을 보인다. 만약 특정염색체를 한쪽 부모로부터 두 개 받도록 조작된 배아는 태어나기 전에 죽는다. 인간 유전체에 포함된 약 3만여 개 유전자 중 오직 백 여 개 정도가 각인유전자로 추측된다. 이러한 각인 현상은 주로 포유류에서 많이 발견되는데 그 이유는 단성생식을 방지하기 위한 수단으로 추정된다.

❖ 유전체 각인은 배우자(생식세포)가 형성되는 과정에서 대부분 제거되며 배아 발생 과정에서 재설정된다. 또한 메틸화 양상은 변화 가능하므로 환경 조건에 따라 빠르게 반응한다. 일란성 쌍생아들이 동일한 유전체를 지녔음에도 불구하고 한 쌍둥이는 정신분열증과 같은 유전질환을 나타내는 반면, 다른 쌍둥이에서는 나타나지 않는 이유를 후성 유전 변이에 의해 설명할 수 있다.

생물체에서 각인된 유전자는 항상 같은 방법으로 각인된다. 즉, 모계의 대립유전자 발현에 대해 각인된 유전자는 세대를 거듭해도 항상 모계의 대립유전자 발현에 대해 각인된다.

유전체 각인은 한 배우자(정자 혹은 난자)의 대립유전자를 억제하거나 다른 배우자의 대립유전자를 활성화 하는 것을 포함한다.

많은 경우 각인은 한 대립유전자의 사이토신염기에 메틸기($-CH_3$)가 결합하는 것으로 후성유전학 현상 중의 하나이다. 대부분의 유전자는 메틸화되면 대립유전자의 발현을 억제하지만 일부 유전자의 경우 메틸화가 대립유전자의 발현을 활성화하는데, 생쥐의 *Igf2* 유전자가 이 경우에 해당된다. 부계로부터 유래된 *Igf2* 유전자는 모계의 우성이나 열성에 관계없이 항상 정소에서 조절부위 서열이 메틸화되어 자손에서 발현된다.

인간의 경우 각인유전자에 의한 증후군으로 비만, 운동장애, 지능감소 등을 보이는 프레더-윌리 증후군(부계로부터 물려받은 15번 염색체 장완의 일부 각인)과 지나친 웃음이나 정신장애, 과잉행동장애의 특징을 보이는 엔젤만 증후군(모계로부터 물려받은 15번 염색체 동일한 부분의 각인)과 같은 유전질환이 있다.

❖ 생쥐의 인슐린유사 성장인자2 (insulin-like growth factor 2, *Igf2*)의 돌연변이의 경우

부계	모계	자손
정상 (AA)	정상 (AA)	정상 (AA)
정상 (AA)	난장이 (aa)	정상 (Aa)
난장이 (aa)	정상 (AA)	난장이 (Aa)

❖ 인핸서와 *Igf2* 유전자 사이에 인슐레이터 서열(격리서열)이 있어서 인핸서가 *Igf2* 유전자를 활성화시키지 못하는데 인슐레이터 서열이 메틸화되면 *Igf2* 유전자가 인핸서에 의해 활성화된다.

2 유전자 전사개시 단계에서의 조절

(1) 인핸서(enhancer)와 특수 전사인자(specific transcription factor)

① 조절 단백질(=전사인자): DNA에 결합하여 RNA 중합효소의 부착과 전사의 개시를 중개하여 유전자의 발현을 조절하는 단백질을 조절 단백질이라 하며, 전사를 촉진하는 단백질이나 전사를 억제하는 단백질들이 해당된다.

② 인핸서란 유전자 발현, 즉 전사를 조절하기 위해서 인핸서 부위에 활성자(activator) 혹은 억제자(repressor)라는 특수 전사인자가 결합하여 유전자 발현을 증가하거나 감소할 수 있도록 하는 DNA 부위를 말한다.

③ 인핸서라 부르는 말초 조절 요소(distal control element)는 유전자의 위쪽(상류) 또는 아래쪽(하류)에 멀리 떨어져 위치할 수 있으며, 다른 유전자의 인트론 내부에 존재하기도 한다.

④ 어떤 유전자는 다수의 인핸서가 작용할 수 있고, 각 인핸서가 적절한 환경에서 이 유전자의 전사를 조절할 수 있다.

⑤ 특수 전사인자의 하나인 활성자는 핵심프로모터(core promoter)의 바로 위쪽에 위치하는 조절 프로모터(regulatory promoter, 근거리 조절요소)나 핵심프로모터로부터 멀리 떨어진 인핸서(enhancer, 원거리 조절요소)에 붙어서 전사를 촉진하는 역할을 하는 단백질이다.

⑥ 일반 전사인자(보편 전사인자, general transcription factor)는 유전자의 아주 가까운 상부에 위치한 핵심 프로모터에 붙는 단백질이다.

⑦ 활성자라고 부르는 특수 전사인자가 인핸서에 결합하면 DNA 결합 단백질의 결합으로 DNA가 꺾이는 현상이 생기고, 이들이 다시 메디에이터(mediator)에 결합하여 일반 전사인자와 결합할 수 있게 되며 일반 전사인자는 전사개시 복합체를 조합하게 된다. 이러한 여러 가지 단백질의 결합 현상으로 개시 복합체가 프로모터에 위치하도록 해준다.

㉠ **활성자**(activator): 인핸서(원거리 조절요소) 또는 조절프로모터(근거리 조절요소)에 붙어서 전사를 촉진하는 단백질로 두 가지 결합 부위가 있다. 하나는 DNA에 결합하는 단백질의 3차원적 구조인 DNA결합 영역이고, 다른 하나는 조절 단백질(일반 전사인자)이나 전사기구(매개 단백질)에 결합하여 단백질-단백질 상호작용의 촉진을 통해 해당 유전자의 전사를 유도하는 부위이다.

㉡ **DNA 결합 단백질**(DNA 굽힘 단백질): DNA를 꺾이게 해주는 단백질

㉢ **매개 단백질**(mediator protein): 특수 전사인자(활성자)와 일반 전사인자와 결합할 수 있게 해주는 단백질 → 전사개시 복합체 조합

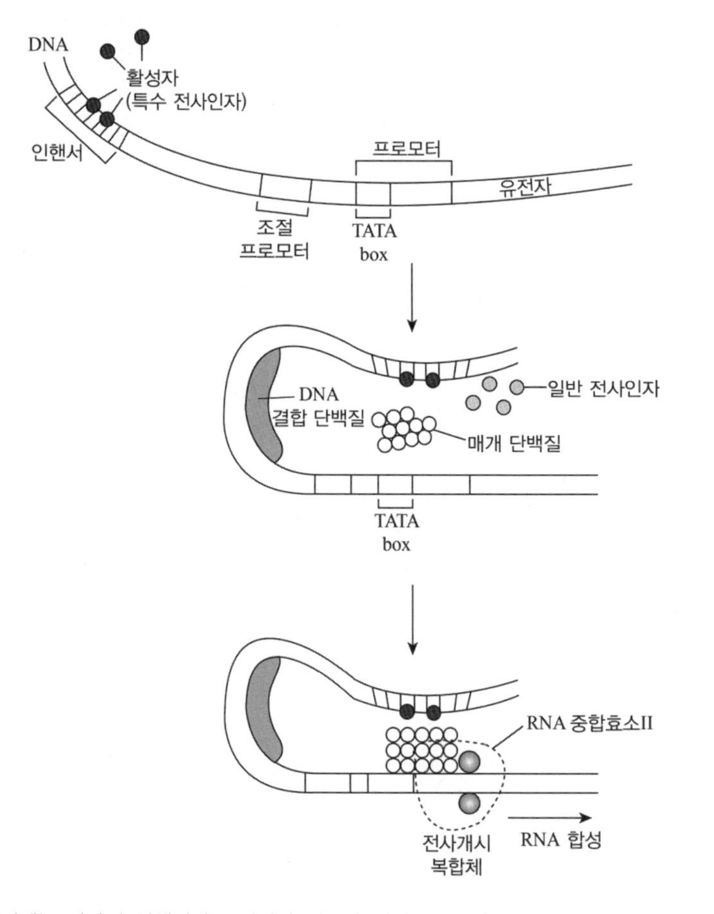

» 여기에는 하나의 인핸서만 표시되어 있으나 실제로는 많은 인핸서가 관여한다.

❖ 일반 전사인자는 모든 유전자의 프로모터에서 작용하며 특수 전사인자는 특정 유전자의 조절요소에 결합한다.

예제 | 2

진핵생물의 유전자 발현이 일어날 때 우선적으로 일어나는 첫 단계는? (서울)

① 인핸서와 특수 전사인자가 결합한다.
② RNA 중합효소가 프로모터에 결합한다.
③ 염색질 구조의 풀림으로 인한 변형이 일어난다.
④ RNA 스플라이싱이 일어난다.

| 정답 | ③
히스톤 단백질의 아세틸화 반응으로 뉴클레오솜 간의 연결이 느슨해져 유전자의 전사를 용이하게 한다.

(2) 조절요소의 조합 조절

각 인핸서는 평균적으로 약 10개 정도의 조절 요소로 구성되어 있으며 여기에 한 두 개 정도의 활성자가 결합한다. 유전자의 전사조절에서 각각의 세포마다 특정유전자가 전사될 수 있는 차등적 전사조절이 가능한 것은 세포마다 인핸서에 있는 조절요소에 서로 다른 조합의 활성자를 가지고 있기 때문이다.

배아를 구성하는 모든 세포는 수정란의 체세포분열에 의해 형성되었으므로 동일한 유전자를 가지고 있지만 배아 발생동안 여러 가지 분화 경로를 통해 각 세포마다 서로 다른 조합의 활성자를 가지게 되는 것이다. 그러나 일반전사인자는 유전자에 따라 다른 것이 아니고 모든 유전자 발현에 공통적으로 사용된다.

(3) 사일런서(silencer): 억제자가 붙는 DNA 부위로서 전사를 방해한다.

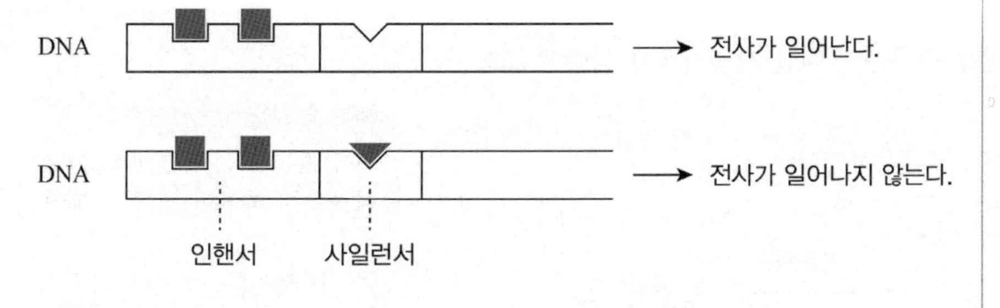

(4) 억제자(repressor)

① 사일런서에 결합하여 전사가 일어나지 않도록 하는 특수 전사인자
② 억제자가 활성자와 동일한 결합부위를 가질 경우 인핸서에 경쟁적으로 결합하여 전사가 일어나지 않도록 한다.
③ 억제자가 이미 인핸서에 결합한 활성자에 결합해서 활성도메인을 가려버림으로 인해 활성자의 기능을 방지할 수 있다.
④ 핵에서 기능을 하는 단백질들은 핵막을 통해 운반에 관여하는 도메인을 가지고 있는데 억제자는 활성자의 운반에 관여하는 도메인에 결합하여 핵으로 운반되지 않도록 한다.

예제 | 3

진핵생물(eukaryote)의 전사조절에 대한 설명으로 옳은 것은?
(국가직 7급)

① 인핸서(enhancer)는 인트론(intron) 안에는 존재하지 않는다.
② 하나의 유전자는 다수의 인핸서를 지니고 있을 수 있으나 각 인핸서는 단 하나의 특정 유전자에만 영향을 미친다.
③ 인핸서는 프로모터로부터 멀리 떨어져 있으면 그 기능을 발휘하지 못한다.
④ 인핸서에는 전사과정을 촉진하는 전사활성인자만 결합할 수 있고, 전사를 저해하는 억제인자는 결합할 수 없다.

| 정답 | ②

① 인핸서는 인트론 안에도 존재한다.
③ 인핸서는 프로모터로부터 멀리 떨어져 있어도 그 기능을 발휘한다.
④ 인핸서에는 전사를 촉진하는 활성인자, 또는 전사를 저해하는 억제인자가 결합할 수 있다.

3 전사 후 조절의 기작

(1) 번역 조절

mRNA의 번역개시는 5′UTR 또는 3′UTR에 존재하는 특정 서열이나 구조를 인식하여 결합하는 조절단백질에 의해서 번역이 방해될 수 있고, 또한 3′UTR에서 발견되는 특정 서열은 얼마나 오랫동안 mRNA가 존재할지를 결정하기도 한다.

(2) RNA 편집

mRNA 분자들의 암호화 서열은 RNA 편집으로 전사 후 변형되어 처음 유전자에 암호화된 것과는 다른 아미노산을 가지는 단백질이 만들어지기도 하는데, 일부 진핵생물에서 일어나며 식물의 엽록체와 미토콘드리아 유전자들 소수에서 mRNA의 뉴클레오타이드에 변화가 있음을 발견하였다. 어떤 경우에는 안내RNA(guide RNA, gRNA)라는 분자들이 mRNA에 붙어서 mRNA를 절단하고 gRNA를 주형으로 새로운 뉴클레오타이드를 첨가·제거 또는 변형시킨 후 mRNA를 서로 이어 붙인다.

(3) mRNA 분해

원핵세포에서 mRNA 분자들은 합성 후 몇 분 이내에 효소들에 의해 분해되는데 진핵생물의 경우에는 mRNA가 몇 시간, 심지어는 몇 주일까지 존속될 수 있다. 예를 들어 헤모글로빈 단백질의 mRNA는 안정적이고 수명이 길어서 반복적으로 단백질 합성에 쓰이게 된다.
mRNA의 분해는 폴리A꼬리가 짧아지면서 시작되는데 폴리A꼬리가 적정 수준 이하로 짧아지면 5′캡이 곧 제거되고 5′말단으로부터 RNA만을 특이적으로 자르는 리보핵산 분해효소에 의해 mRNA가 분해되기 시작한다.

(4) mRNA 간섭(RNA 방해, RNA interference, RNAi)

RNA간섭은 mRNA의 상보적인 서열에 결합할 수 있는 micro(miRNA)라고 부르는 짧은 길이의 외가닥 RNA 분자에 의해서 일어나는 것이다. miRNA는 다이서(dicer)효소에 의해 RNA의 일부가 잘린 것으로 miRNA 서열과 상보적인 서열을 가지는 mRNA와 결합하여 mRNA를 분해할 수도 있고 mRNA로부터의 번역을 방해할 수도 있다. 이러한 작용을 RNA 방해라고 부르며, 이후에 miRNA와 만들어지는 기원은 다르지만 공통 특징이 많은 작은 크기의 소형 간섭 RNA(small interfering RNA, siRNA)도 있음을 확인했다.

❖ miRNA
특정 유전자로부터 전사

❖ siRNA
mRNA, 트랜스포존(transposon), 이중가닥 RNA 바이러스에서 기원

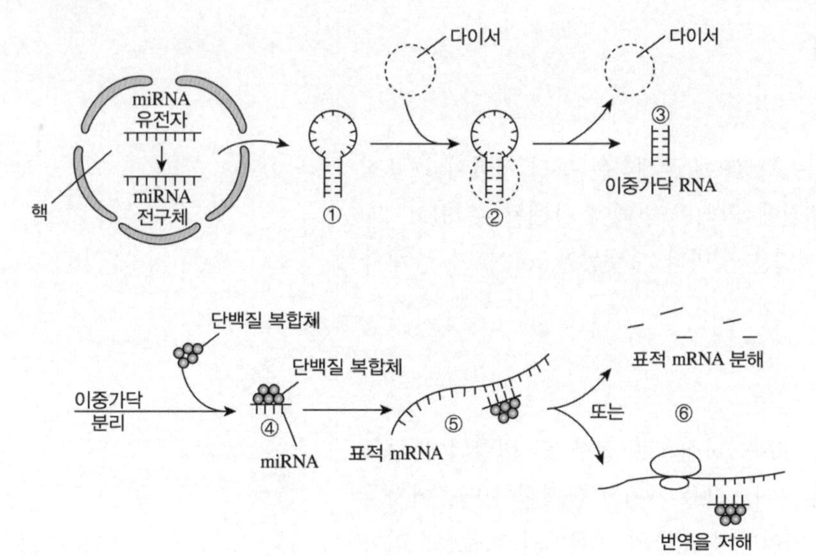

» ① miRNA 전구체가 고리 모양으로 접힌다.
② 다이서(dicer) 효소가 전구체를 절단한다.
③ 이중가닥의 RNA가 된다.
④ 이중가닥이 분리되고 단백질 복합체와 결합한다.
⑤ 단백질과 결합한 miRNA는 상보적인 표적 mRNA에 결합한다.
⑥ 표적 mRNA를 분해하거나 번역을 저해한다.

❖ siRNA도 이중가닥 RNA가 다이서에 의해 절단되어 단일가닥 RNA로 된 후 표적 mRNA를 분해하거나 번역을 저해한다.

(5) 소형 비암호화 RNA(small noncoding RNA, sncRNA)의 여러 가지 기능

① miRNA와 siRNA는 RNA간섭에 관여한다.

② 일부 효모는 자체적으로 생성한 siRNA를 사용하여 동원체를 이질염색질 상태로 재형성시킨다.

③ Piwi 결합 RNA(Piwi-interacting RNA, piRNA)는 생식세포에서 전이인자의 유해 작용을 억제한다.

❖ PIWI(P-element Induced Wimpy testis)는 줄기세포나 생식세포의 분화에 중요한 역할을 하는 단백질이다.

④ X염색체에 위치한 *XIST*(X-inactive specific transcript) 유전자로부터 생성된 긴 비번역 RNA(long noncoding RNA, lncRNA)분자들은 자신의 X염색체에 다시 결합하여 X염색체 전체를 이질염색질 상태로 응축시킨다.

⑤ 소형 핵RNA(small nuclear RNA, snRNA)는 RNA 스플라이싱에 관여한다.

⑥ 소형 인RNA(small nucleolar RNA, sno RNA)는 인에 있는 작은 핵RNA로 rRNA가공에 관여한다.

(6) 단백질 가공 과정과 분해

발현 조절의 마지막 단계는 단백질이 합성된 후의 조절이다.

① 단백질의 가공: 종종 진핵세포의 단백질은 기능적인 단백질로 되기 위해 합성된 후 프로세싱 되어야 하는 경우가 있다. 유전자에 의해서

단백질의 1차 구조가 결정되면 1차 구조는 스스로 꼬이고 접히기 시작하여 특정한 입체구조를 갖는 기능적인 단백질을 형성한다. 즉, 2차 구조와 3차 구조를 갖는 입체구조가 결정되는데 이러한 경우 샤페로닌 단백질이 폴리펩타이드가 정확하게 접히도록 돕는다. 어떤 아미노산은 소포체나 골지체를 지나며 당이나 지질 또는 다른 첨가물이 부착되는 화학적 변형이 일어나기도 하고 폴리펩타이드 사슬의 N말단에서 한 개나 몇 개의 아미노산을 제거할 수도 있다. 또한 폴리펩타이드 사슬이 효소에 의해서 두 개나 몇 개의 조각으로 끊어질 수도 있다. 예를 들어 사람의 인슐린은 처음에는 86개의 아미노산으로 구성된 단일 폴리펩타이드 사슬로 합성되지만 화학적 변형이 일어나고 절단되어 21개의 아미노산과 30개의 아미노산으로 구성된 두 개의 폴리펩타이드 사슬이 두 군데에서 이황화결합으로 연결된 후 활성을 갖는다.

❖ 샤페로닌 단백질(chaperonin)
폴리펩타이드가 정확하게 접히도록 하여 폴리펩타이드의 최종 구조 형성을 도와주는 단백질로 ATP를 사용한다.

② **단백질의 분해**: 어떤 단백질이 세포 속에서 얼마 동안 역할을 할 것인가는 선택적인 분해 작용에 의해 엄격하게 조절된다. 세포주기 조절에 관여하는 사이클린을 비롯한 많은 단백질은 세포가 제대로 기능하기 위해서 상대적으로 짧은 시간 동안만 존재해야 한다. 이를 위해 세포는 주로 유비퀴틴(ubiqutin)이라고 하는 작은 단백질을 대상 단백질에 존재하는 아미노산인 라이신에 부착시켜 표지하게 된다. 그 후에는 프로테아좀(proteasome)이라고 하는 거대 단백질 복합체가 유비퀴틴으로 표지된 단백질을 인식하여 선택적으로 분해하게 된다.

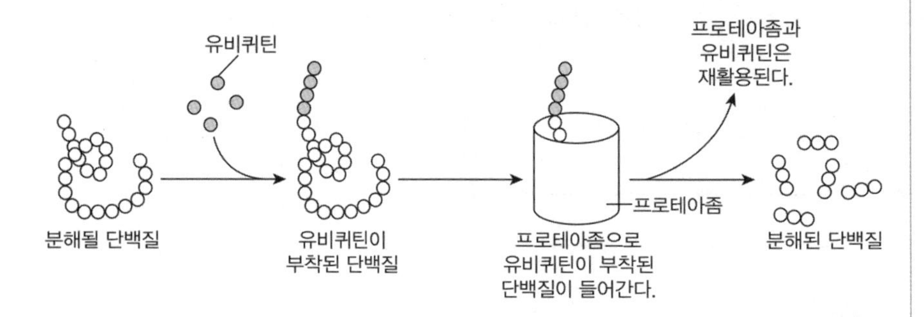

예제 | 4

단백질의 접힘(folding)과정에서 새로 합성되는 단백질이 정확한 3차 구조로 접힐 수 있게 해주는 것은? (국가직 7급)

① 액틴(actin)
② 엘라스틴(elastin)
③ 샤페론(chaperone)
④ 유비퀴틴(ubiquitin)

| 정답 | ③
샤페로닌, 열충격단백질 등을 샤페론이라 한다.

4 발생의 유전학

(1) 세포 분화와 유전자 발현 조절

① **세포 분화**(cell differentiation): 다세포 진핵생물의 경우 하나의 수정란에서 난할이 일어난 배아세포가 비가역적으로 특정 세포 유형으로 정해지는데 이를 결정이라 하고, 결정이 이루어진 배아세포는 다양한 조직과 기관으로 이루어진 개체가 된다. 이 과정에서 각각의 세포는 특정한 기능과 모양을 갖게 되는데 이를 세포의 분화라고 한다. 사람

의 수정란은 발생 과정 중에 근육 세포, 혈구 세포, 신경 세포 등 다양한 세포로 분화되는데 이들은 각기 다른 단백질을 생산하여 고유의 형태와 기능을 갖는 형태형성이 일어난다.

② **분화된 세포의 유전자:** 분화된 세포에서 세포의 종류에 따라 서로 다른 단백질이 생산되지만 **각 세포는 모두 동일하게 유전체 전체를 지니고 있다.**

③ **세포 분화와 유전자 발현:** 단백질의 합성은 유전자 발현에 의한 것이므로 세포 분화 과정에서 세포마다 서로 다른 단백질을 생산하는 이유는 유전자 발현이 세포마다 다르게 일어나기 때문이다. 예를 들어, 근육 세포에서 근수축을 일으키는 단백질이 생산되는 것은 이 단백질을 암호화하는 유전자가 근육 세포에서 발현되기 때문이다. 즉, **분화된 세포마다 특정 유전자가 발현되어 각 세포의 독특한 구조와 기능을 나타낸다.** 이를 차등적 유전자 발현이라 한다.

예제 | 5

뇌세포와 간세포가 각각 다르게 분화된 이유는 무엇인가? (전남)

① 뇌세포와 간세포의 DNA가 다르기 때문이다.
② 뇌세포와 간세포의 염색체가 다르기 때문이다.
③ 뇌세포와 간세포의 유전암호가 다르기 때문이다.
④ 뇌세포와 간세포의 발현되는 유전자가 다르기 때문이다.

| 정답 | ④

뇌세포와 간세포는 동일한 유전자를 갖지만 세포마다 서로 다른 단백질을 생산하는 이유는 발현되는 유전자가 다르기 때문이다.

(2) 퍼프(Puff)

초파리의 침샘 염색체에서는 유전자의 가로무늬 띠가 선명하게 나타나는데 이 가로무늬 띠 중에서 특히 부풀어 있는 곳을 퍼프라고 한다. 퍼프는 DNA의 유전 정보를 전사하여 RNA가 활발하게 합성되고 있는 부위로, 이 부분의 유전자가 활성화되어 형질이 발현되는 것이다. 초파리의 발생 단계에 따라 퍼프가 나타나는 부위가 달라지는데, 이는 초파리의 **발생 단계에 따라 각각 다른 유전자가 발현되어** 각 시기에 **필요한 단백질을 합성**하기 때문이다.

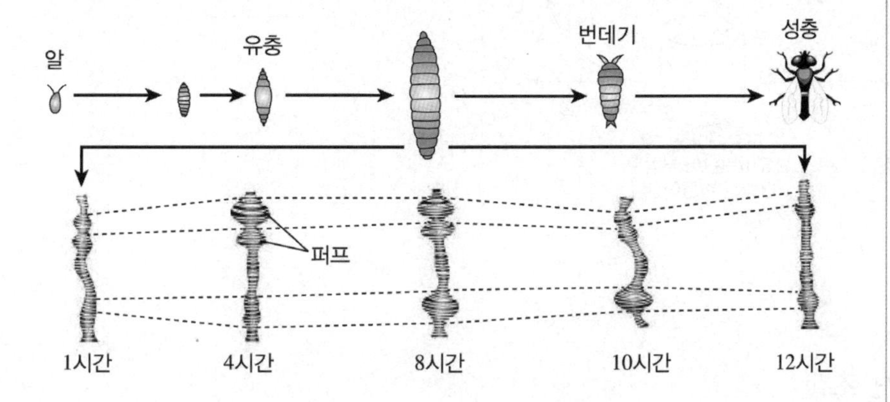

(3) 유전자 발현 조절 원리

세포 분화 과정에서 유전자 발현 조절은 단계적으로 일어난다. 미분화 세포가 특정한 기능을 갖는 세포로 분화하기 위해서는 다양한 종류의 단백질이 생산되어야 하는데 이 과정에서 전사를 촉진하는 활성자와 같은 조절 단백질이 필요하다. 조절 단백질은 단백질을 암호화하는 유전자가 발현되어 합성되는데, **조절 단백질**(활성자)**을 암호화하는 유전자를 조절 유전자**라고 한다.

다양한 종류의 조절 유전자가 발현되기 위해서는 가장 상위 단계의 조절 유전자가 발현되어 단계적으로 하위 조절 유전자를 발현시킨다. 이때 **가장 상위 단계의 조절 유전자를 핵심 조절 유전자**라고 한다. 핵심 조절 유전자에 의해 조절 단백질이 만들어지면 이 조절 단백질은 다른 조절 유전자의 발현을 촉진한다. 하위 단계의 조절 유전자가 발현되어 또 다른 종류의 조절 단백질이 생성되고 이러한 일련의 단계를 거쳐 다양한 종류의 조절 유전자가 발현된다.

① **근육 세포 분화 과정에서의 핵심 조절 유전자의 작용**: 분화가 완료된 근육 세포에는 근육 세포의 근수축 기능에 필요한 마이오신, 액틴 등의 단백질이 존재한다. 이 단백질들은 미분화 세포가 근육 세포로 분화되는 과정에서 생성되며 이러한 근육 세포의 분화 과정은 핵심 조절 유전자의 한 종류인 마이오디(*myoD*) 유전자에 의해 이루어진다.

> *myoD* 유전자 → myoD 단백질 → 조절 유전자 → 조절 단백질 → 마이오신 유전자 → 마이오신
> (핵심 조절 유전자) (조절 단백질) ↘ 액틴 유전자 → 액틴

② 생물의 기관을 형성하는 과정에서도 핵심 조절 유전자가 관여한다.

예 초파리의 아이(*Ey*)유전자
눈을 형성하는 세포군에서 발견되는 핵심 조절 유전자

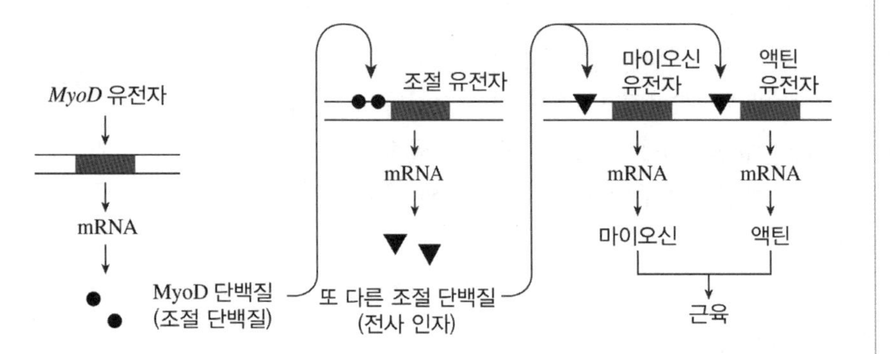

❖ 배아발생의 유전적 프로그램
세포분열, 세포분화, 형태형성이라는 세 가지 기작에 의해서 나타난다. 배아의 여러 영역을 만드는 세포들은 모양, 이동 및 여러 특성의 변화를 통해 개체의 형태를 형성하게 된다.

(4) 초파리에서 체절 형성과 배아의 앞-뒤축, 등-배축을 확립

발현 순서는 난소에서 발현되어 난자의 세포질에 저장된 mRNA산물인 모계영향 유전자로 인하여 시작된다.

① **모계영향유전자**(maternal effect gene, **세포질 결정인자=난자극성유전자**)
초기 발생단계에 영향을 미치는 **난자 내부의 모계 물질**(난자의 DNA에서 발현된 RNA와 단백질분자들)로 이러한 모계영향유전자의 대부분은 **난자에 불균등하게 분포되어 있으며 수정 후 난할과정을 통해 각각의 할구로 분배되어** 세포분화과정 동안 세포내 **서로 다른 유전자 발현을**

조절함으로써 세포들이 각각 특정한 발생상의 운명 결정을 거치게 한다. 또한 배아의 유전자에서 발현된 단백질인 신호분자들은 가까운 표적세포의 변화를 유발하는 신호전달물질이다(유도신호).

bicoid(바이코이드)와 nanos(나노스)라 부르는 두 모계유전자는 알의 앞-뒤 축 결정에 관여한다.

bicoid mRNA와 nanos mRNA는 모체세포에서 장차 난자의 앞쪽 끝이 될 위치로 확산된다.

바이코이드 mRNA는 앞쪽 끝에서 바이코이드 단백질로 번역되므로 바이코이드 단백질이 충분한 농도로 존재하는 곳에서는 머리 또는 더듬이 부위로 결정된다.

그 동안에 나노스 mRNA는 알의 세포골격에 의해 앞쪽 끝에서 뒤쪽 끝으로 운반된 후 그곳에서 번역되므로 나노스 단백질은 뒤쪽 끝이 가장 높은 농도 기울기를 형성한다.

이러한 과정을 통하여 바이코이드와 나노스의 작용은 배아의 앞쪽 및 뒤쪽을 결정한다.

특정 바이코이드 돌연변이에 대한 동형접합인 암컷은 머리와 가슴이 없고 양 끝부분이 모두 뒤쪽 구조(머리가 없고 앞-뒤가 모두 꼬리로 되어있는 구조)인 유충을 생산한다. 따라서 바이코이드 단백질은 앞쪽 구조의 발달에 반드시 필요하다.

동형접합 나노스 돌연변이 암컷의 알은 복부 체절이 없는 유충으로 발생한다.

이러한 bicoid와 nanos라 부르는 **모계영향유전자산물이 간극 유전자의 지역적 발현을 조절하며, 간극 유전자들은 쌍지배 유전자의 국소적 발현을 제어하고, 그 다음으로 체절극성 유전자들이 각 체절의 서로 다른 위치에서 활성화된다.**

② **패턴형성**(pattern formation): 개체의 조직과 기관이 모두 특정한 위치에 놓이게 되는 공간 배열의 형성을 패턴형성이라 한다.
초기 배아에서 새로운 몸을 만들기 전에 앞-뒤-옆이 결정된다. 동물의 특화된 조직이나 기관이 나타나기 전에 동물의 머리와 꼬리, 왼쪽과 오른쪽, 앞쪽과 뒤쪽의 상대적인 위치가 정해지는데, 이러한 **패턴형성을 조절하는 신호를 위치정보라고 하며 이는 세포질 결정인자의 밀도기울기와 유도신호에 의해서 만들어진다.** 체절패턴이 정해지면 배의 호메오유전자는 각 체절들이 무엇이 될지를 정한다.

③ **호메오 유전자**(homeotic gene, 핵심 조절 유전자): 배아의 발생 과정과 유전자 발현의 관계는 초파리 돌연변이 연구에서 밝혀졌다. 과학자들은 머리에서 다리가 발생한 초파리 돌연변이를 연구하여 초파리의 발

체절형성 유전자(분절 유전자)

- **간극 유전자**(gap gene): 앞-뒤 축을 따라 몇몇 넓은 영역을 정한다.(돌연변이체는 몇 개의 연속된 체절의 결손을 초래한다)
- **쌍 지배 유전자**(pair-rule gene): 배를 각각 두 개의 절편으로 이루어진 단위체로 나누어 체절의 위치를 세밀하게 구분한다.(돌연변이체는 체절이 하나 건너 없는 배아를 만든다.
- **체절 극성 유전자**(segment polarity gene): 각 체절의 경계와 앞뒤의 방향을 결정한다.(돌연변이체는 거울상으로 뒤집어진 구조를 형성한다)

생 과정에 관여하는 유전자가 있음을 밝혀냈다. 과학자들은 이 유전자를 호메오 유전자라고 명명하였다.

초파리의 발생 과정에서 배아의 체절이 형성된 후 체절에서 기관이 발생할 때 호메오 유전자가 관여한다. **호메오 유전자는 기관의 세부적인 형태를 결정하는 다른 유전자들의 발현을 조절**한다.

호메오 유전자는 특정한 조절 단백질(전사 인자)을 암호화하고 있으며, 발현되어 조절 단백질을 생산한다. 이 조절 단백질은 전사 촉진 인자 또는 전사 억제 인자로 작용하여 특정 기관의 발생을 조절한다. 즉, 호메오 유전자는 각 체절에서 어떤 기관이 발생할 것인지를 결정하는 역할을 한다.

예를 들어, 초파리에 존재하는 어느 호메오 유전자는 머리 체절 부위에 존재하는 세포에는 더듬이를 만들도록 지시하고, 가슴 체절 부위에 존재하는 세포에는 다리를 만들도록 지시한다. 따라서 호메오 유전자에 돌연변이가 일어나면 특정 체절에 비정상적인 기관이 발달하게 된다. 즉, 머리체절부위를 '머리'가 아닌 '흉부'로 인식하게 하여 초파리의 촉각이 생길 자리에 다리를 발생시킨다.

호메오 유전자는 동물계 전반에 걸쳐 유사한 분자 구조와 기작을 가지고 있음이 밝혀졌다. 초파리에서 유전자 분석을 한 결과 모든 호메오 유전자는 호메오상자(homeobox)라고 부르는 180 뉴클레오타이드 서열을 가지고 있는 것이 밝혀졌는데, 이것은 아미노산 60개로 이루어진 호메오도메인(homeodomain)을 지정한다. 호메오 유전자는 복잡한 생물로 갈수록 수가 많아지고 복잡해지지만 호메오박스는 여러 무척추동물과 척추동물의 호메오 유전자에서 동일하거나 매우 비슷한 뉴클레오타이드 서열이 발견되었다. 이러한 유사성으로부터 우리는 호메오상자 DNA 서열이 매우 초기에 진화되었으며, 지금까지 거의 변하지 않고 동물과 식물에 보존되어 있을 만큼 생물에게 중요하다는 것을 알 수 있다.

❖ 동물의 형태 형성 과정
- **세포의 모양 변화와 세포 이동**: 외배엽이 두꺼워지며 신경판이 형성된 후 신경판이 접히고 안쪽으로 굽어져서 신경관을 형성한다. 신경관이 외배엽으로부터 떨어져 나오는 경계면을 따라 만들어지는 신경능선세포는 배의 여러 부위로 이동하여 말초신경, 치아, 머리뼈 등을 만들어 낸다.
- **세포 부착**: 카드헤린(칼슘의존 부착분자) 등에 의해 선택적으로 세포를 부착시킨다. 카드헤린은 세포를 부착시키는 데 칼슘이온이 필요하기 때문에 붙여진 이름이다.

❖ 동물의 몸체 형성 계획상에서 일정한 위치의 특정 구조를 결정하는 8~11개의 호메오 유전자를 혹스 유전자(Hox gene)라고 하며, 초파리는 그런 집단을 1개 갖고 사람의 경우 4개를 갖는다.

(5) 세포사멸(apoptosis, 아폽토시스 · 세포예정사)

세포예정사 경로는 세포가 사멸 신호를 받았을 때 세포의 단백질과 DNA를 자르는 단백질가수분해효소(protease)와 핵산가수분해효소(nuclease)를 활성화시킨다. 아폽토시스의 주된 단백질가수분해효소는 **카스페이스**(caspase)이다.

선충의 경우 세포사멸 유전자는 *ced-3*와 *ced-4*이며(ced는 cell death의 약자) *ced-3*유전자산물인 ced-3단백질이 주요 카스페이스이며, ced-9(*ced-9*의 유전자 산물)은 ced-3와 ced-4의 활성을 저해하여 아폽토시스를 조절

심화편 Ⅱ

하는 주요 조절자 역할을 한다. 포유류에서는 더 많은 종류의 카스페이스가 관여하는 여러 가지 경로가 아폽토시스를 일으킨다. 아폽토시스를 유도하는 단백질은 미토콘드리아외막에 구멍을 만들어 아폽토시스를 촉진하는 다른 단백질(사이토크롬c는 세포질로 방출되면 카스페이스를 활성화시킨다)을 방출한다.

① 올챙이 꼬리가 붕괴될 때의 세포 사멸이나 또는 인간의 경우 적절한 아폽토시스가 일어나지 않으면 물갈퀴가 달린 손가락이나 발가락이 만들어질 수 있다.
② DNA에 손상을 입은 세포는 돌연변이를 전파하지 않기 위해서 스스로 죽음을 선택한다.
③ 바이러스에 감염된 세포는 특정물질을 분비하여 세포사멸을 유도하는 신호로 작용한다.

(6) 프로그램 세포사(programed cell death, PCD)

동물의 몸속에서 일어나는 발생, 분화의 과정에서 유전적 프로그램에 의해 일어나는 세포사를 프로그램 세포사라고 한다. PCD는 발생의 어느 단계에서 치사 유전자가 작용해 그 세포가 사멸하는 것으로 사람의 경우 태아의 초기에 손이나 발은 주걱처럼 손가락이나 발가락 사이가 벌어지지 않고 있다가, 후기에 그 사이에 해당하는 부분에 있던 세포가 사멸함으로써 손가락이나 발가락의 형태가 생긴다. 이와 같이 PCD도 세포예정사와 같은 과정을 보이므로 이 두 가지를 같은 뜻으로 보기도 하지만 세포예정사는 암 세포 내의 세포 사멸, 바이러스에 감염된 세포의 사멸, 방사선에 의해 DNA 손상을 입은 세포의 사멸 등과 같이 PCD 이외의 경우도 포함된다는 점에서 프로그램 세포사와 구별된다.

Check Point

	세포예정사(apoptosis)	세포괴사(necrosis)
자극	외부와 내부 유전적 신호	외부의 자극
세포	세포막파괴 없이 돌출되어 수포화가 일어나 세포가 축소되고, 막으로 둘러싸인 소낭으로 나누어지면서 이웃의 정상세포 또는 대식세포에 의해 흡수된 후 소화되어 흔적을 남기지 않고 사라진다.	세포막이 팽창하면서 파열되어 세포소기관들이 흘러나온다.
DNA	규칙적 크기로 절단(180 염기쌍의 조각으로 절단)	무작위로 절단
ATP	ATP를 소모한다.	ATP를 소모하지 않는다.
염증반응	주변조직에 염증을 일으키지 않는다.	주변조직에 염증을 일으킨다.

예제 | 6

동물의 형태형성 과정에서 중요한 역할을 담당하는 현상으로만 나열된 것은? (국가직 7급)

① 세포자살(예정세포사), 감수분열, 호메오박스 유전자 발현
② 호메오박스 유전자 발현, 패턴형성, 세포괴사
③ 세포이동, 세포부착, 세포자살(예정세포사)
④ 패턴형성, 세포괴사, 세포분열

| 정답 | ③
감수분열, 세포괴사는 동물의 형태형성 과정과 관계없다.

19 암의 유전학

1 발암 유전자와 원발암 유전자

정상적인 유전자인 원발암 유전자(proto-oncogene, 원종양 유전자)는 주로 세포 성장과 분열을 촉진하는 단백질을 암호화하고 있다. 암세포에서 원발암 유전자들은 세포가 암 상태로 진행되도록 촉진시키는 유전자들인 발암 유전자(oncogene, 종양 유전자)로 변하여 간다.
원발암 유전자를 발암 유전자로 바꾸는 메커니즘은 다음과 같은 경우가 대표적이다.

(1) **후성유전학적 변화:** 염색질 변형 효소의 돌연변이로 염색질 구조를 느슨하게 변화시켜 원발암유전자의 부적절한 발현이 일어나면 성장 촉진 단백질이 과다하게 생성된다.

❖ 성장촉진단백질
세포분열을 촉진시키는 단백질

(2) **유전자의 전좌가 일어나는 경우**: 원발암 유전자에 강력한 프로모터가 이동해 오면 성장 촉진 단백질이 과다하게 생성된다.

(3) **유전자의 중복이 일어나는 경우**: 다수의 원발암 유전자의 사본이 생겨 성장 촉진 단백질이 과다하게 생성된다.

(4) **유전자 그 자체나 유전자의 조절 요소에 점 돌연변이가 생기는 경우**: 성장 촉진 단백질이 과다하게 생성된다.

이와 같은 원인에 의해서 성장 촉진 단백질(세포분열 촉진 단백질)이 과다하게 생성되면 일반적인 제약 없이 계속 분열하게 된다.

2 종양 억제 유전자(tumor suppressor genes)

세포분열을 억제하는 단백질의 유전자를 종양 억제 유전자라고 한다. 이러한 종양 억제 유전자의 기능이 저하되면 암이 발생할 수 있고, 억제의 활성이 없어지면 세포분열이 촉진되는 기작을 갖는다.

3 정상적 신호전달의 저해

원발암 유전자의 대표적인 유전자가 *Ras* 유전자라면 종양 억제 유전자에는 *p53, RB, APC, BRCA*유전자 등이 있다.

(1) 원발암 유전자인 *Ras* 유전자

Ras 유전자(ras gene)에 의해 암호화된 라스 단백질은 세포막의 성장인자 수용체로부터 단백질 인산화효소들로 신호를 전달하는 역할을 하는 G 단백질의 일종이다. 적절한 성장인자가 있으면 이러한 신호전달 과정에 의해서 세포분열을 촉진하는 단백질이 생성된다. 그러나 특정한 돌연변이에 의해 항상 활성이 있는 라스 단백질을 만들게 되면 인산화효소들을 계속 활성화시켜서 성장인자가 없는 경우에도 세포분열을 촉진하는 단백질이 생성된다.

❖ G 단백질
분자 스위치 역할을 하는 단백질로 GTP가 결합하면 활성을 나타내고, GDP가 결합하면 불활성화된다.

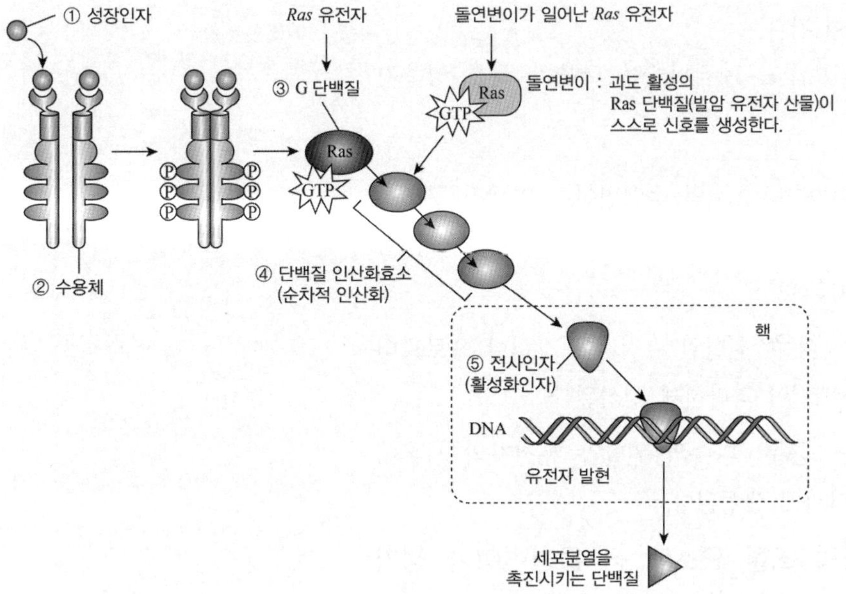

① 성장인자
Ras 유전자
돌연변이가 일어난 *Ras* 유전자
③ G 단백질
Ras
GTP
돌연변이 : 과도 활성의 Ras 단백질(발암 유전자 산물)이 스스로 신호를 생성한다.
P
② 수용체
④ 단백질 인산화효소 (순차적 인산화)
핵
⑤ 전사인자 (활성화인자)
DNA
유전자 발현
세포분열을 촉진시키는 단백질

(2) 종양 억제 유전자인 *p53, RB, APC, BRCA* 유전자

① *p53* 유전자(*p53* gene)에 의해 합성된 p53 단백질

㉠ 전사인자로서 세포분열을 억제하는 단백질의 합성을 촉진한다.

㉡ DNA가 손상되면 p53은 손상된 DNA를 복구하는 데 관여하는 단백질 유전자의 전사를 촉진하기도 한다. 이러한 방법으로 p53은 세포의 손상된 DNA를 다음 세대로 물려주는 것을 방지한다.

㉢ 손상된 DNA가 복구 불능인 상황이면 p53은 세포 사멸 유전자들을 활성화시킴으로써 세포예정사(apoptosis)를 유도하여 세포를 사멸시킨다.

이러한 *p53*에 돌연변이가 일어난 세포가 분열 과정에서 살아남게 되면 암으로 진행될 가능성이 크다(*p53* 유전자 산물의 크기가 53,000달톤에 해당되어 붙여진 이름이다).

❖ *p53* 유전자 → p53 단백질 → *p21* 유전자 → p21 단백질은 S기로 들어가도록 하는 CDK에 결합하여 CDK의 활성을 억제한다.

❖ p21 단백질을 CDK저해단백질이라 한다.

② *RB* **유전자에 의해 합성된 RB 단백질**(망막아종단백질, retinoblastoma protein)

세포분열을 촉진하는 전사인자와 결합하여 G_1기 확인점에서 세포주기의 진행을 멈추게 하는 세포주기 억제인자이다. 활성화 상태의 RB에 의해 세포주기가 억제되었다가 CDK2에 의해서 RB가 인산화되면 RB가 불활성 상태로 되어 세포주기가 진행된다. *RB* 유전자에 돌연변이가 일어나면 망막아종의 원인이 된다.

③ *APC*(adenomatous polyposis coli gene, 가족성 대장선종증유전자)에 돌연변이가 일어나면 대장암의 원인이 된다(폴립: 대장 상피에 작고 해롭지 않은 조직 덩어리로 정상 세포처럼 보이지만 점점 자라나 결국 다른 조직에 침투하는 악성을 갖게 된다).

④ *BRCA1, BRCA2* (Breast Cancer gene, 유방암 유전자)에 돌연변이가 일어나면 유방암의 원인이 된다.

(3) 정상적인 세포가 암세포로 되기 위해서는 여러 가지 변화가 일어나야 한다. 최소한 하나 이상의 원발암 유전자의 과활성화와 여러 개의 종양 억제 유전자의 불활성화가 일어나야 한다.

❖ RB 단백질은 DNA중합효소의 유전자발현에 필요한 전사인자의 일종인 E2F와 결합하여 그 활성을 억제하는 것으로서 세포증식 억제기능을 한다.

- E2F: DNA상의 *E2* 유전자의 촉진인자에 결합하는 세포유래의 인자. TTTCGCGC라는 공통배열에 결합하는 전사인자로, DNA중합효소의 유전자발현에 필요하다. 또한 RB 단백질이 결합함으로써 활성이 억제된다.

❖ 린치증후군(Lynch syndrome)
유전성 비용종증 대장암(Hereditary Non-Polyposis Colorectal Cancer, HNPCC)이라고도 불리는데, DNA 수선에 관여하는 유전자의 상염색체 우성 돌연변이로 나타난다.

예제 | 1

암세포는 정상세포의 형질변환(neoplastic transformation)으로 발생되는데, 정상세포를 암세포로 변환시키는 요인에 관한 설명 중 옳지 않은 것은? (국가직 7급)

① 일부 염색체의 전좌(chromosome translocation)는 암을 유발하는 원인이 되기도 한다.
② 정상세포에 존재하는 일부 전암유전자(proto-oncogene)가 증폭(gene amplification)되면 암이 유발되기도 한다.
③ 전암유전자상의 돌연변이는 유전자산물(단백질)의 구조적 변형은 일으키지만 세포내 유전자산물의 양에는 영향을 미치지 않는다.
④ 정상세포에 존재하는 일부 유전자의 경우 결실되거나 불활성화 될 때 오히려 암이 유발되기도 한다.

| 정답 | ③

③ 전암유전자상의 돌연변이는 세포내 유전자산물의 양에 영향을 미친다(성장 촉진 단백질 과다 생성).

심화편 Ⅱ

20 바이러스와 세균의 유전학

1 바이러스의 유전학

바이러스는 유전체의 종류에 따라 이중가닥 DNA, 단일가닥 DNA, 이중가닥 RNA, 단일가닥 RNA 등으로 구성된다.

(1) 캡시드

바이러스의 유전체를 둘러싸고 있는 단백질 껍질을 캡시드(capsid)라 한다. 캡시드는 캡소미어(capsomere)라 불리는 단백질 소단위가 많이 모여 구성되어 있다. 일부 바이러스는 막으로 이루어진 피막(외피)이 캡시드를 둘러싸고 있으며 캡시드에 한두 가지 바이러스 효소를 포함하기도 한다.

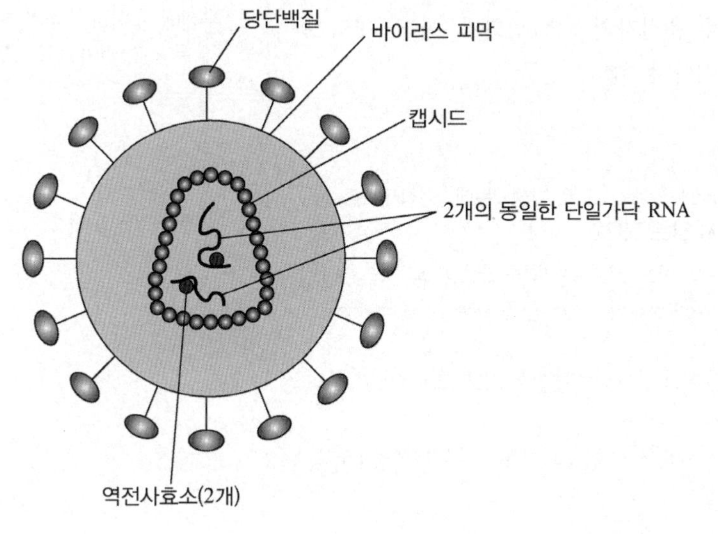

▲ AIDS를 일으키는 HIV의 구조

❖ 당단백질: 숙주세포를 인식

❖ 비리온은 일반적으로 감염이 가능한 바이러스입자를 의미한다. 즉 모든 바이러스 입자가 감염이 가능한 것은 아니다.

❖ 바이러스의 캡시드

- **담배모자이크바이러스**: 막대모양의 캡시드는 캡소미어 수천 개가 나선형으로 배열된 나선형 바이러스라 부르며 단일가닥 RNA를 갖는다.
- **아데노바이러스**: 20개의 삼각면을 이루는 20면체의 캡시드로 구성된 정20면체 바이러스라 부르며 이중가닥 DNA를 갖는다.
- **독감바이러스 등 대부분의 동물성 바이러스**: 피막이 캡시드를 둘러싸고 있는 피막바이러스이며 이 피막의 당단백질을 이용하여 숙주 표면에 있는 특수한 수용체 분자에 결합한다.
- **박테리오파지**: 가장 복잡한 형태의 캡시드를 갖는 복합바이러스이며, 대장균을 감염시키는 7종의 파지가 먼저 연구되었다. 구조가 비슷한 세 종류의 "T－짝수"파지(T2, T4, T6)의 길쭉한 캡시드는 20면체 머리구조를 포함하며 그 안에 DNA가 들어있다. 머리에는 단백질 꼬리가 있고, 꼬리에는 꼬리섬유가 뻗어있어서 세균에 부착하는 역할을 한다.

(2) 바이러스의 숙주세포 인식

각 종의 바이러스는 숙주 범위(host range) 안에서 제한된 범위의 숙주세포만 감염시킬 수 있다. 바이러스 외부 표면에 있는 단백질은 숙주 표면의 특정 수용체 단백질을 인식하여 결합한다. 일부 바이러스는 숙주 범위가 넓은 것도 있지만 홍역 바이러스와 같이 숙주 범위가 좁아서 오직 사람 한 종만 감염시키는 바이러스도 있다.

(3) 파지의 증식회로

① **용균성 생활사**(lytic cycle, 용해성 주기): 바이러스가 숙주세포 안으로 들어간 후, 숙주세포의 DNA를 분해하고 파지의 DNA가 숙주의 효소와 숙주의 구성 요소를 이용해서 DNA를 복제하여 자손을 번식시키는 방법(숙주세포는 용해되거나 파괴된다)으로 용균성 생활사로만 증식하는 파지를 독성파지라고 한다(T4 파지는 전형적인 독성파지이다).

② **용원성 생활사**(lysogenic cycle): 바이러스가 숙주세포로 들어간 후, 숙주세포의 DNA에 자신의 DNA를 끼워서 자손을 번식시키는 방법(숙주세포는 파괴되지 않는다)으로 용원성 주기에서 파지 DNA가 세균 DNA 사이에 삽입이 일어난 경우를 프로파지(prophage)라 한다.
즉 파지 DNA의 삽입은 파지 DNA와 세균 DNA 사이 염기의 상호 보완적인 결합이 가능한 부위에서 일어나는데 유전자의 특정 부위에서 삽입이 일어난 파지를 프로파지라고 한다. 파지 DNA는 숙주의 DNA와 함께 복제되므로 세포가 분열하는데 따라서 복제된 파지 DNA도 새로 형성된 딸세포로 전해진다.

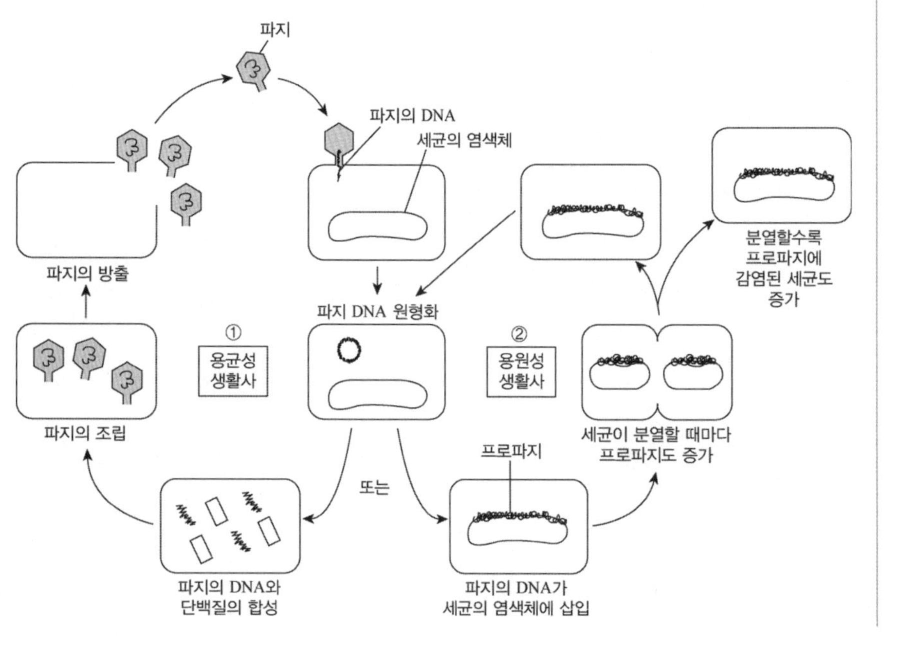

❖ 박테리오파지는 대부분 이중가닥 DNA를 가지고 있다.

❖ 용균성 생활사
전형적인 독성파지인 T_4의 용균성 생활사의 단계는 a 부착, b 파지의 DNA 주입, c 숙주 DNA 분해, d 파지 DNA 복제, e 파지 단백질 합성, f 조립(머리, 꼬리, 꼬리 섬유가 조립), g 방출

❖ 용원성 생활사
a 부착, b 파지의 DNA 주입, c 프로파지를 만든다. d 세균이 분열할 때 프로파지도 같이 복제되어 프로파지에 감염된 세균의 수가 늘어난다.

❖ 용원성 상태의 프로파지에서는 몇 가지 다른 단백질이 발현되기도 한다. 디프테리아, 보툴리누스 식중독, 성홍열과 같이 사람에게 심한 질병을 일으키는 3종은 이들이 지니는 프로파지에서 독소를 만들기 때문에 질병을 야기한다. 세균이 이들 프로파지에 감염되지 않았다면 사람에게 질병을 일으키지 않는다.

❖ 온건성 파지(temperate phage)
용균성 생활사와 용원성 생활사를 모두 영위할 수 있는 파지를 말하며 대표적으로는 람다(λ)파지가 있다. 용원성 생활사를 유지하던 온건성 파지들은 특정한 화학물질이나 고에너지 방사선과 같은 환경으로 부터의 신호에 의해 파지들이 세균염색체에서 절단되어 나와 용균성 생활사를 시작하도록 전환된다.

(4) DNA 바이러스

대부분 숙주세포의 DNA중합효소를 사용하여 자신의 유전체를 합성한다.

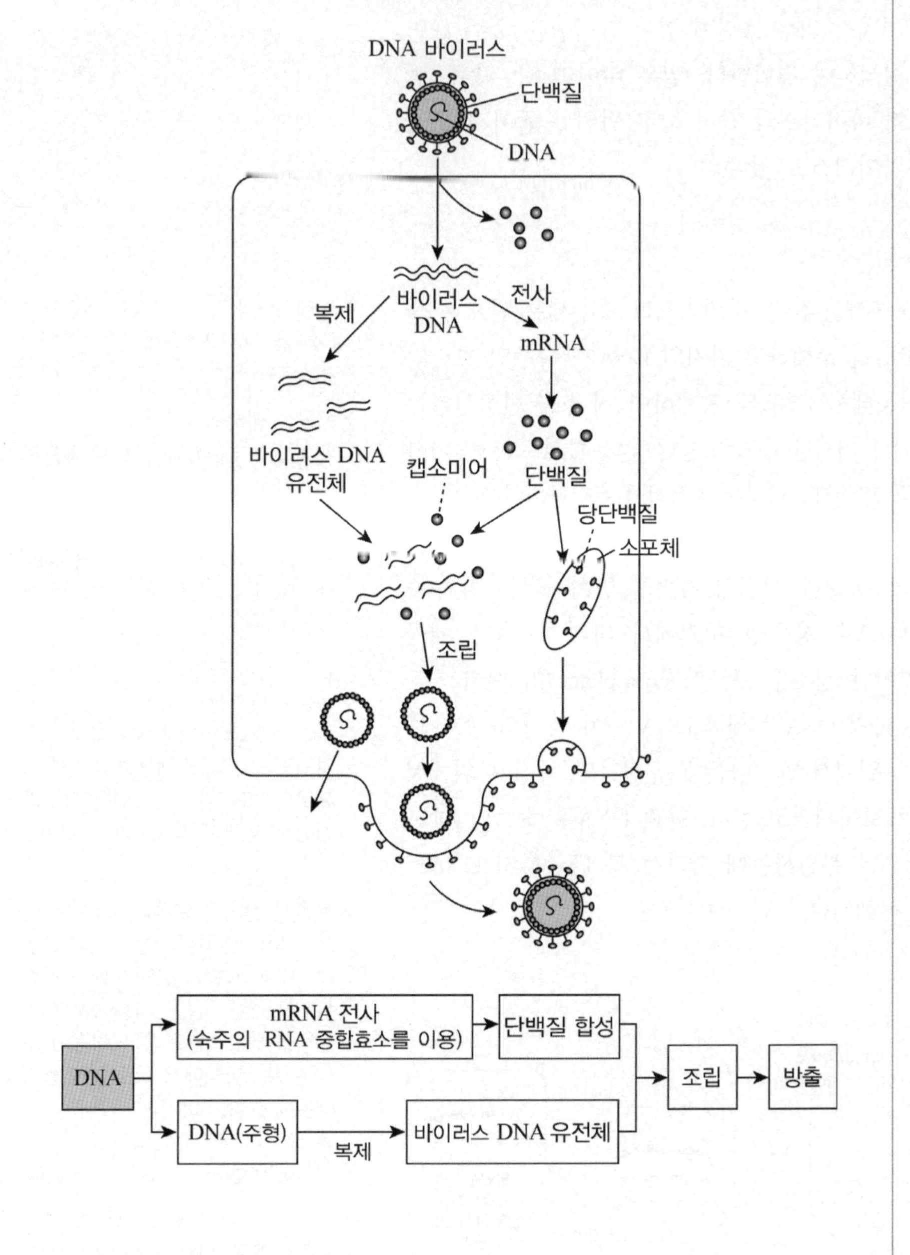

(5) RNA 바이러스

RNA복제효소가 바이러스 성분의 하나로 포함되어 있는 경우도 있지만 RNA복제효소의 정보가 유전자 RNA의 일부에 삽입되어, 감염 후 RNA복제효소를 먼저 합성하고 나서 RNA복제가 이루어지는 경우도 있다(바이러스에 감염되지 않은 세포는 대부분 이 효소가 없다).

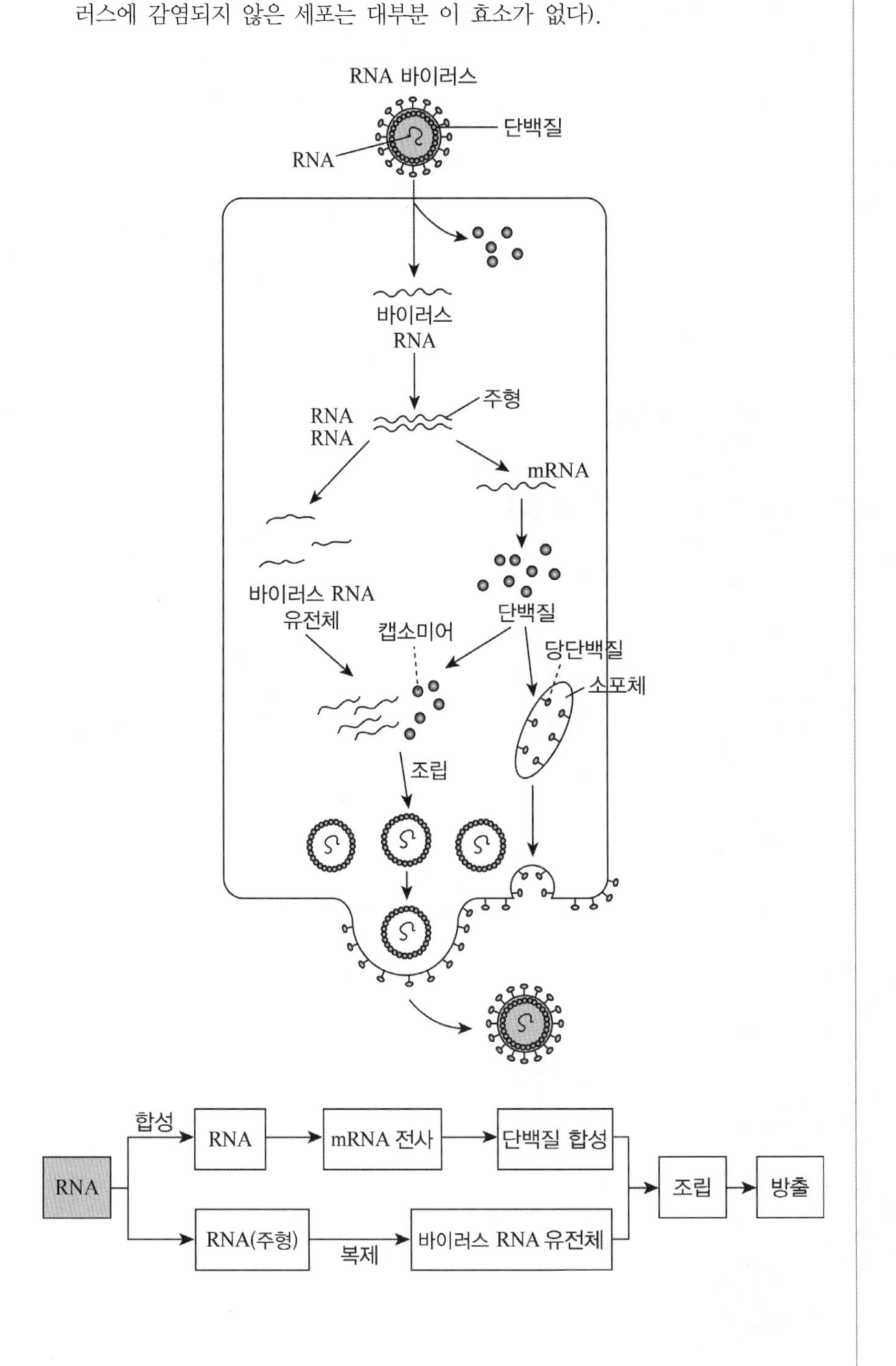

❖ 리플리케이스(replicase, RNA복제효소)
RNA 의존성 RNA 중합효소(RNA-dependent RNA polymerase, RdRp)

(6) AIDS를 일으키는 HIV(레트로바이러스, retrovirus)

가장 복잡한 증식 회로를 가지는 RNA 동물성 바이러스는 레트로바이러스이다. 이들 바이러스들은 역전사효소라고 불리는 효소를 가지고 있으며 RNA 주형으로부터 DNA를 전사함으로써, 유전정보가 일반적인 방향과 반대로 RNA에서 DNA로 흐른다. HIV는 동일한 두 분자의 단일가닥 RNA와 두 분자의 역전사효소를 갖는다.

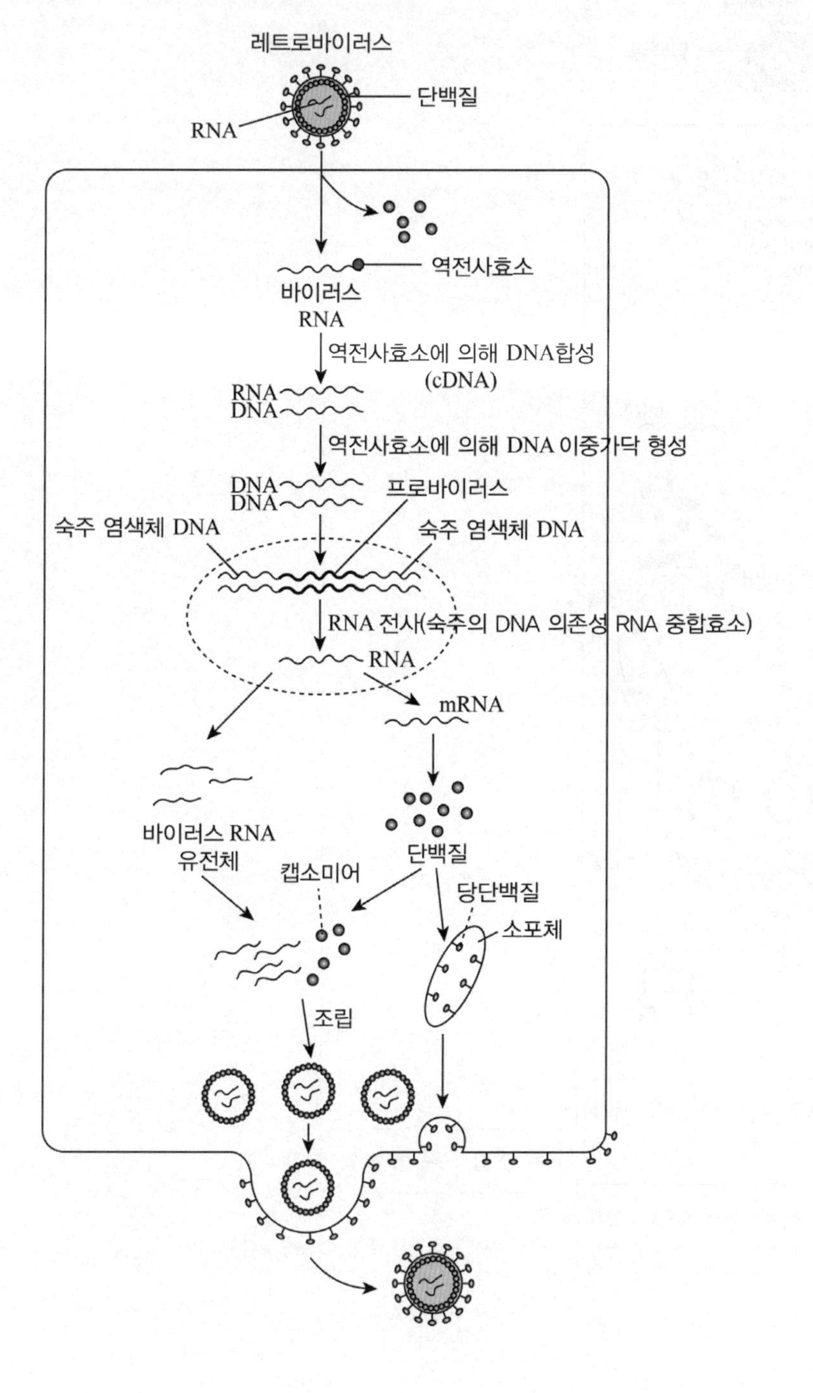

❖ cDNA(complementary DNA) 역전사에 의해 만들어진 상보적 DNA

❖ 감염된 도움T세포는 바이러스의 증식 때문에 생긴 세포손상에 의해서 아폽토시스과정으로 죽는다.

❖ 프로바이러스에서 전사된 RNA분자의 일부는 다음 세대 바이러스의 유전체가 되고 일부는 바이러스 단백질을 생산하는 mRNA로 사용된다.

(7) 바이러스의 유전체

① 이중가닥 DNA바이러스(dsDNA): 대부분의 DNA바이러스

② 단일가닥 DNA바이러스(ssDNA): 파르보바이러스(parvovirus)(약한 홍반)

③ 이중가닥 RNA바이러스(dsRNA): 레오바이러스(reovirus)과의 로타바이러스(rotavirus)(어린이의 전염병 설사)

④ 단일가닥 RNA바이러스(ssRNA): 대부분의 RNA바이러스

㉠ 양성 단일가닥 RNA바이러스(+ssRNA): 유전체 염기서열이 바이러스의 mRNA와 동일하기 때문에 바이러스 유전체는 단백질 합성을 위해 전사될 필요가 없으므로 감염 즉시 바이러스 단백질을 번역해 낼 수 있다.

예 소아마비(폴리오바이러스), A형간염, C형간염, 코로나(SARS, MERS, COVID-19), 리노바이러스(일반 감기), 노로바이러스, 장바이러스, 구제역바이러스

㉡ 음성 단일가닥 RNA바이러스(-ssRNA): 유전체 염기서열이 바이러스의 mRNA와 상보적이므로 이것이 상보적인 RNA가닥으로 전사되고 이것이 mRNA로 작용하는 동시에 또 다른 유전체 RNA합성의 주형으로 작용한다.

예 홍역, 독감(인플루엔자: 8개의 서로 다른 RNA분자를 캡시드가 둘러싸고 있다), 에볼라(필로바이러스과: 에볼라와 마버그 바이러스), 유행성 이하선염, 광견병

㉢ RNA를 주형으로 DNA를 합성하는 레트로 바이러스: 에이즈 바이러스(HIV는 양성가닥 RNA유전체를 가지고 있지만 이 유전체는 mRNA로 사용하지 않는다)

❖ • dsDNA: double strand DNA
• ssDNA: single strand DNA

❖ 그 외의 +ssRNA바이러스
• **치쿤구니아바이러스**: 급성 발열, 발진, 관절염의 증상을 일으키는 바이러스로 모기를 매개로 전파된다.
• **지카바이러스**: 가볍게 지나갈 수도 있지만 임산부가 감염되면 소두증을 가진 신생아를 출산할 수 있으며, 모기를 매개로 전파된다.
• **뎅기바이러스**: 감염성 발진성의 열병인 뎅기열의 병인이 되는 바이러스로 주로 열대지방에서 나타나며, 모기를 매개로 전파된다.
• **황열바이러스**: 황달을 수반하는 황열병의 원인이 되는 바이러스로 아프리카 가나에서 발생하였으며, 모기를 매개로 전파된다.
• **말뇌염바이러스**: 말, 사람에게 감염되는 뇌염으로 모기를 매개로 전파된다.
• **루벨라바이러스**: 가벼운 홍역과 같은 발열성 질환인 풍진(Rubella) 바이러스로 비말을 통해 사람 간에 전파된다.

(8) 바이러스의 피막

피막에 포함된 당단백질의 단백질은 숙주세포의 소포체에 붙어 있는 리보솜에서 만들어져서 소포체와 골지체를 지나면서 당단백질이 된 후 세포외 배출작용과 같은 과정을 통해 숙주세포의 세포막에 붙어 있게 된다. 숙주세포에서 새로 만들어진 캡시드는 세포에서 빠져 나갈 때 숙주세포의 세포막을 싸고 나간다. 이 때문에 바이러스의 피막에 존재하는 일부 단백질은 바이러스 유전자에서 만들어진 분자가 포함되어 있기도 하지만 기본적으로 숙주세포의 세포막도 포함한다.

그러나 숙주세포의 세포막을 포함하지 않는 바이러스도 있다. 헤르페스 바이러스는 이중가닥 DNA를 갖고 있으며 숙주세포의 핵 안에서 DNA를 복제하고 전사하여 증식하므로 일시적으로 숙주의 핵막에서 유래된 막으로 둘러싸인다. 핵에서 세포질로 나오면 핵막을 벗고 골지체의 막에 둘러싸이면서 표피단백질이 첨가된다. 이를 통해 소낭에 싸인 바이러스가 완전히 성숙되어 세포외 배출작용으로 방출되므로 헤르페스 바이러스는 골지체에서 유래된 막을 갖는다.

❖ **헤르페스바이러스**(herpesvirus)의 경우 바이러스 DNA복사본이 특정한 신경세포의 핵 안에 미니 염색체의 형태로 남아 있을 수 있다. 이들 바이러스 유전체는 잠복해 있다가 물리적, 정서적인 변화가 신호로 작용하여 새로 바이러스 생성이 활성화된다. 이렇게 만들어진 새로운 바이러스가 다른 세포를 감염시켜 증상이 나타난다(입술포진, 생식기포진, 수두대상포진).

(9) 항바이러스 약제와 신종바이러스의 출현

① 항바이러스 약제

㉠ 아시클로버(acyclovir): 바이러스의 중합효소가 바이러스 DNA를 합성하는 과정을 억제하는 작용을 해서 헤르페스바이러스의 증식을 막는다.

㉡ 아지도티미딘(azidothymidine, AZT): 디옥시리보스의 3′ 말단에 OH 대신 N_3(아지도기)를 갖는 물질이다. HIV의 역전사효소 활성의 저해작용을 하는 항바이러스 약제로 HIV의 증식을 막는다.

② 신종 바이러스의 출현요인

㉠ DNA 중합효소는 교정 능력이 있으나 바이러스의 RNA중합효소와 레트로바이러스의 역전사효소는 교정 능력이 없어서 RNA 바이러스는 돌연변이가 잘 일어난다.

㉡ 작고 격리된 인간 집단에서 바이러스성 질병이 전파되는 것이다. 예를 들어 에이즈는 수십 년 동안 알지도 못했었던 질환인데 세계여행의 확산과 개방적인 성생활, 정맥 주사약의 남용 등과 같은 요인으로 세계적으로 유행하게 되었다.

㉢ 다른 동물에 존재하던 바이러스가 사람에게 전파되는 경우가 있다. 초기에는 돼지독감이라고 부르기도 했던 신종 플루의 원인 바이러스(H1N1)는 종 특이성을 극복하고 사람 사이에서 강한 전파력을 획득하여 2009년 전 세계적인 인플루엔자 유행을 일으켜서 WHO에서 범유행성(광역유행성)질병으로 공표하였다. 또한 조류독감(AI, Avian Influenza)의 원인인 H5N1도 홍콩에서 최초로 새에서 사람에게 전파된 사례가 발생했다.

③ 독감: A형과 B형, C형 세 종류의 인플루엔자 바이러스(influenza virus)가 있는데 A형의 경우 바이러스 피막에 돋아나 있는 항원성 돌기인 헤마글루티닌(hemagglutinin, HA)과 뉴라미니데이스(neuraminidase, NA)가 있다. 머리글자를 따서 각각 H형 항원, N형 항원이라 하며 이 표면 단백질의 유전자 변이가 일어나서 매년 유행병을 초래하고 있다. 헤마글루티닌은 바이러스가 숙주에 부착하는 것을 돕는 단백질로 현재 H형 항원이 16종류가 알려져 있고, 뉴라미니데이스는 바이러스가 숙주 세포로부터 빠져나오는 데 필요한 당단백질의 효소로 N형 항원이 9종류가 알려져 있으며 H1N1, H3N2형 등으로 표기 한다. 1997년 H5N1 바이러스가 최초로 새에서 사람에게 전파된 사례가 발생했는데 사람에게는 이전에 한 번도 감염된 적이 없기 때문에 면역성을 나타내지 못했으며, 따라서 신종 바이러스는 심각한 병원성을 나타낼 수 있다. A형은 사람 이외에 다양한 동물을 감염 시킬 수 있고 B형과 C형 바이러스의 경우 사람만 감염시키며 유행병을 일으키지 않는다.

❖ 칵테일요법
다약제 처방법으로 핵산합성 억제제와 단백질 억제제를 함께 사용하여 바이러스의 생성을 억제하는 치료법

❖ 신종 바이러스
- **에볼라바이러스**: 1976년 최초로 중앙아프리카에서 발견된 후 2014년 서아프리카에서 급속하게 퍼졌으며 고열, 구토, 다량의 출혈과 같은 출혈열을 일으키는데 상당히 치명적이다.
- **치쿤구니야바이러스**: 2013년에 카리브해에서 발생했으며, 모기를 매개로 전파되는 바이러스로 급성 발열, 발진, 관절염을 수반한다. 열대지방에서만 나타나는 것으로 생각했으나 최근에 이탈리아와 프랑스에서도 발견되었다.
- **지카바이러스**: 모기를 매개로 전파되는 바이러스로 이전에는 한정된 지역에서만 나타났으나 2015년 브라질에서 갑자기 확산되었다. 가볍게 지나갈 수도 있지만 임산부가 감염되면 뇌와 머리의 미발달과 함께 선천적 결손증인 소두증을 가진 신생아 출산이 급속하게 증가했기 때문에 주목을 끌었다.

❖ 타미플루(Tamiflu)
바이러스가 숙주 세포로부터 빠져나오는 데 필요한 뉴라민 분해 효소(뉴라미니데이스)의 기능을 억제함으로써, 결과적으로 바이러스가 다른 세포로 감염되지 못하게 하는 약이다.

④ B형 간염 바이러스(Hepatitis B virus: HBV): 이중가닥 DNA(dsDNA)와 역전사 효소가 캡시드에 둘러싸여 있으며 DNA를 유전체로 가지고 있지만 역전사 효소를 사용하는 특이한 바이러스이다. 숙주의 중합효소에 의해 생성된 RNA에서 역전사과정을 통해 이중가닥 DNA로 복제된다.

⑽ **식물 바이러스의 질병**: 식물 바이러스는 대부분 RNA 유전체를 가진다.

① **수평 전염**: 식물이 외부로부터 바이러스에 감염되는 과정으로, 바람이나 곤충에 의해 손상을 입었을 때 감염된다.

② **수직 전염**: 식물이 부모 세대에서 감염된 바이러스를 물려받는 과정으로, 꺾꽂이나 감염된 종자를 통해 감염된다.

❖ 감기 바이러스의 경우는 감염시키는 호흡기관의 상피세포가 회복이 빨라 완벽하게 회복되지만, 소아마비 바이러스가 손상을 입히는 신경세포의 경우 더 이상 분열하지 않기 때문에 손상이 영구적으로 일어난다.

❖ 일단 바이러스가 식물세포에 들어가면 증식하기 시작하여 원형질연락사를 통해 식물체 곳곳으로 퍼질 수 있다.

심화편 Ⅱ

2 바이로이드와 프라이온(가장 단순한 감염체)

(1) 바이로이드(viroid)

바이러스보다 작은 최소의 감염성 입자이다. 단백질 껍데기가 없는 원형 RNA 분자로 단 몇 백 개의 뉴클레오타이드로 구성된 식물 감염체이며 숙주세포의 효소를 이용하는 자기 복제능력이 있다. 이들 작은 RNA 분자는 식물의 생장을 조절하는 조절 체계에 손상을 입히기 때문에 식물이 바이로이드에 감염되면 발생과 생장이 잘 일어나지 않는다.

예 미국, 캐나다 지역에서 길쭉해지는 병을 일으키는 감자에서 발견되었다.

(2) 프라이온(prion)

단백질(protein)과 비리온(virion)의 합성어로, 바이러스처럼 전염력을 가진 단백질 입자라는 뜻이다. 보통 생물체는 세포의 핵산(DNA, RNA)에 의해서 단백질을 합성하고 자기증식을 통해 번식해 나간다. 각종 병원체는 이러한 증식과정을 거쳐 병을 일으키지만 프라이온은 DNA나 RNA와 같은 핵산 없이 감염성 질환을 일으키는 것이 특징이다.

프라이온은 정상적으로 뇌세포에 존재하는 단백질이 잘못 접혀진 형태이다. 프라이온이 정상형 단백질이 들어 있는 세포 안으로 침입하면 정상적인 단백질을 잘못 접혀진 프라이온 형태로 전환시킨다. 프라이온은 10여 년 정도의 잠복기를 거칠 정도로 매우 천천히 작용한다. 또한 열이나 압력에 의해서 파괴되지 않으므로 프라이온을 파괴하는 것은 거의 불가능하며 항원으로 인식되지 않는다.

Tip

피막의 유무에 따른 바이러스의 분류

(1) **비 피막 바이러스(나출형 바이러스)**: 캡시드로 싸여있다.
- 나선형 바이러스: 담배모자이크바이러스(양성 단일가닥 RNA바이러스)
- 정20면체 바이러스: 아데노바이러스, 파보바이러스, 레오바이러스, 노로바이러스

(2) **피막 바이러스**: 캡시드 바깥쪽에 인지질 이중층의 피막으로 싸여 있다.
- 대부분의 동물성 바이러스

(3) **복합 바이러스**
- 박테리오파지(대부분 이중가닥 DNA바이러스)

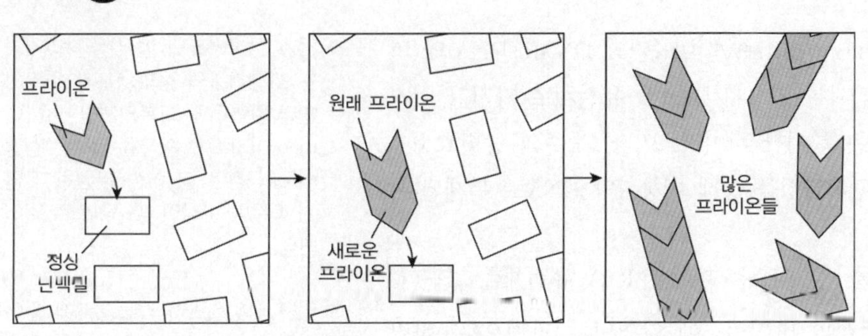

(3) 프라이온에 의한 질환

① **스크래피**(scrapie): 양(洋)이나 염소의 뇌가 광범위하게 파괴되어 스폰지처럼 구멍이 뚫리는 신경 질환을 일컫는 말로, 세포에서 발견되는 단백질의 일종인 프라이온의 변형에 의해 감염되는 것으로 추정된다.

② **광우병**(소해면상뇌증, bovine spongiform encephalopathy, BSE): 스크래피를 앓은 양의 내장 등이 들어가 소의 광우병을 발생시킨 것으로 추정한다.

③ **크로이츠펠트 – 야콥병**(Creutzfeldt–Jakob, CJD): 퇴행성 뇌 질환

④ **쿠루병**(Kuru): 파푸아뉴기니아의 동부 고원 지대 원주민에서 유행한 퇴행성 뇌 질환

❖ 크로이츠펠트-야콥병은 빠르게 진행하는 치매(인지기능 저하)와 근무력증이 나타난다.
쿠루병은 크로이츠펠트-야콥병과 비슷하지만 치매가 없는 점이 다르다.

Check Point

병원체의 비교

분류		종류	단백질	세포 구조	핵산
무생물		프라이온	잘못 접힌 단백질	없다	없다
		바이로이드	없다	없다	원형RNA
무생물과 생물의 중간		바이러스	있다	없다	DNA 또는 RNA
생물	원핵생물	세균	있다	핵이 없는 세포 구조를 갖는다	DNA와 RNA
	진핵생물	원생동물	있다	핵이 있는 세포 구조를 갖는다	
		곰팡이	있다		

3 세균에서의 유전자 전달

세균에서는 단세포이고 하나의 염색체를 가지고 있으므로 감수분열도 수정도 일어나지 않는다. 따라서 형질전환, 형질도입, 접합의 세 가지 과정을 통해 유전자 전달이 일어날 수 있으며, 유전자가 전달되면 DNA 재조합이 일어난다.

❖ 이분법으로 증식하는 세균은 여러 번 반복해서 분열해도 자손 세포는 원래의 모세포와 유전적으로 동일하다. 그러나 삽입, 결실, 염기치환 등의 돌연변이가 DNA상에서 일어나 유전적 조성이 다른 자손도 나타난다.

(1) **형질전환**(transformation)

다른 세균에서 유래한 DNA 조각이 들어가 세균의 유전자형과 표현형이 변하는 과정을 말한다.

(2) **형질도입**(transduction)

세균의 유전자가 파지에 의해서 다른 세균으로 옮겨지는 것을 말한다.

(3) **접합**(conjugation)

서로 인접해 있는 두 마리의 세균이 결합하여 유전물질이 직접 전달되는 것을 말한다. DNA의 전달은 한 방향으로만 일어난다. 공여세포(웅성세균)가 성선모를 이용하여 자성세균의 역할을 하는 수여세포(수용세포, 자성세포)를 붙잡아서 접합다리를 형성하여 DNA를 주면 자성세균이 DNA를 받는다.

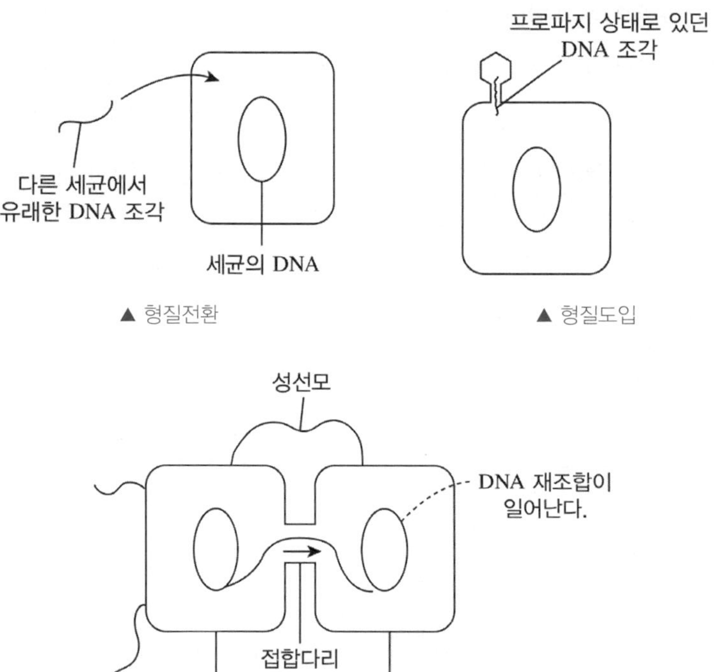

▲ 형질전환 ▲ 형질도입

▲ 접합

공여 대장균이 접합 능력을 갖는 이유는 세포 내에 존재하는 F 인자(fertility factor, 생식능력을 갖는 인자로서 복제 원점과 접합에 필요한 유전자가 있다)라 불리는 특수한 DNA 조각 때문이다. F 인자는 세균 염색체의 일부로 존재하거나 따로 플라스미드(plasmid)의 형태로 존재하며 복제 원점을 갖고 있어 DNA 복제를 시작할 수 있다. 플라스미드는 세균의 염색체

예제 | 1

원핵생물의 유전자 재조합에 대한 설명으로 옳지 않은 것은?

(국가직 7급)

① 유전자 재조합은 유전적 다양성을 증가시킨다.
② 접합은 두 세균세포 사이에서 유전물질이 직접 전달된다.
③ 수평적 유전자 전달은 다른 종 사이에 유전자를 전달하는 것이다.
④ 형질전환은 세균 바이러스인 파지가 한 숙주세포에서 다른 숙주세포로 세균의 유전자를 전달하는 것이다.

| 정답 | ④

세균 바이러스인 파지가 한 숙주세포에서 다른 숙주세포로 세균의 유전자를 전달하는 것은 형질도입이라 한다.

심화편 Ⅱ

와 별도로 존재하는 작은 원형의 DNA 분자로 스스로 복제 가능하며 세균의 생존에 필수적인 것은 아니다.

F 플라스미드와 같은 특정 플라스미드는 세균의 염색체에 가역적으로 삽입될 수 있는데 이와 같이 세균 염색체의 일부로 존재하거나 또는 일부 플라스미드와 같이 독립적으로 복제될 수 있는 유전물질을 에피좀(episome)이라고 부른다.

어떤 플라스미드는 세균의 생존에 영향을 미칠 수 있는 유전자를 갖고 있다. R 플라스미드는 페니실린이나 테트라사이클린과 같이 항생제 분해 효소를 만들 수 있는 유전자를 갖고 있으므로 R 플라스미드를 갖고 있는 세균은 항생제에 저항성(resistance, R)을 갖게 된다.

① **F^+세포와 F^-세포**: F 플라스미드를 갖는 세포를 F^+세포라 하고 F 플라스미드를 갖지 않는 세포를 F^-세포라 한다. F 플라스미드를 갖는 세포에서는 성선모가 만들어져 F^-세포 수용체에 결합해서 두 종류의 세포를 서로 가까워지게 한 다음에 F^+세포에서 F^-세포로 DNA를 전달한다. 수용세포로 전달된 단일가닥은 복제되어 다시 원형의 이중가닥 F 플라스미드가 된다. 전체 F인자가 수용세포로 전해지면 F^-세포는 F^+세포로 전환된다.

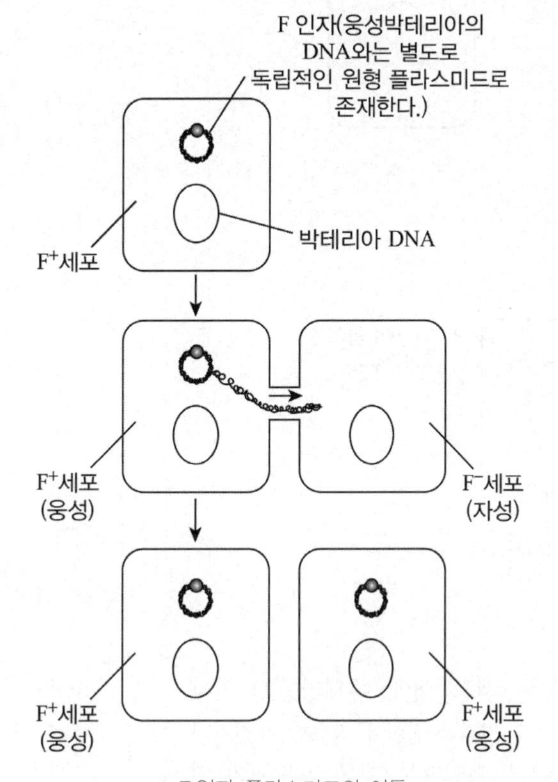

▲ F 인자 플라스미드의 이동

» F 플라스미드만 전달된다.

❖ F 플라스미드(fertility plasmid)
정상적인 환경에서는 세균의 생존에 필수적이지 않지만 환경조건이 악화되면 세균의 생존을 돕는다. 유전자 재조합을 촉진시키는 기능이 있어 악화된 환경조건에서 이점을 제공할 수 있다. 세균의 자웅을 결정하는 성 결정인자이다.

❖ R 플라스미드(resistance plasmid)
저항성을 가진 내성인자이다.

② **Hfr세포**: 고빈도 재조합(high-frequency recombination, Hfr) 균주에는 F 인자가 세균 염색체에 삽입된 형태로 존재한다. F 플라스미드에 교차가 일어나면서 세균염색체로 삽입되면 Hfr세포가 형성된다.

Hfr세균은 F^+세포처럼 행동해서 성선모를 형성하고 F^-세포와 접합을 하여 F^-세포로 DNA가 전달되는 과정은 F^+세포와 F^-세포 사이의 접합과 동일하다.

그러나 Hfr세포에는 F인자가 세균 염색체에 삽입되어 있으므로 F인자에 이어 공여세포의 DNA 일부도 수용세포로 함께 전해지게 되지만 Hfr세포와 F^-세포의 교배에서 F^-세포는 Hfr세포로 전환되지 않는다. 수용세포가 Hfr세포로 전환되려면 수용세포는 F인자 전체를 받아야 하는데 이러한 과정은 거의 드물게 나타나며 F인자의 일부만이 수용세포로 전해지기 때문이다. 대부분의 접합세포들은 전체 염색체가 전달되기 전에 서로 분리되기 때문에 극소수의 F^-세포만이 Hfr세포 또는 F^+세포로 전환된다.

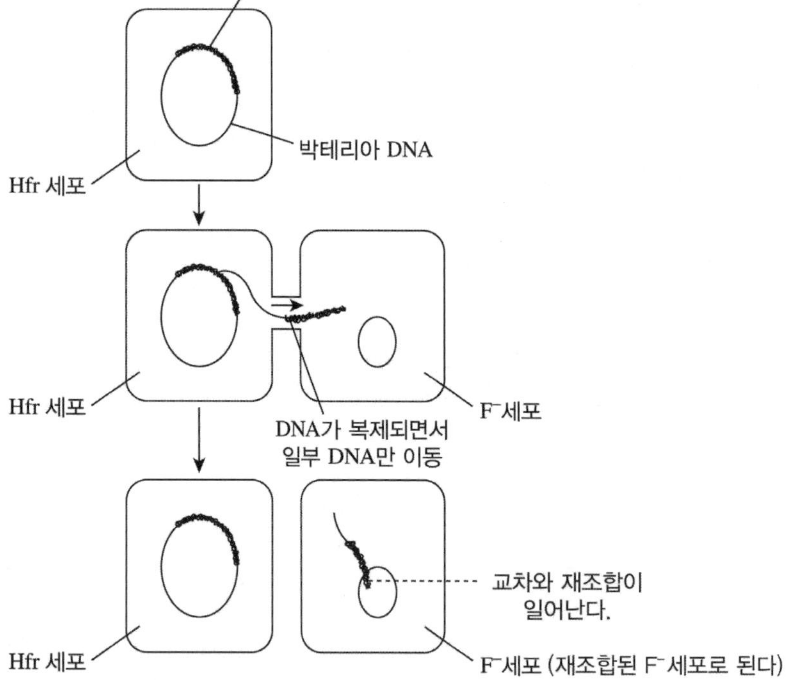

▲ 삽입된 F 인자에 의한 DNA 이동

» F 인자 외에 공여세포의 DNA 일부도 전달된다(공여세포의 DNA는 복제되어 전달되므로 DNA 손실은 없다).

심화편 Ⅱ

21 DNA 기술

1 재조합 플라스미드를 이용한 유전자 클로닝

어떤 생물에서 특정 DNA를 잘라 운반체에 삽입하여 재조합 DNA를 얻은 후 세균과 같은 생물체에 주입하여 형질을 발현시키는 기술이다.

(1) 플라스미드

대장균에 기생된 고리 모양의 이중가닥 DNA 사슬로 유전자 운반체(벡터)로 사용되며 세균 세포 속에서 스스로 복제한다.

(2) 유전자 재조합

① 플라스미드를 대장균에서 분리한다.
② 플라스미드의 DNA 사슬을 제한효소로 절단한다.
③ 여기에 우리가 원하는 유전자가 들어 있는 DNA 사슬을 DNA 연결효소(DNA ligase)를 사용하여 연결시킨다.
④ 이것이 재조합 DNA이다.
⑤ 재조합된 플라스미드를 배양이 쉽고 번식력이 강한(1세대가 짧다) 숙주인 대장균에 이식한다.
⑥ 대장균은 특정 기능(우리가 원하는 형질의 합성기능)을 갖게 되며 계속해서 증식된다.
⑦ 새로운 유전자 재조합 DNA를 갖는 대장균이 많이 증식되고, 이들에 의해 특정 물질이 합성되며 이를 정제하여 약품으로 개발한 후 환자에게 투여한다.

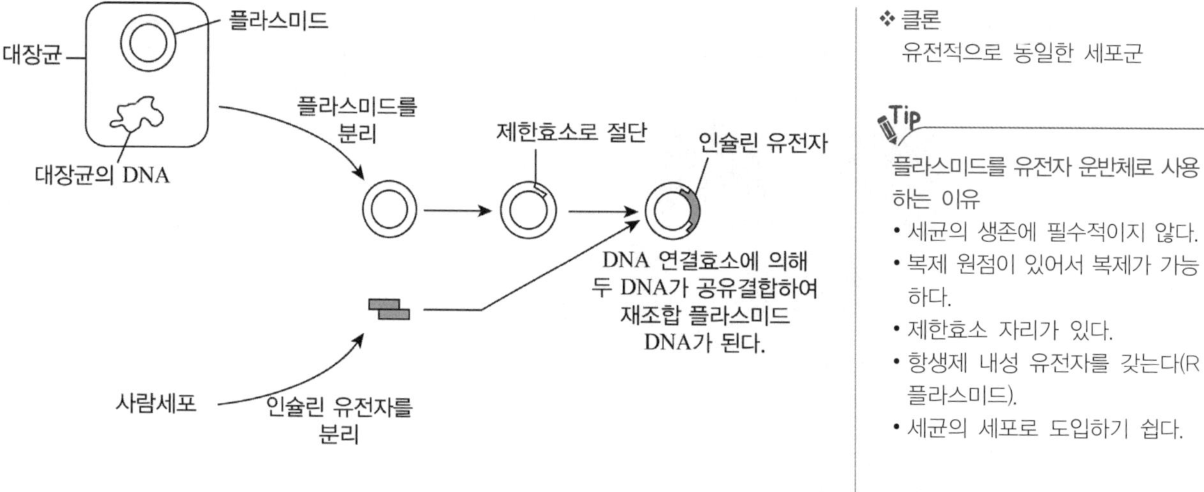

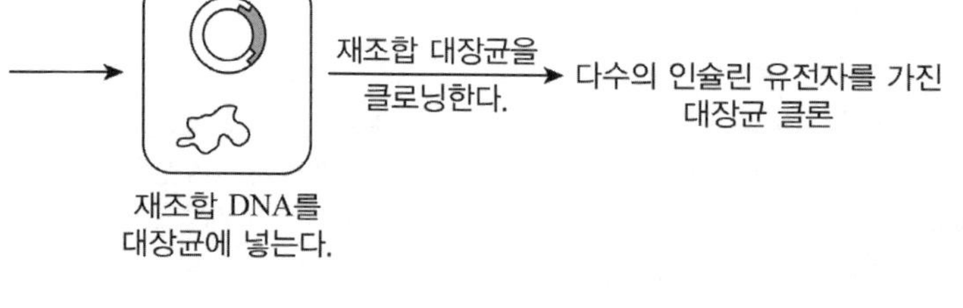
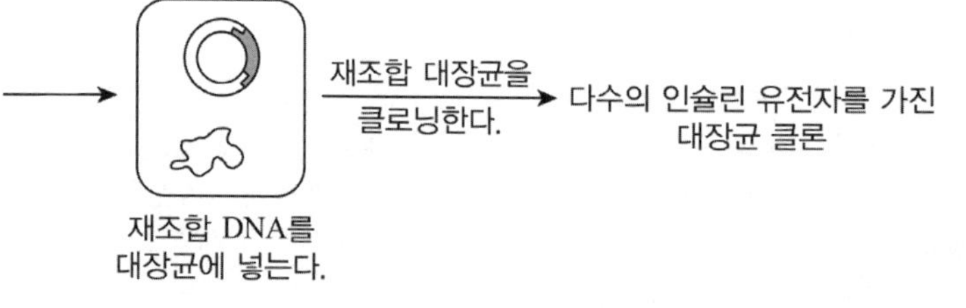

❖ 클론
유전적으로 동일한 세포군

Tip

플라스미드를 유전자 운반체로 사용하는 이유
- 세균의 생존에 필수적이지 않다.
- 복제 원점이 있어서 복제가 가능하다.
- 제한효소 자리가 있다.
- 항생제 내성 유전자를 갖는다(R 플라스미드).
- 세균의 세포로 도입하기 쉽다.

실험 형질전환 대장균의 선별

① 그림과 같은 플라스미드를 시험관에 넣고 테트라사이클린(tetracycline) 내성 유전자 부위를 인식하는 제한효소를 처리한 후 같은 효소로 처리하여 얻은 인슐린 유전자를 넣는다.

② 이러한 과정을 거친 시험관에 DNA 연결효소를 처리하여 재조합 플라스미드를 만들고 이를 암피실린(ampicillin)과 테트라사이클린에 대한 저항성이 없으며 플라스미드가 없는 대장균에 넣는다.

테트라사이클린 내성 유전자
사람의 인슐린 유전자
암피실린 내성 유전자
제한효소로 절단
대장균에 삽입
인슐린 유전자
재조합 플라스미드

③ 이 대장균을 항생제가 없는 배지에서 배양한다.

④ 배양하여 얻은 대장균을 그림과 같은 방법으로 복사하여 암피실린이 포함된 배지에서 배양한다.

⑤ 암피실린이 포함된 배지에서 배양하여 얻은 대장균을 그림과 같은 방법으로 다시 복사하여 테트라사이클린이 포함된 배지에서 배양한다.

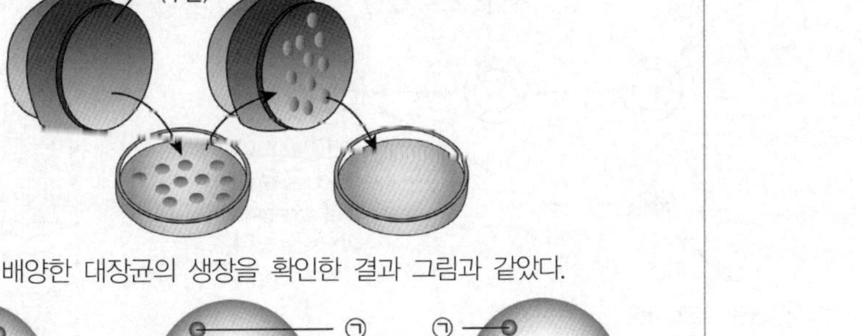

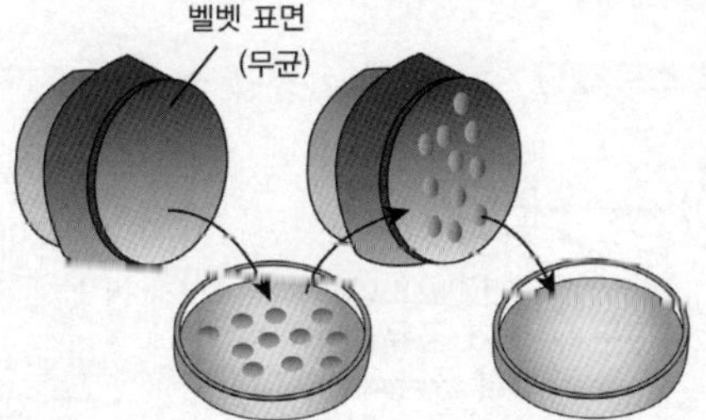

⑥ 각 과정에서 배양한 대장균의 생장을 확인한 결과 그림과 같았다.

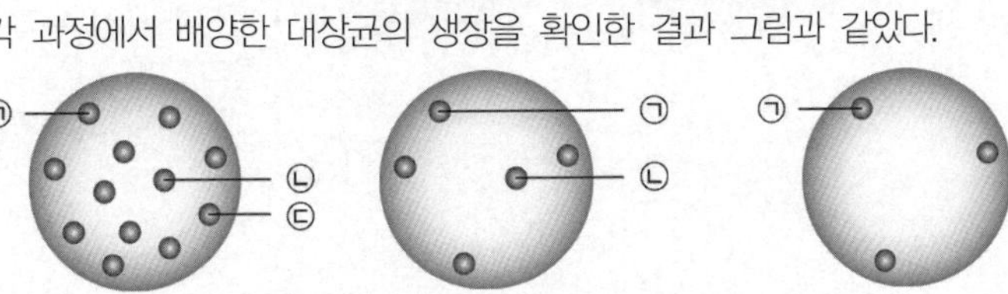

▲ 항생제가 없는 배지 ▲ 암피실린 배지 ▲ 테트라사이클린 배지

⑦ 암피실린 배지와 테트라사이클린 배지에서 모두 군체를 형성하는 ㉠은 재조합되지 않은 플라스미드가 도입된 대장균이고, 암피실린 배지에서는 군체를 형성하지만 테트라사이클린 배지에서는 군체를 형성하지 못하는 ㉡이 재조합 플라스미드가 도입된 대장균이다. 암피실린 배지와 테트라사이클린 배지에서 모두 군체를 형성하지 못하는 ㉢은 플라스미드가 도입되지 않은 대장균이다.

❖ 군체(콜로니, colony)
분열을 통하여 얻은 자손들이 분리되지 않고 서로 붙어 사는 개체들의 집합

Check Point

lacZ 유전자에 의해 암호화되는 β−갈락토시데이스는 흰색의 X-gal이라는 화합물을 분해하여 청색으로 변화시킨다. 암피실린 저항성 유전자와 인슐린과 동일한 제한효소 절단부위가 있는 *lacZ* 유전자를 갖는 플라스미드를 벡터로 사용하여 유전자를 클로닝하였다.

(1) **암피실린 함유배지에서 생존하며 청색을 띠는 대장균:** 재조합되지 않은 플라스미드를 갖는 대장균
(2) **암피실린 함유배지에서 생존하며 흰색을 띠는 대장균:** 재조합된 플라스미드를 갖는 대장균
(3) **암피실린 함유배지에서 생존하지 못하는 대장균:** 플라스미드를 갖지 않는 대장균

(3) 제한효소(제한핵산 내부가수분해효소: restriction endo nuclease)

DNA사슬을 절단하는 효소를 제한효소라 하며 생산균 속명의 머리글자 1문자, 종소명의 머리글자 2문자 및 주명(株名)을 붙여 써서 표시한다. 예를 들면 대장균 Escherichia coli의 B주에서 발견된 제한효소는 Eco B라고 표기한다. 제한효소가 인식하는 DNA 부위를 제한효소 자리라고 하며 제한효소 자리는 두 가닥 모두 5′ → 3′로의 염기서열이 동일한 대칭성을 보인다(회문구조, palindrome structure).

```
5′-A |A G C T  T-3′      5′-G C |G G C C  G C-3′
3′-T  T C G A| A-5′      3′-C G  C C G G| C G-5′
```

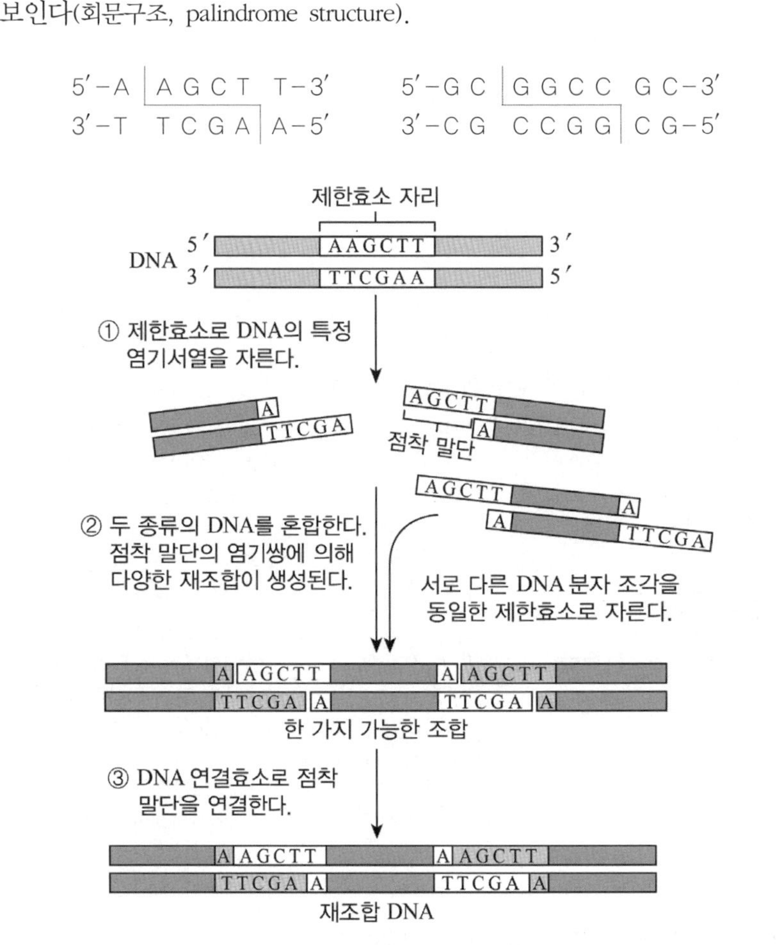

▲ 재조합 DNA를 만드는 과정

(4) 진핵세포의 유전자를 세균에서 발현시키는 경우의 문제점 극복

① 세균의 DNA에는 인트론이 없으므로 세균 세포는 스플라이싱 기작이 없다. 따라서 진핵세포의 특정유전자를 세균에서 발현시킬 경우 역전사효소를 사용하여 스플라이싱이 끝난 mRNA를 주형으로 하여 DNA를 합성한다. 이렇게 역전사에 의해 만들어진 DNA를 상보적 DNA (complementary DNA, cDNA)라고 한다. 이와 같이 인트론을 함유하고 있지 않고 엑손만을 포함한 유전자 형태인 cDNA를 사용함으로써 스

❖ 대장균은 제한효소를 만들어 자신에게 주입된 파지의 DNA를 잘라서 살아남는다(자연선택).
제한효소의 이름은 파지가 세균을 감염시키는 능력을 제한하는 효소의 활성에서 유래되었다.

❖ 대장균은 제한효소 자리에 있는 염기에 메틸기(CH_3)를 첨가함으로써 자신의 DNA를 보호한다.

❖ 점착말단(접착말단, sticky end)
제한효소에 의해 절단된 단일가닥 말단으로 상보적인 점착말단과 수소결합 염기쌍을 형성한 후 DNA연결효소(DNA ligase)에 의해서 인산화 당 구조 간에 공유결합하여 완전하게 연결된다.

❖ 평활 말단(blunt end)
단일 가닥이 없는 이중 가닥의 DNA 결합 부위 말단

플라이싱기작이 없는 세균에 진핵세포의 유전자를 발현시킬 경우의 문제점을 극복할 수 있다.

② 세균 세포는 프로모터와 DNA 조절요소가 진핵세포와 차이가 있으므로 진핵세포의 유전자가 삽입되는 제한효소 자리의 앞부분에 강력한 세균의 프로모터가 존재하는 발현 벡터를 사용하면 세균 세포는 세균의 프로모터를 인식하고 유전자를 발현시키게 된다.

❖ 발현 벡터(Expression vector)
진핵세포의 유전자를 세균에서 발현시키기 위해서는 클로닝한 유전자를 세균의 유전자 발현 체계에서 발현이 가능하도록 프로모터, 리보솜 결합부위, 전사종결부위 등을 적절히 디자인한 발현 벡터를 사용한다.

(5) 무차별 클로닝(shotgun cloning, 샷건 클로닝)

개체가 가지고 있는 특정 유전자를 목표로 하지 않고 클로닝하는 방법으로 서로 다른 DNA 조각을 갖는 재조합 플라스미드의 수많은 박테리아 클론들이 만들어진다.

(6) 유전자 치료(gene therapy)

유전자 재조합 기술을 이용하여 유전자 운반체(독성이 제거된 바이러스: 벡터로 작용)에 정상 유전자를 삽입시킨 다음, 이 유전자 운반체를 환자의 세포에 감염시켜 정상 유전자가 염색체 안으로 들어가게 한다.

❖ 치료된 환자의 모든 체세포가 정상 유전자를 갖는 것은 아니고 정상 유전자로 치환된 세포에서 유래한 딸세포만 정상 유전자 산물을 갖게 되는 것이므로 자손에게 전달되지는 않는다.

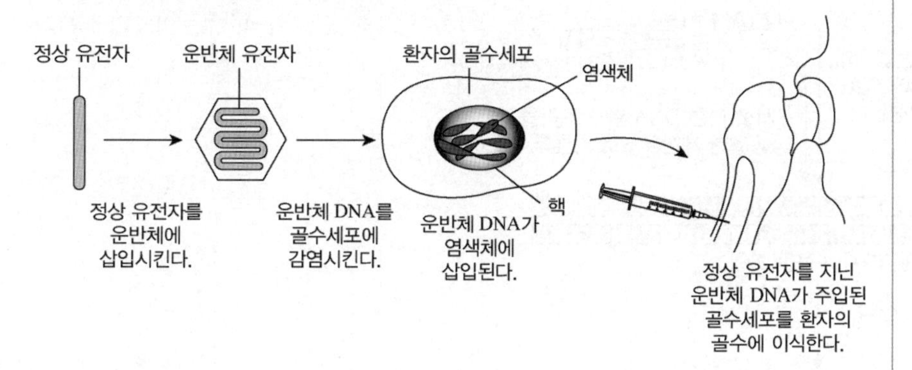

❖ 유전자 치료의 문제점
- 성공 확률이 낮고 모든 유전병에 적용할 수 없다.
- 정상유전자가 원하는 곳이 아닌 다른 부위에 삽입 되었을 때 백혈병과 같은 심각한 질병을 일으킬 수 있다.
- 정상유전자로 치환된 체세포의 수명에 한계가 있으므로 주기적으로 정상유전자를 가진 세포를 주사해야 한다.

2 유전자 변형 생물(genetically modified organism, GMO)

재조합 DNA 기술로 유용한 유전자를 도입하여 유전자를 변형시킨 생물인 유전자 변형 생물은 기존의 번식 방법으로는 가질 수 없는 형질이나 유전자를 지니도록 개발된 생물체이다.

(1) 유전자 변형 식물의 생산

① Ti 플라스미드(tumor-inducing plasmid)는 Agrobactrium tumefaciens라는 세균으로부터 분리된다. 이 세균은 토양의 양분이 부족해지면 식물에 침투해서 기생하는 특징이 있는데, 이들은 자신의 유전자를 식

물에 이식해서 줄기 혹은 뿌리에 비정상적인 혹이 생기게 하며 자신의 생장에 필요한 물질인 오파인(opine) 등을 생산하게 한다. 이와 같이 아그로박테리움은 자신의 유전자를 식물체 유전자에 이식·삽입하는 형질전환 능력이 뛰어나다(아그로박테리움이 가지고 있는 Ti 플라스미드의 T-DNA 부위가 식물의 유전체에 삽입되어 형질전환이 일어난다는 것을 알 수 있다).

❖ T-DNA(transforming DNA)

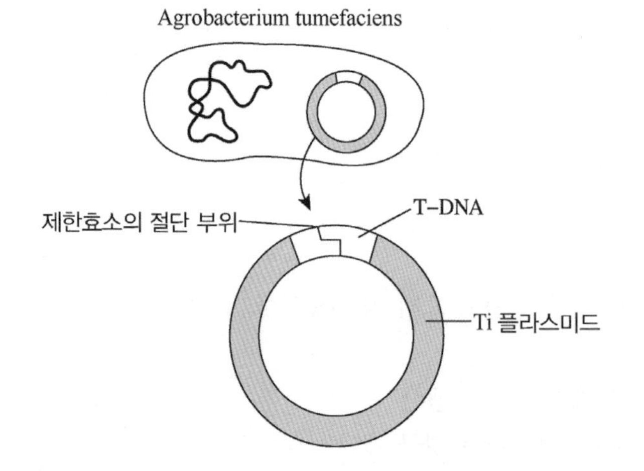

② 목적 DNA와 T-DNA를 동일한 제한효소로 절단한 후 플라스미드와 목적 DNA를 DNA 연결효소(DNA ligase)를 이용해 연결한다.

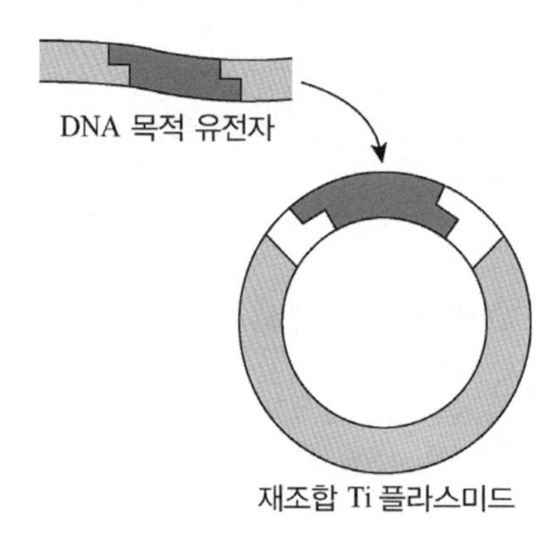

③ 재조합 Ti 플라스미드를 식물세포 안으로 유입시킨다. 플라스미드가 세포 안으로 들어가면 T-DNA는 목적 DNA와 함께 Ti플라스미드로부터 빠져나와 식물세포 염색체로 삽입된다.

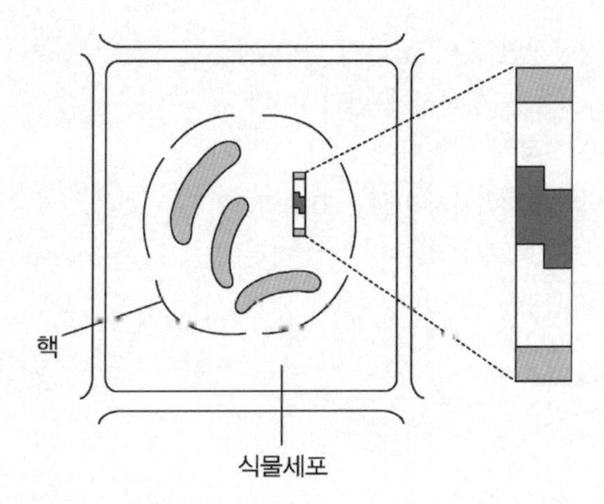

④ 특정 유전자로 형질전환된 식물세포는 재생되어 특정 유전자의 특성을 나타내는 새로운 식물로 자라게 된다.

⑤ 유전자 변형 식물

㉠ 병충해에 내성이 강한 옥수수나 콩을 만들고 오래 저장해도 물러지지 않는 토마토

㉡ 제초제나 해충에 저항성을 나타내는 작물의 생산

㉢ 비타민A의 전구체인 베타카로틴을 생산하는 황금 쌀

(2) **유전자 변형 동물의 생산**: 매우 가는 주사 바늘을 이용해 DNA를 동물의 난자나 수정란에 직접 주입하여 외부의 DNA가 수정란의 핵 유전체로 완벽하게 끼어 들어가도록 하면 이 세포는 외부 유전자의 형질을 발현하게 된다. 이렇게 형질 전환된 수정란을 대리모의 자궁에 착상시켜 형질 전환 동물(transgenic animal)을 생산한다.

① 생장호르몬 유전자를 주입하여 만든 슈퍼 생쥐

② 사람의 혈액응고 단백질을 생산하는 흑염소 (혈우병 환자 치료)

③ 사람의 모유성분인 락토페린을 생산하는 젖소

④ 일반연어 보다 빠르고 크게 생장하는 슈퍼연어

(3) 형질 전환 생물의 장점

① 식량문제 해결 (병충해에 강하고 수확량이 많은 품종의 생산)

② 농가 소득 향상 (생산비를 절감하고 적은 노동력으로 수확)

③ 환경문제 해결 (병충해에 강한 식물-제초제, 살충제사용을 감소)

④ 농경지 부족 문제 해결 (척박한 환경에서도 농작물을 수확)

(4) 형질 전환 생물의 문제점

① 인체의 안정성 문제 (독성이나 알레르기 반응의 가능성)

② 슈퍼잡초 등장 가능성 (도입된 유전자가 잡초에게 전달될 가능성)

③ 해충을 죽이는 독소유전자가 삽입된 작물에 의해 다른 곤충의 피해 가능성

④ 단일품종의 GMO식물만 재배하면 생물다양성이 감소할 수 있다.

(5) 형질 전환 생물과 환경 분야

① **환경 정화**: 생명 공학에서는 폐기물 오염을 줄이기 위해 생물의 물질 분해 능력과 다양한 물질 변환 능력을 이용하여 환경오염 물질을 제거하는 생물 제재를 개발하고 있다.

㉠ 토양 속의 중금속을 잘 흡수하고 내성이 강한 식물을 이용하여 물을 정화하거나 토양오염을 줄이는 방법이 연구되고 있다. 또, 중금속을 흡수할 수 있도록 유전자를 조작한 식물도 개발되고 있다. 그 예로 중금속 흡수 유전자나 무독화 유전자가 삽입된 포플러, 중금속 흡착 능력이 우수한 가로수 등 형질 전환 식물이 있다.

㉡ 유전자 조작으로 석유를 분해하는 세균을 만들어 선박 사고로 유출된 기름에 의해 오염된 바다를 정화하는 데 이용되며 또한 중금속을 흡착하고, 농약이나 플라스틱 등을 분해하는 미생물을 개발하여 농축산 폐수, 산업폐수, 폐기물을 정화하는 기술도 개발되고 있다.

② **신재생 에너지 생산**: 생물을 이용한 신재생 에너지를 개발하여 화석연료 사용을 줄임으로써 대기오염을 감소시킬 수 있다. 물을 광분해하는 생물체를 개발하여 수소 기체를 생산해 에너지로 이용하거나, 알코올 발효 효율을 높이도록 형질 전환한 효모를 개발함으로써 바이오에너지 생산에 기여할 수 있다.

③ **문제점과 대책**

유전자 변형생물(GMO)이 음식으로 사용되고 있다는 점은 계속적인 논란의 주제가 되고 있으며, 재조합 DNA로 형질 전환된 미생물이 자연 생태계에서 급속하게 증식하거나, 재조합 DNA가 다른 생물체에 전이되어 생태계를 교란시키는 등의 문제점이 나타날 수 있어 이러한 점을 고려한 연구가 신중하게 진행되어야 한다.

예제 | 1

최근 유전자 변형 작물의 안전성에 대한 사회적 우려와 논쟁이 확산되고 있다. 생물학적 관점에서 유전자 변형 작물의 문제점이 아닌 것은? (지방직 7급)

① 내성 유전자를 가진 유전자 변형 작물의 자손이 방제가 불가능한 식물체로 변화될 수 있다.
② 형질 전환 유전자들이 인근 다른 종의 생물에게 전달될 수 있다.
③ 유전자 변형 식품 내 변이 유전자의 단백질 산물 등에 의해 질병을 유발할 수 있다.
④ 유전자 조작에 의해 곡물의 생산력과 영양학적 특성을 개선시킬 수 있다.

| 정답 | ④
④는 문제점이 아니고 장점에 해당된다.

3 유전자 도서관

샷건 클로닝에 의해 만들어진 클론 전체를 유전자 도서관(genomic library)이라 한다. 대장균의 플라스미드 외에 파지도 유전자 클로닝을 위한 벡터로 사용된다.

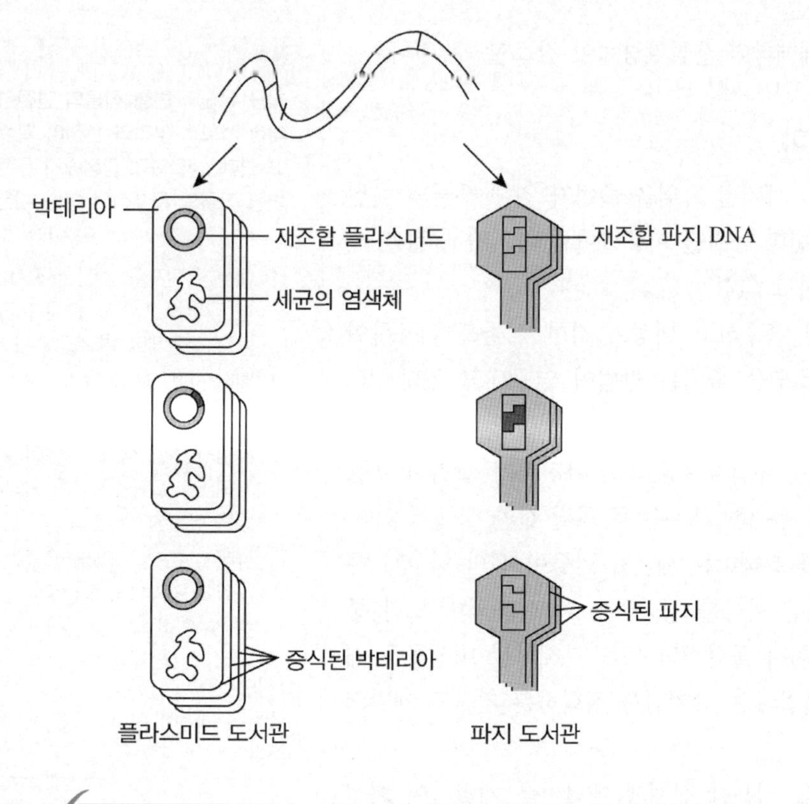

Check Point

유전자 운반체(벡터)

(1) 박테리아 플라스미드(plasmid)
  삽입할 수 있는 외부 DNA 사이즈가 아무리 커도 10kb정도의 DNA를 운반할 수 있다.

(2) 파지 벡터(bacteriophage)와 코스미드(cosmid): 바이러스 벡터
  삽입 DNA 크기를 조금 늘릴 수 있다 하여도 50 kb정도의 DNA를 운반할 수 있다.
  ① 파지 벡터: 파지유전자를 기초로 하여 인공적으로 형성된 유전자 클로닝벡터
  ② 코스미드: 람다(lambda) 파지의 cos 유전자를 포함하고 있는 재조합 플라스미드

(3) BAC(Bacterial Artificial Chromosome): 박테리아 인공염색체
  길이가 긴 유전자조각을 증식할 수 있는 특징을 가진 박테리아의 염색체를 이용해 만든 인공 염색체로, 최대 200~300kb의 DNA를 운반할 수 있다.

(4) YAC(Yeast Artificial Chromosome): 효모 인공 염색체
  ① 효모 인공 염색체는 효모의 유전체 DNA를 조작하여 박테리아의 플라스미드에 연결하여 만든 벡터로 클로닝 벡터 시스템은 삽입할 수 있는 DNA 크기가 약 50 kb에서 2,000 kb 정도로 크다. 이렇게 큰 삽입 DNA(insert DNA)를 운반할

수 있는 특징 덕분에 인간유전체 프로젝트를 수행했던 국제연구팀이 유전자 도서관을 제작할 때, 세균 인공염색체(BAC)와 함께 중요한 벡터 시스템으로 사용하였다.

② YAC가 BAC와 같은 원핵세포 기반 플라스미드 벡터에 비하여 달리 갖는 장점

a. 효모는 세균만큼 배양하기 쉬우며 진핵세포 사이에서는 드물게 플라스미드를 가지고 있다.

b. 진핵세포에 도입하여 발현시킬 때 RNA스플라이싱을 가능하게 하는 것 외에 단백질에 따라 정상적인 기능을 위해 필요로 하는 진핵세포가 가지는 여러 가지 변형, 전사 후 변형이나 번역 후 변형이 가능하다는 것

c. 워낙 긴 DNA 조각을 운반할 수 있기 때문에 전체 유전체 DNA를 셀 수 있을 정도의 벡터에 나누어 넣어 분석할 수 있다는 점이다.

4 핵산 혼성화(유전자 도서관에 있는 특정 유전자를 찾는 방법)

GCCTCGA라는 염기서열을 갖고 있는 유전자를 찾고자 할 때 이와 상보적인 염기서열(CGGAGCT)을 갖는 단일가닥 DNA를 합성한 후에 이 DNA를 방사성 동위원소나 형광 물질로 표지한다. 이렇게 표지된 DNA가 수많은 DNA에 섞여 있는 특정 유전자와 상보적으로 결합하면 찾고자 하는 유전자를 찾을 수 있다. 이와 같이 형광 표지한 단일가닥 DNA는 특정 유전자를 찾는 데 사용되므로 핵산 탐지자(핵산 탐침, nucleic acid probe)라고 부른다.

탐침분자를 초파리의 배아에 적용할 경우 배아세포가 전사하는 많은 mRNA에서 상보적인 염기서열과 특이적으로 혼성화된다. 이러한 기술로 우리는 생명체 내의 특정 장소(in situ)에서 발현되는 mRNA를 볼 수 있는데 이를 제자리 혼성화(in situ hybridization)라고 한다.

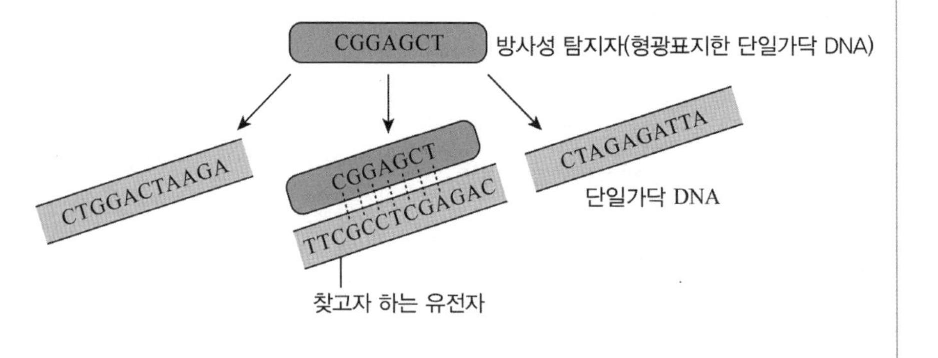

❖ 전기천공법
진핵세포 내로 재조합 DNA를 도입하기 위해 세포가 있는 시료에 전기자극을 주어 세포막을 통해 DNA가 들어갈 수 있는 구멍을 만드는 방법

❖ 종간의 유전자 발현
안구 형성에 관련된 유전자의 발현을 촉진시키는 PAX-6 단백질은 *Pax-6* 유전자에서 발현된다. 생쥐의 *Pax-6* 유전자를 초파리의 배아에 삽입하면 초파리의 겹눈 형성이 유도되었고, 초파리의 *Pax-6* 유전자를 개구리의 배아에 삽입하면 개구리 눈 형성이 유도되었다. 이렇게 종과 관계없이 다른 종 사이에도 유전자의 발현을 유도할 수 있는 것은 공통적인 조상에서 진화되었다는 것을 증명하고 있다.

5 마이크로어레이

마이크로어레이(microarray, 유전자 미세 배열 기법)는 특정 세포가 특정 시기에 발현하는 유전자가 무엇인지를 알아내기 위하여 수천 개에 달하는 여러 유전자의 DNA 조각을 단일가닥으로 만들어 유리 슬라이드글라스 위에 바둑판 모양으로 배열하여 고정시킨 것이다.

① 어떤 유전자가 발현되고 있는지를 알아내기 위하여 검색하고자 하는 세포의 mRNA를 분리한다.

② 이 mRNA와 역전사효소를 이용하여 각각의 mRNA에 상보적인 cDNA를 합성한다.

❖ mRNA는 불안정하고 수명도 짧아서 실험에 사용하기 부적절하므로 cDNA를 합성하여 사용한다.

③ 이때 형광물질로 표지된 뉴클레오타이드를 이용해 cDNA를 합성하여 cDNA가 형광물질을 띠게 한다.

④ 형광물질로 표지된 cDNA를 마이크로어레이(DNA chip)에 들어 있는 DNA 조각과 결합시킨다.

⑤ cDNA와 마이크로어레이의 특정 지점에 부착되어 있는 DNA 조각이 상보적이라면 cDNA 분자가 붙어서 고정되어 형광 신호를 낼 것이다. 각 점들의 형광 강도는 그 점들의 유전자가 발현된 정도를 나타내준다.

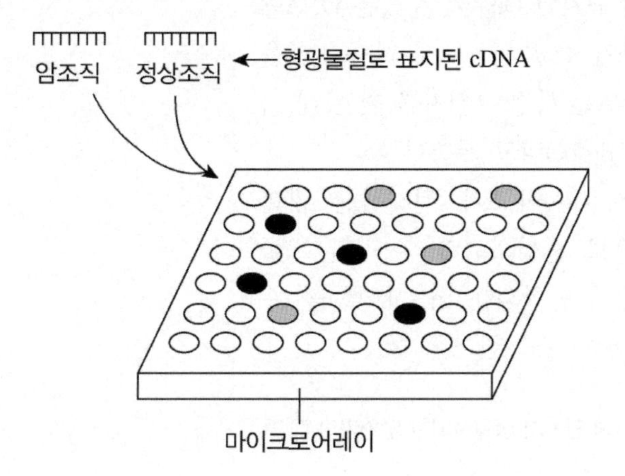

» 정상세포의 cDNA는 초록색 형광으로 표지하고 암세포의 cDNA는 적색 형광으로 표지한다.

[결과]
- 초록색 점: 정상세포에서는 발현되지만 암세포에서는 발현되지 않는 유전자
- 적색 점: 암세포에서는 발현되지만 정상세포에서는 발현되지 않는 유전자
- 노란색 점: 정상세포와 암세포에서 모두 발현되는 유전자
- 무색 점: 정상세포와 암세포에서 모두 발현되지 않는 유전자

6 겔 전기영동

전기장이 걸린 겔(gel)에서 단백질이나 핵산과 같은 분자를 전기적 전하나 크기에 따라 분리하는 방법이다. 유리판 사이에 겔이 들어 있는 납작한 직사각형 판의 한 끝에 DNA가 들어갈 수 있는 홈을 만들고 그 홈에 각 시료(제한효소에 의해 생성된 DNA 절편의 혼합물)를 넣는다. 여기에 전극을 걸어주면 DNA는 인산기를 갖고 있어 **음전하**를 띠므로 **음극에서 양극**으로 이동한다. 길이가 긴 DNA 조각은 작은 조각보다 이동 속도가 느리므로 DNA가 길이에 따라서 분리되어 여러 개의 띠가 나타나게 된다.

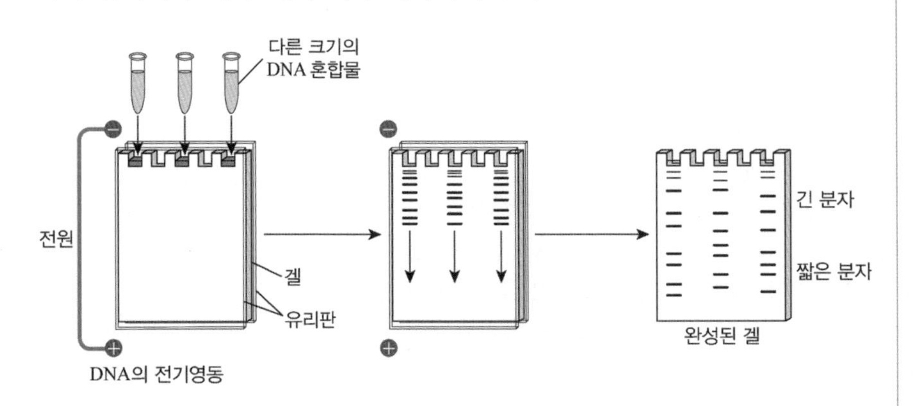

DNA의 전기영동

7 제한효소 단편 길이 다형성 실험

동종의 시료, 또는 서로 다른 두 개체 간 염기서열의 차이를 검출하는 방법이다. 제한효소로 자른 DNA 조각을 겔 전기영동으로 분리하면 제한 단편의 크기에 따라 분리되어 여러 개의 띠가 나타나게 된다. 이와 같이 DNA를 제한효소로 절단했을 때 절단된 유전자의 길이가 개인에 따라 다양하게 나타나는 현상을 제한효소 단편 길이다형성(restriction fragment length polymorphisms, RFLP)이라고 한다.

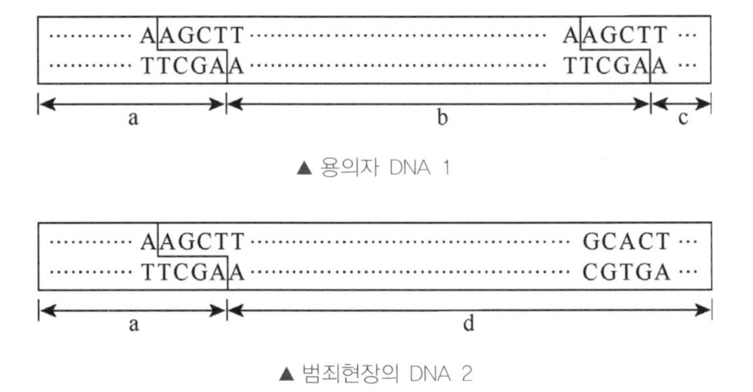

▲ 용의자 DNA 1

▲ 범죄현장의 DNA 2

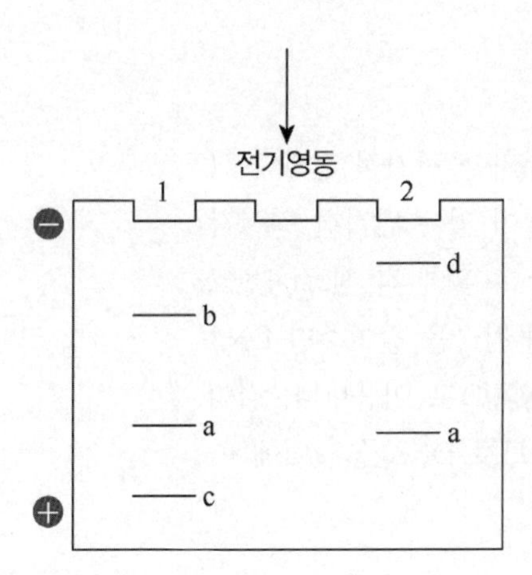

» 1과 2가 일치하지 않으므로 용의자는 범인이 아니다.

예 제한효소 단편 길이 다형성은 염기서열의 특정 부위에 점 돌연변이(point mutation)가 나타나면서 제한효소로 이 부위를 절단했을 때 생기는 절편의 길이가 사람마다 다양하게 나타나는 점을 이용한 분석방법이다. RFLP법은 돌연변이 유전자를 추적하는 데 사용될 수 있기 때문에 한 가계 내에서 어떤 구성원이 돌연변이를 지니고 있는지를 알 수 있다. 다음은 정상 적혈구 유전자와 돌연변이가 일어난 낫모양 적혈구 유전자를 같은 제한효소(Mst Ⅱ)로 잘라 DNA 조각을 만든 후 전기영동으로 분리한 결과를 나타낸 것이다.

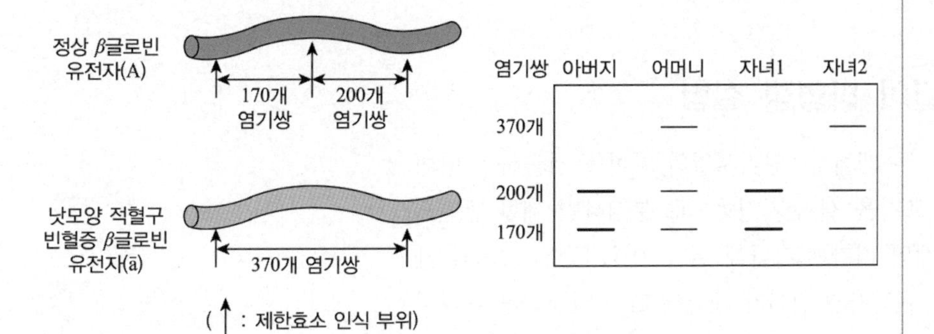

[결과] 아버지: AA, 어머니: Aa, 자녀1: AA, 자녀2: Aa

예제 | 2

DNA를 제한효소로 처리하여 만들어진 유전자 절편의 클론을 모아놓은 집합을 무엇이라고 하는가? (서울)

① 유전자 도서관　　② 제한효소 절편 형성
③ 마이크로 어레이　　④ 유전자 재조합

| 정답 | ①
샷건 클로닝에 의해 만들어진 클론 전체를 유전자 도서관이라 한다.

8 DNA 프로파일링(DNA profiling)

DNA 프로파일링(DNA profiling)은 DNA 핑거프린팅(DNA fingerprinting) 또는 DNA 타이핑(DNA typing)이라고도 하는데 동일한 염기서열이 반복되는 부위를 포함한 DNA의 부위는 사람마다 반복되는 횟수가 다르기 때문에 개인 식별에 사용될 수 있다. DNA 프로파일링에는 VNTR(variable number of tandem repeat: 가변수 직렬반복) 및 STR(short of tandem repeat: 짧은 직렬반복)법을 꼽을 수 있다. 이는 염색체 속의 DNA 염기서열이 일정한 반복구조를 갖고 있다는 점에 착안한 것으로, 염기서열의 반복구조는 개인별로 적게는 1회에서 많게는 수십 회까지 나타난다. STR은 VNTR과 유사하지만 반복서열이 짧아 2개에서 9개 염기쌍으로 된 서열이 경우에 따라 7번에서 40번 정도 반복되는 특성을 갖는데 단위 반복의 횟수 차이에 의한 증폭된 DNA 단편의 길이의 차이가 발생하는 것을 이용한다. 한 개의 좌위만 분석하면 같은 유전자형을 가질 확률이 많으나 여러 개의 좌위를 분석하면 개인 식별 확률이 점점 높아지고 10개 이상의 좌위를 분석하면 전 세계 인구를 커버할 수 있는 확률이 된다(인간 유전체에 수백 개의 STR이 있지만 그 중에 몇 개만 DNA감식에 이용한다).

또한 STR 분석은 기존의 제한효소 단편 길이 다형성(RFLP) 등을 분석하는 방법으로는 검출이 불가능했던, 적은 양의 시료나 부패하여 훼손된 시료도 분석이 가능하다.

9 서던 블로팅

서던 블로팅(Southern blotting)은 생물체의 DNA 게놈에서 관심 대상인 특정 DNA 절편의 유무를 검정하기 위한 기법으로, 겔 전기영동과 핵산 혼성화를 조합하여 특정 유전자의 일부를 포함하는 DNA 절편으로 구성된 밴드를 구별해 낼 수 있다.

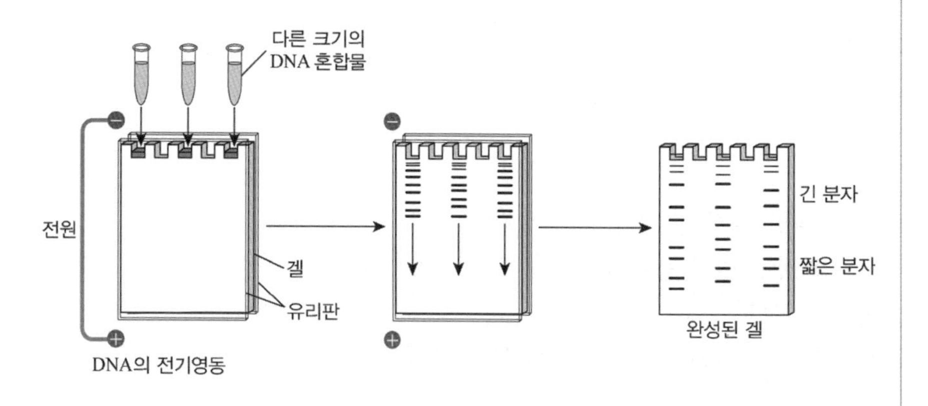

예제 | 3

DNA 지문법(fingerprinting)에 대한 설명으로 옳지 않은 것은? (지방직 7급)

① 제한효소절편길이 다형성(RFLP) 분석을 통해 DNA 시료 간의 유사한 점과 상이한 점을 구별한다.
② 유전체 안에서 짧은 직렬 반복서열(STRs)길이의 다양성이 유전자 지문으로 사용된다.
③ 친자 확인에 이용할 수 있다.
④ 일란성 쌍생아 사이의 유전정보 차이도 쉽게 구별할 수 있다.

| 정답 | ④
일란성 쌍생아 사이는 유전정보 차이가 나타나지 않는다.

❖ 좌위(loci)
염색체상에 유전자가 위치하는 자리

심화편 Ⅱ

① 대상자 세 명의 백혈구에서 DNA를 추출하여 제한효소와 함께 섞는다(대상자 I은 질병의 보인자를 가지고 있는 것으로 이미 알고 있다).

② 각 시료의 제한효소 절편들은 전기영동에 의해서 분리되고 시료에 따라 특징적인 띠를 형성한다.

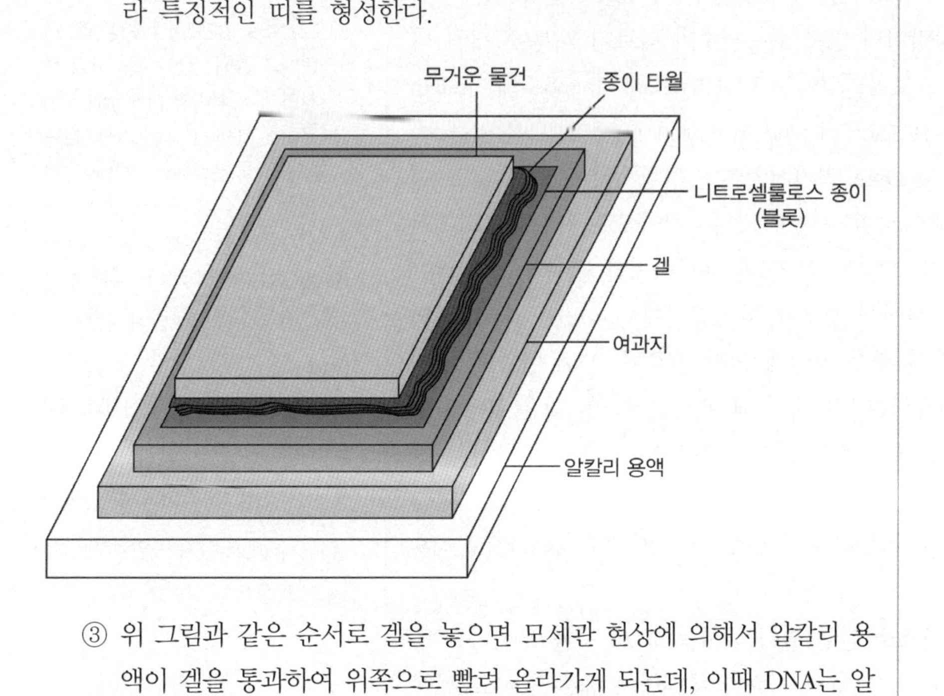

③ 위 그림과 같은 순서로 겔을 놓으면 모세관 현상에 의해서 알칼리 용액이 겔을 통과하여 위쪽으로 빨려 올라가게 되는데, 이때 DNA는 알칼리 용액을 따라 니트로셀룰로스 종이로 이동된다. 이 과정에서 이중나선 가닥 형태의 DNA가 변성되어 단일가닥의 DNA가 된다. 종이 블롯에 붙은 DNA의 단일가닥은 겔의 DNA 위치와 동일한 곳에 위치하게 된다.

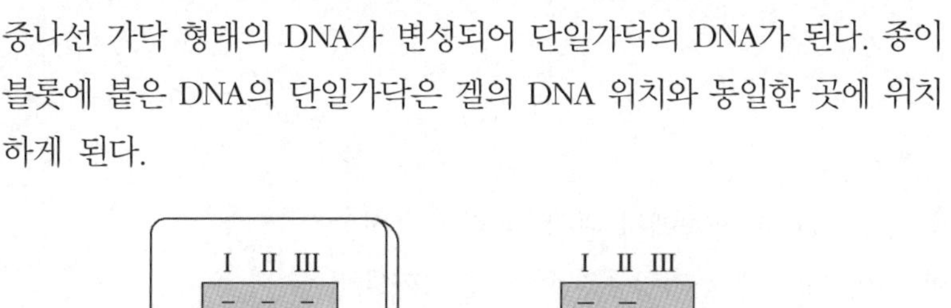

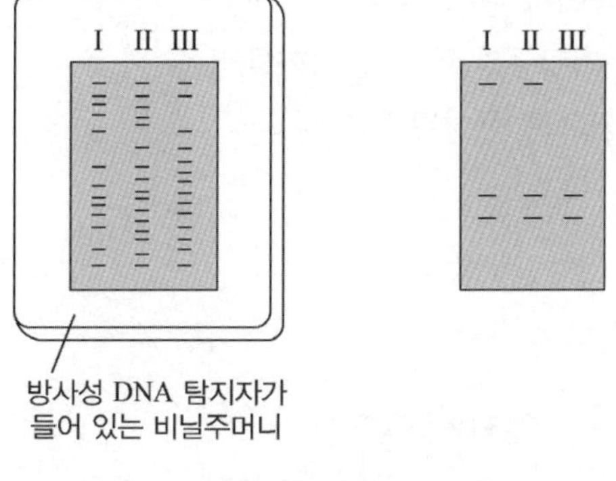

④ 알아보고자 하는 유전자와 상보적인 염기서열을 가진 단일가닥 방사성 DNA 탐지자가 들어 있는 용액에 필터 종이를 담그면 탐지자가 상보적 DNA 단편과 염기쌍을 이룬다.

⑤ 부착되지 않은 탐지자는 씻어내고 포토그래픽 필름을 종이 블롯 위에 덮는다. 탐지자의 방사성은 필름 위에 띠에 해당하는 상을 만든다.

10 노던 블로팅

노던 블로팅(northern blotting)은 특정 유전자가 전사되는 것을 확인하기 위해 고안된 방법이다. 우리 몸에 있는 많은 유전자가 언제나 발현되는 것은 아니고 그중에 일부만 발현된다. 그 유전자들도 항상 발현하는 것, 나이가 어릴 때 발현하는 것, 나이가 들면서 발현하는 것, 상처가 생겼을 때 치유하려고 발현하는 것 등 각각의 특성이 다르다. 이러한 특성을 파악하는 방법 중의 하나가 노던 블로팅이다.

그러므로 DNA를 이용하는 서던 블로팅이 단순히 어떤 특정 DNA가 있는지 없는지를 확인하는 기술이라면 노던 블로팅은 그 RNA가 얼마나 활발히 어떤 조건에서 발현되는가를 확인하는 방법이다. 따라서 노던 블로팅은 RNA를 이용하고 각 시료 간의 발현되는 양을 비교하는 것이다.

Tip

1975년에 미국의 서던(E. M. Southern)은 전기영동한 DNA 단편을 니트로셀룰로스(nitrocellulose) 막에 옮긴 후 그 막에 방사선 표지를 한 DNA를 혼성화시켜 목적하는 DNA를 검출하는 방법을 개발하였다. 이 방법을 서던 블로팅이라고 하고, RNA를 전기영동으로 검출하는 방법을 노던 블로팅(Northern blotting), 단백질을 전기이동으로 검출하는 방법을 웨스턴 블로팅(Western blotting)이라 한다. 우선 단백질을 전하에 따라 1차원적으로 분리하고 질량에 따라 분리한 후 염색하는 2차원 폴리아크릴아미드 겔 전기영동에 의하여 분획한 다음 영동된 분획의 위치를 그대로 여과지에 옮겨 방사선 면역 검정법에 의해 특정 항체를 검출하는 방법이다.

11 중합효소 연쇄반응

중합효소 연쇄반응(polymerase chain reaction, PCR)은 DNA의 원하는 부분을 복제하고 증폭시키는 분자 생물학적인 기술이다. 극소량인 DNA 시료에서 연구자가 원하는 특정 DNA 단편만을 선택적으로 충분한 양을 증폭시킬 수 있다. 따라서 범죄 현장에서 발견된 소량의 혈액, 모근, 정자, 4만 년 전에 얼어붙은 매머드 등으로부터 충분한 양의 DNA를 증폭시켜 분석에 사용할 수 있다.

(1) 중합효소 연쇄반응을 일으키기 위하여 필요한 것들

① 목적 DNA(표적 DNA): PCR을 통해 다량으로 증폭시키고자 하는 이중 가닥 DNA

② DNA 프라이머(DNA primer): 한쪽 말단에 상보적인 DNA 프라이머 및 다른 쪽 말단에 상보적인 또 다른 DNA 프라이머(서로 다른 두 종류의 프라이머)

③ DNA 중합효소: 고온 처리 과정이 있으므로 온천에서 서식하는 박테리아(thermus aquaticus)에서 분리한 고온에서도 활성을 갖는 DNA 중합효소를 사용한다(Taq 중합효소).

④ DNA 합성을 위한 디옥시리보뉴클레오사이드 삼인산 단량체(dNTP)

❖ 세균에서 분리한 Taq 중합효소는 교정기능이 없어서 잘못된 DNA가 발생할 확률이 있어서 최근에는 고세균에서 분리한 Pfu(Pyrococcus furiosus) 중합효소를 사용하기도 하는데 이 효소는 Taq 중합효소보다 정확하고 안정적이지만 가격이 비싸다.

(2) PCR의 과정

① 첫 번째 단계(denaturation, 변성): 두 가닥의 DNA 분자를 한 가닥으로 분리하기 위해 매우 높은 온도로 가열한다(약 90~96℃).

❖ G/C가 많은 DNA분자일수록 온도를 더 높게 한다.

② 두 번째 단계(annealing, 냉각): 목적 DNA의 양쪽 말단에 상보적인 서열을 가지는 단일가닥의 DNA 프라이머를 첨가한다. 프라이머의 길이가 짧으므로 단일가닥의 DNA 프라이머가 결합할 수 있도록 낮은 온도에 방치한다(약 50~65℃: 온도가 너무 낮으면 프라이머가 상보적이지 않은 곳에 결합할 수 있다).

③ 세 번째 단계(extension, 신장): 열에 안정적인 DNA 중합효소가 대상 서열과 결합한 프라이머를 5′→3′ 방향으로 연장시킨다. DNA 중합효소는 온천에서 서식하는 박테리아(*Thermus aquaticus*)에서 분리하였기 때문에 열에 대한 저항성을 가지고 있다(약 72℃: Taq DNA 중합효소가 활발하게 작용할 수 있는 온도).

❖ PCR과정에서 증폭시키고자 하는 표적 서열과 동일한 DNA절편은 세 번째 순환부터 생기게 된다. 세 번째 순환에서 얻은 8개의 분자 중에서 2개의 분자가 표적 서열과 일치한다.

❖ PCR을 1회하면 DNA양이 2배 증가하며, n회 반복하면 DNA양은 2^n배로 증폭된다.

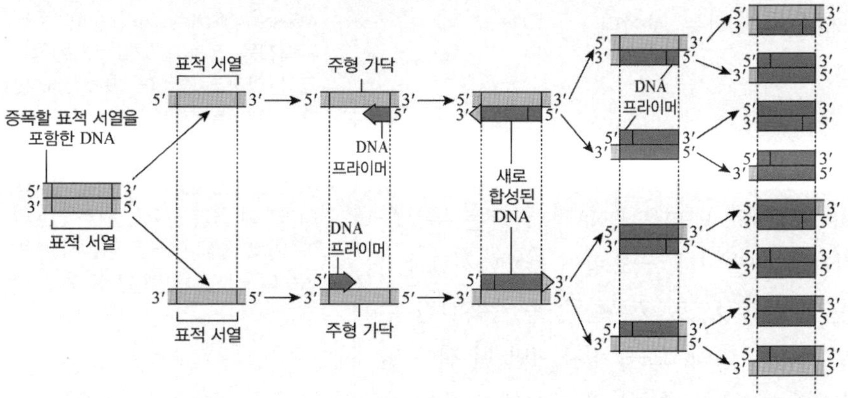

(3) 중합효소 연쇄반응의 이용

유전질환이나 세균 바이러스 등에 의한 감염성 질환의 진단, 친자 확인이나 범인 판별 등을 위해 쓰이는 시료를 증폭시킬 때 이용한다.

(4) 역전사효소 – 중합효소 연쇄반응(reverse transcriptase – polymerase chain reaction, RT – PCR)

mRNA를 역전사효소와 프라이머(티민 디옥시리보뉴클레오타이드, poly – dT)를 사용해서 DNA가닥을 합성한다. 그런 다음 특정한 효소를 첨가하여 mRNA를 분해한 후, 첫 번째 DNA가닥과 상보적인 두 번째 DNA가닥이 DNA중합효소에 의해서 합성된다. 그 결과로 상보적 DNA(complementary DNA, cDNA)라고 하는 이중가닥 DNA가 만들어진다. 이중가닥 cDNA가 만들어지면 이후 과정은 PCR과 동일하다. cDNA는 인트론이 없는 암호화 염기서열만 가지고 있으므로 세균에서 플라스미드 벡터로 사용될 수 있다.

❖ mRNA의 3′말단은 poly–A–tail이라고 하는 아데닌(A) 뉴클레오타이드로 되어 있으므로 DNA가닥을 합성하기 위한 프라이머로 티민 디옥시리보뉴클레오타이드, poly – dT (oligo – dt)를 사용한다.

특히 바이러스의 핵산은 매우 소량으로 존재하므로 RNA를 유전체로 가진 바이러스의 RNA를 검출할 때 정확한 병원체를 동정하기 위하여 RT−PCR은 필수적이다. 최근에 RNA를 유전체로 가진 바이러스가 일으키는 질병이 만연하므로 RT−PCR은 이들 바이러스를 검출할 때 매우 유용하게 사용된다.

❖ 정량적 RT−PCR(quantitative RT−PCR, qRT−PCR)
qRT−PCR이라는 향상된 기술은 mRNA수준을 정확하게 측정하기 위해서 특정 이중가닥 PCR 산물에 결합되었을 때만 형광을 내는 형광 염료를 사용하므로 전기영동이 필요 없이 정량적 데이터 제공이 가능하다.

12 DNA 염기서열 분석법(DNA sequencing)

(1) 디디옥시리보뉴클레오사이드 삼인산(dedeoxyribonucleoside triphosphate)

DNA 가닥이 합성될 때 사용할 수는 있으나 3′ 말단에 OH기가 없어서 한 번 끼어들어 가면 그 DNA 가닥은 더 이상 DNA 합성이 진행되지 않는다.

❖ 프레드 생어(Frederick Sanger)가 1970년대 중반 DNA 염기서열 분석법을 개발했으므로 '생어 기법'이라고도 한다. 그 후 2000년대 중반부터 상용화되기 시작한 다양한 차세대염기서열분석법을 통해 수많은 생명체의 유전체정보가 보다 빠른 시간과 적은 비용으로 밝혀지고 있다.

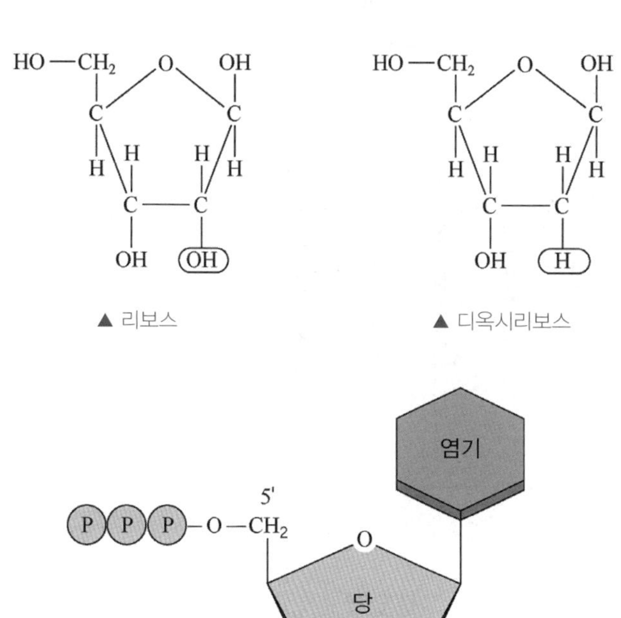

▲ 리보스 ▲ 디옥시리보스

▲ 디디옥시리보뉴클레오사이드 삼인산

(2) 자동 염기서열 분석

① DNA 복제 시작: 자동 염기서열 분석기에서는 주형단일가닥 DNA와 한 종류의 프라이머, 서로 다른 색깔의 형광물질로 표지된 소량의 디디옥시리보뉴클레오사이드 삼인산을 정상적인 디옥시리보뉴클레오사이드 삼인산과 섞은 후 DNA 중합효소를 첨가하여 DNA 복제를 시작한다.

② **DNA 복제 중단:** 주형단일가닥 DNA에 상보적으로 복제되는 새로운 가닥에 디디옥시리보뉴클레오사이드 삼인산이 삽입되면 그 자리에서 DNA 합성은 중단되며, 복제가 중단된 말단에는 삽입된 디디옥시리보뉴클레오사이드 삼인산의 종류에 따라 다른 형광의 색깔을 나타낸다.

③ **전기영동한 후의 결과 판독:** 중합반응이 완결된 후 시험관의 모든 DNA를 변성시키고, 각 반응의 단일가닥 생성물을 전기영동하여 짧은 DNA가 위치한 곳부터 크기가 다른 소식들이 나타내는 형광의 색을 분석함으로써 DNA 염기서열을 알아낼 수 있다.

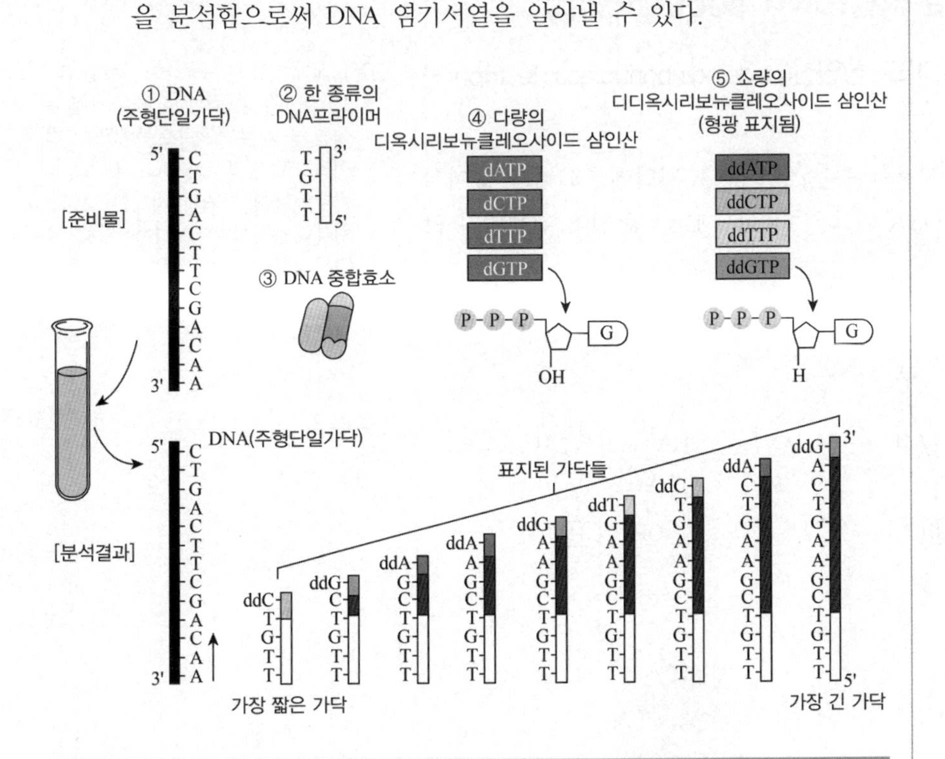

실험

1. 4개의 튜브 ㉠~㉣에 염기 서열을 분석할 주형가닥 DNA와 DNA 합성에 필요한 물질을 충분히 넣어 준다.
2. 각 튜브에 그림과 같이 각각 다른 종류의 ddNTP와 dNTP를 넣어 준다.
3. 각 튜브에서 새로 합성된 단일가닥 DNA를 전기 영동한다.

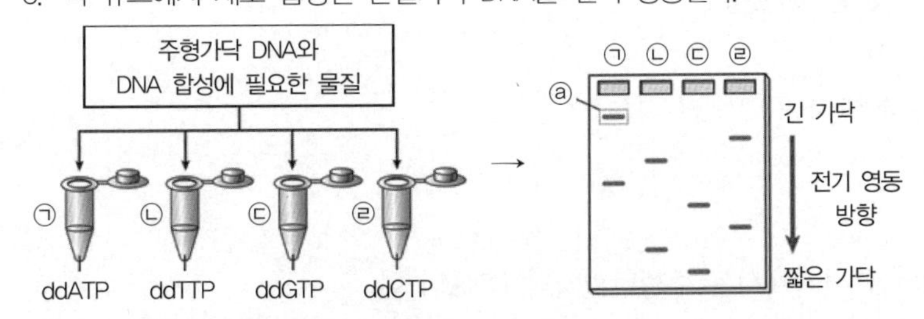

결과 DNA 가닥 ⓐ에서 프라이머를 제외한 나머지 부분의 염기 서열은 5'-GTCGATCA-3'이다.

13 세포 융합(cell fusion)

두 개의 서로 다른 종류의 세포를 융합시켜 하나의 세포로 만드는 기술로 두 종류의 세포가 가진 장점을 모두 갖춘 세포를 만들 때 이용된다.

(1) 동물의 단일 클론 항체 생성과정

항체를 생성하지만 수명이 짧으며 더 이상 분열하지 않는 B 림프구와 반영구적인 수명을 가지며 분열을 왕성하게 일으키는 암세포의 일종인 종양세포를 융합시켜 융합된 세포를 만든다. 융합된 세포의 증식을 통해 얻어내는 특정 항원에 대한 항체를 단일 클론 항체라 한다.

① **B 림프구 활성화**

㉠ 골수암세포를 동물에 주입하면 B 림프구가 활성화된다.

㉡ 활성화된 B 림프구는 수명이 약10일 정도이다.

② **활성화된 B 림프구와 종양세포의 융합**: 활성화된 B 림프구와 종양세포를 융합하여 잡종세포를 만든다. 단일 클론 항체에 이용하는 종양세포는 인위적으로 돌연변이를 유발하여 결함이 생긴 종양세포를 이용한다. 이 종양세포는 특정성분이 들어있는 선택 배지에서는 분열하지 못한다.

③ **융합된 잡종세포 선별**: 선택 배지에서 15일 이상 배양하면 항체를 생산하는 잡종세포만 살아남는다.

④ **단일 클론 항체 생산**: 각 항체를 생산하는 잡종세포를 종류별로 분리하여 배양하면 각 배양 용기마다 단일 클론이 형성된다. 단일 클론 잡종세포를 이용하여 단일 클론 항체를 생산한다(한 가지 B 림프구는 하나의 항원 결정기(epitope)에 결합하는 한 가지 항체를 생성한다).

❖ 선택 배지
특정 세포만 선택적으로 증식시키는 배지로 B림프구의 선택 배지에서는 종양세포가 생존할 수 없다.

❖ 클론
하나의 세포로부터 증식에 의해서 생긴 유전적으로 동일한 세포군이나 개체군

항원의 특성을 결정짓는 부위 (항원 결정기)
항원
림프구
종양세포
(융합)
림프구
잡종세포

〈단일 클론 항체들〉

Check Point

	B림프구	종양세포	잡종세포
항체생성능력	있다	없다	있다
수명	10일 정도	반영구적	반영구적
분열능력	없다	왕성	왕성
완전배지	생존	생존	생존
선택배지	생존	죽음	생존

예제 | 4

그림은 단일 클론 항체를 생산하여 위암 치료에 이용하는 과정이다.

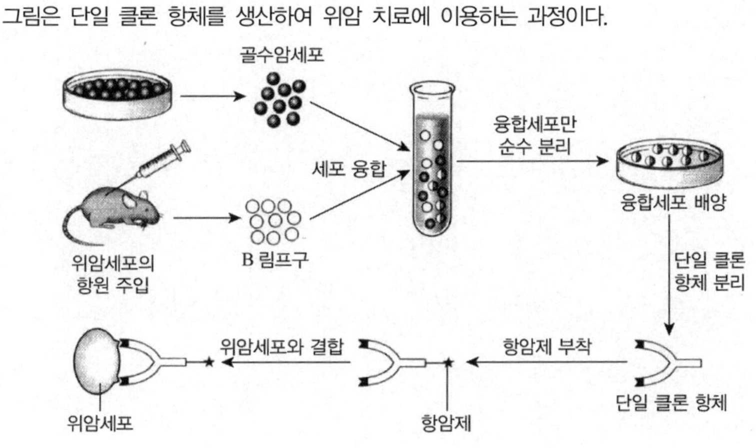

이에 대한 설명으로 옳은 것을 모두 고른 것은?

ㄱ. 쥐에 위암세포의 항원을 주입하는 것은 B 림프구를 계속 증식시키기 위한 것이다.
ㄴ. 골수암세포를 이용하는 것은 암세포가 계속 증식하는 성질이 있기 때문이다.
ㄷ. 단일 클론 항체는 치료약인 항암제와 항원항체 반응을 한다.
ㄹ. 단일 클론 항체는 위암세포만 정확하게 인식하여 결합한다.

① ㄱ, ㄷ ② ㄴ, ㄷ
③ ㄴ, ㄹ ④ ㄱ, ㄴ, ㄹ
⑤ ㄴ, ㄷ, ㄹ

| 정답 | ③

쥐에 위암세포의 항원을 주입하는 것은 특정 위암세포에만 반응하는 항체를 만드는 B 림프구를 생성하기 위한 것이다. 단일 클론 항체는 치료약인 항암제를 유도하여 위암세포와 항원항체 반응한다.

(2) 식물

세포벽 때문에 그대로는 융합하지 않으므로 셀룰로스를 분해하는 효소로 세포벽을 파괴한 후 융합시킨다(원형질체: 세포벽을 파괴한 세포).

예 포메이토(pomato) 합성: 감자와 토마토 세포를 융합하여 얻은 잡종 식물로 땅 위에서는 토마토가 열리고 땅 밑에서는 감자가 열린다.

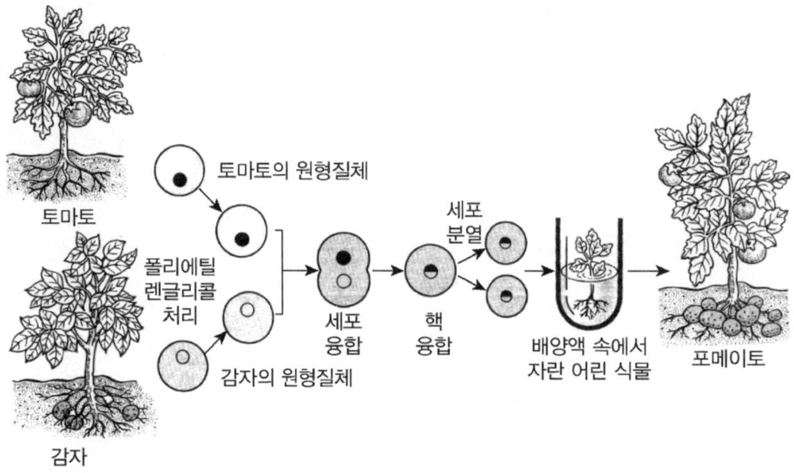

14 조직 배양(tissue culture, 식물 복제)

생물체의 조직 일부를 인공 배양액에서 무성적으로 증식시켜 유전자 조성이 동일한 개체를 대량으로 만들어 내는 기술로서 멸종 위기에 있는 식물의 품종을 보존할 수 있다.

① 당근의 분열조직인 형성층에서 세포를 분리한다.
② 분리한 세포들을 옥신 등의 식물 생장 호르몬이 포함된 영양 배지에서 배양한다.
③ 세포분열이 왕성하게 일어나 캘러스라고 하는 세포 덩어리가 만들어지는데, 이 캘러스를 원심 분리하여 하나하나의 세포로 분리한 다음 각 세포를 새로운 배지에 옮겨 배양하면 어린 식물로 분화된다.

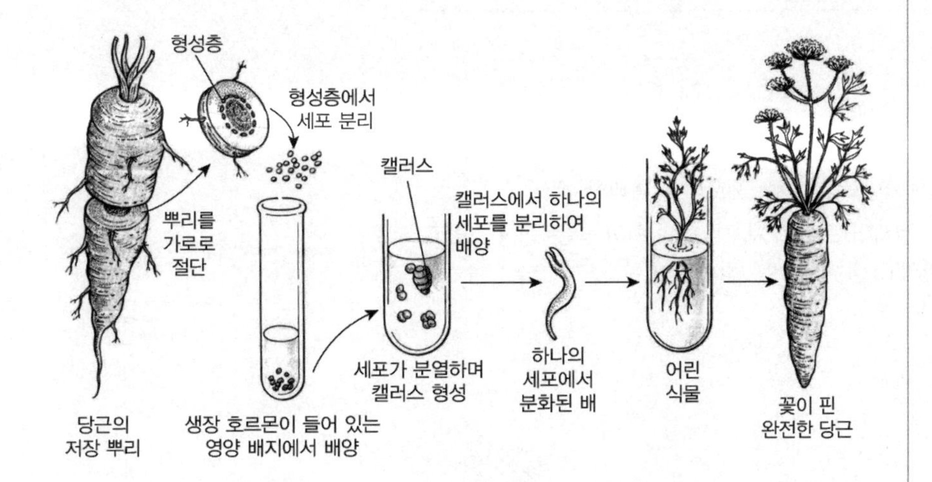

15 핵 치환(nuclear substitution, 동물 복제)

핵 치환은 어떤 세포의 핵을 다른 세포의 핵으로 바꾸는 기술로 한 개체가 갖는 세포의 핵은 모두 동일한 유전정보를 갖고 있다. 따라서 이 방법으로 유전적 조성이 동일한 세포나 복제 생물(클론 생물)을 다량으로 만들어 낼 수 있다.

(1) 올챙이 클론

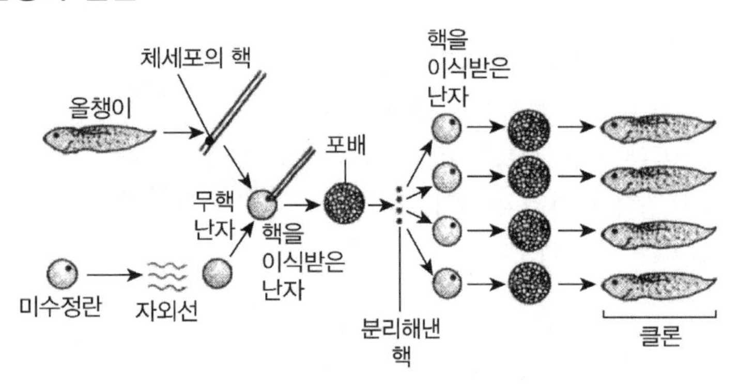

① 올챙이 체세포의 핵(2n)을 미수정란의 핵을 제거한 무핵 난자에 이식한다.

② 핵을 이식받은 난자를 포배기까지 발생시켜 핵(2n)을 분리한 후 여러 개의 무핵 난자에 이식한다.

③ 핵을 이식받은 각각의 난자들은 정상적으로 발생하여 유전적 조성이 동일한 복제 올챙이(클론생물)가 다량으로 만들어지게 된다.

(2) 복제 양(돌리)의 탄생

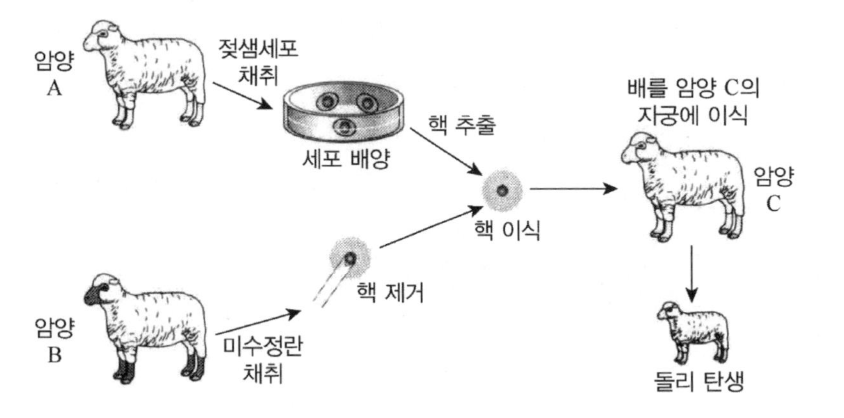

① 암양 A의 젖샘세포를 채취하여 핵(2n)을 추출한 후 암양 B의 미수정란의 핵을 제거한 무핵 난자에 이식한다.

② 핵을 이식받은 난자를 분열시킨 배를 암양 C의 자궁에 착상시킨다.

③ 암양 A와 유전적 조성이 동일한 복제 양 돌리가 탄생하게 된다.

❖ 영국의 거든과 동료들의 이식 실험에서 미분화 상태의 초기 배아의 세포로부터 핵이 이식되었을 때 올챙이로 발생했지만, 완전히 분화된 세포로부터 핵이 이식되었을 때 일부만 올챙이로 발생했다. 따라서 분화된 세포에서 유래한 핵도 올챙이의 발생을 유도할 수 있지만 그 능력은 핵을 공여하는 세포가 더 많이 분화된 것일수록 감소하는데 이는 핵 안의 변화 때문이라고 결론을 내렸다.

심화편 Ⅱ

예제 | 5

검은 생쥐의 난자에서 핵을 제거한 후 아구티 생쥐 세포의 핵을 이식했다. 이후 이 난자를 알비노 생쥐의 자궁에 이식하여 발달시켰을 때 태어날 자손세대 생쥐의 표현형으로 옳은 것은? (단, 유전자 변이는 없다) (국가직 7급)

① 모두 아구티 생쥐이다.
② 모두 검은 생쥐이다.
③ 모두 알비노 생쥐이다.
④ 검은 생쥐와 알비노 생쥐가 섞여 있다.

| 정답 | ①
핵을 제공한 아구티 생쥐와 유전적 조성이 동일한 생쥐가 태어난다.

16 줄기세포(stem cell)

(1) **수정란 배아 줄기세포**: 인공 수정시켜 만들어진 수정란을 발생시킨 배아의 배반포 내부 세포 덩어리(내세포괴)로부터 분리되는 수정란 배아 줄기세포는 증식력이 높고 인체를 이루는 모든 세포와 조직으로 분화할 수 있다. 하지만 이렇게 만들어진 조직은 환자 본인의 유전자가 아니므로 이식하면 면역 거부반응이 일어날 수 있다.

난자(n) → 수정란(2n) → 2세포기 → → 초기 포배 세포분리 → 배양 → 줄기세포

정자(n)

안쪽 세포 덩어리 (내세포괴)

(2) **핵 치환 배아 줄기세포**: 사람의 성숙한 난자를 채취하여 핵을 제거한 후 복제 대상 환자의 체세포 핵을 이식하여 배반포 단계(4~5일)까지 배양한 내부 세포덩어리에서 복제 배아 줄기세포를 얻는다. 이를 통해 얻은 배아 줄기세포는 뛰어난 분화 능력이 있기 때문에 정자 또는 난자마저도 포함된 수많은 특화된 세포로 분화할 수 있다. 이 세포는 어떤 형태의 세포로든지 분화할 수 있는 성질이 있으며 환자와 유전적으로 동일하기 때문에 환자에게 이식했을 때 면역 거부반응이 일어나지 않는다.

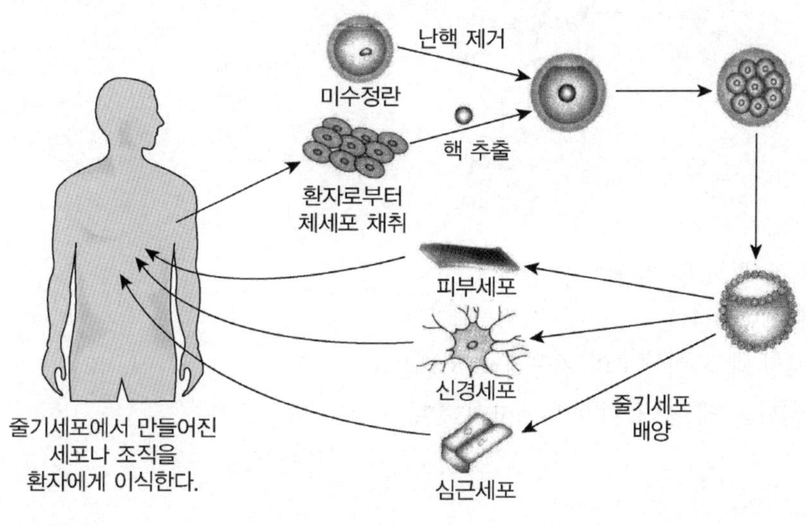

❖ 배반포
수정 후 난할이 끝나고 속이 빈 공간이 생기는 포배기를 배반포라 하며 바깥층 세포는 태반을 형성하고 안쪽 세포덩어리는 배아로 성장하게 된다.

❖ 줄기세포가 형성되고 줄기세포가 배양되는 과정도 조직배양이라 한다.

(3) **성체 줄기세포**: 성체 줄기세포는 성장한 신체조직에서 추출한 것으로 아주 적은 수의 줄기세포로 한정되어 있으며 배아 줄기세포와 같이 모든 세포로 분화되는 것은 아니다.

예 골수의 줄기세포: 모든 종류의 혈구로 분화될 수 있다.
소화관의 줄기세포: 장의 내벽을 형성하는 모든 세포로 분화될 수 있다.

(4) **역분화 줄기세포**: 성체에서 얻은 체세포에 조절 유전자를 도입하여 조절 단백질(전사인자)을 발현시킴으로써 체세포를 다양한 분화 능력을 갖는 줄기세포(유도만능 줄기세포, induced Pluripotent Stem cell, iPS cell)를 만드는 것으로 이렇게 만들어진 줄기세포를 역분화 줄기세포라고 한다. 즉, 분화된 세포를 미성숙한 세포로 역분화시켜 다시 모든 조직으로 발전시킬 수 있는 줄기세포로 만드는 기술이다.

Check Point

(1) 배아 줄기세포와 역분화 줄기세포의 문제점
- 배아 줄기세포: 배아를 하나의 생명체로 본다면 윤리적 문제가 될 수 있다.
- 역분화 줄기세포: 역분화시키는 유전자 변형 과정에서 종양 발생가능성이 나타날 수 있다.

(2) 치료적 클로닝과 생식적 클로닝
클로닝의 목적이 새로운 개체를 얻는 것이면 생식적 클로닝(reproductive cloning)이라 하고, 클로닝의 목적이 질병 치료를 위한 배아 줄기세포를 생산하는 것이라면 치료적 클로닝(therapeutic cloning)이라 한다.

예제 | 6

배아줄기세포에 대한 설명 중 옳지 않은 것은? (경기)

① 모든 세포로 분화가 가능한 다 분화 만능 세포이다.
② 내세포괴로부터 만들어진다.
③ 핵 치환된 배아를 자궁에 착상시키면 생식적 클로닝이 가능하다.
④ 치료를 위해 공여자인 여자의 체세포에 환자의 체세포 핵을 이식하는 핵치환이 필요하다.

| 정답 | ④
치료를 위해 공여자인 여자의 핵을 제거한 난자에 환자의 체세포 핵을 이식한다.

❖ 전능성(totipotency) = 분화전능
수정 후 몇 번의 난할까지의 세포가 갖는 성질이며, 어느 조직으로나 분화 가능하고 심지어 완전한 생명체까지 분화될 수 있다.

❖ 만능성(pluripotency) = 분화만능
포배의 내세포괴로부터 분리되는 배아 줄기세포와 역분화시켜 만든 유도만능 줄기세포가 갖는 성질로 어떤 형태의 세포로든 분화할 수 있지만 이 세포들은 태반을 형성할 수 없으므로 완전한 생명체로는 분화될 수 있는 전능성을 가지지 않는다.

❖ 다능성(multipotency) = 분화다능
성체 줄기세포가 갖는 성질로 다양한 세포로 분화할 수 있지만 모든 세포로 분화되는 것은 아니다.

❖ 분화능인 관점에서 totipotency > pluripotency > multipotency > unipotency(단분화능)라고 할 수 있다.

22 유전체학과 단백질체학

1 유전체와 단백질체

(1) 게놈 프로젝트(genome project)

게놈(genome)이란 생물의 유전 물질인 DNA를 가진 염색체 세트로, 유전 정보 전체를 의미한다고 할 수 있다. 이처럼 생명체의 모든 유전 정보를 가지고 있는 게놈을 해독하여 유전자 지도를 작성하고 유전자 배열을 분석하는 연구 작업을 게놈 프로젝트라 한다.

(2) 유전체(genome)

인간 한 개의 세포(핵)에는 두 벌의 유사한 염색체를 가지고 있고 한 벌에는 DNA의 염기가 일정한 순서로 30억 쌍이 배열되어 있는데 현재 인간 게놈프로젝트로 밝혀진 바에 따르면 인간 유전자는 모두 약 25,000개에서 30,000개 정도가 있다. 인간 유전체의 95% 이상은 기능을 알 수 없는 DNA 조각이고, 실제 기능을 가진 유전체는 유전체의 약 1.5% 정도만이 단백질을 암호화하고 있거나 rRNA 또는 tRNA로 전사되는 엑손으로 밝혀졌다. 나머지 98.5%는 유전자에 연관된 조절부위, 인트론, 위유전자(이전에는 유전자였지만 오랜 시간 동안 돌연변이를 축적하여 더 이상 기능이 있는 단백질을 만들지 못하는 유전자), 그리고 가장 많은 양을 차지하는 반복서열을 포함한다(반복서열은 전이인자와 무관한 반복서열과 전이인자 및 그와 연관된 반복서열이 있다).

❖ 유전체
반수체는 완전한 한 세트의 유전정보를 나타내기 때문에 통상 반수체를 유전체로 표시한다.

❖ 유전체의 크기
원핵생물과 진핵생물 간에는 유전체 크기에서 현저한 차이가 있다. 원핵생물인 세균류와 고세균의 경우는 비슷한 수준의 유전체 크기를 갖는다(세균과 고세균은 DNA염기가 약 200만~500만 쌍이 배열되어 있다).

(3) 단백질체(proteome)

생체 내에 존재하는 유전 정보 전체를 뜻하는 유전체에 의해 코드 되는 모든 단백질의 집합체를 단백질체라 한다. 선택적 RNA 스플라이싱, RNA 편집 또는 단백질의 번역 후 가공과 변형이 일어나므로 사람에게서는 25,000~30,000개의 유전자에서 수십만 종류의 다른 단백질을 생성할 수 있다. 따라서 단백질의 수는 유전자의 수 보다 훨씬 많으므로 단백질체학(proteomics)은 유전체에서 유전자의 숫자와 생산된 단백질의 수 사이의 불일치를 조화시키기 위해 사용될 수 있다.

❖ 프로테오믹스(proteomics)
단백질의 종류와 양, 화학적인 변화와 상호작용에 대해서도 똑같이 시스템 수준에서 연구하는 것

2 구조 유전체학(structural genomics)

구조 유전체학은 어떤 유전체내에 포함된 유전적 정보의 조성과 서열을 알아보는 것으로 구조유전체학의 최종 목표는 생물들의 전체 유전체의 염기서열을 알아내는 것이다.

(1) 유전자 지도(genetic map, 연관지도)

교차율을 이용해서 유전자의 상대적 위치를 나타낸 염색체 지도를 말하며 알려진 유전자들의 위치와 비교해서 다른 유전자들의 위치를 대략적으로 제공한다. 이 지도들은 교차율에 기초하는데 교차율은 염색체의 부위에 따라 매우 다양하기 때문에 유전자 지도상의 거리는 단지 염색체상의 실제 물리적 거리의 근사값일 뿐이다.

(2) 물리적 지도(physical map)

유전자의 위치를 수학적인 거리개념으로 제한효소를 사용해서 DNA를 직접 분석하여 작성한 유전자의 실제위치로 유전자지도보다 정확도가 높다. 물리적 지도를 만드는 기술들 중 하나는 DNA의 제한효소 절단자리의 위치를 결정하는 제한지도이다.

(3) 단일 뉴클레오타이드 다형성(single nucleotide polymorphism, SNP)

인간의 유전체 서열들은 99.9%정도 DNA서열이 동일할 것이라고 한다. 이 차이는 상대적 관점에서는 매우 작지만, 인간의 유전체는 매우 많기 때문에(약 30억 염기쌍) 각 개개인의 차이는 약 300만 개 이상의 염기쌍에서 차이가 생기며 이 차이가 각 개인을 고유하게 만드는 것이다. 한 염기쌍에서 차이가 있는 유전자의 부위를 단일 뉴클레오타이드 다형성(SNP)이라고 부른다.

(4) 발현 서열 표지(expressed sequence tag, EST)

유전자 주석달기(gene annotation)라고 하는데, 유전자 분석에서 특정 유전자를 확인하고 분류할 수 있는 유전자 특이 염기 서열의 일부이다. 대부분의 진핵생물에서 단백질을 암호화하는 DNA는 전체의 극히 일부에 해당하는데 사람의 경우에는 약 2%이하이다. 우선 소프트웨어를 이용하여 단백질 합성 개시 부위, 이어맞추기 자리, 그리고 단백질을 암호화하고 있는 유전자라는 징표를 찾아내는 것이다. 이런 수천의 작은 염기서열 조각을 발현서열 꼬리표(expressed sequence tag, EST)라고 부르는데

과학과 사회, 기술의 상호의존
(1) **과학**: 발견과학과 가설유도 과학
(2) **사회**: 과학은 사회활동 중의 하나이다(팀으로 일하고 세미나, 인터넷에서 공유한다).
(3) **기술**: 과학적 지식을 특정한 목적에 적용(유전자 재조합, GMO 등)

시스템 생물학
(1) **창발적 특성**: 한 단계 올라갈 때마다 이전 단계에서는 볼 수 없었던 새로운 특성이 나타나는 것
예
① 자전거 부품을 가지고는 타고 갈 수 없고 부품을 조립해서 자전거가 완성되어야 타고 갈 수 있다.
② 엽록소와 반응 중심과 전자전달계 등의 여러 가지 분자들이 완전한 형태의 엽록체에 특별한 방법으로 배열되어 있어야 광합성이 가능하다.
(2) **환원주의**: 창발적 특성의 역으로 연구하는 것
예 사람의 조직을 구성하는 세포에서 단백질, 탄수화물, 지질, DNA 등의 특성을 연구하는 것

이들은 cDNA 염기서열 분석을 통해 얻어졌으며, 컴퓨터 데이터베이스에 저장되어 있어서 DNA조각을 동정하는 표지로 사용된다.

3 전이인자(transposable element, TE 전위인자)

돌연변이를 일으키는 이동이 가능한 DNA 염기서열로 DNA 재배열(결실, 전좌, 중복, 역위)을 일으킨다.

(1) 세균 내에서 전이인자(삽입서열과 트랜스포존)

① **삽입서열**: 이동에 필요한 유전정보만 가지고 있다.
삽입서열(insertion sequence)은 가장 단순한 형태의 전이인자(transposable element, 유전자 위치 이동)로 세균에서만 볼 수 있다. 삽입서열에는 삽입서열이 다른 자리로 이동하는 과정을 촉매하는 전이효소(transposase) 유전자가 들어 있다. 전이효소 유전자 양쪽에는 역반복 구조로 되어 있는 DNA 염기서열이 존재하는데 전이효소가 이들 역반복서열을 인식하여 DNA를 자르고 붙이는 반응을 수행한다.

DNA					
	5′	GATGCA		TGCATC	3′
	3′	CTACGT		ACGTAG	5′
		역반복서열	전이효소 유전자	역반복서열	
		삽입서열			

② **트랜스포존**: 삽입서열보다 더 길고 복잡한 전이인자를 트랜스포존(transposon)이라고 부른다. 트랜스포존 역시 세균 유전체에서 여기저기 이동할 수 있는데 양 끝에 역반복서열이 있고 중앙에 하나 이상의 유전자를 두고 있다. 양쪽 말단에 삽입서열이 붙어 있는 트랜스포존도 있고 포함하지 않는 트랜스포존도 있으나 역반복서열은 모두 포함한다. 트랜스포존은 전이 과정에 필요한 DNA 서열은 물론 항생제 저항성 유전자 등과 같은 다른 유전자들을 포함하고 있다. 트랜스포존이 새로운 자리로 이동할 때 항생제 저항성 유전자도 함께 전달된다. 삽입서열은 특별히 세균에 이점을 제공하는 것으로 생각되지 않는 반면, 트랜스포존은 새로운 환경에 적응하는 데 도움을 주는 것으로 알려져 있다.

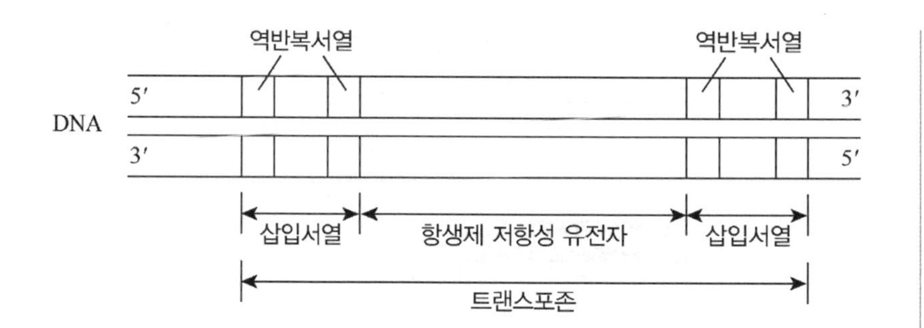

(2) 진핵세포의 전이인자(트랜스포존과 레트로트랜스포존)

미국의 여성 유전학자 메클린톡은 옥수수 알갱이의 색깔 차이는 유전체의 한 부분에서 색을 나타내는 유전자로 끼어들 수 있는 유전물질이 존재하기 때문이라고 설명했다. 1940년대에 제안된 이 가설은 세균에서 전이인자가 발견되고 진핵세포에서도 전이인자의 연구가 진행된 후 받아들여져 1983년 그녀는 81세의 나이로 노벨상을 수상하였다.

❖ 진핵세포의 트랜스포존과 레트로트랜스포존도 모두는 아니지만 대부분 역반복서열이 있다.

① **트랜스포존**(transposon): DNA를 중간 매개로 유전체 사이를 옮겨 다니는 전이인자로 자르고 붙이기(cut-and-paste) 기작에 의해 기존의 위치에서 제거하여 이동시키거나, 복사 후 붙이기(copy-and-paste) 기작에 의해 기존의 위치에 트랜스포존을 남겨 두고 새로운 곳에 이동시키는 방법을 사용하여 유전적 변화를 일으킨다. 두 기작 모두 트랜스포존에 의해 암호화된 트랜스포제이스(transposase)라는 효소를 필요로 한다.

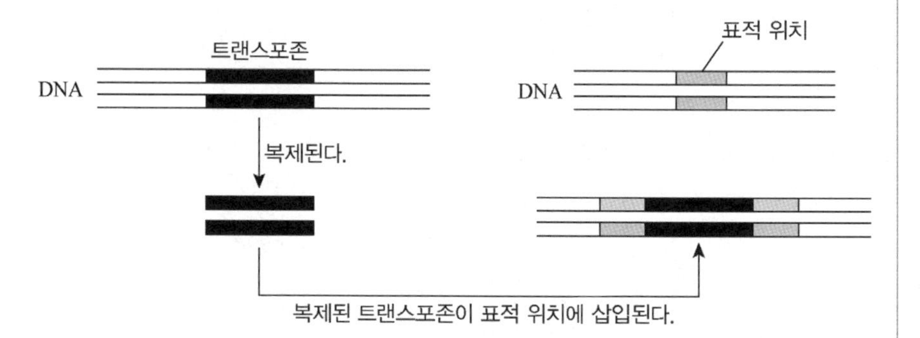

② **레트로트랜스포존**(retrotransposon): DNA의 전사물인 RNA 중간물질을 매개로 전이가 일어나므로 항상 기존의 위치에 남겨진 채 RNA로 전사되어 이동한다. 우선 DNA가 RNA로 전사된 후 이 RNA로부터 역전사효소에 의해 cDNA가 만들어져서 새로운 장소로 삽입된다. 따라서 레트로 바이러스의 감염 없이도 세포 내에는 역전사효소가 존재할 수 있다. 대부분의 진핵세포 전이인자는 레트로트랜스포존이다.

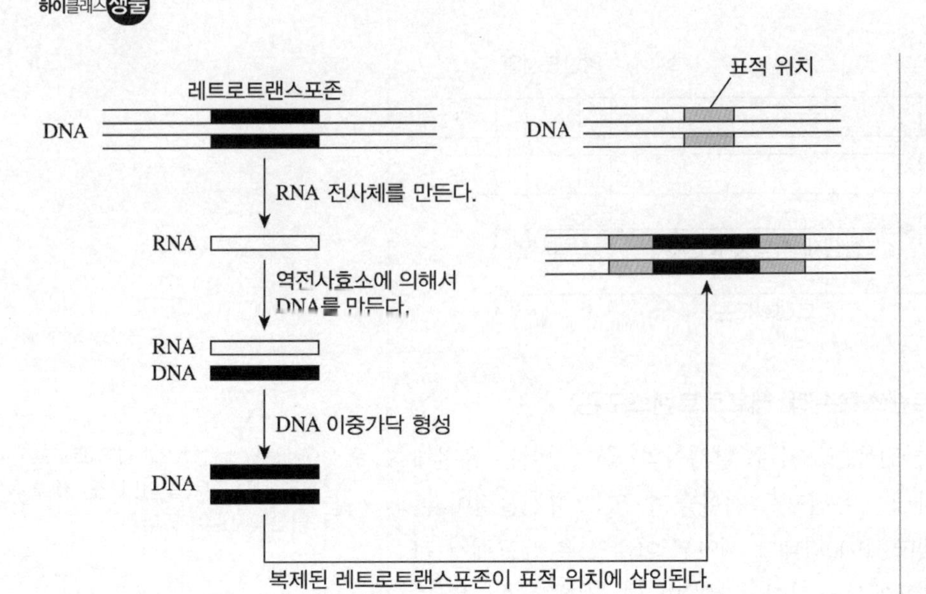

4 반복서열

(1) 전이인자와 연관된 반복서열

인간 게놈은 무려 44퍼센트가 전이인자 또는 그와 연관된 서열들로 이루어져 있다. 트랜스포존은 염기 서열에 따라 제각각 서로 다른 이름으로 불리는데 그 숫자가 무척 많아서 염색체 상에 여기저기 반복해서 나타난다는 것이다. 이들 유전자 발현 순서에 대한 정보는 다양한 형태로 나타나는데, 이 정보는 각 유전자의 프로모터 부위에 놓여 있기도 하지만, 경우에 따라서는 인트론에 있기도 하고, 또는 트랜스포존 위에 놓여 있기도 한다. 인간 게놈 내에는 성질이 다른 종류의 트랜스포존이 나타난다.

① 사인(Short Interspersed Nuclear Elements, SINE): 비교적 짧은 가닥의 *Alu, MIR, Ther2* 등의 반복서열을 말한다. 특히 알루(*Alu*) 인자(Alu element)는 약 300 염기쌍으로 되어 있으며 인간 유전체의 10% 정도를 차지한다. *Alu* 인자는 대부분 아무런 단백질 정보를 가지고 있지 않지만 일부 *Alu* 인자는 전사가 되어 RNA로 되며, 유전자발현을 조절하는 것으로 알려져 있다.

② 라인(Long Interspersed Nuclear Elements, LINE): 긴 가닥의 *L1*(약 6,500 염기쌍), *L2, L3*라는 일련번호가 붙은 반복서열을 말한다. 특히 레트로트랜스포존으로 되어 있는 *L1* 인자(L1 element)는 *Alu* 인자보다 커서 약 6,500 염기쌍으로 되어 있으며 인간 유전체의 17% 정도를 차지한다.

❖ 인트론의 존재와 반복서열의 존재는 진핵생물이 원핵생물보다 유전체의 크기가 훨씬 큰 두 가지 주요한 이유이다.

❖ 상당수의 전이인자가 단백질을 암호화하고 있지만 이 단백질들이 세포 기능에 아무런 역할을 하지 않기 때문에 일반적으로 다른 반복서열과 함께 비암호화 서열에 포함되어 분류된다.

(2) 전이인자와 연관이 없는 단순 반복서열

① STR(short of tandem repeat: 짧은 직렬반복)은 염색체 속의 DNA 염기서열이 일정한 반복구조를 갖고 있는데 개인별로 적게는 1회에서 많게는 수십 회까지 나타난다. 반복서열이 짧아 2개에서 9개 염기쌍으로 된 서열이 경우에 따라 7번에서 40번 정도 반복되는 특성을 갖는다.

② 텔로미어는 DNA복제로 인한 손상으로부터 유전자를 보호하고 염색체 말단이 분해되는 것을 막아 주며 염색체간의 비정상적인 결합을 방지하는 역할을 한다.

③ 동원체에서는 세포분열시 염색분체의 분리에 중요한 역할을 한다. 다른 곳에 있는 반복서열과 함께 염색질의 조직화를 도울 것으로 생각된다.

❖ 단순 반복서열 DNA
길이가 10,000~300,000 염기쌍에 이르는 크기가 큰 긴 서열과는 달리 단순 반복서열 DNA는 짧은 서열이 반복되어 연결된 형태로 나타난다.

심화편 Ⅱ

5 유전체의 다유전자군(multigene family)

유전체 내에 동일한 염기배열 또는 유사한 유전자가 많이 존재하고 있는 것을 다유전자군이라 한다. 동일 유전자 다유전자군의 대표적인 예는 세 개의 큰 rRNA 분자를 암호화 하고 있는 유전자군이다. rRNA 분자들은 유전체의 여러 군데에서 수천 개가 반복된 동일 전사단위로 암호화되어 있어서 많은 수의 리보솜을 빠른 시간에 합성할 수 있다. 1차 전사체가 만들어진 후 절단되어 3개의 서로 다른 단위 rRNA로 성숙되어 큰 소단위체의 리보솜을 형성한다. 유사 유전자들로 이루어진 다유전자군의 예로는 글로빈 단백질을 암호화하고 있는 유전자군이다. 글로빈 유전자는 헤모글로빈의 알파와 베타 소단위 단백질을 암호화하고 있다.

예제 | 1

인간의 유전체에 대한 다음 설명 중에서 옳은 것은? (경기)

① 진핵생물에는 Alu반복배열을 갖는다.
② 게놈프로젝트는 인간의 모든 유전자를 발현시키는 것이 목적이다.
③ 인간의 유전체는 약 60억 개의 염기쌍이 있다.
④ 인간의 유전자 중에서 실제 기능을 가진 유전자는 약 50%정도이다.

| 정답 | ①
유전자 지도를 작성하고 유전자 배열을 분석하는 연구 작업을 게놈 프로젝트라 한다.

적/중/예/상/문/제

Ⅱ 유전학

001

방추사에 대한 설명으로 옳지 않은 것은?

① 방추사 부착점에 결합하지 않은 극성 미세소관은 세포 전체를 신장시키는 역할을 한다.
② 중심체에서 뻗어나온 방추사 미세소관은 구성단위인 튜불린 단백질을 중합시킴으로써 길이가 신장된다.
③ 방추사 부착점 미세소관은 성상체 쪽에서 짧아지고 있다.
④ 후기에 방추사 부착점 미세소관에서 튜불린 단위체를 배출하여 분해가 일어나면서 염색분체가 미세소관을 따라 이동한다.

➔ 방추사 부착점 미세소관은 동원체 쪽의 미세소관에서 튜불린 단위체를 배출하여 분해가 일어나 짧아진다.

002

G_1기 제한점을 통과한 세포의 다음 과정은?

① G_0기가 된다.
② 핵막이 없어지고 자매염색분체가 나타난다.
③ DNA 복제가 일어난다.
④ CDK2가 분해된다.

➔ G_1기를 통과하면 S기로 들어가 DNA 복제가 일어난다.

003

세포주기를 조절하는 사이클린과 사이클린 의존성 인산화효소(CDK)의 작용기작으로 옳지 않은 것은?

① 사이클린 B는 CDK1과 결합한다.
② 사이클린 B는 M기에서 분해된다.
③ 사이클린 E는 CDK2와 결합한다.
④ 사이클린 E는 G_1기에서 분해된다.

➔ 사이클린 E는 G_1기/S기 검문지점을 통과한 후 S기에서 분해된다.

정답

001 ③ 002 ③ 003 ④

004

정상세포와 암세포에 대한 설명으로 옳지 않은 것은?

① 암세포는 특정한 세포로 분화하지 않고 분열을 반복한다.
② 암세포는 세포주기가 정상적으로 조절되지 않는다.
③ 성장인자가 있을 때 정상세포는 바닥의 빈 공간을 채울 때까지만 분열한다.
④ 암세포는 간기 없이 분열기를 반복한다.

→ 암세포는 간기과정을 거치면서 DNA 복제가 일어나며 분열을 빠르게 반복한다.

005

세포분열 억제물질에 대한 설명으로 옳지 않은 것은?

① 빈블라스틴은 초기 방추사 형성을 억제하여 세포분열을 억제한다.
② 택솔은 미세소관의 분해를 저해하고 방추사를 고정시켜 세포분열을 억제한다.
③ 콜히친은 튜불린과 결합하여 방추사 형성을 저해하므로 생식세포를 배수체로 만들어 씨 없는 수박을 만드는 데 사용하기도 한다.
④ 사이토칼라신B는 미세소관을 분해하여 세포분열을 억제한다.

→ 사이토칼라신B는 미세섬유(액틴)가 관여하는 세포운동을 저해하여 세포질 분열을 억제한다.

006

암세포(canner cells)의 특성이 아닌 것은?

① 밀도의존성 억제와 부착의존성
② 침투성
③ 전이능력
④ 세포주기조절의 상실

→ 암세포는 밀도의존성 억제와 부착의존성이 없다.

정답

004 ④ 005 ④ 006 ①

007

DNA가 유전물질이라는 간접적 증거가 아닌 것은?

① 핵 속의 DNA는 히스톤 단백질과 결합한다.
② 세포주기의 S기 동안 DNA양이 정확히 2배로 늘어난 후 동일하게 딸 세포에 배분된다.
③ 생식세포의 DNA양은 체세포의 1/2이다.
④ DNA에 의한 흡수율이 가장 높은 파장의 자외선에서 돌연변이율이 가장 높다.

→ 핵 속의 DNA가 히스톤 단백질과 결합하는 것은 사실이지만 이것만으로 DNA가 유전물질이라는 증거는 될 수 없다.

008

그리피스의 실험에 대한 설명으로 옳지 않은 것은?

① 살아 있는 S형균은 쥐에게 폐렴을 일으킬 수 있다.
② 죽은 R형균과 살아 있는 S형균을 혼합배양하여 주입하면 쥐는 죽을 것이다.
③ 죽은 S형균과 살아 있는 R형균을 혼합배양하여 쥐에게 주사하면 죽은 S형균의 DNA가 R형균의 형질을 변화시킨다.
④ 폐렴쌍구균의 유전물질은 다른 폐렴쌍구균으로 이동할 수 있다.

→ 그리피스는 형질전환을 일으킨 화학물질이 DNA인지는 밝혀내지 못했다.

009

형질전환을 일으킨 물질이 DNA임을 증명하는 에이버리의 실험과정으로 옳은 것을 모두 고르면?

ㄱ. 열처리한 R형균을 분쇄해 DNA를 분리추출한 후 살아 있는 S형균과 섞어 배양한다.
ㄴ. 열처리한 S형균을 분쇄해 DNA를 분리추출한 후 살아 있는 R형균과 섞어 배양한다.
ㄷ. 열처리한 R형균을 분쇄해 DNA를 분리추출한 후 열처리한 S형균과 섞어 배양한다.
ㄹ. 열처리한 S형균을 분쇄해 추출한 물질을 DNA 분해효소로 처리한 후 살아 있는 R형균과 섞어 배양한다.

① ㄱ, ㄴ　② ㄴ, ㄷ
③ ㄴ, ㄹ　④ ㄷ, ㄹ

→ 병원성이 없는 R형균을 열처리하는 것은 의미가 없고 병원성이 있는 S형균을 열처리해야 한다.

정답
007 ①　008 ③　009 ③

010

다음 그림은 에이버리의 실험과정을 나타낸 것이다. 이에 대한 설명으로 옳지 않은 것은?

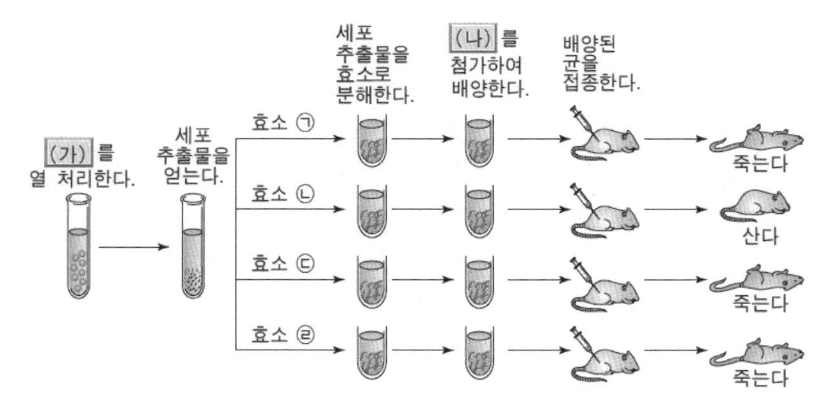

① (가)는 S형균, (나)는 R형균이다.
② 효소 ㉡은 탄수화물, 단백질, RNA 분해효소 중 하나이다.
③ 효소 ㉠, ㉢, ㉣을 첨가한 실험만 비교하면 유전물질이 무엇인지 알 수 없다.
④ 죽은 S형균의 DNA를 분해하면 형질전환이 일어나지 않는다.

➔ 쥐가 살아 있다면 형질전환이 일어나지 않은 것이다. 따라서 효소 ㉡은 DNA 분해효소이다.

011

다음은 DNA가 유전물질임을 증명하기 위한 허시와 체이스의 실험내용이다. T_2 파지를 사용한 이 실험은 어떤 사실을 전제로 한 것인가?

(가) T_2 파지를 각각 ^{32}P와 ^{35}S로 표지시켰다.
(나) 방사성 동위원소로 표지된 T_2 파지를 방사성 동위원소가 없는 곳에서 배양된 대장균에 감염시키고 10분 후 대장균을 심하게 흔들어 파지를 분리시킨 결과, ^{32}P의 경우는 대장균 내에서, ^{35}S의 경우는 떨어진 파지의 껍질에서 검출되었다.
(다) ^{32}P 표지의 파지에 감염되었던 대장균 속에서 새로 증식된 파지에서는 방사선이 검출되었지만, ^{35}S 표지의 경우는 방사선이 검출되지 않았다.

---

① 파지의 유전자는 DNA이다.
② 대장균의 DNA는 뉴클레오타이드가 기본 단위이다.
③ DNA는 인산기를 단백질은 황을 포함하고 있다.
④ 파지의 DNA는 대장균 속으로 들어가 증식한다.

➔ DNA는 인산기를 단백질은 황을 포함하고 있다는 사실을 전제로 해야 해당 실험을 진행할 수 있다.

정답
010 ② 011 ③

012

다음 그림은 허시와 체이스의 실험과정을 나타낸 것이다. 이에 대한 설명으로 옳지 않은 것은?

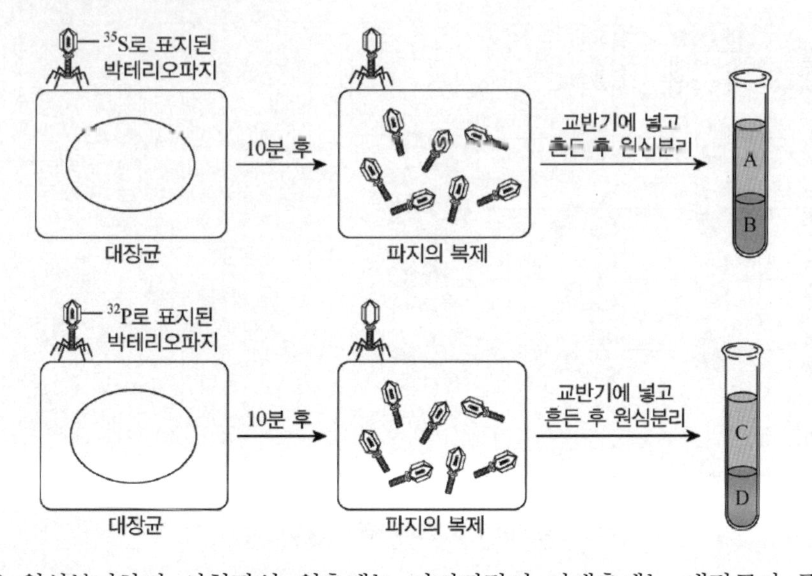

① 원심분리하면 시험관의 위층에는 파지껍질이 아래층에는 대장균이 존재한다.
② A에서 ^{35}S가 검출된다.
③ 박테리오파지의 감염 시 단백질과 DNA 모두 대장균 내로 들어간다.
④ A와 D에서 방사능이 검출된다.

➔ 박테리오파지의 감염 시 DNA만 대장균 내로 들어가서 복제가 일어난다.

013

DNA 구조에 대한 설명으로 옳지 않은 것은?

① DNA를 구성하는 기본 단위는 뉴클레오타이드이다.
② 뉴클레오타이드는 염기 : 당 : 인산이 1 : 1 : 1로 결합되어 있는 구조이며, DNA 뉴클레오타이드를 구성하는 5탄당은 리보스이다.
③ DNA를 구성하는 염기는 아데닌(A), 구아닌(G), 사이토신(C), 티민(T)의 4종류이다.
④ DNA는 폴리뉴클레오타이드 2가닥이 꼬여 있는 이중나선구조이다.

➔ DNA 뉴클레오타이드를 구성하는 5탄당은 디옥시리보스이다.

정답
012 ③ 013 ②

014

DNA 구조에 관한 설명 중 옳지 않은 것은?

① DNA 이중나선구조에서 당과 인산은 DNA 분자 안쪽의 골격을 이루며, 염기는 바깥쪽에 배열되어 가로대를 이룬다.
② DNA 이중나선은 염기와 염기 사이의 수소결합으로 이루어진다.
③ 염기와 당, 당과 인산 사이는 공유결합한다.
④ 아데닌(A)은 항상 자신과 상보적인 가닥의 티민(T)과 결합한다.

➡ 당과 인산은 DNA 분자의 바깥쪽에 골격을 이루고 있으며, 염기는 안쪽에 배열되어 가로대를 이루고 있다.

015

DNA 이중나선구조에 대한 설명으로 옳지 않은 것은?

① 이중나선 DNA 1바퀴에는 뉴클레오타이드 10쌍이 들어 있다.
② 어떤 DNA가 1,500개의 염기쌍으로 구성된 이중나선이라고 가정하면, 이 이중나선의 회전수는 150회전이 된다.
③ A와 T의 결합을 끊는 것은 G와 C의 결합을 끊는 것보다 많은 에너지가 필요하다.
④ G와 C가 많은 DNA일수록 A와 T가 많은 DNA보다 안정된 구조이다.

➡ A와 T는 2개의 수소결합을 하고 있고 G와 C는 3개의 수소결합을 하고 있다. 따라서 A와 T의 결합을 끊는 것보다 G와 C의 결합을 끊는 데 더 많은 에너지가 필요하다.

016

160개의 염기쌍으로 구성된 DNA의 이중나선구조에서 $\frac{A+T}{G+C}=\frac{3}{5}$이라면 티민(T) 염기의 수는?

① 40개　　② 60개
③ 80개　　④ 100개

➡ $\frac{A+T}{G+C}=\frac{3}{5}$, 따라서 $(A+T):(G+C)=3:5$이므로 $(A+T)=\frac{3}{8}$이다. 160개의 염기쌍은 320개의 염기이므로 $(A+T)=320\times\frac{3}{8}=120$, 따라서 A=T=60이다.

017

어떤 생물체의 염기조성에서 티민(T)의 비율이 30%일 때 구아닌(G)의 비율은?

① 10%　　② 20%
③ 30%　　④ 40%

➡ T=A=30%이면 T+A=60%이므로 G+C=40%이다.
따라서 G=C=20%이다.

정답
014 ①　015 ③　016 ②　017 ②

018

DNA 분자에 총 600개의 뉴클레오타이드가 있을 때 아데닌 염기가 100개라면 사이토신 염기의 수는?

① 50개 ② 100개
③ 150개 ④ 200개

➡ 아데닌이 100개면 티민도 100개이므로 A+T=200개가 된다. 따라서 G+C=400개가 되므로 G=C=200개이다.

019

^{14}N가 함유된 배지에서 키운 대장균을 ^{15}N가 함유된 배지에서 키워 3회 분열하여 400개의 대장균을 얻었을 때, $^{14}N-^{14}N$, $^{15}N-^{14}N$, $^{15}N-^{15}N$을 갖는 대장균의 수를 순서대로 나타낸 것은?

① 0, 100, 300 ② 300, 100, 0
③ 0, 300, 100 ④ 100, 300, 0

➡ ^{15}N가 함유된 배지에서 3회 분열하면 $^{14}N-^{14}N$: $^{15}N-^{14}N$: $^{15}N-^{15}N$ = 0 : 2 : 6이다.

020

^{15}N가 함유된 배지에서 키운 대장균을 ^{14}N가 함유된 배지에서 키워 3회 분열하여 400개의 대장균을 얻었을 때, $^{14}N-^{14}N$, $^{15}N-^{14}N$, $^{15}N-^{15}N$을 갖는 대장균의 수를 순서대로 나타낸 것은?

① 0, 100, 300 ② 300, 100, 0
③ 0, 300, 100 ④ 100, 300, 0

➡ ^{14}N가 함유된 배지에서 3회 분열하면 $^{14}N-^{14}N$: $^{15}N-^{14}N$: $^{15}N-^{15}N$ = 6 : 2 : 0이다.

021

원핵생물의 DNA 중합효소에 대한 설명으로 옳지 않은 것은?

① DNA 중합효소Ⅲ는 5′→3′ 방향으로만 복제한다.
② DNA 중합효소Ⅰ과 Ⅲ는 3′OH 말단에만 뉴클레오타이드를 첨가한다.
③ 지연가닥의 RNA 프라이머를 DNA 중합효소Ⅲ가 5′→3′ 방향으로 제거한다.
④ 잘못 첨가된 뉴클레오타이드는 DNA 중합효소Ⅰ과 Ⅲ이 3′→5′ 방향으로 제거한다.

➡ 지연가닥의 RNA 프라이머는 DNA 중합효소Ⅰ이 5′→3′ 방향으로 제거한다.

정답
018 ④ 019 ① 020 ② 021 ③

022

다음 중 DNA 복제 시 필요 없는 것은?

① DNA ligase ② DNA polymerase
③ DNA primer ④ helicase

➔ DNA primer를 사용하지 않고 RNA primer가 필요하다.

023

DNA 복제에 대한 설명으로 옳지 않은 것은?

① DNA 복제는 세포주기 중 간기에 일어난다.
② DNA가 복제될 때 DNA 중합효소에 의해 뉴클레오타이드가 결합한다.
③ 새로운 DNA의 합성은 5′→3′ 방향으로 일어난다.
④ 원래 DNA 중 한 가닥만 주형이 되고 나머지 한 가닥은 복제가 일어나지 않는다.

➔ DNA 복제는 두 가닥 모두 주형이 되어 원래 가닥이 보존되고, 나머지 가닥은 새롭게 만들어진다.

024

DNA 복제과정에 대한 설명으로 옳지 않은 것은?

① DNA 복제가 반보존적 복제라고 하는 이유는 복제된 DNA 이중나선의 한 가닥은 원래부터 있었던 DNA 사슬이고, 나머지 한 가닥은 새로 만들어진 폴리뉴클레오타이드 사슬이기 때문이다.
② DNA 복제 시 연속적으로 합성되는 가닥과 불연속적으로 합성되는 가닥이 존재한다.
③ 연속적으로 합성되는 선도가닥에서 오카자기 절편을 관찰할 수 있다.
④ 불연속적으로 합성되는 가닥을 지연가닥이라 하며, 이 가닥은 선도가닥의 복제 방향과 서로 반대 방향으로 합성된다.

➔ 불연속적으로 합성되는 지연가닥에서 오카자기 절편이 관찰된다.

025

DNA 중합반응에서 뉴클레오타이드를 결합하는 에너지의 근원은?

① 프라이메이스
② 당-인산 골격에 있는 인산기
③ ATP의 마지막 인산기의 가수분해
④ 뉴클레오사이드 3인산으로부터 피로인산(pyrophosphate)이 가수분해될 때 나오는 에너지

➔ 새로 들어오는 뉴클레오타이드는 인산기를 3개 갖고 있다가 인산기 2개(피로인산)가 떨어지면서 나오는 에너지에 의해서 공유결합하게 된다.

정답

022 ③ 023 ④ 024 ③ 025 ④

026

DNA 중합효소에 대한 설명으로 옳지 않은 것은?

① DNA 중합효소는 5′→3′ 방향의 중합기능을 가지고 있다.
② 일부 DNA 중합효소는 5′→3′ 방향으로 프라이머를 제거하는 엑소뉴클레이스(exonuclease)의 역할을 한다.
③ 일부 DNA 중합효소는 3′→5′ 방향의 중합기능을 가지고 있는 것도 있다.
④ DNA 중합효소는 복제과정 중 잘못된 염기를 3′→5′ 방향으로 제거하는 교정기능을 갖는 엑소뉴클레이스의 역할을 한다.

→ 3′OH 말단에만 뉴클레오타이드를 첨가할 수 있으므로 3′→5′ 방향의 중합기능을 가지고 있는 중합효소는 없다.

027

DNA 복제과정에서 다음 효소들이 작용하는 순서로 옳은 것은?

ㄱ. DNA 연결효소(DNA ligase)
ㄴ. DNA 중합효소Ⅲ
ㄷ. 프라이메이스(primase)
ㄹ. 헬리케이스(helicase)
ㅁ. 단일가닥 결합단백질
ㅂ. DNA 중합효소Ⅰ
ㅅ. DNA 회전효소

① ㄱ－ㅁ－ㄴ－ㅂ－ㅅ－ㄷ－ㄹ
② ㄹ－ㅅ－ㅁ－ㄷ－ㄴ－ㅂ－ㄱ
③ ㄹ－ㅁ－ㅅ－ㄷ－ㄴ－ㅂ－ㄱ
④ ㄹ－ㅁ－ㅅ－ㄷ－ㅂ－ㄴ－ㄱ

정답
026 ③ 027 ③

028

비들(Beadle)과 테이텀(Tatum)의 연구에서 최소 배지에서 생존하기 위하여 아르지닌을 넣어주어야 하는 3종류의 돌연변이체를 발견하였다. 아르지닌의 합성단계는 선구물질－오르니틴－시트룰린－아르지닌의 순서이다. 이 중 오르니틴－시트룰린 전환과정을 촉매하는 효소가 없을 경우 생장을 위해서 공급해주어야 하는 영양소는?

① 선구물질　　② 오르니틴
③ 시트룰린　　④ 오르니틴과 아르지닌

➡ 오르니틴에서 시트룰린으로 전환 과정을 촉매하는 효소가 없으므로 시트룰린을 공급해주어야 한다.

029

RNA 중합효소에 의한 전사의 개시에 대한 설명으로 옳지 않은 것은?

① DNA 중합효소와 같이 RNA 중합효소는 폴리뉴클레오타이드를 5′→3′ 방향으로 조립한다.
② RNA 프라이머의 3′OH 말단에 뉴클레오타이드를 첨가시킨다.
③ 전사인자가 RNA 중합효소의 부착과 전사의 개시를 중개한다.
④ 프로모터에 RNA 중합효소가 부착한다.

➡ DNA 중합효소와는 달리 RNA 중합효소는 처음부터 스스로 사슬을 만들 수 있으며 프라이머가 필요 없다.

030

120개의 아미노산으로 구성된 단백질을 합성하는 데 관여하는 mRNA의 뉴클레오타이드는 총 몇 개인가?

① 40　　② 120
③ 240　　④ 360

➡ 하나의 아미노산은 3개의 뉴클레오타이드로 이루어진 코돈이므로 120개의 아미노산으로 이루어진 단백질은 360개의 뉴클레오타이드로 구성된다.

031

핵 밖의 mRNA가 핵에서 처음 만들어진 mRNA보다 크기가 작은 이유는?

① 엑손이 mRNA 분자로부터 잘려 나온다.
② 인트론이 mRNA 분자로부터 잘려 나온다.
③ 캡이 mRNA 분자로부터 잘려 나온다.
④ 폴리A 꼬리가 mRNA 분자에 첨가된다.

➡ 처음 만들어진 mRNA는 엑손과 인트론을 모두 포함하고 있다.

정답

028 ③　029 ②　030 ④　031 ②

032

RNA의 전사와 RNA processing 과정에 대한 다음 설명 중 옳지 않은 것은?

① RNA는 여러 종류이며 모두 핵에서 전사된다.
② mRNA 말단의 변화(5′캡과 폴리A 꼬리)와 인트론의 제거는 모두 핵에서 이루어진다.
③ DNA에서 mRNA가 전사될 때 DNA의 이중나선을 구성하는 폴리뉴클레오타이드 두 가닥 모두 주형으로 작용한다.
④ 엑손의 5′ 말단과 3′ 말단에 있는 UTR은 인트론이 제거된 후에도 mRNA의 일부분을 구성하지만 단백질로 해독되지 않는다.

➔ DNA에서 mRNA가 전사될 때 DNA의 이중나선을 구성하는 폴리뉴클레오타이드 중 한 가닥만 주형가닥이 된다.

033

엑손과 인트론에 대한 설명으로 옳지 않은 것은?

① 엑손과 엑손끼리 연결되는 과정은 리보솜에서 일어난다.
② 원핵생물의 유전자에는 인트론이 없다.
③ 실제로 단백질로 번역되는 암호화 영역은 엑손, 단백질로 번역되지 않는 비 암호화 영역이 인트론이다.
④ 인트론은 스플라이싱 복합체로 형성되어 제거된다.

➔ 엑손과 엑손끼리 연결되는 스플라이싱은 핵 속에서 일어난다.

034

RNA 스플라이싱(splicing)에 대한 설명으로 옳지 않은 것은?

① 소형핵 리보 단백질이라는 입자(snRNPs)가 RNA 스플라이싱 자리를 인지한다.
② 인트론을 고리 형태로 만들고 두 엑손의 끝을 가깝게 하는 커다란 스플라이싱 복합체를 형성한 후 인트론을 제거한다.
③ 리보자임에 의해서 인트론을 잘라내는 것을 촉매하기도 한다.
④ 원핵세포와 진핵세포 모두 RNA 스플라이싱이 일어난다.

➔ 원핵생물의 유전자에는 인트론이 없어서 스플라이싱이 일어나지 않는다.

정답

032 ③ 033 ① 034 ④

035

코돈에 대한 설명으로 옳지 않은 것은?

① mRNA의 유전정보인 코돈은 64개이다.
② 아미노산을 지정하는 mRNA의 코돈은 61개이다.
③ 1가지 아미노산은 1개 이상의 코돈에 의해 지정받을 수 있다.
④ 1개의 코돈은 2가지 이상의 아미노산을 지정할 수 있다.

➔ 아미노산은 20종류인 데 비해 코돈의 종류는 64종류이므로, 1개의 코돈이 1가지 아미노산을 지정하는 경우도 있지만 1가지 아미노산을 지정하는 데 여러 개의 코돈이 작용하기도 한다. 하지만 1개의 코돈이 2가지 이상의 아미노산을 지정하는 경우는 없다.

036

DNA 염기배열순서가 3′TACAGGTAGAAT5′인 DNA에서 전사된 mRNA에 대한 설명으로 옳지 않은 것은?

① 염기배열은 5′AUGUCCAUCUUA3′이다.
② 개시코돈을 포함한다.
③ 정지코돈을 포함한다.
④ 4개의 아미노산을 지정하며 3번 펩타이드결합을 한다.

➔ mRNA는 5′AUGUCCA UCUUA3′이므로 정지코돈(UAA, UAG, UGA)이 없다.

037

RNA에 대한 설명으로 옳지 않은 것은?

① 단백질로 번역되는 RNA는 mRNA이다.
② DNA에서 mRNA, tRNA, rRNA가 모두 전사된다.
③ tRNA에는 DNA에 상보적인 코돈이 들어 있다.
④ 세포에서 가장 많은 RNA는 rRNA이다.

➔ tRNA에는 mRNA에 상보적인 코돈이 들어 있다.

038

진핵생물의 RNA 중합효소(polymerase) 3가지 중 mRNA 합성에 관여하는 것은?

① RNA 중합효소 Ⅰ　　② RNA 중합효소 Ⅱ
③ RNA 중합효소 Ⅲ　　④ RNA 중합효소 Ⅰ과 Ⅱ

➔ RNA 중합효소 Ⅰ과 Ⅲ는 단백질로 번역되지 않는 RNA분자(rRNA, tRNA)를 전사한다.

정답

035 ④ 036 ③ 037 ③ 038 ②

039

DNA의 염기서열이 다음과 같을 때 전사되는 mRNA의 염기서열은?

3′－GGTACC－5′

① 5′－CCATGG－3′　② 3′－CCAUGG－5′
③ 3′－GGUACC－5′　④ 5′－GGAUCC－3′

➡ 역평행구조이므로 3′－GGUACC－5′로 해야 한다.

040

tRNA가 5′ UAG 3′일 때 DNA의 코드는?

① 5′ ATC 3′　② 3′ ATC 5′
③ 5′ TAG 3′　④ 3′ TAG 5′

➡ mRNA는 3′ AUC 5′이므로 DNA의 코드는 5′ TAG 3′이다.

041

유전자에 의하여 합성된 단백질이 여러 가지 생명현상을 나타내게 된다. 이러한 유전정보의 흐름관계에서 A, B, C에 맞는 순서대로 짝지어진 것은?

$$\text{DNA} \xrightarrow{A} \text{mRNA} \xrightarrow{B} \text{단백질(효소)} \xrightarrow{C} \text{발생, 형태}$$

	A	B	C
①	전사	번역	해독
②	전사	해독	형질발현
③	복제	형질발현	해독
④	전사	형질발현	해독

➡ 번역을 해독이라고도 한다.

042

안티코돈에 대한 설명으로 옳지 않은 것은?

① 3개의 뉴클레오타이드로 이루어져 있다.
② 1개 이상의 코돈과 짝을 이룬다.
③ 5′→3′ mRNA 사슬을 따라 5′→3′ 방향으로 정렬되어 있다.
④ 아데닌 염기는 유라실과 짝을 이룬다.

➡ 역평행구조이므로 5′→3′ mRNA 사슬을 따라 3′→5′ 방향으로 정렬되어 있다.
②는 워블에 대한 설명이다.

정답

039 ③ 040 ③ 041 ② 042 ③

043

tRNA에 특정 아미노산을 연결하는 효소는?

① 아미노아실 tRNA 합성효소
② RNA 중합효소
③ 리보자임
④ 뉴클레이스

044

단백질 합성과정(번역)에 대한 설명으로 옳지 않은 것은?

① 리보솜은 mRNA를 따라 3개의 코돈만큼 이동한다.
② 개시코돈과 종결코돈은 특정 염기서열로 구성되어 있다.
③ 종결코돈에는 상보적인 tRNA가 없으므로 tRNA가 결합하지 않는다.
④ tRNA 분자는 반복적으로 사용되며, 일부 염기가 수소결합하고 있는 단일 사슬의 3차원적 입체구조이다.

➡ 리보솜은 mRNA를 따라 1개의 코돈(3개의 염기)만큼씩 이동한다.

045

진핵생물과 원핵생물의 리보솜에 관한 설명으로 옳지 않은 것은?

① 원핵생물의 리보솜은 70S이다.
② 고세균의 리보솜은 50S와 30S 2개의 소단위로 구성되어 있다.
③ 진정세균의 리보솜은 40S와 30S 2개의 소단위로 구성되어 있다.
④ 진핵생물의 리보솜은 80S이다.

➡ 원핵생물(진정세균, 고세균)의 리보솜은 50S와 30S 2개의 소단위로 구성되어 있다.

정답

043 ① 044 ① 045 ③

046

폴리펩타이드 생성과정을 순서대로 바르게 나열한 것은?

1. tRNA가 A 위치에서 P 위치로 이동하고 아미노산과 떨어진 tRNA는 E 위치에서 리보솜을 떠난다.
2. 펩타이드 결합이 생성된다.
3. A 위치에서 아미노아실 tRNA가 코돈에 상응하는 안티코돈을 결합시킨다.
4. 리보솜 작은 소단위와 큰 소단위가 결합한다.
5. mRNA에 작은 소단위체와 개시 tRNA가 결합한다.

① 5－4－3－2－1　　② 4－5－2－1－3
③ 5－4－2－1－3　　④ 5－4－1－2－3

047

폴리솜에 대한 설명으로 옳지 않은 것은?

① 리보솜은 mRNA를 따라 5′→3′ 방향으로 이동한다.
② 하나의 mRNA는 여러 개의 리보솜에서 단백질 합성이 일어난다.
③ 종결코돈에 도달하면 리보솜의 2개의 단위체가 mRNA로부터 분리된다.
④ mRNA에는 여러 개의 리보솜이 결합되어 있으며 이들 리보솜에 의해서 동시에 다양한 단백질 합성이 일어난다.

➡ 폴리솜에 의해서 동시에 동일한 단백질 합성이 일어난다.

048

단백질을 소포체로 이동시키는 기작에 대한 설명으로 옳지 않은 것은?

① 폴리펩타이드 합성은 항상 세포질의 자유 리보솜에서 mRNA 분자의 번역을 시작한다.
② 신호펩타이드는 내막계로 가거나 분비될 단백질의 폴리펩타이드 시작부위에 있는 아미노산 단편으로, 단백질을 소포체로 이동시키도록 하는 신호로 작용한다.
③ 신호펩타이드는 리보솜에서 빠져나오면 신호인식입자(SRP)에 인식되어 소포체 내강으로 들어간다.
④ 소포체 내강에서 유비퀴논 단백질이 폴리펩타이드가 정확하게 접히도록 하여 폴리펩타이드의 최종구조를 형성한다.

➡ 폴리펩타이드가 정확하게 접히도록 하는 단백질은 샤페로닌 단백질이다.

정답

046 ① 047 ④ 048 ④

049

낫모양 적혈구 빈혈증의 발생원인은?

① DNA상의 틀이동 돌연변이
② DNA상의 미스센스 돌연변이
③ DNA상의 난센스 돌연변이
④ DNA상의 침묵 돌연변이

➡ 글루탐산이 발린으로 바뀌어 일어나는 미스센스 돌연변이이다.

050

젖당 오페론에서 프로모터에 돌연변이가 일어났을 경우 젖당오페론 발현에 대한 설명으로 옳은 것은?

① 젖당을 먹이로 주었을 때만 발현한다.
② 포도당을 먹이로 주었을 때만 발현한다.
③ 전혀 발현하지 않는다.
④ 항상 발현한다.

➡ 프로모터에 돌연변이가 일어나면 RNA 중합효소가 결합할 수 없으므로 오페론이 전혀 발현하지 않는다.

051

젖당오페론에 관한 다음의 설명 중 옳은 것은?

ㄱ. 젖당오페론은 포도당 유무에 관계없이 젖당이 있으면 작동한다.
ㄴ. 작동유전자에 억제물질이 붙어 있으면 RNA 중합효소에 의한 전사가 방해된다.
ㄷ. 젖당이 젖당분해효소에 의해 모두 분해되면 젖당분해효소가 생성되지 않는다.
ㄹ. 젖당분해효소는 억제물질을 분해시켜 구조유전자의 발현을 촉진한다.
ㅁ. RNA 중합효소가 프로모터에 효율적으로 결합하기 위해서는 대사촉진단백질(CAP)과 cAMP라는 2가지 물질이 프로모터에 결합하여 상호작용해야 한다.
ㅂ. 젖당과 포도당이 함께 있는 배지에서는 포도당에 의해서 cAMP가 증가한다.

① ㄱ, ㄷ, ㅁ　　② ㄴ, ㅁ, ㅂ
③ ㄴ, ㄷ, ㅁ　　④ ㄷ, ㄹ, ㅁ

➡ ㄱ. 젖당오페론은 포도당과 젖당이 함께 있으면 작동하지 않는다.
ㄹ. 젖당분해효소는 젖당을 분해하는 효소이다.
ㅂ. 젖당과 포도당이 함께 있는 배지에서는 포도당에 의해서 cAMP가 ATP로 되므로 cAMP가 감소한다.

정답
049 ② 050 ③ 051 ③

052

다음 그림은 진핵세포에서 유전자 발현과정을 나타낸 것이다. 이에 대한 설명으로 옳은 것은?

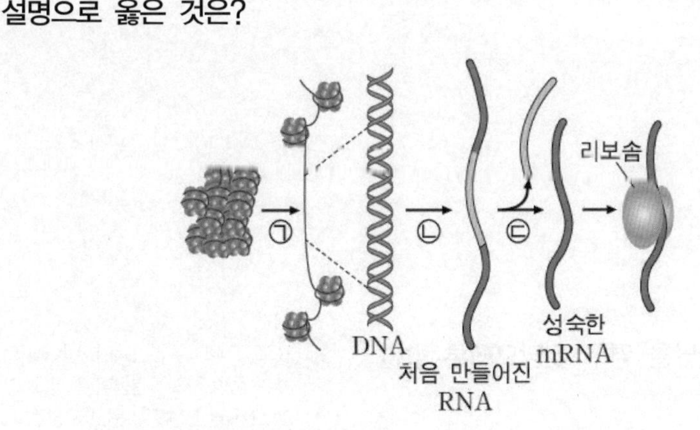

ㄱ. ㉠을 통해 DNA에 RNA 중합효소가 쉽게 결합할 수 있다.
ㄴ. 히스톤 단백질의 탈아세틸화반응에 의해서 ㉠ 과정이 일어난다.
ㄷ. ㉡ 과정에서 프라이머가 필요하다.
ㄹ. ㉡에서 특수 전사인자인 활성자는 인핸서와 결합하여 RNA 합성에 영향을 준다.
ㅁ. ㉢ 과정과 같은 mRNA의 변형은 세포질에서 일어난다.
ㅂ. 생성된 폴리펩타이드가 세포 밖으로 분비될 단백질인 경우 번역은 자유리보솜에서 시작된 후 부착리보솜에서 진행된다.

① ㄱ, ㄷ, ㄹ　　② ㄱ, ㄹ, ㅂ
③ ㄴ, ㄹ, ㅂ　　④ ㄹ, ㅁ, ㅂ

➔ ㉠은 아세틸화, ㉡은 전사, ㉢은 스플라이싱이다.

053

인핸서에 대한 설명으로 옳은 것을 모두 고르면?

㉠ 전사인자와 작용하여 전사과정을 촉진한다.
㉡ DNA의 복제과정을 촉진한다.
㉢ 단백질의 번역과정을 조절한다.
㉣ 프로모터로부터 상류쪽(upstream)이나 하류쪽(downstream) 위치에서 유전자를 조절한다.

① ㉠, ㉢, ㉣　　② ㉠, ㉣
③ ㉡, ㉢　　④ ㉢, ㉣

➔ 인핸서는 전사인자와 작용하여 전사과정을 촉진하는 DNA 부위로 복제나 번역을 조절하지 않는다.

정답
052 ②　053 ②

054

진핵 유전자가 발현 조절에 관여하는 조절단백질이 부착되는 DNA 염기 부위를 무엇이라 하는가?

① 인핸서와 사일렌서　　② TATA박스와 프로모터
③ 프로모터　　④ 유비퀴틴

➡ 인핸서와 사일렌서는 전사를 촉진 또는 억제하는 조절요소이다.

055

한 개의 유전자에서 여러 종류의 단백질이 생성 가능한 이유는?

① 선택적 RNA 스플라이싱이 일어났기 때문에
② 여러 개의 프로모터가 작용하였기 때문에
③ 리보솜에 결합되어 있는 신호펩타이드가 작용하기 때문에
④ 하나의 mRNA에 여러 개의 리보솜이 결합되어 있기 때문에

➡ 선택적 RNA 스플라이싱 과정에서 하나의 주 전사체(mRNA)에서 어느 RNA 조각을 엑손 또는 인트론으로 취급하는가에 따라 서로 다른 모양의 성숙한 mRNA를 만들어 낼 수 있으므로 여러 종류의 단백질이 생성될 수 있다.

056

동물의 간과 폐가 다르게 분화하는 이유는?

① 오페론이 서로 다르기 때문에
② 서로 다르게 해독되기 때문에
③ 서로 다른 유전자가 발현되거나 발현이 억제되기 때문에
④ 서로 다른 유전자를 가지고 있기 때문에

➡ 유전자는 동일하지만 발현되는 유전자가 다르기 때문이다.

057

유전자 발현조절의 원리로 옳지 않은 것은?

① 분화된 세포에서 세포의 종류에 따라 서로 다른 단백질이 생산되지만 각 세포는 동일한 유전체를 갖는다.
② 유전자 발현이 세포마다 다르게 일어나는 이유는 전사인자와 같은 조절 단백질에 의해서 다양한 종류의 조절 유전자가 발현되기 때문이다.
③ 초파리 배아의 눈 형성 세포군과 다리 형성 세포군은 서로 다른 유전자 구성을 갖는다.
④ 초파리 배아의 눈 형성 세포군과 다리 형성 세포군은 서로 다른 전사인자를 갖는다.

➡ 초파리 배아의 눈 형성 세포군과 다리 형성 세포군은 동일한 유전자 구성을 갖지만 서로 다른 전사인자(조절 단백질)를 갖기 때문에 발현되는 유전자가 달라진다.

정답

054 ①　055 ①　056 ③　057 ③

058

호메오 유전자와 호메오 박스에 대한 설명으로 옳지 않은 것은?

① 호메오 유전자는 복잡한 생물로 갈수록 수가 많아지고 복잡해진다.
② 척추동물과 무척추동물의 호메오 유전자에 있는 호메오 박스는 동일하거나 비슷한 뉴클레오타이드 서열을 갖는다.
③ 호메오 유전자는 기관의 세부적인 형태를 결정하는 다른 유전자의 발현을 조절한다.
④ 호메오 유전자에 의해서 모든 세포에서 동일한 유전자가 발현된다.

→ 호메오 유전자에 의해서 각 세포마다 서로 다른 유전자가 발현된다.

059

발암 유전자와 원발암 유전자에 대한 설명으로 옳지 않은 것은?

① *Ras* 유전자는 정상적인 유전자로서 원발암 유전자이다.
② 정상적인 세포는 성장인자가 없어도 세포분열을 촉진하는 단백질이 생성된다.
③ *Ras* 유전자에 돌연변이가 일어나면 성장인자가 없어도 세포분열을 촉진하는 단백질이 생성된다.
④ *p53* 유전자는 정상적인 유전자로서 종양 억제 유전자이다.

→ 성장인자가 없어도 항상 세포분열을 촉진하는 단백질이 생성되는 세포는 암세포이다.

060

***p53* 유전자에 대한 설명으로 옳지 않은 것은?**

① *p53* 유전자는 세포분열을 촉진하는 단백질 유전자의 전사를 촉진한다.
② *p53* 유전자는 손상된 DNA를 복구하는 데 관여하는 단백질 유전자의 전사를 촉진한다.
③ 손상된 DNA가 복구불능인 상황일 때 *p53* 유전자는 세포사멸 유전자를 활성화시켜 세포예정사를 유도해 세포를 사멸시킨다.
④ 원발암 유전자의 과활성화와 종양 억제 유전자의 불활성화가 일어나면 정상적인 세포가 암세포로 될 수 있다.

→ *p53* 유전자는 세포분열을 억제하는 단백질 유전자의 전사를 촉진한다.

정답

058 ④ 059 ② 060 ①

061

바이러스에 대한 설명으로 옳지 않은 것은?

① 바이러스는 DNA와 RNA를 모두 갖는다.
② 바이러스의 유전체는 종류에 따라 이중가닥 DNA, 단일가닥 DNA, 이중가닥 RNA, 단일가닥 RNA 등으로 구성된다.
③ DNA 바이러스는 DNA를 주형으로 자신의 DNA 유전체를 만들고, 숙주세포의 RNA 중합효소를 이용하여 mRNA를 전사한다.
④ 대부분의 RNA 바이러스는 RNA를 주형으로 자신의 RNA 유전체를 만들고, mRNA를 전사한다.

➡ 바이러스는 DNA 또는 RNA를 갖는다.

062

RNA 바이러스와 바이러스의 피막에 대한 설명으로 옳은 것은?

① AIDS를 일으키는 HIV(레트로바이러스)는 RNA 바이러스이므로 RNA를 주형으로 자신의 RNA 유전체를 만들고 mRNA를 전사한다.
② HIV는 숙주의 역전사효소를 이용하여 RNA 주형으로부터 DNA를 전사한다.
③ 바이러스의 RNA 중합효소에는 교정능력이 없어서 RNA 바이러스는 돌연변이가 잘 일어난다.
④ 대부분의 바이러스 피막은 바이러스 유전자에서 만들어진 분자와 숙주세포의 핵막을 포함한다.

➡ HIV는 자신의 역전사효소를 이용하여 RNA 주형으로부터 DNA를 전사하여 증식한 후 숙주세포에서 빠져나올 때 숙주세포의 세포막을 포함한다.

063

프라이온에 대한 설명으로 옳은 것은?

① 원형 RNA 분자로 식물 감염체이다.
② 감염성 단백질로서 뇌의 정상 단백질을 잘못 접혀진 형태로 전환시킨다.
③ 형질전환에 의해 생성된 바이러스이다.
④ 동물의 경우 성적 접촉에 의해서 옮겨진다.

➡ 프라이온은 정상적으로 뇌세포에 존재하는 단백질이 잘못 접혀진 형태이다.

정답

061 ① 062 ③ 063 ②

064

세균의 유전자 전달방법 중 하나인 접합에 대해 옳은 설명은?

① 세균의 유전자가 파지에 의해서 다른 세균으로 옮겨가는 것을 접합이라 한다.
② DNA의 전달은 양 방향으로 일어난다.
③ F^+세포와 F^-세포의 접합이 일어나면 F^-세포도 F^+세포로 되어 두 개의 F^+세포가 된다.
④ Hfr세포와 F^-세포의 접합 시 대부분의 F^-세포가 Hfr세포로 되어 두 개의 Hfr세포가 된다.

→ 세균의 접합에서 DNA의 전달은 한 쪽 방향으로 일어나며, Hfr세포와 F^-세포의 접합 시 대부분의 F^-세포는 Hfr세포가 되지 않는다.

065

생물체의 분자생물학적 특성으로 옳지 않은 것은?

① 외부환경으로부터 다른 개체의 DNA를 받아들여서 세균의 유전형과 표현형이 변하는 것을 형질전환이라 한다.
② 파지가 한 숙주세포에서 다른 숙주세포로 세균의 유전자를 옮기는 것을 형질도입이라 한다.
③ 서로 인접해 있는 두 마리 세균이 직접 접촉하여 다른 쪽 세균에 유전물질을 전달하는 것을 접합(conjuagtion)이라 한다.
④ 세균들은 항생제에 대해 저항성을 나타내는 유전자를 갖는 플라스미드를 포함하고 있는데 이것을 F플라스미드라고 한다.

→ 항생제에 저항성을 나타내는 유전자를 갖는 플라스미드는 R플라스미드이다.

066

다음 중 용어에 대한 설명이 잘못 연결된 것은?

① 제한효소－DNA의 특정 위치를 자르는 데 사용
② 상보적 DNA－제한효소에 의하여 생성되는 DNA 조각
③ 제한효소자리－효소가 DNA를 자르는 DNA상의 특정 위치
④ 벡터－플라스미드나 바이러스 같은 유전자 운반체

→ 역전사에 의해 만들어진 DNA를 상보적 DNA(cDNA) 라고 한다.

정답
064 ③ 065 ④ 066 ②

067

플라스미드에 대한 설명으로 옳지 않은 것은?

① 세균의 생존과 증식에 필수적이다.
② 세균 간에 전달되어 새로운 형질을 나타낸다.
③ 세포분열과 관계없이 스스로 복제한다.
④ 유전자 클로닝에서 중요한 벡터로 사용된다.

➔ 플라스미드는 세균에 기생하는 고리 모양의 DNA 사슬로 세균과는 별개의 DNA이다.

068

다음 DNA 염기서열 중 제한효소자리일 가능성이 가장 높은 것은?

① AGCGAG
TCGCTC　　② AACCAA
TTGGTT
③ AAGCTT
TTCGAA　　④ GATGAT
CTACTA

➔ 제한효소자리는 두 가닥 모두 5′→3′로 염기서열이 동일한 대칭성을 보이는 회문구조로 되어 있다.

069

특정 유전자를 목표로 하지 않고 제한효소로 절단된 모든 DNA 절편을 서로 다른 벡터에 삽입하여 각각을 세균에 집어넣는 것을 무엇이라 하는가?

① 샷건 시험(Shotgun experiment)
② 유전자 도서관(genome library)
③ 핵산탐침혼성화
④ 중합효소 연쇄반응(PCR)

➔ 샷건 시험을 무차별 클로닝이라고도 한다.

070

외래 유전자가 아그로 박테리움(Agrobacterium tumefaciens) Ti플라스미드의 어느 부위에 삽입되어 형질전환 식물이 되는가?

① mRNA　　② R플라스미드
③ T−DNA　　④ cDNA

➔ Ti플라스미드의 T−DNA 부위가 식물의 유전체에 삽입되어 형질전환이 일어난다.

정답
067 ① 068 ③ 069 ① 070 ③

071

다음 중 핵산탐침이 사용되는 경우는?

① 세포융합으로 단일클론항체를 생성할 때
② 핵치환으로 클론생물을 만들 때
③ 유전자를 재조합할 때
④ 특정 DNA 염기서열을 갖고 있는 유전자를 찾고자 한 때

➔ 형광물질로 표지한 DNA 분자가 수많은 DNA에 섞여 있는 특정 유전자와 상보적으로 결합하면 찾고자 하는 유전자를 찾을 수 있다.

072

다음 그림은 마이크로어레이(microarray, 유전자 미세 배열 기법) 실험과정을 나타낸 것이다. 이에 대한 설명으로 옳지 않은 것은?

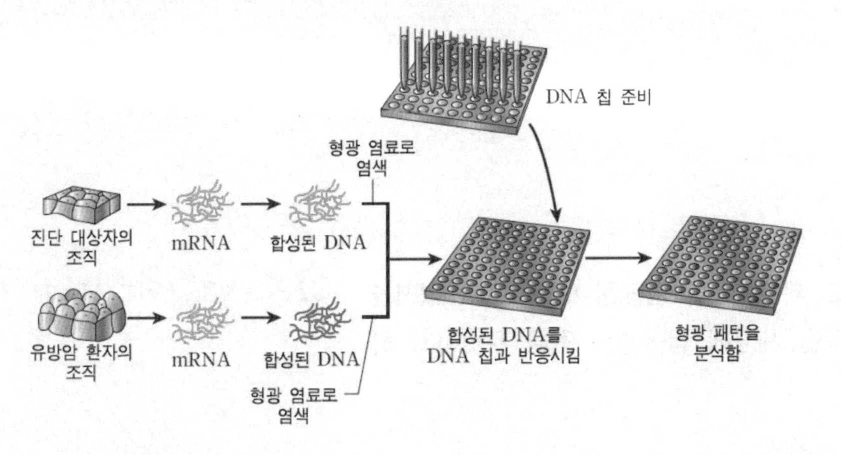

① 두 조직에서 발현되는 유전자를 비교하여 유방암을 빠르게 진단할 수 있다.
② 발현되는 유전자가 무엇인지 알아내기 위해서 진단 대상자의 mRNA를 분리한 후 역전사효소를 이용해 cDNA를 합성한다.
③ 각각의 탐침 DNA는 이중나선구조이다.
④ 형광물질이 결합된 DNA는 상보적 염기서열의 DNA와 결합한다.

➔ 마이크로어레이에 상보적으로 결합해야 하므로 각각의 탐침 DNA는 단일가닥이다.

정답
071 ④ 072 ③

073

다음 중 전기영동이 사용되는 경우는?

① DNA 조각 분리
② 특정 DNA 염기서열을 갖고 있는 유전자를 찾고자 할 때
③ DNA를 조각으로 자를 때
④ 충분한 양의 DNA를 얻으려 할 때

➡ 핵산과 같은 분자를 크기에 따라 분리하는 방법이다.

074

제한효소 단편분석법(RFLP)으로 알 수 있는 사항이 아닌 것은?

① 각각의 유전자 기능
② 보인자를 가진 이형접합 검색
③ 유전자 질환
④ DNA 단편의 크기와 수

➡ 서로 다른 두 개체 간 염기서열의 차이를 검출하는 방법으로 각각의 유전자 기능은 알 수 없다.

075

노던 블로팅을 통해 확인할 수 있는 것은?

① 특정 DNA 절편 확인
② 특정 DNA 대량 증폭
③ 특정 RNA 절편 확인
④ 특정 단백질 확인

➡ 전기영동한 DNA 단편을 블롯시킨 후 DNA를 혼성화시켜 목적하는 DNA를 검출하는 방법을 서던 블로팅이라고 한다. RNA를 전기영동으로 검출하는 방법을 노던 블로팅, 단백질을 전기이동으로 검출하는 방법을 웨스턴 블로팅이라 한다.

076

사건현장에서 용의자의 피부조직이 붙어 있는 물건을 발견해 소량의 DNA를 추출했다. 용의자의 유전자를 분석하기 위해 충분한 양의 DNA를 얻을 수 있는 방법은?

① 마이크로어레이 분석을 한다.
② 핵산 탐침을 이용한다.
③ 중합효소 연쇄반응을 이용한다.
④ DNA를 전기영동한다.

➡ DNA에서 원하는 부분을 복제하고 증폭시키는 분자생물학적인 기술을 중합효소 연쇄반응이라 한다.

정답

073 ① 074 ① 075 ③ 076 ③

077

극소량의 DNA를 증폭시키는 중합효소 연쇄반응(PCR)에서 필요한 반응 요소를 모두 고르면?

ㄱ. 표적 DNA
ㄴ. RNA 프라이머(primer)
ㄷ. dNTP
ㄹ. DNA 연결효소
ㅁ. Taq I －Thermus aquaticus의 DNA 중합효소
ㅂ. ddNTP

① ㄱ, ㄴ, ㄷ, ㅁ　　② ㄱ, ㄴ, ㄷ, ㄹ
③ ㄱ, ㄴ, ㅁ, ㅂ　　④ ㄱ, ㄷ, ㅁ

➡ 중합효소 연쇄반응(PCR)에서는 DNA 프라이머를 사용한다.

078

다음 그림은 중합효소 연쇄반응(PCR)을 나타낸 것이다. 이에 대한 설명으로 옳지 않은 것은?

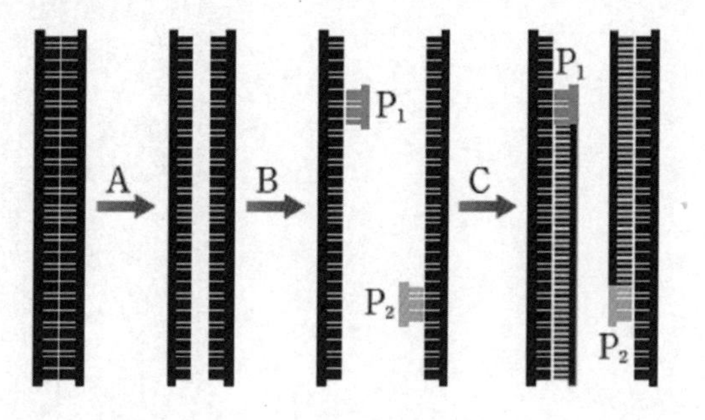

① A는 변성, B는 냉각, C는 신장과정으로 C에서 DNA 중합효소가 필요하다.
② 각 프라이머는 새로 합성되는 DNA의 일부로 계속 남게 된다.
③ 프라이머 P_1과 P_2의 염기서열은 상보적이다.
④ DNA 길이가 같을 때 염기 G+C의 함량이 높은 DNA는 A+T의 함량이 높은 DNA보다 A과정에서 온도를 더 높게 한다.

➡ 프라이머 P_1과 P_2는 각각 다른 가닥에 결합하므로 상보적이지 않다.

정답
077 ④ 078 ③

079

다음 그래프는 중합효소 연쇄반응(PCR)을 나타낸 것이다. 이에 대한 설명으로 옳지 않은 것은?

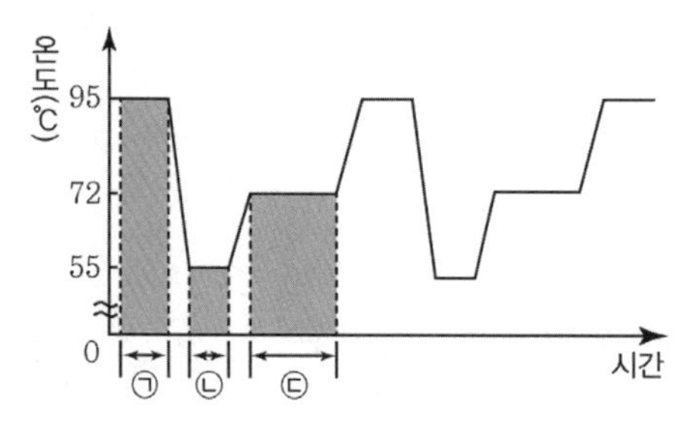

① ㉠은 DNA 염기 사이의 수소결합이 끊어져서 단일 가닥 DNA로 되는 변성(denaturation) 과정이다.

② ㉡은 프라이머가 각각 두 단일가닥 DNA의 3′ 말단 쪽에 위치하는 표적위치에 수소결합하는 냉각(annealing) 과정이다.

③ ㉢은 DNA 중합효소에 의해 주형가닥 DNA에 이미 결합해 있는 프라이머의 3′ 말단 쪽에 dNTP가 차례로 결합하면서 새로운 DNA 가닥이 합성되는 신장(extension) 과정이다.

④ ㉠~㉢ 과정을 5회 반복하면 증폭된 DNA양은 초기의 약 10배가 된다.

➜ 5회 반복하면 증폭된 DNA 양은 초기의 약 2^5배가 된다.

080

염기서열을 분석할 DNA 가닥을 정상적인 DNA 합성에 사용되는 물질과 섞은 뒤 이 혼합물에 서로 다른 색깔의 형광물질로 표지된 소량의 ddNTP를 추가하여 반응시킨 후 합성된 DNA 조각들이다. 이 자료에 대한 설명으로 옳지 않은 것은?

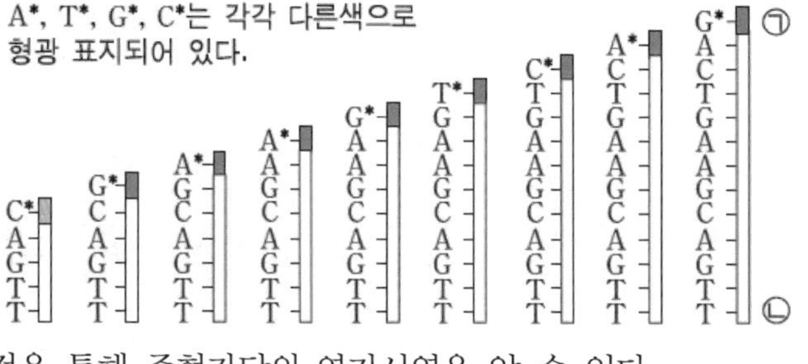

① 이 과정을 통해 주형가닥의 염기서열을 알 수 있다.

② ㉠은 3′ 말단으로 3′ 말단의 뉴클레오타이드는 모두 ddNTP이다.

③ ㉡은 5′ 말단으로 프라이머가 있는 곳이며 합성된 DNA 가닥은 모두 프라이머를 포함한다.

④ 이 과정에서 제한효소와 DNA 연결효소가 사용되었다.

➜ 자동 염기서열 분석법에서는 제한효소와 DNA 연결효소가 사용되지 않는다.

정답

079 ④ 080 ④

081

단일 클론 항체를 만드는 데 필요한 세포는?

① 바이러스, B 세포　　② 바이러스, T 세포
③ T 세포, B 세포　　④ 암세포, B 세포

➡ 항체를 생성하지만 더 이상 분열하지 않는 B 세포와 분열을 왕성하게 일으키는 암세포를 융합시켜 항체를 만든다.

082

핵을 파괴한 개구리 난자에 올챙이 장 세포의 핵을 이식하면 핵을 이식받은 난자는 정상인 올챙이로 발생한다. 이로부터 알 수 있는 사실은?

① 장 세포는 완전히 분화되었다.
② 핵에 있는 유전자가 난자의 세포질에 영향을 주었다.
③ 장 세포는 발생에 필요한 모든 유전자를 갖고 있다.
④ 장 세포는 분화가 일어나지 않는다.

➡ 완전히 분화된 세포의 핵도 완전한 개체로 발생하는 데 필요한 모든 유전자를 갖고 있다.

083

세포배양에 대한 설명으로 옳지 않은 것은?

① 성체 줄기세포란 성숙한 동물에 존재하는 분화 도중에 있는 세포들을 말한다.
② 신체의 모든 특수화된 세포들은 하나의 성체 줄기세포로부터 유래한 것이다.
③ 연구의 목적이나 멸종위기의 종을 보존하기 위하여 유전적으로 동일한 생물체를 만들어 내는 것을 생식적 클로닝이라 한다.
④ 손상되거나 질환이 생긴 기관을 대체하거나 회복시키기 위하여 세포를 기르는 것을 치료적 클로닝이라 한다.

➡ 성체 줄기세포는 다양한 세포로 분화할 수 있지만 모든 세포로 분화되는 것은 아니다.

정답

081 ④　082 ③　083 ②

084

성체 줄기세포에 대한 설명으로 옳지 않은 것은?

① 전능성을 갖는다.
② 다능성을 갖는다.
③ 골수의 줄기세포는 모든 종류의 혈구세포로 분화할 수 있다.
④ 소화관벽의 줄기세포는 장의 내벽을 형성하는 모든 세포로 분화할 수 있다.

➡ 배아 줄기세포는 만능성이 있어서 어떤 형태의 세포로든 분화할 수 있으나 성체 줄기세포는 만능성이 없고 다양한 세포로 분화할 수 있는 다능성이 있다.

085

유전공학을 활용한 예와 유전공학기술이 잘못 짝지어진 것은?

① 인슐린의 대량생산 – 유전자재조합
② 단일 클론 항체 – 조직배양
③ 포메이토 – 세포융합
④ 복제개구리 – 핵치환

➡ 단일 클론 항체는 세포융합기술로 생성된 것이다.

정답

084 ① 085 ②

생물의
神

PART III

진화생물학

하이클래스 생물

23 생명의 기원

1 생명 발생에 관한 논쟁

(1) 자연발생설(spontaneous generation)

생물은 무생물에서 우연히 발생한다(아리스토텔레스, 니담).

(2) 생물속생설(biogenesis)

생물은 이미 존재하는 생물로부터 생긴다(레디, 스팔란차니, 파스퇴르).

먼지
물방울
고기즙
미생물 발생 안 함

» 파스퇴르는 목을 S자로 구부린 플라스크에 고기즙을 넣고 끓인 후 식혀 공기 중에 방치했으나, S자로 구부러진 부분에 수증기가 응결된 물이 생겨 공기 중의 먼지나 세균이 플라스크 안으로 들어가지 못하므로 미생물이 발생되지 않았다는 결과를 얻었다. 이 실험결과로 생물은 유기물에서 저절로 생기는 것이 아니라 이미 존재하는 생물로부터 생긴다는 생물속생설을 주장하였다.

2 생명체의 출현

(1) 원시대기의 상태

무기물(H_2, H_2O, NH_3, CH_4과 같은 환원성 대기)로 이루어져 있고 이산화탄소(CO_2)와 산소(O_2)는 없었던 것으로 추측된다.

(2) 간단한 유기물의 생성(밀러와 유리)

H_2, H_2O, NH_3, CH_4과 같은 혼합 기체에 전기 방전을 일으켜 알데하이드, 사이안화수소(HCN) 등과 같은 물질이 생기고 알라닌, 글라이신과 같은 여러 가지 아미노산 등의 유기물이 생성됨을 확인하였다.

실험 밀러와 유리의 아미노산 합성 실험

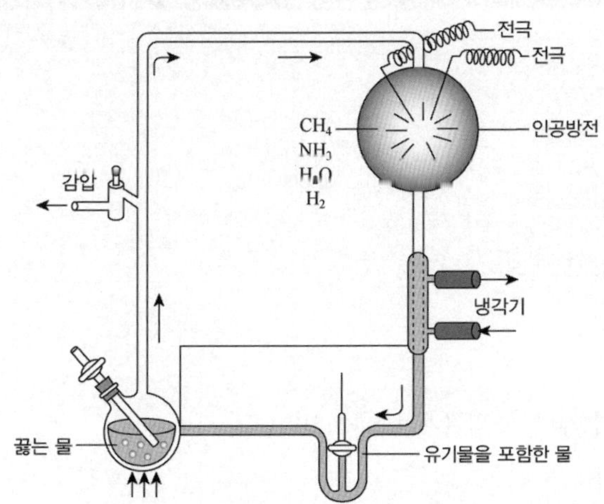

결과

① 밀러는 그림과 같은 장치를 만들어 플라스크 안의 공기를 빼고 진공 상태로 만든 다음, 그 속에 원시대기의 성분인 H_2, H_2O, NH_3, CH_4과 같은 환원성 기체를 넣고, 또 다른 플라스크에는 물을 끓여 수증기를 발생시키면서 고전압의 전류를 흘려 인공방전시켰다.

② 가열한 플라스크의 물은 원시 지구환경에서 발생한 수증기와 화산폭발 등으로 인한 고온 상태에 해당하고 번개를 대신해서 인공방전이 합성된 대기에서 발생하도록 했다.

③ 실험결과 며칠 후 U자관에서 알라닌, 글라이신과 같은 여러 가지 아미노산 등의 유기물이 발견되었다. 이 실험을 통해 원시대기에서 공중방전에 의해 무기물로부터 간단한 유기물이 합성되었다는 것을 알 수 있다(**유기물이 포함된 U자관에 고인 물: 원시 지구의 바다**).

④ 무기물에서 유기물이 합성된다는 이론은 오파린과 홀데인이 처음으로 제기하였고, 밀러와 유리의 실험을 통해서 오파린-홀데인의 가설을 검증하였다. 홀데인은 초기 바다가 유기 분자의 용액, 즉 생명이 생겨난 "원시 수프(primitive soup)"라고 제안했다.

(3) 복잡한 유기물의 생성

아미노산을 혼합하여 몇 시간 동안 가열한 결과 효소나 리보솜의 도움 없이 폴리펩타이드가 만들어지는 것을 관찰하였다. 이 실험으로 화산이나 용암 등에 의해 뜨거워진 원시 해양에서 단백질이 생성되었을 것으로 추측된다. 또한 RNA 단량체들이 생물작용 없이 자발적으로 합성될 수 있다는 것을 2009년의 한 연구에서 증명되었다.

(4) 원시생명체의 기원(코아세르베이트, 마이크로스피어, 리포솜): 유기물 복합체

❖ 심해 열수구 기원설

최근에 최초의 유기물 합성장소가 원시대기가 아니라 심해 열수구(hydrothermal vent) 부근이었을 가능성이 있다는 설이 유력하게 주목받고 있다. 그 이유는 원시지구에서는 화산에서 방출된 이산화탄소 등의 많은 산화물에 의해 산화작용이 일어나 유기물이 존재하기 어려웠을 것으로 보이며 반면에 심해 열수구는 화산활동으로 에너지가 풍부하고 환원성 조건이므로 유기물이 합성될 수 있기 때문이다.

예제 | 1

지구에 태양에너지의 공급이 중단되었을 때 가장 오랫동안 생존할 수 있는 곳은? (경기)

① 열대우림
② 툰드라
③ 사막
④ 해양저생대

| 정답 | ④

해양저생대는 에너지가 풍부하고 환원성 조건이므로 유기물이 합성될 수 있기 때문이다.

탄수화물, 단백질, 핵산 등의 콜로이드 입자가 막에 쌓여서 형성된 혼합물로서, 주변의 물질을 흡수하는 등 생명체와 유사한 특징을 나타낸다.

① **코아세르베이트**(coacervate, 오파린, A.I. Oparin): 단백질, 핵산, 당류 등의 고분자 유기물로 형성된 콜로이드 상태의 유기물 복합체가 서로 모여 막에 싸인 액체방울로 된 것으로, 물질의 선택적 흡수, 생장, 분열 등 살아있는 생명체와 유사한 특징이 있다.

② **마이크로스피어**(microsphere, 폭스, Sidney Fox): 아미노산에 열을 가하여 합성한 폴리펩타이드를 물에 담갔을 때 코아세르베이트와 유사한 복합체들이 생성되는 것을 보고 이를 마이크로스피어라고 명명하였다. 마이크로스피어의 막은 세포의 막 구조와 유사하며, 물질의 선택적 흡수, 생장, 출아 등 살아있는 생명체와 유사한 특징을 갖는다.

③ **리포솜**(liposome): 인지질과 다른 유기분자를 물에 첨가했을 때 생기는 인지질 이중층의 작은 방울로서 세포막의 인지질 이중층과 구조적으로 같다. 또한 막에 단백질을 부착할 수 있어 선택적 투과성을 갖고 있으며, 농도가 다른 용액에 있으면 삼투압으로 팽창하거나 수축하며 크기가 커진 리포솜은 더 작은 리포솜을 만들어 출아시킬 수 있다.

Check Point

최초의 유전 물질

최초의 유전 물질은 DNA가 아닌, RNA나 RNA 유사 분자였을 것으로 추정된다. 특히, 일부 RNA는 단백질 합성에 중심적인 역할을 할 뿐만 아니라 효소처럼 몇 가지 촉매 기능을 하는데 이러한 RNA를 리보자임(ribozyme)이라고 하며, 리보자임이 원시 세포의 유전 정보 체계를 구성했을 것으로 추정된다. 리보자임은 다양한 입체구조를 갖고 있으며, 뉴클레오타이드가 공급되면 주형 RNA로부터 상보적으로 복사본을 만들어내는 작용을 촉매할 수 있다.

이때의 원시 지구를 'RNA 세계'라고 한다. RNA가 DNA뉴클레오타이드가 조합되는 주형이 되었을 것이고 이중가닥의 DNA는 단일가닥의 RNA보다 더 화학적으로 안정된 유전정보의 저장소이다. DNA의 출현 이후 유전 정보 체계의 중심이 RNA에서 DNA로 옮겨지고, RNA는 유전 정보를 전달하는 역할만을 하는 'DNA 세계'로 변화하였다.

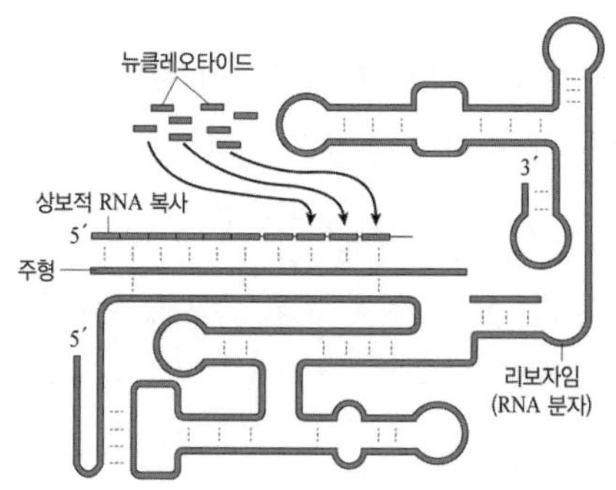

	DNA	RNA	단백질
정보저장능력	있다	있다	없다
자기복제	가능	가능	불가능
효소기능	없다	있다	있다
입체구조	일정하다	다양하다	다양하다

❖ 리보자임(ribozyme)
1981년 체크와 올트만은 원핵생물에서 화학반응을 촉진하는 RNA를 발견하고 리보자임이라고 명명하였다. 일부 RNA는 유전정보를 저장하는 정보저장능력이 있고 다양한 입체구조를 만들 수 있다.
RNA 중 리보자임은 다양한 입체구조를 가지고 뉴클레오타이드가 공급되면 주형 RNA로부터 상보적으로 복사본을 만들어내는 작용을 촉매할 수 있다.

예제 | 2

리포솜에 대한 설명으로 옳은 것은?

ㄱ. 단백질과 인지질로 구성된 원시생명체이다.
ㄴ. 리포솜은 물질대사기능과 자기복제기능이 없다.
ㄷ. 인공적으로 합성한 리포솜캡슐을 만들어 세포 내로 잘 들어가지 못하는 비타민C 같은 수용성물질을 세포 내로 쉽게 전달할 수 있다.

① ㄱ, ㄴ　② ㄱ, ㄷ
③ ㄴ, ㄷ　④ ㄱ, ㄴ, ㄷ

| 정답 | ③
원시생명체가 아니고 원시생명체의 기원이 되는 물질이다.

(5) 종속영양 생물의 출현

원시대기에는 이산화탄소(CO_2)와 산소(O_2)는 없었으나 많은 유기물이 축적되어 있으므로 최초의 원시 생명체는 무기호흡(무산소호흡)을 통해 유기물을 이용하여 이산화탄소(CO_2)를 발생하는 종속영양 원핵생물이었을 것이다.

(6) 독립영양 생물의 출현

종속영양 생물(무기호흡)에 의해 유기물이 감소하고 이산화탄소(CO_2)가 증가함으로써 광합성을 하여 산소(O_2)를 발생하는 독립영양 원핵생물(남세균, cyanobacteria)이 출현하게 되었다.

(7) 종속영양 생물의 출현

광합성 생물에 의해 대기 중에 산소가 증가하고 유기물이 증가하면서 유기호흡을 하는 종속영양 원핵생물의 출현하게 되고, 오존(O_3)층이 형성되어 자외선이 차단됨으로써 육상 생물이 출현할 수 있게 되었다.

예제 | 3

다음 중 가장 늦게 출현한 생물은? (경기)

① 혐기성 세균　② 호기성 세균
③ 황산 환원 세균　④ 남세균

| 정답 | ②
최초의 원시생명체는 무기호흡을 하는 종속영양 생물(혐기성 세균) → 독립영양 생물(광합성 세균) → 유기호흡을 하는 종속영양 생물(호기성 세균)

3 단세포 진핵생물의 출현

(1) 막 진화설(세포막 함입설, infolding of plasma membrane)

원핵세포의 세포막이 안쪽으로 함입되어 핵, 소포체, 골지체 등과 같은 세포 소기관이 형성되었다.

(2) 공생설(endosymbiosis)

호기성 세균이 원시 진핵세포로 들어가서 미토콘드리아로 되었고 광합성 세균(남세균)이 원시 진핵세포로 들어가서 엽록체로 되었다. 즉 원핵세포의 공생으로 진핵생물이 출현하게 되었다.

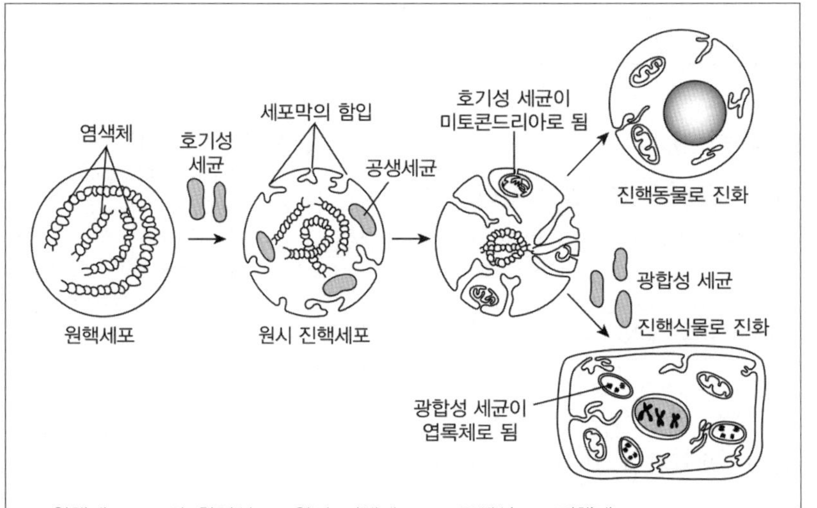

» 원핵세포 → 막 함입설 → 원시 진핵세포 → 공생설 → 진핵세포

[근거]

① 엽록체와 미토콘드리아의 DNA는 세균과 마찬가지로 히스톤과 결합되어 있지 않은 **원형 DNA 분자**로 되어 있다.

② 엽록체와 미토콘드리아는 자체적으로 리보솜을 갖는데 크기, 뉴클레오타이드 서열, 항생제에 대한 감수성 측면에서 진핵세포보다 **원핵세포의 리보솜과 더욱 유사**하다.

③ 미토콘드리아와 엽록체가 **2중막**인 것은 원시 진핵세포로 들어갈 때 숙주세포의 막을 싸고 들어간 것으로 볼 수 있다.

④ 미토콘드리아와 엽록체는 세균의 분열법과 비슷한 방법으로 세포 내에서 증식한다.

⑤ 미토콘드리아와 엽록체에는 원핵세포의 세포막에 있는 것과 같은 효소와 전자전달계가 있다.

❖ 대부분의 진핵생물은 미토콘드리아를 갖고 있지만 엽록체는 광합성 진핵생물에만 있다. 따라서 세포내 공생에서 엽록체 이전에 미토콘드리아가 들어왔다고 추정한다. 또한 미토콘드리아와 엽록체에 있던 대부분의 유전자는 전위인자의 작용으로 핵으로 이동되었을 것이다. 따라서 미토콘드리아와 엽록체를 구성하는 대부분의 단백질은 세포질의 자유리보솜에서 합성되고 일부는 미토콘드리아와 엽록체의 리보솜에서 합성한다.

예제 | 4

미토콘드리아와 엽록체의 세포내 공생설을 지지하는 증거가 아닌 것은? (지방직 7급)

① 크기와 구조가 세균과 비슷하며 단 하나의 고리형 DNA분자를 갖는다.

② 내막에는 현존하는 진핵생물의 원형질막에서 발견되는 것과 상동인 전자전달계와 효소가 있다.

③ 자신의 DNA를 단백질로 전사하고 번역하는 데 필요한 세포 장치를 가지고 있다.

④ 리보솜의 크기, 뉴클레오티드 서열 및 항생제 감수성 등에서 진핵생물의 리보솜보다 원핵생물의 리보솜과 더 유사하다.

| 정답 | ②

진핵생물의 원형질막(세포막)에는 전자전달계가 없다.

24 진화

1 진화의 증거

(1) 화석상의 증거(fossil record)

① 말의 화석(점진적 진화의 증거): 말발굽(4개 → 3개 → 1개)

② 시조새(중간 단계 생물의 증거): 파충류와 조류의 중간

파충류의 특징	날개 끝의 발톱, 부리의 이빨, 꼬리뼈가 있다.
조류의 특징	날개, 깃털, 부리가 있다.

(2) 비교 해부학상의 증거(형태상의 증거)

① 상동 기관(homologous structure): 발생 기원은 같고 형태와 기능이 다른 기관으로 공통의 조상으로부터 유래되어 각기 다른 환경에 적응하여 왔다는 것을 알 수 있다.

예 사람의 팔, 박쥐의 날개, 고래의 앞 지느러미의 어깨부터 손가락 끝까지 이어진 뼈들의 배열이 똑같다.

② 상사 기관(analogous structure): 발생 기원은 다르고 기능이 같은 기관으로 비슷한 환경에서 오랫동안 생활하면 발생 기원이 다르더라도 기능이 유사해진다는 것을 알 수 있다.

예 새의 날개(← 앞다리), 곤충의 날개(← 표피)
완두의 덩굴손(← 잎), 포도의 덩굴손(← 줄기)
선인장의 가시(← 잎), 장미의 가시(← 줄기)

③ 흔적 기관(vestigial structure): 진화하는 도중 퇴화되어 흔적만 남은 기관

예 동이근, 가슴의 털, 꼬리뼈

(3) 발생학상의 증거(발생과정에서의 유사점)

① 척추동물의 초기 배아는 공통적으로 등 쪽에 속이 빈 신경다발, 척삭, 인두낭(인두낭 사이의 주름이 아가미틈으로 열린다)과 그리고 항문 뒤쪽의 근육성 꼬리를 갖는 등, 초기 발생 모습은 매우 비슷하지만 발생이 진행됨에 따라 모습이 점점 달라진다. 인두낭은 결과적으로 어류는 아가미로, 포유류는 귀나 목구멍의 일부분 같이 매우 다른 기능을 가진 상동기관으로 볼 수 있다.

❖ 상동성과 상사성

• 상동성(homology)의 특징은 공통조상을 공유하지만 유사한 기능을 공유하지는 않는다. 반면에 상사성(analogy)의 특징은 유사한 기능을 공유하지만 공통조상을 공유하지는 않는다.

• 박쥐와 새의 날개를 지탱하는 기본적인 골격구조는 네발을 가진 공통조상에서 유래된 것이기 때문에 상동이지만 비행 면에서 볼 때 박쥐의 날개는 늘어나 펴진 막이고 새의 날개는 깃털에 의해 가능해진 것이므로 박쥐의 날개와 새의 날개는 상사성이다. 이렇게 독립적으로 형성된 상사구조를 동류형성(homoplasy, 같은 식으로 형상이 빚어진)이라 한다.

❖ 수렴진화(convergent evolution)

• 유연관계가 먼 생물이 비슷한 환경에 적응하여 유사한 방향으로 진화가 일어나는 것

• 수렴진화로 인해 어떤 특징을 공유하는 종들의 경우 그 유사성을 상사성이라 한다. 예를 들면 상어, 돌고래 등에서 보이는 형태적인 유사성이다.

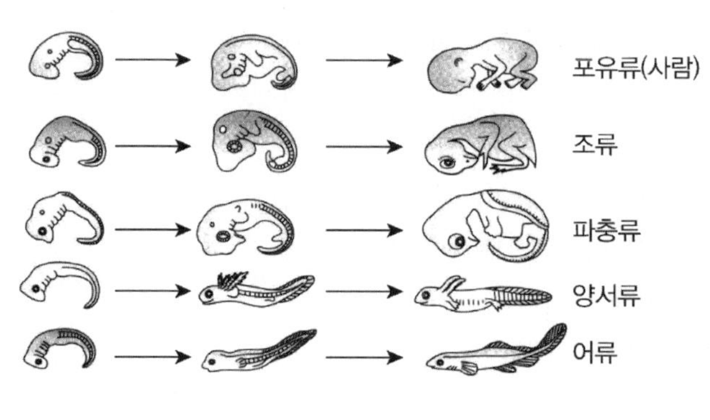

② 갯지렁이와 조개는 공통의 유생 트로코포라 시기를 갖는 것으로 보아 같은 조상에서 분화되었을 것이다.

③ 핵심 조절 유전자는 호메오 유전자라고 부르기도 하는데 동물계 전반에 걸쳐 유사한 분자구조와 기작을 가지고 있음이 밝혀졌다. 초파리에서 유전자 분석을 한 결과 모두 호메오상자(homeobox)라고 부르는 180 뉴클레오타이드 서열을 가지고 있는 것이 밝혀졌는데, 이것은 아미노산 60개로 이루어진 호메오도메인을 지정한다. 여러 무척추동물과 척추동물의 핵심조절 유전자에서 동일하거나 매우 비슷한 뉴클레오타이드 서열이 발견되었다. 이러한 유사성으로부터 우리는 호메오상자 DNA 서열이 매우 초기에 진화되었으며, 지금까지 거의 변하지 않고 동물과 식물에 보존되어 있을 만큼 생물에게 중요하다는 것을 알 수 있다.

(4) 생물 지리학상의 증거

① 월리스선을 경계로 동남아시아에는 태반이 발달한 포유류가 분포하고, 오스트레일리아에는 오리너구리와 캥거루 등 태반이 발달하지 않은 포유류가 서식한다.

② **갈라파고스 군도의 핀치**: 섬마다 새들의 먹이가 달라서 부리의 모양이 다르게 진화해 왔다(적응 방산).

❖ 적응 방산(adaptive radiation) 같은 조상으로부터 서로 다른 환경에 적응하여 오랜 세월이 흘러 유전자의 변화가 일어나 각기 다른 방향으로 진화가 일어나는 것

(5) 분자 생물학적 증거(분자 진화학적 증거)

① **혈청 사이의 유사점 비교**: 사람의 혈액을 토끼에게 주사하여 면역 혈청을 만들고 여기에 다른 여러 포유동물의 혈액과 반응시켜 침강반응의 차이를 조사하면 사람과 **유연관계가 가까울수록 사람과 혈청 단백질이 유사하므로 침강반응이 많이 나타난다.**

동물	침팬지	원숭이	소	돼지	고양이
침강반응	95%	76%	17%	15%	6%

표에서 가장 침강반응이 많이 일어나는 침팬지가 사람과 유연관계가 가장 가깝고, 가장 침강반응이 적게 일어나는 고양이가 사람과 유연관계가 가장 멀다.

② **아미노산의 유사점 비교**: **같은 기능을 하는 단백질**을 구성하는 여러 동물의 아미노산 서열의 유사점을 사람과 비교해 보면 사람과 유연관계가 가까운 종일수록 **일치하는 아미노산이 많다.**

예 146개 아미노산으로 형성된 β 헤모글로빈 폴리펩타이드의 경우 사람은 고릴라와 1개의 아미노산만 다르지만, 사람과 개구리는 67개의 아미노산에서 차이가 난다.

• A: Ile－Thr－Lys－Arg	• B: Ile－Arg－Ser－Arg
• C: Thr－Thr－Met－Ser	• D: Ile－Thr－Ser－Arg
－Ile: 아이소류신	－ Thr: 트레오닌
－Lys: 라이신	－ Arg: 아르지닌
－Ser: 세린	－ Met: 메싸이오닌

표에서 A와 가장 유연관계가 가까운 종은 D이고 그 다음으로 B, C의 순서이다.

2 진화론

(1) 용불용설(Theory of Use and Disuse, 라마르크; Lamarck)

① **내용**: 자주 사용하는 기관은 더 발달하고 사용하지 않게 된 기관은 퇴화한다는 학설로 라마르크는 획득형질이 유전된다고 설명하였다.

② **결점**: 획득 형질은 유전되지 않기 때문에 인정하지 않는다.

③ **의의**: 환경의 영향을 받아 변할 수 있다는 진화의 개념을 체계적으로 제시하였다.

(2) 자연선택설(natural selection, 다윈의 저서 종의 기원)

① 다윈의 저서 「종의 기원」에서 변형 혈통을 논의하면서 통일성과 다양성이라는 두 가지 관점을 설명하였다.

㉠ **통일성**: 공통 조상에서 내려온 자손들이라는 점

㉡ **다양성**: 많은 서식지로 흩어져 살면서 다양한 변화와 적응을 점진적으로 축적하게 되어 자연선택 되었다는 점

② **내용**: 과잉생산 → 개체 간의 변이 → 생존경쟁 → 적자생존 → 자연선택

③ **결점**: 변이중에서 유전되는 변이와 유전되지 않는 변이를 구별하지 않았다.

❖ 종의 기원에서 다윈은 진화라는 단어를 사용하는 대신에 변형 혈통(변형된 혈통)의 과정이라고 논의하면서 그 책의 마지막 단어는 "진화했다"라고 끝냈다.

④ 자연선택의 핵심

㉠ 자연선택은 창조하는 것이 아니고 편집하는 과정이다. 예를 들어 살충제를 살포했을 때 살아남은 해충들은 살충제에 내성이 생긴 것이 아니고 내성을 가지고 있던 몇몇 해충들이 살아남아서 유전자를 전달한 것이다.

㉡ 짧은 시간 동안 새로운 세대를 만들어내는 종들에서 자연선택에 의한 진화는 빠르게 일어날 수 있다.

㉢ 자연선택은 시간과 공간에 의존한다. 특정 환경에 적응된 형질이 다른 환경에서는 불리할 경우도 있다. 예를 들어 핀치의 경우 작은 크기의 열매에 맞추어진 부리의 길이는 큰 크기의 열매를 먹을 때는 불리해질 수도 있다.

(3) **돌연변이설**(mutation theory, 더 프리스; de Vries)

어떤 생물에서 돌연변이가 일어나면 그중 환경에 적응하기 알맞은 개체가 살아남아 자손을 번식시켜 새로운 종이 태어날 수 있다는 학설이다.

(4) **격리설**(isolation theory, 바그너; Wagner, 로마네스; Romanes, 조던; Jordan)

같은 종의 생물집단이 바다나 높은 산맥 등의 자연적인 장애로 새로 떨어져 살게 되는 경우(지리적 격리) 서로 다른 변이가 생기게 되고 교배가 이루어지지 않아(생식적 격리) 서로 다른 종이 된다는 학설이다.

(5) **생식질 연속설**(germ plasm theory, 바이즈만; Weismamn)

생식세포에 일어난 변이만이 다음 세대로 유전되어 진화한다는 학설

Check Point

변이, 인위선택, 자연선택

(1) **변이**(mutation): 같은 종의 생물 개체 사이에서 나타나는 다양한 형질의 차이

① **유전변이**: 유전자나 염색체에 이상이 생겨서 나타나는 변이로서 자손에게 유전된다.

② **환경변이**: 개체가 태어난 후에 발생과 생장을 거치면서 환경의 영향을 받아 나타나는 변이로 유전자와는 상관없이 나타나기 때문에 자손에게 유전되지 않으며 당대에서 끝나게 된다.

(2) **인위선택**(artificial selection): 사람의 목적에 맞는 유용한 형질을 지닌 개체를 선택하여 교배시켜 유용한 형질을 가진 품종을 남기는 것으로 비교적 짧은 시간에 일어난다. 다윈은 인위 선택을 통해 다른 종들을 변화시켰다고 설명하고 자연에서도 비슷한 일이 일어난다고 주장하였다.

예 옥수수(인위선택의 산물)

(3) **자연선택**(natural selection): 유전변이가 수백 세대에 걸쳐 환경에 적합하게 적응되어 개체군 내에서 차지하는 비율이 점점 증가하게 되는 것

예 말라리아 발생률이 높은 중앙아프리카 지역에서 낫모양 적혈구 빈혈증의 발생 빈도가 높게 나타나는 것은 자연선택의 결과이다.

❖ 야생겨자로부터의 품종개량
- **잎에 대한 선택**: 케일
- **줄기에 대한 선택**: 콜라비
- **꽃과 줄기에 대한 선택**: 브로콜리
- **끝눈에 대한 선택**: 양배추
- **곁눈에 대한 선택**: 방울양배추

❖ 재배자들은 식물의 각기 다른 부분에 존재하는 변이들을 선택하는 방식으로 위와 같이 서로 다른 결과들을 얻었다.

3 집단 유전과 진화

(1) 개체군(population)

같은 시기, 같은 장소에 서식하고 있는 동일한 생물종의 집합으로 진화를 이야기할 때 가장 작은 단위이다.

(2) 유전적 변이의 원천: 유성생식과 돌연변이

유전적 변이란 새로운 대립유전자들을 만들거나 또는 대립유전자의 조합을 변화시키는 것을 말하는데, 대부분의 유전적 변이는 유성생식에 의한 유전적 다양성 증가이다.

① **유성생식**(sexual reproduction)

㉠ 감수 1분열 전기에 교차

㉡ 감수 1분열 후기에 상동염색체의 무작위적 분리(독립적으로 분리)

㉢ 정자와 난자의 무작위적 수정

② **돌연변이**(mutation): 대립 유전자를 변화시켜 새로운 대립 유전자를 형성하는 돌연변이는 다음과 같은 이유로 매우 드물게 일어나기 때문에 돌연변이 단독으로는 개체군의 한 세대에서 큰 영향을 주지는 않으므로 거의 소진화의 직접적인 원인이 되지는 않는다.

㉠ 생식세포에서 일어난 돌연변이만 자손에게 전달된다.

㉡ 해로운 대립유전자는 자연선택에 의해서 제거된다(아주 드문 경우지만 돌연변이 대립유전자를 가진 개체가 환경에 더 적합하게 되어 번식 성공을 높일 수도 있다).

㉢ 침묵돌연변이와 같이 아미노산의 구성이 바뀌지 않는 경우 또는 단백질을 암호화하고 있지 않는 부위에서의 점돌연변이가 일어나 선택적 이득이나 불이익을 주지 않는 DNA서열의 변화 등과 같은 중립적 변이는 아무런 영향을 주지 않는다.

(3) 유전자풀과 대립 유전자의 빈도

① **유전자풀(gene pool)**: 개체군을 이루는 모든 개체들이 갖고 있는 대립 유전자 선부

② **유전자 빈도(gene frequency)**: 한 집단 내에 있는 각 대립 유전자들의 상대적 출현 빈도

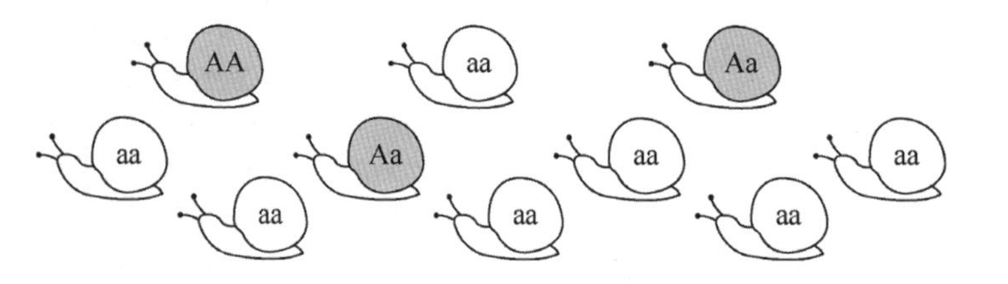

» **유전자풀**: A 유전자 4개, a 유전자 16개
유전자 빈도: A 유전자 빈도는 4/20=0.2, a 유전자 빈도는 16/20=0.8이 된다.

(4) 하디–바인베르크의 법칙(Hardy–Weinberg law)

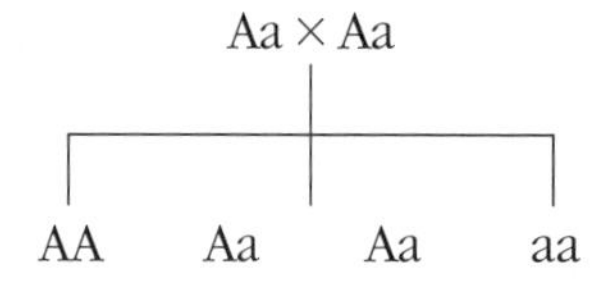

- A가 일어날 확률: p
- a가 일어날 확률: q라 하면
- AA가 일어날 확률: p^2
- 2Aa가 일어날 확률: 2pq
- aa가 일어날 확률: q^2

$\therefore p^2+2pq+q^2=1$

$(p+q)^2=1$

$\therefore p+q=1$

	A(p)	a(q)
A(p)	AA(p^2)	Aa(pq)
a(q)	Aa(pq)	aa(q^2)

예제 | 1

다음과 같은 혈액형을 갖는 집단에서 각 혈액형의 유전자 풀과 유전자 빈도는?

- A형(AA: 8명, AO: 4명)
- B형(BB: 4명, BO: 6명)
- AB형(AB: 2명)
- O형(OO: 1명)

| 정답 |

- 유전자 풀
  A 유전자: 22개
  B 유전자: 16개
  O 유전자: 12개
- 유전자 빈도
  A 유전자 빈도: 0.44
  B 유전자 빈도: 0.32
  O 유전자 빈도: 0.24

예제 | 2

미맹 유전자는 상염색체 위에 있으며 정상보다 열성으로 유전된다. 100명의 집단 중에서 미맹인 사람이 16명이라면 헤테로(이형접합)인 사람은 몇 명인가?

① 24명 ② 32명
③ 48명 ④ 64명
⑤ 84명

| 정답 | ③

미맹인 사람(aa)의 확률 $q^2 = \frac{16}{100} = \frac{4}{25}$ $\therefore q = \frac{2}{5}$

$p+q=1$이므로 $p = \frac{3}{5}$

헤테로: $2pq = 2 \times \frac{3}{5} \times \frac{2}{5} = \frac{12}{25}$ ∴ 헤테로인 사람: $100 \times \frac{12}{25} = 48$명

예제 | 3

남자가 100명, 여자가 100명인 어떤 부락이 있다. 이 집단 중에서 4명의 여자가 색맹이라고 할 때 이론상 색맹인 남자는 몇 명인가?

| 정답 | 20명

여자 집단에서 p와 q를 구한 후 남자 집단에 대입한다.

$XX \rightarrow p^2$, $X^{O}X \rightarrow 2pq$, $X^{O}X^{O} \rightarrow q^2$

$\therefore q^2 = \frac{4}{100}$이므로 $q = \frac{1}{5}$

$XY = p$, $X^{O}Y = q$이니까 색맹인 남자 $q = \frac{1}{5}$

∴ 색맹인 남자: $100 \times \frac{1}{5} = 20$명

(5) 집단 유전의 성립조건(멘델집단)

하디-바인베르크 평형이 유지되는 이상적인 집단으로 오직 멘델의 유전방식으로 대립유전자의 분리와 재조합만 일어난다면 대립유전자와 유전자형의 빈도는 대를 거듭해도 변하지 않고 항상 일정하게 유지된다.

① 돌연변이가 일어나지 않아야 한다.
② 교배가 임의로 이루어져야 한다.
③ 특정한 대립 유전자에 대해서 자연선택이 작용하지 않아야 한다.
④ 집단의 크기가 커야(개체 수가 많아야) 한다.
⑤ 유전자 흐름이 없어야 한다.

예제 | 4

멘델의 유전법칙을 따르는 유전자 A에서 특정 부위 염기쌍 32개가 결실된 변이형 유전자를 동형접합(aa)으로 가진 개체의 경우 HIV에 대한 내성을 갖는다고 가정할 때, 다음 그림은 서로 다른 세 사람으로부터 유전자 A 부분을 PCR로 증폭해 전기 영동한 결과를 나타낸 것이다. 집단 P에서 ⓒ의 유전자형을 갖는 여성(Aa)이 같은 집단 내 임의의 유전자형을 갖는 남성과 결혼해 아이를 낳을 때, 이 아이가 HIV에 내성을 가질 확률은? (단, 집단 P는 하디-바인베르크 평형을 이루며, 이 집단에서 HIV에 대해 내성인 사람의 빈도는 36%이다.) (지방직 7급)

㉠ ㉡ ㉢
(−) ↓ (+)
— 403 bp
— 371 bp

① 10%
② 20%
③ 30%
④ 40%

| 정답 | ③

$q^2 = 36/100$이므로
$q = 6/10$ $p = 4/10$
Aa × AA → 내성을 갖는 자녀 = 0
Aa × Aa → 내성을 갖는 자녀
$= 2pq \times 1/4 = 12/100$
Aa × aa → 내성을 갖는 자녀
$= q^2 \times 1/2 = 18/100$
$12/100 + 18/100 = 30/100$

❖ 옆의 조건 중에서 어느 하나라도 충족되지 않으면 하디-바인베르크의 평형이 깨지고 그 집단의 유전자 빈도는 변하게 된다. 이것은 곧 진화가 일어난다는 것을 의미한다.

(6) 유전자 풀을 변화시켜 진화를 일으키는 요인(하디 - 바인베르크의 평형을 깨뜨리는 요인)

① **돌연변이**(mutation): 대립 유전자를 변화시켜 새로운 대립 유전자를 형성하는 것

② **자연선택**(natural selection): 환경에 적응하여 여러 가지 대립 유전자 빈도의 변화가 나타나는데, 이 중 자신의 생존과 번식성공도에 유리한 변이로의 선택이 일어나서 자손까지 전해져 내려가는 것을 말한다.

❖ 적응 진화
생존 또는 생식을 향상시키는 형질들이 시간에 따라 빈도가 증가하는 과정

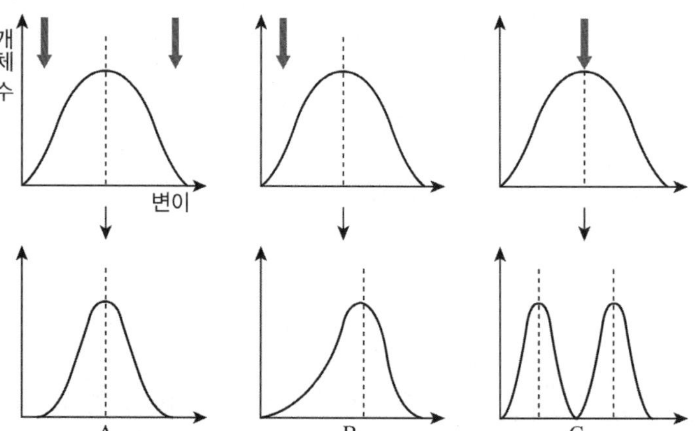

» 위 그림의 ⬇는 집단에서 자연 도태되는 부분을 나타낸다.

A. **안정화 선택**: 극단적인 개체가 도태되고 중간적인 특성을 갖는 형질이 선택되는 유형

B. **방향성 선택**: 한쪽 극단이 도태되고 다른 한쪽 극단에 있는 유리한 형질이 선택되는 유형

C. **분단성 선택**: 중간적인 특성을 갖는 형질이 도태되고 양극단에 있는 형질이 선택되는 유형

③ **유전적 부동**(genetic drift): 소집단에서 돌연변이나 자연선택 없이도, 우연히 유전자 빈도가 변하는 것을 말한다.

㉠ **병목 효과**(bottleneck effect): 해상이라고 불리는 북미 해안가에 존재하는 물개는 1890년대까지 그들의 기름을 얻고자 사냥하는 사람들로 인해 단지 50여 마리만이 남아 있었다. 이후 물개를 보호하여 숫자는 회복되었지만 그때는 유전적으로 같은 물개만이 살아남아 있었다. 그 이유는 1890년대의 병목 효과를 통과한 물개 중 같은 유전자를 가진 개체만이 살아남았기 때문이다.

㉡ **창시자 효과**(시조 효과, founder effect): 얼마 안 되는 수의 개체들이 큰 집단으로부터 격리될 때, 이 작은 무리는 유전자 풀이 원래의 집단과는 다른 새로운 한 집단을 이룰 수 있다. 이것을 창시자 효과라고 한다.

❖ 유전적 부동 효과
- 작은 크기의 집단에서 일어난다.
- 환경에 연관된 일부 대립유전자를 선호하는 자연선택과 달리 대립유전자빈도를 무작위로 변화시킬 수 있다.
- 집단 내의 유전적 변이를 소실하게 하여 유전적 다양성을 감소시킬 수 있다.
- 해로운 대립유전자를 고정시킬 수 있다.

❖ 창시자 효과의 예
호주의 원주민 중에는 B형이나 AB형 혈액을 가진 사람이 없다. 그 이유는 처음에 호주에 정착한 몇몇 사람들은 B 유전자를 갖고 있지 않았기 때문이다.

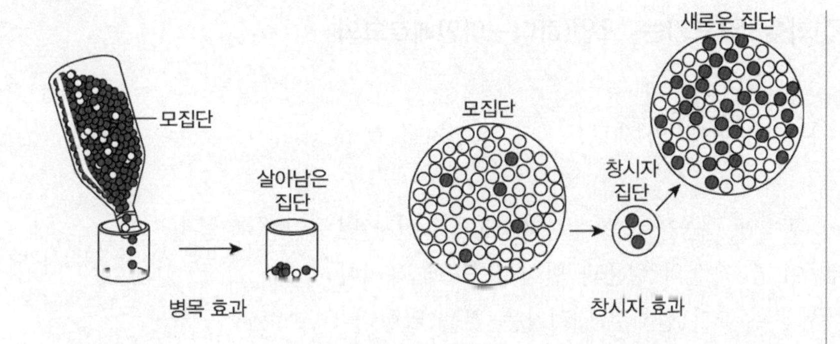

④ **유전자 흐름**(gene flow): 생식능력이 있는 개체들이 이주하거나 배우자들의 이동에 의해서 유전자를 얻거나 잃는 경우를 말한다. 예를 들어 붉은색의 꽃을 갖는 어느 집단에서 곤충들이 다른 집단으로 꽃가루를 운반해 수분을 일으킬 수 있다. 이렇게 운반된 붉은색의 대립 유전자들은 다음 세대의 유전자 빈도를 바꿀 수 있으며, 유전자의 흐름은 집단 사이의 차이를 줄일 수도 있다.

❖ 유전자 흐름은 인간 집단의 진화적 변화에도 점점 더 중요한 요인이 되고 있다. 과거에 비해 훨씬 자유롭게 세계 안에서 이주를 하고 있어서 과거에는 접촉이 거의 없었던 구성원 사이에 혼인이 더 흔해지고 있다.

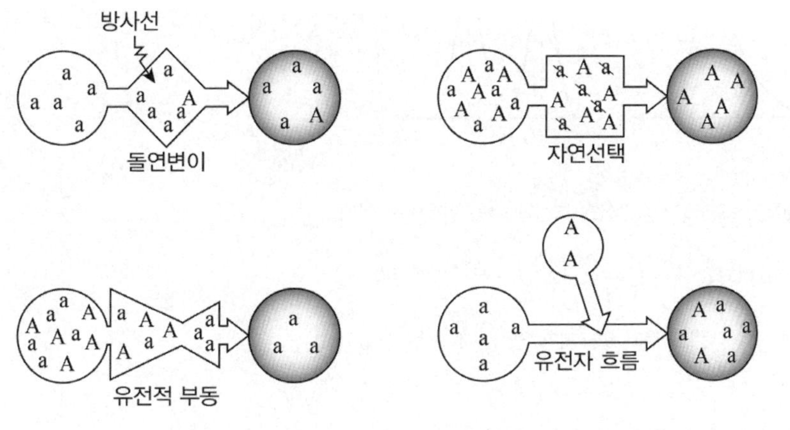

▲ 유전자풀의 변화 요인

예제 | 5

질병이나 환경 변화로 개체 수가 줄어들 때 일어나는 유전적 부동 현상은? (경기)

① 돌연변이
② 자연선택
③ 병목효과
④ 창시자 효과

| 정답 | ③
병목효과는 소집단에서 돌연변이나 자연선택 없이도, 우연히 유전자 빈도가 변하는 것을 말한다.

(7) 자연선택만이 적응 진화를 일관되게 일으키는 유일한 기작이다.

① 돌연변이, 유전적 부동, 유전자 흐름은 우연이지만 자연선택은 특정 대립유전자를 더 선호하는 방식으로 환경에 적응하여 번식성공도를 높이는 대립유전자의 빈도를 일관되게 증가시킨다.

② **상대적 적응도**(relative fitness): 한 개체의 번식 성공률과 적응도를 다른 개체와 비교해서 상대적인 값으로 나타낸 것

예 특정 나방은 몸 색깔이 포식자의 눈을 피하는 데 더 효과적이어서 다른 나방에 비해서 번식 성공률이 높다.

(8) 자연선택이 완벽한 생물을 만들 수 없는 이유

① 자연선택은 창조하는 것이 아니고 편집하는 과정이다. 즉, 필요하다고 해서 새로운 대립유전자를 만드는 것은 아니다.

② 조상의 특징을 골라서 만드는 것이 아니고 새로운 상황에 적응시킬 뿐이다.

③ 적응을 하기 위해서 다른 특징은 희생될 수 있다.

예 인간의 손가락, 구부러지는 팔, 다리 등은 삐거나 인대가 늘어나거나 관절 탈구를 당할 수 있다.

④ 모든 대립유전자들이 새로운 환경에 더 적합한 것은 아니다.

❖ 진화는 지향하는 목적이 없다. 진화는 생물과 환경 사이에서 일어나는 상호작용의 결과이다. 환경조건이 바뀌면 진화의 경향이 중단되거나 반대로 바뀔 수도 있다.

예 **창출적응(exaptation)**
새의 깃털이 처음에는 추위로부터 보호기능을 하였으나 나중에는 하늘을 날아다니는 용도로 사용하고 있다. 이와 같이 어떤 기능을 갖고 있는 일부분이 다른 기능에도 사용되면서 나타나는 적응을 창출적응(굴절적응)이라 한다.

(9) 성적 선택(sexual selection)

① **동성 내 선택**(intrasexual selection): 수컷들에서 나타나는데 수컷들이 암컷을 차지하기 위해서 일어나는 선택

② **이성 간 선택**(intersexual selection): 한쪽 성의 개체들이 반대편 성을 가진 짝을 고를 때 나타나는 선택

(10) 균형 선택(balancing election): 둘 이상의 표현형이 자연 선택에 의해서 안정된 빈도를 유지하는 것

① **빈도의존성 선택**(frequency–dependent selection): 흔하지 않은 나방보다 흔한 나방을 잡아먹는 것을 학습해서 흔하지 않은 나방의 수는 증가하고 흔한 나방의 수는 감소하게 된다.

② **잡종강세**(heterozygote advantage): 이형접합을 갖는 개체들이 동형접합을 갖는 개체들에 비해 적응도가 높아서 자연선택 된 경우

예 말라리아가 발생하는 지역의 낫모양적혈구 빈혈증

4 소진화와 대진화

(1) 소진화(microevolution)

돌연변이, 자연선택, 이주와 격리, 유전적 부동 등과 같은 유전자 풀에서 대립 유전자의 빈도가 변하는 과정으로 개체군 내에서 유전적 변화가 일어나는 수준의 진화이다.

(2) 대진화(macroevolution)

종 분화의 결과가 누적된 결과로 종 단계 이상에서 일어나는 진화로서 새로운 종의 출현이나 멸종을 대진화라고 한다.

예제 | 6

소진화를 일으키는 요인이 아닌 것은? (지방직 7급)

① 돌연변이
② 선택적 교배
③ 성적 이형
④ 유전적 부동

| 정답 | ③
성적 이형은 소진화의 요인이 되지는 않는다.

(3) **공진화**(공동진화, coevolution): 서로 밀접하게 연관되어 있는 두 종이 적응하는 경우 예 꽃과 곤충의 입틀

5 생식적 격리(reproductive isolation) 메커니즘

(1) 수정 전 생식적 장벽(prezygotic barrier, 접합 전 장벽)

① **생태적 격리**(habitat isolation): 다른 서식지에 사는 종

예 한 지역의 다른 서식지(물뱀과 육지의 뱀)

② **시간적 격리**(temporal isolation): 다른 시기에 교배하는 종

예 늦여름에 짝짓기 하는 스컹크와 늦겨울에 짝짓기 하는 스컹크

③ **행동적 격리**(behavioral isolation): 교배 가능한 종을 확인하기 위한 신호를 소통할 수 없는 종

예 울음소리, 색, 구애행동 등을 소통할 수 있는 종끼리 짝을 짓는다.

④ **기계적 격리**(mechanical isolation): 생식기관을 비롯하여 몸의 부분에서 차이가 나는 종

⑤ **배우자 격리**(gametic isolation): 배우자에 맞지 않는 수용체를 갖는 종 (체외 수정을 하기 위해 외부에 배우자를 뿌리는 종의 경우)

예제 | 7

종 사이의 생식적 장벽 중 수정 전 장벽에서 서로 다른 종에 속하는 암수 사이에 전혀 성적인 이끌림이 없는 경우는? (지방직 7급)

① 생식세포 격리
② 생태적 격리
③ 시간적 격리
④ 행동적 격리

| 정답 | ④

울음소리, 색, 구애행동 등을 소통할 수 없는 종 사이에서는 성적 이끌림이 없다.

(2) 수정 후 생식적 장벽(postzygotic barrier)

① **잡종 생존불능**(잡종치사, 잡종 생존력 약화, reduced hybrid viability): 잡종 자손의 비정상적인 발생으로 배아기나 유아기에 죽는다.

예 양과 염소는 수정되어도 배아기에 죽는다.

② **잡종 불임성**(잡종 생식 능력 약화, reduced hybrid fertility): 잡종 자손이 생식세포를 만들지 못하므로 생식능력이 없다.

예 암말(2n = 64)과 수탕나귀(2n = 62) 사이에 태어난 노새

③ **잡종 붕괴**(잡종약세, 잡종 와해, hybrid breakdown): 잡종 자손의 생존이나 번식력이 두 번째 세대부터 감소한다.

예 서로 다른 초파리 종 사이에서의 교배

예제 | 8

생식적 격리 매커니즘에 대해 올바른 것은? (서울)

① 같은 서식지에 사는 종이 다른 시기에 교배하는 경우 생태적 격리라고 한다.
② 한 종의 사용신호를 다른 종이 인식하지 않으면 시간적 격리라 한다.
③ 생식 기관을 비롯하여 몸의 각 부위에서 차이가 나면 행동적 격리가 진행된다.
④ 부모의 염색체 모양과 수가 다르면 자손의 감수분열 시 염색체가 쌍을 이루지 못한다.
⑤ F_1 잡종끼리 교배 하면 두 번째 세대인 F_2는 생존력, 생식력이 증가한다.

| 정답 | ④
① 시간적 격리
② 행동적 격리
③ 기계적 격리
④ 잡종 불임
⑤ 잡종 붕괴

6 종 분화

(1) **이소적 종 분화**(allopatric speciation): 지리적 격리에 의한 종 분화

① 생물 집단이 지리적으로 격리되어 오랜 세월 동안 제각각 다른 방향으로 진화하여 종이 분화되는 과정을 이소적 종 분화라고 한다.

② **이소적 종 분화와 집단의 크기**: 지리적으로 격리된 작고 고립된 개체군은 비교적 짧은 시간 안에 유전자들이 변할 수 있기 때문에 종 분화가 잘 일어난다. 즉, 새로운 서식지에 있는 작은 개체군은 유전적 부동이나 자연선택 과정에 의하여 유전자풀이 변하기 쉽기 때문이다.

③ **생물의 이동 능력이 종 분화에 미치는 영향**: 이소적 종 분화가 일어나려면 지리적으로 얼마만큼 격리되어야 하는지는 각 개체의 이동 능력에 달려 있다.

㉠ 강, 협곡 등을 건너서 이동할 수 있는 동물의 경우에는 지리적 격리에 의한 종 분화 가능성이 낮다(새, 퓨마, 코요테, 늑대).

㉡ 꽃가루나 씨가 바람에 날려 멀리 퍼질 수 있는 경우에도 지리적 격리에 의한 종 분화 가능성이 낮다(소나무의 꽃가루, 식물의 씨).

㉢ 이동 능력이 떨어지는 경우 지리적 격리에 의한 종 분화 가능성이 크다(다람쥐 등).

(2) 동소적 종 분화(sympatric speciation)

동일한 지역에 서식하는 집단에서 종 분화가 일어나는 것을 의미하며 이소적 종분화보다 짧은 기간에 일어난다. 주로 식물에서 관찰되며, 동물에서는 드물게 나타난다.

① **먹이 종류 변화에 의한 종 분화**: 미국 토종 사과 과실파리는 산사나무 열매를 먹고 살았는데 유럽에서 산사나무보다 열매가 빨리 익는 사과나무가 도입되면서 사과를 먹는 집단과 산사나무 열매를 먹는 집단 사이에 유전자 흐름이 없어져 서로 다른 종으로 분화되었다.

② **성 선택에 의한 종 분화**: 동물의 경우 집단 내에서 일부 개체들 간에 특정 형질(무늬와 색깔)을 가진 배우자를 선호하는 성 선택이 강하게 작용하면 드물게 동소적 종 분화가 일어날 수 있다.

③ **배수성에 의한 종 분화**: 대부분 식물에서 일어난다.

㉠ **같은 종에서의 배수체 형성**(자가 배수체): 2배체(2n)가 감수분열에 실패해서 염색체 수가 반감되지 않은 2배체(2n)의 생식세포가 형성된 후 자가 수정이 이루어지면 4배체(4n) 핵형의 자손이 생기게 되고 이 자손이 자가수정이나 다른 4배체 식물과 교배하면 생식할 수 있다.

그러나 새로 생성된 4배체(4n)는 2배체(2n)와 교배하더라도 3배체(3n) 자손이 생기게 되어 생식이 불가능하다(3배체 식물은 상동 염색체 수가 홀수이기 때문에 감수분열 시 상동 염색체끼리 짝을 이루지 못하여 정상적으로는 생식세포를 형성하지 못해 불임이 된다).

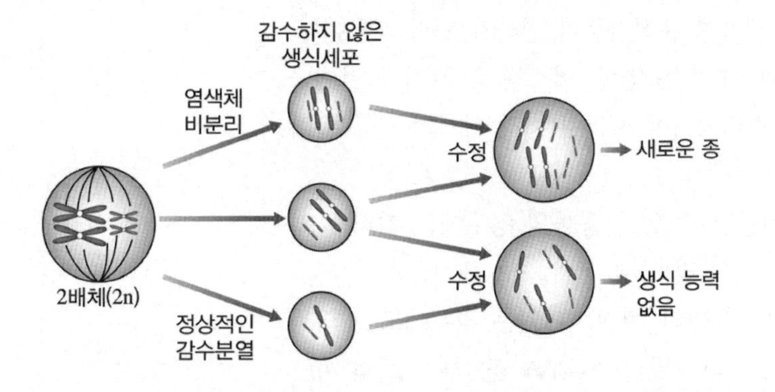

㉡ **다른 종간의 교잡에 의한 배수체 형성**(타가 배수체): 서로 다른 두 종이 교배하여 잡종이 만들어질 수도 있다. 예를 들어 2n=4인 종이 감수분열하지 않고 만들어진 생식세포와 2n=6인 종이 감수분열하여 만들어진 생식세포 n=3과 수정하여 7개의 염색체를 가진 잡종이 된다. 여기에서 만들어진 감수분열하지 않은 생식세포가 2n=6인 종이 감수분열하여 만들어진 생식세포 n=3과 수정하여 2n=10인 생존 가능하고 생식능력이 있는 잡종이 나올 수 있다.

예제 | 9

동소적 종 분화의 원인으로 가장 거리가 먼 것은? (국가직 7급)

① 다배수성
② 성 선택
③ 서식지 분화
④ 지리적 격리

| 정답 | ④
지리적 격리에 의한 종 분화는 이소적 종 분화이다.

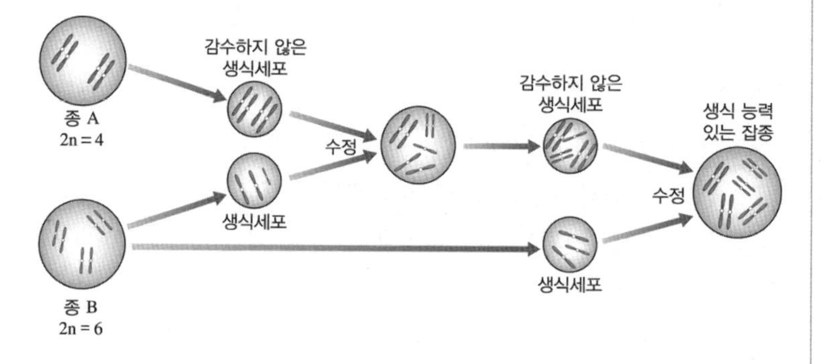

예 외알밀($2n$: AA)과 야생밀($2n$: BB)의 우연한 교배를 통해서 에머밀($4n$: AABB)이 생겨났고 이 에머밀이 또 다른 야생근연종밀($2n$: DD)과의 교배에 의해서 현재 가장 많이 재배하는 빵밀($6n$: AABBDD)이 탄생하였다. 빵밀과 같은 배수체 농작물로는 감자, 귀리, 담배 등이 있다.

7 잡종 지대(hybrid zone)에서의 유전자 흐름

잡종 지대는 생식적 장벽이 불완전한 종들이 격리되었다가 다시 서로 만나는 곳에서 만들어진다.

(1) 생식적 장벽의 강화

잡종 자손이 부모보다 적응력이 약할 때 자연선택이 접합 전 장벽을 강화함으로서 적응력이 없는 잡종을 줄어들게 하는 것

(2) 생식적 장벽의 약화(융합)

유전자 흐름이 많이 일어나 생식적 장벽이 약해지면서 두 종의 유전자풀이 같아지게 되어 종 분화가 일어나지 않고 결국 두 종은 하나의 종으로 융합되는 것

(3) 잡종 개체의 지속적 형성(안정)

잡종 자손이 부모보다 더 잘 적응을 할 때 잡종이 계속 태어나게 되는 것

8 종 분화에 대한 두 가지 이론

(1) 점진적 진화이론(gradual model)

① 새로운 환경에 적응하는 과정에서 시간에 따라 오랜 기간 동안에 천천히 연속적인 변화가 축적되어 종이 분화되는 것으로 하나의 생물체는 여러 중간 단계를 거쳐서 다른 형태로 전환된다는 것이다.

② 문제점: 화석 연구에서 화석 종은 대부분 중간 단계 없이 특정 지층에서 갑자기 출현하며, 점진적인 변화를 보이는 중간 상태의 화석기록이 거의 발견되지 않는다.

(2) 단속 평형이론(punctuated equilibria model)

격리된 소집단에서 짧은 기간에 많은 분화가 급진적으로 일어난 후 오랜 기간 동안 형태학적 평형 또는 정체 상태를 이루는 것으로 화석상의 기록은 단속 평형이론에 잘 부합된다(큰 변화가 없는 안정기와 짧은 시간에 급격한 종 분화가 일어나는 분화기로 구분한다).

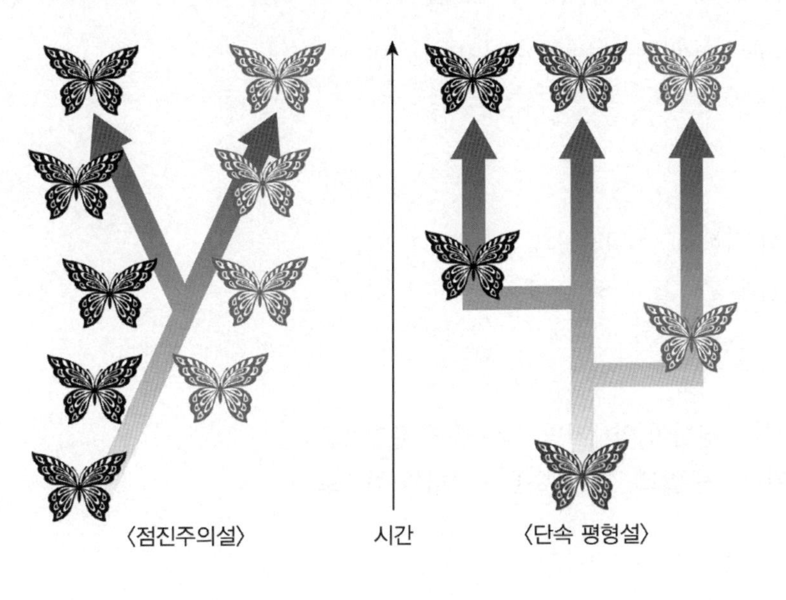

25 유전체의 진화

염색체 수의 변화, DNA의 복제, 중복, 유전자 재배열, 돌연변이 등이 유전체의 진화에 영향을 미친다.

1 염색체 수의 변화

(1) 감수분열의 실수에 의해 배수성이 나타날 수 있는데 이러한 경우 대부분 치사에 이르게도 하지만 드물게는 유전자의 진화에도 기여한다.

(2) 약 600만 년 전에 같은 조상(n=24)에서 인간과 침팬지로 분화될 때 두 개의 염색체가 융합하여 인간(n=23)으로 분화 되었다는 것이 밝혀졌다. 현재 침팬지의 12번 13번 염색체의 텔로미어와 13번 염색체의 동원체 부분이 인간의 2번 염색체의 유사 텔로미어와 유사 동원체부분과 일치하는 것으로 보아 침팬지 염색체의 12번과 13번이 융합되어 인간 2번 염색체가 형성되었다는 것을 알 수 있다.

❖ 사람과 침팬지의 염색체

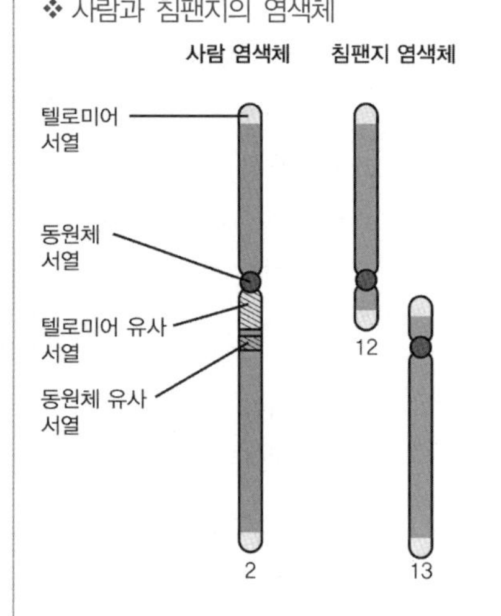

2 염색체 구조 변화

(1) **복제**(replication)

① **연관된 기능을 갖는 유전자**: 고대 단일유전자가 복제되어 α-글로빈과 β-글로빈으로 나누어지고 다시 여러 번 복제되어 조금씩 다른 미오글로빈 유전자로 진화되었을 것이다.

② **다른 기능을 갖는 유전자**: 복제된 하나의 유전자가 전혀 다른 기능을 하는 유전자로 진화하는 경우도 있다. 라이소자임과 α-락트알부민(포유류의 젖 생산에 관여하는 단백질)의 아미노산 서열과 3차구조가 매우 유사하다는 점을 들 수 있다. 조류에서는 라이소자임만 있지만 포유류에서는 두 가지 다 존재하는 것으로 보아 포유류에서는 라이소자임 유전자의 복제가 일어났고 조류에서는 일어나지 않았을 것으로 추정된다.

(2) 중복(duplication)

① 감수 1분열 전기에서 부등 교차(불균등한 교차)가 일어나면 한 염색체에는 결실이, 다른 염색체에는 중복이 일어날 수도 있다.

② 엑손 복제(엑손 중복): 어떤 단백질 유전자에는 유사한 엑손이 다수 존재하는데 진화과정에서 엑손 복제 과정을 거쳤기 때문이다. 예를 들어 콜라겐은 고도로 반복되어 있는 짧은 아미노산 서열의 반복이며 이는 엑손 복제(엑손 중복)와 다양한 과정을 거쳤을 것이다.

예 콜라겐: 글라이신과 하이드록시프롤린의 반복으로 이루어졌다.

(3) 유전자의 재배열(gene rearrangement)

① 엑손 셔플링(exon shuffling, 발현 부위의 뒤섞임 현상): 진화과정에서 엑손 셔플링은 유전자 내 또는 유전자 간의 엑손 바꿔치기를 의미하는데 이 과정을 통해서도 새로운 기능의 단백질을 만들어 낼 수 있다

예 혈전 용해에 관여하는 조직 플라스미노젠 활성화효소: tissue plasmogen activator, TPA

❖ 서로 완전히 다른 유전자(비대립유전자) 사이에서도 엑손이 섞이고 맞추어지는 엑손 셔플링이 일어날 수 있다.

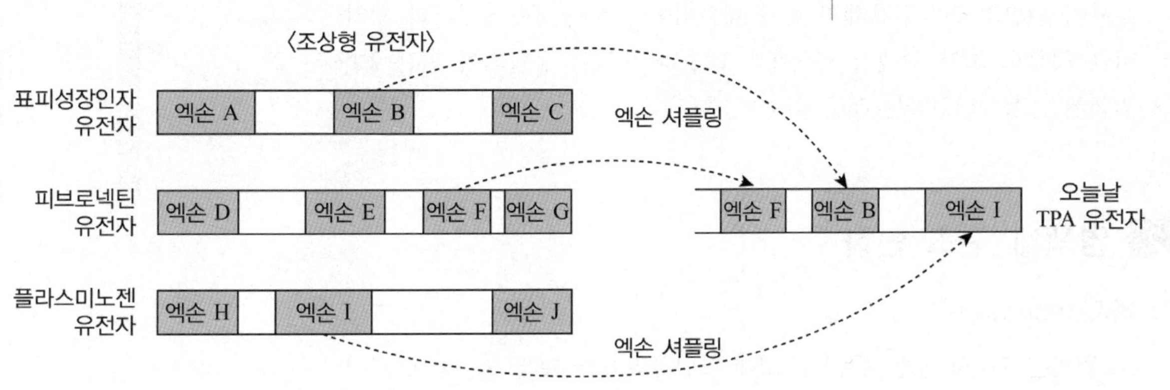

② 항체의 다양성: 유전자의 재배열에 의해 경쇄와 중쇄유전자의 임의 결합 결과 수백만 가지의 가능한 항체의 조합이 생기게 된다.

3 유전자의 변화

FOXP2 유전자: 인간의 언어 구사에 중요한 역할을 한다고 밝혀진 유전자. 포유동물도 비슷하게 갖고 있는 '*FOXP2*'라는 유전자에서 인간은 중요한 변화가 발생해 침팬지나 쥐 등과 다른 독특한 언어 구사 능력을 갖게 됐다고 밝혔다.

이 유전자는 인간의 경우 침팬지나 쥐와는 미세한 차이 밖에 나지 않는데 이 미세한 차이가 인간과 동물의 언어 구사능력에 엄청난 차이를 발생한 것으로 추정된다.

4 종 내의 유전체 비교

단순 반복염기서열, 삽입과 결실, 단일 뉴클레오타이드 다형성(single nucleotide polymorphism, SNP), 복제수 변이(copy number variation, CNV) 등은 인간 진화를 연구하기 위한 유전학적 표지자로 이용될 것이다.

❖ 복제수 변이
유전체 부위의 중복이나 결실이 폭넓은 부위에서 임의로 발생함에 따라 여러 개의 복사본이 나타나는 것

5 메타 유전체학(metagenomics)

생물 집단의 DNA서열을 분석하는 것

❖ 메타 유전체학은 범유전체학이라고도 하는데 혼합된 개체군의 DNA를 한꺼번에 서열 분석하는 능력은 실험실에서 각각의 종을 분리하여 배양하는 수고를 덜어줌으로써 그 동안 많은 미생물종에 대한 연구의 한계가 되었던 어려움을 풀어 주었다. 이러한 분석은 사람의 장에 서식하는 생물 군집에도 적용되었다.

6 생물 진화의 역사와 유전체

(1) **rRNA를 암호화하는 DNA**: 비교적 느리게 변해서 수억 년 전에 갈라진 분류군사이의 관계를 조사하는 데 이용된다.

예 균류가 식물보다 동물에 더 가깝다는 것이 밝혀진 것

(2) **mtDNA(미토콘드리아 DNA)**: 비교적 빠르게 진화하므로 최근의 진화 사건을 조사하는 데 이용된다.

예 아메리카 토착인 집단사이의 관계를 추적하는 것

7 이종 상동유전자와 동종 상동유전자

(1) **이종 상동유전자(orthologous gene, 종분화적 상동성)**: 종 분화의 결과 다른 종 사이에서 생기는 상동유전자를 말한다. 즉, 오솔로그는 서로 다른 종에서 거의 비슷한 DNA서열이 행하는 기능이 같을 때 사용한다.

예 사람과 개의 사이토크롬c 유전자, 또는 사람의 헤모글로빈과 쥐의 헤모글로빈 유전자

❖ 이종 상동유전자 = 병렬 상동유전자

❖ 동종 상동유전자 = 직렬 상동유전자

(2) **동종 상동유전자(paralogous gene, 유전자중복형 상동성)**: 일반적으로 같은 종 내에서 유전자가 중복되어 만들어진 서열을 말한다. 즉, 파랄로그는 일반적으로 같은 종에서 거의 비슷한 DNA서열이 행하는 기능이 서로 다를 때 사용한다.

예 척추동물에서 여러 차례 중복이 일어난 후각 수용체 유전자(약 350개 정도), 또는 적혈구를 구성하는 중요한 단백질인 헤모글로빈은 4개의 폴리펩타이드로 이루어져 있는데 이들은 모두 매우 비슷한 구조를 가지지만 조금씩 다르다.

적/중/예/상/문/제

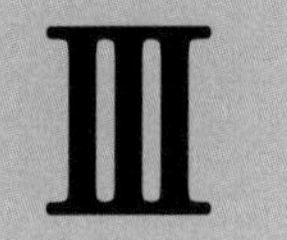

진화생물학

001

원시대기에서 최초의 원시생명체가 출현하는 과정에 대한 설명으로 옳지 않은 것은?

원시 대기 —방전 (가)→ 아미노산 —펩타이드 결합→ 단백질 —원시 바다→ 코아세르베이트 → (나) 최초의 원시생명체

① (가) 과정이 일어날 수 있다는 학설을 처음으로 발표한 사람은 오파린이다.
② (가) 과정을 실험으로 증명한 사람은 밀러와 유리이다.
③ (나)는 종속영양을 하는 원핵생물이다.
④ (나)는 유기호흡을 하는 생물이다.

➔ 산소가 출현하지 않았으므로 (나)는 무기호흡을 하는 생물이다.

002

최초의 원시생명체에서 육상생물이 출현하는 과정에 대한 설명으로 옳은 것을 모두 고르면?

(나) 최초의 원시생명체 —(다)→ 독립영양생물 —(라)→ (마) —(바)→ 육상생물

ㄱ. (나) 생물에 의해서 원시대기에 축적될 수 있었던 (다) 기체는 O_2이다.
ㄴ. (라)는 독립영양생물에 의해 원시대기에 축적된 CO_2이다.
ㄷ. (나)와 (마)는 호흡방식이 다른 종속영양을 하는 원핵생물이다.
ㄹ. (마) 생물의 물질대사방식은 유기호흡이다.
ㅁ. (바)에 해당하는 과정은 최종적으로 육상생물로의 진화를 가져올 수 있는 오존층 형성이다.
ㅂ. 간단한 유기물에서 최초 생명체가 나타날 때까지의 과정은 원시바다 속에서 일어났다.

① ㄱ, ㄴ, ㄷ, ㅂ　② ㄴ, ㄷ, ㄹ, ㅁ
③ ㄷ, ㄹ, ㅁ　④ ㄷ, ㄹ, ㅁ, ㅂ

➔ (다) 기체는 CO_2이며 (라)는 독립영양생물에 의해 원시대기에 축적된 O_2이다.

정답
001 ④ 002 ④

003

다음 그림은 단세포 진핵생물의 출현과정을 나타낸 것이다. 이에 대한 설명으로 옳지 않은 것은?

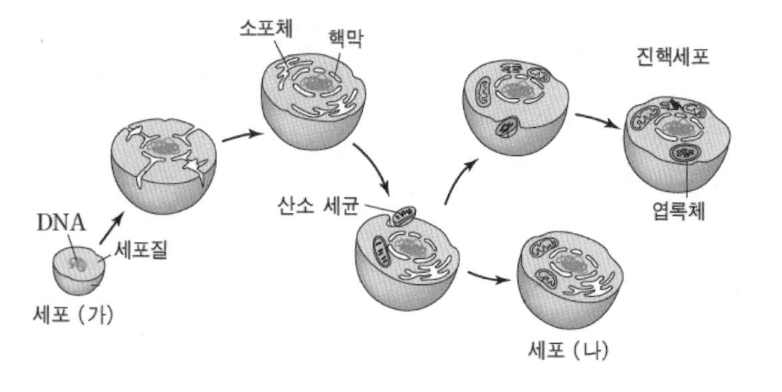

① 세포 (가)는 원핵세포이다.
② 세포 (가)의 세포막이 함입되어 핵막, 소포체, 골지체 등의 세포 소기관을 갖는 원시 진핵세포가 된다.
③ 세포 (가)와 세포 (나)의 호흡방식은 동일하다.
④ 세포 (가)와 세포 (나)의 영양방식은 동일하다.

➔ (가)는 혐기성세포이고 (나)는 호기성세포이므로 호흡방식은 다르지만 영양방식은 모두 종속영양이다.

004

다음 그림은 단세포 진핵생물의 출현과정을 나타낸 것이다. 이에 대한 설명으로 옳지 않은 것은?

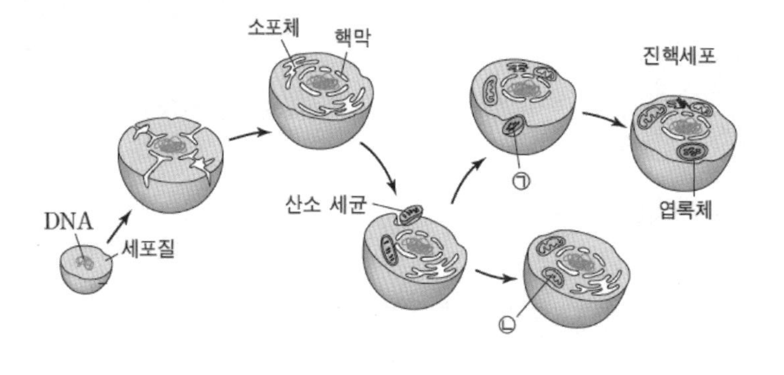

① ㉠은 광합성세균이다.
② ㉠과 ㉡의 영양방식은 동일하다.
③ ㉡은 미토콘드리아이다.
④ ㉠과 ㉡은 원핵세포와 유사한 DNA와 리보솜을 가진다.

➔ ㉠은 광합성세균, ㉡은 미토콘드리아이므로 ㉠과 ㉡은 영양방식이 다르다.

정답
003 ③ 004 ②

005

진핵생물의 기원에서 공생설의 증거가 아닌 것은?

① 진핵생물의 핵 속 DNA는 미토콘드리아와 엽록체에서 필요한 효소를 생성한다.
② 미토콘드리아와 엽록체는 이중막 구조를 갖는다.
③ 미토콘드리아와 엽록체는 DNA를 갖고 분열법으로 번식한다.
④ 미토콘드리아와 엽록체의 리보솜은 원핵세포와 유사하다.

➔ 미토콘드리아와 엽록체는 자체 DNA 유전정보에 의해서 단백질을 합성한다.

006

원시 생명체가 최초의 유전물질로 RNA를 가졌을 것이라고 추측하는 근거는?

① 입체구조가 일정하므로
② 돌연변이가 잘 일어나지 않으므로
③ 정보저장능력과 함께 효소의 기능을 가지므로
④ DNA보다 안정된 구조이므로

➔ 원시세포의 유전정보체계를 구성했을 것으로 추정되는 리보자임은 다양한 입체구조로 되어있으며 유전정보를 저장하는 정보저장능력이 있다. 뉴클레오타이드가 공급되면 주형 RNA로부터 상보적으로 복사본을 만들어내는 작용을 촉매한다.

007

다음 그림은 척추동물의 앞다리 구조를 나타낸 것이다. 이를 진화적 관점에서 해석했을 때 옳은 것을 모두 고르면?

조류 박쥐 물개 사람

ㄱ. 상동기관에 해당한다.
ㄴ. 생물이 사용하지 않는 기관은 점점 퇴화된다.
ㄷ. 같은 환경에 있으면 기원이 다른 기관도 유사한 기능을 갖게 된다.
ㄹ. 기원이 같은 기관도 환경에 대한 적응으로 형태와 기능이 달라질 수 있다.

① ㄱ, ㄴ ② ㄱ, ㄹ
③ ㄴ, ㄷ ④ ㄴ, ㄹ

➔ ㄴ은 흔적기관이고, ㄷ은 상사기관이다.

정답
005 ① 006 ③ 007 ②

008

진화의 증거 중 발생학상의 증거가 아닌 것은?

① 척추동물의 초기 배아는 공통적으로 아가미 틈과 척삭, 항문 뒤쪽으로 난 근육성의 꼬리를 갖는다.
② 갯지렁이와 조개는 공통의 유생 트로코포라 시기를 갖는다.
③ 무척추동물과 척추동물의 호메오 상자는 매우 비슷한 뉴클레오타이드 서열을 갖는다.
④ 동남아시아에는 태반이 발달한 포유류가 분포하고, 오스트레일리아에는 태반이 발달하지 않은 포유류가 서식한다.

➡ ④는 생물 지리학상의 증거이다.

009

진화의 증거 중 비교 해부학상의 증거가 아닌 것은?

① 사람의 팔과 박쥐의 날개　　② 새의 날개와 곤충의 날개
③ 동이근, 가슴의 털, 꼬리뼈　　④ 갈라파고스 군도의 핀치 부리 모양

➡ 갈라파고스 군도의 핀치 부리 모양은 생물 지리학상의 증거이다.

010

다음은 생물의 혈청 침전 반응을 알아보는 실험이다. 이에 대한 설명으로 옳은 것을 모두 고르면?

[실험과정]
(가) 사람의 혈청을 토끼의 혈관에 주입한다.
(나) 토끼의 혈액 속에 사람의 혈청 단백질에 대한 항체가 생긴다.
(다) 토끼의 항체를 추출하여 다른 동물의 혈청과 혼합한다.
(라) 일정시간이 지난 후 토끼의 항체와 반응한 혈청의 침전량을 확인한다.

[실험결과]

동물	사람	침팬지	고릴라	돼지	개
침전량(%)	100	97	64	8	3

ㄱ. 돼지는 고릴라보다 개와 유연관계가 높다.
ㄴ. 사람과 유연관계가 가장 가까운 동물은 침팬지이다.
ㄷ. 사람의 혈청 단백질과 비슷할수록 혈청 침전량이 많아진다.

① ㄱ　　② ㄴ
③ ㄱ, ㄷ　　④ ㄴ, ㄷ

➡ 사람의 혈청 단백질에 대한 항체와 비교하는 것이므로 돼지에 대한 고릴라와 개의 유연관계는 알 수 없다.

정답
008 ④　009 ④　010 ④

011

멘델집단 10,000명 중 미맹이 1,600명이라면 정상인 사람 중에서 미맹 유전자를 갖는 사람은 몇 명인가?

① 3,600명 ② 4,000명
③ 4,800명 ④ 5,200명

→ $q^2 = 1600/10000$
∴ q = 4/10, p = 6/10
정상인 사람 중에서 미맹유전자를 갖는 사람 = 2pq = 48/100
∴ 정상인 사람 중에서 미맹유전자를 갖는 사람 = 10000×2pq = 4,800명

012

A 대립유전자의 동형접합자(AA)가 50개체, 이형접합자(Aa)가 30개체, a 대립유전자의 동형접합자(aa)가 20개체로 구성된 멘델집단에서 대립유전자 A의 빈도는?

① 0.25 ② 0.35
③ 0.55 ④ 0.65

→ A의 수: 50+50+30=130
a의 수: 30+20+20=70
∴ A의 빈도:
130/200=0.65,
a의 빈도: 70/200=0.35

013

인구 10만 명의 집단에서 여성인구 중 5명이 색맹인 경우 색맹이 아닌 사람은 총 몇 명인가? (단, 남녀의 수는 같다.)

① 65,000명 ② 87,545명
③ 99,000명 ④ 99,495명

→ 여성인구 중 색맹
$q^2 = 5/50000$ ∴ q = 1/100
색맹여자는 5만 명 중에서 5명, 색맹남자는 5만 명 중에서 q(1/100)이므로 500명이다. 따라서 이 집단에서 색맹인 사람의 총수는 505명이므로 색맹이 아닌 사람의 총수는 10만 명 − 505명 = 99,495명이다.

정답
011 ③ 012 ④ 013 ④

014

다음은 어느 멘델집단에 대한 자료이다. 이를 해석하여 얻은 결론으로 옳은 것을 모두 고르면? (단, 조사한 사람과 전체 멘델집단의 유전자형은 동일하다.)

격리된 지역에 살고 있는 결혼 적령기의 남녀 50명씩을 대상으로 미맹검사를 한 결과 남자 2명, 여자 8명이 미맹이었다. (단, 미맹은 열성형질이며 정상인자는 A, 미맹인자는 a로 표시하였다.)

ㄱ. 이 집단 내의 남자에서 유전자 A의 빈도는 0.8, a의 빈도는 0.2이다.
ㄴ. 이 집단 내의 여자에서 유전자 A의 빈도는 0.6, a의 빈도는 0.4이다.
ㄷ. 조사한 결혼 적령기의 남녀가 자유 결혼하여 얻은 자손(F_1)의 표현형의 비는 정상: 미맹=23: 2이다.

① ㄱ　　② ㄱ, ㄴ
③ ㄱ, ㄷ　　④ ㄱ, ㄴ, ㄷ

➔ 남자 $= q^2 = 2/50 = 1/25$이므로
$q=0.2,\ p=0.8$
여자 $= q^2 = 8/50 = 4/25$이므로
$q=0.4,\ p=0.6$

	0.8p	0.2q
0.6p	$0.48p^2$	0.12pq
0.4q	0.32pq	$0.08q^2$

∴ 정상 : 미맹 $=(0.48p^2+0.12pq+0.32pq) : (0.08q^2)=0.92 : 0.08=92 : 8=23 : 2$

015

미맹은 PTC용액에 대해서 쓰다고 느끼지 못하는 유전병으로 상염색체에 존재하며 열성으로 유전된다. 인구 5,000명 중 미맹인 사람이 200명인 멘델집단에서 미맹인 여자가 임의의 남자와 결혼해서 정상인 딸을 낳을 확률은?

① 1/5　　② 1/4
③ 2/5　　④ 2/3

➔ $q^2 = 200/5000 = 1/25$이므로
$q=1/5,\ p=4/5$
미맹인 여자(aa)가 임의의 남자와 결혼해서 정상인 딸을 낳으려면 남자는 AA(p^2) 또는 Aa (2pq)여야 하므로 확률은 aa$\times p^2 \times 1/2$(딸일 확률) 또는 aa$\times 2pq \times 1/2$(정상일 확률)$\times 1/2$(딸일 확률)이 된다. 따라서 $16/25\times1/2+8/25\times1/4=8/25+2/25=10/25=2/5$이다.

016

색소성 건피증은 피부나 눈이 빛에 민감하게 반응하여 색소가 침착되는 질환으로 상염색체에 존재하며 열성으로 유전된다. 인구 4만 명 중 1명이 색소성 건피증인 멘델집단에서 색소성 건피증인 여자가 임의의 정상 남자와 결혼해서 색소성 건피증 딸을 낳을 확률은?

① 1/200　　② 1/201
③ 2/201　　④ 1/402

➔ $q^2 = 1/40000$이므로
$q=1/200,\ p=199/200$이다. 색소성 건피증을 가진 여자(aa)가 임의의 정상 남자와 결혼해서 색소성 건피증을 가진 딸을 낳으려면 남자는 Aa(2pq)여야 한다. 임의의 정상 남자(p^2+2pq) 중에서 Aa(2pq)여야 하고 aa와 Aa 사이에서 색소건피증이 될 확률은 1/2이고 딸일 확률도 1/2이다. 따라서 $2pq/(p^2+2pq)\times1/2\times1/2=1/402$이다.

정답
014 ④ 015 ③ 016 ④

017

다음은 인구 1,000명의 멘델집단에서 ABO식 혈액형을 나타낸 것이다. 이에 대한 설명으로 옳은 것은? (단, ABO식 혈액형의 우열관계는 A=B>O이다.)

A형: 320명 B형: 150명 AB형: 40명 O형: 490명

① 유전자형이 AA인 사람은 80명이다.
② A형 중 헤테로인 사람은 240명이다.
③ 유전자형이 BB인 사람은 90명이다.
④ 유전자 A의 빈도는 0.2이다.

➡ A=p, B=q, O=r이라 하면
A형 = (AA + AO) = $p^2 + 2pr$ = 32/100,
B형 = (BB + BO) = $q^2 + 2qr$ = 15/100,
AB형 = (AB) = 2pq = 4/100
O형 = (OO) – r^2 = 49/100이므로 r = 7/100이다.
∴ A형 + O형 = $(p^2 + 2pr) + r^2$ = 32/100 + 49/100 = 81/100
즉, $(p+r)^2$ = 81/100이므로 p+r = 9/10, r = 7/10,
따라서 p = 2/10가 되고
p+q+r = 1이므로 q = 1/10이다.
① 유전자형이 AA인 사람은 p^2이므로
1000×4/100 = 40명
② A형 중 헤테로인 사람은 2pr이므로
1000×2×2/10×7/10 = 280명
③ 유전자형이 BB인 사람은 q^2이므로
1000×1/100 = 10명

018

다음 중 진화의 요인이 아닌 것은?

① 돌연변이 ② 환경에 의한 변이
③ 창시자 효과 ④ 생식적 격리

➡ 환경의 영향을 받아 나타나는 변이는 유전자와는 상관없이 나타난다. 당대에서 끝나게 되므로 자손에게 유전되지 않으며 진화하지 않는다.

정답
017 ④ 018 ②

019

멘델집단은 대립유전자 및 유전자형의 빈도가 대를 거듭해도 변하지 않고 유전적으로 평형을 유지하는 이상적인 집단을 말한다. 멘델집단이 되기 위한 조건으로 옳은 것을 모두 고르면?

ㄱ. 돌연변이가 일어나지 않는다.
ㄴ. 집단의 크기와는 상관이 없다.
ㄷ. 개체의 이입과 이출이 있어야 한다.
ㄹ. 집단 내 무작위적인 교배가 일어난다.

① ㄱ, ㄴ　　② ㄱ, ㄹ
③ ㄴ, ㄷ　　④ ㄷ, ㄹ

➡ 집단의 크기(개체수)는 커야(많아야) 하고, 개체의 이입과 이출이 없어야 한다.

020

다음 그림은 유전자 풀을 변화시키는 요인을 나타낸 것이다. 이와 같은 현상의 예로 옳은 것은?

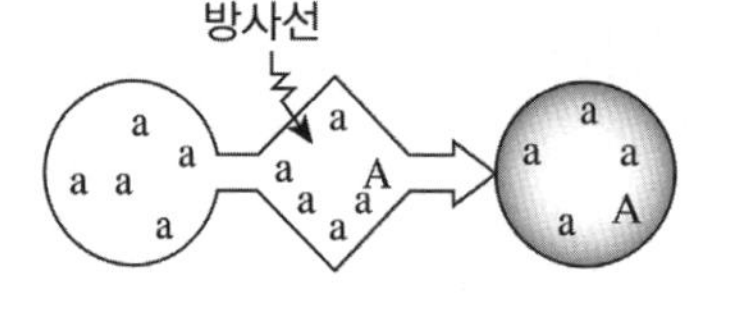

① 부리 모양이 다른 갈라파고스 군도의 핀치
② 협곡으로 격리되어 종 분화가 일어난 영양다람쥐
③ 염기서열의 변화로 나타나는 낫모양 적혈구 빈혈증
④ 공장지대 숲에서 흰 나방보다 개체수가 증가한 검은 나방

➡ 그림은 유전자 풀을 변화시키는 요인 중 돌연변이를 나타낸 것이다. ①, ④는 자연선택, ②는 격리에 속한다.

정답
019 ② 020 ③

021

다음은 캘리포니아 해안가에 서식하는 북방코끼리바다표범에 대한 설명이다. 북방코끼리바다표범의 유전자 풀에 변화가 생긴 원인은?

> 1890년대 북아메리카 캘리포니아 해안가에 서식하던 북방코끼리바다표범들이 기름을 얻으려는 사냥꾼들에게 포획되는 횟수가 점점 증가했다. 급기야 개체수가 20마리 정도밖에 남지 않게 되자 정부는 서둘러 북방코끼리바다표범을 보호종으로 지정했다. 그 후 개체수가 서서히 증가하여 3만 마리 정도가 되었다. 이들 집단의 24개의 유전자를 조사해보니 유전자 변이가 전혀 없었다는 사실이 밝혀졌다. 즉 북방코끼리바다표범의 24개의 유전자는 단 1개의 대립유전자로 이루어져 있으며 유전자형이 동일했던 것이다. 반면에 남방코끼리바다표범에서는 다양한 유전적 변이가 발견되었다.

① 돌연변이 ② 자연선택
③ 병목효과 ④ 새로운 종의 이주

➔ 유전적 부동인 병목효과이다.

022

건조해지는 지역에서 서식하는 어떤 식물의 잎의 평균 표면적은 세대를 거듭할수록 점점 감소하고 있다. 이런 현상은 무엇의 예인가?

① 방향성 선택 ② 분단성 선택
③ 안정성 선택 ④ 돌연변이

➔ 자연선택 중에서 방향성 선택이 일어난 것이다.

023

다음 중 수정 후 생식장벽인 것은?

① 잡종 붕괴 ② 시간적 격리
③ 행동적 격리 ④ 기계적 격리

➔ 시간적 격리, 행동적 격리, 기계적 격리는 수정 전 생식장벽이다.

정답
021 ③ 022 ① 023 ①

024

이소적 종 분화에 대한 설명으로 옳지 않은 것은?

① 지리적 격리가 일어난다.
② 배수성에 의한 종 분화이다.
③ 점진적 유전적 변이의 결과로 일어난다.
④ 오랜 기간에 걸쳐 일어난다.

➔ 배수성에 의한 종 분화는 동소적 종 분화이다.

025

점진적 진화이론과 단속 평형이론에 대한 설명으로 옳지 않은 것은?

① 점진적 진화이론은 오랜 기간에 걸쳐 변이가 축적되어 종 분화가 일어난다.
② 점진적 진화이론은 변이가 누적되는 과정에서 많은 중간형이 나타난다.
③ 점진적 진화이론을 증명할 수 있는 중간 상태의 화석기록이 많이 발견된다.
④ 단속 평형이론은 짧은 기간 동안 급격하게 종 분화가 일어난 후 오랜 기간에 걸쳐 안정된 상태를 유지한다.

➔ 점진적 진화이론을 증명할 수 있는 중간 상태의 화석기록은 많이 발견되지 않는다.

정답

024 ② 025 ③

생물의
神

PART IV

분류학

26 계통 분류학

1 생물분류의 목적

생물 상호 간의 유연관계와 진화의 계통을 밝히는 데 있다.

2 생물분류의 방법

(1) 인위 분류법(artificial classification)

① 사람의 인위적인 기준에 따른 분류 방법

② 생물이 인간에게 이용되는 이용 면, 서식지, 환경 등을 기준으로 분류

이용 면에 따른 분류	식용식물, 약용식물, 반려동물 등
서식지에 따른 분류	양지식물, 음지식물 등
환경에 따른 분류	장일식물, 단일식물 등

(2) 자연 분류법(natural classification)

① 생물 상호 간의 유연관계와 진화의 계통에 따른 분류 방법

② 분류의 기준이 되는 형질에는 형태적 특징, 계통적 특징, 생리적 특징, 발생과정 등이 있다.

예 선태식물, 양치식물, 종자식물, 무척추동물, 척추동물 등

3 종의 개념

종은 생물분류의 가장 작은 기본 단위이다.

(1) 과거의 개념: 형태학적 종(morphological species)

린네에 의해 체계화된 것으로, 생물의 외부 형태가 유사한 개체들을 같은 종으로 분류하였다. 그러나 같은 종에 속하는 개체들도 혈통이나 발생 단계에 따라 모양이 크게 다른 것들이 있으므로 형태적인 특징으로 종을 정의하기는 어렵다. 예를 들어 개의 경우에도 혈통에 따라 많은 차이가 나며(치와와, 푸들, 불도그, 진돗개 등) 발생 단계에도 차이를 보이는 종(개구리의 유생인 올챙이)이 있다.

예제 | 1

A: 국화는 가을에 꽃이 피는 단일식물이다.

B: 갈대는 물가에 분포하기 때문에 수생식물이다.

C: 완두콩은 떡잎이 두 장이므로 쌍떡잎식물이다.

D: 민들레는 씨앗으로 자손을 퍼뜨리는 종자식물이다.

E: 난초는 그늘진 곳에서 자라기 때문에 음지식물이다.

| 정답 |

인위 분류: A, B, E

자연 분류: C, D

(2) **현대의 개념**: 생물학적 종(biological species)

같은 종은 자연 상태에서 자유로이 교배하여 생식능력이 있는 자손을 낳는 개체의 무리를 말하며 다른 종의 개체군과 유전정보를 서로 교환할 수 없다(생식적 격리). 그러나 무성생식으로만 번식하는 원핵생물이나 화석에는 적용할 수 없으므로 이 개념은 한계가 있다.

(3) **계통 발생적 종(phylogenetic species)**

생물학적 종 개념은 모든 종의 생식적 교배 가능여부를 확인할 수 없다는 문제점이 있기 때문에 최근에는 개체군의 형태학적 특징과, 같은 기능을 하는 단백질의 DNA 염기서열이나 아미노산 서열 등의 자료를 이용하여 진화의 역사가 동일한 무리를 같은 종으로 간주하는 개념이 제시되고 있다.

(4) **종개념의 다른 정의:** 생태학적 종(ecological species)

종의 구성원이 환경의 생물적 요소나 무생물적 요소와 상호작용하는 방식의 총합인 생태적 지위로 종을 정의하는 것으로 생물학적 종과는 다르게 유성생식을 하는 종은 물론 무성생식을 하는 종에도 적용할 수 있다.

4 생물분류 체계

(1) **2계 분류(린네; Linne)**

생물을 운동성의 유무에 따라 운동성이 없는 것은 **식물계**, 운동성이 있는 것은 **동물계**로 분류하였다.

(2) **3계 분류(헤켈; Haeckel)**

현미경의 발달로 미생물이 발견되면서 동물계와 식물계 어디에도 속하지 않는 단세포생물을 원생생물계로 분류하였다(**원생생물계**, **식물계**, **동물계**).

(3) **4계 분류(코플란트; Copeland)**

원생생물계 중 핵이 발달하지 않은 생물을 원핵생물계로 분류하였다(**원핵생물계**, **원생생물계**, **식물계**, **동물계**).

Tip

종간 잡종

- 암말과 수탕나귀 사이에서 생긴 노새는 생식능력이 없으므로 말과 당나귀는 다른 종으로 분류한다.
- 수사자와 암호랑이 사이에서 생긴 라이거, 수호랑이와 암사자 사이에서 생긴 타이곤도 생식능력이 없으므로 사자와 호랑이는 다른 종으로 분류한다.

예제 | 2

생물학적 종 개념에서 가장 중요한 요소는? (지방직 7급)

① 형태학적 특징
② 서식지
③ DNA 서열 분석
④ 생식적 격리

| 정답 | ④

생물학적 종은 자연 상태에서 자유로이 교배하여 생식능력이 있는 자손을 낳는 개체의 무리를 말한다.

(4) **5계 분류(휘태커; Whittaker)**

광합성을 하지 못하는 버섯과 곰팡이류를 식물계로부터 균계로 분리하였다(**원핵생물계, 원생생물계, 균계, 식물계, 동물계**).

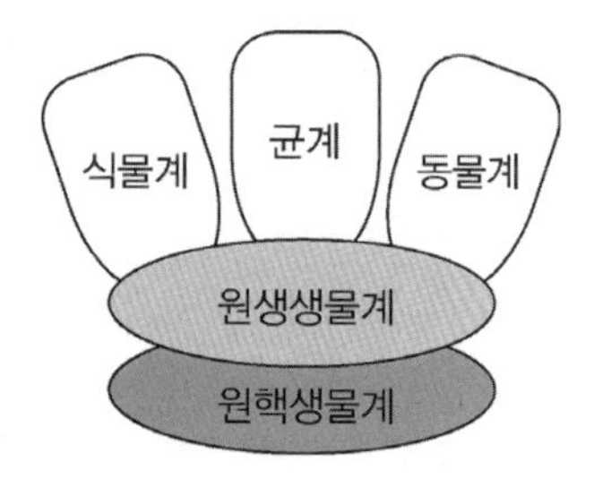

구분	핵	엽록소	체제
원핵생물계	무	유/무	단세포
원생생물계	유	유/무	단세포/다세포
균계	유	무	단세포/다세포
식물계	유	유	다세포
동물계	유	무	다세포

(5) **3역 6계 분류(우스; Woese)**

DNA 염기서열, 단백질의 아미노산 서열, 전자현미경으로 관찰한 세포의 미세구조 등을 근거로 계통수가 작성되면서 제시되었다. 화산이나 온천에서 발견되는 고세균은 세균보다 진핵생물과 특징이 유사하여 원핵생물계를 진정세균계와 고세균계로 나누었다. 나머지 4계에 속한 생물은 모두 진핵생물역에 포함시켜 분류하였다.

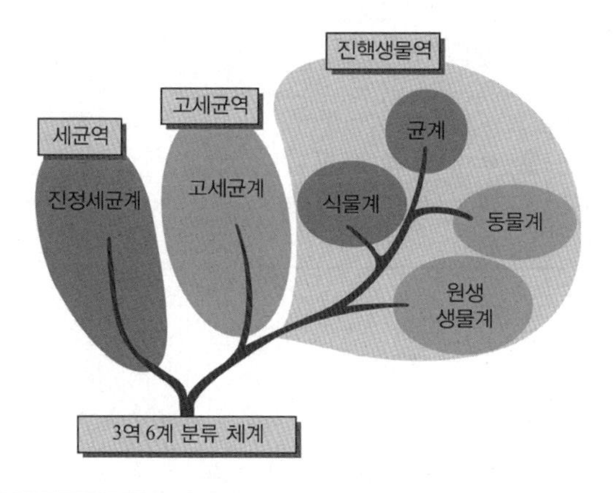

역	계
세균역 domain Bacteria	진정세균계(Eubacteria)
고세균역 domain Archaea	고세균계(Archaea)
진핵생물역 domain Eukarya	원생생물계(Protista)
	식물계(Plantae)
	균계(Fungi)
	동물계(Animalia)

5 생물분류의 계급

분류 계급								
분류	역 domain	계 kingdom	문 phylum	강 class	목 order	과 family	속 genus	종 species
분류의 예								
사람	진핵생물역	동물계	척삭동물문	포유강	영장목	사람과	사람속	사람종
여우	진핵생물역	동물계	척삭동물문	포유강	식육목	개과	여우속	여우종
찔레나무	진핵생물역	식물계	종자식물문	쌍떡잎식물강	장미목	장미과	장미속	찔레나무종

① 생물 분류의 가장 큰 단계는 '역'이며 가장 하위단계인 '종'까지 8단계가 있다.

② 강과 문 사이는 '아문(subphylum)'이라 한다. 나머지도 각 단계 사이에 '아(sub)'를 붙여 아강, 아목, 아과, 아속, 아종을 둔다.

③ 경우에 따라서 종 아래 아종, 변종, 품종을 둘 수 있다.

아종 subspecies	**지역적 분포**가 다른 종 내의 개체군에서 사용하는 단위	예 한국 호랑이, 시베리아 호랑이, 인도호랑이
변종 variety	**자연적인 돌연변이**에 의해 2~3가지 형질이 달라진 경우 사용하는 단위	예 찰벼(벼의 변종), 피망(고추의 변종)
품종 forma	인간이 이용하기 위하여 자연 상태에서는 일어나지 않고 교잡이나 인공 돌연변이 등에 의해 **인위적으로 개량된 종**의 집단	예 부사(사과의 품종), 청양고추(고추의 품종)

6 학명

같은 생물이라도 국가마다 이름이 다르므로 혼란을 피하기 위해 생물마다 동일한 이름을 명명한 것으로 라틴어를 사용하여 표기한다.

(1) 이명법(binominal nomenclature)

스웨덴의 린네가 '자연의 체계'를 통해 제창한 것으로 속명 다음에 종소명을 써서 생물의 한 종을 나타낸다.

이명법	속명	종소명	명명자
라틴어	대문자	소문자	대문자
사람	*Homo*	*sapiens*	Linne
호랑이	*Panthera*	*tigris*	Linne

① 속명과 종소명은 이탤릭체로 쓰고, 명명자는 정자체로 쓴다.
② 속명의 첫 글자는 대문자로, 종소명은 소문자로 표기한다.
③ 명명자의 첫 글자를 대문자로 쓰되, 명명자 이름의 첫 글자만 쓰거나 생략 가능하다.

❖ 같은 글에서 속명이 여러 번 이용될 때 한 번만 *Homo sapiens*와 같이 속명을 모두 써주고 그 후에는 속명의 머리글자만 표기해서 *H. sapiens* 라고 이용한다.

(2) 삼명법(trinominal nomenclature)

종보다 하위 분류단계인 아종이나 변종 또는 품종 등의 이름을 표기할 때 사용한다.

① 학명(속명, 종소명, 아종명)은 이탤릭체로 쓰고, 명명자는 정자체로 쓴다.

삼명법	속명	종소명	아종명	명명자
라틴어	대문자	소문자	소문자	대문자
한국산 호랑이	*Panthera*	*tigris*	*coreansis*	Brass

② 변종명을 사용할 때는 변종을 의미하는 variety의 약자 var.을 넣어 표기한다.

삼명법	속명	종소명	변종명	명명자
라틴어	대문자	소문자	소문자	대문자
찰벼	*Oryza*	*sativa*	var. *glutinosa*	Matsumura

❖ 찰벼는 벼의 변종이다.

③ 품종명을 사용할 때는 품종을 의미하는 forma의 약자 for.을 넣어 표기한다.

삼명법	속명	종소명	품종명	명명자
라틴어	대문자	소문자	소문자	대문자
금강송	*Pinus*	*densiflora*	for. *erecta*	Uyeki

❖ 금강송은 소나무의 품종이다.

예제 | 3

세 가지 식물의 학명을 비교한 것이다. 옳은 것을 모두 고르시오.

A. 동백나무 *Camellia japonica* Linne
B. 쪽동백나무 *Styrax obassia* Siebold & Zucc.
C. 때죽나무 *Styrax japonica* Miers

ㄱ. 세 학명 모두 이명법을 사용하였다.
ㄴ. 때죽나무는 동백나무와 다른 종이다.
ㄷ. 쪽동백나무는 때죽나무보다 동백나무와 유연관계가 더 가깝다.

| 정답 | ㄱ, ㄴ

ㄱ. 세 가지 나무의 학명을 속명+종소명+명명자로 표기하였으므로 이명법으로 나타낸 것이다.
ㄴ. 때죽나무와 동백나무의 종소명이 같다하더라도 속명이 서로 다르기 때문에 두 나무는 전혀 다른 종이라 할 수 있다.
ㄷ. 쪽동백나무와 때죽나무의 속명이 같으므로 이들의 유연관계가 더 가깝다.

예제 | 4

이명법(binomial nomenclature)에 대한 설명으로 옳지 않은 것은? (지방직 7급)

① 종의 이름은 속명과 종소명의 두 단어로 구성된다.
② 속명과 종소명은 라틴어화된 단어를 사용하여 이탤릭체로 쓴다.
③ 속명의 단어는 모두 대문자로, 종소명은 소문자로 쓴다.
④ 같은 글에서 처음 언급된 후 속명은 첫 문자로 줄여 표기할 수 있다.

| 정답 | ③

속명의 첫 글자만 대문자로 쓴다.

7 생물의 계통수

(1) 계통수(phylogenetic tree)

생물 상호 간의 유연관계를 나뭇가지 모양의 그림으로 나타낸 것으로 같은 가지에서 갈라져 나온 생물은 유연관계가 가깝고 공통 조상을 갖는다.

(2) 계통수의 특징

① 일반적으로 원시적이고 조상형(하등한 생물)일수록 계통수의 아래쪽에 있으며, 최근의 공통 조상에서 갈라진 것은 위쪽에 분포한다.

② 아래쪽의 가지에서 분지된 생물군일수록 유연관계가 멀고, 오래 전에 공통의 조상으로부터 분리되었다.

③ 같은 가지에 속하는 생물들은 공통의 조상을 가지며 유연관계가 가깝다.

(3) 계통수 그리기

① 각 생물이 갖는 특징을 기준으로 생물을 조사하여 공통점을 찾는다.

② 공통적인 특징을 갖는 생물끼리 같은 무리로 묶는다.

③ 유연관계를 기준으로 생물이 진화한 과정을 나뭇가지 모양의 그림으로 그린다.

예제 | 5

어떤 지역에 살고 있는 A, B, C, D, E, F 여섯 식물의 특징을 조사한 것이다. 다음 자료를 기준으로 계통수를 그려보시오. (단, 같은 종은 없다.)

종＼특징	1	2	3	4	5
A	○	○			○
B	○		○		
C	○	○		○	
D	○	○		○	
E	○		○		
F	○	○			○

| 정답 |

종 A, B, C, D, E, F 여섯 식물은 모두 공통 특징 1을 갖고 여기에서 종 A, C, D, F와 종 B, E는 각각 특징 2와 특징 3으로 분지된다. 특징 2로 분지된 종 A, C, D, F는 특징 4를 갖는 C, D 그룹과 특징 5를 갖는 A, F 그룹으로 분지되도록 그린다.

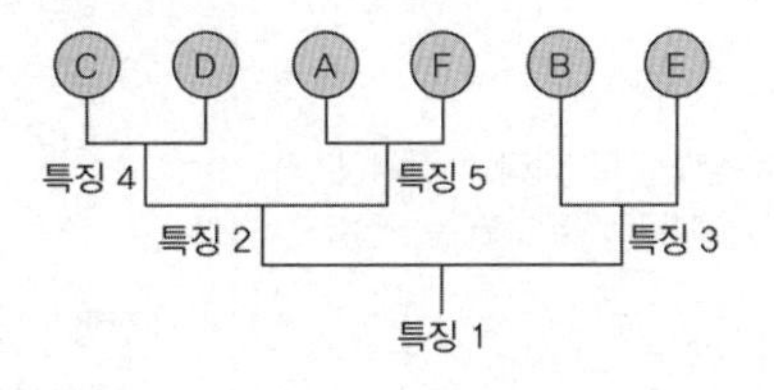

Tip

계통수의 해석 내용

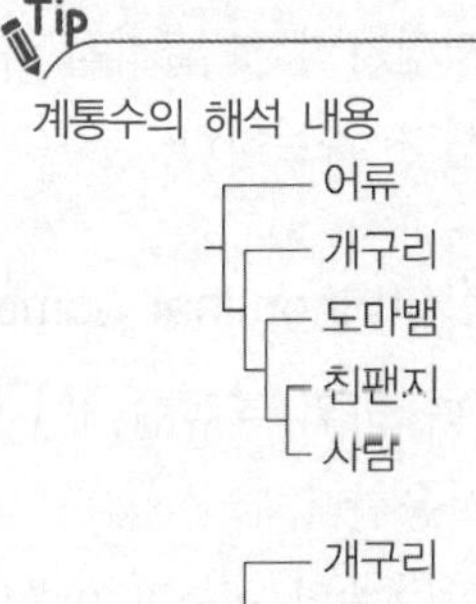

- 계통수의 가지는 계통수에 나타난 관계를 변화시키지 않으면서 분기점을 중심으로 회전할 수 있다. 즉, 위에서 아래로 나타난 분류군의 순서가 진화의 연속적인 순서를 의미하지 않는다.
- 계통수는 표현형의 유사성이 아니고 혈통의 유사성을 나타낸다.
- 계통수에서 분류군이나 분기점의 나이를 추론할 수 없다. 즉, 침팬지와 사람의 공통조상이 언제 생존했으며, 최초의 침팬지와 사람 중 누가 먼저 출현했는지 언제 출현했는지 알 수 없다.
- 계통수의 한 분류군이 바로 옆에 있는 분류군에서 유래된 것은 아니다. 즉, 사람이 침팬지에서 유래되었다거나 반대라는 것을 의미하지 않고 현재는 멸종된 공통 조상에서 분화되었다는 것만 추론할 수 있다.

(4) 분기학(분류군, cladistics)

① **단계통 분류군**(단원적 분기군): 하나의 조상종과 그 종의 모든 후손종들로 구성된다.

② **측계통 분류군**(의사 단원적 분기군): 하나의 조상종과 모든 후손종이 아니고 일부 후손종을 포함하는 분류군이다.

③ **다계통 분류군**(다원적 분기군): 공통 조상을 포함하지 않는 분류군이다.

❖ 분기학에서 단계통 분류군(단원적 분기군)만이 유효한 분류군으로 인정된다. 측계통 분류군과 다계통 분류군은 진화의 역사를 정확하게 반영할 수 없다.

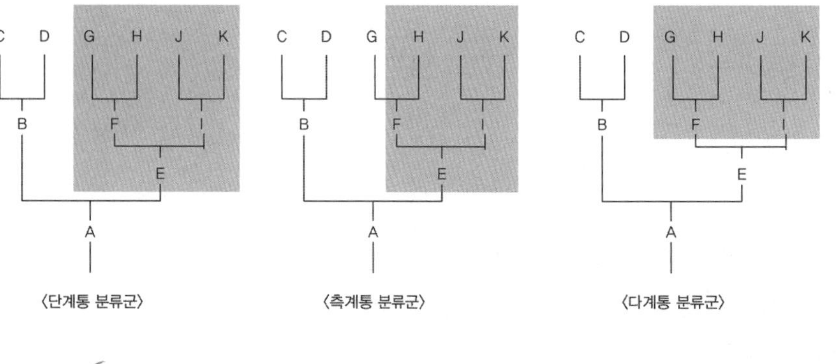

Check Point

계통수 보기

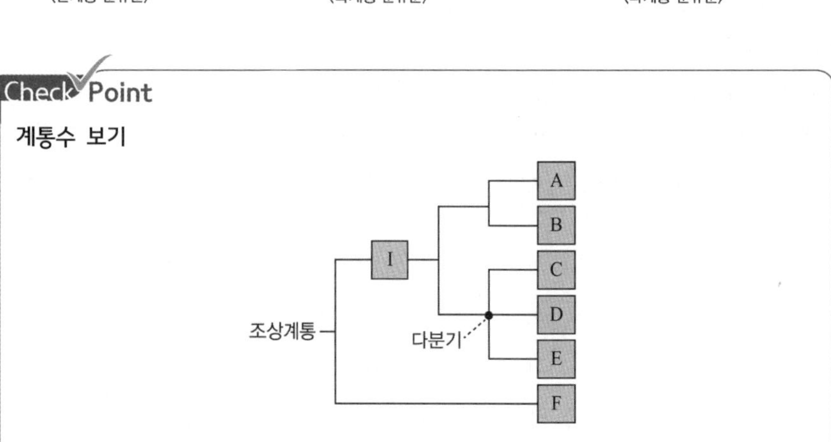
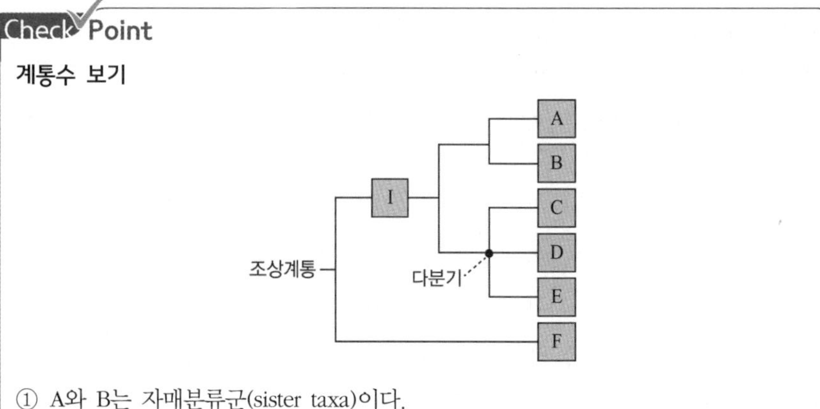

① A와 B는 자매분류군(sister taxa)이다.
② **기저분류군**(basal taxon): 특정 집단의 역사 속에서 일찌감치 분기한 계통
③ F는 기저분류군이다.
④ **다분기**(polytomy): C~E와 같이 셋 이상의 자손 집단이 갈라져 나오는 분기점으로 자손 계통사이의 진화적 관계가 명확하지 않은 것이다.

(5) 공유 조상 형질과 공유 파생 형질

① **공유 조상 형질**(공유 원시 형질, stared ancestral character): 분류하고자 하는 분류군보다 더 큰 분류군에서 공유되는 형질

② **공유 파생 형질**(stared derived character): 분류하고자 하는 분류군에만 있는 형질

❖ 포유류 입장에서 척추는 이 분류군보다 더 큰 분류군의 조상에서 기원된 형질인 공유 조상 형질이고, 털과 젖샘은 모든 포유류가 지니는 형질이지만 이들의 조상에서는 발견되지 않고 포유류에만 있는 공유 파생 형질이다.

(6) 내부군(내집단)과 외부군(외집단)

① 내부군(ingroup): 공유 파생 형질이 처음 나타난 분기군으로 일차적인 연구의 대상이 되는 분류군

② 외부군(outgroup): 내부군 바깥에 있는 근연군

(7) 계통부화와 분계분화

① 계통분화: 환경에 적응함에 따라 변화가 축적되어 바뀌는 것(종수의 증가는 없다)

② 분계분화: 공통조상으로부터 둘 또는 그 이상의 후손종으로 바뀌는 것(종수가 증가된다)

(8) 계통수 작성의 원리

① 최대 단순성(maximum parsimony): 절약원리라고 하며 계통수의 분류군에 존재하는 모든 형질에 대해서 가정에 필요한 진화적 변화 수를 최소화하여 작성하는 것(오캄의 면도날의 원칙)

② 최대 개연성(maximum likelihood): 컴퓨터 소프트웨어의 출현으로 형태, 발생, 화석기록, DNA와 단백질 서열과 같은 분자 형질 등 대규모의 비교 자료를 이용하여 생명의 계통수에 대한 자세한 부분까지 연구를 통해 밝히는 것

(9) 분자시계(molecular clock)

DNA의 일부 부위에서는 염기서열이 분자시계로서 사용하기에 충분할 정도로 매우 일정한 속도로 변화한다. 유전자나 단백질의 변화를 축적하는 평균적인 속도를 이용하여 계통 내 특정 분기 사건이 발생한 분기시기를 측정할 수 있다.

예 분자시계의 적용: 여러 HIV감염환자들의 혈액 표본으로부터 얻은 HIV유전자의 염기서열을 토대로 해서 유전자 변화율을 시간을 거슬러 연장한 결과 HIV는 1930년대에 처음 사람에게 전파된 것으로 밝혀졌다.

❖ 분자시계를 뒷받침하는 가정은 이종 상동유전자에 존재하는 치환된 염기의 수가 종들이 공통조상에서 분기한 이후 경과된 시간에 비례하고, 동종 상동유전자의 경우에는 치환된 염기의 수가 유전자가 중복된 이후 시간에 비례한다.

(10) 수평적 유전자 전달(horizontal gene transfer)

한 유전체에서 다른 유전체로 유전자가 전이되는 과정으로 여러 가지 데이터를 분석한 결과 세균에서뿐만 아니라 진핵생물들 사이에서도 일어날 수 있으며 현재에도 일어나고 있음을 알 수 있다.

예 완두수염진딧물은 동물이 갖지 않는 카로티노이드 합성 유전자를 갖고 있는데, 진딧물이 수평적 유전자 전달을 통해 전이된 것으로 추정하고 있다.

27 세균역과 고세균역

Check Point

단세포 원핵생물의 특징

(1) 세균역(세균계)과 고세균역(고세균계)이 여기에 속하며 막으로 둘러싸인 뚜렷한 핵이 없다.

(2) 막으로 싸인 세포 소기관(미토콘드리아, 소포체, 골지체, 리소좀, 엽록체)도 없다. 세균역과 고세균역을 제외한 나머지 원생생물계, 식물계, 균계, 동물계는 모두 뚜렷한 핵과 세포 소기관을 갖는 진핵생물역으로 분류한다.

(3) 세포벽, 세포막, 핵산(DNA와 RNA), 리보솜을 갖는다.

(4) 원형으로 된 1개의 염색체(DNA)를 갖는데 DNA가 있는 부분을 핵양체라 하며 주변의 세포질보다 더 밝게 보인다.

(5) **편모, 선모, 핌브리아**

① **편모**(flagella): 운동기능(방향성에 따라 운동할 수 있는 능력인 주성을 나타낸다)

② **선모**(강모, pili): 부착기능과 유전자 전달에서 접합기능(성선모)

③ **핌브리아**(fimbria): 부착기능

(6) 모두 단세포이고 분열법으로 증식하지만 환경이 나빠지면 내생포자를 형성해서 휴면상태로 되는데 내생포자는 수백 년 이상 휴면상태로 존재할 수 있으며, 휴면상태로 존재하다가 환경 조건이 좋아지면 다시 물을 흡수하여 물질대사를 시작하며 증식한다.

(7) 세포벽에 펩티도글리칸 층이 있는 세균역과 펩티도글리칸 층이 없는 고세균역으로 분류한다. 원핵생물의 세포벽은 다당류나 단백질로 구성된 끈끈한 외층으로 둘러싸여 있는데 이 층이 조밀하고 구분이 뚜렷하면 협막(capsule)이라 하고 덜 구조화되어 있으면 점액층(slime layer)이라 한다. 두 가지 모두 원핵생물이 고체표면이나 다른 개체에 부착하여 군체(colony)를 형성할 수 있도록 하며 또한 숙주의 면역체계의 공격으로부터 보호한다.

❖ 지구상에 존재한 최초의 생물체는 35억 년 전 살았던 원핵생물로 추정된다.

❖ 세균의 편모는 모터, 갈고리, 필라멘트의 세 부분으로 구별된다. 모터를 이루는 단백질은 이온을 수송하는 분비단백질과 유사하다. 이는 이전에 만들어졌던 분비기능에 다른 단백질이 더해지면서 운동기능을 하는 편모로 진화되어 왔다는 사실을 시사한다. 이는 창출적응(굴절적응)의 사례이다.

1 세균역 – 세균계(진정세균계)

(1) 세균의 특징

펩티도글리칸과 지질다당류로 구성되어 있는 세포벽을 갖는다.

❖ 세포벽은 세균의 모양을 유지해주며 물리적으로 보호해 주는데 수분이 부족하면 원형질 분리가 일어나서 증식하지 못한다. 펩티도글리칸은 다당사슬에 비교적 짧은 펩타이드사슬이 결합한 화합물이다.

(2) 세균의 분류

영양 방법에 따라 독립영양 세균과 종속영양 세균으로 나뉜다.

① 독립영양 세균(autotroph)

구분	예
광합성 세균 (photosynthetic bacteria)	녹색황세균, 홍색황세균, 남세균
화학합성 세균 (chemosynthetic bacteria)	아질산균, 실산균, 황세균, 철세균

❖ 남세균(남조류, cyanobacteria): **엽록소 a와 남조소**를 가지고 있어서 **산소 발생형 광합성**을 수행하는 유일한 원핵생물로 일부는 질소고정도 하고 여러 세포들이 모여 군체를 이루어 생활하기도 하며, 호수나 강으로 다량 유입되어 **녹조현상**을 나타낸다. 숙주세포와 공생하여 **엽록체의 기원**으로 알려진 생물이다(흔들말, 염주말, 아나베나, 노스톡).

❖ 스트로마톨라이트(stromatolite): 시아노박테리아가 분비한 점액에 의해 접착된 모래알들이 물속의 탄산칼슘과 합쳐져서 생긴 층 모양의 줄무늬가 있는 암석으로 오스트레일리아지방에서 현재도 활동하고 있으며, 생명의 근원과 탄생의 역사를 밝힐 수 있는 열쇠이다.

❖ 아나베나(anabaena): 광합성 유전자와 질소고정 유전자를 모두 갖지만 광합성에서 발생하는 O_2가 질소고정효소를 불활성화시키기 때문에 하나의 세포에서 동시에 두 과정이 모두 일어나지는 않는다. 사상형 군체를 이루는 아나베나에는 질소를 고정하는 특수한 세포인 이형세포(heterocyte)가 따로 존재하고, 나머지 대부분의 세포에서는 광합성만 일어난다. 이형세포는 두꺼운 세포벽으로 둘러싸여 주변의 광합성세포가 생성하는 O_2가 세포 안으로 투과하지 못한다. 이형세포와 다른 세포사이에는 세포간 연접이 형성되어 고정된 질소와 광합성에 의해 생성된 당을 서로 교환한다. (이형세포: 주위의 세포와 크기나 모양이 뚜렷하게 다른 세포)

❖ 생물막(biofilm)
시로 다른 원핵생물종 사이의 대사 협력이 일어나도록 하는 막으로 콜로니(군체)가 형성되도록 한다. 생물막에는 물질이동 통로가 있어 영양물질이 전달되고 노폐물은 배출된다.

② 종속영양 세균(heterotroph)

구분	예
질소고정 세균 (nitrogen fixation bacteria)	뿌리혹박테리아, 아조토박터, 클로스트리듐
발효 세균 (fermentation bacteria)	젖산균, 자이모모나스
병원균 (pathogenic bacteria)	구균(폐렴쌍구균), 간균(장티푸스), 나선균(콜레라), 결핵균, 탄저균

❖ 탄저균: 주변 환경조건이 나쁘면 단단한 세포벽으로 둘러싸인 내생포자(endospore)를 만들어서 건조한 상태로도 10년 이상 생존하며 가열, 일광, 소독제 등에도 강한 저항성을 나타낸다.
탄저균의 포자에서 생성되는 독소가 혈액 내의 면역세포에 손상을 입혀서 쇼크를 유발하며, 심하면 급성 사망을 유발한다.
탄저병은 피부감염, 위장감염, 호흡기 탄저의 3가지 형태가 있는데 가장 무서운 것은 탄저균의 호흡기 감염이며 호흡기 탄저의 경우 초기에는 감기나 폐렴 같은 호흡기 감염의 일반적인 증상이 나타나다가 독소에 의해서 출혈성 흉부 임파선염이 발생하고 사망률이 거의 100%에 달하며, 일반적으로 항생제도 치료효과가 없다. 그러나 호흡기 탄저병은 테러가 아니라면 거의 발병하지 않는다.

(3) 그람 양성균(Gram positive bacteria)

① 펩티도글리칸(peptidoglycan)의 함량이 풍부한 단순한 세포벽 구조를 갖고 있다.

② 두꺼운 펩티도글리칸 층을 가지는 그람 양성균은 물리적인 힘에 대해서는 좀 더 잘 견디지만 가수분해효소인 라이소자임(lysozyme)에 의해 외부가 지질다당체 막으로 싸여 있는 그람 음성균의 펩티도글리칸 층보다 더 쉽게 분해된다.

③ 페니실린에 대하여 고도의 감수성을 나타낸다. 페니실린은 분열하는 세포의 펩티도글리칸 합성효소의 저해제(펩티도글리칸의 교차연결 형성을 저해)로 작용하여 세균의 세포벽이 형성되지 못하기 때문이다. 세포벽이 형성되지 못하면 외부에서 유입되는 물에 대항할 수가 없어 세포막이 파괴되고 세균이 파괴된다.

④ 종류: 포도상구균(Staphylococcus), 연쇄상구균(Streptococcus), 탄저균(Bacillus anthracis), 방선균(actinomycets), 결핵, 한센병, 보툴리누스균(Clostridium botulinum), 디프테리아(Corynebacterium diphtheriae), 파상풍균(Clostridium tetani) 등 **프로테오박테리아 다음으로** 다양한 세균이 존재한다. 스트렙토마이세스(Streptomyces)속에 속하는 종은 스트렙토마이신이라는 항생제를 생성한다. 가장 크기가 작은 생명체인 마이코플라스마(mycoplasma)는 유일하게 세포벽이 없는 세균이며 세포벽이 없어서 그람 양성으로 염색되지는 않지만 계통학적으로 그람 양성세균과 연관성이 있어서 그람 양성세균으로 분류된다.

Tip

스트렙토마이세스
토양에 서식하는 유용한 세균으로 항생제 생산균주는 그 항생제에 대해서 내성을 가지며 경쟁하고 있는 다른 미생물의 생장을 저해한다.

(4) 그람 음성균(Gram negative bacteria)

① 세포벽에는 펩티도글리칸의 함량은 적으나 지질다당체를 포함하는 외막 구조가 세포벽에 존재한다.

② 지질다당체는 독성이 있으며 숙주로부터 자신을 방어할 수 있는 수단이 된다.

③ 지질다당체가 페니실린의 투과를 막아주기 때문에 페니실린에 대하여 감수성을 나타내지 않으며 그람 양성균보다 더 심한 질병을 일으키는 경우가 많다.

④ 종류

㉠ **프로테오박테리아**(proteobacteria, α, β, γ, δ, ϵ의 5개 아군이 있는데, 내부 공생한 호기성 α-프로테오세균에서 미토콘드리아가 유래된 것으로 보인다): 리조비움(Rhizibium, 뿌리혹박테리아), 아그로박테리아(Argrobacteria), 질화세균(Nitrifying bacteria), 황세균(Sulfur bacteria), 임균(Gonococcus), 살모넬라(Salmonella), 콜레라(Cholera), 대장균(Colon bacteria), 헬리코박터 파일로리(Helicobacter pyloli), 시트로박터(Citrobacter) 등 가장 다양한 세균 그룹이다.

㉡ 시아노박테리아(Cyanobacteria, 내부 공생한 시아노박테리아에서 엽록체가 유래한 것으로 보인다): 남세균

㉢ 클라미디아(Chlamydia)절대 기생세균으로 진정 세균이지만 세포벽에 펩티도글리칸성분이 없다): 트라코마균(Tracoma)(눈을 멀게하고 요도염을 일으킴)

㉣ 스피로헤타(Spirochaeta, 나선형의 세균): 트레포네마 팔리듐균(Treponema pallidum, 매독), 보렐리아(Borrelia, 라임병)

주요 특징	그람 양성균	그람 음성균
세포벽	펩티도글리칸 층의 함량이 풍부, 라이소자임에 의해 쉽게 분해	펩티도글리칸 층의 함량은 적고 지질다당체를 포함(독성이 강함)
그람 염색	보라색	붉은색
페니실린 저항성	약하다	강하다

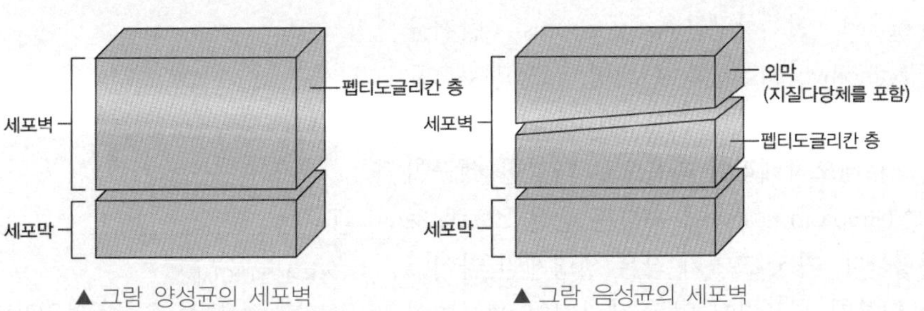

▲ 그람 양성균의 세포벽 ▲ 그람 음성균의 세포벽

» 그람 양성균은 펩티도글리칸 층이 풍부한 두꺼운 세포벽을 갖는다. 그람 염색을 하면 세포질에 들어간 보라색 염료가 잘 빠져 나오지 못해 보라색이 그대로 유지된다(세포벽이 알코올에 의해 탈수되어 세포벽 내의 구멍을 막는다).

» 그람 음성균은 펩티도글리칸 층이 적고 지질다당체를 포함한 외막을 갖는다. 그람 염색을 하면 알코올에 의해 보라색이 빠져나오고 2차 염색약인 붉은색으로 염색된다(유기용매인 알코올이 지질이 풍부한 외막을 쉽게 침투하여 크리스털바이올렛-아이오딘 복합체를 세포에서 쉽게 배출시킨다).

Check Point

- **외독소와 내독소**
  ① **외독소**(exotoxin): 세균이 분비하는 단백질로서 숙주세포의 생화학적 반응을 방해한다(그람양성균인 보튤리누스균, 탄저균, 파상풍 등과 그람음성균인 콜레라에서 발견된다.).
  ② **내독소**(endotoxin): 세균이 죽어서 세포벽이 분해되는 경우에만 방출되는 것으로 주성분이 그람음성균의 외막을 구성하는 지질다당체이다(살모넬라속에 속하는 장티푸스).
- **수평적 유전자 전달**
  항생제 저항성 유전자 또는 독성이 있는 유전자를 대장균과 같이 해가 없는 세균에 전파하여 치명적인 병원체로 바꿀 수도 있다. 예를 들어 출혈성 설사병을 일으키는 O157:H7이라는 균주는 박테리오파지에 의해 사람의 장에서 정상적으로 서식하는 대장균으로 수평 전달된 것으로 추정하고 있다.
- **세균의 혈청학적 분류(숙주가 항체생성을 유발할 수 있는 항원)**
  O항원: 외막에 돌출된 O곁가지(H항원이 아니라는 점에서 O라고 한다)
  H항원: 편모에서 유래된 항원
  K항원: 협막에서 유래된 항원

❖ 라임병
진드기가 사람을 무는 과정에서 보렐리아균이 침범하여 여러 기관에 병을 일으키는 감염질환으로 초기에는 발열, 두통, 피로감과 함께 이동홍반이 나타난다.

❖ 그람 염색
보라색 염색약(크리스털바이올렛)과 아이오딘(세포벽 고정)으로 염색 → 알코올로 세척 → 붉은 염색약(샤프라닌)으로 염색

예제 | 1

그람 양성세균과 그람 음성세균에 대한 설명으로 옳지 않은 것은? (국가직 7급)

① 그람 양성세균은 펩티도글리칸으로 이루어진 두꺼운 세포벽을 가지고 있다.
② 그람 음성세균은 펩티도글리칸 층이 세포막과 외막 사이에 존재한다.
③ 그람 양성세균은 그람 염색법에서 알코올로 세척되어 2차 염색한 사프라닌의 붉은색으로 관찰된다.
④ 페니실린(penicillin)은 그람 양성세균 펩티도글리칸의 교차 연결 형성을 저해한다.

| 정답 | ③
그람 양성세균은 그람 염색법에서 보라색이 그대로 유지된다.

(5) 크리스퍼 캐스9 시스템

원핵생물의 크리스퍼 캐스9(CRISPR-Cas9) 시스템은 세균이나 고세균이 바이러스의 공격으로부터 자신을 보호하기 위해 사용하는 것이다.

과학자들은 세균의 DNA에서 간격서열(spacer DNA) 사이에 반복적으로 존재하며 각각의 간격서열 앞뒤에 동일한 회문구조가 나타나는 것을 발견하고 이 서열을 '규칙적으로 간격을 띄고 분포하는 짧은 회문구조 반복서열(Clustered Regulary Interspaced Short Palindromic Repeats, CRISPR)'이라는 이름을 붙였다. 이 CRISPR서열 간 반복 단위는 똑같지만 각각의 간격서열(spacer DNA)은 과거에 이 세균에 침입했지만 세균을 죽이지 못한 파지에서 유래한 DNA조각이므로 서로 다르다.

① 세균에 파지가 침투하면 세균은 침입한 파지의 DNA를 제한효소로 잘라서 자신의 반복서열(CRISPR) 사이에 삽입시킨다.
② 따라서 세균과 고세균은 과거에 침입한 파지의 잔해인 고유한 간격서열(spacer DNA)이 중간에 끼어있는 많은 CRISPR서열을 갖는다.
③ 고유한 표적서열을 가진 파지가 세균에 침입하면 간격서열(spacer DNA)이 중간에 끼어있는 CRISPR서열에서 RNA가 전사된다(가이드 RNA).
④ 핵산가수분해효소인 CAS9이 가이드 RNA와 결합한다.
⑤ 복합체(CRISPR-CAS9)는 침입한 파지유전체의 고유한 표적서열에 결합한다.
⑥ 핵산가수분해효소인 CAS9은 파지의 DNA를 절단하여 불활성화하고 파지의 복제를 막고 세균은 파지 감염으로부터 자신을 방어할 수 있다.

즉, 크리스퍼 캐스9은 크게 두 가지 요소로 이루어져 있다.

① 크리스퍼서열에서 만들어진 '가이드 RNA'는 표적 DNA의 어떤 부분을 절단할 것인지 안내하는 가이드 역할을 하는 RNA로 자신과 상보적인 DNA 서열을 찾아 염기쌍을 형성하여 결합하는 것이다.
② DNA의 이중 나선을 절단하는 효소, 즉 핵산가수분해효소라고 불리는 '캐스9'은 '가이드 RNA'와 하나의 복합체를 형성하여 침입한 파지의 DNA를 절단한다.

CRISPR－CAS9은 원하는 DNA부위만을 정밀하게 절단할 수 있는 장점을 가지고 있으며 이 기술을 활용해서 절단하기만 하는 것이 아니라 원하는 곳에 유전자를 추가할 수도 있다. 크리스퍼 캐스9과 함께 새롭게 추가하고 싶은 DNA 서열을 넣으면, 세포가 절단된 부분을 복구하는 과정에서 추가된 DNA 서열을 흡수하게 된다. 따라서 특정 유전자를 자르고 다른 유전자를 붙여 넣은 '편집'이 가능하게 되는 것이다.

❖ DNA의 염기는 A, G, C, T 4가지로 이루어져 있으므로 예를 들어 여섯 개의 염기를 인식하는 제한효소를 사용한다면 평균 4,096개의 순서쌍밖에 구분하지 못한다. 만약 제한효소를 활용해서 유방암을 일으키는 유전자를 제거하려면 그 부분을 정밀하게 도려내야 하는데 고작 4,096개를 구분하는 제한효소로는 이런 정밀한 조작이 불가능하다. 인간의 DNA는 약 30억 쌍이 배열되어 있는데 4,096개마다 한 번씩 반복되는 서열을 잘랐다가는 다른 DNA까지 잘라버릴 수 있기 때문이다. 그런데 파지에 내성을 가진 세균의 회문구조 사이에서 파지의 DNA가 발견된 것이다. 이 유전자를 제거했더니 파지에 대한 내성이 사라졌다. 이것을 토대로 세균에 파지가 침투하면 파지의 DNA를 잘라서 자신의 유전자에 붙여 넣어서 기억하고 있다가 나중에 다시 침투하면 세균에 기억된 파지 DNA가 RNA로 전사되고, 이 RNA와 Cas9이 결합해 외부에서 침투한 파지의 DNA를 자른다는 것을 발견했다. 군대에 비유하면 크리스퍼에서 전사된 RNA는 다른 유전자를 찾아내는 정찰병이고, Cas9은 직접 적을 물리치는 전투병인 셈이다.

❖ 세균의 파지에 대한 방어책
- 자연선택을 통하여 특정한 파지가 인식하지 못하는 수용체를 갖는 돌연변이 세균은 살아남을 수 있다.
- 파지가 침입하면 제한효소가 파지의 DNA를 외부 물질로 인식하여 이들을 절단한다.
- 세균과 고세균에 존재하는 크리스퍼 캐스9 시스템

2 고세균역 - 고세균계

(1) 고세균의 특징

① 온화한 환경에서 살아가는 고세균도 있지만 심해 열수구, 염전, 화산 온천과 같은 극단적인 환경에서도 서식한다.

② 진정세균과 달리 세포벽에 펩티도글리칸 성분이 없고, 펩티도글리칸과 유사한 슈도뮤레인(pseudomurein), 단백질 또는 당단백질로 구성된 S-층(S-layer) 등 세균마다 세포벽을 구성하는 성분의 종류가 다르다.

③ 세균과 진핵생물의 세포막을 구성하는 인지질은 글리세롤에 지방산이 결합되어 있지만 고세균의 세포막을 구성하는 지질은 지방산이 결여되어 있는 대신 5개의 탄소를 갖는 탄화수소의 반복구조로 구성된 곁가지가 글리세롤과 결합되어 있다.

④ 진정세균보다 진핵생물과 유사한 특징을 더 많이 갖고 있다. 고세균은 진정세균보다 진핵생물과 유연관계가 더 가깝다.

(2) 고세균의 분류

구분	특징
극호염균 extreme halophile	염전과 같은 염분이 많은 곳에서도 생존 (미국의 그레이트솔트 레이크 호수)
메테인생성균 methane bacteria	무산소 환경에서 사는 절대 혐기성 세균으로 산소가 없는 늪지에서 이산화탄소와 수소를 이용하여 메테인을 생성하여 배설물로 방출한다. 동물의 소화기관에도 서식하면서 동물의 영양에 필수적인 역할을 한다. 또한 하수처리시설의 중요한 분해자이다.
극호열균 hyperthermophile	90℃ 이상의 고온, 산성 상태에서도 생존 극호열균에서 분리한 Pfu(Pyrococcus furiosus) DNA 중합효소는 중합효소연쇄반응(PCR)에 사용된다.

① **유리고세균문**(Euryarchaeota): 대부분의 극호염균, 메테인생성균

② **크렌고세균문**(Crenarchaeota): 대부분의 극호열균

③ **코르고세균문**(Korarchaeota)

④ **토마고세균문**(Thaumarchaeota)

⑤ **아이가고세균문**(Aigarchaeota)

❖ 여러 가지 기술에 활용되는 원핵생물
- 유전자 클로닝에 이용되는 대장균이나 아그로박테리아
- PCR기술에 이용되는 Taq DNA 중합효소 또는 Pfu DNA 중합효소
- 크리스퍼 캐스9 시스템
- 생분해가 가능한 천연 플라스틱의 성분인 PHA(polyhydroxyalkanoate)라는 중합체를 합성하는 세균
- 혐기성 세균 및 고세균은 하수처리장에서 유기물을 분해하여 비료로 쓰일 수 있게 만들거나, 기름유출로부터 정화할 수 있는 경우와 같은 생물 복원에 활용된다.

〈세균역, 고세균역, 진핵생물역의 비교〉

주요 특징	세균역(박테리아)	고세균역 (고대 박테리아)	진핵생물역
핵막	없다	없다	있다
막으로 싸인 소기관	없다	없다	있다
리보솜	70S	70S	80S
염색체	원형	원형	선형
오페론	있다	있다	없다
플라스미드	있다	있다	일부(효모)에 있다
RNA 중합효소	한 종류	한 종류	여러 종류
인트론	없다	일부 유전자에 존재	있다
항생제에 대한 민감도 (단백질 합성 억제제: 스트렙토마이신, 클로람페니콜)	생장이 억제됨 (감수성이 있다)	생장이 억제되지 않음(감수성이 없다)	생장이 억제되지 않음(감수성이 없다)
세포벽에 존재하는 펩티도글리칸	있다	없다	없다
시작코돈의 아미노산	포르밀메싸이오닌	메싸이오닌	메싸이오닌
DNA와 결합한 히스톤	없다	있다	있다
막 지질	곁가지가 없는 탄화수소 (ester 결합)	곁가지가 있는 아이소프렌 단위구조에서 유래한 탄화수소 (ether 결합)	곁가지가 없는 탄화수소 (ester 결합)

예제 | 2

고세균에 대한 설명으로 틀린 것은? (경기)

① 세포벽 성분이 펩티도글리칸이 아니다.
② RNA 중합효소가 여러 개이다.
③ 클로람페니콜과 스트렙토마이신에 감수성이 있다.
④ 개시 아미노산이 메티오닌이다.

| 정답 | ③
항생제에 의해 성장이 억제되지 않는다(감수성이 없다).

❖ 고세균의 RNA중합효소 구조는 진핵생물의 중합효소 구조와 비슷하다.

❖ 클로람페니콜, 스트렙토마이신, 에리스로마이신, 퓨로마이신, 테트라사이클린은 단백질 합성을 저해하는 항생제이다.(rRNA의 염기서열은 고세균이 진핵생물과 유사하다. 항생제가 단백질합성을 저해하는 작용은 rRNA가 관여하는 것으로 나타났다.)

❖ 리팜피신
RNA 전사를 저해하는 항생제이다.

❖ 퀴놀론
DNA 복제를 저해하는 항생제이다.

❖ 페니실린, 암피실린
세포벽 합성 억제

❖ 포르밀메싸이오닌
포르밀메싸이오닌의 포르밀기(HCO−)는 단백질합성 개시 후 제거되므로 세균의 단백질에서는 검출되지 않는다.

❖ 에스터결합: 하이드록시기와 카복시기 사이의 결합
에테르결합: 산소원자를 중심으로 두 개의 탄화수소기가 결합

❖ 고세균이 높은 온도에서 견딜 수 있는 요인 중 하나는 에테르결합을 하고 있기 때문이다.

28 원생생물계

1 원생생물의 특징

① 막으로 둘러싸인 핵과 세포 소기관이 있는 진핵생물이다.
② 진핵생물의 식물계, 균계, 동물계 중 어디에도 포함시키기 어려운 생물 무리이다.
③ 대부분 단세포지만 군체를 이루거나 다세포인 것도 있다.

2 원생생물(protists)의 분류

원생동물류, 조류, 점균류, 난균류의 네 무리로 분류한다.

(1) 원생동물류(protozoa)

단세포 생물이며 **종속영양**을 하고 분열, 접합 또는 포자로 번식한다. **운동기관의 종류**에 따라 다음과 같이 분류한다.

분류	특징	생물의 종류
무각아메바류 Amoebozoa	• 위족으로 운동하며 수축포로 배설 • 분열법에 의한 무성생식	아메바
근족사상류 Rhizaria	• 실모양의 위족이 사방으로 뻗어있음 • 분열법에 의한 무성생식	방산충, 유공충
편모충류 (편모류, Mastigophora)	• 1개 또는 여러 개의 편모로 운동 • 분열법에 의한 무성생식	트리파노소마 (수면병 유발) 트리코모나스 (질염 유발)
섬모충류 (섬모류, cibtes)	• 수많은 섬모로 운동 • 분열법(무성생식)과 접합(유성생식)	짚신벌레
포자충류 (포자류, Sporozoa)	• 운동기관은 없음 • 다분법 결과 분열소체(세포가 많이 분열해서 생긴 것)를 형성한 후 단단한 막에 싸인 포자를 형성하여 번식	말라리아병원충, 미립자병원충 (누에에 기생)

❖ 수면병: 체체파리에 쏘여서 트리파노소마가 혈액에 기생하여 생기는 전염병으로 발열, 두통이 나타나며 말기에는 완전 수면 상태가 되어 사망한다.

❖ 말라리아: 모기에 물려서 말라리아 병원충이 적혈구에 들어가 적혈구를 파괴하기 때문에 발병하는 것으로 고열과 오한이 3~4일 간격으로 나타난다.

❖ 섬모충류인 짚신벌레의 접합
두 세포가 접합 후 이배체 소핵이 감수분열하여 두 세포에 각각 4개의 반수체 소핵이 만들어진다. → 3개의 소핵은 붕괴되고 1개의 소핵이 체세포분열 하여 2개로 된다. → 1개의 소핵을 서로 교환한다. → 두 세포가 분리된 후 2개의 소핵이 융합한다(2n). → 3회 체세포분열을 하여 8개의 소핵이 만들어진 후 4개는 대핵으로 된다. → 원래 있던 대핵은 붕괴되고 두 번의 세포질분열을 하여 4개의 딸세포를 만든다.

▲ 아메바　　▲ 짚신벌레　　▲ 유글레나

(2) 조류(algae)

엽록체가 있어서 **독립영양**을 하고 분열법으로도 증식하지만 **대부분은 포자**를 만들어 번식한다.

분류	특징	종류
와편모조류 (쌍편모조류, dinoflagellates)	• 단세포 또는 군체 형성 • 분열법과 포자를 만들어 번식 • 세포는 셀룰로스 판으로 강화되어 있음 • 엽록소 a와 c 및 잔토필 함유하며 혼합영양 생물 • 적조현상의 주범	김노디니움, 케라티움, 야광충
규조류 (diatom)	• 단세포 또는 군체를 형성 • 도시락과 그 뚜껑이 겹친 것처럼 두 부분으로 구성되어 있음 • 분열법과 증대포자를 만들어 번식 • 포자에는 부등편모가 있어서 운동성의 포자(유주자)형성 • 엽록소 a와 c 및 규조소를 함유 • 식물성 플랑크톤의 대부분을 차지 • 규조류의 시체가 쌓여 규조토를 만듦	돌말
갈조류 (brown aglae)	• 포자에는 부등편모가 있어서 운동성의 포자(유주자)형성 • 엽록소 a와 c 및 갈조소를 함유 • 잎과 유사한 엽신(blade), 엽신을 지지하는 줄기모양의 엽병(stipe), 뿌리역할을 하는 부착기(holdfast)를 가짐 • 세포벽을 구성하는 알긴은 샐러드 드레싱과 같이 식품을 걸쭉하게 만드는 데 이용됨	미역, 다시마
홍조류 (red algae)	• 포자에는 편모가 없음(부동포자) • 엽록소 a와 d 및 홍조소를 함유 • 우뭇가사리의 열수추출액의 응고물인 우무를 얼려 말린 해조가공품을 한천이라 함	김, 해인초, 우뭇가사리

❖ 포자
조류나 균류의 생식세포로 다른 생식세포와 결합하지 않고 단독으로 발아하여 개체가 된다.

❖ 해조류
일반적으로 갈조류, 홍조류, 녹조류와 같은 바닷말을 지칭한다. 다세포 배수체(2n)와 다세포 반수체(n)가 교대로 나타나는 생활사(세대교번)를 갖는다. 갈조류인 다시마는 포자체와 배우체의 구조가 다른 이형(heteromorphic)세대교번이고 대부분의 조류는 포자체와 배우체의 구조가 유사한 동형(isomorphic)세대교번이다

❖ 홍조류와 녹조류의 색소체들의 막에 있는 수송 단백질이 남세균의 막에 존재하는 단백질과 상동인 것은 내부 공생에 의해서 광합성 원생생물인 홍조류와 녹조류 두 개의 후손 계열을 만들었다는 증거로 볼 수 있다.

녹조류 (green algae)	• 유주자로 번식 • 엽록소 a와 b 및 카로티노이드를 함유 • 세포벽은 셀룰로스로 구성되어 있음 • 육상식물과 유연관계가 가장 가까움	파래, 청각, 해캄, 클로렐라, 볼복스(단세포이며 군체를 형성)
유글레나류 (euglenozoa)	• 단세포이며 편모운동을 하고 분열법으로 번식 • 엽록소 a와 b 및 카로티노이드를 함유하며 독립영양을 하지만 빛이 없을 경우 종속영양을 하는 혼합영양생물 • 빛을 감지하는 안점과 삼투압을 조절하는 수축포가 있음 (동물의 특징과 식물의 특징을 모두 가짐)	유글레나

❖ 유글레나류
세포벽이 없다.

(3) 점균류(myxomycota)

① 세포벽은 없으며 습지나 썩은 나뭇가지에서 발견되는 종속영양 생물이다.

② 곰팡이와 유사하게 포자를 퍼트리는 자실체를 만든다.

③ 원형질성 점균류와 세포성 점균류로 분류한다.

㉠ **원형질성 점균류**: 접합자가 자라서 원형질체라는 덩어리가 형성되는데 원형질체는 다세포가 아니고 세포막으로 나누어지지 않은 수많은 핵을 가진 하나의 세포덩어리이다. 환경이 나빠지면 생장을 멈추고 유성생식 기능이 있는 자실체(2n)로 분화한다.

㉡ **세포성 점균류**: 세포들은 개별 세포막으로 분리되어 있으며, 개체로 역할을 수행하면서 군체를 형성하고 합쳐진 세포는 무성생식 자실체(n)를 만든다. 환경이 나빠지면 접합 후 감수분열 하는 유성생식을 한다.

④ **종류**: 털먼지 곰팡이, 자주 먼지 곰팡이

❖ 자실체
균류에서 포자가 생기거나 또는 포자를 만드는 생식체를 말한다.

(4) 난균류(oomycetes)

① 균사에는 격벽이 없고, 세포벽의 성분은 셀룰로스로 구성되어 있다(균계의 세포벽: 키틴)

② 균사에서 만든 포자에 의한 무성생식을 하다가 불리한 환경에서는 균사의 접합에 의한 유성생식을 하기도 한다.

③ 물에서는 상처가 있거나 병든 동식물에 감염되고, 육상에서는 농작물에 병을 일으키지만 동식물의 사체를 분해하여 생태계의 물질 순환에도 기여한다.

④ **종류**: 물곰팡이, 감자역병균, 노균

Check Point

부등편모(heterokontous flagellation)

깃털형과 매끈한 채찍형의 모양이 다른 두 개의 편모를 말하며 규조류, 갈조류, 난균류를 묶어서 부등편모류로 분류한다.

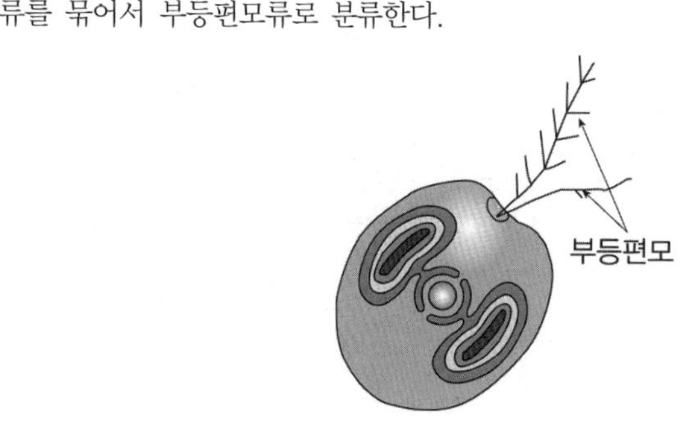

3 원생생물의 생태계에서 역할

(1) 공생자의 역할(symbiont)

① **와편모조류와 산호**: 광합성 와편모조류는 산호에게 먹이를 제공하고 산호는 서식처를 제공한다.

② 셀룰로스를 소화하는 원생생물과 흰개미

(2) 병원체(pathogen)

① **기생성 아메바**: 이질아메바로 식수, 음식, 식사도구를 통해 전파되며 아메바성 이질을 유발한다.

② **부기저체류**: 질편모충(Trichomonas vaginalis)으로 질염을 일으키는 질 내의 세균으로부터 수평적 유전자 전달을 통해 이 유전자를 얻은 것으로 알려져 있다.

③ **운동핵편모충류**: 트리파노소마(수면병)

④ **정복합 포자충류**: 말라리아를 유발하는 열원충(Plasmodium)

(3) 생산자의 역할(producer): 조류와 같은 수서 원생생물이 지구상의 광합성의 약 30%를 수행하는 것으로 알려져 있다.

심화편 Ⅳ

4 진핵생물의 네 가지 상위 그룹

섭식구굴착류 Excavata		중복편모충류 Diplomonads	람블편모충(Giardia lamblia)
		부기저체류 Parabasalids	질편모충(트리코모나스)
		유글레노조아류 Euglenozoans	트리파노소마, 유글레나
"SAR"분기군 SAR Clade	부등편모류 (Stramenopila)	규조류 Diatoms	돌말
		황갈조류 Golden algae	황갈조
		갈조류 Brown algae	미역, 다시마
		난균류 Oomycetes	물곰팡이, 감자역병균
	피하낭류 (Alveoata)	와편모조류 Dinoflagellates	김노디니움, 케라티움
		정복합포자충류 Apicomplexans	말라리아를 유발하는 열원충
		섬모충류 Ciliates	짚신벌레
	근족사상류 (Rhizaria)	방산충류 Radiolarians	방산충
		유공충류 Forams	유공충
		아메바성편모충류 Cercozoans	클로라라크니오조류
고색소체류 Archaeplastida		홍조류 Red algae	김, 우뭇가사리, 해인초
	녹조류 Green algae	녹조류 Chlorophytes	파래, 청각, 해캄
		차축조류 Charophytes	차축조
		식물 Land Plants	
단편모류 Unikonta	아메보조아류 Amoebozoans	점균류 Slime molds	자주 먼지 곰팡이
		관아메바류 Tubulinids	아메바
		기생아메바류 Entamoebas	이질아메바
	후편모류 Opisthokonts	다핵류 Nucleariids	
		균류 Fungi	
		깃편모충류 Choanoflagellates	
		동물 Animals	

❖ 중복편모충류
미토솜(mitosome)이라는 전자전달계가 없는 변형된 미토콘드리아를 가지고 있어서 혐기경로를 통해서 에너지를 생성한다.

❖ 부기저체류
수소발생소포(hydrogenosome)라는 변형된 미토콘드리아를 가지고 있어서 혐기경로를 통해서 에너지를 생성하고 수소가스를 방출한다.

❖ 유글레노조아류
운동핵편모충류(수면병을 유발하는 트리파노소마)와 유글레나류로 분류한다.

❖ 방산충류
규산질의 내골격을 가지며 위족은 미세소관의 다발이 사방으로 퍼져 있다.

❖ 유공충류
작은 구멍이 있는 껍질인 외각(test)은 탄산칼슘으로 구성되어 있으며 이 구멍으로 위족이 나와 있다.

❖ 클로라라크니오조류 (chlorarachniophytes)
아메바성편모충류의 그룹 중 하나에 속하며 2차 내부 공생에 의한 것으로 종속영양 진핵생물이 녹조류를 삼켰을 때 녹조류의 핵이 사라지면서 4개의 막으로 둘러싸인 엽록체를 갖는다. 또 다른 증거는 삼켜진 세포 내에 포함된 작은 흔적인 핵소체(nuclemorph)의 DNA서열이 삼켜진 세포가 녹조류였다는 것을 나타낸다. 클로라라 크니오조류는 혼합영양성이다.

❖ 녹조류
클라미도모나스(단세포), 갈파래(잎과 유사한 엽신과 뿌리역할을 하는 부착기를 가진 다세포 몸체), 옥덩굴(세포질 분열 없이 핵분열에 의한 다핵성 엽상체는 하나의 거대세포이다.)

29 식물계(유배식물)

1 식물계의 특징

① 다세포 진핵생물이며 육상 생활에 적응한다.

② 엽록체가 있어 광합성을 하는 독립영양 생물이며 광합성 색소로 엽록소 a와 b, 카로틴, 잔토필을 갖는다.

③ 세포벽은 셀룰로스로 되어 있다.

④ 식물의 육지 적응

㉠ 줄기 및 잎 표면에는 왁스와 여러 중합체로 되어있는 큐티클 층이 있어서 건조한 육상 환경에서 수분 손실을 방지한다.

㉡ 기공이 있어서 기체교환의 조절에 사용한다(우산이끼는 기공이 없다).

㉢ 배우자낭이 있어서 배우자를 감싸고 있어서 건조를 막는다.

㉣ 식물이 육지에서 살아남기 위해서 건조로부터 보호할 수 있는 방법으로 화분이나 생식포자를 보호하는 두꺼운 벽을 이루는 스포로폴레닌(sporopollenin)이라는 중합체층이 발견된다.

㉤ 균근곰팡이가 토양에 균사체를 넓게 펼치고 있어서 토양속의 영양분을 흡수해 준다(상리공생).

⑤ 분류기준

㉠ 관다발 유무

무관속식물 (non – vascular plants, 관다발 없음)	선태식물
관속식물 (vascular plants, 관다발 있음)	양치식물, 종자식물

㉡ 번식방법

비종자식물(seedless plant)	선태식물, 양치식물
종자식물(seed plant)	종자식물

㉢ 씨방의 유무

겉씨식물(gymnosperm)	씨방이 없음
속씨식물(angiosperm)	밑씨가 씨방 속에 있음

❖ 관다발(vascular bundle)
- **물관**(xylem): 뿌리에서 흡수한 물이 올라가는 통로이며 세포 사이에 세포벽이 없어서 구멍이 생겨긴 관을 이룬다.
- **체관**(phloem): 잎에서 만들어진 양분의 이동 통로

❖ 관다발조직은 수분과 양분의 이동을 가능하게 해서 관속식물이 크게 자라도록 기여했다.

심화편 Ⅳ

2 식물의 자매군인 차축조류

건조될 수 있는 연못과 호수 가장자리의 얕은 물속에서 주로 생육하는 차축조류가 식물과 가장 가까운 친족임을 의미하는 형질

(1) **셀룰로스 미세섬유를 합성하는 단백질**: 식물과 차축조류는 세포막에 세포벽의 셀룰로스 미세섬유를 합성하는 원형(장미형, rosette형)의 단백질 링을 갖는다. 그 외의 조류들은 셀룰로스 미세섬유를 합성하는 선형의 단백질을 갖는다.

(2) **편모성 정자**: 유배식물과 차축조류의 정자는 유사한 구조를 갖는다.

(3) 핵, 엽록체 및 미토콘드리아 DNA 분석 결과도 식물과 차축조류 간의 근연관계를 지지한다.

3 차축조류에는 결여되어 있고 식물이 갖는 형질

(1) 세대교번

(2) 유배식물: 식물의 배아들은 모계(배우체)의 조직 내에 남아 있는 접합자로부터 발생한다. 즉 배아는 특수화된 배반전위세포를 가지며 모체 조직으로부터 배아로 영양분을 받는 의존적인 배아식물

(3) 포자낭에서 생성된 스포로폴레닌 벽에 싸여있는 포자

(4) 다세포성 배우자낭 (자성 배우자낭은 장란기, 웅성 배우자낭은 장정기)

(5) 정단분열조직 (뿌리와 줄기 끝에 존재하며 다양한 조직으로 분화)

❖ 차축조류의 포자에는 스포로폴레닌이 없으나, 차축조류의 접합자에 있는 스포로폴레닌은 접합자가 건조되는 것을 방지한다.

4 식물계의 분류

(1) **선태식물(bryophyte)**: 태류(hepatophyta, 우산이끼), 선류(bryophyta, 솔이끼), 각태류(anthocerophyta, 뿔이끼)

① 꽃이 피지 않으며 비종자식물이다.

② 수중에서 육상으로 옮겨가는 중간 위치의 식물로서 관다발이 없고(무관속식물) 밑에는 많은 헛뿌리가 나 있으며, 우산이끼는 편평한 모양 때문에 엽상체라고도 한다.

❖ 헛뿌리(가근)
관다발 없이 식물체를 땅에 부착시키는 기능을 갖는 뿌리

③ 뚜렷한 세대 교번을 한다.

④ 솔이끼의 생활사

㉠ 수배우체의 장정기에서 정자(n)가 형성되고 암배우체의 장란기에서 난자(n)가 형성된다.

㉡ 정자(n)가 암배우체의 장란기에 들어가서 난자(n)와 수정하여 수정란(2n)이 형성된다.

㉢ 수정란(접합자)은 체세포분열을 거듭하여 포자체(2n)를 형성한다.

㉣ 포자체는 암배우체 위에 생기며 포자체의 포자낭(2n)에서 감수분열하여 포자(n)를 만들고 포자체는 사라진다.

㉤ 포자가 떨어져 발아해서 실모양의 원사체(n)로 되었다가 이것이 자라서 암수 배우체(n)가 된다.

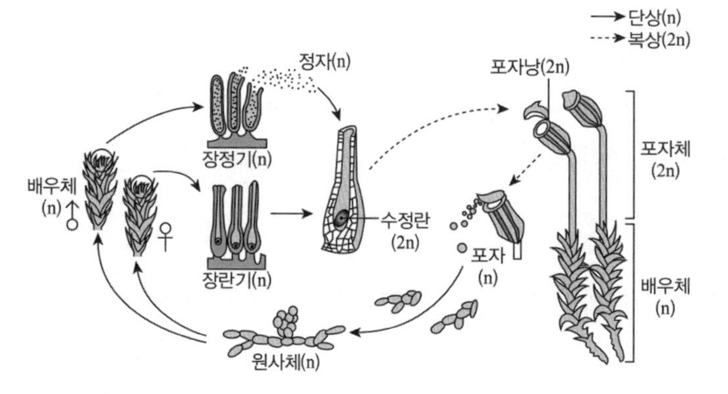

솔이끼의 생활사

솔이끼

▲ 솔이끼의 세대 교번

- 보통 볼 수 있는 솔이끼의 본체는 배우체(n)이고, 포자체(2n)는 배우체(n) 위에 기생 상태로 붙어 있다.
- 솔이끼는 유성세대인 배우체(n)가 무성세대인 포자체(2n)보다 발달되어 있다.
- 솔이끼는 암수의 구별이 있고(암수 딴 그루) 포자는 발아해서 원사체가 된다.

❖ 세대 교번(alternation of generation)
무성생식(포자로 번식)을 하는 이배체(2n) 상태인 포자체 세대와 유성생식(배우자의 수정)을 하는 반수체(n) 상태인 배우체 세대가 교대로 일어나는 것
즉, 포자체=무성세대=이배체(2n), 배우체=유성세대=반수체(n)

❖ 배우자낭(gametangia)
장란기낭은 하나의 알을 생성하며, 장정기낭은 많은 수의 정자를 생성한다. 수정 후 배아는 장란기 안에 남아있다. 배반전위세포층이 자라는 배아에 영양을 공급하여 배아를 포자체로 성숙하도록 한다.

❖ 선태류는 현존하는 식물군 중 가장 작고 간단한 포자체를 갖고 있으며, 선태류의 포자체는 발(foot), 병(seta), 포자낭(capsule)으로 구성된다. 길어진 병은 포자낭의 위치를 높여서 포자가 멀리 날아가도록 해 주며, 또한 포자낭의 상부에 삭치(peristome)라는 이빨모양의 구조가 있는데 바람이 불고 건조할 때는 열리고 습하면 닫혀서 포자의 방출을 조절한다. 포자낭은 캡슐이라고도 부르는데 하나의 선류 캡슐에서는 약 5,000만 개에 이르는 포자를 생성할 수 있다.

❖ 포자체는 포자를 만들고 사라지므로 포자체는 생활사의 일부에 지나지 않는다.

⑤ 생태계에서의 선태식물

㉠ 이끼류의 세포벽에 있는 페놀화합물은 사막이나 고산지대에 존재하는 해로운 수준의 자외선(UV, ultraviolet rays)을 흡수한다.

㉡ 토탄이끼류는 세포벽에 있는 페놀화합물 때문에 쉽게 썩지 않아서 토탄습지는 수천 년 된 미라 시체를 보존하는 경우도 있다. 토탄(peat)은 연료원으로 이용되고 있으며 많은 유기탄소가 토탄으로 저장되어 있어서 지구상의 CO_2농도를 안정화시키는 데 도움을 준다. 그러나 지구 온도상승이 계속되면 토탄습지의 수면 높이가 낮아질 것으로 예견된다. 그 결과 토탄이 공기 중에 노출되어 분해되면 토탄에 함유된 CO_2를 방출하게 만들어 지구온난화를 더욱 악화시킬 것이다.

❖ 토탄
탄소함량이 낮은 석탄

(2) **양치식물(fern)**: 양치류(고사리, 고비), 속새류(쇠뜨기), 솔잎란류

① 잎이 마치 양의 이빨과 같이 나란한 모양을 한 것에서 이름이 유래된 식물로 꽃이 피지 않으며 비종자 식물이다.

② 잎, 줄기, 뿌리가 구분된다.

③ 관다발이 있다(관속식물).

④ 형성층이 없어서 비대 생장을 하지 못하며 뿌리는 수염뿌리이다.

⑤ 뚜렷한 세대 교번을 한다.

⑥ 고사리의 생활사

㉠ 우리가 보통 볼 수 있는 고사리의 본체는 포자체(2n)로서 포자체(sporophyte, 고사리)의 뒷면의 포자낭(2n)에서 감수분열에 의해 포자(n)가 형성된다.

㉡ 이 포자(n)가 땅에 떨어져 자라면 전엽체(=배우체: n, gametophyte)로 된다.

㉢ 전엽체에 장란기와 장정기가 형성되어 장정기에서 만들어진 정자(n)가 장란기의 난자(n)와 수정해서 수정란(2n)이 형성된다.

㉣ 수정란(2n)이 발생해서 어린 고사리(2n)가 되었다가 생장하여 포자체(2n)인 고사리로 되며 전엽체는 퇴화하여 없어진다.

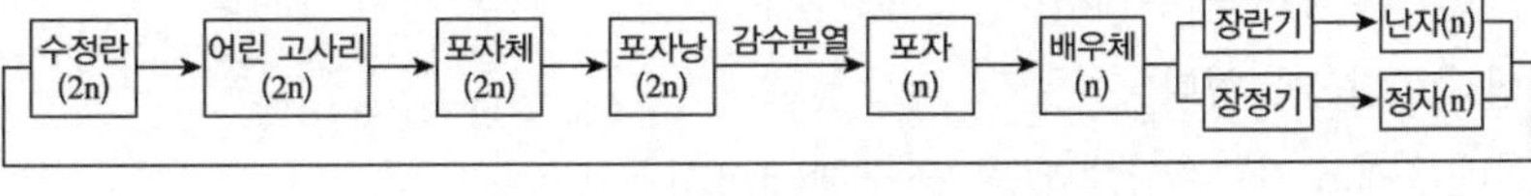

❖ 형성층(cambium)
물관과 체관 사이에 있으며 줄기의 부피 생장이 일어나는 부위로 세포분열이 왕성하게 일어난다.

❖ 배우체(전엽체)의 장란기와 장정기에서 형성되는 난자와 정자는 생성되는 시기가 다르기 때문에 하나의 배우체에서 생성된 정자는 다른 배우체에서 생성된 난자와 수정이 일어난다.

▲ 고사리의 생활사

- 보통 볼 수 있는 고사리의 본체는 포자체(2n)이고, 배우체(전엽체: n)는 따로 분리되어 있으며 독립생활을 한다.(포자엽, sporophyll: 포자낭을 갖는 변형된 잎)
- 고사리는 무성세대인 포자체(2n)가 유성세대인 배우체(n)보다 발달되어 있다.
- 고사리는 암수의 구별이 없다(암수 한 그루).
- 솔이끼와 고사리는 배우체(n)에서 체세포분열에 의해서 정자(n)와 난자(n)와 같은 배우자가 형성된다.

Check Point

- 비종자관다발 식물
  ① **석송식물**(lycophytes): 분지가 안 된 관다발 조직을 가진 바늘 모양의 소엽(microphyll) 예 석송, 물부추
  ② **양치식물**(monilophytes): 분지된 관다발 조직을 가진 대엽(megaphyll)과 복잡하게 가지가 난 뿌리
  예 양치류, 속새류, 솔잎란류
- 석송을 제외한 모든 관다발식물은 대엽을 갖는다.
- 비종자관다발 식물의 조상은 고생대 데본기 후기와 석탄기에 큰 키로 자라 최초의 삼림을 형성하였으며 죽은 식물체가 완전히 부패되지 않은 채 쌓여 두꺼운 토탄층으로 변화하였고 수백만 년 동안 열과 압력에 의해 결국은 석탄으로 변했다.

▲ 석송

❖ 고사리의 세대 교번

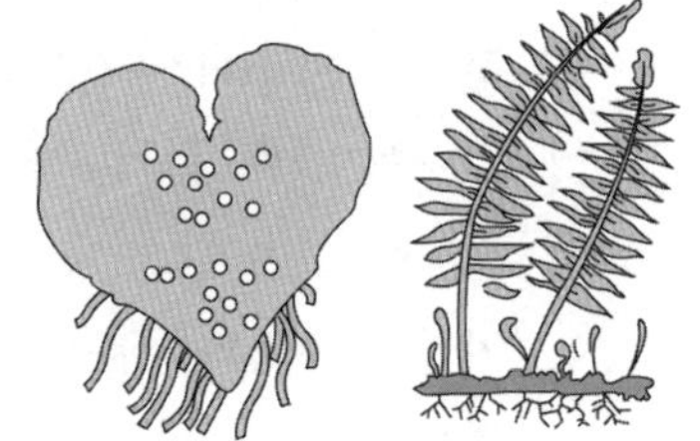

예제 | 1

선태식물에 대한 설명으로 옳지 않은 것은? (국가직 7급)

① 관다발이 없다.
② 배우체가 포자체보다 생활사의 우점세대이다.
③ 단계통군이다.
④ 포자체는 2배체이다.

| 정답 | ③
선태식물은 기저분류군이다.

❖ 석송식물을 양치식물에 포함시키기도 한다.

(3) 종자식물(seed plants)

① 종자를 만들어 번식한다(종자식물).

② 잎, 줄기, 뿌리의 구별이 뚜렷하고 관다발이 발달된다(관속식물).

③ 본체는 포자체(2n)에 해당하고, 수술의 화분과 암술의 밑씨 속에 들어 있는 배낭이 배우체(n)에 해당한다. 배우체(n)인 화분과 배낭은 체세포분열을 통해 각각 배우자(n)인 정핵과 난세포를 생성한다.

④ 분류

겉씨식물(gymnosperm, 나자식물)		구과식물(솔방울을 갖는 소나무, 잣나무, 전나무, 미송나무, 향나무), 소철식물, 은행식물, 마황식물(마황)
속씨식물(angiosperm, 피자식물, 현화식물)	외떡잎식물(monocot)	벼, 보리, 밀, 옥수수
	쌍떡잎식물(dicot)	그물맥을 갖는 식물

⑤ 종자식물의 비교

㉠ 겉씨식물(나자식물): 씨방이 없어 밑씨가 겉으로 나출되어 있다. 암·수가 분리된 암수한그루 또는 암수딴그루이고 꽃잎과 꽃받침이 없으며 종자의 배젖이 될 부분은 수정 전에 발달하므로 배젖의 핵상은 n이다.

㉡ 속씨식물(피자식물): 암술에 씨방이 있어서 밑씨가 씨방에 싸여 있다. 대부분 양성화이고 꽃잎과 꽃받침이 발달해 있으며 화분관에 있는 2개의 정핵 중 한 개의 정핵(n)은 밑씨 속의 알세포(n)와 수정하여 배(2n)를 형성하고, 다른 한 개의 정핵(n)은 밑씨 속의 극핵(n, n)과 수정하여 배젖(3n)을 형성하는 중복 수정을 한다.

구분	겉씨식물	속씨식물	
		외떡잎식물	쌍떡잎식물
수정	• 단일 수정 • 배(2n), 배젖(n)	• 중복 수정 • 배(2n), 배젖(3n)	• 중복 수정 • 배(2n), 배젖(3n)
잎맥	대부분 바늘맥	나란히맥	그물맥
형성층	있다	없다	있다
뿌리	곧은뿌리 (원뿌리, 곁뿌리)	수염뿌리	곧은뿌리 (원뿌리, 곁뿌리)
관다발의 배열	원형관다발 진정중심주	산재형관다발 부제중심주	원형관다발 진정중심주
꽃잎의 수		3의 배수	4 또는 5의 배수
꽃가루		구멍이 하나인 꽃가루	구멍이 3개인 꽃가루

❖ DNA연구에 의한 속씨식물의 4개의 계열(계통발생학적 종)
① 기저속씨식물(basal angiosperm, 수련, 엠보렐라, 붓순나무)
② 목련류(magnoliids, 목련, 계수나무)
③ 외떡잎식물(monocot)
④ 진정쌍떡잎식물(eudicot)

❖ 속씨식물의 공유파생형질
• 중복수정
• 3배체 조직인 배젖(3n)
• 씨방에 둘러싸인 밑씨와 종자
• 꽃
• 열매

⑥ 종자식물에서 유래한 의약품류

의약품	기원식물	치료제
택솔(taxol)	주목나무	항암제
빈블라스틴(vinblastine)	일일초	항암제
모르핀(morphine)	양귀비	진통제
맨톨(menthol)	박하	진통제, 가려움증
퀴닌(quinine)	키나나무	말라리아 치료제
아트로핀(atropine)	가지과의 식물	항아세틸콜린제(안과의 점안에 사용)
기탈린(gitalin)	디기탈리스	강심제
투보쿠라린(tubocurarine)	쿠라레나무	근육 이완제(수술 시)

❖ 종자식물로부터의 생산품
- 우리 식량의 대부분은 속씨식물로부터 유래한다. 쌀, 밀, 고구마, 감자, 옥수수, 카사바 등의 6대 작물이 인간이 소비하는 전체 열량의 약 80%를 공급한다.
- 속씨식물은 차와 커피, 코코아, 초콜릿, 향신료(후추, 겨자, 박하, 계피 등)와 같은 또 다른 먹을거리를 제공한다.
- 종자식물은 비종자식물에서는 볼 수 없는 목재의 원료를 제공한다.
- 종자식물로부터 여러 가지 의약품류가 유래되었다.

5 식물의 생활사에서 배우체와 포자체의 특징 비교

구분	선태식물(솔이끼)	양치식물(고사리)	종자식물
배우체(n) = 유성세대	본체이며 크기가 크고 발달됨	크기가 작고 독립영양을 함	크기가 작고 포자체에서 영양 공급을 받음
포자체(2n) = 무성세대	크기가 작고 배우체에서 영양공급을 받음	본체이며 크기가 크고 발달됨	본체이며 크기가 크고 발달됨

배우체(n) = 유성세대
포자체(2n) = 무성세대
선태식물(솔이끼) 양치식물(고사리) 종자식물

❖ 비종자식물의 배우체는 맨눈으로 관찰할 수 있지만 종자식물의 배우체는 대부분 현미경으로만 관찰할 수 있다.

❖ 작아진 배우체의 장점
포자체의 생식조직이 배우체를 감싸고 있어서 자외선이나 건조로부터 보호하고 배우체가 포자체에 영양물질을 의존하도록 하였다.

❖ 모든 식물의 생활사는 포자체와 배우체를 교대로 만들어 가는 세대교번을 한다.

❖ 세대교번이라는 용어는 반수체와 이배체의 두 단계가 모두 다세포인 생활사에서만 적용되는 용어이다.

6 식물의 계통수

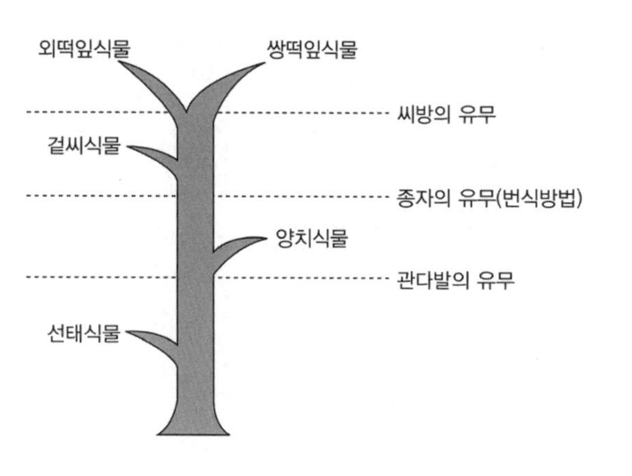

심화편 Ⅳ

30 균계(균류)

1 균류(fungi)의 특징

① 균사(hyphae)로 구성되어 있고 포자로 번식한다.

② 균사체(mycelium)에서 외부로 소화효소를 분비하여 주변 유기물을 분해한 후 흡수한다.

③ 키틴(chitin) 성분으로 이루어진 세포벽이 있다(식물의 세포벽: 셀룰로스).

④ 대부분 다세포로 이루어져 있으나 단세포인 것도 있다(효모는 균사가 없고 단세포).

⑤ 광합성 색소가 없어서 기생 생활을 하는 종속영양 생물로 생태계에서 셀룰로스나 리그닌과 같은 탄소화합물의 분해자 역할을 하여 생태계 물질순환에 중요한 역할을 한다.

⑥ 균사의 격벽(septa, 격막) 유무와 생식방법(포자 형성방법)에 따라 접합균류, 자낭균류, 담자균류로 분류한다.

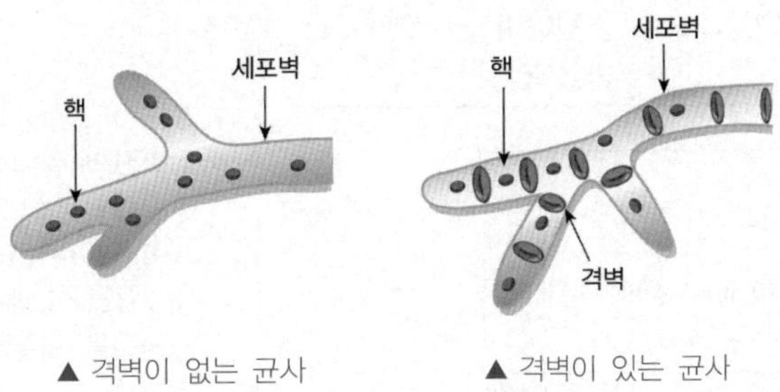

▲ 격벽이 없는 균사 (접합균류)　　▲ 격벽이 있는 균사 (자낭균류, 담자균류)

⑦ 무성생식에 의해 만들어지는 포자와 유성생식에 의해 만들어지는 포자가 있다.

균류의 무성생식 (환경이 좋을 때)	세포핵의 융합 없이 단지 체세포분열에 의해 반수체 포자를 형성하는 경우(n → n)
균류의 유성생식 (환경이 나쁠 때)	2개의 다른 개체가 접합과 같은 방법에 의해 세포핵이 융합한 후 포자를 형성하는 경우로 반수체(n) → 이핵형단계(n + n) → 이배체(2n) → 반수체(n)의 생활사를 갖는다.

2 균류의 공생

(1) **균류와 동물의 상리공생관계**: 흰개미의 내부에서 공생하거나 소와 같은 초식동물의 위장에서 공생하는 균류는 목질을 분해하는 효소를 가지고 있다.

❖ 가위개미는 열대림에서 자신은 소화시킬 수 없는 잎을 운반하여 균류에게 제공한다. 균류는 이것을 분해하며 생장하고, 가위개미는 영양분이 풍부한 끝부분을 먹이로 삼는다.

(2) **균류와 식물의 상리공생관계**: 균근균류는 광대한 균사체의 망상조직으로 토양속의 무기양분을 흡수하는데 있어 식물의 뿌리보다 효과적이므로 토양속의 무기양분을 흡수해서 식물에 공급해주고 식물은 균류에게 탄수화물과 같은 유기영양물질을 공급해준다. 거의 모든 관다발식물은 균근을 가지며 필수 영양분을 균류에 의존한다.

① **외생 균근균류**(ectomycorrhizal fungi): 곰팡이 균사체의 껍질이 뿌리를 둘러싸고 토양으로 확장되어 무기질을 흡수하는데 특히 인산염을 잘 흡수한다. 균사는 뿌리 피층의 세포 사이로 뻗어서 표면적을 넓혀 곰팡이와 식물사이에서 양분을 교환한다.

② **내생 균근균류**(수지상 균근균류, arbuscular mycorrhizal fungi): 곰팡이 균사체의 껍질이 뿌리를 둘러싸지 않으므로 보통의 뿌리처럼 보인다. 그러나 균사가 뿌리 안으로 뻗어서 피층세포의 세포벽은 뚫지만 세포막은 뚫지 않고 세포막 안쪽으로 함입이 일어나 분지상구조(arbuscules)를 이루어 표면적을 넓혀서 양분을 교환한다.

3 균류의 분류

(1) **접합균류(zygomycetes)**: 털곰팡이, 검은빵곰팡이, 거미줄곰팡이

① 균사에 격벽이 없고 세포질분열 없이 반복된 핵분열의 결과로 다핵성 균사를 갖는다.

② 유성생식

㉠ 2개의 균사가 접합하면 접촉 부위가 부풀어 오르고 접촉한 두 균사의 끝에서 여러 개의 반수체의 핵을 가진 배우자낭이 형성된다.

㉡ 배우자낭의 세포질융합이 일어나 이핵성(heterokaryon)의 접합포자낭이 형성된다.

㉢ 접합포자낭(zygosporangium)에서 핵융합이 일어나 이배체(2n)의 접합포자가 되었다가 곧이어 감수분열이 일어나 짧은 자루 위에서 포자낭(n)으로 발아한다.

㉣ 포자낭(n)에서 유전적으로 다양한 반수체 포자(n)가 방출된다.

㉤ 포자는 발아하여 새로운 균사체로 자란다.

❖ 2개의 서로 다른 균사체로부터의 균사가 페로몬이라는 성 신호분자를 방출해서 다른 균사의 표면에 있는 수용체에 결합하면 페로몬을 보낸 방향으로 균사를 뻗어 융합하게 된다. 이러한 과정을 통해 동일한 균사체로부터 나온 균사와의 융합을 방지하고 유전적으로 다른 균사체로부터 나온 균사끼리 융합하게 된다.

③ **무성생식**: 균사의 끝에서 바로 포자낭(n)을 형성하여 유전적으로 동일한 반수체 포자(n)를 방출한다.

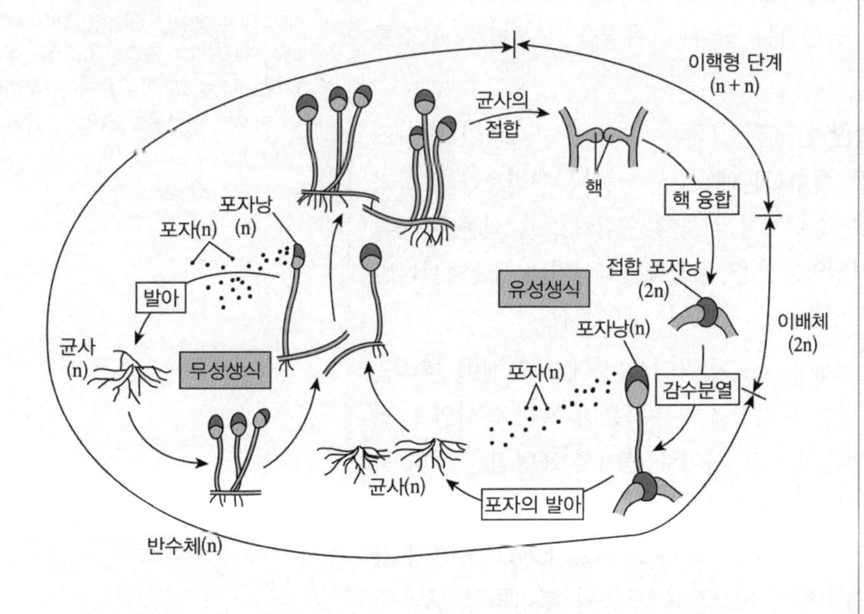

(2) **자낭균류(ascomycetes)**: 푸른곰팡이, 누룩곰팡이, 붉은빵곰팡이, 효모, 송로버섯, 곰보버섯, 동충하초

① 균사에 격벽이 있다.

② **유성생식**

㉠ 다른 교배형의 균사와 융합하여 2핵성(dikaryon)의 세포를 형성한다.

㉡ 2핵성 균사의 끝부분에 있는 세포는 많은 수의 자낭이 형성되고 자낭 내부에서 핵융합(2n)이 일어난다.

㉢ 자낭에서 감수분열에 의해 4개의 반수체(n) 핵을 형성한다.

㉣ 각 반수체의 핵은 체세포 분열하여 8개의 자낭포자(n)를 만들며 결국 자낭과로부터 방출되고 포자는 발아하여 새로운 균사체를 만든다.

③ **무성생식**: 균사 끝에서 분생포자(conidia)를 만들어 번식하기도 한다.

④ 자낭균류의 30% 이상이 지의류의 형태로 녹조류나 남세균과 공생관계를 이루며 살아가고 송로버섯은 나무에 외생균근을 형성한다.

⑤ 효모는 다른 자낭균류와는 달리 단세포이고 균사가 없으며 출아법에 의한 무성생식을 하는데 환경이 나쁠 때는 2개의 효모가 접합해서 자낭을 형성하고 감수분열에 의해 자낭포자를 형성하여 유성생식을 하기도 한다.

❖ 자낭포자
2핵성 균사에서 만들어진 자낭이라는 주머니 속에서 생성된 포자

❖ 자낭과
자낭이 모여 있는 자실체

❖ 분생포자
균사의 끝이 토막토막 잘려서 생성된 포자

❖ 균류가 지의류의 전반적인 형태와 구조를 이루고 생장에 적합한 환경을 제공하며 지의류의 대부분을 차지한다. 조류나 남세균은 지의류 표면 아래의 안쪽 층을 점유하며 조류는 탄소화합물을 제공하고 남세균은 질소를 고정하여 유기질소를 제공한다.

❖ 지의류의 생식
조류에 묻혀 있는 작은 균사덩어리인 분아(soredia)의 형성에 의해 무성생식이 일반적이지만 유성적으로도 생식한다.

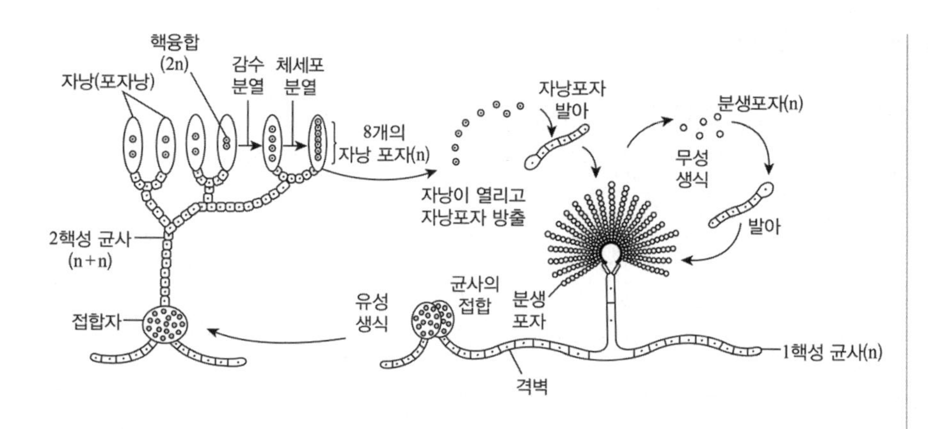

(3) **담자균류**(basidiomycetes): 버섯, 깜부기, 녹병균

① 균사에 격벽이 있다.

② 균사가 모여 자실체(갓과 자루)를 형성한다.

③ 버섯(담자과)의 갓 안쪽에 많은 주름이 있는데, 주름 표면에는 곤봉 모양의 돌기인 담자기(담자병)가 많이 형성된다(담자균류를 곤봉균류라고도 한다).

④ 담자기(basidium, 담자병)에서 핵융합과 감수분열에 의해 4개의 담자포자가 형성되어 방출되면 담자포자가 발아하여 1핵성 균사체가 되고 이것이 다른 1핵성 균사체와 접합하면 2핵성 균사체가 된다.

⑤ 2핵성 균사체가 성장해서 지상부로 나와 담자과(버섯)가 형성된다.

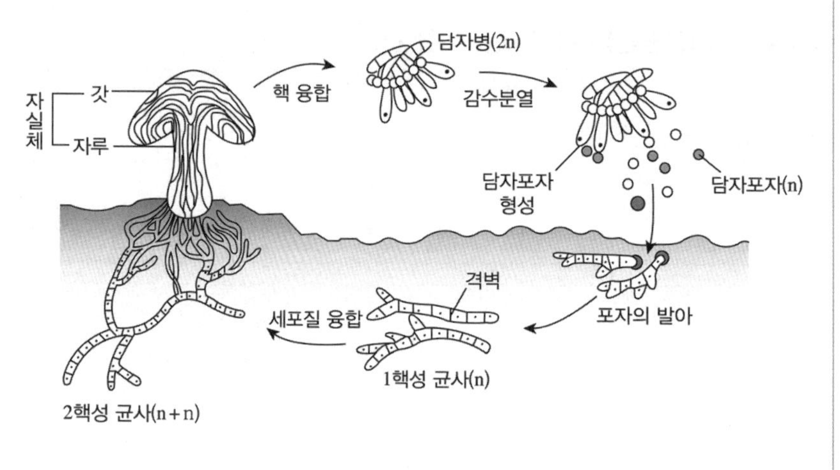

❖ 자실체
균류에서 포자가 생기거나 또는 포자를 만드는 생식체를 말하며 담자기과, 자낭과, 접합포자낭을 가리킨다. 그중 자실체가 대형으로 발달된 것이 버섯무리에 들어가며, 버섯의 경우에는 갓과 자루를 말한다.

4 균류에 속하는 생물군의 특징

구분	접합균류	자낭균류	담자균류
균사	균사에 격벽이 없고 다핵	균사에 격벽이 있다.	균사에 격벽이 있다.
무성생식	포자	분생포자	−
유성생식	접합포자	자낭포자	담자포자
종류	털곰팡이, 검은빵곰팡이, 거미줄곰팡이	푸른곰팡이, 누룩곰팡이, 붉은빵곰팡이, 효모, 송로버섯, 곰보버섯, 동충하초	버섯, 깜부기, 녹병균

❖ 균계를 조균(접합균류)과 진균(자낭균류, 담자균류)으로 분류하기도 한다.

5 균류의 계통수

최근 유전체의 분석 결과 균류는 5개 주요그룹으로 구분한다.

(1) **병꼴균류(chytrids)**: 구형의 단세포인 종류도 있고 균사로 균체를 형성하는 종류도 있다. 대부분의 균류는 편모를 가지고 있지 않는데 병꼴균류는 편모가 달린 포자를 가지고 있어서 원생생물과 유사하며 가장 먼저 분기된 기저분류군이다.

(2) **접합균류(zygomycetes)**

(3) **내생균근균류(glomeromycetes, 수지상균근)**: 이전에는 접합균류로 분류되었으나 DNA서열 분석 결과 별개의 분기군을 형성한다는 것이 알려졌다. 식물의 대부분이 내생균근과 공생관계를 형성해서 살아간다.

(4) **자낭균류(ascomycetes)**

(5) **담자균류(basidiomycetes)**

예제 | 1

편모달린 포자를 가지고 있는 곰팡이는? (국가직 7급)

① 병꼴균류
② 접합균류
③ 자낭균류
④ 담자균류

| 정답 | ①
대부분의 균류는 편모가 없는데 병꼴균류는 편모가 달린 포자를 가지고 있다.

❖ 후편모생물(뒤쪽에 있는 하나의 편모를 이용해서 앞으로 나가는 3군의 진핵생물)
원생생물, 균류, 동물(다른 생물의 편모는 앞이나 옆에 붙어있다)

6 병원균인 균류

(1) **밤나무줄기 마름병균(자낭균류)**: 미국 북동부에서 밤나무의 파괴

(2) **소나무가지 마름병균(자낭균류)**: 전세계에 걸쳐 소나무를 위협

(3) **호밀에서 나타나는 맥각균(자낭균류)**: 맥각균에 감염된 호밀을 섭취하면 신경경련, 심한통증, 환각 등의 증상을 보인다.

(4) **녹병균(담자균류)**: 곡식류에 기생하여 녹슨 것과 같은 병징을 나타낸다.

(5) **누룩곰팡이(자낭균류)**: 누룩곰팡이의 일종인 아스페르길루스 플라부스(Aspergillus flavus)는 아플라톡신이라는 발암물질을 분비하여 땅콩이나 곡물을 오염시킨다.

(6) **항아리 양서류곰팡이(병꼴균류)**: 양서류의 피부감염을 일으켜 대량 죽음에 이르게 한다.

(7) **진균증(mycosis)**: 항진균제로 치료한다.

① **백선균**(자낭균류): 버짐이나 무좀을 일으키는 진균
② **콕시디오이데스진균**(자낭균류): 폐결핵과 유사한 증상을 일으키는 전신 진균증
③ **칸디다균**(자낭균류): 질이나 외음부에 번식하여 생기는 염증

7 균류의 이용

(1) **식용으로 이용**: 자낭균류의 식용자실체인 곰보버섯과 송로버섯, 담자균류인 버섯

(2) **알코올음료를 만들고 빵을 부풀리는 데 이용되는 효모**

(3) **의학으로 이용**

① 맥각으로부터 추출한 화합물은 고혈압을 낮추는데 이용
② 푸른곰팡이에 의해서 생성된 페니실린은 항생제로 이용
③ 진균에서 추출한 사이클로스포린은 콜레스테롤의 수치를 낮추어주고 조직이나 기관 이식 후 거부반응을 일으키지 않도록 면역억제제로 사용

(4) **유전공학에 이용**: 효모 인공 염색체

심화편 Ⅳ

31 동물계(후생동물)

1 동물(animal)의 특징

① 다세포성 진핵생물로 세포벽이 없다.

② 엽록체가 없어서 스스로 양분을 만들지 못하는 종속영양 생물이다.

③ 대부분 운동기관을 이용해 이동할 수 있으나 고착 생활하기도 한다.

④ 식물에는 없으나 대부분의 동물에는 기관계(신경계, 소화계, 생식계, 근육계, 배설계 등)가 발달되어 있다.

2 동물의 발생과정과 분류기준

(1) 발생과정(난할 → 상실기 → 포배기 → 낭배기)

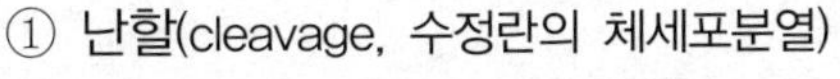

① 난할(cleavage, 수정란의 체세포분열)

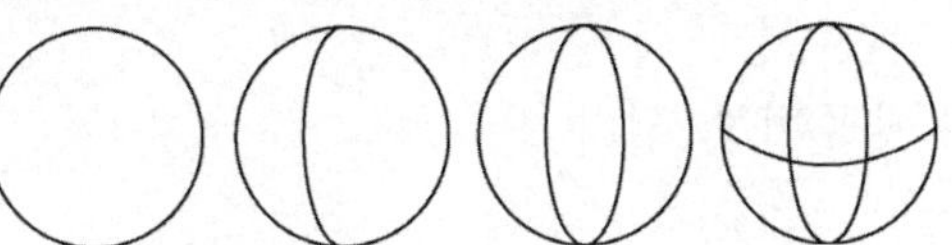

② 상실기(morula)

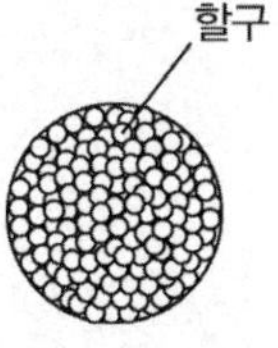

③ 포배기(blastula)

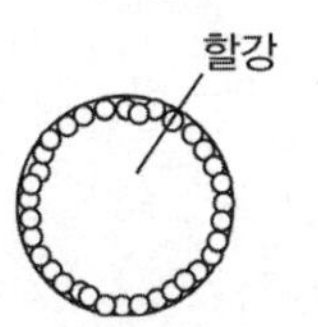

④ 낭배기(gastrula)

내배엽

외배엽

원장

원구

❖ 원장은 나중에 소화관으로 된다.

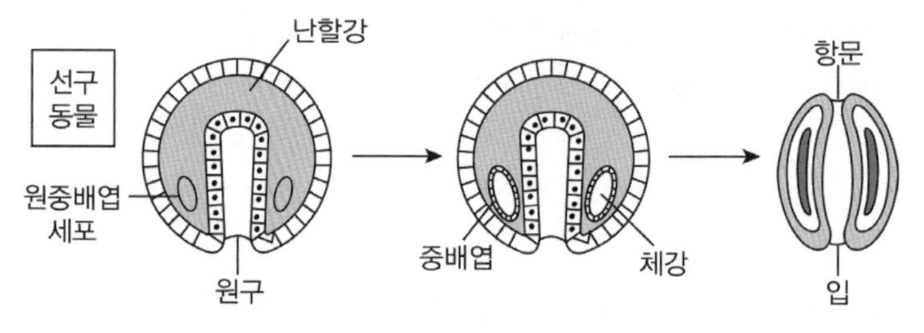

▲ 선구동물의 중배엽 형성: 중배엽의 갈라진 조각들로부터 체강이 형성되는 원중배엽 세포계

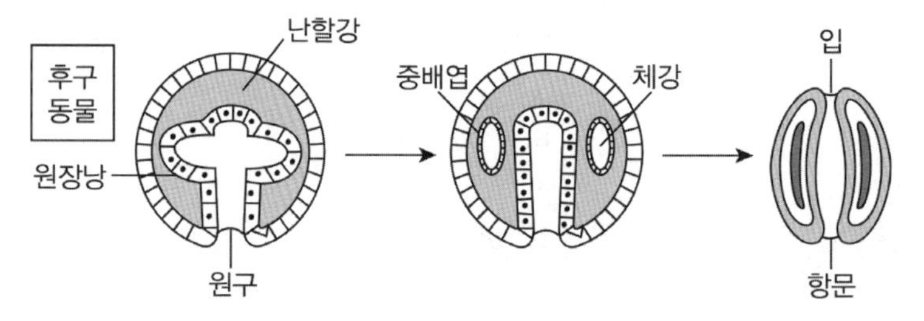

▲ 후구동물의 중배엽 형성: 주머니 모양으로 부푼 원장의 돌출부에서 체강이 형성되는 원장체강계

(2) 분류기준

① 배엽의 수에 따른 분류

무배엽성 동물	포배 단계에서 발생이 끝난 동물. 세포 단계 수준(해면동물)
2배엽성 동물 (diploblasts)	낭배 단계에서 발생이 끝나 외배엽과 내배엽을 갖는 동물. 조직 단계 수준(자포동물)
3배엽성 동물 (triploblasts)	외배엽, 내배엽, 중배엽을 갖는 동물. 각 배엽에서 기관으로 분화된 단계 수준(편형동물~척삭동물)

② 원구의 분화와 중배엽의 기원에 따른 분류: 중배엽이 형성되는 3배엽성 동물에만 해당된다.

선구동물 (protostomes, 원중배엽 세포계)	원구가 입이 되고 반대쪽에 항문이 만들어지는 동물. 원중배엽 세포가 분열하여 중배엽을 형성하고 중배엽덩어리가 갈라져서 체강이 형성되는 동물(편형동물~절지동물)
후구동물 (deuterostmia, 원장 체강계)	원구가 항문이 되고 원구의 반대쪽에 입이 나중에 만들어지는 동물. 내배엽의 원장벽을 이루는 세포의 일부가 떨어져서 중배엽을 형성하며 체강이 형성되는 동물(극피동물~척삭동물)

③ **체강의 종류에 따른 분류**: 소화관과 바깥의 체벽 사이에 액체가 들어 차 있는 공간을 체강이라 하며 체강 속에는 생식기, 순환기 등이 있다(3배엽성 동물에만 해당된다).

무체강류 (acoelomates)	체강이 없는 동물(편형동물)
의체강류(원체강류) (pseudocoelmates)	중배엽 외에 다른 배엽도 체강 형성에 참여하는 동물(선형동물, 윤형동물)
진체강류 (coelmates)	중배엽이 체강을 싸고 있는 동물(연체동물~척삭동물)

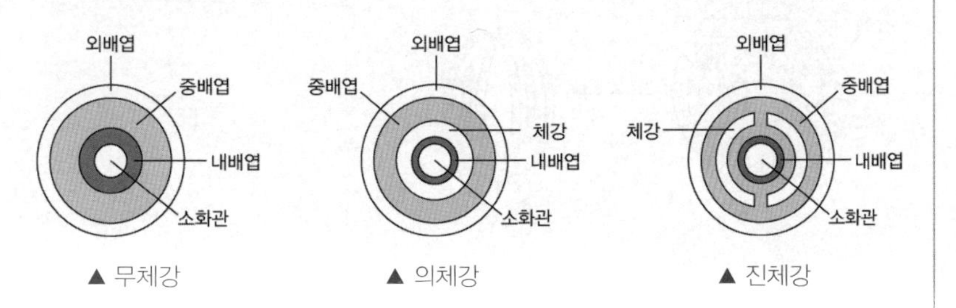

▲ 무체강　▲ 의체강　▲ 진체강

④ **난할**

㉠ **선구동물**: 나선형 난할, 결정적 난할

㉡ **후구동물**: 방사대칭 난할, 비결정적 난할

체강의 발달	분류	원구의 분화	중배엽 형성	배엽의 수	체제 수준
	해면동물 (Porifera)	중배엽 없음		무배엽 (포배단계)	세포 수준
	자포동물 (Cnidaria)	중배엽 없음		2배엽 (낭배단계)	조직 수준
무체강류	편형동물 (Platyhelminthes)	선구동물	원중배엽세포계	3배엽	기관 수준
의체강류 (원체강류)	선형동물 (Nematoda)				
	윤형동물 (Rotifera)				
진체강류	연체동물 (Mollusca)				
	환형동물 (Annelida)				
	절지동물 (Arthropoda)				
	극피동물 (Echinodermata)	후구동물	원장체강계		
	척삭동물 (Chordata)				

3 계통수

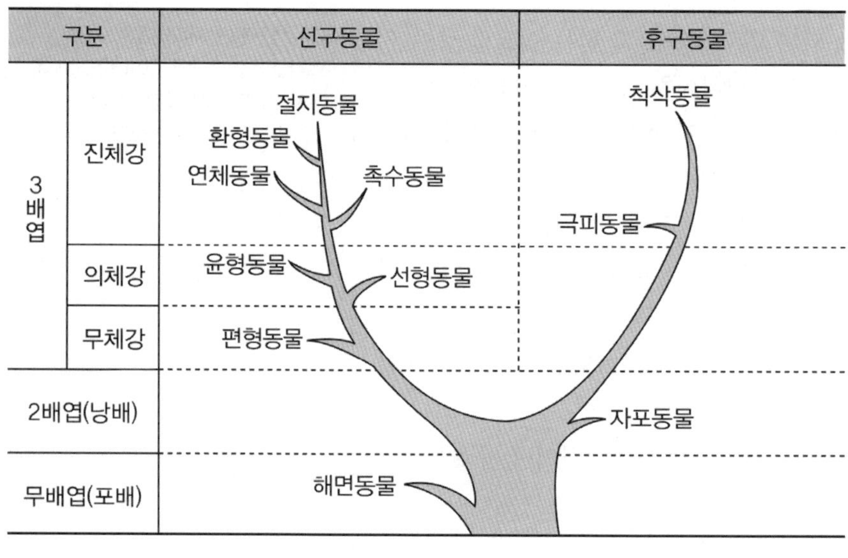

4 동물의 분류

(1) **해면동물(Porifera)**: 목욕해면, 화산해면

① 배엽이 분화되어 있지 않은 무배엽성 동물이다(포배 단계: 세포 수준의 단계).

② 체벽은 내외 2겹의 세포층으로 되어 있고 여과섭식자이다.

③ 유생 때는 편모로 유영 생활하고 성체가 되면 고착 생활한다.

④ **동정세포**(choanocyte, **금세포**, 깃세포)의 편모 운동으로 먹이를 잡아 **변형세포**(amoebocyte)**에서 소화**한다(**세포 내 소화**).

⑤ 자웅동체(hermaphrodite)로서 출아법에 의한 무성생식이나 수정에 의한 유성생식을 한다.

⑥ 해면동물로부터 분리된 크리브로스타틴(cribrostatin)이라는 화합물은 페니실린에 저항성이 있는 연쇄상구균을 죽일 수 있다.

❖ 여과섭식자(filter feeder)
주변의 물을 끌어 자신의 몸을 통과시키면서 그 속에 떠있는 먹이를 포획하는 것으로 부유물 섭식자(Suspension feeder)라고도 한다.

(2) **자포동물(Cnidaria, 강장동물)**

폴립형(polyp)	고착 생활하는 것(산호, 말미잘)
메두사형(medusa, 해파리형)	유영 생활하는 것(해파리)
히드라(hydrozoans)	폴립형과 메두사형이 교대로 나타난다.

① 몸은 외배엽과 내배엽으로 되어 있는 2배엽성 동물이다(낭배 단계: 조직 수준의 단계).

② 체벽은 두 개의 세포층으로 되어 있고 중교라고 하는 아교질 층에 의해 분리되어 있으며, 몸의 구조는 **방사대칭**(대칭면이 여러 개)이다.

③ 입 주위의 촉수에는 **자세포**가 있고 자세포(cnidocyte) 안에 자포(nematocyte)를 발사하여 먹이를 잡는다.

④ 몸의 중앙은 비어 있는데 이를 강장이라 하며 여기에는 소화와 순환의 기능을 하는 위수강이 있고, **위수강**(gastrovascular cavity)에 있는 단 하나의 구멍은 입과 항문의 역할을 모두 한다.

⑤ **세포 내외 소화**이다(소화는 위수강에서 시작되고 작은 음식물 조각들이 위상피세포로 들어간 후 세포내에서 소화가 완료된다).

⑥ 자웅이체로서 출아법(히드라, 산호)에 의한 무성생식이나 유성생식을 한다.

⑦ 신경이 처음으로 나타난다(**산만 신경망**).

❖ 유즐동물(빗해파리류)
자포동물과 같은 이배엽성이며 방사대칭이어서 진화과정에서 자포동물과 가장 유사하다.

(3) 편형동물(Platyhelminthes): 흡충류(주혈흡충, 디스토마), 촌충류, 와충류(플라나리아)

① 최초의 3배엽성 동물이며 무체강류이다.

② 보통 자웅동체로 유성생식을 하며 몸은 좌우대칭이고 편평하다. 기생성 종은 숙주에 부착하기 위한 흡반(sucker)을 가지고 있다.

③ 분화된 소화관, 호흡기와 순환기가 없어서 주머니 모양의 **위수강에서 소화와 순환**의 기능을 하며 체표면으로 기체교환을 한다. (위수강의 미세한 가지들이 먹이를 각각의 세포들로 분배한다.)

④ 자포동물과 마찬가지로 위수강에 있는 단 하나의 구멍은 입과 항문의 역할을 모두 한다. (섬모가 있는 촉수가 입 주위를 둘러싸고 있다.)

⑤ 배설기는 **불꽃세포로 이루어진 원신관**(protonephridium, 원시적인 배설기)이다.

⑥ 신경계는 사다리 신경계이고, 플라나리아는 빛을 감각하는 안점을 가지며 생식방법으로는 분열을 하여 무성생식을 하거나 수정에 의한 유성생식도 일어난다.

(4) 선형동물(Nematoda): 회충, 요충, 십이지장충, 편충, 선모충, 사상충, 예쁜꼬마선충, 토양선충

① 몸은 좌우대칭으로 원통형이며 체절은 없고 표면은 큐티클(cuticle) 층으로 덮여 있으며 자라면서 **새로운 큐티클 층을 만들어 탈피**를 한다.

❖ 예쁜꼬마선충의 배아는 투명하여 접합자부터 성체까지 모든 세포의 계보를 추적하는 것이 가능하다. 염기서열이 완전히 결정된 최초의 다세포 생물인 예쁜꼬마선충은 아주 잘 연구되어 생물학 연구의 모델생물이 되고 있다. 또한 사람의 노화과정에 포함되어 있는 기작들에 대한 이해를 가능하게 한다.

② 의체강류이며 분화된 호흡기와 순환기는 없지만 **처음으로 입에서 항문에 이르는 완전한 소화관을 갖는다**.

③ 체표면으로 기체교환을 하며 배설기는 측선관(lateral line organ, 원신관의 변형)이다.

④ 자웅이체로서 유성생식을 하며 생식기가 발달되었다.

⑤ 회충, 요충, 십이지장충, 편충 등 대부분 기생 생활하지만, 선충류와 같이 토양과 물속에서 분해자의 역할을 하면서 자유 생활을 하는 것도 있다.

⑥ 모기를 통해서 전파되는 사상충은 개에게 치명적이며 사람도 감염된다.

(5) **윤형동물**(Rotifer): 윤충

① 몸 크기는 2mm 미만의 자웅이체로 민물에서 자유 생활한다.

② 섬모환(ciliary ring, 섬모관, 섬모 운동)으로 몸이 바퀴가 돌듯이 회전하여 이동하거나 먹이를 잡는다.

❖ 윤형동물이 물에 소용돌이를 일으켜 입 속으로 끌어들이는 섬모환을 가지고 있는 것을 가리킨다.

③ 의체강류이며 배설기는 원신관을 갖는다.

④ 환경이 좋을 때는 암컷으로만 번식하는 처녀생식(parthenogenesis, 단위생식)을 하고, 환경이 나빠지면 수정에 의한 유성생식을 한다.

⑤ 성체는 연체동물의 유생인 **트로코포라**(trochophora)와 비슷하다(연체동물과 유연관계로 추정).

(6) **연체동물**(Mollusca): 소라, 오징어, 조개

① 동물 문들 가운데 두 번째로 다양한 문이며 체절은 없고, 대부분 자웅이체로서 유성생식을 한다.

② 몸은 3개의 주요부분, 즉 근육질의 발(foot), 내부기관을 포함하는 내장낭(visceral mass), 석회질의 패각을 분비하는 외투막(mantle)으로 이루어지며 치설(radula)이라고 하는 가죽끈처럼 생긴 기관을 이용하여 먹이를 갈아서 먹는다.

❖ 외투막
외투라고도 한다. 타원판 모양으로 되어 있으며 연체동물은 여기에서 석회질을 분비하여 완전히 몸을 감싼다.

③ 대부분 모세혈관이 없는 개방 순환계이나 두족류의 경우는 모세혈관이 있는 폐쇄 순환계를 가지고 있다.

④ 외투막과 내장낭 사이의 외투강(mantle cavity) 속에 아가미와 항문, 배설공이 있으나 육상생활하는 달팽이는 아가미가 없고 대신 외투강의 내벽이 허파의 기능을 한다.

⑤ 배설기는 신관이며 조개류는 신관의 일종인 보야누스 기관을 갖는다.

⑥ **변태**(조개): 알 → **트로코포라**(담륜자) → 벨리저(veliger) → 성체

⑦ 분류

다판류(polyplachophora)	군부(계란모양의 몸과 8개의 판으로 구성)
복족류(gastropoda)	달팽이, 소라, 전복
두족류(cephalopoda)	오징어, 문어, 꼴뚜기, 앵무조개
부족류(bivalvia, 이매패류)	대합, 조개, 굴, 담치(홍합), 가리비(여과 섭식자)

» 연체동물의 (가)는 배 부위의 근육으로 운동하는 복속류, (나)는 빌이 머리에 위치하므로 두족류, (다)는 도끼 모양의 근육질 발을 가졌으며 부족류라 한다.

❖ 암모나이트
패각을 가진 두족류의 화석으로 두족류들은 진화과정에서 패각이 소실된 것으로 여겨진다. 그러나 앵무조개는 현생 두족류 가운데 유일하게 패각을 가지고 있다.

(7) **환형동물(Annelida)**: 다모류(갯지렁이), 빈모류(지렁이), 거머리류

① 생활양식에 따라 유영류(polychaeta ; 다모류)와 저서류(hirudinea ; 빈모류, 거머리류)로 분류하기도 한다.

② 몸은 좌우대칭으로 원통형이며 **동규체절**을 갖는다.

③ 동맥과 정맥 사이에 모세혈관이 있는 **폐쇄 순환계**이다.

④ 체절마다 배쪽에 신경절이 쌍으로 연결되어 있는 사다리 신경계이다.

⑤ 환상근과 종주근의 수축, 이완에 의해서 이동한다.

⑥ 진체강류이고 각 체절마다 배설기인 신관이 있으며 체표로 호흡한다.

⑦ 지렁이와 거머리는 자웅동체이고, 갯지렁이는 자웅이체로 모두 유성생식을 한다.

⑧ 지렁이는 땅을 갈며 이들의 배설물은 토양의 질을 개선시켜준다.

⑨ 갯지렁이의 각 체절들은 이동기능을 갖는 한 쌍의 노의 형태인 측각이 있다,

⑩ **변태(갯지렁이)**: 알 → **트로코포라**(담륜자) → 로벤(loven) → 성체

❖ 지렁이는 암수한몸이지만 자가수정을 하지 않고 짝짓기를 통해서 서로의 정지를 교환하는 타가수정을 한다.

❖ 거머리는 숙주에 상처를 낸 후 히루딘을 분비하여 숙주의 피가 응고되는 것을 막는다. 또한 수술로 인해 조직에 축적된 피를 빼는 데도 이용된다.

(8) **절지동물(Arthropoda)**: 곤충류(육각류), 협각류(주형류, 거미류), 갑각류, 다지류

① 절지동물은 지구상의 3/4 이상을 차지할 만큼 **개체 수가 많고 종이 다양**하다.

② 몸은 좌우대칭이며 **이규체절**을 갖고, 마디가 있는 다리가 있다.

③ 개방 순환계이고 호흡기로는 아가미(갑각류), 또는 기관(곤충류 외)이 있다.

④ 개방순환계에서는 혈림프로 채워진 공간인 혈강(hemocoel)이 있고 혈림프는 다시 심장으로 들어간다.

⑤ 대부분 자웅이체이며 유성생식을 하고 변태를 하는 것이 많다.

⑥ 배설기는 신관의 변형인 촉각선(갑각류) 또는 말피기관(곤충류 외)이다.

⑦ 신경계는 사다리 신경계이며 **키틴질이 싸여서 만들어지고 각질(큐티클)로 완전히 덮여있는 단단한 외골격**을 갖고 주기적으로 **탈피**한다.

⑧ **변태**

㉠ 새우: 알 → 노플리우스(nauplius) → 조에아(zoea) → 미시스(mysis) → 성체

㉡ 게: 알 → 노플리우스 → 조에아 → 메갈로파(megalopa) → 성체

특징	곤충류	거미류	갑각류	다지류
종류	잠자리, 개미	거미, 진드기, 전갈	새우, 게, 가재	지네, 노래기
다리	3쌍	4쌍	5쌍	여러 쌍
촉각	1쌍	없다	2쌍	1쌍
날개	있다	없다	없다	없다
몸의 구분	머리, 가슴, 배	머리가슴, 배	머리가슴, 배	머리, 가슴배
눈	홑눈과 겹눈	홑눈	겹눈	홑눈
호흡기관	기관	기관, 책허파	아가미	기관
배설기관	말피기관	말피기관	촉각선	말피기관
변태	한다	안 한다	한다	안 한다

(9) **극피동물(Echinodermata)**: 성게, 불가사리, 해삼

① 몸 표면에는 가시나 돌기가 많이 나 있으며 피부 아래에는 석회질의 **골판이 모여 내골격**을 이루고 있다.

② **수관계**(water vascular system)가 있어서 호흡기와 순환기의 역할을 하며 수관계 끝에 근육질의 **관족**(tube foot)이 있어서 이동하고 먹이를 잡고 기체교환의 기능을 한다.

❖ 분자생물학증거는 절지동물을 3개의 계통, 즉 협각류, 다지류, 범갑각류(갑각류뿐만 아니라 곤충류도 포함)로 분류하고 있다. 이것은 유전체 계통연구에서 곤충류가 다지류보다 갑각류와 유연관계가 더 깊다는 것을 제시한다.

❖ 많은 종류의 곤충들은 평생 한 번의 교미를 통해 암컷의 저정낭에 정자를 저장한 후 생성되는 난자와 수정시킨다.

❖ 변태
- **완전변태**: 알 → 유충 → 번데기 → 성충과 같이 운동성이 없는 번데기 과정을 거치는 것(딱정벌레, 나비, 파리, 벌, 개미, 모기 등)
- **불완전변태**: 번데기 과정을 거치지 않고 성충이 되는 것(노린재, 메뚜기, 매미, 잠자리, 바퀴벌레 등)

❖ 투구게
이름과 달리 게들보다 거미, 진드기, 전갈에 더 가깝기 때문에 협각류로 분류한다.

❖ 응애류
진드기와 유사한 협각류

❖ 5열로 배열된 관족을 가지고 있다.

③ 불가사리의 수관계의 천공판(수관계로 물이 들어가거나 나오는 구멍)은 중앙에 있지 않고 한 쪽으로 치우쳐 있어서 완전한 방사대칭으로는 볼 수 없다.

④ 대부분 자웅이체로 유성생식을 하며 재생력이 강하다.

⑽ **척삭동물(Chordata)**: 두삭동물, 미삭동물, 척추동물의 3개 아문으로 분류

① 두삭동물(Cephalochordata): 창고기(lancelets)

㉠ **일생동안 척삭**, **신경관**, **인두열**을 가지며 척삭과 신경관이 머리부터 꼬리까지 뻗어있다.

㉡ 몸은 좌우대칭, 순환계는 폐쇄 순환계를 갖는다.

㉢ 두삭동물인 창고기는 어류와 유사하나 지느러미, 턱, 감각기, 심장 및 뚜렷한 **뇌가 없어서** 어류보다 매우 하등한 동물이다.

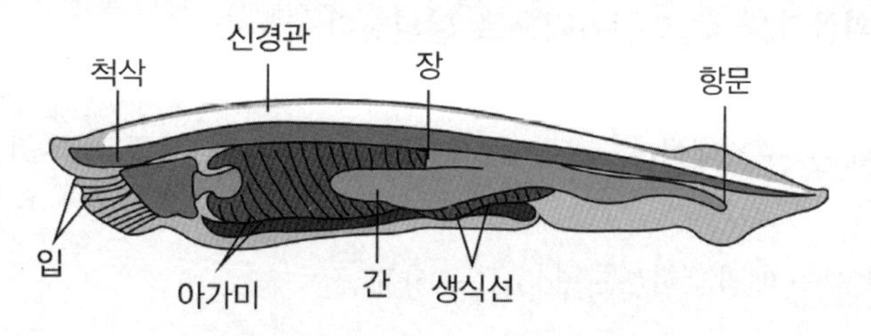

▲ 두삭동물(창고기)의 구조

② 미삭동물(tunicates, 피낭동물): 우렁쉥이(멍게), 미더덕

㉠ 유영 생활을 하는 **유생 시기에만 꼬리 부분에 척삭**이 나타나고, 고착 생활을 하는 성체가 되면 척삭이 퇴화한다.

㉡ 몸의 바깥쪽이 셀룰로스 성분의 질긴 덮개인 **피낭**으로 싸여 있다.

㉢ 순환계는 개방 순환계이며, 입수관으로 물을 빨아들여 출수관으로 내보내면서 음식물을 걸러먹는다.

③ 척추동물(vertebrates, 유두동물): 신경관의 앞쪽 끝부분에 뇌가 있고 **머리뼈가 형성**된 척삭동물이다. 두삭동물과 미삭동물은 *Hox* 유전자군이 한 세트만 존재하고 있으나 척추동물은 유전자의 부가적 중복에 의해 두 세트 이상의 *Hox* 유전자군을 보유한다. 이와 같은 부가적인 유전자군이 두삭동물이나 미삭동물보다 더 복잡한 형태를 갖도록 해 주었을 것이다. 신경 발생에 중요한 역할을 하는 호메오박스(homeobox) 전사 인자인 Dlx의 전사활성인자로서 기능을 하는 *Dlx* 유전자군이 중복되어 있다. 척추동물에만 있는 특성 중 또 하나는 신경능선(neural crest)인데, 신경능선 세포는 배아 발생 과정에서 신경관이 형성될 때 신경관과 표피성 외배엽의 경계에서 생성되어 몸 안의 여러 지역으로 이동하여 이빨, 뼈의 일부 및 머리뼈의 연골, 신경

❖ 척삭
척추가 되기 전 무습으로 척삭동물의 발생 시기에 척추에 해당하는 위치에 존재하는 막대모양의 지지 기관이다.

Tip

척삭동물의 발생단계에서 나타나는 4가지 특징
- 등 쪽에 속이 비어있는 신경다발(다른 동물들은 배 쪽에 속이 찬 신경다발)
- 소화관과 신경다발 사이의 유연하고 긴 막대모양의 척삭(notochord)
- 입 뒤의 인두에 위치한 인두열(pharyngeal slits, 인두열은 아가미 틈이 되거나 인두열을 둘러싸는 인두궁은 귀의일부 또는 머리나 목에 있는 구조물로 된다)
- 항문 뒤의 근육성 꼬리

❖ 척주(vertebral column)
일반적으로 척추(vertebra)라고도 부르며, 신체 몸통의 종축으로 척추(spine)와 척추 사이 원반(척추사이 연골, 디스크)이 모여 기둥을 이룬 것

세포, 감각기 등, 실로 다양한 유형의 세포로 분화하는 세포들이다. 따라서 신경능선 세포는 다분화능 줄기세포라고 할 수 있다.

㉠ **원구류**(먹장어류와 칠성장어류): 척추동물 중 유일하게 턱이 없는 무악 척추동물이며, 대부분의 척추동물과 달리 척추뼈대가 없다. 그럼에도 불구하고 척추동물로 분류되는 이유는 초보적인 척추골(뼈가 아닌 연골막대로 이루어진 골격)을 갖고 있기 때문이다. 그 외에 분자계통학적으로 척추동물에 속한다는 가설을 지지한다.

ⓐ 먹장어류(hagfishes): 몸이 가늘고 기다란 원통형이고 바닥에 거주하는 청소섭식동물이다.

ⓑ 칠성장어류(lampreys): 몸 옆에 일곱 개의 아가미구멍이 있어 칠성장어라는 이름으로 불린다. 몸이 가늘고 길며 뱀장어처럼 생겼고 대부분 다른 물고기에 둥근 입을 붙여서 체액을 빨아 먹으며 기생하는 생활에 적응되어 있다.

㉡ **유악동물**(gnathostomes)

ⓐ 가장 체계가 발달된 동물 무리로서 척추동물 중 턱뼈가 발달되어 있고 골격은 무기질화되어 있다. 척추동물의 무기질화는 구강의 치아에서 시작되었고 나중에 머리뼈, 내골격을 형성하게 되었다.

ⓑ 발생이 진행됨에 따라 인두열과 척삭은 사라지고 등 쪽에 척수를 둘러싸는 척추로 된다.

ⓒ 혈관계는 폐쇄 순환계이고 신경계는 관상 신경계이다.

ⓓ 소화관이 발달되어 있고 배설기는 콩팥이다.

ⓔ 연골과 경골로 구성된 내골격을 가지며 자웅이체로 수정에 의한 유성생식을 한다.

ⓕ 유악동물의 각 강의 특징

어류	• 대부분 비늘로 덮여 있고 턱뼈가 발달되었다. • 대부분 **체외수정**을 하지만 **상어처럼 체내수정**을 하기도 한다. ① 연골어류: 칼슘이 침착되어 있는 연골로 된 유연한 뼈를 가지고 있다(상어, 가오리, 홍어). ② 경골어류: 인산칼슘으로 강화된 딱딱한 뼈가 있다(붕어, 참치, 송어 등). ㉠ 방사형 지느러미어류(사출형 어류): 대부분의 어류 ㉡ 잎사귀형 지느러미어류(엽상형 어류): 실러캔스, 폐어, 사지류의 세 가지 계통으로 분류한다.

❖ 원구류(cyclostomes)인 먹장어와 칠성장어를 무악류(jawless vertebrates)로 분류하기도 한다.

❖ 코노돈트(conodonts)
초기 무악척추동물의 화석으로 원구류와 달리 무기질화(광물화)된 구강구조를 가지고 있다(5억 년 전~2억 년 전까지 살았다).

❖ 최초의 유악동물은 판형 피부를 가진 "판피어류(placoderms)"라는 멸종된 갑피 척추동물과 "가시상어류"라는 또 다른 유악 척추동물이 출현했다.

Tip

상어의 특징
• 커다란 간에 많은 양의 기름을 저장해서 부력을 얻지만 부레가 없어서 헤엄치지 않으면 가라앉게 된다.
• 상어의 장 내에는 나선판(spiral valve)이라고 하는 돌기가 있어 표면적을 넓히고 음식물이 소화관을 통과하는 속도를 늦추는 역할을 한다.
• 종에 따라 난생, 난태생, 태생을 한다.
• 소화관, 배설계, 생식관이 모두 함께 공통적인 방으로 열려있는 총배설강(cloaca)을 갖는다.

❖ 틱타알릭(Tiktaalik)
물고기와 사지류의 형질을 다 갖고 있는 "다리 달린 물고기"라 불리는 화석 틱타알릭의 발견으로 사지류의 진화적 기원을 알 수 있게 되었다.

양서류 유미류(도롱뇽) 무미류(개구리) 무족영원류	• 수중에서 육상 생활로 옮겨지는 중간 단계의 생물로 몸은 피부로 덮여 있으며 **체외수정**을 한다. • 유생 시기에는 민물에 살면서 아가미 호흡을 하며, 성체가 되면 육상에 살면서 폐와 피부로 호흡한다. (올챙이는 수중 초식동물로 아가미와 측선계, 꼬리를 갖는다.)
파충류 (도마뱀, 뱀, 거북류, 악어류, 조류)	• 육상 생활에 잘 적응하여 몸은 케라틴을 함유한 비늘로 덮여 있으며, 폐로 호흡한다. • 체내수정을 하며, 단단한 껍질에 싸인 알을 낳는다.
조류	• 몸은 케라틴을 함유한 깃털로 덮여 있으며 앞다리는 날개로 변해 있다. • 체내수정을 하며 단단한 껍질에 싸여 있는 알을 낳는다. • 조류는 대멸종에서 살아남은 깃털을 가진 공룡류의 한 집단인 수각류라는 두발로 걷는 용반류군에 속한다.
포유류	• 일반적으로 같은 크기의 다른 척추동물보다 큰 뇌를 가지며 몸은 털로 덮여 있다. • 체내수정을 하며 젖샘이 있어서 젖을 먹이고 새끼로 낳아 키운다. ① 단공류: 털이 있고 젖을 만들지만 알을 낳으며 젖꼭지는 없어서 어미의 털에서 젖을 빨아먹는다. (호주와 뉴기니에서만 발견되는 오리너구리와 바늘두더쥐) ② 유대류: 태반은 형성되어있으나 발생초기에 일찍 태어나므로 배아발생은 육아낭에서 자라면서 완성된다. (캥거루, 주머니하늘다람쥐) ③ 태반류(진수류): 자궁 속에서 배아발생을 완성한다. 태반류 중에서 원숭이, 오랑우탄, 고릴라, 침팬지, 사람을 영장류라 하며, 영장류는 세 가지 주요 군이 있다. ㉠ 여우원숭이류, 늘보원숭이류, 갈라고원숭이류 ㉡ 안경원숭이류 ㉢ 진원류: 엄지손가락을 다른 네 손가락과 마주보게 하고 물건을 잡을 수 있다. ⓐ 신세계원숭이류 ⓑ 구세계원숭이류 ⓒ 유인원: 긴팔원숭이류, 오랑우탄, 고릴라, 침팬지, 보노보, 사람

❖ 조류가 비행을 위해서 몸무게를 줄이는 변화

- 뼈속이 비어 있고 방광이 없다.
- 암컷은 난소를 한 개만 갖는다.
- 암수 모두 생식샘이 작고 번식기 때만 커진다.
- 머리의 무게를 줄이기 위한 적응으로 이빨이 없다.

❖ 양막류

- **쌍궁류**: 파충류의 기원으로 현생 계통은 인룡류(투아타라와 유린류인 도마뱀과 뱀)와 조룡류(거북, 악어, 새) 두 개의 주요 계통으로 이루어져 있다. 따라서 조류는 악어류와 함께 파충류로 간주된다. 만일 파충류에서 조류가 제외된다면 파충류는 하나의 분기군을 이루지 못하고 측계통군이 될 것이다.
- **단궁류**: 포유류의 기원으로 단궁류 → 수궁류 → 견치류 → 포유류로 진화해 왔다.

ⓖ 척추동물의 각 강 비교

구분	호흡기	심장	콩팥	양막의 유무	수정	체온	번식 방법
원구류	아가미	1심방 1심실	전신	무양막류	체외 수정	변온동물	난생
어류	아가미	1심방 1심실	중신	무양막류	체외 수정	변온동물	난생
양서류	아가미 나중에는 허파	2심방 1심실	중신	무양막류	체외 수정	변온동물	난생
파충류	허파	2심방 불완전 2심실	후신	유양막류	체내 수정	변온동물	난생
조류	허파	2심방 2심실	후신	유양막류	체내 수정	정온동물	난생
포유류	허파	2심방 2심실	후신	유양막류	체내 수정	정온동물	태생

❖ 콩팥
전신은 사구체 수준으로 원구류의 콩팥이며, 중신은 사구체와 보먼주머니 수준, 후신은 네프론(사구체+보먼주머니+세뇨관) 수준의 콩팥이다.

❖ 양막류의 파생형질인 양막란은 4가지의 막(융모막, 양막, 난황낭, 요막)을 가지고 있는데 이막들은 배아에서 자라나온 조직층으로부터 발달한 것이기 때문에 배외막이라 부른다. 껍질이 없는 양서류의 알과 달리 파충류와 조류의 양막란은 건조로부터 보호하기 위해 단단한 껍질이 있다.

쏙쏙 마무리 정리

• 소화의 종류

구분	동물
세포 내 소화(intracellular digetion)	해면동물
세포 내외 소화(intracelluar and extracellular)	자포동물
세포 외 소화(extracellular digestion)	편형동물~척삭동물

• 신경계의 종류

구분	동물
산만 신경망(diffused nervous system)	자포동물
사다리 신경계(ladder-like nervous system)	편형동물, 환형동물, 절지동물
관상 신경계(tubular nervous system)	척삭동물

• 체절

구분	동물
동규체절(크기가 같은 체절)	환형동물
이규체절(크기가 다른 체절)	절지동물, 척추동물

• 배설기의 종류

구분	동물
원신관 (불꽃세포의 섬모운동으로 배출)	편형동물, 윤형동물
측선관(원신관의 변형)	선형동물
신관	환형동물
	연체동물(조개: 보야누스기)
	절지동물(갑각류: 촉각선, 곤충류 외: 말피기관)
콩팥	전신: 원구류
	중신: 어류, 양서류
	후신: 파충류, 조류, 포유류

극피동물은 특별한 배설기가 없고 아래쪽 표피를 통해 배설한다.

❖ 원신관
한쪽 끝은 막히고(불꽃세포가 관의 끝을 뚜껑처럼 막고 있다) 다른 쪽 끝은 외부로 난 구멍에 연결된 관들로 원시적 배설기

❖ 신관(후신관)
몸 안쪽 체강으로 구멍이 난 배설기로 이 관은 체액에 잠겨 있다.

• 순환계

개방 순환계(open circulatory system)	연체동물, 절지동물, 미삭동물
폐쇄 순환계(closed circulatory system)	두족류, 환형동물, 두삭동물, 척추동물

• 척삭의 형성 여부

척추동물에서는 발생이 진행되면서 척삭이 척추로 바뀐다.

무척삭동물	척삭을 형성하지 않는다(해면동물~극피동물).
척삭동물	척삭을 형성한다(미삭동물, 두삭동물, 척추동물).

• 몸의 대칭성

대칭성이 없다	해면동물
방사대칭(radial symmetry)	중심을 지나는 대칭면이 3개 이상인 체형(자포동물)
좌우대칭(bilateral symmetry)	세로 중심 면을 기준으로 좌우 모양이 같은 체형(대부분의 동물)

• 골격의 종류

유체골격 (hydrostatic skeleton)	근육에 의해 둘러싸인 빈 공간에 일정한 압력을 가진 유체가 형태를 바꾸면서 몸의 형태나 움직임을 조절한다. 이러한 종류의 골격은 자포동물, 편형동물, 윤형동물, 선형동물, 환형동물에서 주로 발견된다.
외골격 (exoskeleton)	산호는 탄산칼슘성분의 단단한 외골격을 만든다. 연체동물의 조개류들은 외투막으로부터 분비되는 탄산칼슘으로 만들어지며 이러한 외골격 내부에 부착되어 있는 근육을 움직임으로써 외골격 껍질을 열고 닫는다. 절지동물의 외골격은 표피에서 분비되어 침착된 큐티클(cuticle)로 되어있으며 큐티클의 일부는 다당류인 키틴질이다.
내골격 (endoskeleton)	해면동물은 단단한 탄산칼슘과 같은 무기질과 콜라겐성분의 단백질로 이루어진 그물모양의 유연성이 있는 내골격으로 이루어져 있고, 극피동물은 피부 아래 골판이라고 부르는 단단한 판모양의 내골격을 가지고 있다. 척삭동물은 연골과 경골로 구성된 내골격을 갖는다.

• 동물의 네 가지 주요 섭식 기작

여과 섭식자 (filter feeder)	액체속의 부유물을 먹는 동물로 수중동물의 많은 종(부족류, 고래수염을 가진 고래 등)
기질 섭식자 (substrate feeder)	양분 공급원의 위쪽이나 안쪽에 붙어사는 동물(다른 동물의 몸속에 굴을 파는 구더기)
체액 섭식자 (fluid feeder)	살아있는 숙주의 체액을 빨아먹는 동물(체체파리, 진딧물)
덩어리 섭식자 (bulk feeder)	음식 조각을 먹는 사람을 포함한 대부분의 동물

❖ 개방 순환계
동맥과 정맥 사이에 혈관으로 연결되어 있지 않아서 혈림프액이 혈관 바깥의 조직 사이로 흐르는 순환계

❖ 폐쇄 순환계
동맥과 정맥 사이의 모세혈관을 통해서 혈액이 흐르는 순환계

예제 | 1

외골격이 있고, 쌍으로 난 관절 다리가 있으며, 탈피를 하는 동물과 그 동물이 속하는 문이 옳게 짝지어진 것은? (지방직 7급)

① 지네 – 척삭동물
② 가재 – 절지동물
③ 갯지렁이 – 선형동물
④ 불가사리 – 극피동물

| 정답 | ②
지네는 외골격이 있지만 절지동물이다.

5 분자생물학적 자료에 근거한 동물의 계통수

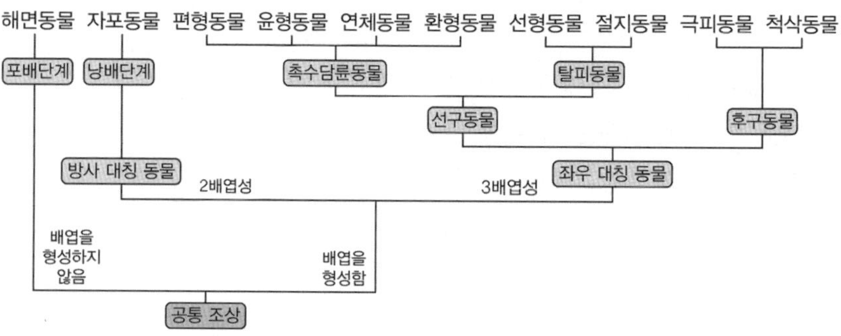

(1) 해면동물은 기초적인 동물(기저동물)이며 측생동물로 분류한다.

» 해면동물은 다른 모든 동물과 자매분류군이다.

(2) **진정 후생동물**: 해면동물을 제외한 동물

(3) **좌우대칭인 동물의 3개의 분기군**: 촉수담륜동물, 탈피동물, 후구동물

(4) **촉수담륜동물**: 편형동물, 윤형동물, 촉수동물, 연체동물, 환형동물

(5) **후구동물**: 극피동물, 반삭동물(별벌레아재비), 척삭동물

예제 | 2

미삭, 두삭, 척추동물의 공통점이 아닌 것은? (경기)

① 일생 동안 또는 일부 시기 동안 척삭을 갖는다.
② 인두열이 나타나지 않는다.
③ 삼배엽성이고 체강이 발달한다.
④ 관상의 등 쪽에 속이 빈 신경계를 갖는다.

| 정답 | ②

인두열: 소화관의 앞쪽인 인두 벽에는 아가미 틈(gill slit)이 있으며, 육상동물의 경우에는 발생 초기에 나타난다.

❖ 두화(cephalization)
좌우대칭인 일부 동물에서 머리부위에 중추와 함께 앞쪽 끝부분에 집중되어 있는 감각기를 가지는 진화적 경향

❖ 촉수담륜동물
섭식할 때 기능을 하는 섬모가 나있는 촉수들의 관인 촉수관(lophophore)라는 구조물을 갖거나, 담륜자(trochophora larva)라는 독특한 단계를 갖는다.

❖ 촉수동물
외항동물(태형동물), 추형동물, 완족동물의 3개의 문에 속하는 진체강 동물

6 유성생활사의 세 가지 형태

(1) 배우자만 반수체세포

사람과 대부분의 동물의 생활사에서 배우자만 반수체세포이다. 감수분열은 생식세포의 형성 중에 일어나고 반수체인 배우자는 더 이상 분열하지 않고 수정이 일어나 이배체를 형성한 후 체세포분열을 통해 다세포 개체를 형성한나.

(2) 두 세대가 번갈아 나타나는 세대교번

식물과 일부의 조류에서는 이배체와 반수체 모두 다세포시기가 존재한다. 감수분열로 포자라는 반수체를 만들고 반수체인 포자는 서로 융합하지 않고 체세포분열에 의해서 배우체라고 하는 다세포 반수체를 형성한다. 반수체인 배우체세포는 체세포분열에 의해서 배우자를 만든다. 반수체인 배우자는 더 이상 분열하지 않고 수정이 일어나 이배체를 형성한 후 체세포분열을 통해 포자체를 형성한다.

(3) 균류와 일부의 원생생물

배우자가 융합(핵융합)하여 이배체를 형성한 후 다세포의 이배체자손이 되지 않고 바로 감수분열이 일어난다. 감수분열은 배우자를 만들지 않고 반수체세포를 만드는데 이는 체세포분열을 통해서 다세포의 성숙한 반수체 개체로 성장한다. 그 후 반수체 개체는 체세포 분열을 통해서 배우자가 되는 세포를 생산한다. 따라서 이러한 생물의 유일한 이배체 시기는 단세포 접합자일 때이다.

생물 진화의 역사와 인류의 진화

1 생물 진화의 역사

(1) 지질시대의 구분

지질시대는 대규모의 지각 변동, 기후 변화, 생물학적인 변화 등에 따라 46억 년 전부터 현재까지의 시기를 이언, 대, 기의 순서로 시간의 단위를 구분한다.

① 이언(eon): 지질시대를 구분하는 가장 큰 단위로 화석의 산출 정도에 따라 **시생 이언**, **원생 이언**, **현생 이언**으로 구분한다.

② 대(era): 지층에서 발견되는 화석의 종류에 따라 **선캄브리아대**, **고생대**, **중생대**, **신생대**로 구분한다. 시생 이언과 원생 이언은 약 40억 년 동안 지속되어 왔으며 이 시기를 선캄브리아대라고 하며, 현생 이언은 다시 고생대, 중생대, 신생대로 구분한다.

③ 기(period)

㉠ 고생대: 캄브리아기, 오르도비스기, 실루리아기, 데본기, 석탄기, 페름기

㉡ 중생대: 트라이아스기, 쥐라기, 백악기

㉢ 신생대: 제3기, 제4기

이언	대	기
시생 이언 (archaean)	선캄브리아대 (precambrian)	
원생 이언 (proterozoic)		
현생 이언 (phanerozoic)	고생대 (paleozoic)	캄브리아기, 오르도비스기, 실루리아기, 데본기, 석탄기, 페름기
	중생대 (mesozoic)	트라이아스기, 쥐라기, 백악기
	신생대 (cenozoic)	제3기, 제4기

(2) 암석과 화석의 연대 측정

① 퇴적층에 있는 화석의 순서는 화석이 만들어진 순서(상대연대)는 알 수 있지만 절대연대(실제연대)는 알 수 없다.

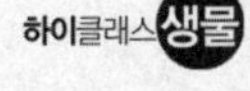

② 절대연대는 방사성 동위원소의 붕괴를 바탕으로 하는 「방사성 연대측정법」으로 알 수 있다. 붕괴 속도는 반감기로 표시되는데 반감기란 어떤 특정 방사성 동위원소가 방사성 붕괴에 의해 원래의 반으로 줄어드는 데 걸리는 시간을 말하며 반감기는 각 원소마다 고유한 값을 갖는다.

예 예를 들어 살아 있는 생물 체내에서는 방사성 동위원소인 탄소-14뿐만 아니라 탄소-12가 들어있다. 생물이 죽으면 탄소-12의 양은 시간이 지나도 변하지 않지만 탄소-14는 천천히 붕괴된다. 따라서 화석에 있는 탄소-12와 탄소-14의 비율을 측정함으로써 화석의 연대를 결정할 수 있다.

❖ 반감기
반감기가 20,000년인 어떤 원소 1kg은 40,000년 후에는 0.25kg 남아 있게 된다.

(3) 생물의 진화 과정

① **시생 이언-선캄브리아대(약 46억 년 전~25억 년 전)**: 지구의 탄생, 최초의 생명체(원핵생물) 출현(약 35억 년 전), 광합성하는 원핵생물의 출현으로 바다에 산소가 축적되기 시작(약 27억 년 전)

② **원생 이언-선캄브리아대(약 25억 년 전~5억 4200만 년 전)**: 최초의 단세포 진핵생물 출현(약 18억 년 전), 다양한 조류와 연체동물 출현

③ **고생대(5억 4200만 년 전~2억 5100만 년 전)**: 최초의 어류인 갑주어의 출현과 어류, 양서류의 번성, 오존층 형성으로 육상 생물(곤충류, 파충류, 겉씨식물)의 출현

㉠ **캄브리아기**(cambrian): 현존하는 동물의 조상 출현(캄브리아기 폭발-바닷속 생물의 폭발적 증가)

㉡ **오르도비스기**(ordovician): 해양생물의 번성과 어류 출현, 식물의 육상 진출(선태, 양치식물 출현)

㉢ **실루리아기**(silurian): 육상 절지동물 출현, 관다발식물(양치식물)의 다양화

㉣ **데본기**(devonian): 어류의 번성, 최초의 네 발 달린 육상동물과 곤충의 출현

㉤ **석탄기**(carboniferous): 종자식물(겉씨식물)과 파충류의 출현, 양서류의 번성, 관다발식물(양치식물)의 숲 형성

㉥ **페름기**(permian): 파충류의 번성 시작, 대규모 화산폭발과 판게아 형성으로 인한 환경 변화로 육상생물과 해양생물의 대멸종이 일어났다.

④ **중생대(2억 5100만 년 전~6550만 년 전)**: 암모나이트(화석조개), 파충류(공룡), 겉씨식물의 번성, 시조새, 포유류, 속씨식물의 출현

㉠ **트라이아스기**(삼첩기, triassic): 공룡 출현, 포유류와 유사한 파충류의 출현

㉡ **쥐라기**(jurassic): 공룡과 겉씨식물의 번성

㉢ **백악기**(cretaceous): 포유류와 속씨식물(현화식물)의 출현, 운석 충돌로 인해 공룡을 포함한 많은 생물의 대멸종이 일어났다. 운석

❖ 생명에 대한 최초의 증거는 약 35억 년 전 화석화된 스트로마톨라이트에서 나왔다. 이 화석은 남세균에 의해서 형성된 스트로마톨라이트와 유사한 구조를 가진다.

❖ 판구조론(plate tectonics)
대륙은 밑에 있는 뜨거운 중간층 위에 떠 있는 판들의 일부라고 하는 이론

❖ 판게아(pangaea)
고생대 말에 대륙이 하나로 뭉쳐 형성한 거대한 단일 대륙

충돌의 단서는 이리듐원소의 존재이다. 백악기에 퇴적된 지층에 상당히 높은 농도의 이리듐을 포함하고 있는데 이리듐은 지구에서는 희귀하지만 일부 운석에 흔한 금속중의 하나이다. 따라서 당시에 커다란 운석 충돌이 있었음을 시사하고 있다.

⑤ **신생대**(6550만 년 전~제4기, 현세): 포유류와 속씨식물의 번성, 이족보행 인류의 조상 출현

❖ 우리는 신생대 제4기에 살고 있다.

❖ 신생대 화석
- 화폐석(유공충의 화석)
- 매머드(코끼리과에 속하는 포유류)

(4) 대멸종(mass extinction)

지난 5억년 동안 다섯 번의 대멸종이 화석에 기록되어 있는데 그 중에서 격렬한 화산폭발에 의한 고생대 페름기의 대멸종(약 2억 5천만 년 전)과 운석의 충돌로 인한 중생대 백악기의 대멸종(약 6천 5백만 년 전) 두 번의 대멸종이 가장 주목받는다. 이러한 대멸종은 새로운 생물군들이 급격하게 증가하는 적응 방산이 일어날 수 있다.

예 공룡의 멸종으로 포유류는 크기와 다양성이 크게 증대되어 한때 공룡이 차지했던 생태적 지위를 차지하게 되었다(포유류의 적응방산).

(5) 발생 유전자와 진화의 경향

① **이시성**(heterochrony, 다른 시간): 발생과정의 상대적 시기를 독립적으로 변경하도록 하는 과정을 말한다. 예를 들어 특정부분의 발생을 조절하는 유전자는 다른 종에서 다른 발생 시기에 발현되거나 발현되지 않을 수도 있다. 도롱뇽 배아시기에는 발가락사이에 물갈퀴가 있지만 발생과정에서 특정 유전자의 발현으로 세포사멸을 초래하여 개별 발가락을 갖게 되면 성체가 되었을 때 바닥을 쉽게 걸을 수 있게 하지만, 나무에 서식하는 다른 종의 도롱뇽에서는 이 유전자가 발현되지 않아 세포사멸이 일어나지 않기 때문에 일생 내내 흡착용 빨판을 하는 물갈퀴를 가지고 있어서 나무줄기와 같은 수직면에 붙어 다닐 수 있다. 이러한 형성을 유형진화(유형형성, paedomorphosis: 유년기의 상태를 유지하는 것)라고 하며 이시성의 일반적인 하나의 유형이다.

예 사람의 유형진화: 사람의 성인 두개골과 턱은 침팬지 성체보다 침팬지 유아와 더 닮았다. 이와 같이 조상 종의 어린 시기의 신체적 특징이 유지되는 경우도 유형진화라고 한다.

❖ 이보-디보(evo-devo)
진화생물학(Evolutionary Biology)과 발생생물학(Developmental Biology)의 합성어이다.
서로 다른 다세포 생물들의 발생과정을 비교 연구하는 것으로 연구의 목표는 발생의 과정이 어떻게 진화해 왔는지, 이러한 변화가 기존의 개체 특성을 어떻게 변화시키고 새로운 형질을 만들어 내는 것인지 등을 알아내는 것이다.

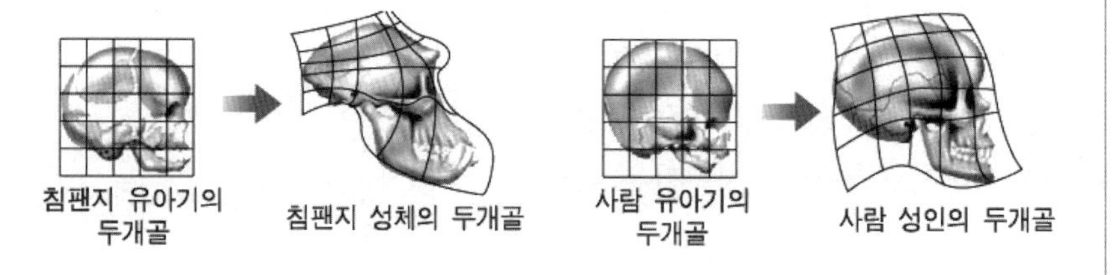

② 공간 배열의 변화: 신체 부위의 공간적 구조를 조절하는 호메오유전자(homeotic gene)의 변화에 의해서 형태에 상당한 진화적 변화가 일어날 수도 있다.

2 인류의 진화경로

(1) 사헬란드로프스 차덴시스(*Sahelanthropus tchadensis*)

중앙아프리카의 차드에서 600만 년 전의 지층을 통해 발견된 직립보행을 한 가장 오래된 사람류(hominin)의 화석으로 추정되며 2002년 발견되었다.

(2) 오스트랄로피테쿠스(*Australopithecus*)

약 500만 년 전으로 추정되는 화석으로 식물과 작은 동물들을 채집하여 생계를 유지했으며 15~20여 명씩 무리를 지어 다녔다.

대부분 현재의 인류에 비해서 체구가 작은 편으로 키는 100~150cm, 뇌의 크기는 450~650mL로 고릴라와 비슷했을 것으로 추정되며, 작은 머리에 비해 매우 발달한 턱과 긴 팔 등의 신체 구조를 가졌을 것으로 추측된다. 유인원에서 찾아볼 수 없는 인간다운 특징으로 직립보행을 하고 간단한 도구를 사용하였으며 채집과 수렵 생활을 하였다.

❖ 최초로 도구를 사용했다는 증거는 약 250만 년 전의 동물뼈가 베어진 흔적이다.

(3) 호모 하빌리스(*Homo habilis*)

약 240만~160만 년 전에 살았던 호모속의 최초의 화석 인류로 능력 있는 사람이라는 뜻을 가진 호모 하빌리스는 오스트랄로피테쿠스보다 정교한 도구를 만들어 사용하였을 것으로 추정된다. 뇌의 크기는 500~800mL 정도로 오스트랄로피테쿠스보다 다소 커졌고 키는 120cm 정도이지만 하지의 뼈는 두 다리로 서서 걸어 다니기에 적합하게 되었다.

(4) 호모 에르가스터(*Homo ergaster*)

약 190만~150만 년 전의 화석인 호모 에르가스터는 호모 하빌리스에 비해 훨씬 더 큰 뇌(900ml)를 가지며 완전한 두발걷기를 하고 손가락은 짧고 똑바른 모양이었는데 이것은 이전의 사람류들처럼 나무를 타지 않은 것으로 생각된다. 호모 에르가스터의 작은 치아는 음식을 익히거나 짓이기는 등 이빨로 씹기 전에 가공한 후 먹었을 것이다. 또한 성별에 따른 신체 크기의 차이(성적 이형성)에 있어서도 중요한 전환점을 이루어 성적 이형성이 현저히 줄어들었다.

❖ 성적 이형성(sexual dimorphism) 공작의 암수가 다른 것과 같이 고릴라와 오랑우탄의 수컷은 암컷보다 약 두 배의 몸무게를 갖는다.

(5) 호모 에렉투스(*Homo erectus*)

호모 에렉투스는 직립 원인(直立猿人), 즉 선 사람이란 뜻으로 자바원인, 북경원인, 하이델베르크인이 여기에 해당한다. 신생대 제4기 홍적세에 살던 멸종된 화석 인류로 180만 년 전부터 25만 년 전까지 전 세계적으로 분포하였다. 호모 에렉투스는 아프리카에서 기원하였고 아프리카에서 이동하여 나간 최초의 사람류이다.

호모 에렉투스의 신체 구조는 이미 현대인과 거의 가까운 체형으로 키는 150~160cm 사이였으며, 뼈의 크기가 굵고 단단하였다. 호모 에렉투스의 뇌 크기는 대략 1,100mL로 그들은 크고 정교한 석기를 사용하였는데 도구는 주먹 도끼, 돌도끼, 발달된 형태의 찍개들이었다.

(6) 호모 네안데르탈렌시스(*Homo neanderthalensis*, 네안데르탈인)

❖ 네안데르탈인이란 말은 독일의 네안데르(Neander) 계곡에서 화석이 발견되었기 때문에 붙여진 이름인데 네안데르 뒤에 붙은 탈(thal)은 독일어로 계곡이란 뜻이다.

지금으로부터 35만 년에서 3만 년 전의 중기 구석기시대에 유럽, 중동, 더 나아가 중앙아시아에 분포하였다.

네안데르탈인은 여러 가지 면에서 추위에 강한 특징을 가지고 있다. 큰 머리, 짧지만 강인한 체격, 큰 코가 그것이다. 그들의 뇌 크기는 1,300~1,600mL로 현대인의 두뇌와 비슷하여 언어를 사용했을 것으로 추정되지만 명확한 증거는 없다. 키는 평균 165cm이며 정교한 석기를 사용하여 채집과 수렵 활동을 하였으며 불을 사용하였다.

심화편 Ⅳ

(7) 호모 사피엔스(*Homo sapiens*, 현생 인류)

❖ 호모사피엔스에 속하는 크로마뇽인은 프랑스 남부의 크로마뇽 동굴에서 처음 발견되었다.

'지혜가 있는 인간'이라는 뜻으로 오늘날의 인간을 생물학의 종(種)으로 나타낼 때 사용하는 명칭이다. 지금으로부터 약 19만 5,000년 전 아프리카에 나타나서 약 11만 5,000년 전에 다른 대륙으로 퍼져나가기 시작했다. DNA 분석 결과는 많은 아프리카 계통 사람들이 사람 가계도의 더 기저 위치에서 분지해 나갔다는 것을 보여준다. 이러한 연구 결과들은 모든 현생인류는 아프리카에서 기원한 호모 사피엔스 조상을 갖고 있다는 것을 시사한다.

키는 네안데르탈인보다 약간 크고 얼굴이 작아졌으며 턱이 발달되어 현대인과 구분하기 어려울 정도로 유사하다. 또한 돌을 다루는 기술이 매우 뛰어나 여러 가지 석기를 정교하게 만들어 사용했으며 짐승의 뼈나 코끼리의 상아를 가지고 정교한 도구를 만들어 사용했다. 그들의 유적지에서 뼈바늘과 각종 장신구가 발견되는 점으로 보아 옷을 만들어 입었을 것으로 보인다. 이들은 부락을 형성하여 농경 생활을 한 것으로 추정되며 인류의 직계 조상으로 간주된다.

❖ 같은 시기에 함께 살았던 사람류들은 몸 크기, 몸의 형태, 뇌의 크기, 이빨 모양, 도구 사용 능력이 서로 달랐으며, 결국 *Homo sapiens*를 제외하고는 모든 종들은 멸종되었다.

적/중/예/상/문/제

IV 분류학

001

지구상의 생물을 구분하는 3가지 영역은?

① 원생생물, 식물, 동물
② 원핵생물, 식물, 동물
③ 진정세균, 고세균, 진핵생물
④ 원핵생물, 진핵생물, 다세포생물

➔ 지구상의 생물을 3가지 영역으로 구분하면 세균역, 고세균역, 진핵생물역이다.

002

사람의 학명은 *Homo sapiens* Linne이다. *sapiens*를 나타내는 명명법으로 옳은 것은?

① 종소명　　② 속명
③ 과명　　④ 명명자

➔ 이명법은 속명 – 종소명 – 명명자의 순서로 표기한다.

003

다음 학생들의 생물 분류방법으로 옳은 것은?

학생 A: 벼, 콩, 옥수수는 곡류이다.
학생 B: 개구리, 참새, 토끼 등은 척추동물이다.
학생 C: 소, 기린, 사슴은 초식동물이다.
학생 D: 소나무, 은행나무는 씨방이 없는 식물이다.
학생 E: 인삼, 당귀, 산수유는 모두 약용식물이다.

	자연분류	인위분류
①	A, B	C, D, E
②	B, D	A, C, E
③	C, E	A, B, D
④	A, C, D	B, E

➔ 생물 상호 간의 유연관계와 진화의 계통에 따라 분류한 B, D는 자연분류이고, 이용면, 서식지, 환경 등을 기준으로 분류한 A, C, E는 인위분류이다.

정답
001 ③　002 ①　003 ②

004

남세균에 대한 설명으로 옳지 않은 것은?

① 엽록체를 가지고 있어서 산소 발생형 광합성을 수행하는 세균이다.
② 호수나 강으로 다량 유입되면 녹조현상을 일으킨다.
③ 시아노박테리아라고도 하며 흔들말, 염주말이 이에 속한다.
④ 질소고정을 수행하며 여러 세포들이 모여 군체를 이루어 생활하기도 한다.

➡ 남세균은 원핵생물이므로 엽록체는 없고 엽록소를 갖는다.

005

박테리아와 고대박테리아에 대한 설명으로 옳은 것은?

① 고대박테리아는 엑손과 인트론이 모두 존재한다.
② 박테리아와 고대박테리아는 세포벽에 펩티도글리칸을 갖는다.
③ 박테리아와 고대박테리아는 단백질 합성을 억제하는 항생제에 민감하다.
④ 박테리아와 고대박테리아는 원형질막을 구성하는 지질이 유사하다.

➡ 고대박테리아는 펩티도글리칸을 갖지 않고, 단백질 합성을 억제하는 항생제로 생장이 억제되지 않는다.

006

그람양성균과 그람음성균에 대한 설명으로 옳지 않은 것은?

① 그람양성균은 그람음성균보다 세포벽에 펩티도글리칸층의 함량이 풍부하다.
② 그람음성균은 세포벽에 지질다당체를 포함하고 있다.
③ 그람양성균은 페니실린에 대해서 고도의 감수성을 나타낸다.
④ 그람양성균은 그람음성균보다 물리적인 힘에 약하고 가수분해 효소인 라이소자임에 의해서 쉽게 분해된다.

➡ 펩티도글리칸층의 함량이 풍부한 두꺼운 세포벽을 가진 그람양성균은 그람음성균보다 물리적인 힘에 강하다.

007

세균을 영양방식에 따라 종속영양세균과 독립영양세균으로 나눌 때 나머지 셋과 다른 세균은?

① 젖산균 ② 질산균
③ 남세균 ④ 녹색 황세균

➡ 젖산균은 종속영양세균이다.

정답

004 ① 005 ① 006 ④ 007 ①

008

원핵생물을 세균과 고세균으로 나누는 분류기준은?

① 세포벽의 유무　　② 영양방법
③ 세포벽의 성분　　④ 생식방법

➡ 고세균은 펩티도글리칸을 갖지 않는다.

009

다음 중 포자로 증식하지 않는 원생생물은?

① 와편모조류　　② 규조류
③ 녹조류　　④ 유글레나류

➡ 유글레나류는 단세포이며 분열법으로 번식한다.

010

다음 중 육상식물과 유연관계가 가장 가까운 원생생물은?

① 규조류　　② 홍조류
③ 갈조류　　④ 녹조류

➡ 녹조류는 엽록소 a와 b 및 카로티노이드를 함유하고 세포벽은 셀룰로스로 구성되어 있어 육상식물과 유연관계가 가장 가깝다.

011

다음 원생생물계 중 원생동물류가 아닌 것은?

① 아메바　　② 짚신벌레
③ 돌말　　④ 말라리아병원충

➡ 돌말은 규조류에 속한다.

012

원생생물 중에서 플랑크톤 중의 하나로 주기적으로 폭발적인 증식을 일으켜 어패류의 떼죽음을 일으키는 적조현상의 원인인 조류는?

① 와편모조류　　② 규조류
③ 녹조류　　④ 갈조류

➡ 와편모조류는 적조현상의 주범이다.

정답

008 ③　009 ④　010 ④　011 ③
012 ①

013

다음 중 엽록소의 종류가 나머지 셋과 다른 조류는?

① 와편모조류　② 규조류
③ 갈조류　④ 홍조류

→ 홍조류는 엽록소 a와 d를 갖는다.

014

점균류가 균계와 다른 특징은?

① 세포벽의 성분　② 세포벽의 유무
③ 영양방법　④ 생식방법

→ 점균류는 세포벽이 없는 다핵의 원형질 덩어리이다.

015

난균류가 균계와 다른 특징은?

① 세포벽의 성분　② 세포벽의 유무
③ 영양방법　④ 생식방법

→ 균계의 세포벽은 키틴, 난균류의 세포벽은 셀룰로스로 구성되어 있다.

016

남세균과 식물의 공통점은?

① 엽록체가 있다.　② 세포벽의 성분이 같다.
③ 엽록소 a를 갖는다.　④ 진핵생물이다.

→ 남세균은 엽록소 a를 갖고 있으며 산소 발생형 광합성 세균이다.

017

수중에서 육상으로 옮겨가는 중간단계의 생활방식을 갖는 식물은?

① 선태식물　② 양치식물
③ 겉씨식물　④ 속씨식물

정답

013 ④　014 ②　015 ①　016 ③　017 ①

018

식물계의 특징으로 옳지 않은 것은?

① 단세포이거나 다세포로 구성된 진핵생물이다.
② 엽록소 a와 b, 카로틴, 잔토필을 갖고 대부분 육상생활에 적응한다.
③ 세포벽은 셀룰로스로 되어 있다.
④ 포자 또는 종자로 번식한다.

➔ 식물은 다세포 진핵생물이다.

019

다음 중 관다발이 없는 식물은?

① 선태식물　② 양치식물
③ 겉씨식물　④ 속씨식물

020

다음 중 비종자 관다발식물은?

① 선태식물　② 양치식물
③ 겉씨식물　④ 속씨식물

➔ 겉씨식물과 속씨식물은 종자식물이고 관속식물이다.

021

솔이끼에 대한 설명으로 옳지 않은 것은?

① 정자와 난자가 수정한 수정란은 체세포분열을 하여 포자체를 형성한다.
② 포자체는 감수분열하여 포자를 만든다.
③ 포자가 떨어져 체세포분열하여 원사체로 되었다가 암수 배우체가 된다.
④ 배우체는 감수분열하여 정자와 난자를 형성한다.

➔ 배우체(n)는 체세포분열하여 정자와 난자를 형성한다.

정답

018 ① 019 ① 020 ② 021 ④

022

선태식물의 특징으로 옳지 않은 것은?

① 꽃이 피지 않고 포자로 번식한다.
② 관다발이 없고 수염뿌리를 갖는다.
③ 형성층이 없어서 비대생장을 하지 못한다.
④ 솔이끼와 우산이끼가 있다.

➔ 선태식물은 관다발이 없고 헛뿌리를 가진다.

023

양치식물의 특징으로 옳지 않은 것은?

① 꽃이 피지 않고 포자로 번식한다.
② 잎, 줄기, 뿌리가 구분되는 경엽식물이며 관다발을 갖는다.
③ 형성층이 없어서 비대생장을 하지 못한다.
④ 헛뿌리에서 물을 흡수하여 관다발을 통해 이동한다.

➔ 양치식물은 수염뿌리에서 물을 흡수한다.

024

고사리의 생활사에 대한 설명으로 옳지 않은 것은?

① 고사리의 본체는 포자체이며 포자체 뒷면의 포자낭에서 감수분열하여 포자를 형성한다.
② 포자는 땅에 떨어져 체세포분열하여 전엽체가 된다.
③ 전엽체에 장란기와 장정기가 형성되고 감수분열하여 정자와 난자가 만들어진다.
④ 수정란이 체세포분열하여 어린 고사리가 되었다가 생장하여 고사리가 된다.

➔ 전엽체에 장란기와 장정기가 형성되고 체세포분열하여 정자와 난자가 만들어진다.

025

종자식물의 특징으로 옳지 않은 것은?

① 잎, 줄기, 뿌리가 구분되는 식물이며 관다발을 갖는다.
② 꽃잎, 꽃받침, 암술, 수술을 갖는다.
③ 본체는 포자체에 해당하고, 화분과 배낭이 배우체이다.
④ 겉씨식물은 대부분 암수가 분리된 암수한그루, 또는 암수딴그루이고 속씨식물은 대부분 양성화이다.

➔ 종자식물 중에서 겉씨식물은 꽃잎, 꽃받침이 없다.

정답

022 ② 023 ④ 024 ③ 025 ②

026

다음 식물들의 공통점은?

• 솔이끼	• 우산이끼
• 쇠뜨기	• 소나무

① 관속식물이다.
② 비종자식물이다.
③ 엽록소 a, b를 갖는다.
④ 관다발이 미분화되어 있다.

→ 식물계는 엽록소 a와 b, 카로틴, 잔토필을 갖고 육상생활에 적응한다.

027

겉씨식물과 속씨식물의 구분기준은?

① 수정방법　② 뿌리의 모양
③ 형성층의 유무　④ 관다발 유무

→ 겉씨식물은 단일수정을 하고 속씨식물은 중복수정을 한다.

028

균계의 특징으로 옳지 않은 것은?

① 엽록소가 없어서 종속영양을 하며 생태계에서 분해자 역할을 한다.
② 균사로 구성되어 있다.
③ 포자로 번식한다.
④ 환경조건이 좋을 때는 유성생식을 하고 환경조건이 나빠지면 무성생식을 한다.

→ 환경조건이 좋을 때는 무성생식을 하고 환경조건이 나빠지면 유성생식을 한다.

정답

026 ③　027 ①　028 ④

029

다음 그림은 접합균류의 생활사를 나타낸 것이다. 이에 대한 설명으로 옳지 않은 것은?

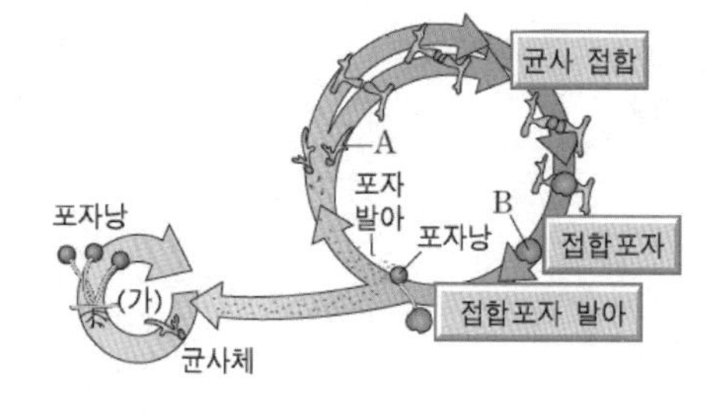

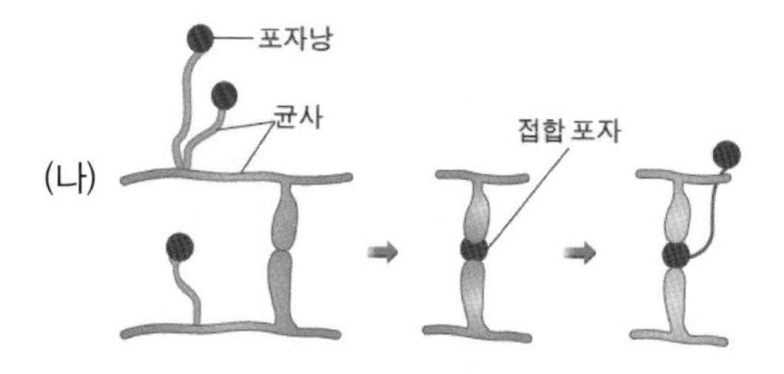

① A는 격벽을 가지고 있으며 검은빵곰팡이가 이와 같은 생활사를 갖는다.
② B의 핵상은 2n이다.
③ (가)는 무성생식 과정이다.
④ (나)는 접합포자가 형성되는 유성생식 과정이다.

➡ 접합균류는 격벽을 갖지 않는다.

030

다음 그림은 자낭균류의 생활사를 나타낸 것이다. 이에 대한 설명으로 옳지 않은 것은?

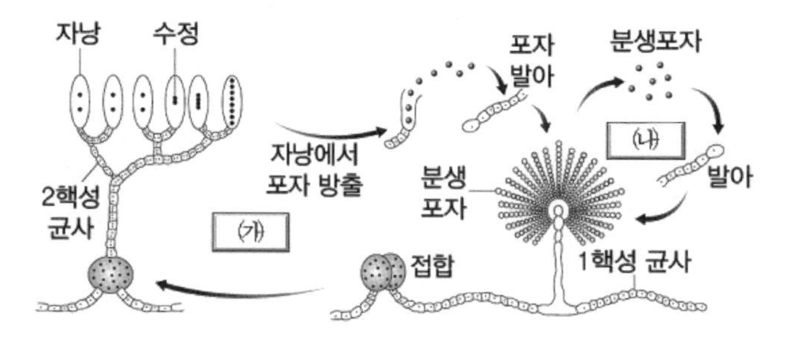

① 자낭균류는 키틴 성분의 세포벽이 있으며 운동성이 없다.
② 하나의 포자낭에서 생성된 모든 자낭포자는 유전적 조성이 동일하다.
③ (가) 과정은 유성생식, (나) 과정은 무성생식이다.
④ 자낭포자와 분생포자의 핵상은 모두 n이다.

➡ 포자낭에서 생성된 모든 자낭포자는 감수분열에 의해서 생성되므로 항상 유전적 조성이 동일하지는 않다.

정답
029 ① 030 ②

031

다음 그림은 버섯의 생활사를 나타낸 것이다. 이에 대한 설명으로 옳지 않은 것은?

① (가)에서 감수분열이 일어난다.
② A와 B에는 격벽이 존재한다.
③ 균사가 모여 자실체를 형성한다.
④ 위와 같은 생활사는 무성생식 과정이다.

➔ 버섯의 생활사는 담자포자를 만드는 유성생식이다.

032

동물의 특징으로 옳지 않은 것은?

① 엽록체가 없어서 스스로 양분을 만들지 못하는 종속영양 생물이다.
② 대부분 운동기관을 이용해 이동할 수 있으나 고착생활하기도 한다.
③ 식물에는 없으나 모든 동물은 기관계를 갖는다.
④ 다세포성 진핵생물로 세포벽이 없다.

➔ 해면동물은 세포수준이고 자포동물은 조직수준이다.

033

다음 중 무배엽성 동물은?

① 해면동물　　② 자포동물
③ 편형동물　　④ 선형동물

034

다음 중 무체강류에 속하는 동물은?

① 히드라　　② 플라나리아
③ 지렁이　　④ 오징어

➔ 무체강류에 속하는 동물은 편형동물(디스토마, 촌충, 플라나리아)이다.

정답

031 ④　032 ③　033 ①　034 ②

035

다음 중 의체강류에 속하는 동물은?

① 해파리　② 촌충
③ 회충　④ 거머리

→ 의체강류에 속하는 동물은 선형동물과 윤형동물이다.

036

자포동물에 대한 설명으로 옳지 않은 것은?

① 말미잘은 폴립형의 체형이다.
② 해파리는 메두사형의 체형이다.
③ 한쪽만 열린 위수강을 갖는다.
④ 동정세포로 먹이를 잡는다.

→ 동정세포로 먹이를 잡는 동물은 해면동물이다.

037

선형동물에는 없고 환형동물에만 있는 것은?

① 완전한 소화관　② 체절
③ 입　④ 항문

→ 선형동물은 체절이 없다.

038

다음 설명에 해당하는 동물로만 짝지은 것은?

- 몸은 원통형이며 크기가 비슷한 여러 개의 체절로 되어 있다.
- 순환계는 폐쇄 순환계를 갖는다.
- 신경계는 사다리 신경계이다.

① 회충, 십이지장충, 편충
② 오징어, 문어, 낙지
③ 지렁이, 갯지렁이, 거머리
④ 불가사리, 해삼, 성게

→ 환형동물의 특징이다.

정답

035 ③　036 ④　037 ②　038 ③

039

다음 설명에 해당하는 동물은?

- 후구동물이며 원장체강계이다.
- 호흡과 순환기의 역할을 하는 수관계를 가진다.
- 석회질의 골판이 모여 내골격을 이룬다.

① 자포동물　　② 연체동물
③ 환형동물　　④ 극피동물

➔ 극피동물의 특징이다.

040

다음 중 원중배엽세포계에 속하지 않는 동물은?

① 플라나리아　　② 성게
③ 오징어　　④ 지렁이

➔ 성게(극피동물)는 원장체강계이다.

041

동물의 특징으로 옳지 않은 것은?

① 편형동물의 배설기는 불꽃세포로 이루어진 원신관을 갖는다.
② 윤형동물은 섬모환으로 회전하며 이동한다.
③ 연체동물은 외투막에서 분비한 석회질로 몸을 덮는다.
④ 환형동물과 절지동물은 의체강류이며 선구동물이다.

➔ 환형동물과 절지동물은 진체강류이며 선구동물이다.

042

다음 중 유악동물이 아닌 것은?

① 칠성장어　　② 붕어
③ 잉어　　④ 개구리

➔ 칠성장어는 무악류이다.

정답

039 ④　040 ②　041 ④　042 ①

043

다음 중 후구동물에 속하는 것은?

① 플라나리아 ② 새우
③ 성게 ④ 지렁이

➡ 극피동물과 척삭동물은 후구동물이다.

044

다음 중 유두동물이 아닌 것은?

① 칠성장어 ② 연어
③ 창고기 ④ 도롱뇽

➡ 창고기는 두삭동물이다.

045

다음 중 체외수정을 하는 동물은?

① 상어 ② 개구리
③ 도마뱀 ④ 참새

➡ 어류는 대부분 체외수정을 하지만 상어처럼 체내수정을 하는 것도 있다.

046

인류의 진화과정에 대한 설명으로 옳지 않은 것은?

> 진화의 방향: 오스트랄로피테쿠스 → 호모 하빌리스 → 호모 에르가스터 → 호모 에렉투스 → 호모 네안데르탈렌시스 → 호모 사피엔스

① 오스트랄로피테쿠스가 최초의 화석인류로 간주되어 왔으나 2002년 중앙아프리카에서 약 600만 년 전 직립보행을 한 인류의 화석으로 추정되는 사헬란드로프스 차덴시스가 발견되면서 사헬란드로프스가 최초의 화석 인류로 거슬러 올라가게 되었다.
② 호모 하빌리스는 아프리카에서 기원하였고 아프리카에서 이동하여 나간 최초의 사람류이다.
③ 자바원인, 북경원인, 하이델베르크인이 호모 에렉투스에 속한다.
④ 현대 화석인류 중 신인이라고 불리는 크로마뇽인의 학명은 호모 사피엔스로 정교한 도구를 사용하였으며 인류의 직계조상으로 간주된다.

➡ 아프리카에서 기원하였고 아프리카에서 이동하여 나간 최초의 사람류는 호모 에렉투스이다.

정답

043 ③ 044 ③ 045 ② 046 ②

PART VI

식물생리학

하이클래스 생물

식물의 조직과 기관

1 식물의 구성 체계

세포 → 조직 → 조직계 → 기관 → 개체

2 식물의 조직

(1) 분열 조직(meristem)

세포분열이 왕성한 조직으로 분열 조직을 이루는 세포는 크기가 작고 세포벽이 얇으며, 원형질이 충만해 있고 액포는 거의 없다.

① **생장점**(apical meristem, 정단분열조직): 식물체의 줄기와 뿌리 끝에 위치하며 길이 생장이 일어난다.(1기 생장)

② **형성층**(lateral meristem, 측생분열조직): 세포들이 이루는 원기둥은 줄기와 뿌리의 길이에 따라 뻗어 있으며 세포분열을 통해 안쪽으로는 물관을, 바깥쪽으로는 체관을 만들어 부피 생장을 일으킨다(2기 생장).

(2) 영구 조직(permanent tissue)

분열 조직에서 형성된 세포들의 일부는 분화되어 여러 가지 영구 조직을 만든다. 한 번 형성된 영구 조직은 세포분열하지 않고 계속 유지되며 식물의 대부분을 차지하고 있다.

① **표피 조직**(epidermal tissue): 식물의 표면을 덮고 있는 조직으로 목본식물의 오래된 줄기와 뿌리에서는 표피가 주피라고 하는 보호조직으로 대체된다.

예 표피, 뿌리털, 공변세포

② **유조직**(parenchyma): 식물체의 대부분을 차지하는 조직으로 원형질이 풍부하고 생명 활동이 활발한 살아 있는 세포로 구성되어 있으며 유세포의 세포벽은 얇고 유연한 1차벽으로 이루어져 있고 2차벽이 없다.

예 동화 조직(엽록체가 있어 광합성이 왕성한 울타리 조직과 해면 조직), 저장 조직(녹말 저장, 과실의 과육), 저수 조직(선인장의 줄기), 분비 조직

❖ 시원세포(initials)
분열조직의 세포들이 분열조직에 남아서 분열을 계속하는 세포

❖ 유도체(derivatives)
분열조직에서 유래되어 다른 조직이나 기관에 속해서 세포들이 특수화될 때까지 계속적으로 분열하는 세포를 말하며, 동물의 줄기세포의 역할을 한다.

❖ 초본식물(풀)은 1기 생장만으로 식물체 전체가 형성되지만, 목본식물은 줄기와 뿌리의 1기 생장이 멈춘 부위에서 부피생장인 2기 생장이 있게 된다.

③ **기계 조직**(mechanical tissue): 식물체를 튼튼하게 지지하는 조직으로 세포벽이 두껍다.

㉠ **후각 조직**(collenchyma): 어린 줄기와 잎자루에는 표피 밑에 유세포보다 두꺼운 1차벽을 가지고 있고 2차벽이 없는 후각세포다발이 있다. 후각세포는 살아 있고 유연하며 지지해주는 작용을 하는데 이들이 지지하는 줄기, 잎과 함께 신장할 수 있다.

㉡ **후벽 조직**(sclerenchyma): 후벽세포는 리그닌으로 이루어진 두꺼운 2차벽을 가지고 있어서 후각세포보다 단단하며 죽은 세포로 지지, 강화기능을 갖는다. 성숙한 후벽세포는 신장할 수 없기 때문에 길이 생장이 정지된 식물 부위에서 나타난다.

ⓐ **보강 세포**(세포의 길이가 짧다): 견과류의 껍질, 배의 돌세포

ⓑ **섬유 세포**(세포의 길이가 길다): 대마의 섬유

④ **통도 조직**(conducting tissue): 식물이 육상 생활에 적응하면서 분화된 조직으로 크게 헛물관, 물관요소, 체관요소로 나뉜다.

㉠ **헛물관**(tracheid): 죽은 세포로 구성되며 가늘고 길며 끝이 뾰족하다. 상하의 세포벽이 남아 있고 벽공을 통해서 뿌리에서 흡수한 물과 무기양분이 위로 이동된다.

㉡ **물관요소**(vessel element): 죽은 세포로 구성되며 폭이 넓고 짧으며 끝이 뭉뚝하다. 물관요소들은 끝과 끝이 맞닿아서 물관을 형성하는데, 물관요소 상하의 세포벽이 퇴화된 결과 연속적으로 연결되어 속이 빈 긴 관을 이루며 뿌리에서 흡수한 물과 무기양분이 위로 이동된다.

㉢ **체관요소**(sieve element): 살아 있는 세포로 구성되며 체관요소의 끝에는 체판이 있고 체공이라는 작은 구멍이 뚫려 있어서 잎에서 합성한 동화 양분이 위 또는 아래로 이동한다. 체관요소 옆에는 동반세포(반세포, companion cell)가 붙어 있는데 이는 원형질 연락사(plasmodesma)에 의해 체관요소에 연결되어 있어 체관요소의 기능을 도와준다. 체관요소는 양분의 세포 통과를 보다 쉽게 하기 위해서 핵과 리보솜, 액포와 같은 세포소기관을 갖고 있지 않지만 동반세포의 핵과 리보솜이 자신의 세포기능뿐 아니라 체관요소의 세포기능을 담당해 준다.

❖ 관다발 식물
- **양치식물**: 체관, 헛물관
- **겉씨식물**: 체관, 헛물관
- **속씨식물**: 체관, 헛물관, 물관

❖ 체관요소와 헛물관은 모든 관다발 식물이 가지고 있다.

❖ 헛물관(가도관)과 물관(도관)요소의 2차벽은 리그닌화(목질화)되어 있어서 물 수송뿐만 아니라 지지작용도 한다. 물관요소는 주로 속씨식물에 있으나 일부 겉씨식물과 양치식물에서도 발견되며, 헛물관은 모든 관다발식물에 나타난다.

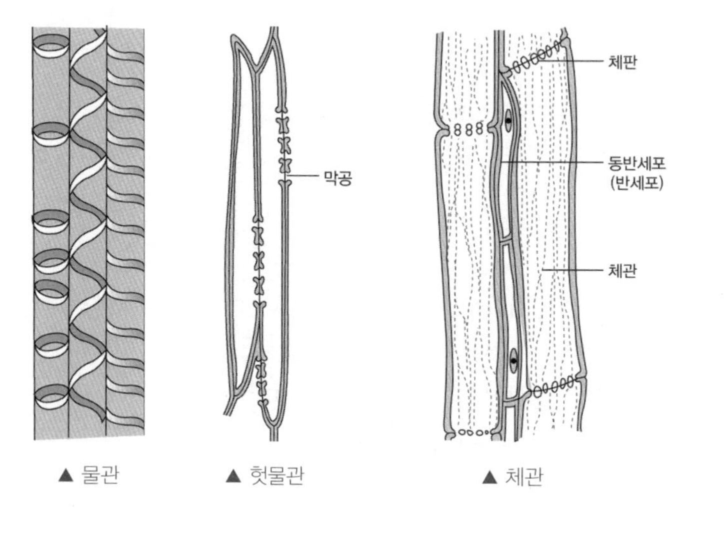

▲ 물관　▲ 헛물관　▲ 체관

3 식물의 조직계

식물은 여러 조직들이 모여 같은 기능을 나타내는 조직계를 이룬다. 식물의 조직계에는 표피 조직계, 관다발 조직계, 기본 조직계가 있다.

(1) 표피 조직계(dermal tissue system)

표피 조직으로 되어 있으며 잎, 줄기, 뿌리를 감싸고 있어 내부를 보호한다. 표피, 털, 뿌리털, 공변세포 등을 포함한다.

(2) 관다발 조직계(vascular tissue system)

물관 또는 헛물관, 체관 그리고 형성층을 포함하는 경우도 있다.

(3) 기본 조직계(ground tissue system)

표피 조직계와 관다발 조직계를 제외한 조직으로 구성되며 대부분 광합성이나 호흡 작용 등의 물질대사가 활발한 유조직으로 이루어져 있다. 일부 후각 조직과 후벽 조직과 같은 기계 조직도 포함된다.

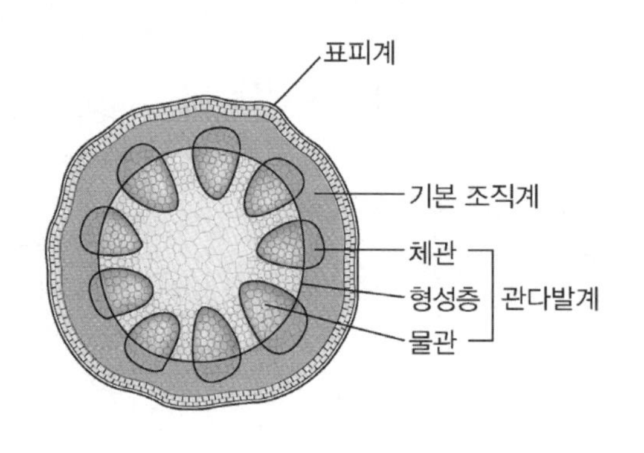

예제 | 1

식물의 조직과 기관에 대한 설명으로 옳은 것만을 모두 고르면?

(지방직 7급)

ㄱ. 대부분의 속씨식물과 일부 겉씨식물, 양치식물에는 헛물관만 있다.
ㄴ. 관다발 식물은 표피계, 관다발 조직계, 기본조직계로 이루어진다.
ㄷ. 정단분열조직은 뿌리 끝과 새 가지의 끝에 위치하여 새로운 세포를 만드는 길이생장을 한다.
ㄹ. 체관요소는 죽은 세포이며, 색소체와 세포벽을 가지고 있지 않다.

① ㄱ, ㄴ
② ㄱ, ㄹ
③ ㄴ, ㄷ
④ ㄴ, ㄷ, ㄹ

| 정답 | ③

ㄱ. 체관요소와 헛물관은 모든 관다발 식물이 가지고 있다.
ㄹ. 체관요소는 살아있는 세포이며, 변형된 색소체와 세포벽을 가지고 있다.

4 식물의 기관

식물의 기관은 양치식물 이상에서 분화되어 나타나며, 뿌리·줄기·잎 등의 영양기관과 꽃·열매·씨 등의 생식기관이 있다.

(1) 영양기관: 잎, 줄기, 뿌리

① **잎**: 잎은 정단분열조직에서 뻗어 나온 잎원기(left primordium)로부터 발달한다. 일부 외떡잎식물은 잎의 기부(leaf base)에서도 잎을 생장시키는데 이구역을 절간분열조직이라 한다. 대부분의 잎은 줄기의 마디에 붙어 있고 광합성, 호흡, 증산 작용과 같은 중요한 일을 한다. 잎은 잎몸(엽신), 잎자루(엽병), 턱잎의 세 부분으로 구성되며 잎몸에는 잎맥이 퍼져 있다. 잎에 있는 표피세포는 큐틴이라는 왁스 성분의 큐티클 층을 만들어 수분이나 먼지로부터 잎을 보호한다. 엽록체가 없기 때문에 무색이며 한 층의 표피세포로 되어 있다. 표피층 사이에는 쌍을 이루고 있는 공변세포가 있으며 공변세포에는 엽록체가 있다. 공변세포의 엽록체는 기공이 열리고 닫히는 데 간접적으로 관계한다. 울타리 조직(책상 조직)은 엽록체가 가장 많이 분포되어 있어 광합성이 가장 활발하게 일어나는 조직으로 세포가 조밀하게 배열되어 있고 해면 조직은 세포가 엉성하게 배열되어 있으며 엽록체가 분포되어 있어 광합성이 일어난다.

❖ 잎원기(leaf primordium)
잎이 나올 돌기

❖ 엽적(leaf trace)
줄기에서 갈라져 잎으로 들어가는 관다발

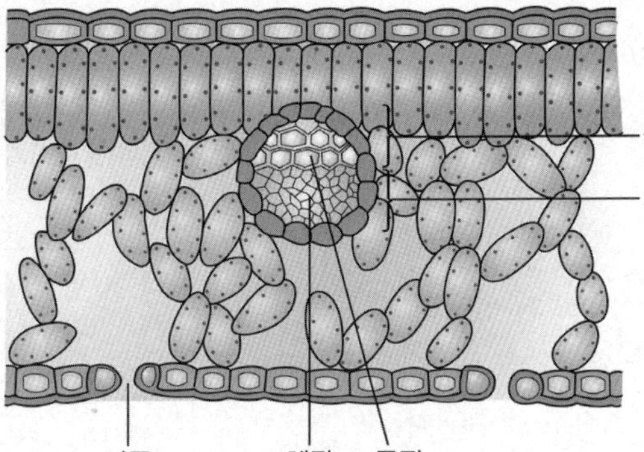

② **줄기**: 줄기에는 물관과 체관을 포함하는 관다발이 뿌리에서 줄기를 거쳐 잎맥까지 연결되어 있어 물과 양분의 이동통로가 된다. 그 외에도 줄기에는 눈, 잎, 꽃, 열매 등이 붙어 있다. 줄기의 기능으로는 지지 작용, 저장 작용, 호흡 작용, 운반 작용 등이 있다.

❖ 변형된 줄기
- **기는줄기**: 딸기는 땅위에서 수평하게 자란 줄기의 마디에서 만들어진다.
- **덩이줄기**: 감자는 줄기의 끝부분이 확대되어 있으며 감자의 눈은 곁눈의 집합체로 마디를 표시한다.
- **비늘줄기**: 양파

㉠ 줄기의 1기 생장

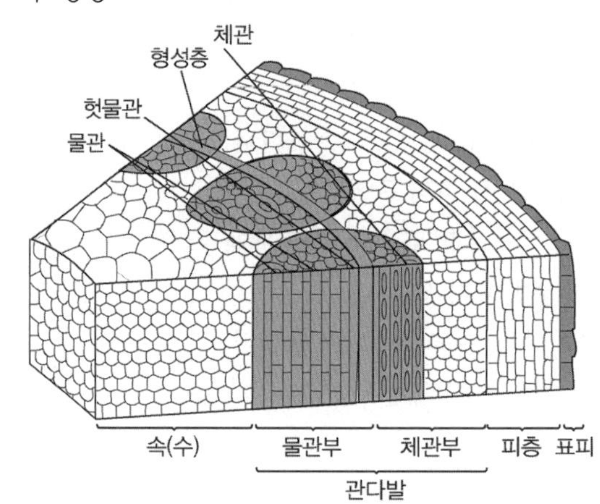

㉡ 줄기의 2기 생장

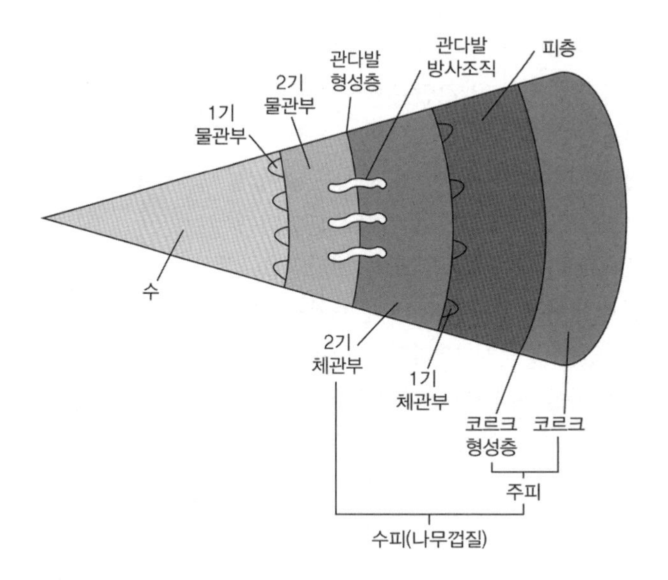

ⓐ 첫 번째 측생분열조직인 관다발형성층에 의해 형성된 시원세포는 2기 물관부와 2기 체관부를 형성하고 직경이 증가하면서 표피는 밀려나서 파열된다. 또 다른 시원세포는 관다발 방사조직을 생성하는데 방사조직(medullary ray)은 2기 물관부와 체관부사이에서 물질의 통행과 저장을 겸하는 조직이다.

ⓑ 두 번째 측생분열조직인 코르크형성층은 피층의 유세포로부터 발달하여 표피를 대체하는 코르크를 형성한다. 코르크세포가 성숙하면 왁스 물질인 수베린(suberin)을 세포벽에 축적하고 죽는다. 따라서 코르크조직은 줄기와 뿌리에서 수분의 유실을 막고 미생물의 침입을 막는다. 외부와 기체교환은 주피의 곳곳에 있는 작고 튀어나온 분화구같은 구조물인 피목(lentice)을 통해서 이루어진다.

ⓒ 코르크형성층은 피층의 깊은 세포층에서 재형성되는데 피층세포가 아무 것도 남아 있지 않을 경우에는 2기 체관부의 유세포로부터 발달한다.

ⓓ 코르크와 코르크형성층은 주피(periderm, 周皮)를 형성한다.

ⓔ 관다발형성층 바깥쪽의 모든 조직을 수피라고 한다.

ⓕ 심재: 오래된 2기 물관부의 층으로 줄기와 뿌리의 중심부에 위치하며 더 이상 물과 무기질을 운반하지 않는다.

ⓖ 변재: 어린 2기 물관으로 계속 물과 무기질을 운반한다.

ⓗ 관다발형성층에서 가까운 가장 어린 2기 체관부만 당분을 운반한다.

ⓘ 줄기나 뿌리의 두께가 두꺼워지면서 오래된 2기 체관부는 벗겨지기 때문에 2기 물관부처럼 넓게 축적되지는 않는다.

ⓙ 춘재는 봄에 생장한 층으로 얇은 세포벽을 가지며 지름이 크고 물과 무기질의 수송을 최대로 할 수 있다. 추재는 가을에 생장한 층으로 많은 물을 수송하지는 않지만 두꺼운 세포벽을 가지고 있어서 강한 지지작용을 한다.

③ **뿌리**: 뿌리의 표피세포가 변한 뿌리털은 수가 많아 표면적이 넓어 물과 무기양분을 흡수하는 데 효율적이고 생장점에서는 세포분열이 왕성하게 일어난다. 뿌리골무는 죽은 세포로 되어 있으며 생장점을 감싸 보호하고 다당류인 점액을 분비해서 뿌리 끝 주변의 토양을 매끄럽게 하는 작용을 한다. 생장점이 있는 곳을 분열대라고 하며 새로운 뿌리세포가 만들어 진다. 분열대 위쪽을 신장대라 하며 뿌리세포들이 약 10배 이상 길어진다. 신장대 위쪽 뿌리털이 있는 부분을 분화대(성숙대)라 하며 세포들의 분화가 완전히 이루어져 뚜렷한 세포의 유형을 갖게 된다. 뿌리의 기능으로는 지지 작용, 저장 작용, 호흡 작용, 흡수 작용 등이 있다.

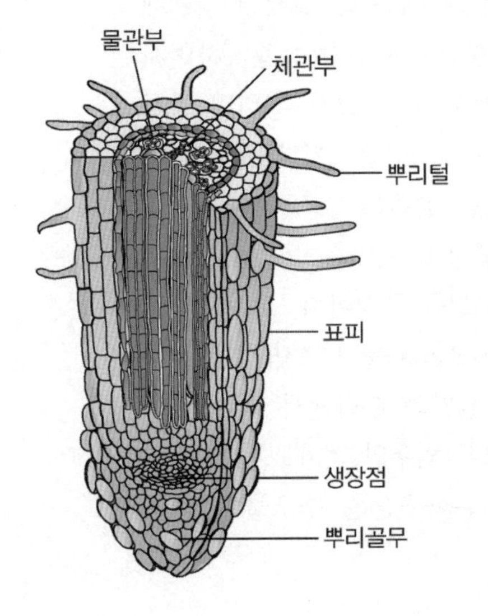

❖ 주(周): 둘레 주 예 주변

❖ 환상박피
수피를 동그랗게 도려내는 것

❖ 겉씨식물과 쌍떡잎식물은 1차 뿌리에서 발달되는 원뿌리와 곁뿌리가 나온다. 양치식물과 외떡잎식물은 1차 뿌리가 일찍 죽고 원뿌리가 형성되지 않는 대신에 줄기로부터 많은 작은 수염뿌리가 나오는데 이러한 뿌리를 막뿌리(부정근)라고도 한다.

❖ 변형된 뿌리
덩이뿌리: 순무, 고구마의 뿌리가 이에 해당되며, 다량의 녹말이나 당분을 저장한다.

㉠ **표피**

㉡ **피층**: 표피 바로 안쪽 부위로 유세포로 구성되며 탄수화물을 저장하며, 뿌리털로부터 들어온 물과 무기양분을 뿌리의 중앙으로 수송한다.

㉢ **내피**: 피층 안쪽의 한 줄의 세포층으로 관다발기둥의 바깥 경계를 이루며 내피세포의 횡단 벽은 방수물질인 수베린을 가지고 있어서 관다발 기둥으로 물질통과를 조절하는 선택적 장벽이다.

㉣ **내초**: 관다발기둥의 바로 안쪽에 위치한다.

ⓐ 곁뿌리가 생겨나는 조직이다(이유: 곁뿌리에도 관다발이 연결되어야 하므로).

ⓑ 측생분열조직을 생성하여 2기 생장에 기여한다.

ⓒ 무기물을 물관세포로 수송하는 막수송 단백질을 가지고 있다.

㉤ **관다발기둥**(중심주): 물관부가 별모양을 이루며 뻗어나가고 그 사이부분에 체관부가 발달한다. 중심주는 내초, 물관, 체관으로 이루어져있다.

❖ 줄기 또는 뿌리의 관다발조직을 중심주라고 하는데 뿌리의 중심주는 물관부와 체관부가 중앙에 위치하고 있어서 관다발기둥이라 한다.

(2) **생식기관**: 꽃, 열매, 씨

꽃은 종자식물에서 발달한 생식기관으로 씨방과 씨방 속의 밑씨는 자라서 열매와 종자(씨)가 된다.

① **꽃**: 암술, 수술, 꽃잎, 꽃받침으로 구성된 4개의 꽃 기관으로 이루어져 있으며 화탁(꽃턱, receptacle)이라는 줄기의 일부에 붙어 있다.

㉠ **암술**(pistil): 암술머리, 암술대, 씨방

㉡ **수술**(stamens): 꽃밥, 수술대

㉢ 완전 꽃은 네 가지 꽃 기관을 다 가진 꽃이고 다 가지지 못한 것은 불완전 꽃이라 하며 수술과 암술 중 하나만 가진 불완전 꽃은 단성이다.

❖ 암술은 하나의 심피(carpel)나 두 개 이상의 심피를 지칭한다. 심피는 대포자엽(대포자낭이 발생되는 잎)이 변형된 것이다.

② **열매**

㉠ **단과**(simple fruit): 한꽃의 단일 심피 또는 여러 개의 합쳐진 심피로부터 생기는 열매(완두)

㉡ **집합과**(aggregate fruit): 하나의 꽃에 있는 여러 개의 분리된 심피가 하나의 작은 열매로 된다.(산딸기)

㉢ **복합과**(multiple fruit): 화서를 이루고 있는 서로 다른 꽃들의 심피들로부터 발생한다.(파인애플－조각, 조각이 서로 다른 꽃)

㉣ **부과**(accessory fruit): 씨방이 아닌 다른 조직으로부터 발생하는 열매(사과, 배)

❖ 화서(꽃차례, inflorescence)
꽃의 배열, 또는 꽃이 피는 모양

③ **종자**(씨): 종자는 배, 배젖, 종피로 구성되어 있다.

5 생장과 패턴형성

(1) 무한생장과 유한생장

① 무한생장: 식물의 생장과 같이 전 생애에 걸쳐 끊임없이 일어나는 생장
② 유한생장: 동물이나 식물의 꽃, 잎, 열매 등과 같이 일정 크기에 도달할 때 까지만 일어나는 생장

(2) 식물의 세포질 분열면과 분열의 대칭성

① 세포질 분열면: 간기 후반부에 결정되는 전기전 미세소관띠(preprophase band)라는 세포골격의 재배열이 공간적 방향결정의 첫 번째 신호이다.
② 비대칭 세포분열: 공변세포의 형성은 비대칭 세포분열과 세포질 분열면 변경의 두 가지가 관여한다. 즉, 표피세포가 비대칭으로 분열하면 큰 세포는 그대로 표피세포로 남고 작은 세포는 첫 번째 세포분열면과 직각 방향으로 분열해서 공변세포가 형성된다. 이와 같이 비대칭 세포분열은 다른 유형의 세포를 생산할 수 있다.

❖ 전기전 미세소관띠
세포분열 전에 장래의 분열면을 에워싸는 미세소관으로 중기에 사라지지만 앞으로 나타날 세포분열판을 예고한다.

(3) 패턴형성이 일어나는 동안 식물세포의 운명을 결정하는 두 가지 가설

① 혈통기반설: 세포의 운명이 발생 초기에 결정된다는 설
② 위치기반설: 세포의 운명이 마지막 세포의 위치에 따라 다음에 형성될 세포의 종류가 결정된다는 설

(4) 세포분화의 조절

애기장대 뿌리의 표피조직에는 뿌리털을 형성하는 표피세포와 뿌리털을 형성하지 않는 표피세포 두 가지 유형이 있는데 뿌리털을 형성하지 않는 표피세포는 *GLABRA*−*2* 유전자가 발현된다. 따라서 적당한 뿌리털을 갖는 뿌리가 되기 위해서는 *GLABRA*−*2* 라고 하는 호메오유전자의 차별적인 발현이 필요하다. (뿌리의 모든 표피세포에서 *GLABRA*−*2* 유전자가 발현된다면 뿌리털이 형성되지 않는다.)

❖ 애기장대
십자화과의 작은 잡초 식물인 애기장대는 식물 중에서 가장 작은 유전체를 갖는다. 이 식물은 5쌍의 염색체를 갖고 있어서 쉽게 특정 유전자의 위치를 알아낼 수 있다. 이로 인해 애기장대는 식물체 전체 염기서열이 밝혀진 최초의 식물이다.

진핵생물로서 최초로 게놈 서열이 결정된 최초의 단세포생물은 예상대로 효모(1996년)였고 동물로서 가장 먼저 된 것은 예쁜꼬마선충(1998년)이었다. 식물로서 가장 먼저 된 것은 애기장대라는 쌍떡잎잡초(2000년)였으며, 모델생물로 많은 연구 결과가 집적되어 있던 초파리도 2000년에 완성되었다.

식물의 수송과 영양

1 횡적수송

물이 뿌리털에서 흡수되어 뿌리의 물관부로 이동되는 세 가지 경로

(1) 아포플라스트 경로(apoplastic route)

식물의 살아 있지 않는 부위인 세포벽과 세포 외 공간의 연속적인 네트워크를 통해 물과 물에 녹아 있는 무기질이 이동하는 경로

❖ 아포플라스트
세포벽과 세포벽사이의 간극을 말한다. 세포외공간, 헛물관, 물관과 같은 죽은세포의 내부까지도 포함된다.

(2) 심플라스트 경로(symplastic route)

물과 물에 녹아 있는 무기질이 살아 있는 세포 안으로 들어가서 다음 세포의 세포질로 원형질 연락사를 통해 이동하는 경로(세포막을 한 번만 통과하면 된다)

(3) 막전이 경로(세포막 통과 경로, transmembrane route)

물과 물에 녹아 있는 무기질이 세포막을 통과해서 확산할 수 있는 경로(세포막을 반복적으로 통과해야 한다)

아포플라스트 경로
심플라스트 경로
물관
막전이 경로
원형질 연락사
세포막
세포벽
카스파리안선

❖ 카스파리안선(casparian strip)
내피세포의 횡단 벽에 물과 물에 녹아 있는 무기질이 통과할 수 없는 왁스성분의 수베린을 함유한 띠 모양의 선으로 아포플라스트 경로를 막는다. 물과 무기질이 자동으로 물관으로 들어가는 것을 막고 반드시 선택적 투과성이 있는 세포막을 통과해서 심플라스트 경로로 들어가도록 해서 토양의 물에 녹아 있는 용질 중 특정 용질만 중심주의 물관으로 들어갈 수 있게 한다.

2 식물의 증산 작용

(1) 수분 퍼텐셜(water potential, Ψ): 물이 이동할 수 있는 잠재력

① Ψ_s: 용질 퍼텐셜(= 삼투 퍼텐셜, solute potential)
② Ψ_p: 압력 퍼텐셜(pressure potential)
③ $\Psi = \Psi_s + \Psi_p$
④ 순수한 물의 용질 퍼텐셜(Ψ_s)=0 Mpa(메가파스칼)

⑤ 용질은 물과 결합해서 자유롭게 이동할 수 있는 물 분자 수를 줄여서 수분 퍼텐셜을 낮추게 되므로 용액의 용질 퍼텐셜(Ψs)은 항상 음의 값이 된다. (따라서 Ψ도 0 이하로 된다)

⑥ 팽압으로 인한 압력 퍼텐셜(Ψp)은 양의 값이 된다.

⑦ 물은 수분퍼텐셜이 높은 곳에서 낮은 곳으로 이동한다.

❖ 수분퍼텐셜이 높다 = 저장액
수분퍼텐셜이 낮다 = 고장액

(2) 기공(stoma)

표피층 사이에는 쌍을 이루고 있는 공변세포가 있으며 공변세포와 공변세포 사이의 틈을 기공이라 한다.

(3) 공변세포(guard cell)

표피가 변한 것으로 표피에는 엽록체가 없으나 공변세포에는 엽록체가 있다.

(4) 기공의 개폐

① 청색광에 의해 양성자펌프가 활성화되어 공변세포 바깥쪽으로 H^+을 능동수송하면 전기화학적 기울기가 생겨 공변세포 주변 표피세포로부터 K^+과 Cl^-의 유입이 촉진된다. 그 결과 공변세포 내의 수분퍼텐셜이 낮아져 물이 삼투 현상에 의해서 공변세포로 들어온다.

② 공변세포는 세포벽 두께가 균일하지 않고(안쪽이 두껍고 바깥쪽이 얇다) 셀룰로스 미세 섬유가 방사상으로 배열되어 있다.

③ 물이 공변세포로 들어와 팽압이 커지면 두 개의 공변세포는 세포벽이 얇은 바깥쪽으로 부풀어 휜다. 두 개의 공변세포 양끝은 붙어 있고 세포벽의 셀룰로스 미세 섬유가 펴지거나 줄어들려고 하지 않기 때문에 기공이 열린다.

▲ 세포가 팽팽함(기공 열림)　▲ 세포가 흐늘흐늘(기공 닫힘)

(5) 새벽에 기공이 열리는 3개의 시작 신호

① 빛 자체로 공변세포의 세포막에 있는 청색광 수용체가 양성자 펌프 활성을 자극하여 K^+을 능동적으로 축적하고 부풀어 오르도록 자극된다.
② 엽육세포에서 광합성이 시작되면 CO_2가 감소하면서 기공이 열린다. CO_2의 감소는 일련의 과정을 통해서 K^+의 유입을 증가시켜 기공을 열리게 한다.
③ 공변세포 내부의 생체 시계에 따라 일주기성 리듬에 의해서도 기공이 열리고 닫힌다. 암실에 식물을 두어도 기공은 일주기에 따라 개폐를 계속할 것이다.

(6) 낮 동안에도 기공을 닫는 경우

식물이 수분 부족을 겪게 되면 앱시스산이라는 호르몬이 수분 스트레스에 반응하여 공변세포막에 존재하는 K^+채널을 열리게 하여 공변세포 내의 K^+을 감소시켜 공변세포가 팽압을 잃고 기공을 닫는다.

(7) 증산 작용(transpiration)

식물체 내의 물이 기공을 통해서 수증기의 형태로 증발하는 현상이다.

(8) 물이 상승하는 원동력

① **뿌리압**: 증산작용이 거의 없는 밤에도 뿌리세포는 관다발기둥의 물관부로 무기이온을 계속 능동적으로 펌프질 하고 내피의 카스파리안선은 무기이온이 피층이나 토양으로 새어 나가지 못하게 막는다. 결과적으로 축적된 무기이온이 관다발기둥 내부의 수분퍼텐셜을 낮아지게 만들어 뿌리에서 삼투 현상으로 흡수된 물을 위로 밀어 올리는 뿌리압을 만들어 낸다.
② **모세관 현상**: 가는관(모세관)을 따라 물이 올라가는 현상
③ **물의 부착력과 응집력**: 물과 셀룰로스는 둘 다 극성 물질이므로 물관 세포벽에서 물 분자와 셀룰로스 분자 사이에 강한 부착력이 있다. 또한 수소결합에 의해 물 분자끼리 서로 끌어당기는 힘으로 물 분자 1개가 상승하면 주위의 물 분자도 같이 당겨져 올라가게 된다.
④ **증산 작용**: 물이 기공을 통해서 수증기의 형태로 증발하는 현상으로, 물을 상승시키는 가장 큰 원동력이다.(음압에 의한 부피유동)

(9) 일액현상(guttation): 물관을 따라 올라간 물이 잎에서 증산되는 속도보다 더 빠른 속도로 물이 잎에 들어가도록 하는 뿌리압(근압) 때문에 식물 잎의 끝이나 가장자리에 물방울이 맺히게 되는 현상

예제 | 1

육상식물의 기공 개폐에 대한 설명으로 옳지 않은 것은? (국가직 7급)

① 기공이 열리면 증산 작용이 활발하게 일어난다.
② 공변세포의 팽압이 증가하면 기공이 닫힌다.
③ 광합성에 필요한 CO_2가 부족하면 기공이 열린다.
④ 앱시스산(ABA)은 기공을 닫게 한다.

| 정답 | ②

② 공변세포의 팽압이 증가하면 기공이 열린다.

❖ 액체 내에 증기 기포가 발생하는 공동현상 때문에 물기둥이 끊어지기도 한다. 공동현상은 헛물관보다는 넓은 물관요소에서 더 자주 일어나며 가뭄 스트레스를 받거나 겨울에 물관액이 얼 때 생길 수 있다.

❖ 식물은 부피유동으로 물관액을 끌어올리는데 에너지를 소비하지 않는다. 대신 빛을 흡수하여 엽육세포의 습기찬 벽에서 물을 증발시키는 증산작용이 일어나게 한다. 결과적으로 물관액 상승의 원동력은 빛에너지라고 할 수 있다.

심화편 Ⅵ

3 당의 이동

① 당을 공급원에서 체관으로 실으면 체관요소 내부의 수분퍼텐셜이 낮아진다.
② 체관의 삼투압이 높아져 물이 물관에서 체관으로 삼투하게 된다.
③ 물의 유입으로 체관의 압력이 높아져 양성압력이 만들어진다.
④ 양압에 의해 당이 수용원 쪽으로 이동하게 된다(양압에 의한 부피유동).
⑤ 수용원에서 당을 내려놓고 결과적으로 물을 잃게 되면서 이런 압력은 없어지게 된다.

4 식물의 영양

(1) 식물의 생장에 필요한 다량 원소(9개의 원소)

C, O, H, N, K, Ca, Mg, P, S

① N: 핵산, 단백질, 엽록소의 성분
② K: 기공의 개폐, 수분의 평형을 유지, 효소의 보조인자
③ Ca: 세포벽 형성, 자극에 대한 세포의 반응 조절, 신호전달
④ Mg: 엽록소의 성분, 부족 시 잎의 황화 현상, 효소의 보조인자
⑤ P: 핵산, 인지질, ATP의 성분
⑥ S: 단백질, 조효소의 성분
⑦ Fe: 미량 원소로서 사이토크롬의 성분, 엽록소 형성에 관여, 부족 시 잎의 황화 현상

❖ 수경재배
어떤 원소가 필수원소인지를 알기 위해서 무기성분의 배양액에 식물을 배양하는 것

❖ 미량원소(8개의 원소)
Cl(염소), Fe(철), Mn(망간), B(붕소), Zn(아연), Cu(구리), Ni(니켈), Mo(몰리브덴) – C_4식물과 CAM식물에서는 PEP를 생산하기 위해서 필요한 Na도 미량원소에 포함된다.

(2) 토양층

① A단층(표토): 다양한 성질의 바위조각과 살아 있는 생물체, 부패중인 유기물질이 혼합되어 있는 층
② B단층(심토): 표토에 있는 물질이 스며들어 축적된 토양으로 풍화가 일어나기 힘들고 표토보다 유기물질이 훨씬 적다.
③ C단층: 부분적으로 부숴진 바위 층으로 뿌리는 도달하지 못한다.

(3) 토양입자와 양이온 교환

① 토양입자는 음이온을 띠고 있으므로 토양입자와 양이온들이 결합하고 있다. 따라서 식물은 토양속의 양이온을 흡수하기 위해서 뿌리 표피세포의 양성자펌프에 의해 형성된 수소이온으로 대체하여 양이온을 토양입자로부터 벗어나도록 한 후 양이온을 흡수한다.

② 질산이온(NO_3^-), 인산이온(PO_4^{3-})같은 음전하를 띠는 무기질은 토양입자와 결합하지 않고 있어서 양전하를 띠는 무기질보다 빗물에 잘 씻겨나가기 때문에 토양에서 쉽게 결핍될 수 있다.

③ 대부분의 식물은 H^+이 토양입자의 양(+)으로 하전된 무기물을 대체함으로서 양이온을 식물이 잘 흡수할 수 있어서 약산성의 토양을 선호한다. 그러나 토양의 pH가 5이하로 낮아지면 독성의 알루미늄이온(Al^{3-})이 뿌리에 흡수되어 뿌리에 손상을 주고 칼슘의 흡수를 저지한다.

(4) 관개

① **관개**: 농작물의 관리에 있어서 필요한 물을 인공적으로 농지에 공급하는 것

② **관개의 문제점**

㉠ 관개용 물의 일차적인 근원은 강이나 호수와 같은 표면수가 아니고 대수층이라고 하는 지하수이므로 관개의 결과 지각 침강현상인 지반침하가 생길 수 있다.

㉡ 지하수를 이용한 관개는 토양의 염분화를 초래할 수 있다. 관개수에 용해된 염분은 물이 증발하면서 토양에 축적되기 때문에 토양의 수분 퍼텐셜은 더욱 낮아진다.

③ 관개기술 가운데 하나인 낙수관개는 구멍이 뚫린 플라스틱관을 뿌리 근처에 설치하여 물이 천천히 흘러나가도록 하는 방법이다.

(5) 비료

① **시비(fertilization)**: 작물의 생장을 촉진시키거나 수확량 또는 품질을 높이기 위해 유실된 토양에서 부족하기 쉬운 질소, 인산, 칼륨 등의 비료를 토양에 공급하는 것

② 비료에 20－10－5라고 표시되어 있는 것은 질소 20%, 인산 10%, 칼륨 5%를 나타낸 것이다.

(6) 기생식물과 착생식물

① **기생식물**: 숙주로부터 물과 무기질, 광합성 생산물을 흡수하여 얻는 식물

예 대부분의 기생식물은 엽록소를 갖고 있지 않지만, 겨우살이는 엽록소를 가지고 광합성작용도 하면서 부족한 영양분을 참나무나 밤나무에 새둥지처럼 붙어서 기생하여 얻는다.

② 착생식물: 식물의 표면에 붙어살며 식물에서 수분이나 영양분을 뺏지 않고 빗물이나 수증기에 녹아있는 영양염류를 흡수한다.

예 나무줄기와 바위에 붙어서 자라는 난초과의 일종인 풍란

③ 식충식물: 광합성을 하지만 질소나 무기물이 부족한 척박한 토양에서 곤충을 잡아먹으며 서식한다.

예 파리지옥, 벌레잡이통풀

Check Point

개화의 유전적 조절(ABC 가설)

3종류의 유전자가 4가지 유형의 꽃 기관 형성을 결정하는지를 제안하는 꽃 형성에 대한 ABC 가설은 다음과 같다. 꽃을 구성하는 기관들의 발달은 전사인자를 암호화하는 A, B, C 세 부류의 기관결정유전자에 의해 결정된다. ABC 가설에서는 각 종류의 유전자가 꽃 분열조직의 특정한 2개의 동심원상에서 스위치가 켜진다. A 유전자는 바깥쪽 2개 동심원상(꽃받침과 꽃잎)에서 스위치가 켜지며, B 유전자는 가운데 2개 동심원상(꽃잎과 수술)에서, 그리고 C 유전자는 안쪽 2개 동심원상(수술과 암술)에서 스위치가 켜진다. 따라서 A 유전자만 단독 발현되면 꽃받침형성을 위한 유전자의 전사를 촉진하고, A와 B 유전자가 발현되면 꽃잎형성을 위한 유전자의 전사를 촉진하고, B와 C 유전자가 발현되면 수술형성을 위한 유전자의 전사를 촉진하며, C 유전자만 단독 발현되면 암술형성을 위한 유전자의 전사를 촉진한다.

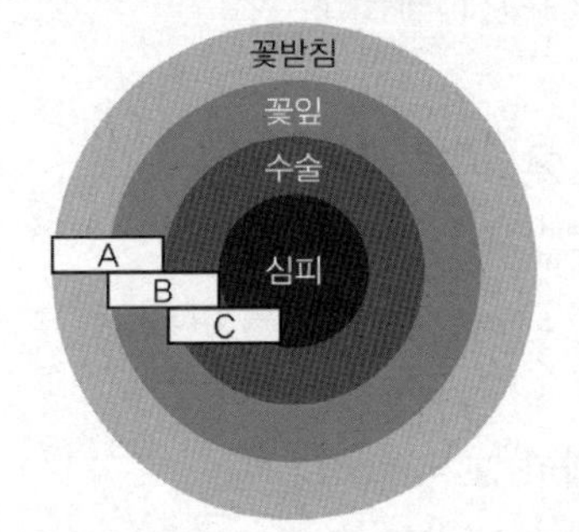

» A, B, 또는 C 유전자가 결여된 돌연변이 표현형
- A 유전자 결핍 돌연변이체: 수술과 암술만 형성된다.
- B 유전자 결핍 돌연변이체: 꽃받침과 암술만 형성된다.
- C 유전자 결핍 돌연변이체: 꽃받침과 꽃잎만 형성된다.

예제 | 2

꽃 형성의 유전적 조절에 대한 ABC 모델이다. 옳지 않은 것은? (국가직 7급)

A	A + B	B + C	C
꽃받침	꽃잎	수술	암술

① A와 B 유전자가 모두 발현되면 꽃잎이 형성된다.
② B와 C 유전자가 모두 발현되면 수술이 형성된다.
③ B 유전자가 불활성화되면 꽃잎 부위에 꽃받침이 형성된다.
④ B 유전자가 불활성화되면 암술 부위에 수술이 형성된다.

| 정답 | ④
B유전자가 불활성화되면 수술 부위에 암술이 형성된다.

35 식물의 생식과 조절

1 속씨식물의 생식(angiosperm)

(1) 속씨식물의 생식세포 형성

① **화분(화분립, pollen grain)의 형성**: 수술(소포자엽)의 꽃밥에 있는 소포자낭(꽃가루주머니) 속에는 화분모세포(소포자모세포: 2n)가 들어 있는데 이것이 감수분열 하여 4개의 화분세포(소포자: n)가 된 후 각각의 화분세포(소포자)는 핵분열하여 생식핵(n)과 화분관핵(n)을 갖는 화분(수배우체)이 되며, 수분이 되면 생식핵(n)은 화분관 속에서 분열하여 2개의 정핵(수배우자, n)을 형성하게 된다.

❖ 화분립은 스포로폴레닌이라는 매우 단단한 중합체벽으로 보호되어 있다.

② **배낭(embryo sac)의 형성**: 암술(대포자엽)의 씨방 속에 밑씨가 있고 밑씨의 내부 조직인 주피(integument, 珠皮)가 주공이라는 틈을 제외하고 대포자낭 주변을 싸고 있다. 대포자낭 안에 있는 배낭모세포(대포자모세포: 2n)가 들어 있고 이것이 감수분열하여 4개의 세포가 되며, 그중 3개는 퇴화하고 1개만 남아서 배낭세포(대포자: n)가 된다. 배낭세포는 세포질 분열 없이 연속적으로 핵분열을 3번 하여 8개의 핵을 갖는 거대한 세포가 된다. 이 덩어리는 막으로 나누어져서 다세포 배낭(암배우체)이 된다. 성숙한 배낭 속에는 1개의 난세포(암배우자, n), 2개의 극핵, 2개의 조세포, 3개의 반족세포가 만들어지는데 극핵은 분리된 세포로 나누어지지 않고 배낭의 커다란 중심세포 세포질을 공유하게 된다. 따라서 성숙된 배낭은 7개의 세포 안에 들어 있는 8개의 핵을 갖게 된다.

❖ 주(珠): 방울 주 예 진주

❖ 대포자, 대포자낭, 그리고 이를 둘러싸는 두 층의 주피를 통틀어 밑씨(배주)라 하며, 주피사이로 열린 주공을 통하여 꽃가루가 들어간다.

❖ 겉씨식물의 대포자는 하나의 주피층으로 싸이지만 속씨식물은 2층의 주피층을 갖는다.

(2) 속씨식물의 수정(중복 수정, double fertilization)

화분이 암술머리에 묻으면 화분관이 자라면서 암술대를 뚫고 배낭에 도달한 후 화분관핵은 퇴화하고 2개의 정핵(n)은 배낭 속으로 들어가서 하나는 난세포(n)와 융합하여 배(2n)로 발달하고, 다른 하나는 2개의 극핵(n)과 융합하여 배젖(3n)이 된다. 이와 같은 속씨식물의 수정을 중복 수정이라고 한다.

① 정핵(n) + 난세포(n) → 배(2n)

② 정핵(n) + 극핵(n, n) → 배젖(배유, 3n)

(3) 종자의 발생

① 종자는 배, 배젖, 종피로 구성되어 있다. 주피는 종자가 형성될 때 종피(종자껍질)로 된다.

② 수정 후에 밑씨는 종자로 발생하고 씨방은 종자를 품고 있는 열매로 발생하여 바람이나 동물에 의해 종자가 퍼지는 것을 돕는다.

(4) 종자의 장점

① 포자는 주로 단세포이며 짧은 생존기간을 갖지만 종자는 여러 층의 조직으로 되어 있고 종피에 의해서 보호를 받기 때문에 몇 년 이상을 휴면상태로 있을 수 있다.

② 포자와는 달리 종자는 저장된 영양물질을 공급할 수 있는 체제를 가지고 있다.

③ 일부의 종자들은 바람이나 동물에 의해서 수백 km에 이르는 장거리로 이동할 수도 있어서 넓은 범위까지 번식이 가능하다.

(5) 꽃의 수분

① **바람에 의한 수분**: 벼, 보리 등 속씨식물의 약 20%와 대부분의 겉씨식물

② **꿀벌과 같은 곤충에 의한 수분**: 속씨식물의 약 65%

③ **밤에 활동하는 나방이나 박쥐에 의한 수분**: 밝은 색이고 향기를 가진 꽃

④ **파리에 의한 수분**: 악취를 풍기는 썩은 고기 꽃(*stapelia* 종)

⑤ **새에 의한 수분**: 꽃꿀이라는 설탕용액을 만들어 내는 꽃

(6) 배의 발생

① 접합자의 첫 번째 체세포분열을 하여 바닥세포와 끝세포가 된다.

② 끝세포는 대부분 배를 이루게 되고 바닥세포는 분열을 계속해서 배자루를 만들어 배를 부모에게 붙어있도록 한다.

예제 | 1

속씨식물의 생활사에 대한 설명으로 옳지 않는 것은? (국가직 7급)

① 두 개의 정자 중 하나는 난세포와 수정하여 접합자(zygote)를 형성한다.

② 중복수정을 한다.

③ 수정 후에 꽃가루관이 발아하여 씨방으로 내려간다.

④ 수술에서 생성된 꽃가루의 배우체는 반수체(haploid)이다.

| 정답 | ③

③ 꽃가루관이 자라면서 암술대를 뚫고 씨방으로 내려간 후 수정이 일어난다.

❖ 꽃의 수분

- **바람에 의한 수분**: 꽃은 작고 초록색이며 꽃꿀이나 향기도 만들지 않는다.
- **꿀벌에 의한 수분**: 꽃은 은은하고 달콤한 향기를 갖고 있다. 꿀벌은 주로 노란색이나 파란색 같은 밝은 색깔에 유인된다.
- **새에 의한 수분**: 꽃은 일반적으로 크고 밝은 빨강이나 노란색이지만 새는 발달된 후각기관을 갖고 있지 않기 때문에 꽃의 향기는 거의 없고 새의 구부러진 부리에 맞게 꽃잎이 합쳐져서 굴곡을 만든다.

③ 끝세포는 분열하여 둥근모양의 전배(초기배)를 형성하고 떡잎이 전배 위에서 형성되기 시작한다(쌍떡잎식물의 떡잎은 이 시기에 하트모양을 하고 있다).

④ 배자루가 있는 쪽에서는 뿌리 끝이 형성된다.

(7) 속씨식물이 자가수분을 피할 수 있는 3가지 방법

① **암수딴몸**: 수술이 없는 암꽃이거나 암술이 없는 수꽃을 가지므로 자가수분이 일어나지 않는다.

② **완전 꽃에서 다른 높이의 암술머리**: 암술머리가 수술대의 꽃밥보다 더 높으면 자가수분을 피할 수 있다.

③ **자가불화합성**: 가장 흔한 타가수정 방법으로 같은 꽃이나 같은 그루의 다른 꽃 화분이 수분하여도 수정하지 않는 현상으로 자신의 꽃가루를 인지하는 S-유전자의 대립 유전자는 꽃가루가 내려앉은 암술머리의 대립 유전자와 일치하는 대립 유전자를 가진 경우에는 꽃가루관이 발아하지 못하도록 한다.

❖ S = self incompatibility 자가 불화합성

(8) 무성생식과 유성생식의 장점

① 감자눈을 가진 감자의 조각으로 감자를 만들 수 있는 것과 같이 부모식물의 일부분을 떼어내어 전체 식물체로 발생시키는 분절증식(fragmentation)과 같은 영양생식, 민들레 씨가 퍼져 수분이나 수정 없이 씨를 만드는 무수정생식(apomixis)과 같은 무성생식은 어떤 환경에 잘 맞는 각 식물체의 모든 유전자가 자손으로 전달되므로 안정된 상태에서는 유리할 수 있으며 유성생식보다 덜 약한 자손을 만들 수 있다.

② 유성생식은 유전적 다양성을 만들기 때문에 불안정한 환경에서 유리할 수 있으며, 변화된 환경에서 최소한의 자손이라도 살아남을 수 있는 가능성이 무성생식보다 더 많다.

❖ 식물 조직의 일부를 분리하여 배양한 캘러스라고 하는 세포덩어리는 왕성한 분열을 하는 전능성(totipotency)을 갖는다.

❖ 영양생식은 식물의 영양기관으로 번식시키는 무성생식으로 분절증식 외에 꺾꽂이, 접붙이기, 휘묻이와 같은 방법이 있다.

(9) 식물의 육종(breeding)

농작물이 가진 유전적인 성질을 이용하여 농업에 유익한 새로운 종을 만들어 내거나, 기존의 품종을 더욱 좋게 만들어내는 일이다.

(10) 식물의 유전공학과 농업 생산량

① 비타민A의 전구체인 베타카로틴을 생산하는 황금 쌀

② 프로톡신 유전자가 삽입된 *Bt* 옥수수는 살충제 내성이 강하며 곰팡이 감염도 적다.

③ 녹말뿌리작물인 유전자 전이 카사바는 원래의 카사바보다 두 배나 크고 시안화물도 거의 제거되어 세계 기아 인구의 주된 식량으로 개량되었다

❖ 카사바
껍질은 갈색이고 속살은 흰색이며 탄수화물이 풍부한 작물(길쭉한 고구마와 같은 모양)

2 겉씨식물의 생식(gymnosperm)

(1) 겉씨식물의 생식세포 형성

소나무류에서는 하나의 나무에 작은 화분솔방울과 큰 밑씨솔방울에서 두 가지 형태의 포자가 형성된다.

① **화분립의 형성**: 화분솔방울에서 소포자모세포가 감수분열하여 반수체 소포자를 만들고 각각의 소포자는 하나의 수배우체를 갖는 화분립이 된다. 수분이 일어나면 화분립이 발아하여 화분관을 생성하고 두 개의 정자를 밑씨 내의 암배우체로 방출한다.

② **배낭의 형성**: 밑씨솔방울의 대포자낭에서 대포자모세포가 감수분열하여 반수체 대포자를 만들고 살아남은 대포자는 암배우체로 발달하며 암배우체는 하나의 알세포를 생성한다.

❖ 스포로폴레닌이라는 단단한 중합체 벽으로 보호된 화분립 안에 수배우체가 존재한다.

(2) 겉씨식물의 수정(단일 수정)

화분과 배낭의 형성은 속씨식물과 같으나 겉씨식물은 중복 수정을 하는 속씨식물과 달리 2개의 정핵 중에서 하나만 난세포(n)와 융합하여 배(2n)로 발달하고 다른 하나의 정핵은 퇴화하며, 영양공급원인 암배우체조직이 배젖(n)을 만드는 단일 수정을 한다.

① 정핵(n) + 난세포(n) → 배(2n)

② 암배우체조직이 배젖(n)으로 된다.

밑씨솔방울에서 수정이 일어나면 성숙한 종자가 되는데 밑씨솔방울 내에서 각각의 인편 사이가 벌어져 종자가 바람에 날려 흩어지게 된다. 종자는 배(2n), 배젖(n, 영양공급원인 암배우체조직), 주피가 변한 종피로 구성되며 대포자낭은 말라서 붕괴되어 포자벽이 된다.

Check Point

- **대포자**(macrospore): 하나의 배낭모세포가 감수분열하여 생긴 4개의 세포 중 하나만이 배낭으로 되는 n핵상을 가진 배낭세포를 말한다. 나머지 3개는 퇴화된다.
- **소포자**(microspore): 꽃가루(화분)로 발달하는 n핵상을 가진 화분세포를 말한다. 꽃가루가 화분관을 내어 정자를 밑씨로 이동하게 하므로 종자식물의 정자는 물이 필요 없다.
- 선태식물과 양치식물은 배우체가 편모성 정자를 방출하여 난자에 도달하기까지 물의 막을 통하여 유영한다. 일부의 겉씨식물의 정자는 편모성 정자를 갖는 것도 있으나 대부분의 겉씨식물과 모든 속씨식물은 정자의 편모가 소실되었다.
- **동형포자**(homospore, 비종자식물)
  포자엽의 포자낭 → 동일한 형태의 포자 → 배우체 → 난자, 정자
- **이형포자**(heterospore, 종자식물)
  대포자엽의 대포자낭 → 대포자 → 암배우체 → 난자
  소포자엽의 소포자낭 → 소포자 → 수배우체 → 정자

3 식물의 호르몬

(1) 옥신(indole acetic acid, IAA)

① 줄기의 어린잎과 정단분열조직에서 합성되어 줄기를 신장시켜 생장 촉진(고농도의 옥신은 세포의 신장을 억제하는 것으로 알려진 에틸렌의 합성을 유도)

② 줄기에서 신장 효과가 거의 없는 낮은 농도에서 원뿌리(주근, primary root)의 신장을 촉진하지만 곁뿌리(측근, lateral root)와 부정근(막뿌리, adventitious root)의 발달은 고농도의 옥신에 의해 촉진된다. (꺾꽂이를 할 때 뿌리를 잘 내리도록 하기 위해 자른 줄기 끝에 옥신을 처리하여 부정근의 발생을 유도한다.)

③ 관다발 형성층에서 세포분열을 유도하여 2기 물관부의 형성을 촉진

④ **정단 우성**(끝눈 우세성): 끝눈의 생장을 촉진하고 곁눈(측아)의 생장 억제

⑤ 발달 중인 종자에서 생산되어 과일의 발달을 촉진하고 미성숙한 열매의 낙과 방지, 잎의 탈리 지연

⑥ 굴광성(phototropism)에 관여한다.

⑦ 천연 옥신인 인돌 부틸산(IBA)은 꺾꽂이에 의해서 식물을 번식시킬 때 이용되며, 합성옥신인 2－4D는 제초제로서 기능을 한다.

❖ 식물에서 가장 많이 발견되는 옥신은 인돌 아세트산(IAA)이다. 이외에 식물체에서 발견되는 옥신으로 인돌 부틸산(indole butyric acid, IBA) 등이 있으며, 합성옥신으로는 2,4－D(2,4－dichlorophenoxyacetic acid)가 있다.

❖ 신장
세포분열이 아니라 세포의 크기를 크게 하는 것

❖ 부정근(막뿌리)
뿌리를 제외한 부분인 줄기나 잎에서 생겨난 뿌리를 말한다(수염뿌리).

❖ 줄기가 빛을 향해 자라는 것을 양성굴광성이라 하고 뿌리가 빛의 반대쪽으로 자라는 것을 음성굴광성이라 한다.

❖ 2－4D
벼, 보리 등의 외떡잎식물은 합성옥신을 불활성화하여 해가 없으나 쌍떡잎식물의 잡초를 단기간 내에 자라 죽게 한다.

⑧ 식물 호르몬 발견(귀리의 자엽초 실험)

㉠ 다윈 부자의 실험: 굴광성은 빛이 자엽초 정단부에 쪼였을 때만 일어났으므로 정단부에서만 빛을 인지한다고 결론지었다.

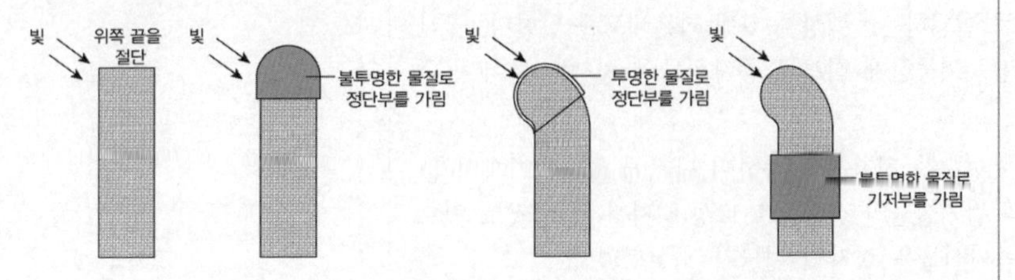

㉡ 보이센-옌센의 실험(Boysen-Jensen): 정단부를 한천(물질이 통과할 수 있다)으로 분리시켜 놓은 경우 정상적으로 굴성이 일어나지만, 운모(물질이 통과할 수 없다)로 분리시켜 놓은 경우 굴성을 보이지 않은 것으로 보아 어떤 화학물질(나중에 옥신으로 알려졌다)이 이동할 수 있는 화학물질임을 확인했다.

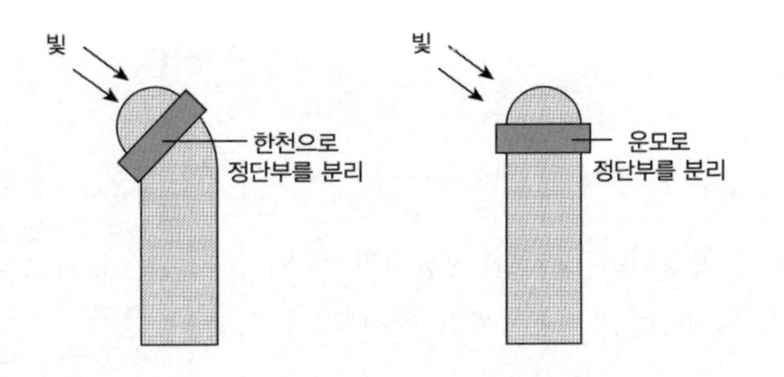

㉢ 벤트(Went)의 실험: 자엽초의 정단부에 있던 화학물질이 한천 조각에 흡수되도록 한 후 한천 조각을 정단부가 제거된 자엽초 꼭대기의 중앙에 맞춰 놓으면 곧게 생장하고 한쪽으로 치우쳐 놓으면 굴성을 보인다. 따라서 옥신이라는 화학물질이 고농도로 분포하여 자엽초가 자란다고 결론지었다.

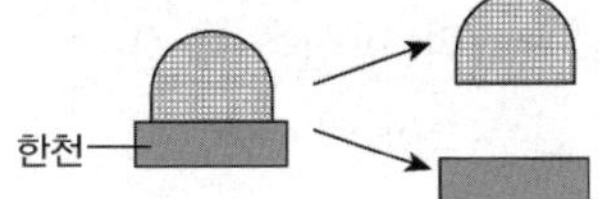

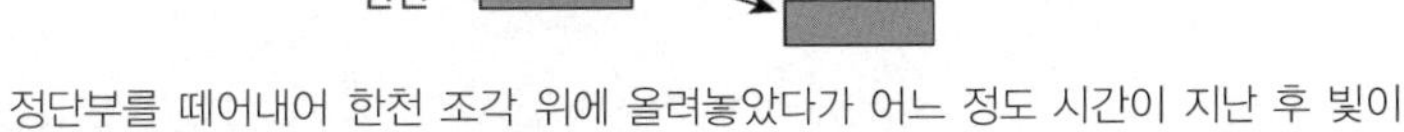

» 정단부를 떼어내어 한천 조각 위에 올려놓았다가 어느 정도 시간이 지난 후 빛이 없는 상태에서 한천 조각만 자엽초 끝에 올려놓는다.

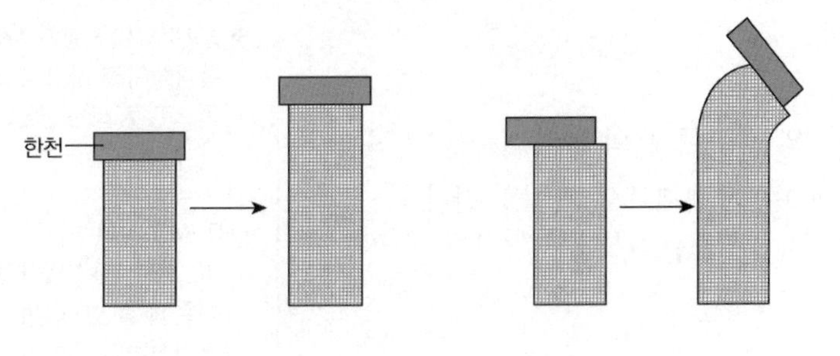

⑨ **옥신의 극성 수송**: 세포의 아래 쪽 면에만 있는 수송단백질을 통해 옥신이 이동되므로 줄기의 정단에서 뿌리 쪽으로만 단일방향 수송된다. 줄기를 거꾸로 세우면 옥신은 위쪽으로 이동한다.

㉠ 세포막의 양성자펌프에 의해 H^+이 세포벽으로 능동수송 된다. (따라서 세포벽의 pH는 세포질보다 낮게 유지된다)

㉡ 옥신은 전하를 띠지 않는 IAAH의 형태로 확산에 의해 세포로 들어가거나 또는 IAA^-가 2차 능동수송인 H^+-IAA^- 공동수송을 통해 세포내로 들어간다.

㉢ 세포질로 들어간 IAAH는 세포질의 중성 pH에 의해 해리된 IAA^-이온이 된다.

㉣ 세포의 아래쪽 면에만 있는 옥신 운반체단백질을 통해 IAA^-가 세포 밖으로 이동된다.

㉤ 세포벽의 낮은 pH로 인해 IAA^-가 다시 IAAH로 바뀌고 IAAH는 다음세포로 확산되거나 공동수송 된다.

㉥ 옥신 극성 수송은 줄기에서 잎의 배열 형태를 결정하는 엽서(phyllotaxis, 잎차례) 결정에도 중요한 역할을 한다.

⑩ **산성 생장설**(acid growth hypothesis)

㉠ 옥신이 막의 양성자펌프를 자극하여 H^+을 퍼내면 세포벽의 pH가 낮아진다.

㉡ 세포벽의 pH가 낮아지면 셀룰로스 미세섬유와 다른 구성요소사이의 수소결합을 끊는 단백질인 익스팬신(expansin)이 활성화되어 세포벽의 섬유들을 느슨해지게 한다.

㉢ 양성자펌프에 의해 만들어진 막전위로 인해 여러 가지 이온이 세포내로 흡수되고 삼투현상으로 물이 세포 안으로 들어온 결과 세포의 팽압이 증가하여 세포의 길이가 늘어난다.

㉣ 세포의 신장은 세포벽의 셀룰로스 미세섬유의 방향에 대해 직각인 방향으로 일어난다.

(2) 지베렐린(gibberellin, GA)

① 어린잎, 정아(definite bud)와 뿌리의 분열조직, 발달 중인 종자에서 주로 합성된다.

② **종자와 눈의 휴면을 깨워 발아 촉진**: 종자의 지베렐린은 발아를 촉진하고, α－아밀레이스 같은 분해효소의 합성을 촉진하여 저장된 양분을 분해하여 이동시킴으로서 유식물의 생장을 돕는다.

❖ GA(Gibberellic Acid)
벼의 키다리병을 일으키는 곰팡이에서 발견한 것으로 이후에 식물도 지베렐린을 합성할 수 있음을 밝혔다.

❖ 정아
정해진 위치에 나는 눈

③ **세포의 신장과 분열을 촉진함으로서 잎과 줄기의 생장을 촉진:** 지베렐린은 양성자 펌프를 통해 아포플라스를 산성화시키지는 않고, 익스팬신을 세포벽 안쪽으로 유입되기 쉽게 해줌으로서 세포의 신장이 일어나도록 한다. 즉 옥신은 세포벽을 산성화시켜 익스팬신을 활성화시키며, 지베렐린은 세포벽 안쪽으로 익스팬신의 유입을 용이하게 해주어 결국 옥신과 지베렐린은 함께 세포의 신장을 촉진한다고 볼 수 있다.

④ **로세트형 식물에 지베렐린을 치리하면 꽃자루이 급격한 생장인 추대(bolting)를 유발:** 상추와 같이 절간이 짧아 땅에 붙어 자라는 로제트형 식물은 잎이 충분히 자라기 전에 추대현상이 일어나면 뿌리 또는 잎의 영양분이 꽃을 만드는 추대로 이동하게 되므로 먹을 수 있는 넓은 잎을 만들지 않게 되어 상품가치가 떨어진다.

예 바람이 든 무

❖ 추대
영양생장단계에서 생식생장단계로 전환되면서 형성되는 꽃줄기

⑤ **발달 중인 종자에서 생산되어 과일의 성장을 촉진하고 과일이 달릴 줄기의 신장을 촉진:** 옥신과 지베렐린은 꽃가루받이 없이도 과실의 발달을 촉진하므로 이들을 작물에 뿌리면 씨 없는 과실을 생산할 수 있다. 포도에 지베렐린을 처리하면 포도송이의 마디사이가 길어져서 각 포도송이가 차지할 수 있는 공간이 늘어나 포도송이를 크게 한다(톰슨의 씨 없는 포도).

⑥ 옥신과 결합한 옥신 수용체단백질과 지베렐린과 결합한 지베렐린 수용체단백질은 모두 핵 안에 있는 억제자와 결합한 후 억제인자에 유비퀴틴의 표지를 촉진하여 프로테아좀에 의한 분해를 유발함으로써 전사가 일어나게 한다.

(3) 사이토키닌(cytokinin)

① 뿌리에서 합성되어 다른 기관으로 이동되며 뿌리와 줄기의 세포분열을 조절

❖ 사이토키닌이라는 이름은 cytokinesis(세포질분열)에서 이름 붙여졌다.

② 사이토키닌과 옥신의 상대적 비율이 세포분열과 성장 촉진 (조직배양 중인 캘러스에서 사이토키닌의 수준이 증가하면 줄기가 발달하고, 옥신의 농도가 높아지면 뿌리가 형성된다.)

③ 발아 촉진하고 노화를 지연시킨다.

④ 정단 우성의 조절: 뿌리에서 합성되어 줄기로 이동한 사이토키닌은 곁눈의 생장을 촉진하는 신호로 작용하여 정단부에서 내려온 옥신에 대한 반작용을 한다.

❖ 다양한 종류의 사이토키닌 중 대표적인 것은 옥수수에서 처음 발견한 제아틴(zeatin)이다.

(4) 앱시스산(abscisic acid, ABA)

① 생장 억제, 잎의 노화촉진

② **수분 부족 시 기공 닫음**(내건성): 낮에도 식물이 물 부족을 겪게 되면 앱시스산이 분비되어 Ca^{2+} 등의 2차 신호전달자에 영향을 주어 공변세포막에 존재하는 칼륨 채널을 열리게 하여 공변세포 내의 K^+을 감소시켜 공변세포가 기공을 닫도록 하는 신호로 작용한다.

③ 종자의 휴면 유도 (추운 겨울 날씨에는 발아를 억제하고, 탈수과정에서 견딜 수 있도록 하는 특정 단백질의 합성을 유도)

(5) 에틸렌(ethylene)

① 정상 온도와 압력에서 기체 상태로 존재하며 과일의 성숙을 촉진하고 성숙의 과정에서 에틸렌이 더 많이 만들어진다.

② **몇 가지 옥신의 효과에 대한 반대 작용**: 옥신과 에틸렌의 상대적 농도 변화에 의해 잎의 탈리가 조절된다. 잎이 오래되면 옥신의 양은 감소하여 탈리층(떨켜층) 세포들의 에틸렌에 대한 민감도가 증가하면서 셀룰로스 등의 식물세포벽 구성 물질을 분해하는 효소들을 합성한다(잎이나 열매의 탈리).

③ 성숙한 식물에서 노화를 시작하게 한다. (엽록소 분해효소와 단백질 분해효소의 합성을 유도하는 유전자의 발현 유도하여 아폽토시스가 일어나게 되고 분해산물은 회수되어 재활용된다.)

④ 뿌리, 잎, 꽃의 생장과 발달을 조절(억제 또는 촉진)

⑤ **유식물의 삼중반응**: 토양에서 위쪽으로 올라오는 어린식물이 장애물을 만나면 에틸렌을 합성하여 다음과 같은 삼중반응이 일어나서 장애물을 피해간다.

㉠ 줄기의 신장속도를 감소시킨다.

㉡ 줄기의 비후화(줄기를 강하게 해준다)

㉢ 줄기가 옆으로 자라도록 줄기를 휘어지도록 한다.

삼중반응 후 계속 자라면서 위쪽을 건드려 딱딱한 것이 없어지면 에틸렌 합성이 감소하고 위쪽방향으로 생장한다.

(6) 브라시노 스테로이드(brassinosteroid)

동물의 스테로이드 호르몬과 화학적으로 유사하다. 세포분열과 신장을 촉진, 잎의 탈리 지연, 물관 형성을 촉진하고 체관형성을 억제, 저농도에서 뿌리의 생장을 촉진하고 고농도에서 뿌리의 생장을 억제하는 등 옥신과 유사한 특징을 갖는다.

❖ 에틸렌에 의한 과일의 성숙을 지연시키는 방법으로 과일을 이산화탄소가 들어 있는 상자에 보관하는데 이산화탄소는 에틸렌의 축적을 방해하고 새로운 에틸렌의 합성을 억제한다.

❖ 낙엽이 지기 전에 잎의 물질이 줄기의 유조직에 저장되었다가 다음 해에 발달하는 잎에 재사용된다.

❖ 애기장대의 삼중반응 돌연변이체

- ein(ethylene – insensitive)**돌연변이체**: 에틸렌에 반응을 보이지 않아 에틸렌을 처리하여도 삼중반응을 보이지 않는다. (일부는 에틸렌 수용체를 가지고 있지 않아서 반응하지 않는다.)
- ctr(constitutive triple – response) **돌연변이체**: 대기 중에서 삼중반응을 보이며 에틸렌 합성 억제제에 반응하지 않는다. ctr돌연변이체는 단백질인산화효소를 암호화하는 유전자에 이상이 생겨 에틸렌 반응이 활성화된다. (단백질인산화효소의 정상적인 기능은 에틸렌 신호전달을 억제하는 것임을 알 수 있다.)
- eto(ethylene – overproducing) **돌연변이체**: 에틸렌을 너무 많이 합성하는 돌연변이체로 에틸렌 합성 억제제를 처리함으로써 정상 표현형을 갖게 할 수 있다.

(7) 자스몬산(jasmonates, JA)

지방산 유도체이며 과일의 성숙과 꽃의 발달, 뿌리의 생장, 종자의 발아, 괴경(덩이줄기)형성, 덩굴손 감기 등 다양한 기능을 조절한다. 상처를 입은 식물에서 합성되어 초식동물과 병원체의 침입에 대한 방어를 조절하는 데 중요한 역할을 한다.

(8) 스트리고락톤(strigolactone)

카로티노이드에서 유래한 호르몬으로 뿌리에서 합성되며, 균근 형성을 도와주고 종자의 발아를 촉진, 부정근 형성을 억제하며 정단우성을 조절한다. 줄기를 따라 내려가는 옥신의 극성 흐름은 스트리고락톤의 합성을 유도하는데 이것이 곁눈의 생장을 직접적으로 억제한다. 반면에 뿌리에서 줄기로 이동해온 사이토키닌은 곁눈의 생장을 촉진하는 신호로 작용하여 옥신과 스트리고락톤에 대한 반작용을 한다.

❖ 정단우성은 옥신과 사이토키닌, 스트리고락톤을 포함한 호르몬에 의해 조절된다. 정단우성의 유지를 위해서 줄기 정단에서 당의 요구는 필수적이다.

4 광수용체의 식물 생장 조절

광 형태형성(photomorphogenesis)을 조절하는 두 종류의 광수용체에는 적색광을 주로 흡수하는 광수용체인 피토크롬과 청색광 광수용체가 있다.

(1) 피토크롬(phytochrome): 적색광을 주로 흡수하는 광수용체

① 광주기에 대한 반응에서 적색광과 근적외선의 가역적인 효과

㉠ 피토크롬은 빛 조건에 따라 식물의 여러 생리학적 기능을 조절하는 데 관여하는 식물체 내의 색소 단백질로서 적색광(red-light, R)과 근적외선(far-red, FR)의 반대되는 효과를 매개하는 광수용체이다.

㉡ 적색광은 광주기에서 암처리를 끊어주는 데 가장 효과적인 빛이다.

❖ 광주기성(photoperiodism)
낮 또는 밤의 길이에 대한 생리적 반응

㉢ 단일식물의 경우 암처리 중에 적색광을 잠시 처리하면 암기가 짧아진 효과를 보여 개화하지 않지만, 적색광을 잠시 처리한 후 근적외선을 처리하면 근적외선은 적색광의 효과를 소멸시켜서 식물은 암처리가 중간에 중단된 적이 없었던 것으로 인지하여 개화한다. 장일식물의 경우도 마찬가지의 결과를 보인다.

㉣ 결과적으로 식물에 몇 번의 빛을 비췄는가에 상관없이 맨 마지막에 비춘 빛의 파장에 따라 식물이 밤 길이를 인지하는 데 영향을 받는다. 이러한 가역성으로 암기의 중단을 인지하는 것은 피토크롬이라는 것을 알 수 있다.

② **피토크롬의 분자 스위치 기작**

㉠ **피토크롬의 가역성**: 660nm의 흡수극대를 가지는 적색광 흡수형(P_r)과 730nm의 흡수극대를 가지는 근적외선 흡수형(P_{fr})이 있으며, 저마다 빛을 흡수할 때 상호변환($P_r \leftrightarrow P_{fr}$)을 일으킨다.

암조건에서 자란 식물에서 피토크롬은 적색광 흡수형인 P_r로 존재하는데 낮에 적색광을 흡수하게 되면 근적외선 흡수형인 P_{fr}로 전환되어 생리적 활성을 보이는 반면, P_{fr}로 전환된 피토크롬이 밤에 근적외선을 흡수할 경우 다시 기저상태의 P_r형으로 전환된다.

❖ 낮: $P_r < P_{fr}$
밤: $P_r > P_{fr}$

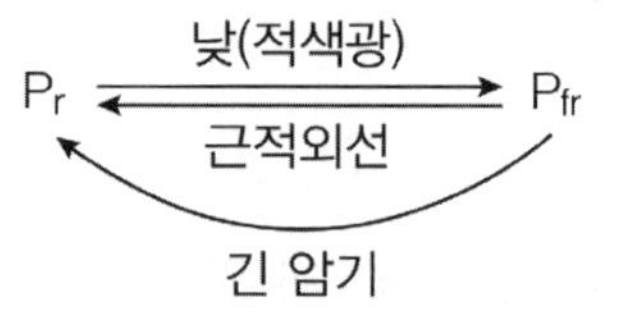

㉡ **피토크롬의 구조**: 피토크롬의 N말단에는 발색단과 결합하는 빌린 분해 효소 도메인과 피토크롬을 P_{fr} 상태로 안정화시켜주는 PHY 도메인(phytochrome domain)이 있다. 또한 피토크롬의 중간에는 피토크롬 이량체 형성과 다른 단백질과의 상호작용을 중개하는 PAS도메인이 있다. 이 PAS도메인의 핵 수송 서열은 P_r형이 P_{fr}형으로 전환된 후 노출되어 P_{fr}형을 핵으로 인도한다.

㉢ **피토크롬의 분포**: 암상태에서 자란 식물의 엽육세포에는 피토크롬이 불활성상태의 P_r형으로 세포질에 분포되어 있는데 빛(적색광)에 노출되면 생리적으로 활성을 갖는 P_{fr}형으로 전환되면서 PAS 도메인의 핵수송서열이 관여하여 핵으로 이동하게 된다. P_{fr}형이 핵에 도착하면 피토크롬은 전사조절자와의 상호작용을 통해 유전자 발현을 조절한다. 그 후 다시 근적외선을 흡수할 경우 P_{fr}형은 기저상태의 P_r형으로 전환되어 세포질로 이동하게 된다.

❖ $P_r > P_{fr}$: 단일식물이 개화
$P_r < P_{fr}$: 장일식물이 개화

㉣ **피토크롬과 개화**: 생리적 활성이 있는 P_{fr}형이 일정량 이하로 감소되면 단일식물의 꽃눈이 형성되고, 일정량 이상으로 증가하면 장일식물의 꽃눈이 형성된다(피토크롬 → DNA → RNA → 효소 → 꽃눈 형성 호르몬).

㉤ **피토크롬과 발아**: 자연 상태에서 식물은 P_r형태로 피토크롬을 합성하고 씨가 암소에 있으면 변함없이 P_r형태로 유지된다. 그러나 씨가 처음으로 태양빛에 노출되면 P_{fr}형태로 전환되어 발아가 유도된다.

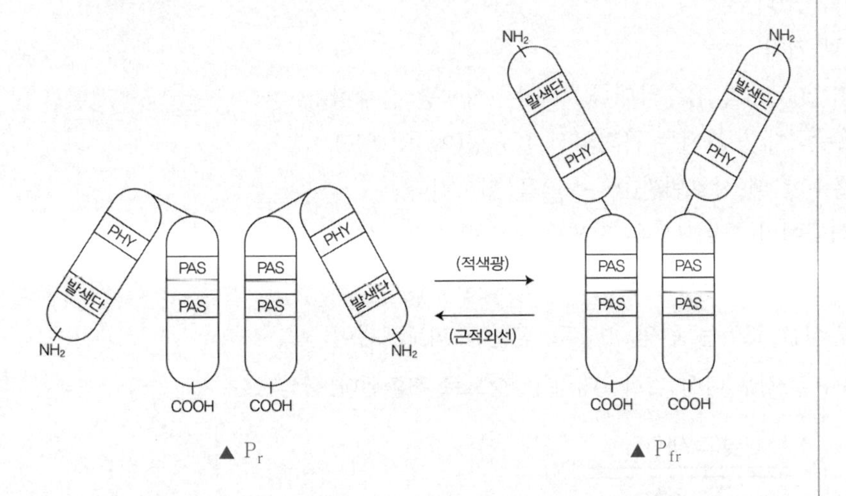

▲ P_r ▲ P_{fr}

③ **음지 회피 반응**(shade avoidance): 애기장대 유식물의 경우 생장을 조절하는 5개의 피토크롬 중 PHYB에 의해서 적색광이 풍부한 일반 태양빛 아래에서는 줄기의 신장이 억제되므로 줄기가 굵고 튼튼해진다. 그러나 PHYB는 그늘에서의 풍부한 근적외선으로 인해 P_r형이 많아져 불활성화된다. 그 결과 줄기는 생장 억제가 풀려 빠른 신장으로 음지에서 벗어나는데 이러한 반응을 음지 회피 반응이라 한다.

④ **탈황화**(de-etiolation, 녹화, greening): 어린 식물의 줄기가 땅위로 올라왔을 때 일어난다.

㉠ **인지**: 세포질에 있는 피토크롬이 빛을 수용하여 활성화되면 두 가지 신호전달경로를 활성화시킨다.

㉡ **전달**: 우선 활성화된 피토크롬은 Ca^{2+}통로를 열어 세포질 내에 2차 신호전달자인 Ca^{2+}의 농도를 100배 정도 증가시킨다. 다음으로 피토크롬은 2차 신호전달자인 구아닐산고리화효소(guanylate cyclase)를 활성화시켜 cGMP를 생성한다. 따라서 완전한 탈황화 반응이 일어나려면 Ca^{2+}과 cGMP가 둘 다 필요하다.

㉢ **반응**: Ca^{2+}과 cGMP를 포함한 2차 신호전달자는 전사조절인자를 인산화하는 단백질인산화효소를 활성화시켜 단백질의 순차적인 인산화가 일어나 탈황화반응에 작용하는 단백질의 유전자 발현을 유발한다.

⑤ **생체시계에 의한 일주기성 리듬**(circadian rhythm): 다른 외부 요인들에 의해 직접적으로 그 주기가 조절되지 않으며, 약 24시간의 주기를 갖고 반복되는 생물학적 주기를 일주기성 리듬이라 하는데 스스로 작동하는 주기는 반응에 따라서 대략 21시간에서 27시간의 주기를 갖는다. 일주기성 리듬은 거의 모든 진핵생물에서 공통적으로 발견된다.

㉠ 화분을 장롱에 넣어두어도 기공이 주기적으로 열리고 닫힌다.

㉡ 콩과식물의 수면운동은 콩과식물의 잎이 낮에는 위로 올라가고 밤에는 아래로 내려가는데 이는 암조건에서도 주기적으로 일어난다. 잎의 바깥쪽과 안쪽에 있는 세포들의 팽압이 서로 상반되게 변화함으로써 이러한 움직임이 일어난다.

❖ 탈황화반응에 작용하는 단백질
광합성관련 효소와 엽록소합성에 필요한 전구물질을 제공해주는데 관련된 효소 등

❖ 토마토 돌연변이체인 *aurea*(황금) 세포에 피토크롬을 주입하면 빛에 반응하여 정상적인 탈황화현상이 일어난다.

(2) 청색광 광수용체(blue light photoreceptor)

① **크립토크롬**(cryptochrome): 어린식물이 땅 밖으로 처음 나올 때 일어나는 현상인 청색광에 의해 유도되는 줄기신장 억제에 관여한다(줄기의 비후).

② **포토트로핀**(phototropin): 단백질을 인산화하여 청색광 유도 기공 열림에 관여하고, 청색광에 의해 인산화되면 어두운 쪽으로 옥신의 측면 이동을 유도하여 굴광성을 일으킨다.

③ **제아잰틴**(zeaxanthin): 포토트로핀과 함께 빛 자극에 의한 기공 열림에 관여한다.

❖ 빛이 생체시계에 미치는 영향
피토크롬과 청색광 수용체들이 모두 식물에서 일주기성 리듬을 조절할 수 있다.

5 여러 가지 자극에 대한 식물의 반응

(1) 중력

굴중성(gravitropism): 식물을 옆으로 놓았을 때 줄기가 위쪽으로 휘어지는 것을 음성굴중성이라 하고 뿌리가 아래쪽으로 휘어지는 양성 굴중성이라 한다.

식물은 뿌리골무의 특정세포에 존재하는 평형석(statolith)이라는 녹말덩어리를 갖는 색소체가 세포들의 아래쪽으로 모여들면 칼슘의 재분포가 일어나 뿌리에서 옥신의 측면 이동을 유발한다. 옥신은 중력에 직접적으로 반응해서 아래쪽으로 이동한 것이 아니고 에너지를 이용해서 한쪽으로 수송된 것이다.

(2) 기계적인 자극

① 접촉형태형성(thigmomorphogenesis): 바람이나 접촉 등에 의한 기계적 자극의 결과로 생장이 억제되거나 비대생장이 일어나는 형태적 변화로 기계적 자극이 에틸렌합성을 유도하기 때문인 것으로 보인다.

㉠ 바람이 심한 산의 정상에서 자라는 나무는 바람이 적은 아래쪽에서 자라는 나무들보다 키가 작으며 굵게 자란다.

㉡ 어린식물의 줄기를 하루에 두세 번씩 문지르면 유전자 발현이 달라져서 식물은 정상식물보다 작은 식물로 자란다.

② 굴촉성(thigmotropism): 접촉 자극에 대하여 나타나는 생장의 변화

㉠ 덩굴손이 발달하여 다른 식물이나 지지대 등을 감싸는 경우

㉡ 포도 덩굴 줄기

③ 경성운동(nasty): 외부의 자극에 대하여 나타내는 변화로 굴성과 달리 자극의 방향과는 관계가 없는 반응이며 경열성, 경광성, 경촉성 등이 있다.

㉠ 끈끈이 주걱이나 파리지옥과 같은 식충식물

㉡ 미모사 잎을 건드리면 접힌다. 이 반응은 엽침(leaf cushion, 잎자루에 있는 비후된 부분)에 있는 세포들 중 위쪽에 존재하는 세포들이 팽압을 잃기 때문에 나타난다.

❖ 식충식물의 벌레잡이 동작이나 또는 미모사 잎을 하나만 뜨거운 바늘로 건드려도 그 잎 하나만 반응하는 것이 아니라 전체의 잎이 접히게 된다. 이러한 반응은 동물의 신경자극과 유사한 형태로 길슘이 접촉자극의 신호물질로 작용하여 활동전위(action potential)라는 전기 자극을 일으켜 식물세포의 전기적인 상태에 변화를 줌으로써 다양한 반응을 보인다.

(3) 환경 자극

① 수분 스트레스

㉠ 앱시스산의 합성을 촉진시켜 기공을 닫는다.

㉡ 수분이 부족하여 시들게 되면 잎이 돌돌 말려서 공기에 노출되는 잎의 표면적을 줄여 증산작용을 최소화 한다.

㉢ 미국의 사막 주립공원에 서식하는 건생식물인 오코틸로(ocotillo)라는 식물은 가문 계절에는 낙엽을 떨어뜨려 잎이 없이 지내다가 큰 비가 온 직후 작은 잎을 만든다.

② 염류 스트레스

㉠ 염화나트륨이나 다른 염들이 과량으로 존재하면 염류로 인해 토양의 수분 퍼텐셜이 감소하여 토양과 뿌리사이의 수분퍼텐셜 차이가 줄어들기 때문에 토양에 수분이 많더라도 식물의 수분 흡수가 줄어들어 식물이 수분부족현상을 겪게 된다.

㉡ 토양의 염분이 적당할 때는 식물에 해가되지 않는 용질(유기물)을 합성하여 토양에 존재하는 해로운 염류를 받아들이지 않고도 뿌리의 수분 퍼텐셜을 토양의 수분 퍼텐셜보다 낮게 유지하여 견뎌내지만 대부분의 식물들은 염류 스트레스에 오랫동안 견뎌내지는

예제 | 2

암소에서 또는 미모사를 건드렸을 때 잎이 접히는 원인은 무엇과 관계되는가? (경북)

① 굴광성
② 굴촉성
③ 팽압
④ 향일성

| 정답 | ③

잎자루의 비후된 부분에 있는 세포들 중 위쪽에 존재하는 세포들이 팽압을 잃기 때문에 나타난다.

못한다. 예외적으로 염류샘을 가지고 있는 일부 내염성 식물은 염류샘을 통해 잎의 표피 바깥으로 염분을 배출한다.

③ **침수**: 습기가 너무 많은 토양에서는 산소가 토양을 통해 제공될 수 없어 세포호흡이 곤란해질 수 있다. 따라서 산소가 부족해지게 되면 에틸렌의 합성이 촉진되어 뿌리 피층 세포의 일부세포들을 아폽토시스과정으로 파괴한 후 기관(air tube)을 형성한다. 이 기관은 환기장치처럼 작용하여 물에 잠겨있는 뿌리에 산소를 제공한다.

④ **저온 스트레스**

㉠ 저온이 되면 세포막 유동성이 감소되어 용질 수송에 변화가 생기므로 막지질에서 불포화 지방산의 비중을 높여서 유동성을 증가시킨다. 막을 구성하는 분자의 변화는 며칠이 걸리기 때문에 점차적인 온도 변화보다 갑작스런 추위는 식물에게 매우 치명적이다.

㉡ 당과 같은 특정 용질의 세포내 농도를 증가시켜 어는점을 낮춘다.

⑤ **고온 스트레스**: 식물세포는 고온 스트레스에 견디기 위해서 일정온도 이상이 되면 열충격단백질(Heat-shock protein, HSP)을 만든다. 열충격단백질은 샤페론(chaperone)에 속하는 단백질로 열로 인한 단백질 변성을 억제하는 역할을 하고, 다른 단백질과 결합하여 열에 의해 변성되는 것을 막아준다.

❖ 샤페론
샤페로닌, 열충격단백질 등을 샤페론이라 한다.

6 식물의 방어

(1) 병원균에 대한 방어

① **물리적 장벽**: 표피와 주피

② PAMP-유도면역

식물이 PAMP를 인지함으로서 선천적 면역 방어에서 중요한 역할을 하는 제1선의 면역방어 시스템이다. 무척추동물과 마찬가지로 식물도 적응면역 시스템을 가지고 있지 않다(항체를 만들지 않는다).

㉠ PAMP의 한 예로 플라젤린(flagellin)의 특정 아미노산 서열은 Toll-like 수용체에 의해 인지된다.

㉡ PAMP를 인지하면 식물은 파이토알렉신(phytoalexin)의 합성을 유도한다.

③ **작동자 유도면역**(effector-triggered immunity)

일부 세균은 병원체 유래 단백질인 작동자(effector)를 식물세포에 주입하여 식물이 플라젤린과 같은 PAMP를 인지하는 것을 방해한다. 이에 따라 식물도 질병저항유전자(resistance gene, *R*유전자)에 의해서

❖ 병원체관련 분자 패턴
(pathogen-associated molecular pattern, PAMP)
병원체가 가지고 있는 특이적인 분자 서열

❖ 파이토알렉신
식물이 생성하는 독성이 있는 항생물질로 균류와 세균에 작용하는 항미생물 화학물질

❖ 병원균
- **병원성 병원균**: 식물에 의해 인지되지 않아서 질병을 유래하는 병원균
- **비병원성 병원균**: 식물에 인지되어 식물이 방어기작을 갖게 하여 숙주식물을 죽이지 않고 침투하는 병원균으로 비병원성 유전자(*Avr*, avirulent allele)가 있어서 R-Avr 인식과정이 일어난다.

만들어진 R단백질(질병저항단백질)에 의한 제2선의 면역 방어 시스템을 구축하는 진화를 불러왔다. R단백질은 특정 작동자에 의해 활성화되어 작동자 유도면역이라는 방어 반응을 이끌어 낸다.

이러한 면역반응은 과민반응이라고 하는 국부적인 방어반응과 전신성획득저항이라고 하는 강력한 방어반응을 활성화 시킨다.

④ **작동자 유도면역(effector – triggered immunity)에 의해 활성화되는 방어 빈응**

㉠ **과민반응(hypersensitive response, HR)**: 병원체의 감염 확산을 막기 위해 감염된 부위 근처에서 세포의 빠른 죽음을 말한다. HR에서 식물세포는 항균물질을 합성하면서 감염된 부위를 파괴하여 병반(병터, lesion)을 남기고, 식물의 다른 부분에 병원균의 성장과 확산을 제한하는 역할을 한다. 감염된 세포는 죽기 전에 신호전달물질인 메틸살리실산(methyl salicylic acid)을 분비한다.

㉡ **전신성획득저항(systemic acquired resistance, SAR)**: HR에서 분비된 메틸살리실산은 식물 전체에 퍼진 후 살리실산으로 전환되어 신호전달경로를 유발하면 SAR이 활성화되어 PR단백질을 생산하도록 한다.

❖ 많은 R유전자들을 가진 식물은 다양한 질병 유발원을 인지하고 과민반응(HR)을 유발함으로써 감염된 부위를 차단하고 감염부위에서 만들어진 신호전달물질은 식물체 전체에 퍼져 전신성획득저항(SAR)이라는 반응을 촉진한다.

❖ PR단백질(pathogenesis – related, 발병관련 단백질)
병원체의 세포벽을 분해하는 효소

❖ 토마틴
토마토 생장기에 생성되는 물질로 열매가 숙성되면서 자연적으로 분해되며, 세균과 진균에게 독성을 나타내는 성질이 있다.

(2) 초식동물에 대한 방어

① 생물의 생명 유지, 발육 증식에 관여하는 물질을 1차 대사산물이라 하고 많은 항생물질이나 다른 생물을 유인하고 방어하고 다른 생물의 생장을 억제하는 등의 물질과 같이 생명유지에 직접 관계된다고는 볼 수 없는 물질을 2차 대사산물이라고 한다. 1차 대사산물은 모든 식물에서 존재하지만 2차 대사산물은 특정식물이나 식물 집단에서만 발견된다.

② **카나바닌(canavanine)**: 곤충의 유충이 카나바닌을 함유한 식물의 조직을 먹으면 tRNA에 아르지닌을 결합시키는 효소가 아르지닌과 카나바닌을 구별하지 못하므로 비정상적인 단백질을 생성하여 죽게 된다.

③ **솔라닌**: 감자, 토마토, 가지와 같은 식물이 곤충의 공격으로 부터 보호하기 위해 만들어내는 살충 성분의 2차 대사산물

④ 불쾌한 맛을 내는 화합물의 생산

⑤ 가시 등의 물리적 방어

⑥ 기생말벌을 유인하는 휘발성 화합물(쐐기벌레에 의해 상처를 입은 잎)

⑦ 시계꽃의 잎에 있는 노란색의 반점은 헬리코니우스 나비의 노란색 알과 매우 유사하다.

❖ 기생말벌은 쐐기벌레 몸에 알을 찔러 넣으면 알에서 부화된 유충이 쐐기벌레를 갉아먹으며 성체로 된다.

❖ 헬리코니우스 나비가 시계꽃잎에 알을 낳으면 알에서 부화된 애벌레들이 시계꽃잎을 먹어치우면서 성장한다. 이에 대응해서 시계꽃은 헬리코니우스 알과 유사한 노란색 반점을 잎 표면에 만든다. 헬리코니우스 나비의 애벌레들은 서로 잡아먹는 경향이 있기 때문에 이미 알을 낳은 잎에는 자기의 알을 낳지 않는다.

Ⅵ 식물생리학

001

식물의 조직에 대한 다음 설명 중 옳은 것을 모두 고르면?

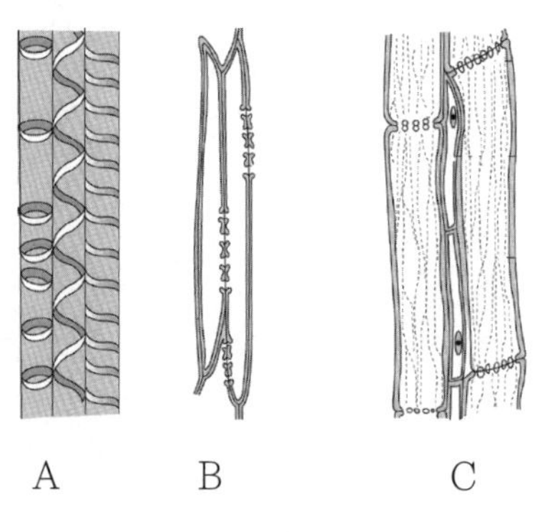

ㄱ. A는 죽은 세포로 구성되어 있는 헛물관이다.
ㄴ. B는 죽은 세포로 구성되어 있는 물관이며 주로 양치식물과 겉씨식물에서 볼 수 있다.
ㄷ. C는 살아 있는 세포로 구성되어 있는 체관이며 양치식물과 종자식물에서 볼 수 있다.
ㄹ. A, B, C는 통도 조직으로 관다발 조직계에 속한다.

① ㄱ, ㄴ ② ㄷ, ㄹ
③ ㄱ, ㄴ, ㄷ ④ ㄴ, ㄷ, ㄹ

➡ A는 물관, B는 헛물관, C는 체관이다.

정답
001 ②

002

다음 식물의 구성단계에 대한 설명으로 옳지 않은 것은?

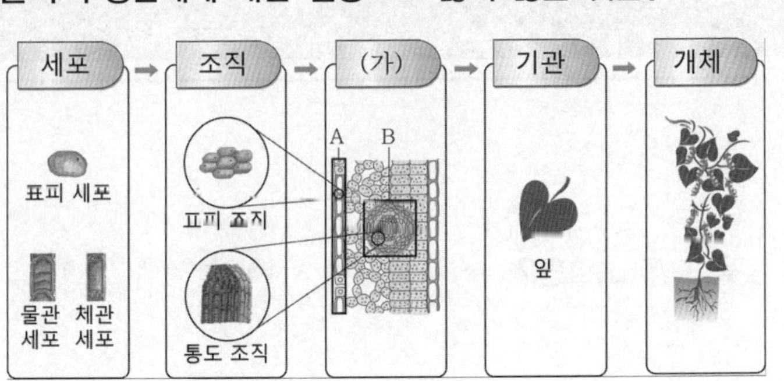

① A는 표피 조직계, B는 관다발 조직계이다.
② ㈎는 동물과 식물의 공통된 구성단계이다.
③ 잎은 영양기관이다.
④ 잎에 있는 표피세포는 큐틴이라는 왁스 성분의 큐티클 층을 만들어 수분이나 먼지로부터 잎을 보호한다.

➔ ㈎는 조직계이며 식물의 구성단계이다.

003

식물조직에 해당하지 않는 것은?

① 상피조직　② 유조직
③ 기계조직　④ 통도조직

➔ 상피조직은 동물조직이다.

004

식물의 유조직에 해당되지 않는 것은?

① 동화조직　② 저장조직
③ 분비조직　④ 분열조직

➔ 영구조직에 속하는 유조직에는 동화, 저장, 저수, 분비조직이 있다.

005

다음 중 엽록체를 갖지 않는 것은?

① 표피세포　② 공변세포
③ 울타리조직　④ 해면조직

➔ 표피세포는 엽록체가 없어서 무색이다.

정답

002 ②　003 ①　004 ④　005 ①

006

식물의 조직에 관한 설명으로 옳지 않은 것은?

① 생장점: 식물체의 줄기와 뿌리 끝에 있으며 길이 생장이 일어난다.
② 형성층: 겉씨식물과 쌍떡잎식물의 줄기에 있으며 부피 생장을 일으킨다.
③ 물관: 뿌리에서 흡수한 물과 무기양분의 이동통로로서 죽은 세포로 구성되며, 상하의 세포벽이 남아 있고 벽공을 통해 물질이 이동한다.
④ 체관: 살아 있는 세포로 구성되고 세포와 세포 사이 체판이 있고 체공이 뚫려 있어서 잎에서 합성한 동화양분이 이동한다.

➔ 물관은 상하의 세포벽이 퇴화해 긴 관을 이룬다.

007

식물의 조직계에 해당되지 않는 것은?

① 표피 조직계　　② 통도 조직계
③ 기본 조직계　　④ 관다발 조직계

➔ 통도 조직은 조직계가 아닌 조직단계이다.

008

식물의 기관 중 영양기관에 해당하는 것은?

① 꽃　　② 열매
③ 뿌리　　④ 종자

➔ 영양기관에는 잎, 줄기, 뿌리가 있다.

009

잎 표면의 수분증발을 방지하는 물질은?

① 셀룰로스　　② 키틴질
③ 펩티도글리칸층　　④ 큐티클층

➔ 잎에 있는 표피세포는 큐틴이라는 왁스 성분의 큐티클층을 만들어 수분이나 먼지로부터 잎을 보호한다.

정답
006 ③　007 ②　008 ③　009 ④

010

뿌리털에서 흡수한 물이 물관부로 이동하는 경로로서, 물과 물에 녹아 있는 무기질이 살아 있는 세포 안으로 들어가 다음 세포의 세포질로 원형질 연락사를 통해 이동하는 경로는?

① 아포플라스트 경로　② 심플라스트 경로
③ 마건이 경로　④ 카스파리안 경로

➔ 물과 물에 녹아 있는 무기질이 살아 있는 세포 안으로 들어가 다음 세포의 세포질로 원형질 연락사를 통해 이동하는 경로를 심플라스트 경로라 하고, 식물의 살아 있지 않는 부위인 세포벽과 조직 사이 공기층을 통해 물과 물에 녹아 있는 무기질이 이동하는 경로를 아포플라스트 경로라 한다.

011

기공이 열리는 경우에 해당하지 않는 것은?

① K^+이 공변세포로 흡수되었을 때
② 삼투현상으로 물이 공변세포로 들어올 때
③ 공변세포의 팽압이 높아졌을 때
④ 호흡에 의해 CO_2가 증가했을 때

➔ 광합성이 시작되면 CO_2가 감소하면서 기공이 열린다.

012

물이 상승하는 원동력이 아닌 것은?

① 뿌리압(근압)
② 물의 응집력과 모세관현상
③ 능동수송
④ 증산작용

➔ 능동수송은 물이 상승하는 원동력과 관계가 없다.

013

화분관 속에 들어 있는 핵의 개수는?

① 1개　② 2개
③ 3개　④ 4개

➔ 화분관핵 1개와 정핵 2개가 들어 있다.

정답

010 ② 011 ④ 012 ③ 013 ③

014

배낭 속에 들어 있는 핵의 개수는?

① 1개　② 2개
③ 4개　④ 8개

➔ 난세포 1개, 조세포 2개, 극핵 2개, 반족세포 3개가 들어 있다.

015

수술의 꽃밥에 있는 화분모세포에서 감수분열하여 정핵이 형성될 때까지 일어나는 세포질분열과 핵분열 횟수는?

① 1회, 3회　② 2회, 3회
③ 2회, 4회　④ 4회, 4회

➔ 감수분열(세포질분열 2번, 핵분열 2번)하여 화분세포가 된 후 핵분열하여 화분관핵과 생식핵이 되고, 생식핵은 한 번 더 핵분열하여 정핵(n)을 형성한다.

016

암술의 밑씨에 있는 배낭모세포에서 감수분열하여 난세포와 극핵이 형성될 때까지 일어나는 세포질분열과 핵분열 횟수는?

① 1회, 3회　② 2회, 4회
③ 2회, 5회　④ 5회, 5회

➔ 감수분열(세포질분열 2번, 핵분열 2번)하여 배낭세포가 된 후 연속적으로 3번 핵분열하여 8개의 핵을 갖는 배낭을 형성한다.

017

다음 중 속씨식물의 중복수정 과정으로 옳은 것을 모두 고르면?

ㄱ. 정핵(n)+난세포(n) → 배(2n)
ㄴ. 정핵(n)+극핵(n) → 배(2n)
ㄷ. 정핵(n)+난세포(n, n) → 배젖(3n)
ㄹ. 정핵(n)+극핵(n, n) → 배젖(3n)
ㅁ. 극핵(n, n)+난세포(n) → 배젖(3n)

① ㄱ, ㄹ　② ㄱ, ㅁ
③ ㄴ, ㄷ　④ ㄴ, ㅁ

➔ 정핵(n)+난세포(n) → 배(2n)가 형성되고 정핵(n)+극핵(n, n) → 배젖(3n)이 형성된다.

정답
014 ④　015 ③　016 ③　017 ①

018

식물의 호르몬인 옥신에 대한 설명으로 옳지 않은 것은?

① 줄기를 신장시켜 생장을 촉진하고 낮은 농도에서 뿌리의 신장을 촉진한다.
② 끝눈의 생장을 촉진하고 곁눈의 생장을 억제한다.
③ 열매의 발달을 촉진하고 미성숙한 열매의 낙과를 방지하며 잎의 탈리를 지연시킨다.
④ 성숙한 식물에서 노화를 시작하게 한다.

→ 성숙한 식물에서 노화를 시작하게 하는 호르몬은 에틸렌이다.

019

뿌리에서 합성되어 줄기 쪽으로 이동하면서 정단부에서 내려온 옥신과의 비율에 따라 세포분열, 생장, 발아를 촉진하는 호르몬은?

① 지베렐린 ② 앱시스산
③ 사이토키닌 ④ 에틸렌

→ 뿌리에서 합성되어 뿌리의 생장과 분화에 영향을 주는 호르몬은 사이토키닌이다.

020

다음 중 호르몬과 기능이 잘못 연결된 것은?

① 앱시스산 – 생장을 억제하고 휴면을 유지, 스트레스를 받으면 기공을 닫게 한다.
② 브라시노 스테로이드 – 세포분열과 생장을 억제하고 잎의 탈리를 촉진한다.
③ 지베렐린 – 씨앗의 발아와 눈의 발달, 줄기 신장, 잎의 생장, 꽃과 과실의 발달을 촉진한다.
④ 에틸렌 – 과실의 숙성, 낙엽, 노화를 촉진하며 옥신의 효과와 일부 상반된 작용을 한다.

→ 브라시노 스테로이드는 세포분열과 생장을 촉진하고 잎의 탈리를 지연하는 등 옥신과 효과가 유사하다.

정답

018 ④ 019 ③ 020 ②

생물의
神

부록

기출문제

서울시 8, 9급 2020.06.13. 시행
서울시 8, 9급 2021.06.05. 시행
서울시 8, 9급 2022.02.26. 시행
서울시 8, 9급 2022.06.18. 시행
서울시 8, 9급 2023.06.10. 시행
서울시 9급 2024.06.22. 시행
국가직 7급 2020.09.26. 시행
국가직 7급 2021.09.11. 시행
국가직 7급 2022.10.15. 시행
국가직 7급 2023.09.24. 시행
지방직 7급 2020.10.17. 시행
지방직 7급 2021.10.16. 시행
지방직 7급 2022.10.29. 시행
지방직 7급 2023.10.28. 시행

2020년 서울시 8, 9급(6월)

수험번호		성명	

01. 세포 표면의 막관통 수용체인 G단백질 결합수용체(GPCR)와 상호작용하여 활성화된 G단백질의 2차 신호전달자(second messenger)로 옳은 것을 〈보기〉에서 모두 고른 것은?

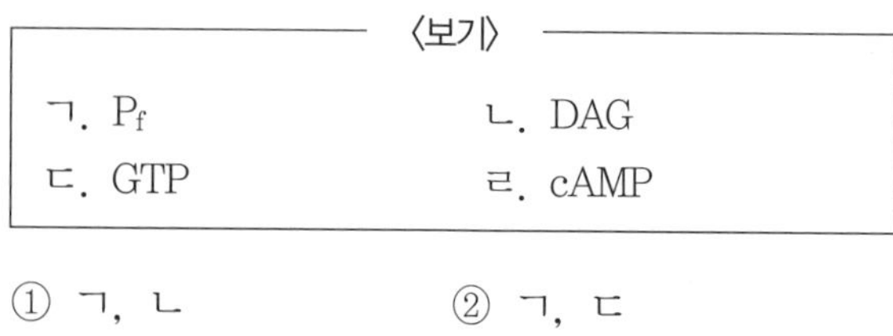

〈보기〉

ㄱ. P_f　　　ㄴ. DAG

ㄷ. GTP　　　ㄹ. cAMP

① ㄱ, ㄴ　　② ㄱ, ㄷ

③ ㄴ, ㄷ　　④ ㄴ, ㄹ

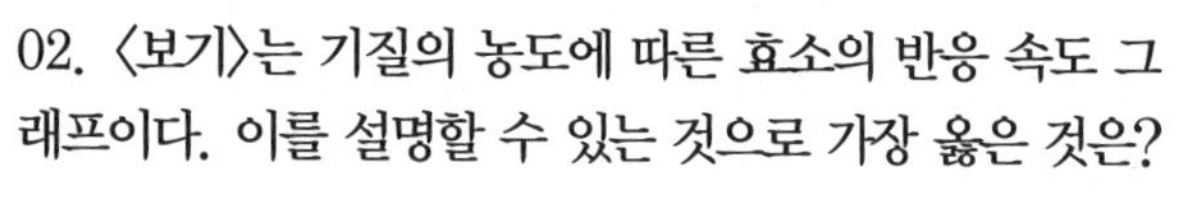

02. 〈보기〉는 기질의 농도에 따른 효소의 반응 속도 그래프이다. 이를 설명할 수 있는 것으로 가장 옳은 것은?

〈보기〉

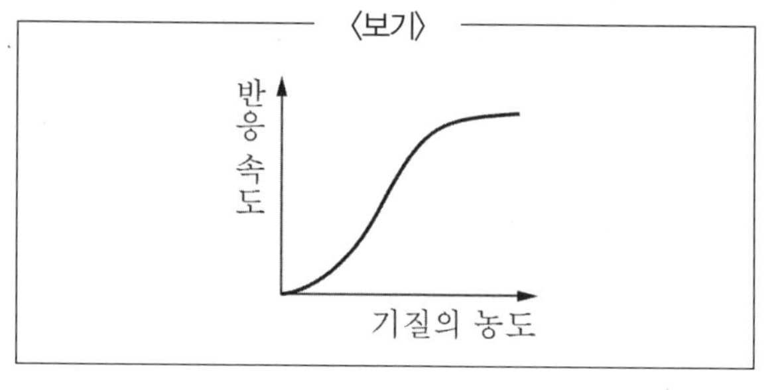

① 활성화 에너지 장벽(activation energy barrier)
② 되먹임 조절(feedback regulation)
③ 경쟁적 억제(competitive inhibition)
④ 다른 자리 입체성 조절(allosteric regulation)

03. 어떤 단백질의 아미노산 조성을 조사하였더니 특정 부위에 알라닌(Ala), 발린(Val), 류신(Leu), 이소류신(Ile), 프롤린(Pro)이 풍부하였다. 이 부위에서 예상되는 특징으로 가장 옳은 것은?

① 이 부위는 단백질의 아미노 말단에 위치할 것이다.
② 이 부위의 아미노산들 때문에 단백질은 친수성일 것이다.
③ 이 부위는 다른 단백질과 결합하는 부위일 것이다.
④ 이 부위는 수용액에서 전체 단백질 구조의 안쪽에 위치할 것이다.

04. 생명체는 다양한 원소로 이루어져 있으며, 이 중에서 탄소(C), 수소(H), 산소(O), 질소(N)는 생명체의 95% 이상을 차지한다. 이 4가지 원소들을 인간의 체중에서 차지하는 비율이 높은 순서대로 바르게 나열한 것은?

① O > C > H > N
② C > H > O > N
③ H > C > O > N
④ N > O > C > H

05. 부모 중 어느 쪽으로부터 대립유전자를 받았는가에 따라 표현형이 달라지는 현상은?

① 불완전 우성(incomplete dominance)
② 비분리(nondisjunction)
③ 상위(epistasis)
④ 유전체 각인(genomic imprinting)

06. 〈보기 1〉은 사람면역결핍바이러스(HIV)의 모식도이다. 〈보기 2〉에서 옳은 것을 모두 고른 것은?

〈보기 1〉

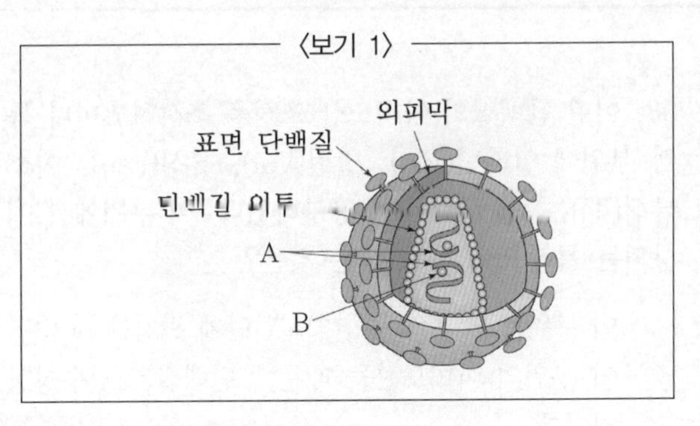

〈보기 2〉

ㄱ. A는 RNA이다.
ㄴ. B는 숙주세포에 침투 시 필요한 단백질분해효소이다.
ㄷ. HIV는 주로 CD8 T세포를 감염시켜 면역력을 약화시킨다.
ㄹ. HIV는 아데노바이러스에 속한다.

① ㄱ ② ㄱ, ㄴ
③ ㄱ, ㄷ ④ ㄱ, ㄹ

07. 사성잡종 교배에서 F_1 개체의 유전자형은 AaBbCcDd이다. 이 4종류의 유전자가 각각 독립적으로 분리된다고 가정하고 F_1 개체를 자가수분 시켰을 때, F_1 개체가 AaBBccDd의 유전자형을 가질 확률은?

① 1/4 ② 1/16
③ 1/64 ④ 1/256

08. 생거기법(Sanger)을 통한 DNA 염기서열분석에 필요한 요소를 〈보기〉에서 모두 고른 것은?

〈보기〉

ㄱ. 프라이머(primer)
ㄴ. dNTP
ㄷ. ddNTP
ㄹ. DNA 연결효소(DNA ligase)

① ㄱ, ㄴ, ㄷ ② ㄱ, ㄴ, ㄹ
③ ㄴ, ㄷ, ㄹ ④ ㄱ, ㄴ, ㄷ, ㄹ

09. 진핵세포의 mRNA는 전구체 형태로 만들어져 세포질로 나가기 전에 가공(processing) 과정을 거쳐 변형된다. 진핵세포의 RNA 가공(processing) 과정에 해당하는 것을 〈보기〉에서 모두 고른 것은?

〈보기〉

ㄱ. 인트론 제거
ㄴ. 5′ 캡(5′ cap) 형성
ㄷ. 폴리 A 꼬리(poly A tail) 형성
ㄹ. 엑손 뒤섞기(exon shuffling)

① ㄱ, ㄹ ② ㄴ, ㄷ
③ ㄱ, ㄴ, ㄷ ④ ㄱ, ㄴ, ㄷ, ㄹ

10. 레트로트랜스포존(retrotransposon)에 대한 설명으로 가장 옳지 않은 것은?

① 진핵생물에서 발견된다.
② 단일 가닥의 RNA 중간산물을 생성한다.
③ 유전체에 RNA로 삽입된다.
④ 역전사효소를 사용한다.

11. 근육이 수축하는 데 필요로 하는 ATP를 충족시키는 방법으로 가장 옳지 않은 것은?

① 운동 중 근육 내 젖산 발효에 의해 ATP를 생성한다.
② 적색섬유에 풍부한 미토콘드리아에서 주로 혐기성 호흡에 의해 ATP가 생성된다.
③ 가벼운 운동을 지속하는 동안 대부분의 ATP는 호기성 호흡에 의해 생성된다.
④ 인산염을 ADP로 이동시켜 ATP를 형성할 수 있는 화합물인 크레아틴 인산을 이용한다.

12. 수정(fertilization)에 대한 설명으로 가장 옳지 않은 것은?

① 정자와 난자의 융합은 난자에 중요한 물질대사의 활성화를 불러온다. 여기에는 세포주기의 재개, 이후의 유사분열 그리고 DNA와 단백질의 합성 재개가 포함된다.
② 난자에서 분비되는 종 특이적 분자는 수정 능력을 가진 정자를 유인한다. 성게의 주화성 분자인 리색트와 스퍼렉트는 정자의 운동성을 증가시킬 수 있다.
③ 다수정의 느린 차단은 나트륨이온(Na^+)에 의한 것으로 이 나트륨이온(Na^+)은 후에 단백질 키나제 C를 활성화시켜서 유사분열 세포주기를 재개한다.
④ 다수정은 2개 혹은 그 이상의 정자가 1개의 난자와 수정하는 경우이다. 이로 인하여 할구의 염색체 수가 달라지기 때문에 치명적이다.

13. 뇌의 각 부위에 대한 설명 중 옳은 것을 〈보기〉에서 모두 고른 것은?

〈보기〉

ㄱ. 시상은 대뇌변연계에 감정 신호를 전달한다.
ㄴ. 시상하부는 호르몬 분비와 일주기 리듬에 관여한다.
ㄷ. 해마는 단기기억을 장기기억으로 바꾸는 데 관여한다.
ㄹ. 기저핵은 후각수용체로부터 오는 입력을 대뇌피질로 보낸다.

① ㄱ, ㄴ ② ㄱ, ㄷ
③ ㄴ, ㄷ ④ ㄴ, ㄹ

14. 〈보기 1〉은 여성의 자궁주기에 따른 호르몬 변화에 관한 그래프이다. 〈보기 2〉에서 옳은 설명을 모두 고른 것은?

〈보기 1〉

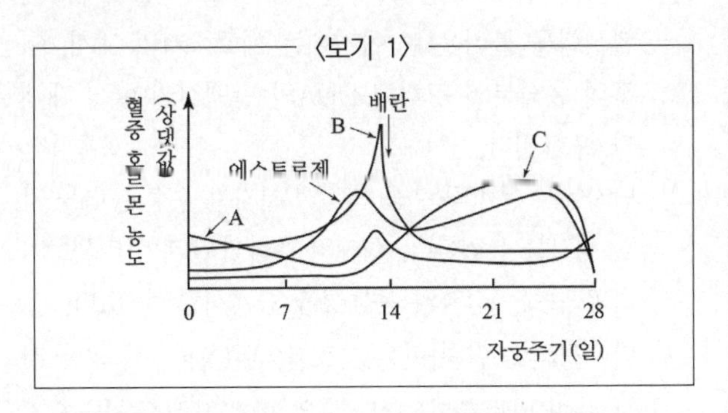

〈보기 2〉

ㄱ. 혈중 뇌하수체 호르몬은 A와 C이다.
ㄴ. B는 황체에서, 에스트로젠과 C의 분비를 촉진한다.
ㄷ. C는 에스트로젠과 함께 자궁내막을 두껍게 만든다.
ㄹ. 대부분의 임신 테스트기는 C의 존재 유무를 확인하는 것이다.

① ㄱ, ㄴ ② ㄱ, ㄷ
③ ㄴ, ㄷ ④ ㄴ, ㄹ

15. 〈보기〉는 사람의 위에서의 소화과정에서 나타나는 현상이다. 이를 순서에 맞게 배열했을 때 세 번째 단계에 해당하는 것은?

〈보기〉

ㄱ. 위샘의 세포에서 수소이온(H+)을 분비한다.
ㄴ. 펩신이 펩시노겐을 활성화한다.
ㄷ. 염산이 펩시노겐을 활성화한다.
ㄹ. 부분적으로 소화된 음식이 소장으로 이동한다.

① ㄱ ② ㄴ
③ ㄷ ④ ㄹ

16. 목본식물이 2기 생장을 통하여 얻을 수 있는 결과로 가장 옳은 것은?

① 뿌리와 어린 싹을 신장시킨다.
② 줄기와 뿌리를 두껍게 한다.
③ 개화시기를 조절할 수 있다.
④ 정단 분열조직의 수가 늘어난다.

17. 단일식물에 밤사이 짧은 섬광을 쪼여주었다. 〈보기〉의 1~5와 같이 적색광(R)과 근적외선(FR)에 노출시켰을 때, 개화 여부를 순서대로 바르게 나열한 것은? (단, 개화는 ○, 미개화는 ×로 표시한다.)

〈보기〉

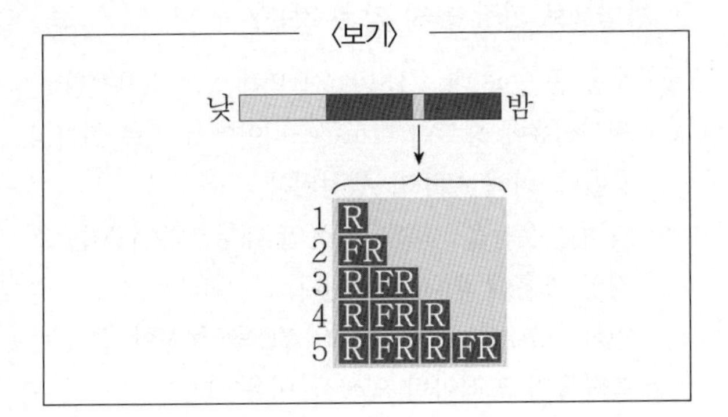

① × ○ ○ × ○
② ○ × ○ × ○
③ ○ ○ × × ×
④ × × ○ × ×

18. 조류의 배외막에 대한 설명 중 옳은 것을 〈보기〉에서 모두 고른 것은?

〈보기〉

ㄱ. 요막은 융모막과 난황낭 사이 빈 공간의 대부분을 차지한다.
ㄴ. 양막은 배의 가장 바깥쪽에 있는 것으로, 양막강을 형성한다.
ㄷ. 난황낭은 중배엽과 내배엽에서 자란 세포들이 난황을 둘러싸는 막이다.
ㄹ. 융모막은 외배엽과 중배엽에서 만들어지며 배의 가장 안쪽에 있는 막이다.

① ㄱ, ㄴ　　② ㄱ, ㄷ
③ ㄴ, ㄷ　　④ ㄴ, ㄹ

19. 각 생물체의 특성에 대한 설명으로 가장 옳지 않은 것은?

① 세균－핵이 있는 가장 다양하고 잘 알려진 단세포 생물집단
② 균류－외부의 물질을 분해하여 이 과정에서 방출되는 영양분을 흡수하는 단세포 또는 다세포 진핵생물집단
③ 고세균－세균보다 진핵생물과 밀접한 관련이 있는 단세포 생물집단
④ 원생생물－식물, 동물 또는 균류가 아닌 진핵생물 집단

20. 윤형동물의 특징으로 가장 옳은 것은?

① 등배로 납작하며 체절이 없다.
② 소화관을 가지고 있으며 머리에 섬모관이 있다.
③ 체절성의 체벽과 내부기관을 가지고 있다.
④ 등쪽에 속이 빈 신경삭이 있으며 항문 뒤에 근육질 꼬리를 가진다.

2021년 서울시 8, 9급(6월)

수험번호		성명	

01. 지방(fat)은 글리세롤(glycerol)과 지방산으로 이루어진 지질(lipid)의 한 종류이다. 지방산은 불포화지방산(unsaturated fatty acid)과 포화지방산(saturated fatty acid)으로 나누어진다. 〈보기〉에서 불포화지방산에 대한 설명으로 옳은 것을 모두 고른 것은?

〈보기〉

ㄱ. 같은 수의 탄소를 가지고 있는 포화지방산보다 수소의 수가 많다.
ㄴ. 탄소사슬에 다중결합이 존재한다.
ㄷ. 불포화지방산은 상대적으로 동물보다 식물에 더 많이 존재한다.

① ㄱ, ㄴ ② ㄱ, ㄷ
③ ㄴ, ㄷ ④ ㄱ, ㄴ, ㄷ

02. 세포의 (가)미토콘드리아(Mitochondria)와 (나)엽록체에 대한 설명으로 가장 옳은 것은?

① (가)는 동물세포에 존재하고 식물세포에는 존재하지 않는다.
② (가), (나) 모두 핵 속에 DNA가 들어 있다.
③ 간세포나 근육세포같이 에너지 소비가 큰 세포는 (나)가 많이 들어 있다.
④ (가), (나)에는 모두 DNA와 리보솜이 있어 스스로 복제하고 증식할 수 있다.

03. 세포는 여러 구성성분으로 이루어져 있다. 〈보기〉에서 세포의 구성성분에 대한 설명으로 옳은 것을 모두 고른 것은?

〈보기〉

ㄱ. RNA는 인산기, 당, 질소함유염기로 이루어져 있다.
ㄴ. 이황화결합(disulfide bridge)은 단백질의 3차 구조를 형성하는 데 역할을 한다.
ㄷ. 콜레스테롤(cholesterol)은 동물세포막의 구성 성분이다.

① ㄱ, ㄴ ② ㄱ, ㄷ
③ ㄴ, ㄷ ④ ㄱ, ㄴ, ㄷ

04. C4 식물에서 CO_2를 고정하는 효소의 기질로 가장 옳은 것은?

① 리불로오스2인산
② 3-포스포글리세르산
③ 포스포에놀피루브산
④ 글리세르알데하이드 3-인산

05. 식물세포에는 설탕과 수소이온(H^+)을 동시에 세포막 안으로 나르는 공동수송체가 존재한다. 하지만 설탕이 세포 안에 축적되면 양성자 펌프를 이용해 수소이온을 세포 밖으로 내보낼 수 있다. 이를 근거로 설탕이 수송되는 속도를 증가시킬 수 있는 처리로 가장 옳은 것은?

① 세포 외부의 pH를 낮춘다.
② 세포 외부의 설탕 농도를 낮춘다.
③ 세포질의 pH를 낮춘다.
④ 수소이온이 막을 더 많이 투과되게 만드는 물질을 첨가한다.

06. 동물세포의 세포주기에 대한 설명으로 가장 옳은 것은?

① 간기 동안 DNA 복제가 일어난다.
② 핵막은 간기에 사라진다.
③ 초기 배아세포는 상피세포보다 간기가 길다.
④ DNA가 손상되면 분열기에서 세포주기가 종료된다.

07. 한 사람의 근육세포와 신경세포가 다른 이유에 대한 설명으로 가장 옳지 않은 것은?

① 각 세포가 서로 다른 유전자를 발현하기 때문이다.
② 각 세포가 서로 다른 유전자 발현 조절인자를 가지고 있기 때문이다.
③ 각 세포가 서로 다른 유전암호를 사용하기 때문이다.
④ 각 세포가 서로 다른 인핸서(enhancer)가 활성화되기 때문이다.

08. 생명공학 기술의 발달로 유전자를 이용한 여러 물질들이 생성되는데 이때 유전자 클로닝(cloning) 기술이 많이 이용된다. 〈보기〉에서 제한효소(restriction enzyme)에 대한 설명으로 옳은 것을 모두 고른 것은?

〈보기〉

ㄱ. 제한효소는 제한자리(restriction site)라는 특정 염기서열을 인식한다.
ㄴ. 제한효소는 박테리아가 자신을 보호하기 위해 다른 생물에서 유래한 DNA를 자르는 효소이다.
ㄷ. 제한효소에 의해 잘라진 조각을 DNA 연결효소(ligase)로 연결할 수 있다.

① ㄱ, ㄴ　　② ㄱ, ㄷ
③ ㄴ, ㄷ　　④ ㄱ, ㄴ, ㄷ

09. 사람의 암조직에서 높게 발현되는 암 관련 유전자의 mRNA로부터 만들어진 cDNA에 대한 설명으로 가장 옳지 않은 것은?

① RNA와 같이 단일 가닥으로 이루어져 있다.
② 단일 가닥 RNA로부터 역전사효소에 의해 만들어진다.
③ cDNA에 인트론은 존재하지 않는다.
④ 폴리-dT(Poly-dT)로 이루어진 프라이머를 이용해 DNA 가닥이 합성된다.

10. 〈보기〉는 개의 털색깔을 결정하는 유전자 A와 B에 대한 자료이다. ㉠에 해당하는 것은?

〈보기〉

- 개의 털 색깔은 합성된 색소(검정색 또는 갈색)가 털에 침착되면서 결정되는데, 색소 침착이 안 되면 노란색이 된다.
- 검정색 색소 합성 유전자 A는 갈색 색소 합성유전자 a에 대해 우성이다.
- 색소 침착이 되는 유전자 B는 색소 침착이 안 되는 유전자 b에 대해 우성이다.
- 색소 합성 유전자와 색소 침착 유전자는 서로 다른 염색체에 존재한다.
- 유전자형이 AaBb인 검정색 암수를 교배하여 얻은 자손의 털색깔이 노란색일 확률은 (㉠)이다.

① 9/16 ② 4/16
③ 3/16 ④ 1/16

11. 성을 결정짓는 염색체에 대한 설명으로 가장 옳지 않은 것은?

① 성염색체에는 성을 결정하는 유전자 이외에도 다른 유전자가 존재한다.
② 포유류 암컷의 두 개의 X염색체 중 모계에서 유래된 X염색체가 불활성화된다.
③ X염색체가 불활성화되면 조밀한 구조로 응축된다.
④ 어떤 생물은 염색체 수에 의해 성이 결정된다.

12. 바이러스에 대한 설명으로 가장 옳은 것은?

① 비로이드(viroid)는 단백질 껍질에 싸인 원형의 RNA로 단백질을 암호화하며 식물세포를 감염시킨다.
② 박테리오파지(bacteriophage)는 용원성(lysogenic) 감염 상태에서 일부 단백질을 발현하여 용균성(lytic) 감염으로 전환을 가능케 한다.
③ 프로파지(prophage)는 숙주 염색체에 삽입된 DNA이며 숙주세포 분열 시 복제되며 새로운 바이러스를 생산한다.
④ 일부 동물바이러스는 수년간 잠복감염(latent infection)을 일으키기도 하며 이 시기에 지속적으로 새로운 바이러스를 생산한다.

13. 비뇨계에 대한 설명으로 가장 옳지 않은 것은?

① 분비과정에서 여액에 있는 물질이 혈액으로 운반된다.
② 보우만주머니는 사구체를 둘러싸고 있다.
③ 오줌은 요관(ureter)이라 불리는 관을 통해 신장에서 나온다.
④ 사구체에서 여과가 일어난다.

14. 결합조직(connective tissue)에 속하지 않는 것은?

① 뼈대근육 ② 혈액
③ 지방조직 ④ 뼈

15. 사람의 면역세포에 대한 설명으로 가장 옳지 않은 것은?

① 호중구는 선천면역에 관여한다.
② 단핵구는 대식세포로 분화한다.
③ 비만세포는 히스타민을 분비한다.
④ 자연살해세포(natural killer)는 MHC Ⅱ를 발현한다.

16. 혈액과 세포사이액 내 칼슘(Ca^{2+})을 적정 농도로 유지하는 것은 여러 신체기능이 정상적으로 작동하는 데 필수적이다. 〈보기〉에서 혈액 내 칼슘 농도가 높아지게 되면 나타나는 현상을 모두 고른 것은?

〈보기〉

ㄱ. 부갑상샘에서 칼시토닌이 분비된다.
ㄴ. 뼈에서 칼슘저장이 촉진된다.
ㄷ. 콩팥에서 칼슘흡수가 감소된다.

① ㄱ, ㄴ　② ㄱ, ㄷ
③ ㄴ, ㄷ　④ ㄱ, ㄴ, ㄷ

17. 엽록소 a의 복합고리구조에 포함되어 있는 금속이온은?

① Ca^{2+}　② Mg^{2+}
③ Fe^{2+}　④ Zn^{2+}

18. 에너지원과 탄소원에 따른 생물의 영양방식에 대한 설명으로 가장 옳은 것은?

① 광종속영양생물은 유기물로부터 에너지를 얻는다.
② 화학독립영양생물은 유기물로부터 탄소를 얻는다.
③ 에너지원으로 빛을 이용하는 생물은 모두 CO_2를 고정한다.
④ 탄소원으로 유기물을 이용하는 생물은 종속영양생물이다.

19. 경골어류에 해당하는 것은?

① 상어　② 가오리
③ 참치　④ 홍어

20. 하디-바인베르크 평형(Hardy-Weinberg equilibrium)을 깨트리는 진화에 대한 설명으로 옳은 것을 모두 고른 것은?

ㄱ. 대부분의 종에서 교배는 무작위적이지 않고 성선택(sexual selection)을 비롯해 선호도를 보이며 대립유전자는 특정 유전자형에 집중된다.
ㄴ. 집단의 크기가 급격히 감소할 때 많은 대립유전자가 무작위적으로 제거되는 병목현상(bottleneck)은 다시 개체번식으로 집단크기를 회복해도 유전적 다양성을 확보하지 못한다.
ㄷ. 돌연변이는 유전적 다양성을 증가시키며, 진화에 영향을 주기 위해서는 다세포 생물은 생식세포에 돌연변이가 나타날 때만 가능하다.
ㄹ. 모집단을 떠나 작은 개체군이 형성되면 개체군 내 무작위적인 대립유전자는 모집단의 대립유전자 빈도와 다를 수 있고 모집단에서 희소했던 대립유전자가 더 많이 나타나는 것을 창시자 효과(founder effect)라 한다.

① ㄱ, ㄷ　② ㄴ, ㄹ
③ ㄱ, ㄴ, ㄷ　④ ㄱ, ㄴ, ㄷ, ㄹ

2022년 서울시 8, 9급(2월)

수험번호		성명	

01. 서로 다른 여러 개의 코돈이 동일한 아미노산을 지정할 수 있는데, 만약 하나의 아미노산을 하나의 코돈만이 지정한다면 일어날 수 없는 돌연변이의 형태를 〈보기〉에서 모두 고른 것은?

〈보기〉

ㄱ. 침묵(silent)돌연변이
ㄴ. 넌센스(nonsense)돌연변이
ㄷ. 틀이동(frame shift)돌연변이

① ㄱ ② ㄴ
③ ㄱ, ㄷ ④ ㄴ, ㄷ

02. 어떤 사람의 혈액과 뇨액을 채취하여 각각 산성도(pH)를 측정한 결과, 혈액의 pH는 7.4이고 뇨액의 pH는 5.4인 것으로 나타났다. 혈액과 뇨액의 수소 이온(H^+) 농도에 대한 설명으로 가장 옳은 것은?

① 혈액의 수소 이온 농도가 뇨액의 수소 이온 농도보다 100배 높다.
② 혈액의 수소 이온 농도가 뇨액의 수소 이온 농도보다 100배 낮다.
③ 혈액의 수소 이온 농도가 뇨액의 수소 이온 농도보다 2배 높다.
④ 혈액의 수소 이온 농도가 뇨액의 수소 이온 농도보다 2배 낮다.

03. 대장균의 DNA 복제 과정 중 지체가닥에서 나타나는 단백질의 기능에 대한 설명으로 옳은 것을 〈보기〉에서 모두 고른 것은?

〈보기〉

ㄱ. DNA 연결효소(DNA ligase)는 인산이에스테르 결합을 촉진한다.
ㄴ. DNA 프리메이스(DNA primase)는 DNA 프라이머를 만든다.
ㄷ. DNA 중합효소 I (DNA polymerase I)은 오카자키 절편 사이의 프라이머를 제거한다.

① ㄱ ② ㄴ
③ ㄱ, ㄴ ④ ㄱ, ㄷ

04. 세포호흡의 과정 중 미토콘드리아에서 일어나는 과정을 〈보기〉에서 모두 고른 것은?

〈보기〉

ㄱ. 산화적 인산화
ㄴ. 피루브산 산화
ㄷ. 해당과정
ㄹ. 시트르산 회로

① ㄱ, ㄹ ② ㄴ, ㄷ
③ ㄱ, ㄴ, ㄹ ④ ㄱ, ㄴ, ㄷ, ㄹ

05. 혈중 Na^{+} 이온의 농도가 높아지게 될 경우 발생하는 호르몬 변화로 가장 옳지 않은 것은?

① 부신피질에서 코르티솔의 분비가 촉진된다.
② 심방에서 심방성 나트륨이뇨펩티드가 분비된다.
③ 부신피질에서 알도스테론의 분비가 억제된다.
④ 뇌하수체 후엽에서 바소프레신의 분비가 촉진된다.

06. 생태계를 구성하는 화학 원소는 생물지구화학적 반응을 통해 지구의 생물권과 비생물권을 순환한다. 〈보기〉에서 인(P)의 생물지구화학적 순환에 대한 설명으로 옳은 것을 모두 고른 것은?

〈보기〉

ㄱ. 생물체에서 아미노산과 당의 주 구성 원소이다.
ㄴ. 생물이 이용할 수 있는 주 형태의 인은 인산염(PO_4^{3-})이다.
ㄷ. 인이 주로 축적되어 있는 저장고는 바다에서 기원한 퇴적암이다.
ㄹ. 육상에서 해양으로 유입된 인은 대기로 증발하여 강수를 통해 다시 육상으로 순환한다.

① ㄱ, ㄴ ② ㄱ, ㄹ
③ ㄴ, ㄷ ④ ㄷ, ㄹ

07. 식물의 엽록체에서 일어나는 광합성 과정에 대한 설명으로 가장 옳지 않은 것은?

① 엽록소와 같은 광합성 색소는 주로 녹색 파장의 빛을 흡수함으로써 전자를 방출한다.
② 틸라코이드 공간에서 물 분자의 광분해로 인하여 산소 분자 및 수소 이온과 더불어 전자가 생성된다.
③ 비순환 경로 전자전달계에서 이동되는 전자들은 최종적으로 $NADP^{+}$ 분자에 흡수된다.
④ ATP 합성효소는 수소 이온의 흐름을 통해 ADP의 인산화 과정을 촉매한다.

08. 외떡잎식물과 진정쌍떡잎식물의 형질을 비교한 설명으로 가장 옳은 것은?

① 외떡잎식물의 잎맥은 보통 그물맥(망상맥)이고, 진정쌍떡잎식물의 잎맥은 보통 나란히맥(평행맥)이다.
② 외떡잎식물의 뿌리는 보통 곧뿌리(원뿌리)이고, 진정 쌍떡잎식물의 뿌리는 보통 수염뿌리(원뿌리가 없음)이다.
③ 외떡잎식물의 꽃가루는 보통 구멍이 3개이고, 진정 쌍떡잎식물의 꽃가루는 보통 구멍이 1개이다.
④ 외떡잎식물의 줄기는 보통 관다발조직이 흩어져 있고, 진정쌍떡잎식물의 줄기는 보통 관다발조직이 고리 모양으로 배열되어 있다.

09. 내막계에 해당하지 않는 것은?

① 핵막 ② 엽록체
③ 소포체 ④ 리소좀

10. 혈류의 속도 및 혈압에 대한 설명으로 옳지 않은 것을 〈보기〉에서 모두 고른 것은?

〈보기〉

ㄱ. 동맥이나 정맥에 비해 모세혈관은 혈관의 총면적이 크기 때문에 모세혈관에서의 혈류속도는 동맥이나 정맥에서보다 감소한다.
ㄴ. 혈압은 심실의 수축기와 이완기를 기준으로 측정한다.
ㄷ. 수축기 혈압은 동맥에서의 혈압이며 이완기 혈압은 정맥에서의 혈압이다.
ㄹ. 혈압의 항상성 유지를 위해 일산화질소는 혈관 수축을 유도하고 엔도텔린은 혈관 확장을 유도한다.

① ㄷ ② ㄱ, ㄴ
③ ㄴ, ㄷ ④ ㄷ, ㄹ

11. 동물의 면역 반응은 선천성 면역(비특이적 방어) 또는 후천성 면역(특이적 방어)으로 나눌 수 있다. 포유동물의 후천성 면역 반응에 대한 예로 가장 옳은 것은?

① 자연살생세포(natural killer cell)는 병든 세포를 인식하면 화학물질을 분비하여 제거한다.
② 상처가 나거나 감염 발생 시 유리되는 화학 신호 물질에 의해 염증반응이 일어난다.
③ 호중구(neutrophil)는 감염조직에서 나오는 화학 신호 물질을 인식하여 미생물을 파괴한다.
④ 세포독성 T 세포(cytotoxic T cell)는 바이러스에 감염된 체세포나 종양세포를 파괴한다.

12. 무척추동물의 분류에 따른 예가 잘못 연결된 것을 〈보기〉에서 모두 고른 것은?

〈보기〉

ㄱ. 해면동물 - 해파리
ㄴ. 선형동물 - 지렁이
ㄷ. 극피동물 - 불가사리
ㄹ. 절지동물 - 가재
ㅁ. 연체동물 - 문어

① ㄱ, ㄴ　　② ㄴ, ㄷ
③ ㄹ, ㅁ　　④ ㄷ, ㄹ, ㅁ

13. 어떤 동물은 몸의 색깔을 결정하는 유전자와 날개 크기를 결정하는 유전자를 각각 한 쌍씩 가진다고 한다. 이 동물의 야생형 표현형은 회색 몸과 정상 날개이며, 돌연변이형 표현형은 검은색 몸과 흔적 날개이다. 이 동물을 대상으로 하는 〈보기〉의 유전 교배 실험 결과에 대한 분석을 가장 옳게 한 학생은?

〈보기〉

• 교배 실험: 야생형 표현형을 나타내는 두 유전자에 대한 이형접합자 암컷과 돌연변이 표현형을 나타내는 두 유전자에 대한 동형접합자 수컷을 교배하여 다음과 같은 자손들을 얻었다.
  – 회색 몸과 정상 날개의 자손: 156개체
  – 회색 몸과 흔적 날개의 자손: 39개체
  – 검은색 몸과 정상 날개의 자손: 41개체
  – 검은색 몸과 흔적 날개 의 자손: 164개체

① 갑 학생: 검은색 몸과 정상 날개를 가지는 자손 개체들이 생성되는 이유는 감수분열 중에 교차가 발생하였기 때문이다.
② 을 학생: 이 실험의 자손에서 나타나는 재조합 빈도는 0.2%이다.
③ 병 학생: 몸의 색깔을 결정하는 유전자와 날개 크기를 결정하는 유전자는 서로 다른 염색체상에 존재한다.
④ 정 학생: 회색 몸과 정상 날개를 가지는 자손 개체는 두 유전자에 대하여 동형접합자이다.

14. 〈보기〉는 선구동물과 후구동물의 배 발생 중 일부를 순서 없이 나타낸 모식도이다. 두 동물의 발생에 대한 설명으로 가장 옳은 것은?

〈보기〉

(가) (나)
외배엽, 내배엽, 원장, 중배엽, 체강, 원구

① (가)는 후구동물에 해당한다.
② (나)와 같은 발생을 하는 동물에는 극피동물과 척삭동물이 포함된다.
③ (가)의 원구는 나중에 항문으로 발달한다.
④ (가)와 (나)의 원장은 나중에 동물의 외피를 형성한다.

15. 역전사효소(reverse transcriptase)에 대한 설명으로 옳은 것을 〈보기〉에서 모두 고른 것은?

〈보기〉

ㄱ. 담배모자이크바이러스가 자신의 RNA 유전물질을 복제하기 위해 사용한다.
ㄴ. 유전공학적 연구에서 mRNA로부터 cDNA를 클로닝하기 위해 사용된다.
ㄷ. RNA를 유전물질로 사용하는 코로나바이러스 감염의 PCR 진단 검사를 위해 사용된다.

① ㄱ, ㄴ　② ㄱ, ㄷ
③ ㄴ, ㄷ　④ ㄱ, ㄴ, ㄷ

16. 식물 세포는 구조와 기능에 따라 몇 가지 세포 유형으로 구분된다. 〈보기〉에서 주요 식물세포 유형에 대한 설명으로 옳은 것을 모두 고른 것은?

〈보기〉

ㄱ. 성숙한 유세포(parenchyma cell)는 유연한 1차벽을 가지며 대부분의 물질대사를 담당한다.
ㄴ. 성숙한 후벽세포(sclerenchyma cell)는 두꺼운 1차벽을 가지며 지상부 어린 식물의 유연한 지지 기능을 한다.
ㄷ. 성숙한 후각세포(collenchyma cell)는 두꺼운 2차벽을 가진 죽은 세포로 식물의 지지기능을 한다.
ㄹ. 물과 무기염류를 운반하는 물관요소는 완성된 상태 에서는 죽어 있다.

① ㄱ, ㄴ　② ㄱ, ㄹ
③ ㄴ, ㄷ　④ ㄷ, ㄹ

17. 인체의 호흡 조절 과정에 대한 설명으로 옳지 않은 것을 〈보기〉에서 모두 고른 것은?

〈보기〉

ㄱ. 폐의 부피 변화를 이용한 음압(negative pressure) 호흡으로 일어난다.
ㄴ. 불수의적으로 조절되는 호흡에서 갈비 사이근의 수축은 숨을 내쉬는 호식 과정을 일으킨다.
ㄷ. 주로 혈액 내의 산소 포화도를 pH 변화로 감지하여 호흡의 항상성이 조절된다.
ㄹ. 뇌척수액의 pH가 낮아진 것이 감지되면 이후 호흡은 증가된다.

① ㄱ, ㄴ　② ㄱ, ㄹ
③ ㄴ, ㄷ　④ ㄷ, ㄹ

18. 그람음성세균에 해당하지 않는 것은?

① 스트렙토마이세스
② 클라미디아
③ 프로테오세균
④ 스피로헤타

19. 하디-바인베르크 평형 조건에 부합되는 가상의 한 집단 내에서, 어떤 유전병이 신생아 100명당 한 명꼴로 발생 한다고 한다. 이 집단에 대한 설명으로 가장 옳은 것은? (단, 이 유전병은 하나의 유전자 좌위에서 돌연변이 대립유전자에 대해 동형접합성일 경우에만 발생한다.)

① 집단 내에서 돌연변이 대립유전자의 빈도는 1%이다.
② 구성원 중 18%는 보인자이다.
③ 구성원 중 90%는 야생형 대립유전자에 대하여 동형 접합성이다.
④ 만일 집단 내에 돌연변이 대립유전자 빈도가 기존 빈도의 1/10로 감소하게 된다면, 열성 유전병의 발생 빈도는 1,000명당 한 명꼴로 나타나게 될 것이다.

20. 속씨식물의 기공 개폐 조절은 다양한 기작에 의해 조절 된다. 〈보기〉에서 기공 개폐 조절에 대한 설명으로 옳은 것을 모두 고른 것은?

〈보기〉

ㄱ. 주변 표피세포에서 공변세포로 K^+이 유입되면 기공이 닫힌다.
ㄴ. 공변세포에서 원형질막의 양성자 펌프가 활성화되면 기공이 열린다.
ㄷ. 일주기성 리듬은 기공의 개폐를 조절하는 신호 중 하나이다.
ㄹ. 식물 호르몬인 앱시스산(abscisic acid)은 기공의 열림을 촉진한다.

① ㄱ, ㄴ　② ㄱ, ㄹ
③ ㄴ, ㄷ　④ ㄷ, ㄹ

2022년 서울시 8, 9급(6월)

수험번호		성명	

01. 서로 다른 두 원핵세포 간에 DNA를 전달하는 방식에 해당하지 않는 것은?

① 형질 전환(transformation)
② 형질 도입(transduction)
③ 형질 주입(transfection)
④ 접합(conjugation)

02. 〈보기〉의 세포 골격을 나타내는 모식도에 대한 설명으로 가장 옳은 것은?

〈보기〉

① 중심립은 A로 구성되어 있다.
② B는 구형단백질인 액틴으로 구성되고 모든 진핵세포에서 관찰된다.
③ C는 섬모, 편모 등을 구성하며 염색체나 세포 소기관의 이동에 관여한다.
④ B와 C는 모든 진핵세포에서 지름이 거의 일정하며 구성성분 또한 일정하다.

03. 〈보기〉와 같이 자엽초를 이용해 식물의 특정 호르몬을 확인하는 실험을 수행하였다. 실험 결과에 대한 설명으로 가장 옳은 것은? (단, 실험은 빛이 차단된 암소에서 진행되었다.)

〈보기〉

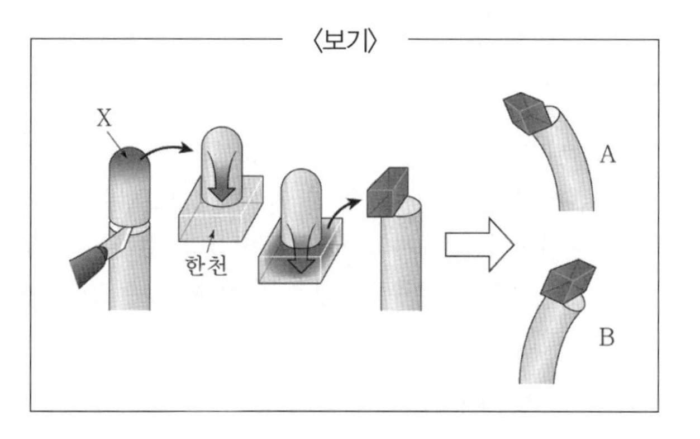

① X는 지베렐린으로 줄기 신장과 꽃가루 발달을 촉진한다. 따라서 A처럼 자랄 것이다.
② X는 에틸렌으로 어린 식물에서 줄기의 신장을 억제한다. 따라서 A처럼 자랄 것이다
③ X는 옥신으로 낮은 농도에서 줄기의 신장을 촉진한다. 따라서 B처럼 자랄 것이다.
④ X는 시토키닌으로 뿌리의 생장과 정단우성을 조절한다. 따라서 B처럼 자랄 것이다.

04. 사람 세포는 약 20,000개의 유전자를 가지고 있으나 75,000~100,000개 정도의 서로 다른 단백질이 세포에서 생산된다. 이러한 현상에 가장 큰 역할을 하는 세포 내 현상으로 가장 옳은 것은?

① 대체 RNA 스플라이싱(alternative RNA splicing)
② 엑손셔플링(exon shuffling)
③ RNA 편집(RNA editing)
④ 틀이동 돌연변이(frameshift mutation)

05. 신장(콩팥)의 사구체는 혈액을 여과시키는 역할을 하는 기관으로 혈액 내 물과 전해질, 노폐물을 분비시키는 기능을 한다. 사구체를 구성하는 세포의 종류와 이와 유사한 기관을 옳게 짝지은 것은?

① 단층편평상피세포 – 폐의 폐포
② 단층원주상피세포 – 위장의 내벽
③ 단층입방상피세포 – 신장의 세뇨관
④ 거짓다층섬모원주상피세포 – 호흡기 기관지

06. 사춘기가 막 시작된 소년이 사고로 뇌하수체의 전엽에 손상을 입었다. 소년의 황체형성호르몬(LH)은 정상 수치이나 난포자극호르몬(FSH)의 수치는 매우 낮다. 이 소년이 성년이 되었을 때 일어날 수 있는 가능성에 대한 설명으로 가장 옳은 것은?

① 정자 생산이 안 되어 불임이 될 것이다.
② 고환에서 테스토스테론을 만들지 않을 것이다.
③ 2차 성징이 일어나지 않을 것이다.
④ 성적 흥분이 일어나지 않을 것이다.

07. 물질대사 경로가 〈보기〉와 같을 때, F와 H의 농도가 매우 높다면 세포에서 가장 우세하게 나타나는 반응은?

〈보기〉

(1) A는 B 또는 C로 전환된다.
(2) B는 D로 전환된다.
(3) D는 E 또는 G로 전환된다.
(4) E는 F로 전환된다.
(5) G는 H로 전환된다.
(6) D는 A가 B로 전환되는 과정을 억제한다.
(7) F는 D가 E로 전환되는 과정을 억제한다.
(8) H는 D가 G로 전환되는 과정을 억제한다.

① A로부터 B가 전환되는 반응
② B로부터 D가 전환되는 반응
③ A로부터 C가 전환되는 반응
④ D로부터 E가 전환되는 반응

08. tRNA 내에 존재하는 안티코돈(anticodon)은 mRNA의 코돈(codon)과 염기쌍결합을 이루어 단백질 번역에 관여한다. 특히 이노신(inosine, I)이 tRNA의 안티코돈에 존재할 경우, 코돈과 다양한 염기쌍결합이 가능하다. 만약 tRNA가 안티코돈 5′–ICC–3′을 가지고 있을 경우, mRNA에 존재하는 코돈 중 결합을 하지 못하는 코돈은?

① 5′–GGU–3′
② 5′–GGG–3′
③ 5′–GGA–3′
④ 5′–GGC–3′

09. 동물의 많은 세포들이 조직, 기관, 기관계를 구성한다. 이때 이웃하는 세포들 간에는 특정 부위에서 직접적인 물리적 접촉을 통해 부착하고, 상호작용하며, 교신한다. 동물세포에서 관찰되는 연접에 대한 설명으로 가장 옳지 않은 것은?

① 밀착연접(tight junctions): 세포 주변을 연속적으로 밀봉함으로써 세포의 용액이 표피세포를 가로질러 빠져나가는 것을 막는다.
② 데스모솜(desmosome): 고정시키는 못처럼 작용하여 세포를 조인다. 중간섬유는 단단한 케라틴 단백질로 되어 있다.
③ 간극연접(gap junctions): 인접한 세포 간에 세포질 통로를 제공해 준다. 구멍을 둘러싸고 있는 특정막단백질로 구성되어 있다.
④ 원형질연락사(plasmodesmata): 인접한 세포의 원형질막이 이 구조를 통해 서로 연결되어 있다.

10. 생체 내 항체의 다양성을 증가시키는 요인에 해당하지 않는 것은?

① V, D, J, C로 불리는 조각유전자의 재구성을 통한 DNA 재배열(DNA rearrangement)
② 체세포 과돌연변이(somatic hypermutation)
③ 수십여 종의 다양한 V, D 조각유전자의 존재
④ 항체를 생성하는 B세포 일부가 기억 B세포로 분화

11. 〈보기〉의 기후 모식도를 참고하여 생물군계를 설명한 것으로 가장 옳지 않은 것은? (단, 지역 간 이입과 이출은 없다고 가정한다.)

〈보기〉

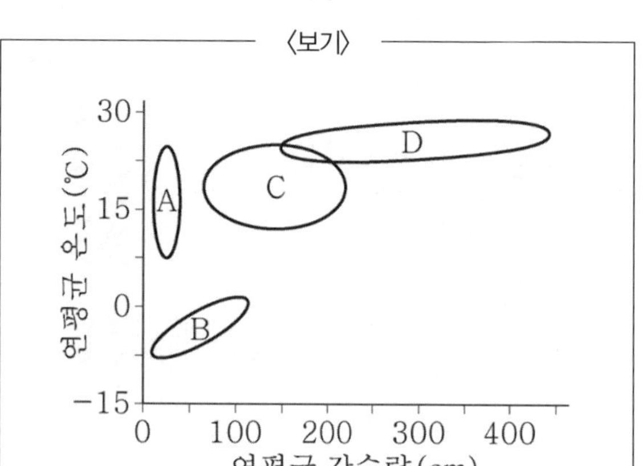

① A 지역은 기온의 일교차가 큰 편이며 선인장과 전갈 등이 대표서식 생물군이다.
② B 지역의 대표적 특징은 영구동토층이며 작은 관목, 이끼류, 지의류 등이 주로 분포한다.
③ C 지역은 강가와 시냇가를 제외하고는 거의 나무가 없어서 새들은 주로 땅에 둥지를 튼다.
④ D 지역은 다른 지역에 비해 복잡한 생물군계를 나타낸다.

12. 〈보기 1〉에 제시된 순환계에 대한 〈보기 2〉의 설명으로 옳은 것을 모두 고른 것은?

〈보기 1〉

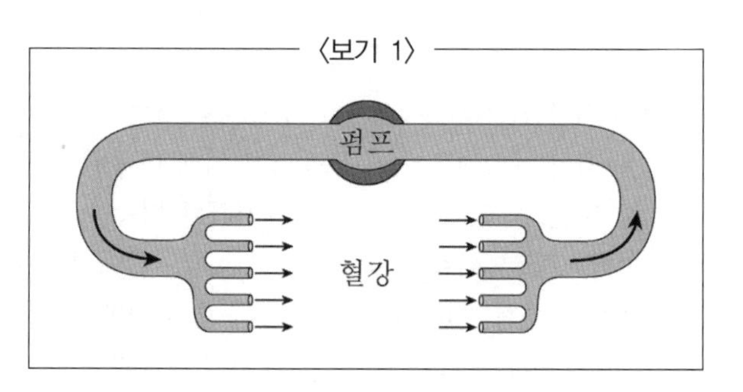

〈보기 2〉

ㄱ. 낮은 유압을 유지해도 되므로 에너지가 절약된다.
ㄴ. 모세혈관망을 형성해야 하기 때문에 순환계의 형성 및 유지가 어렵다.
ㄷ. 혈액을 순환시키는 유압이 높아 운동성이 높은 오징어에 적합하다.
ㄹ. 거미는 이 순환계에서 생긴 유압을 이용하여 다리를 빠른 속도로 펼 수 있다.

① ㄱ, ㄴ　　② ㄱ, ㄹ
③ ㄴ, ㄷ　　④ ㄴ, ㄹ

13. 〈보기〉의 빈칸 ㄱ, ㄴ에 들어갈 단어를 순서대로 바르게 나열한 것은?

〈보기〉

프로테아좀(proteasome)은 깡통처럼 생긴 거대한 단백질 복합체로서, 스트레스에 의해 변형된 단백질 또는 쓸모없는 단백질을 제거하는 기능을 담당한다. 프로테아좀의 공격 대상이 되는 단백질에 존재하는 특정 아미노산인 (ㄱ)이 작은 단백질인 (ㄴ)에 의해 표지된다. 그 후 표지된 단백질은 프로테아좀에 의해 분해된다.

① 리신(lysine), 유비퀴틴(ubiquitin)
② 글리신(glycine), 유비퀴틴(ubiquitin)
③ 리신(lysine), 열충격 단백질(heat-shock proteins)
④ 글리신(glycine), 열충격 단백질(heat-shock proteins)

14. 원발암유전자(proto-oncogene)에 대한 설명으로 가장 옳은 것은?

① 정상세포에 존재하지 않는다.
② 암세포의 증식 속도를 늦춘다.
③ 과도한 활성을 가진 성장인자 단백질을 만드는 유전자이다.
④ 세포분열과 성장을 조절하는 유전자이다.

15. 어두울 때 간상세포에서 나타나는 현상으로 가장 옳은 것은?

① 로돕신이 활성화된다.
② 글루탐산이 분비된다.
③ 과분극 된다.
④ Na^+ 통로가 닫힌다.

16. 세포의 신호물질인 리간드(ligand)가 수용체에 결합하면, 2차 신호전달자(second messenger)라고 불리는 물질을 통해 외부신호가 세포 내로 확산될 수 있다. 2차 신호전달자에 해당하지 않는 것은?

① 고리형 AMP(cyclic AMP)
② G 단백질(G protein)
③ 칼슘 이온(Ca^{2+})
④ 고리형 GMP(cyclic GMP)

17. 〈보기〉의 항체와 T 세포 수용체를 나타낸 모식도에 대한 설명으로 가장 옳은 것은?

〈보기〉

항체 / T 세포 수용체
A, B, C, D, 경쇄, 중쇄, 막관통부위, α사슬, β사슬

① A와 D는 모두 항원이 결합하는 부위로 특히 A는 주조직적합성복합체(MHC) 분자에 의해 제시된 항원만을 인식한다.
② 항체의 B와 C의 연결부위가 절단되면 2개의 Fab와 1개의 Fc로 분리된다.
③ C 부위는 항원과 결합하지 않기 때문에 A, B에 비해 상대적으로 변이가 적은 부위에 속한다.
④ 미성숙 T 세포와 달리 성숙된 T 세포는 항체와 유사한 방식으로 수용체를 분비한다.

18. 〈보기〉는 16개의 염기를 가진 인위적인 mRNA를 이용하여 단백질 합성 실험을 시행한 후, 그중 일부를 분석한 내용이다. 이에 대한 설명으로 가장 옳지 않은 것은?

〈보기〉

5′-AAAAAAUUUUGGGUUG-3′
펩타이드 1: Lys-Lys-Phe-Trp-Val
펩타이드 2: Lys-Asn-Phe-Gly-Leu
펩타이드 3: Lys-Ile-Leu-Gly

① Asn을 지정하는 코돈(codon)은 AAU이다.
② Leu를 지정하는 코돈(codon)은 UUG이다.
③ 펩타이드 3은 세 번째 염기부터 번역된 것으로 볼 수 있다.
④ DNA 염기서열은 5′-TTTTTTAAAACCCAAC-3′이다.

19. 해당과정(glycolysis)에 대한 설명으로 가장 옳지 않은 것은?

① 포도당 1분자는 2분자의 피루브산으로 산화된다.
② 해당 결과 포도당 1분자당 ATP와 NADH가 각각 2분자씩 생성된다.
③ 어떤 탄소도 이산화탄소로 방출되지 않는다.
④ 산소에 의존적으로 일어난다.

20. 〈보기 1〉은 몇몇 생물종의 학명을 나타낸 것이다. 〈보기 2〉 학명에 대한 설명 중 옳은 것을 모두 고른 것은?

〈보기 1〉

생물종	학명
인간	*Homo sapiens* Linnaeus
산검양옻나무	*Rhus sylvestris* Siebold & Zucc
국수나무	*Spiraea incisa* Thunb
덤불조팝나무	*Spiraea sylvestris* Nakai

〈보기 2〉

ㄱ. 만약 같은 글에서 속명이 여러 번 이용된다면 인간은 Homo sapiens로 표기한다.
ㄴ. 산검양옻나무의 학명은 삼명법 표기방식으로 Siebold는 아종명을, Zucc.는 명명자를 나타낸다.
ㄷ. 산검양옻나무와 덤불조팝나무는 서로 다른 종이다.
ㄹ. 국수나무는 산검양옻나무보다 덤불조팝나무와 더 가까운 유연관계를 갖는다.

① ㄱ, ㄴ　　② ㄱ, ㄷ
③ ㄴ, ㄹ　　④ ㄷ, ㄹ

2023년 서울시 8, 9급(6월)

수험번호		성명	

01. 시스-트랜스 이성질체(cis-trans isomer)에 대한 설명으로 가장 적절한 것은?

① 구성 원소들 사이의 공유결합 배열이 다른 것이다.
② 탄소와 원자들 사이의 공유결합 위치는 동일하지만 회전이 제한된 이중결합을 중심으로 그 공간적 배열이 달라진 것이다.
③ 하나의 탄소 원자에 4가지 서로 다른 원소가 부착된 비대칭 탄소의 존재로 인하여 서로 거울에 비친 상이 되는 구조를 나타낸다.
④ 동일 원소를 이루고 있는 다른 원자들보다 더 많은 중성자를 가지고 있어 보다 큰 질량을 갖는다.

02. 〈보기〉의 생물학적 종 개념에 대한 설명으로 가장 옳지 않은 것은?

〈보기〉

1942년 진화생물학자인 마이어(Ernst Mayr)는 종을 "다른 집단과 생식적으로 격리되어 있으며 실제 또는 잠재적으로 번식을 할 수 있는 자연 집단"으로 정의하였다. 즉, 생물학적 종은 서로 교배를 통하여 번식 가능한 자손을 생산하는 집단으로 구성된다.

① 생식세포 융합의 차단은 접합 전 격리 기작에 해당한다.
② 집단이 교배를 통하여 번식 가능한 자손을 생산할 수 없는 경우에는 생식적으로 격리되었다고 한다.
③ 종 사이의 구별이 자연 선택에 의해 유지된다.
④ 잡종 성체의 생식 불가능은 접합 후 격리 기작에 해당한다.

03. 자율 신경계의 교감 신경과 부교감 신경은 일반적으로 서로 길항작용을 통하여 신체기관의 기능을 조절한다. 〈보기〉의 부교감신경계에 의한 활성화 경로 중 표적 기관에 길항작용 대신 원활한 기능을 위한 보조적인 역할을 하는 경로로 가장 옳은 것은?

〈보기〉

ㄱ. 동공의 축소
ㄴ. 생식기의 발기 촉진
ㄷ. 위와 소화관의 활성 촉진
ㄹ. 심장박동의 감소

① ㄱ　② ㄴ
③ ㄷ　④ ㄹ

04. 〈보기〉의 해당과정에 대한 설명에서 ㉠~㉣에 해당하는 물질을 순서대로 바르게 나열한 것은?

〈보기〉

해당과정에서 포도당이 6탄당 인산화 효소에 의해 포도당 6-인산이 되고, 이는 포도당인산 이성질화효소에 의해 과당 6-인산으로 변경된다. 다음 단계에서 과당 1,6-2인산이 알도레이스에 의해 글리세르알데하이드 3-인산으로 분리되고, 5단계 반응을 거치면서 (㉠)→(㉡)→(㉢)→(㉣)의 물질로 전환된 후에 ㉣은 최종적으로 피루브산의 형태가 된다.

① ㉠ 1,3-비스포스포글리세르산
㉡ 3-포스포글리세르산
㉢ 2-포스포글리세르산
㉣ 포스포에놀피루브산
② ㉠ 1,3-비스포스포글리세르산
㉡ 2-포스포글리세르산
㉢ 3-포스포글리세르산
㉣ 포스포에놀피루브산
③ ㉠ 포스포에놀피루브산
㉡ 1,3-비스포스포글리세르산
㉢ 3-포스포글리세르산
㉣ 2-포스포글리세르산
④ ㉠ 2-포스포글리세르산
㉡ 3-비스포스포글리세르산
㉢ 포스포에놀피루브산
㉣ 1,3-비스포스포글리세르산

05. 광합성에서 광계 II(photosystem II)에 대한 설명으로 가장 옳지 않은 것은?

① 색소들이 빛을 흡수하여 반응중심의 엽록소 a로 에너지를 운반한다.
② 2개의 물 분자(H_2O)로부터 4개의 전자가 방출되고 최종적으로 엽록소 a는 이 전자를 포획한다.
③ ATP 합성효소에 의해 ATP가 생산된다.
④ 전자를 $NADP^+$ 분자로 보내 NADPH를 생성한다.

06 옥시토신 분비의 증가를 가장 직접적으로 초래하는 자극은?

① 프로스타글란딘의 감소
② 자궁경부 벽의 확장
③ 프로락틴 수준의 증가
④ 혈청 삼투질 농도의 증가

07. 다양한 화학 반응을 매개하는 효소 중 단백질 효소가 갖고 있는 특징으로 가장 옳지 않은 것은?

① 효소마다 반응에 최적인 온도와 특정 pH에서 가장 높은 활성을 갖는다.
② 효소는 반응물(기질)과 생성물의 자유에너지 차이를 변화시켜 반응을 촉진시킨다.
③ 효소의 활성 부위는 기질의 모양에 맞도록 변화할 수 있다.
④ 일정한 양의 효소가 반응물(기질)을 생성물로 변화시키는 반응속도는 부분적으로 기질의 농도와 관련이 있다.

08. 〈보기 1〉은 나무의 뿌리에서 물이 흡수되어 물관까지 도달하는 경로를 나타낸 것이다. 식물체에서 물의 이동이 증산작용에 의해서만 시작된다고 가정할 때, 〈보기 2〉의 설명 중 옳은 것을 모두 고른 것은?

〈보기 1〉

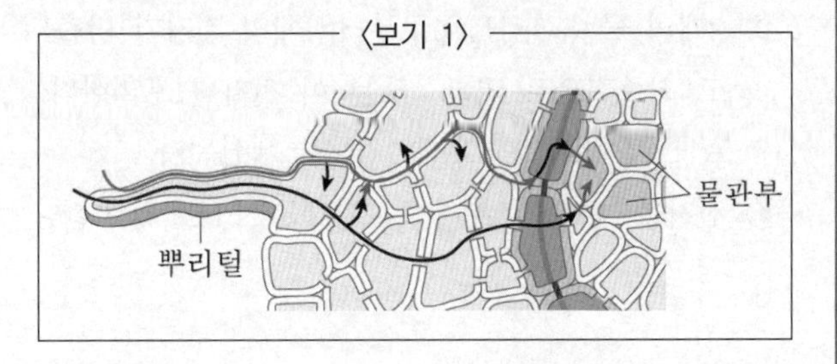

〈보기 2〉

ㄱ. 물관부를 통한 물의 이동에 물의 응집력이 관여한다.
ㄴ. 뿌리털 세포가 뿌리 물관부 안보다 수분 포텐셜이 크다.
ㄷ. 뿌리 물관부 안이 잎의 물관부 안보다 수분 포텐셜이 작다.
ㄹ. 잎에서 기공이 닫혀 있는 시간이 길수록 물관부를 통한 물의 이동이 촉진된다.

① ㄱ, ㄴ　② ㄱ, ㄷ
③ ㄴ, ㄹ　④ ㄷ, ㄹ

09. 균류에 대한 설명으로 가장 옳지 않은 것은?

① 흡수에 의해 영양분을 섭취하는 종속영양생물이다.
② 모두 공생 관계를 유지하여 영양물질을 순환시키는데 기여하고 있다.
③ 유성 생식 혹은 무성 생식 생활사를 통해 포자를 형성한다.
④ 단세포의 수생편모 원생생물에서 유래하였다.

10. 동물의 계통 분류는 분자생물학적 특징과 형태적 자료에 의하여 구분할 수 있다. 진화과정에서 〈보기〉의 계통수 설명을 상위계통에서 하위계통의 순서대로 바르게 나열한 것은?

〈보기〉

ㄱ. 등뼈가 있는 척추동물
ㄴ. 척삭을 가지며 등 쪽에 속이 빈 신경삭이 있는 척삭동물
ㄷ. 팔다리가 있는 사지류
ㄹ. 털이 있는 유악류
ㅁ. 젖을 만들고 털이 있는 포유류
ㅂ. 육지 환경에 적응된 알을 갖는 양막류

① ㄴ－ㄱ－ㄹ－ㄷ－ㅂ－ㅁ
② ㄱ－ㄴ－ㄷ－ㄹ－ㅁ－ㅂ
③ ㄴ－ㄷ－ㄱ－ㄹ－ㅂ－ㅁ
④ ㄱ－ㄴ－ㄹ－ㄷ－ㅂ－ㅁ

11. 〈보기 1〉은 일반적인 세포 분열 중인 어떤 동물의 체세포에서 교차가 일어나기 전 상태에 있는 한 쌍의 상동 염색체를 나타낸 것이다. 이에 대한 〈보기 2〉의 설명 중 옳은 것을 모두 고른 것은?

〈보기 1〉

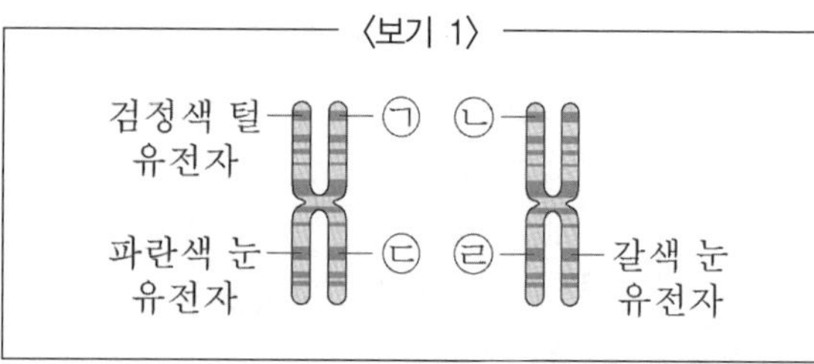

〈보기 2〉

ㄱ. ㉠은 털색이 아닌 다른 형질에 대한 유전자이다.
ㄴ. ㉡은 털색에 대한 유전자이다.
ㄷ. ㉢은 갈색 눈 유전자이고, ㉣은 파란색 눈 유전자이다.
ㄹ. 교차가 일어나지 않는다면 ㉠과 ㉣은 같은 생식 세포로 들어가지 않는다.

① ㄱ, ㄴ ② ㄱ, ㄷ
③ ㄴ, ㄹ ④ ㄷ, ㄹ

12. 멘델이 완두의 변종을 교배하여 품종 간 차이가 어떻게 유전되었는지를 연구하였을 때 사용한 7가지 형질에 해당하지 않는 것은?

① 종자 색 ② 종자 모양
③ 꽃 색 ④ 꽃 모양

13. 속씨식물의 생활사를 조사해보면 염색체 수가 n, $2n$, $3n$ 상태를 갖고 있는 세포들이 관찰된다. 염색체 수의 크기를 순서대로 바르게 나열한 것은?

① 접합자＝대포자낭＞배젖＞소포자＝알세포
② 대포자낭＞접합자＞배젖＝소포자＝알세포
③ 배젖＞접합자＝대포자낭＞소포자＝알세포
④ 소포자＝배젖＞대포자낭＞접합자＝알세포

14. 프리온(prion)과 바이로이드(viroid)에 대한 설명으로 가장 옳지 않은 것은?

① 프리온과 바이로이드는 모두 바이러스보다 작은 감염성 입자이다.
② 소해면상뇌증(bovine spongiform encephalopathy, BSE)은 프리온에 의해 발병한다.
③ 성숙한 바이로이드는 원형질 연락사를 통해 식물의 한 세포에서 다른 세포로 이동한다.
④ 바이로이드는 외피가 있는 RNA분자이다.

15. 〈보기 1〉은 미토콘드리아 내막에 있는 전자전달계의 모식도이다. 〈보기 2〉의 설명 중 옳은 것을 모두 고른 것은?

〈보기 1〉

(가) (나) I II III IV Q A $2e^-$ $H^+ + NADH$ NAD^+ 숙신산 푸마르산 $2H^+ + \frac{1}{2}O_2$ H_2O

〈보기 2〉

ㄱ. 이러한 전자 전달의 과정은 양성자의 농도를 (나)보다 (가)에서 더 높게 한다.
ㄴ. Ⅱ는 시트르산 회로의 한 단계를 촉매한다.
ㄷ. A는 유비퀴논(CoQ)이다.

① ㄱ ② ㄱ, ㄴ
③ ㄴ, ㄷ ④ ㄱ, ㄴ, ㄷ

16. 식물의 생장은 전 생애에 걸쳐 끊임없이 일어나는데 1기 생장과 2기 생장의 두 가지 유형이 있다. 〈보기〉에서 식물의 생장 유형에 대한 설명으로 옳은 것을 모두 고른 것은?

〈보기〉

ㄱ. 초본식물은 1기 생장만으로 식물 전체가 형성된다.
ㄴ. 1기 생장은 정단 분열조직에 의해서 이루어진다.
ㄷ. 목본식물은 1기 생장이 멈춘 부위에서 2기 생장이 있게 된다.
ㄹ. 2기 생장은 측생 분열조직인 관다발형성층과 코르크 형성층에 의해서 이루어진다.

① ㄱ, ㄷ　② ㄴ, ㄹ
③ ㄱ, ㄴ, ㄹ　④ ㄱ, ㄴ, ㄷ, ㄹ

17. 포유류의 신장에 대한 설명 중 가장 옳지 않은 것은?

① 신장의 여과 단위는 네프론이다.
② 혈액은 혈압에 의해 사구체 모세혈관을 통해 여과된다.
③ 사구체로 들어가 한번 여과된 물과 용질은 재흡수되지 않는다.
④ 이물질과 체내 노폐물은 모세혈관과 세뇨관 막을 통과해 여과액으로 분비된다.

18. 〈보기 1〉은 단일 유전자에 의해 결정되는 어떤 질환 X에 대한 가계도이다. 질환 표에 대한 A의 유전자형은 동형접합이라고 할 때 이에 대한 〈보기 2〉의 설명 중 옳은 것을 모두 고른 것은?

〈보기 1〉

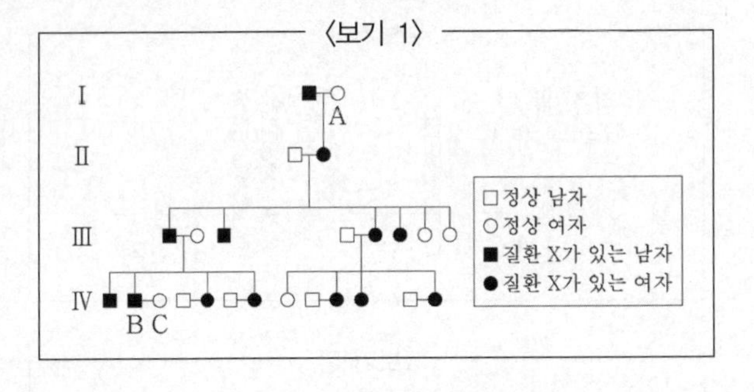

〈보기 2〉

ㄱ. 질환 X는 상염색체 우성으로 유전된다.
ㄴ. B와 C 사이에서 아이가 태어날 때, 이 아이가 질환 X를 가질 확률은 50%이다.
ㄷ. 헌팅턴 무도병(Huntington's disease)은 질환 X와 같은 방식으로 유전된다.

① ㄱ　② ㄱ, ㄴ
③ ㄴ, ㄷ　④ ㄱ, ㄴ, ㄷ

19. 어느 호수에서 120마리의 물고기를 잡았다. 이들에게 영구 표식을 부착한 후 부상 없이 다시 놓아주었다. 다음 날 150마리의 물고기를 잡았는데, 이 중 50마리에 표식이 붙어 있었다. 이틀 동안 전체 물고기 개체군의 크기에 변화가 없었다고 가정할 때, 이 호수에 있는 물고기 개체군의 크기는?

① 320마리　② 360마리
③ 600마리　④ 720마리

20. 식물 세포의 구조나 구조물 중 아포플라스트(apoplast)에 해당하지 않는 것은?

① 세포벽　② 세포외공간
③ 헛물관과 물관요소　④ 원형질연락사

2024년 서울시 9급(6월)

수험번호		성명	

01. 〈보기 1〉은 어떤 사람의 핵형 분석 결과를 나타낸 것이다. 이에 대한 〈보기 2〉의 설명으로 옳은 것을 모두 고른 것은?

〈보기 1〉

ⓐ ⓑ

1 2 3 4 5 6 7 8 9 10 11 12

13 14 15 16 17 18 19 20 21 22 XXY

〈보기 2〉

ㄱ. ⓐ와 ⓑ는 상동염색체이다.
ㄴ. 이 사람은 터너증후군을 앓고 있다.
ㄷ. 이 핵형 분석 결과에서 관찰되는 상염색체의 수는 44개이다.

① ㄱ　② ㄴ
③ ㄱ, ㄷ　④ ㄱ, ㄴ, ㄷ

02. 효소의 활성을 억제하는 비경쟁적 저해제 (noncompetitive inhibitor)에 대한 〈보기〉의 설명으로 옳은 것을 모두 고른 것은?

〈보기〉

ㄱ. 효소의 활성 부위가 아닌 다른 자리 (allosteric site)에 결합한다.
ㄴ. 최대반응속도(V_{max})에는 영향을 주지 않는다.
ㄷ. 효소 구조의 변화를 유도한다.
ㄹ. 기질의 농도가 증가하면 저해제의 효과는 감소한다.

① ㄱ, ㄴ　② ㄱ, ㄷ
③ ㄴ, ㄹ　④ ㄷ, ㄹ

03. 〈보기 1〉의 (가)~(라)는 사람의 대뇌, 소뇌, 간뇌, 연수의 특징을 순서 없이 나열한 것이다. 이에 대한 〈보기 2〉의 설명으로 옳은 것을 모두 고른 것은?

〈보기 1〉

(가) 몸의 평형을 유지한다.
(나) 시상과 시상하부로 구분된다.
(다) 감각령, 운동령, 연합령으로 구분된다.
(라) 심장박동, 호흡운동을 조절한다.

〈보기 2〉

ㄱ. (가)는 무릎 반사, 배뇨 반사의 중추이다.
ㄴ. (나)는 혈당량과 삼투압을 조절하여 항상성을 유지한다.
ㄷ. (다)는 안구 운동과 동공 반사를 조절한다.
ㄹ. (라)는 기침, 재채기, 눈물 분비의 중추이다.

① ㄱ, ㄴ　② ㄱ, ㄷ
③ ㄴ, ㄷ　④ ㄴ, ㄹ

04. 인체를 구성하는 원소 중 가장 많은 비율을 차지하는 원소 세 가지는?

① 탄소, 칼슘, 수소
② 산소, 질소, 수소
③ 산소, 탄소, 칼슘
④ 산소, 탄소, 수소

05. 인간의 감각 수용기 중 청각이 속해있는 수용기는?

① 기계수용기　　② 화학수용기
③ 광수용기　　④ 통각수용기

06. 생물 다양성에 대한 〈보기〉의 설명으로 옳은 것을 모두 고른 것은?

〈보기〉

ㄱ. 유전적 다양성이 높은 종은 환경이 급격하게 변하거나 전염병이 발생했을 때 멸종될 확률이 높다.
ㄴ. 종 다양성은 종의 수가 많을수록, 전체 개체수에서 각 종이 차지하는 비율이 균등할수록 낮아진다.
ㄷ. 상, 습지, 사막, 삼림, 초원 등이 다양하게 나타나는 것은 생태계 다양성에 해당한다.

① ㄱ　　② ㄷ
③ ㄱ, ㄷ　　④ ㄴ, ㄷ

07. ATP 에너지를 소모하는 작용으로 옳은 것을 〈보기〉에서 모두 고른 것은?

〈보기〉

ㄱ. 능동수송　　ㄴ. 근육수축
ㄷ. 촉진확산　　ㄹ. 체온유지

① ㄱ, ㄴ　　② ㄱ, ㄷ
③ ㄱ, ㄴ, ㄹ　　④ ㄴ, ㄷ, ㄹ

08. 〈보기〉에서 인간의 선천성 면역에 관여하는 것을 모두 고른 것은?

〈보기〉

ㄱ. 피부　　ㄴ. 호중구
ㄷ. 인터페론　　ㄹ. 보체계

① ㄱ, ㅣ　　② ㄴ, ㄷ
③ ㄱ, ㄷ, ㄹ　　④ ㄱ, ㄴ, ㄷ, ㄹ

09. 〈보기〉는 사람 심장의 전기적 활동 기록을 관찰한 결과이다. 심장에서 적절한 기능을 수행하지 못하고 있는 부위로 가장 옳은 것은?

〈보기〉

• 심방은 정상적으로 정기적인 수축을 한다.
• 심실은 몇 박동마다 수축을 하지 않는다.

① 반달판막　　② 방실판막
③ 방실결절　　④ 관상동맥

10. 〈보기〉와 같은 사례를 설명하는 용어로 가장 옳은 것은?

〈보기〉

1800년대 초에 15명의 영국 식민지 개척자들이 아프리카와 남미 중간의 대서양에 있는 작은 군도에 정착지를 세우고, 다른 사람들과는 격리되어 자손을 낳고 살게 되었다. 약 150년 정도 지난 후, 이 섬에 정착한 식민지 개척자들의 후손 집단에서 나타나는 특정 질병을 일으키는 대립유전자의 빈도가 원집단에 비해 10배나 높게 나타났다.

① 창시자 효과　　② 유전자 흐름
③ 병목 현상　　④ 하디-바인베르크 평형

11. 그람 양성 세균에 대한 〈보기〉의 설명으로 옳은 것을 모두 고른 것은?

〈보기〉

ㄱ. 그람 음성 세균에 비해 펩티도글리칸층이 얇다.
ㄴ. 그람 염색법으로 염색하면 진한색(보라색)으로 염색된다.
ㄷ. 세포벽 바깥쪽에 지질다당체(lipopolysaccharide)로 이루어진 막이 둘러싸고 있다.

① ㄱ　② ㄴ
③ ㄱ, ㄴ　④ ㄴ, ㄷ

12. 세포호흡 과정 중 ATP를 생산하지 않는 단계는?

① 피루브산 산화　② 시트르산 회로
③ 해당과정　④ 산화적 인산화

13. 뒤센 근위축증(Ducheme muscular dystrophy)은 근육 조직이 점점 소실되는 특징을 보여주는 성염색체 열성 질환이다. 여자 A와 남자 B는 뒤센 근위축증은 없지만 이들의 첫 아들은 이 질병을 가지고 있다. A와 B가 두 번째 아이를 갖게 될 경우, 이 아이가 뒤센 근위축증을 가질 확률[%]은? (단, 제시된 조건 외에 다른 부분은 고려하지 않는다.)

① 25　② 50
③ 75　④ 100

14. 〈보기〉는 신경계의 구성을 간략하게 나타낸 모식도이다. 이에 대한 설명으로 가장 옳은 것은?

〈보기〉

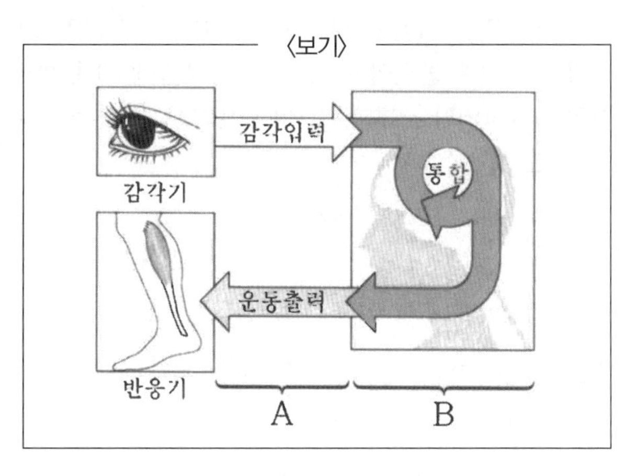

① 혈액뇌 장벽 (blood−brain barrier) 은 모세혈관 내피 세포를 통한 물질의 이동을 제한함으로써 혈액에 존재하는 유해물질로부터 A를 보호한다.
② A는 운동신경계와 자율신경계로 구분되며, 싸움−도주 반응(fight−or−flight response)은 부교감 신경에 해당한다.
③ 미세아교세포는 죽었거나 손상된 세포의 잔유물과 세균으로부터 B를 보호한다.
④ 신경전달 물질인 아세틸콜린은 B에서 방출되며 A에서는 발견되지 않는다.

15. 원소 '인'이 식물에 필요한 이유에 해당하지 않는 것은?

① 엽록소를 구성한다.
② 세포막을 구성한다.
③ 핵산을 구성한다.
④ ATP를 구성한다.

16. 〈보기 1〉은 세포에서 G 단백질 결합 수용체(GPCR)에 의해 단백질인산화효소 C(PKC)가 활성화되는 신호전달 과정을 나타낸 것이다. ㉠은 GPCR과 결합하는 신호 물질이고, ㉡은 G 단백질에 의해 활성화되는 효소이다. <보기 2>의 설명으로 옳은 것을 모두 고른 것은?

〈보기 1〉

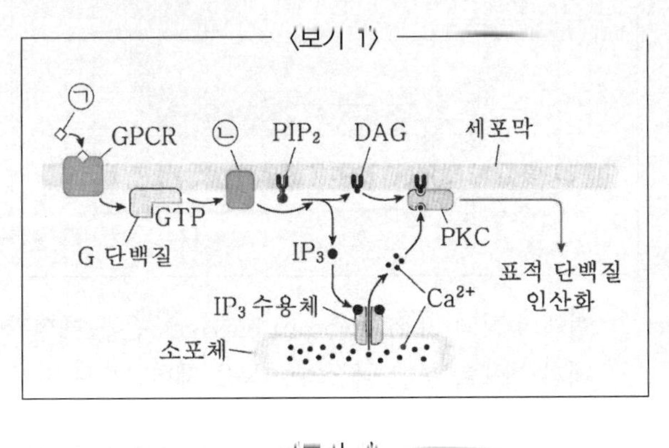

〈보기 2〉

ㄱ. ㉠이 GPCR에 결합하면 수용체는 G 단백질과 결합하고, 그 결과 GDP가 GTP로 교환되어 G 단백질이 활성화된다.
ㄴ. ㉡은 포스포라이페이스C이다.
ㄷ. Ca^{2+}은 능동수송에 의해 소포체에서 세포질로 이동 한다.

① ㄱ, ㄴ ② ㄱ, ㄷ
③ ㄴ, ㄷ ④ ㄱ, ㄴ, ㄷ

17. 바이러스에 대한 〈보기〉의 설명으로 옳은 것을 모두 고른 것은?

〈보기〉

ㄱ. 독립적으로 물질대사를 한다.
ㄴ. 유전물질인 핵산을 갖는다.
ㄷ. 세포 구조를 갖추고 있다.
ㄹ. 인간면역결핍바이러스(HIV)는 RNA 주형으로 DNA를 만든다.
ㅁ. 단백질 감염인자로서 뇌 질환을 일으킬 수 있다.

① ㄱ, ㄴ ② ㄴ, ㄹ
③ ㄷ, ㄹ ④ ㄷ, ㅁ

18. 양막류에 해당하지 않는 것을 〈보기〉에서 모두 고른 것은?

〈보기〉

ㄱ. 바다거북 ㄴ. 칠성장어
ㄷ. 도롱뇽

① ㄱ ② ㄴ
③ ㄴ, ㄷ ④ ㄱ, ㄴ, ㄷ

19. 사람의 소화를 조절하는 호르몬의 작용에 대한 설명으로 가장 옳지 않은 것은?

① 가스트린(gastrin)은 위산의 분비를 촉진한다.
② 콜레키스토키닌(CCK)은 췌장의 소화 효소 분비를 촉진한다.
③ 세크레틴(secretin)은 췌장의 중탄산염 분비를 촉진하여 강산성의 음식물을 중화시킨다.
④ 세크레틴(secretin)은 위의 가스트린(gastrin) 분비를 촉진한다.

20. 〈보기 1〉은 특정 식물 호르몬(A)의 농도에 따른 변화를 관찰한 것이다. A 호르몬에 대한 〈보기 2〉의 설명으로 옳은 것을 모두 고른 것은? (단, 실험은 빛이 차단된 암소에서 진행되었다.)

〈보기 1〉

0.00 0.10 0.20 0.40 0.80

A 농도(ppm)

〈보기 2〉

ㄱ. 노화, 잎의 탈리 및 과일의 성숙에 관여하는 호르몬이다.
ㄴ. 줄기와 뿌리의 분열과 분화를 촉진하며 곁눈의 생장을 촉진하는 호르몬이다.
ㄷ. 줄기 신장의 둔화, 줄기의 비후화 그리고 줄기의 수평 생장을 유도하는 호르몬이다.
ㄹ. 동물의 성호르몬과 화학적으로 유사하여 세포 신장과 분열을 유도하는 호르몬이다.

① ㄱ, ㄴ　　② ㄱ, ㄷ
③ ㄴ, ㄷ　　④ ㄷ, ㄹ

2020년 국가직 7급(9월)

수험번호		성명	

01. 무척추동물의 무성생식 기작이 아닌 것은?

① 출아(budding)
② 접합자(zygote) 형성
③ 단위생식(parthenogenesis)
④ 분열(fission)

02. 염색체의 수와 구조 이상으로 인해 생기는 인간의 유전병에 대한 설명으로 옳은 것은?

① 22번 염색체의 3염색체성으로 일어나는 다운증후군은 특이한 안면표정, 작은 키 등의 특징을 보인다.
② 클라인펠터 증후군의 경우 YYY의 염색체를 가진다.
③ 만성 골수성 백혈병은 체세포 분열 동안 염색체 전좌에 의해 일어난다.
④ 터너 증후군은 XXY의 염색체를 가진다.

03. 다음에 해당하는 세포 내·외부로 물질을 수송하는 기작에 대한 설명으로 옳지 않은 것은?

- 세포를 둘러싸고 있는 원형질막은 인지질 이중층으로 구성되어 있다.
- 이 원형질막은 세포 내·외부로 물질을 전달하는 역할을 하게 된다.

① 확산 – 용액의 농도가 높은 곳에서 낮은 곳으로 용매가 이동한다.
② 삼투현상 – 용액의 농도가 낮은 곳에서 높은 곳으로 용매가 이동한다.
③ 촉진확산 – 물질이 이동할 때 운반 단백질로 인해 이동 속도가 증가한다.
④ 식세포작용 – 세포가 음식물 입자와 같은 큰 물질을 섭취할 때 이용된다.

04. 다음에 해당하는 식물 호르몬은?

- 세포의 확장에 영향을 주며, 특히 어린모의 줄기와 뿌리를 두껍게 만든다
- 분열조직을 수평으로 발달시켜 종자 발아에 중요한 역할을 한다.
- 기계적인 자극, 상처, 감염 등에 대해 줄기를 비후화시켜 강하게 한다.

① 시토키닌(cytokinin)
② 지베렐린(gibberellin)
③ 에틸렌(ethylene)
④ 브라시노스테로이드(brassinosteroid)

05. 운동뉴런과 골격근섬유 사이의 시냅스에서 활동전위 신호가 전달되는 화학적 신호전달 부위와 과정을 순서대로 바르게 나열한 것은?

① 신경근접합 부위 → 시냅스 소포 → 이온 채널 열림 → 신경전달물질 방출
② 신경근접합 부위 → 시냅스 소포 → 신경전달물질 방출 → 이온 채널 열림
③ 시냅스 소포 → 신경근접합 부위 → 이온 채널 열림 → 신경전달물질 방출
④ 시냅스 소포 → 신경근접합 부위 → 신경전달물질 방출 → 이온 채널 열림

06. 인체의 물질대사 조절에 관여하는 내분비샘에 대한 설명으로 옳은 것은?

① 갑상샘은 티록신을 분비하여 임신부의 뼈에서 칼슘 방출을 억제한다.
② 부신피질에서 분비되는 호르몬이 결핍되면 애디슨병을 일으킨다.
③ 부신수질은 에피네프린과 같은 스테로이드 호르몬을 생산하여 스트레스 반응에 관여한다.
④ 췌장은 세 종류의 호르몬인 인슐린, 글루카곤, 프로락틴을 생산한다.

07. 생물에 일어나는 밀도와 관련된 현상에 대한 설명으로 옳지 않은 것은?

① 배양 중인 동물 세포가 세포 분열로 배양 용기 표면에 하나의 층을 형성한 후 세포 분열을 멈추는 현상은 밀도 의존성 억제에 해당한다.
② 배양 중인 암세포에 영양분이 지속적으로 공급되면 밀도 의존성 억제가 일어나지 않아 암세포 분열을 계속한다.
③ 개체군의 출생률과 사망률에 밀도 의존적 요인과 밀도 비의존적 요인이 영향을 준다.
④ 개체군의 크기가 클 때 밀도 의존적 요인에 의해 출생률을 증가시키거나 사망률을 감소시켜 개체군 성장이 줄어든다.

08. 동물의 줄기세포에 대한 설명으로 옳은 것만을 모두 고르면?

ㄱ. 줄기세포는 무한기간 자가복제(self−renewal) 능력을 가지고 있다. ㄴ. 유도다능줄기세포(iPS cell)는 골수세포로부터 유래되었다. ㄷ. 배아줄기세포는 성체줄기세포보다 더 많은 종류의 세포로 분화될 수 있다.

① ㄱ, ㄴ　　② ㄱ, ㄷ
③ ㄴ, ㄷ　　④ ㄱ, ㄴ, ㄷ

09. 사람의 오줌 생성과정에 대한 설명으로 옳지 않은 것은?

① 여과 − 사구체로부터 혈장단백질, 혈액세포, 혈소판 등 크기가 큰 물질들이 보먼주머니로 여과된다.
② 재흡수 − 포도당, 아미노산은 ATP를 이용한 능동수송에 의해 재흡수된다.
③ 재흡수 − 물이 삼투현상에 의해 재흡수된다.
④ 분비 − 혈액에 남아 있던 요산이나 크레아틴 등의 노폐물이 모세혈관에서 세뇨관으로 이동한다.

10. 종분화에 대한 설명으로 옳지 않은 것은?

① 이소적 종분화는 한 집단이 물리적 장벽에 의해 생식적으로 격리되어 일어난다.
② 배수성(polyploidy)은 한 종 내에서 염색체의 중복에 의해 생길 수 있으며, 종분화의 원인이 될 수 있다.
③ 적응방산(adaptive radiation)은 한 조상종에서 많은 수의 자손종이 급격하게 증가하는 것이다.
④ 동소적 종분화는 한 집단의 안정화 선택에 의해서 일어난다.

11. 선구동물(protostomes)에 해당하는 것은?

① 절지동물 ② 극피동물
③ 반삭동물 ④ 척삭동물

12. 생체 내 세포호흡과 에너지 전환에 대한 설명으로 옳지 않은 것은?

① 세포호흡이 활발한 세포일수록 미토콘드리아가 많이 존재한다.
② 미토콘드리아와 엽록체는 이중막으로 둘러싸여 있고 내부에 자체 유전체를 가지고 있지 않다.
③ 미토콘드리아는 음식물을 화학에너지로 전환시키고 엽록체는 태양에너지를 화학에니지로 전환시킨다.
④ 미토콘드리아 내부의 크리스테(cristae)라는 주름은 막의 표면적을 증가시켜 ATP 생산능력을 높여주는데 기여한다.

13. 세포소기관과 그 특징에 대한 설명으로 옳지 않은 것은?

① 리소좀(lysosome) – 섭취한 물질, 분비물, 노폐물을 파괴시키는 효소 포함
② 활면소포체(smooth ER) – 단백질의 합성과 조립에 중심적인 역할을 함
③ 골지체(Golgi apparatus) – 단백질의 변형에 관여, 분비 단백질을 꾸림
④ 퍼옥시좀(peroxisome) – 다양한 물질에서 수소를 제거하여 산소로 전달해 주는 효소 포함

14. 세균(Bacteria)의 세포벽에 대한 설명으로 옳지 않은 것은?

① 대부분 세균의 세포벽은 펩티도글리칸(peptidoglycan)이 있다.
② 그람양성균은 펩티도글리칸으로 이루어진 두꺼운 세포벽을 지닌다.
③ 그람음성균이 펩티도글리칸은 세포막과 외막 사이에 존재한다.
④ 페니실린계 항생제는 특히 그람음성균에서 세포벽의 기능을 잃게 한다.

15. 바이러스에 대한 설명으로 옳지 않은 것은?

① 레트로바이러스는 RNA를 유전체로 가진다.
② 정상 세포를 암세포로 변이시키기도 한다.
③ 동물이나 식물 또는 세균을 숙주로 하며, 살아 있는 세포 내에서만 증식할 수 있다.
④ 바이러스 자신의 대사계를 이용하여 이분법 또는 유사분열로 증식한다.

16. 종간 상호작용에 대한 설명으로 옳은 것만을 모두 고르면?

ㄱ. 베이츠의태는 기생을 피하기 위해서 나타난 방호전략 중 하나이다.
ㄴ. 경쟁은 생태적 지위가 중복될 때 나타날 수 있다.
ㄷ. 콩과식물의 뿌리혹에 사는 박테리아에 의한 질소고정은 상리공생의 예 중 하나이다.
ㄹ. 기생생물은 숙주의 생존, 생식 및 개체군 밀도에 영향을 주지는 않는다.

① ㄱ, ㄴ ② ㄱ, ㄹ
③ ㄴ, ㄷ ④ ㄷ, ㄹ

17. DNA와 DNA 복제에 대한 설명으로 옳은 것만을 모두 고르면?

ㄱ. 샤가프 법칙이란 한 개체의 DNA 시료를 분석하였을 때 아데닌과 티민의 양의 합은 시토신과 구아닌의 양의 합과 같다는 것을 의미한다.
ㄴ. 대장균의 DNA 복제과정에서 시발체(primer)는 RNA이다.
ㄷ. 진핵생물의 DNA 복제과정에서 지연가닥(lagging strand)은 두 가닥의 DNA에서 모두 생성된다.
ㄹ. DNA가 복제 될 때 반보존적으로 복제된다는 것을 메셀슨과 스탈이 박테리오파지를 이용하여 증명하였다.

① ㄱ, ㄷ　② ㄴ, ㄷ
③ ㄴ, ㄹ　④ ㄷ, ㄹ

18. 진핵생물의 RNA 가공 단계에서 단백질의 종류를 증가시키기 위한 조절 방법은?

① 선택적 RNA 이어맞추기(alternative RNA splicing)
② RNA 중합효소(RNA polymerase) 부착
③ RNA 이어맞추기(RNA splicing)
④ 히스톤 아세틸화(histone acetylation)

19. 특정 항원에 1차 노출된 후 다른 항원에 노출되지 않았고, 1개월 후 동일한 항원에 2차 노출된 사람에게 일어난 면역반응에 대한 설명으로 옳은 것만을 모두 고르면?

ㄱ. 작동세포(effector cell)의 분화는 1차 항원에 노출된 후 약 2주 후에 최고치에 도달하고 난 뒤 감소한다.
ㄴ. 1차 항원 노출 시기에 B세포가 관여한다.
ㄷ. 형성된 항체는 2차 항원에 노출될 때까지 면역기억을 통하여 최고치의 농도가 1개월간 유지된다.
ㄹ. 2차 항원에 노출되었을 때 면역반응은 빠르게 진행되나 강도는 약하다.

① ㄱ, ㄴ　② ㄱ, ㄹ
③ ㄴ, ㄷ　④ ㄷ, ㄹ

20. 다음 표는 양성잡종(BbEe) 교배를 통해 나타나는 어떤 생물의 털색 유전자형과 표현형을 나타낸 것이다. 이에 대한 설명으로 옳은 것은?

BbEe (검은색) × BbEe (검은색)

	BE	bE	Be	be
BE	BBEE (검은색)	BbEE (검은색)	BBEe (검은색)	BbEe (검은색)
bE	BbEE (검은색)	bbEE (갈색)	BbEe (검은색)	bbEe (갈색)
Be	BBEe (검은색)	BbEe (검은색)	BBee (노란색)	Bbee (노란색)
be	BbEe (검은색)	bbEe (갈색)	Bbee (노란색)	bbee (노란색)

① 이와 같은 유전현상을 다면발현이라고 한다.
② E 유전자는 B 유전자에 대하여 우성이다.
③ B 유전자는 b 유전자에 대하여 우성이다.
④ e 유전자는 b 유전자에 대하여 우성이다.

2021년 국가직 7급(9월)

수험번호		성명	

01. 시트르산 회로가 일어나는 세포소기관은?

① 골지체　② 소포체
③ 리소좀　④ 미토콘드리아

02. 핵산에 대한 설명으로 옳지 않은 것은?

① 피리미딘 계열의 염기는 2개의 고리를 갖는다.
② 인산디에스테르(phosphodiester) 결합에 의해 뉴클레오타이드가 결합된다.
③ DNA 두 가닥의 염기와 염기 사이는 수소결합에 의해 연결되어 있다.
④ 유라실(uracil)은 RNA에서 발견된다.

03. 사람의 면역에 대한 설명으로 옳지 않은 것은?

① 항체는 하나 이상의 항원부착부위를 가진다.
② B세포는 병원균에 대한 항체를 생산하고, 세포독성 T세포는 감염된 숙주세포를 죽인다.
③ MHC Ⅱ형 항원제시세포(antigenpresenting cell)는 수지상세포, 비만세포, B세포 등이 있다.
④ 하나의 항원은 여러 다른 항원결정부(epitope)를 가질 수 있다.

04. 사람의 내분비샘과 분비되는 호르몬의 연결이 옳지 않은 것은?

① 뇌하수체 후엽 – 칼시토닌
② 부신 피질 – 당질코르티코이드
③ 송과샘 – 멜라토닌
④ 뇌하수체 전엽 – 부신피질 자극 호르몬

05. 광주기에 의해 유도된 생화학적 신호로서 식물의 개화를 유도하는 개화 호르몬은?

① 지베렐린(gibberellin)
② 화성소(florigen)
③ 피토크롬(phytochrom)
④ 브라시노스테로이드(brassinosteroid)

06. 수용성 호르몬은?

① 인슐린(insulin)
② 에스트로젠(estrogen)
③ 코르티솔(cortisol)
④ 테스토스테론(testosterone)

07. 바이러스의 설명으로 옳지 않은 것만을 모두 고르면?

ㄱ. 질병을 유발하는 바이러스는 RNA 유전체(genome)만을 가지고 있다.
ㄴ. 바이러스는 한 종류의 숙주만 감염시킬 수 있다.
ㄷ. 바이러스는 유전체상의 돌연변이가 일어날 수 있다.

① ㄱ　② ㄱ, ㄴ
③ ㄴ, ㄷ　④ ㄱ, ㄴ, ㄷ

08. 유전자의 발현에 대한 설명으로 옳지 않은 것만을 모두 고르면?

> ㄱ. RNA 중합효소가 부착하여 전사를 개시하는 DNA 서열은 프로모터(promoter)이다.
> ㄴ. RNA 이어맞추기(RNA splicing)는 엑손은 잘려 나가고 인트론만 서로 연결된 암호화서열을 갖는 mRNA를 형성한다.
> ㄷ. 진핵세포의 mRNA에는 5′캡(5′cap)을 형성한다.
> ㄹ. 진핵세포에서는 동시에 전사와 번역을 수행할 수 있다.

① ㄱ, ㄴ　　② ㄱ, ㄷ
③ ㄴ, ㄷ　　④ ㄴ, ㄹ

09. 자연선택에 대한 설명으로 옳지 않은 것은?

① 동성내 선택(intrasexual selection)은 교배 대상을 같은 성을 가진 개체들에서 선택하는 것이다.
② 방향적 선택(directional selection)은 환경이 변하거나 새로운 환경으로 이주한 경우에 나타난다.
③ 상대적 적응도(relative fitness)는 한 개체가 다음 세대의 유전자 풀에 기여하는 정도를 다른 개체들의 기여도와 비교한 상대적 값이다.
④ 어떤 유전자 좌위에서 이형접합성 개체들이 동형접합성 개체들보다 적응도가 높은 경우는 잡종강세(heterozygote advantage)에 해당된다.

10. 정상인의 오줌 생성 과정에 대한 설명으로 옳은 것은?

① 사구체에서 적혈구가 여과된다.
② 세뇨관에서 단백질이 분비된다.
③ 근위세뇨관에서 중탄산이온(HCO_3^-)이 재흡수된다.
④ 여과액이 헨레고리 하행지를 지날 때 물이 능동수송에 의해 빠져나간다.

11. 교감신경과 부교감신경의 기능을 옳게 짝지은 것만을 모두 고르면?

> ㄱ. 교감신경 – 심장 박동 억제
> ㄴ. 부교감신경 – 동공 축소
> ㄷ. 교감신경 – 이자의 활성 촉진
> ㄹ. 부교감신경 – 방광수축 촉진

① ㄱ, ㄴ　　② ㄱ, ㄹ
③ ㄴ, ㄷ　　④ ㄴ, ㄹ

12. 암세포 배양 시의 세포분열 특성으로 옳은 것은? (단, 배양접시에서 배양한다)

① 암세포는 세포분열을 유도했을 때 세포와 세포 간에 접촉을 하게 되면 더는 세포분열을 하지 않는다.
② 암세포가 분열하기 위해서는 세포외 기질(extracellular matrix)을 도포하여 부착할 수 있는 환경이 제공되어야 한다.
③ 암세포는 분열할 때마다 염색체 끝에 존재하는 텔로미어(telomere)라는 반복염기서열부위가 짧아진다.
④ 암세포는 배양접시 바닥에 가득 메워지게 되면 중층을 형성하면서 분열한다.

13. 그람 양성균과 그람 음성균에 대한 설명으로 옳은 것만을 모두 고르면?

> ㄱ. 그람 음성균은 외막을 추가로 가지고 있다.
> ㄴ. 그람 음성균은 펩티도글리칸의 함량이 적고, 구조가 복잡한 세포벽을 가지고 있다.
> ㄷ. 그람 양성균은 리보솜(ribosome)에서 단백질을 합성한다.

① ㄱ, ㄴ　　② ㄱ, ㄷ
③ ㄴ, ㄷ　　④ ㄱ, ㄴ, ㄷ

14. 체세포의 세포주기에 대한 설명으로 옳은 것은?

① G_1기에 DNA 복제가 일어난다.
② G_2기에 세포에서 각 염색체는 두 개의 자매염색분체를 가진다.
③ M기의 전기에서 염색체가 중기판에 배열한다.
④ M기의 후기에서 분해된 핵막이 다시 형성된다.

15. 두 생물종이 상리공생인 관계는?

① 완두와 뿌리혹세균(Rhizobium속)
② 들소와 진드기
③ 늑대와 회색곰
④ 황로와 물소

16. 사람 위(stomach)의 화학적 소화작용에 대한 설명으로 옳지 않은 것만을 모두 고르면?

ㄱ. 주세포(chief cell)에서 분비된 펩시노겐(pepsinogen)은 단백질을 작은 폴리펩티드(polypeptide)로 분해한다.
ㄴ. 벽세포(parietal cell)는 능동수송을 이용하여 수소이온을 내강으로 보낸다.
ㄷ. 점액세포에서 분비된 점액은 펩시노겐(pepsinogen)을 펩신(pepsin)으로 바꾼다.
ㄹ. 벽세포에서 분비되는 뉴클리에이스(nuclease)는 DNA나 RNA를 분해한다.

① ㄱ, ㄷ　　② ㄱ, ㄴ, ㄹ
③ ㄱ, ㄷ, ㄹ　　④ ㄴ, ㄷ, ㄹ

17. 다음 (가)~(다)는 생물 다양성의 3가지 의미를 설명한 것으로 각각 유전적 다양성, 종 다양성, 생태계 다양성 중 하나이다. 이에 대한 설명으로 옳지 않은 것은?

(가) 사막, 초원, 삼림, 강, 습지 등 생태계가 다양하게 형성되는 것을 의미한다.
(나) 어떤 생태계에 존재하는 생물종의 다양한 정도를 의미한다.
(다) 동일한 생물종이라도 형질이 각 개체 간에 다르게 나타나는 것을 의미한다.

① (가)는 생태계 다양성에 해당한다.
② (나)는 지구상의 모든 지역에서 동일하다.
③ (다)는 유전적 다양성에 해당한다.
④ 사람에 따라 눈동자 색이 다른 것은 (다)에 해당한다.

18. 세포 간 연접에 대한 설명으로 옳지 않은 것은?

① 간극연접(gap junction)은 심장근육세포에서 전류를 빠르게 확산시키는 역할을 한다.
② 밀착연접(tight junction)은 액체가 세포층을 가로질러 이동하는 것을 억제한다.
③ 데스모좀(desmosome)은 미세섬유로 구성되어 있다.
④ 원형질연락사(plasmodesmata)는 식물 세포들 사이의 물질이동 통로이다.

19. 진핵세포의 DNA 복제에 대한 설명으로 옳지 않은 것은?

① 헬리케이즈(helicase)는 복제분기점에서 DNA 이중나선을 단일가닥으로 풀어 준다.
② RNA 프라이머는 프리메이즈(primase)에 의해 합성된다.
③ DNA 연결효소(DNA ligase)는 지연가닥(lagging strand)의 오카자키 절편들을 연결한다.
④ 선도가닥(leading strand)은 DNA 중합효소 Ⅲ에 의해 3′→5′방향으로 연속적으로 합성된다.

20. 사람의 감각기관에 대한 설명으로 옳지 않은 것은?

① 피부는 여러 감각을 생성해 내는 다양한 기계수용기(mechanoreceptor)를 가진다.
② 미각(gustation)과 후각(olfaction)은 화학수용기(chemoreceptor)를 가진다.
③ 귀의 코르티기관은 압력파동을 활동전위로 변환시킨다.
④ 색맹은 간상세포(rod cell) 중에서 하나 이상이 없거나 기능장애가 있을 때 발생한다.

21. 그림 (가)는 PCR(중합효소연쇄반응) 용액에 첨가되는 물질을, (나)는 PCR 과정 중의 온도 변화를 나타낸 것이다. 이에 대한 설명으로 옳지 않은 것은? (단, A, B, C는 PCR 1회전(cycle)의 단계를 나타낸 것이다.)

(가)
dNTP 혼합물
Taq DNA 중합효소
주형 DNA
프라이머
기타

(나)
온도(℃)
94
72
55
0
A B C
시간

① (가)의 dNTP 혼합물은 dATP, dGTP, dCTP, dTTP로 구성되어 있다.
② (나)의 A에서 DNA의 증폭이 일어난다.
③ (나)의 B에서 프라이머가 주형 DNA와 결합한다.
④ (나)의 C에서 주형 DNA 가닥에 상보적인 가닥이 합성된다.

22. 척추동물의 배엽(germ layer)에서 유래되는 구조의 연결이 옳지 않은 것은?

① 중배엽(mesoderm) – 심장, 갑상샘
② 외배엽(ectoderm) – 뇌하수체, 땀샘
③ 외배엽(ectoderm) – 털과 치아, 피부의 상피조직
④ 내배엽(endoderm) – 가슴샘, 간

23. 동물의 난할에 대한 설명으로 옳지 않은 것은?

① 난할 중인 세포들의 세포주기는 주로 S기와 M기만으로 진행된다.
② 초파리의 난할은 표할(superficial cleavage)이며 세포질 분열 없이 일어난다.
③ 난할 중인 세포는 단백질 합성이 활발하게 일어난다.
④ 불완전 난할(incomplete cleavage)은 많은 난황을 갖고 있는 난자에서 나타난다.

24. G 단백질 신호전달경로에 대한 설명으로 옳은 것만을 모두 고르면?

ㄱ. 1차 신호전달자는 G 단백질 결합 수용체에 결합한다.
ㄴ. 활성화된 G 단백질은 아데닐산고리화효소(adenylyl cyclase)를 활성화한다.
ㄷ. 아데닐산고리화효소는 세포막의 인지질을 DAG와 IP3로 분해한다.

① ㄱ ② ㄱ, ㄴ
③ ㄱ, ㄷ ④ ㄴ, ㄷ

25. 삼배엽성동물의 체강에 대한 설명으로 옳지 않은 것은?

① 대부분의 삼배엽성동물들은 소화관과 바깥의 체벽 사이에 체액이 들어차 있는 공간인 체강을 지니고 있다.
② 진체강동물들은 중배엽에서 발달한 조직으로 완벽하게 둘러싸여 있는 체강을 가지고 있다.
③ 의체강동물들의 체강은 제대로 된 기능을 하지 못한다.
④ 무체강동물들은 소화강과 바깥 체벽 사이에 체강이 없다.

2022년 국가직 7급(10월)

수험번호		성명	

01. 생물학적 종 개념의 정립에 중요한 역할을 하는 생식적 격리에서 접합 전(prezygotic) 장벽에 해당하지 않는 것은?

① 행동적 격리(behavioral isolation)
② 서식지 격리(habitat isolation)
③ 잡종 와해(hybrid breakdown)
④ 생식세포 격리(gametic isolation)

02. 식물호르몬에 대한 설명으로 옳지 않은 것은?

① 옥신(auxin)은 줄기의 신장을 촉진한다.
② 에틸렌(ethylene)은 잎의 탈리를 촉진한다.
③ 사이토키닌(cytokinin)은 곁눈의 생장을 억제한다.
④ 앱시스산(abscisic acid)은 수분 부족 시 기공이 닫히는 것을 촉진한다.

03. 생태천이(ecological succession)에 대한 설명으로 옳은 것은?

① 생태천이는 특정한 방향성을 나타내지 않는다.
② 교란된 지역은 점진적으로 다양한 종으로 집락이 형성(colonization)되고, 차례로 다른 종으로 대치된다.
③ r-선택종은 소수의 자손을 생산하여 늦게 성숙하고, 수명이 길다.
④ 2차 천이는 1차 천이보다 느리게 진행된다.

04. 세포막에 대한 설명으로 옳지 않은 것은?

① 세포막을 구성하는 인지질은 양친매성 분자(amphipathic molecule)이다.
② 불포화 탄화수소 꼬리를 가진 인지질 분자가 많을수록 세포막의 유동성은 증가한다.
③ 내재 단백질(integral protein)은 지질 이중층에 박혀 있지 않다.
④ 콜레스테롤은 온도 변화에 따른 동물 세포막의 유동성 변화를 완충한다.

05. (가)와 (나)에 들어갈 용어를 바르게 연결한 것은?

> 기질의 모방물(mimics)이 효소의 활성부위를 차단하여 결합을 방해하는 것을 (가)라고 한다. 다른자리 (나)조절에서 활성자는 효소의 활성 형태를 안정화하고, 억제제는 효소의 불활성 형태를 안정화한다.

	(가)	(나)
①	경쟁적 억제제	입체성
②	비경쟁적 억제제	복합성
③	경쟁적 억제제	협동성
④	비경쟁적 억제제	입체성

06. 원핵생물의 DNA 중합효소와 RNA 중합효소에 대한 설명으로 옳지 않은 것은?

① DNA 중합효소는 여러 종류이지만, RNA 중합효소는 한 종류뿐이다.
② RNA 중합효소는 뉴클레오타이드를 $3' \to 5'$ 방향으로 첨가하는 반응을 촉매한다.
③ DNA 중합효소는 신장되는 DNA 가닥의 3′ 말단에 뉴클레오타이드 첨가를 촉진한다.
④ 작용을 시작하기 위해서 DNA 중합효소는 프라이머를 필요로 하고, RNA 중합효소는 프라이머를 필요로 하지 않는다.

07. 동물의 털색 양성잡종(BbEe)교배를 통해 표현형의 비가 9(B_E_: 검은색) : 3(bbE_: 갈색) : 4(__ee: 노란색)일 때, 유전자형(__ee)의 표현형이 노란색으로 나타난 유전현상은?

① 불완전 우성　　② 복대립 유전자
③ 상위　　④ 다면발현

08. 칼시토닌(calcitonin)과 부갑상샘호르몬(parathyroid hormone, PTH)에 대한 설명으로 옳지 않은 것은?

① 칼시토닌은 뼈에서 칼슘(Ca^{2+})의 방출을 억제한다.
② 부갑상샘호르몬은 혈중 칼슘(Ca^{2+}) 농도를 증가시킨다.
③ 칼시토닌은 비타민D를 활성화시켜 소장에서 칼슘(Ca^{2+}) 흡수를 감소시킨다.
④ 부갑상샘호르몬은 파골세포(osteoclast)를 활성화시킨다.

09. 동물 바이러스에 대한 설명으로 옳지 않은 것은?

① 아데노바이러스는 이중가닥 RNA 유전체를 가지고 있으며 종양을 유발한다.
② 허피스바이러스는 이중가닥 DNA 유전체를 가지고 있으며 생식기에 상처를 유발한다.
③ 필로바이러스는 단일가닥 RNA 유전체와 피막(envelope)을 가지고 있다.
④ 레트로바이러스는 후천성면역결핍증을 일으키며 역전사효소를 가지고 있다.

10. 수용성 호르몬에 의한 세포 내 반응 경로 과정을 간단히 나타낸 것이다. (가)~(다)에 들어갈 용어를 옳게 짝지은 것은?

> 에피네프린 분비 → G 단백질 결합수용체와 결합 → (가)활성화 → (나) → (다) 활성화 → 글리코젠 분해효소 활성화 → 혈액 속 포도당 농도 증가

	(가)	(나)	(다)
①	포스포라이페이스 C (Phospholipase C)	DAG	단백질 인산화효소 C
②	포스포라이페이스 C (Phospholipase C)	cAMP	단백질 인산화효소 A
③	아데닐산고리화효소 (adenylyl cyclase)	cAMP	단백질 인산화효소 A
④	아데닐산고리화효소 (adenylyl cyclase)	cAMP	단백질 인산화효소 C

11. 사람의 뇌하수체에서 분비되는 호르몬이 아닌 것은?

① 갑상샘자극호르몬(TSH)
② 옥시토신(oxytocin)
③ 프로락틴(prolactin)
④ 알도스테론(aldosteron)

12. 생물의 3개 영역(three – domain system)에 대한 설명으로 옳지 않은 것은?

① 3개의 영역은 리보솜 RNA 유전자의 염기서열로 계통관계를 규명할 수 있다.
② 원핵생물은 세균과 고세균 영역으로 나뉜다.
③ 진핵생물은 히스톤이 결합된 DNA와 메티오닌을 가지고 있다.
④ 고세균은 핵막과 막성 세포소기관이 존재한다.

13. 사람의 선천성 면역(innate immunity)에 관여하지 않는 것은?

① 대식세포(macrophage)
② 인터페론(interferon)
③ 자연살생세포(natural killer cell)
④ 형질세포(plasma cell)

14. DNA조각의 혼합물에서 크기에 따라 DNA를 분리하는 데 이용되는 기술은?

① 젤 전기영동(gel electrophoresis)
② 형질도입(transduction)
③ 중합효소연쇄반응(polymerase chain reaction)
④ 재조합 DNA기술(recombinant DNA technology)

15. 세포 골격에 대한 설명으로 옳지 않은 것은?

① 미세소관은 튜불린의 이합체로 구성되어 있다.
② 미세섬유의 구성 단백질은 액틴이다.
③ 중간섬유에는 케라틴이 포함된다.
④ 미세소관, 미세섬유, 중간섬유 중 가장 굵은 것은 미세섬유이다.

16. 항이뇨 호르몬(antidiuretic hormone, ADH)에 대한 설명이다. (가) ~ (다)에 들어갈 단어를 바르게 연결한 것은?

> 물을 많이 마시면 혈액의 삼투농도가 (가)하고 (나)의 삼투수용기가 감지하여 항이뇨 호르몬(ADH)의 분비를 감소시킨다. 그 결과 집합관 상피층의 물에 대한 투과성을 (나)시켜 재흡수가 줄어들고 많은 양의 오줌이 나온다.

	(가)	(나)	(다)
①	감소	뇌하수체후엽	증가
②	감소	시상하부	감소
③	감소	뇌하수체후엽	감소
④	증가	시상하부	감소

17. 세균의 영양방식 중 무기물을 산화하여 에너지를 얻으며, 탄소원으로 CO_2를 이용하는 것은?

① 광독립영양생물(photoautotroph)
② 광종속영양생물(photoheterotroph)
③ 화학독립영양생물(chemoautotroph)
④ 화학종속영양생물(chemoheterotroph)

18. 속씨식물의 생식에 대한 설명으로 옳지 않은 것은?

① 배낭은 반족세포, 극핵, 알세포, 조세포로 이루어져 있다.
② 꽃밥의 세포는 유사분열 후에 감수분열을 하여 꽃가루관세포와 생식세포를 형성한다.
③ 두 개의 정자세포가 암배우체의 서로 다른 핵과 합쳐져 중복수정을 한다.
④ 정자와 극핵이 결합하여 $3n$의 핵을 가진 배젖이 만들어진다.

19. 균류에 대한 설명으로 옳지 않은 것은?

① 병꼴균류는 편모가 달린 포자를 갖는다.
② 접합균류는 유성생식 단계가 없다.
③ 자낭균류는 분생자(conidia)에 의해 무성생식한다.
④ 담자균류의 생활사는 이핵성 균사체의 단계를 포함한다.

20. 척삭동물(chordata)의 배아 시기에 나타나는 핵심 형질(key character)만을 모두 고르면?

ㄱ. 항문 뒤쪽의 근육성 꼬리(postanal tail)
ㄴ. 속이 빈 등쪽의 신경삭(nerve cord)
ㄷ. 척삭(notochord)
ㄹ. 측선계(lateral line system)

① ㄱ, ㄴ
② ㄱ, ㄷ
③ ㄴ, ㄹ
④ ㄱ, ㄴ, ㄷ

21. 사람의 감각기관에 대한 설명으로 옳지 않은 것은?

① 간상세포(rod cell)는 빛에 매우 민감하지만 색 분별은 하지 못한다.
② 후각수용기세포는 신경세포로서 뇌의 후각망울에 직접적으로 신호를 전달한다.
③ 귀의 고막은 기계수용기인 털세포(hair cell)를 가지고 있다.
④ 혀에서 미각을 담당하는 수용기세포는 상피세포가 변형된 세포이다.

22. 사람의 수정과 배아발생에 대한 설명으로 옳은 것은?

① 난자는 감수분열을 완료한 후 정자와 만나 수정한다.
② 수정이 일어나는 장소는 자궁이다.
③ 영양세포층은 상배엽층과 하배엽층으로 이루어진다.
④ 착상이 끝나면 낭배형성과정이 시작된다.

23. 박테리오파지의 증식 회로에 대한 설명으로 옳은 것은?

① 용원성 파지는 파지가 증식하면서 숙주 세포를 파괴한다.
② 용균성 파지는 숙주세포 안에서 DNA와 단백질을 새롭게 합성한다.
③ 용균성 파지 DNA가 숙주세포의 염색체로 삽입되면 프로파지가 된다.
④ T4 파지는 용원성 파지이다.

24 식물세포에 대한 설명으로 옳지 않은 것은?

① 후각세포(collenchyma cell)는 리그닌으로 이루어진 두꺼운 2차벽이 있다.
② 후벽세포(sclerenchyma cell)의 보강세포(sclereid)는 견과류의 껍질 등에 나타난다.
③ 유세포(parenchyma cell)는 세포벽이 얇고 유연한 1차벽으로 이루어져 있다.
④ 동반세포(companion cell)는 체관요소(sieve－tube member)의 세포기능을 담당한다.

25. 역류교환(countercurrent exchange) 현상에 대한 설명으로 옳지 않은 것은?

① 차가운 물에 서 있는 거위의 다리에 있는 동맥과 정맥의 혈액 사이에서 일어나는 열교환 현상
② 어류의 아가미에서 혈액과 물의 산소(O_2) 교환 현상
③ 신장의 헨레고리와 주변의 모세혈관 사이에서 물과 Na^+와 Cl^-가 이동하는 현상
④ 모체의 혈강(blood pool)과 태아의 모세혈관 사이에서 물질교환이 일어나는 태반 순환 현상

2023년 국가직 7급(9월)

수험번호		성명	

01. 운반체 단백질의 촉진확산(facilitated diffusion)에 대한 설명으로 옳지 않은 것은?

① 촉진확산은 운반체 단백질의 도움을 받는다.
② 포도당을 수송하는 운반체 단백질이 있다.
③ 촉진확산은 세포의 에너지 소비가 필요하다.
④ 운반체 단백질의 수가 많을수록 용질이 막을 통과하는 확산속도가 빨라진다.

02. 척추동물의 삼배엽에서 유래되는 것을 바르게 연결한 것은?

	외배엽	중배엽	내배엽
①	감각계	갑상샘	근육
②	이자	진피	간
③	근육	골격	이자
④	감각계	진피	갑상샘

03. 물의 특성에 대한 설명으로 옳지 않은 것은?

① 물 분자들의 수소결합에 의한 표면장력으로 소금쟁이가 연못의 물 위를 걸을 수 있다.
② 극성 물 분자는 소금을 Na^+, Cl^-로 분리시켜 용해시킨다.
③ 물의 고체 상태인 얼음은 액체인 물보다 밀도가 낮아 물 위에 뜨게 된다.
④ 물의 수소결합을 끊기 위해서는 열이 방출되어야 하며, 수소결합이 형성될 때는 열이 흡수된다.

04. 핵산에 대한 설명으로 옳지 않은 것은?

① 바이러스는 핵산을 가진다.
② 뉴클레오사이드에는 6탄당이 있다.
③ 기본 단위체인 뉴클레오타이드로 구성된 복합체이다.
④ DNA를 이루는 염기는 A, G, C, T이다.

05. 포도당 발효과정에서 NADH의 전자를 수용하는 화합물을 바르게 짝 지은 것만을 모두 고르면?

ㄱ. 젖산 발효 – 피루브산 ㄴ. 젖산 발효 – 아세트알데하이드 ㄷ. 알코올 발효 – 피루브산 ㄹ. 알코올 발효 – 아세트알데하이드

① ㄱ, ㄷ　　② ㄱ, ㄹ
③ ㄴ, ㄷ　　④ ㄴ, ㄹ

06. 지용성 호르몬에 대한 설명으로 옳지 않은 것은?

① 티록신(thyroxine)은 지용성 호르몬의 한 종류이다.
② 혈액 내에서는 대부분 수송 단백질과 결합하여 운반된다.
③ 분비세포에서 세포외배출작용을 통해 혈액으로 분비된다.
④ 스테로이드 호르몬은 세포질 또는 핵 안에 있는 수용체와 결합한다.

07. 막대세포(rod cell)에서 로돕신이 빛을 흡수했을 때 나타나는 현상에 대한 설명으로 옳은 것은?

① 세포는 탈분극된다.
② 트랜스듀신(transducin)의 활성이 억제된다.
③ 세포질 내의 cGMP가 GMP로 분해된다.
④ 인산디에스터가수분해효소(phosphodiesterase)의 활성이 억제된다.

08. 도움 T 세포(helper T cell)에 대한 설명으로 옳지 않은 것은?

① 세포성 면역반응과 체액성 면역반응을 모두 돕는다.
② CD4 세포 표면수용체 단백질을 갖고 있다.
③ 퍼포린(perforin) 분자를 분비한다.
④ II형 MHC 단백질을 가진 세포와 결합할 수 있다.

09. 사람의 뇌하수체에 대한 설명으로 옳지 않은 것은?

① 뇌하수체 전엽은 시상하부가 연장된 것으로 시상하부와 직접 연결되어 있다.
② 시상하부의 방출호르몬과 방출억제호르몬은 뇌하수체 전엽에서 분비되는 호르몬을 조절한다.
③ 뇌하수체 후엽에서 분비되는 호르몬 중 하나는 자궁수축을 유도한다.
④ 갑상샘자극호르몬(TSH)과 성장호르몬(GH)은 모두 뇌하수체 전엽에서 분비된다.

10. 척추동물의 배외막(extraembryonic membrane)에 대한 설명으로 옳은 것은?

① 양막(amnion)은 척추동물 중 포유류에서만 나타난다.
② 난황낭(yolk sac)은 액체 속에 배아를 둘러싸고 있는 주머니이다.
③ 요막(allantois)은 포유류에서 초기 혈구세포를 만드는 장소이다.
④ 융모막(chorion)은 기체 교환을 담당한다.

11. 유전자는 mRNA로 전사되고 폴리펩타이드로 번역된다. 번역의 개시, 신장, 종결 3단계 중 신장 단계에 대한 설명으로 옳지 않은 것은?

① 새로 첨가될 아미노산이 부착된 tRNA가 리보솜의 A 자리에 결합한다.
② 폴리펩타이드가 리보솜의 P 자리에서 tRNA로부터 방출된다.
③ 폴리펩타이드와 리보솜의 A 자리의 아미노산이 서로 결합한다.
④ 아미노산이 떨어져나간 tRNA는 리보솜의 E 자리에서 방출된다.

12. 진핵생물에서 염색질의 구조를 변화시켜 전사를 조절하는 것은?

① 유도자(inducer)
② 선택적 RNA 스플라이싱(alternative RNA splicing)
③ 틀이동 돌연변이(frameshift mutation)
④ 히스톤 아세틸화(histon acetylation)

13. CAM 식물에 대한 설명으로 옳지 않은 것은?

① CO_2 고정에 PEP 카르복실화효소를 사용한다.
② CO_2 고정은 엽육세포에서 일어난다.
③ CO_2 고정은 밤보다 낮에 더 활발하게 일어난다.
④ 파인애플은 대표적인 CAM 식물이다.

14. 단백질 구조에 대한 설명으로 옳지 않은 것은?

① 단백질 1차구조는 단백질을 구성하는 아미노산 서열을 의미한다.
② 광우병은 잘못 접혀진 프리온 단백질의 축적과 관련이 있다.
③ 낫모양적혈구빈혈증은 헤모글로빈 단백질 1차구조의 돌연변이에 기인한다.
④ α나선구조는 단백질 2차구조의 하나이며, 나선구조의 원자 간 이온결합에 의해 안정화된다.

15. 포도당의 해당과정에 대한 설명으로 옳은 것은?

① 기질 수준 인산화반응에 의해 ATP가 생성된다.
② 포도당은 4탄당 화합물 2분자로 전환된다.
③ 미토콘드리아에서 일어난다.
④ 산화적 인산화에 의해 ATP가 생성된다.

16. 식물의 광수용체인 파이토크롬(phytochrome)에 대한 설명으로 옳은 것은?

① 근적외선(730 nm)에 파이토크롬이 노출될 경우 Pr → Pfr로 전환된다.
② Pr → Pfr로 전환되면 상추 종자는 발아가 유도되며, Pfr → Pr로 전환되면 발아가 억제된다.
③ 음지회피성 식물은 수직생장을 억제한다.
④ Pfr은 근적외선(730nm)을 받으면 핵으로 이동한다.

17. 성게의 수정과정 중 다수정 방지기작에 대한 설명으로 옳지 않은 것은?

① 수정막을 형성하는 데 필요한 무기이온은 Ca^{2+}이다.
② 난황막을 단단하게 만들어 수정막(fertilization envelope)으로 전환시킨다.
③ 난사의 세포막과 첨체돌기의 접촉은 난자의 막전위 변화를 유발한다.
④ 피층과립이 세포막과 융합하게 되면 빠른 다수정 방지기작(fast block to polyspermy)이 시작된다.

18. 진화에 대한 설명으로 옳지 않은 것은?

① 병목효과에 의해 집단 내 특정 대립유전자가 제거되기 쉽다.
② 성적이형(sexual dimorphism)을 초래하는 성선택(sexual selection)은 자연선택의 한 종류이다.
③ 생물학적 종 개념은 화석종에 적용할 수 없지만, 무성생식하는 생물은 적용이 가능하다.
④ 짝짓기 행동을 하지 못하는 것은 접합 전 생식적 격리이다.

19. 척삭동물(chordate)에 포함되는 동물은?

① 플라나리아　② 멍게
③ 오징어　④ 거미

20. 고세균(Archaea)에 대한 설명으로 옳지 않은 것은?

① 스트렙토마이신 처리 후 생장이 억제된다.
② 단백질 합성에 사용되는 개시 아미노산은 메티오닌(Met)이다.
③ 세포벽의 펩티도글리칸 성분이 없다.
④ 원형의 염색체를 갖는다.

21. 여성의 생식주기에 대한 설명으로 옳지 않은 것은?

① 성숙한 여포에서 제2난모세포가 방출되어 배란이 일어난다.
② 프로게스테론의 최고 농도 이후 배란이 유도된다.
③ FSH와 LH는 여포의 성장을 촉진한다.
④ 임신이 일어나지 않은 경우, 에스트로겐과 프로게스테론의 농도가 급격히 낮아진다.

22. 신경세포의 화학적 시냅스에 대한 설명으로 옳지 않은 것은?

① Ca^{2+}이 유입되면 시냅스 소낭이 시냅스전 막과 융합된다.
② 탈분극에 의해 전압 개폐성 Ca^{2+} 통로가 열린다.
③ 시냅스전 신경세포의 세포막과 시냅스후 신경세포의 세포막은 간극 연접을 통해 신호를 전달한다.
④ 활동전위가 축삭말단에 도착하면 탈분극이 일어난다.

23. 마이크로 RNA(miRNA)에 대한 설명으로 옳지 않은 것은?

① RNA 유도침묵복합체(RISC)는 miRNA를 표적 DNA로 안내한다.
② miRNA는 표적이 되는 mRNA의 번역을 억제한다.
③ 다이서효소(dicer)는 이중가닥 RNA를 절단한다.
④ miRNA는 비번역(non-coding) RNA이다.

24. 유전자의 발현을 분석할 수 있는 방법이 아닌 것은?

① 크리스퍼/캐스9(CRISPR/Cas9) 시스템 기술
② EST(expressed sequence tags) 분석법
③ DNA 마이크로어레이 분석법
④ RT-PCR 기법

25. 진핵세포의 염색체에 대한 설명으로 옳지 않은 것은?

① 염색체에서 DNA가 히스톤 단백질 주위를 감싸고 있는 구조를 뉴클레오솜(nucleosome)이라고 한다.
② 체세포분열의 중기에 염색체 응축이 시작된다.
③ 사람에서는 한 세트의 염색체 수(n)가 23이고, 체세포의 핵상은 2n이며, 염색체의 수는 46개이다.
④ 상동염색체는 유사하지만 동일하지 않은 유전정보를 가진다.

2020년 지방직 7급(10월)

수험번호		성명	

01. 다당류에 속하지 않는 것은?

① 녹말 ② 콜라겐
③ 글리코겐 ④ 셀룰로오스

02. 골격근의 수축 과정에 대한 설명으로 옳은 것은?

① 근육과 시냅스를 이루는 운동신경의 말단에서 아드레날린이 분비된다.
② 근육섬유가 흥분되면 골지체로부터 칼슘이 방출된다.
③ 근육이 수축할 때 마이오신 필라멘트의 길이가 짧아진다.
④ 칼슘이 방출되면 마이오신의 머리가 액틴 필라멘트와 결합한다.

03. 진핵세포에서 전사에 필요한 것만을 모두 고르면?

ㄱ. RNA 프라이머	ㄴ. 전사 인자
ㄷ. tRNA	ㄹ. RNA 중합효소

① ㄱ, ㄷ ② ㄴ, ㄷ
③ ㄴ, ㄹ ④ ㄱ, ㄴ, ㄹ

04. 식물의 광합성에서 캘빈회로에 대한 설명으로 옳지 않은 것은?

① 엽록체의 스트로마에서 일어난다.
② ATP가 ADP와 P_i로 분해된다.
③ CO_2는 RuBP에 고정되어 PGA(3PG)로 전환된다.
④ $NADP^+$가 NADPH로 환원된다.

05. 식물의 물질 수송에 대한 설명으로 옳지 않은 것은?

① 잎에서 수분 퍼텐셜은 증산 작용으로 인해 낮아진다.
② 물이 부족할 때 앱시스산(ABA)은 공변세포가 기공을 닫도록 신호를 준다.
③ 공변세포의 기공이 열릴 때 K^+의 유입은 확산에 의해 일어난다.
④ 아포플라스트 경로는 세포벽과 세포 사이의 공간을 통해 물과 무기질이 이동하는 경로이다.

06. 100명으로 이루어진 어떤 집단에서 형질 X는 대립유전자 A와 a에 의해 결정되고, 그중 80명은 유전자형 AA를, 10명은 유전자형 Aa를 갖는다. 이 집단에서 대립유전자 a의 빈도는? (단, 돌연변이는 고려하지 않는다)

① 0.05 ② 0.15
③ 0.25 ④ 0.35

07. 화학적 시냅스(chemical synapse)에 대한 설명으로 옳은 것만을 모두 고르면?

> ㄱ. 세포와 세포가 간극 연접(gap junction)으로 연결되어 있다.
> ㄴ. 신경전달물질에 의해 다음 세포로 신호를 전달한다.
> ㄷ. 탈분극에 의해 전압 개폐성 Ca^{2+} 통로가 열린다.

① ㄴ ② ㄱ, ㄷ
③ ㄴ, ㄷ ④ ㄱ, ㄴ, ㄷ

08. B세포에 대한 설명으로 옳지 않은 것은?

① 체액성 면역에 관여한다.
② 가슴샘(thymus)에서 성숙한다.
③ 도움 T세포의 자극에 의해 형질세포로 분화한다.
④ 항원 조각과 II형 MHC의 복합체를 표면에 제시한다.

09. 질소 순환에 대한 설명으로 옳지 않은 것은?

① 탈질화세균은 아질산이온(NO_2^-)을 N_2로 전환한다.
② 식물은 암모늄이온(NH_4^+) 또는 질산이온(NO_3^-)의 형태로 질소를 흡수한다.
③ 질소고정세균이 기체 상태의 질소(N_2)를 암모니아(NH_3)로 전환한다.
④ 질화 작용(nitrification)에 의해 암모니아(NH_3)가 질산이온(NO_3^-)으로 전환된다.

10. 선구동물과 후구동물에 대한 설명으로 옳은 것은?

① 촉수담륜동물은 후구동물에 속한다.
② 환형동물의 경우 발생 과정에서 원구가 항문이 된다.
③ 절지동물의 경우 일반적으로 방사대칭 난할을 진행한다.
④ 척삭동물의 경우 원장의 돌출부(folds of archenteron)에서 체강이 형성된다.

11. 편형동물의 특징이 아닌 것은?

① 삼배엽성이다.
② 진체강동물이다.
③ 위수강을 갖는다.
④ 배설 기능을 하는 불꽃세포가 있다.

12. 생명과학 연구에서 방사성 동위원소를 이용하는 예로 옳지 않은 것은?

① 화석의 연대를 측정하는 데 이용한다.
② 물질 간의 화학 반응을 촉매하는 데 이용한다.
③ 생물 반응 과정을 연구하는 추적자로 이용한다.
④ 암세포의 생장을 검출하는 의학 장치에 이용한다.

13. 단백질의 생체 내 기능에 대한 설명으로 옳지 않은 것은?

① 화학적 에너지 저장에 가장 효율적이다.
② 외부에서 생체 내로 침입하는 물질을 인식하고 반응한다.
③ 세포 표면수용체로 작용하여 외부로부터 정보를 받는다.
④ 호르몬으로서 세포 내에서 여러 가지 조절 기능을 수행한다.

14. 이중나선 DNA를 포함한 용액에서 온도를 높일 때 가장 높은 온도에서 단일 사슬로 변성되는 것은?

① 5′ – ATAGCCGCCTATCCGCG – 3′
   3′ – TATCGGCGGATAGGCGC – 5′
② 5′ – TTAGTTGCATATCCAAG – 3′
   3′ – AATCAACGTATAGGTTC – 5′
③ 5′ – GTAAGTTTATAACTACG – 3′
   3′ – CATTCAAATATTGATGC – 5′
④ 5′ – AAATAAGTTATAACTAC – 3′
   3′ – TTTATTCAATATTGATG – 5′

15. 다음은 빛이 있을 때 광수용기세포의 반응을 순서대로 나타낸 것이다. (가)~(다)에 해당하는 내용을 바르게 연결한 것은?

> Rhodopsin 활성화→(가)→phosphodiesterase 활성화→(나)→ Na^+ 통로 닫힘→(다)→ 글루탐산 방출 억제

	(가)	(나)	(다)
①	transducin 활성화	cGMP농도 감소	간상세포 과분극
②	transducin 활성화	cAMP농도 감소	간상세포 탈분극
③	transducin 불활성화	cGMP농도 감소	간상세포 과분극
④	transducin 불활성화	cAMP농도 감소	간상세포 탈분극

16. 진핵세포의 구조와 기능에 대한 설명으로 옳지 않은 것은?

① 퍼옥시좀의 막은 인지질 이중층 구조이다.
② 골지체에서 트랜스(trans)면이 시스(cis)면보다 핵에 가깝다.
③ 리소좀은 자가소화작용(autophagy)에 관여한다.
④ 미세소관은 세포분열 시 염색체의 이동에 관여한다.

17. 군집의 생물 다양성에 대한 설명으로 옳지 않은 것은?

① 생태적 천이는 군집과 생태계가 교란되어 변화하는 과정이다.
② 1차 천이는 토양이 존재하지 않는 곳에서 시작된다.
③ 중간 교란은 군집의 종 다양도를 감소시킨다.
④ 종 풍부도는 열대우림이 산꼭대기보다 높다.

18. 초파리 배아에서 체절 확립에 관여하는 유전자의 발현 순서를 바르게 나열한 것은?

> ㄱ. 쌍-지배(pair-rule) 유전자
> ㄴ. 체절극성(segment polarity) 유전자
> ㄷ. 간극(gap) 유전자

① ㄱ → ㄴ → ㄷ　　② ㄱ → ㄷ → ㄴ
③ ㄴ → ㄷ → ㄱ　　④ ㄷ → ㄱ → ㄴ

19. 동물의 발생 과정에 대한 설명으로 옳은 것은?

① 척추동물에서 호흡계는 중배엽으로부터 유래한다.
② 사람의 배반포는 내세포 덩어리(inner cell mass)를 포함한 상태로 자궁에 도달한다.
③ 개구리의 신경배는 척삭 → 신경관 → 신경판의 순서로 형성된다.
④ 닭의 낭배 형성 과정에서 원조를 구성하는 세포는 하배엽으로부터 내부로 이동한다.

20. 네프론에 대한 설명으로 옳은 것은?

① 네프론에서 단백질이 여과된다.
② 근위세뇨관에서 Cl^-은 능동 수송에 의해 재흡수된다.
③ 근위세뇨관에서 HCO_3^-의 재흡수는 체액의 pH를 조절하는 역할을 한다.
④ 사구체는 수질(속질)에 위치한다.

2021년 지방직 7급(10월)

수험번호		성명	

01. 진핵세포의 세포 소기관과 그 기관에서 합성되는 물질의 연결이 옳지 않은 것은?

① 핵 – RNA
② 활면소포체 – 지질
③ 미토콘드리아 – 포도당
④ 리보솜 – 폴리펩타이드

02. 사람 소화효소의 특성으로 옳지 않은 것은?

① 활성화 에너지를 낮춤으로써 반응을 촉진한다.
② 생체촉매로써 한 번 작용한 후 소멸된다.
③ 특정 기질에만 작용하는 기질 특이성이 있다.
④ 온도와 pH의 영향을 받는다.

03. 사람 귀의 구조와 그 기능을 옳게 짝지은 것은?

① 청소골 – 음파를 모아서 외이도로 전달한다.
② 반고리관 – 중이와 외이의 압력을 같게 조절한다.
③ 난형낭과 구형낭 – 몸의 회전 감각을 담당한다.
④ 달팽이관 – 털세포를 갖는 코르티기관이 있어 음파를 수용한다.

04. 호르몬과 그 표적 기관을 옳게 짝지은 것은?

① 옥시토신 – 젖샘
② 글루카곤 – 이자
③ 부갑상샘호르몬(PTH) – 부갑상샘
④ 갑상샘자극호르몬방출호르몬(TRH) – 갑상샘

05. 광합성의 다음 과정 중 틸라코이드에서 일어나는 반응이 아닌 것은?

① 빛에너지가 화학에너지로 전환된다.
② 물 분자에서 방출된 전자가 P_{680} 엽록소에 전달된다.
③ NADPH가 합성된다.
④ ATP와 NADPH를 이용하여 이산화탄소가 고정된다.

06. 생물군계에 대한 설명으로 옳은 것만을 모두 고르면?

ㄱ. 열대우림의 생물 다양성은 툰드라보다 낮다. ㄴ. 사막은 북위 30°보다 적도에서 더 잘 생성된다. ㄷ. 온대초원은 농경지나 가축의 방목지로 많이 이용된다. ㄹ. 툰드라에서는 영구동토층이 발견된다.

① ㄱ, ㄴ　　② ㄱ, ㄷ
③ ㄴ, ㄹ　　④ ㄷ, ㄹ

07. 음식이 식도로 들어갈 때 기도로 잘못 들어가는 것을 막는 역할을 하는 것은?

① 상부식도괄약근(upper esophageal sphincter)
② 하부식도괄약근(lower esophageal sphincter)
③ 연동운동(peristalsis)
④ 후두개(epiglottis)

08. 면역에 대한 설명으로 옳지 않은 것은?

① 면역계는 세포 성장이나 분화에 이상이 생긴 비정상적 자기세포를 인식하여 제거한다.
② 면역계가 자기 자신의 세포와 외부 항원을 구분하는 기전이 제대로 작동하지 않아 자기항원을 공격하게 되면 자가면역질환이 발생한다.
③ 적혈구의 표면에는 주조직적합성복합체(MHC, major histocompatibility complex) 단백질이 다량 발현된다.
④ 알레르기(allergy) 반응은 면역계가 항원 자체의 위협에 비해 과도한 반응을 보이는 경우이다.

09. ㈎와 ㈏에 들어갈 용어를 옳게 짝지은 것은?

> 종자식물의 수컷배우체(male gametophyte)는 (가)이고 암컷배우체(female gametophyte)는 (나)이다. (가) 속의 생식세포는 분열 후 (나) 안의 암배우자인 난세포와 융합하여 수정이 이루어진다. (가)은/는 소포자(microspore), (나)은/는 대포자(megaspore)로부터 발생한다.

	㈎	㈏
①	수술	암술
②	꽃밥	밑씨
③	꽃가루	배낭
④	꽃가루관	씨방

10. 포유류의 정자형성 조절에 대한 설명으로 옳지 않은 것은?

① 시상하부에서 GnRH(생식샘자극호르몬방출호르몬)가 분비되어 뇌하수체 전엽으로 운반된다.
② GnRH는 뇌하수체 전엽을 자극하여 FSH(여포자극호르몬)와 LH(황체형성호르몬)가 분비되도록 한다.
③ FSH는 세르톨리 세포(Sertoli cell) 활성을 촉진하여 정자생성에 필요한 양분을 제공한다.
④ 세르톨리 세포에서 생성된 인히빈(inhibin)은 시상하부를 억제하여 GnRH 분비를 억제한다.

11. 효소와 그 기능에 대한 설명으로 옳지 않은 것은?

① 제한효소는 DNA의 특정한 염기서열 부위를 자른다.
② DNA 중합효소는 DNA 증폭에 활용될 수 있다.
③ 역전사효소는 DNA 정보를 토대로 RNA를 합성한다.
④ DNA 헬리케이스(helicase)는 DNA 이중나선을 풀어주는 작용을 한다.

12. 유전적 부동에 대한 설명으로 옳지 않은 것은?

① 대립유전자의 빈도가 변화될 수 있다.
② 작은 집단보다 큰 집단에서 효과가 크게 나타난다.
③ 창시자 효과는 유전적 부동의 예이다.
④ 집단 내 특정 대립유전자가 제거될 수도 있다.

13. 그림은 생태계 구성 요소 사이의 관계를 나타낸 것이다. 이에 대한 설명으로 옳지 않은 것은?

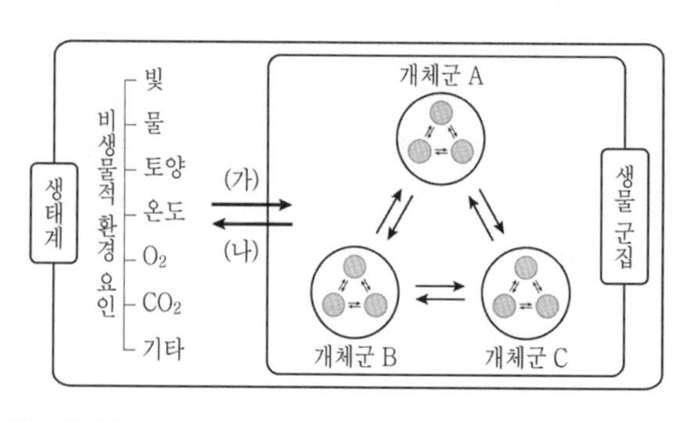

① 개체군 A는 두 종 이상으로 구성된다.
② 생물 군집의 구성 요소는 생산자, 소비자, 분해자이다.
③ 강수량이 감소해서 옥수수 생장이 저해되는 것은 (가)에 해당한다.
④ 지의류에 의해 바위의 토양화가 촉진되는 것은 (나)에 해당한다.

14. 그림은 사람 세포에 있는 염색체와 그 일부 구조를 모식도로 나타낸 것이다. 이에 대한 설명으로 옳지 않은 것은?

A B C

① A는 DNA－단백질 복합체이다.
② B 상태에서 전사가 일어난다.
③ C는 뉴클레오타이드로 구성된다.
④ C의 복제는 세포주기 중 S기에서 일어난다.

15. 생태적 천이(ecological succession)에 대한 설명으로 옳지 않은 것은?

① 천이는 시간에 따라서 종 조성이 연속적으로 변해가는 과정이다.
② 1차 천이는 벌채된 지역에서 토양과 일부 식물종이 존재할 때 시작된다.
③ 2차 천이는 1차 천이보다 빠르게 진행된다.
④ 빙하 후퇴에 따라 일어나는 천이 과정에서 질소고정세균과 공생하는 식물은 천이를 촉진한다.

16. 자연에서 많은 식물들이 무성생식보다 유성생식을 선택하는 이유는?

① 유성생식이 무성생식보다 에너지를 훨씬 덜 소모해서 효율적이기 때문이다.
② 유성생식은 영양생식을 통해 더 많은 자손을 생산할 수 있기 때문이다.
③ 유성생식은 서로 다른 대립유전자를 섞어주는 효과가 있어 유전적 다양성을 높여주기 때문이다.
④ 유성생식은 부모와 동일한 유전자를 자손에게 그대로 물려주기 때문이다.

17. 그림은 질병 A가 유전되고 있는 가족의 가계도이다. 이에 대한 설명으로 옳지 않은 것은? (단, 질병 A 이외의 돌연변이는 고려하지 않는다.)

1세대
2세대
3세대
여자 남자
정상
보인자
질병 A

① 질병 A는 1세대와 2세대에서 나타나지 않았다.
② 질병 A는 성염색체성 유전 질환에 해당된다.
③ 질병 A는 보인자－보인자 부부의 일부 자손에서 나타난다.
④ 질병 A는 정상인－보인자 부부의 자손에서 발병하지 않는다.

18. (가)와 (나)에 들어갈 용어를 옳게 짝 지은 것은?

> 산소가 없는 조건에서 많은 생명체는 ATP를 생성하기 위해서 발효 과정을 이용한다. 이 과정을 통해 효모는 NAD^+와 (　가　)을/를 생성하며, 동물의 경우는 NAD^+와 (　나　)을/를 생성하게 된다.

	(가)	(나)
①	젖산	에탄올
②	포도당	에탄올
③	에탄올	젖산
④	포도당	젖산

19. 신경계에 대한 설명으로 옳은 것은?

① 중추신경계 뉴런의 축삭을 둘러싼 수초는 희소돌기신경교세포(oligodendrocyte)에 의해 형성된다.
② 흥분전달을 위한 신경세포의 탈분극은 Na^+이 급속하게 세포 외액으로 이동하면서 시작된다.
③ 세포막의 전위가 역치보다 낮을 때 활동전위가 발생된다.
④ 휴지전위에서 막을 통한 이온의 이동은 없다.

20. 생명체를 구성하는 유기물에 대한 설명으로 옳은 것만을 모두 고르면?

> ㄱ. α나선구조와 β병풍구조는 단백질의 1차 구조이다.
> ㄴ. 다당류는 에너지 저장과 세포구조의 구성물질 역할을 한다.
> ㄷ. 핵산은 유전정보 저장 및 전달, 에너지원의 기능이 있다.

① ㄱ　　② ㄴ
③ ㄴ, ㄷ　　④ ㄱ, ㄴ, ㄷ

2022년 지방직 7급(10월)

수험번호		성명	

01. 여성과 남성 모두에게서 나타날 수 있는 염색체 이상으로 인한 유전병은?

① 다운 증후군
② 터너 증후군
③ 클라인펠터 증후군
④ 3X 염색체 증후군(XXX)

02. 체세포분열 과정을 순서대로 바르게 나열한 것은?

(가) 염색체가 실 모양으로 풀어진다.
(나) 염색사가 응축되어 염색체가 나타나고 핵막과 인이 사라진다.
(다) 염색체가 세포 중앙 적도판에 배열된다.
(라) 염색체가 염색분체로 나누어져 양극으로 이동한다.

① (나)－(다)－(가)－(라)　② (나)－(다)－(라)－(가)
③ (다)－(가)－(라)－(나)　④ (다)－(나)－(가)－(라)

03. 동소성 개체군들이 이소성 개체군들보다 형질의 분화를 더 일으키는 현상은?

① 형질전환(transformation)
② 형질치환(character displacement)
③ 형질도입(transduction)
④ 자연선택(natural selection)

04. 시트르산 회로에 대한 설명으로 옳지 않은 것은?

① 미토콘드리아에서 일어난다.
② 기질수준의 인산화가 일어난다.
③ 1회전당 두 분자의 CO_2가 방출된다.
④ 아세틸 CoA 한 분자로부터 NADH 두 분자와 $FADH_2$ 한 분자가 생성된다.

05. 식물호르몬인 옥신에 대한 설명으로 옳지 않은 것은?

① 곁눈의 생장을 억제한다.
② 식물의 굴광성을 일으킨다.
③ 가을에 낙엽이 지는 현상을 촉진한다.
④ 잘린 줄기에서 뿌리의 생장을 촉진한다.

06. 진핵세포의 세포주기에 대한 설명으로 옳지 않은 것은?

① S기는 G_1기와 G_2기 사이에 나타난다.
② 세포주기는 간기와 분열기로 구성된다.
③ 세포주기에서 간기의 시간이 분열기의 시간보다 길다.
④ 분열기에서 유사분열과 세포질분열 단계는 서로 겹치지 않는다.

07. 사람의 위에서 일어나는 소화 과정에 대한 설명으로 옳은 것만을 모두 고르면?

> ㄱ. 벽세포는 염산(HCl)의 구성성분을 분비한다.
> ㄴ. 염산(HCl)은 펩신을 펩시노겐으로 전환시킨다.
> ㄷ. 음식물이 유미즙(chyme) 형태로 변한다.
> ㄹ. 가스트린이 분비되어 위액 생성을 억제한다.

① ㄱ, ㄷ　　② ㄱ, ㄹ
③ ㄴ, ㄷ　　④ ㄴ, ㄹ

08. 삼배엽성 동물인 선구동물과 후구동물의 발생 과정에 대한 설명으로 옳지 않은 것은?

① 후구동물에는 극피동물과 반삭동물이 포함된다.
② 선구동물은 일반적으로 처음에 생긴 구멍인 원구에서 입이 발달한다.
③ 선구동물은 방사형 난할을 하며, 후구동물은 나선형 난할을 한다.
④ 후구동물은 선구동물과 달리 원장의 벽으로부터 중배엽이 싹터 나오며, 이 싹 내부의 공간이 체강이 된다.

09. 중배엽으로부터 발생하는 기관계로만 옳게 묶인 것은?

① 골격계, 신경계　　② 신경계, 호흡계
③ 골격계, 근육계　　④ 근육계, 호흡계

10. 광합성의 명반응에 대한 설명으로 옳은 것은?

① 순환적 전자전달 과정의 생성물은 ATP와 NADPH이다.
② 물 분자는 분해되어 산소를 발생한다.
③ 비순환적 전자전달 과정에서 전자가 광계 I을 거쳐 광계 II로 전달된다.
④ 하하삼투 동안 스트로마에서는 H^+ 농도가 높고, 틸라코이드 공간에서는 H^+ 농도가 낮다.

11. PCR를 이용하여 아래의 염기서열을 가진 DNA 조각을 증폭하고자 한다. 이 DNA 조각의 양끝에는 올리고뉴클레오타이드 프라이머들이 결합할 수 있는 15개의 뉴클레오타이드가 있다. 이 자리를 이용하고자 할 때, 프라이머의 서열로 옳은 것은?

> 5′－ATGCTCGTAACTCTA…//
> …GACTACTTACAGTCA－3′

① 5′－ATGCTCGTAACTCTA－3′,
　5′－GACTACTTACAGTCA－3′
② 5′－ATGCTCGTAACTCTA－3′,
　5′－TGACTGTAAGTAGTC－3′
③ 5′－TAGAGTTACGAGCAT－3′,
　5′－GACTACTTACAGTCA－3′
④ 5′－TAGAGTTACGAGCAT－3′,
　5′－TGACTGTAAGTAGTC－3′

12. 린네가 창안한 이명법에 따른 사람의 학명을 옳게 표기한 것은?

① Homo Sapiens Linné
② *homo sapiens* Linné
③ *Homo sapiens* Linné
④ *Linné* Homo sapiens

13. 건강한 사람의 사구체에서 보먼주머니를 통과하지 않는 물질은?

① 물 ② 단백질
③ 포도당 ④ 무기염류

14. 단백질 합성과정에서 리보솜에 대한 설명으로 옳지 않은 것은?

① tRNA는 E 자리에서 리보솜을 떠난다.
② 리보솜에는 mRNA 결합자리 외에 세 개의 tRNA 결합자리가 있다.
③ 리보솜에서 tRNA의 안티코돈과 mRNA 코돈은 특이적인 결합을 한다.
④ 리보솜의 tRNA 결합자리 중 A 자리는 성장하는 폴리펩타이드 사슬을 달고 있는 tRNA를 잡는 자리이다.

15. 육상식물의 세대교번에 대한 설명으로 옳지 않은 것은?

① 포자는 감수분열을 통해 포자체를 만든다.
② 두 배우자의 수정은 2배체인 접합자를 형성한다.
③ 배우체는 체세포분열을 통해 반수체 배우자를 만든다.
④ 다세포성 2배체 시기와 다세포성 반수체 시기가 모두 나타난다.

16. 미세섬유의 작용에 의해 일어나는 현상이 아닌 것은?

① 근육세포의 수축
② 동물세포의 아메바 운동
③ 식물세포에서 일어나는 세포질 유동
④ 여성 생식기관의 수란관에 있는 섬모의 운동

17. 부신수질에서 분비되는 호르몬인 에피네프린의 효과로 옳은 것만을 모두 고르면?

ㄱ. 혈중 포도당의 감소
ㄴ. 혈압 상승
ㄷ. 호흡률 증가
ㄹ. 대사율 감소

① ㄱ, ㄷ ② ㄱ, ㄹ
③ ㄴ, ㄷ ④ ㄴ, ㄹ

18. 헤모글로빈의 산소 운반과 관련된 설명이다. (가)와 (나)에 들어갈 말을 바르게 나열한 것은?

이산화탄소량이 (가) 곳에서는 pH가 (나) 지므로 헤모글로빈의 산소에 대한 친화도를 떨어뜨려, 체내에 산소가 많이 방출된다.

	(가)	(나)
①	적은	높아
②	적은	낮아
③	많은	높아
④	많은	낮아

19. 그림은 유전형질 Z가 유전된 가족의 가계도이다. 이 유전형질 Z가 반성유전이 아님을 확인할 수 있는 증거(가)와, 딸 C가 어머니와 동일한 유전자형을 가질 확률(나)로 바르게 나열한 것은? (단, 돌연변이는 고려하지 않는다)

1세대
2세대
A B C

○ 정상 여자
□ 정상 남자
● 유전형질 Z가 발현된 여자
■ 유전형질 Z가 발현된 남자

	(가)	(나)
①	A가 태어난 것	1/2
②	A가 태어난 것	2/3
③	B가 태어난 것	1/2
④	B가 태어난 것	2/3

20. 자연선택에 의해 집단이 진화한다는 것을 설명하기에 가장 적절하지 않은 것은?

① 갈라파고스 군도의 핀치새들은 다양한 섬의 먹이 환경에 적응하여 부리 모양이 서로 다른 종들로 분화하였다.
② 껍질이 두꺼운 토착종 열매를 먹고 살았던 과거의 무환자나무 벌레 집단의 평균 부리 길이보다, 껍질이 더 얇은 도입종 열매를 먹고 사는 무환자나무 벌레 집단의 평균 부리 길이가 더 짧아졌다.
③ 바퀴벌레 살충제를 계속 사용했더니 살충제에 대한 유전적 저항성이 있는 바퀴벌레 자손들이 증가하여 살충제의 효과가 감소했다.
④ 유전자에 의해 털색이 결정되는 야생쥐 집단에서, 대부분 검은색이었던 쥐의 수가 우연히 급격하게 줄어들면서 자손 중에 흰색인 쥐가 많아지기 시작했다.

2023년 지방직 7급(10월)

수험번호		성명	

01. 세포의 감수분열 과정에서 자매 염색분체의 분리가 일어나는 시기는?

① 감수 I 분열 중기
② 감수 I 분열 후기
③ 감수 II 분열 중기
④ 감수 II 분열 후기

02. 흰개미와 흰개미의 장내 미생물 사이의 공생관계로 옳은 것은?

① 상리공생 ② 편리공생
③ 편해공생 ④ 기생

03. 식물의 필수영양소 중 다량원소이며 엽록소 a의 성분인 것은?

① 철(Fe) ② 인(P)
③ 아연(Zn) ④ 마그네슘(Mg)

04. 자극의 강도가 증가했을 때, 이 증가한 자극의 강도를 뉴런(neuron)이 전달하는 방식으로 옳은 것은?

① 활동전위의 역치를 낮춘다.
② 활동전위의 빈도를 증가시킨다.
③ 활동전위의 전도속도를 높인다.
④ 활동전위의 막전위값 최대치를 높인다.

05. 포유류의 심장에서 폐동맥과 연결되는 부위는?

① 우심방 ② 우심실
③ 좌심방 ④ 좌심실

06. 속씨식물의 광합성에 대한 설명으로 옳은 것은?

① C_3 식물은 낮에 기공을 닫아 광호흡을 감소시킨다.
② C_4 식물에서 캘빈회로는 엽육세포에서 일어난다.
③ CAM 식물은 이산화탄소를 밤에 고정하여 액포에 저장한다.
④ C_4 식물은 춥고 건조한 지역에, CAM 식물은 덥고 건조한 지역에 적응한다.

07. 미토콘드리아에서 일어나는 산화적 인산화 과정에 대한 설명으로 옳지 않은 것은?

① 최종 전자 수용체는 O_2이다.
② NADH로부터 나온 전자는 미토콘드리아 내막의 전자전달계로 전달된다.
③ 전자전달이 일어남에 따라 H^+가 미토콘드리아 기질에서 막 사이 공간으로 이동한다.
④ ATP 합성효소에 의해 미토콘드리아 막 사이 공간에서 ATP가 만들어진다.

08. 그림은 산소－헤모글로빈 해리 곡선이다. 이에 대한 설명으로 옳은 것은? (단, pO_2는 산소의 분압을, pCO_2는 이산화탄소의 분압을 나타낸다)

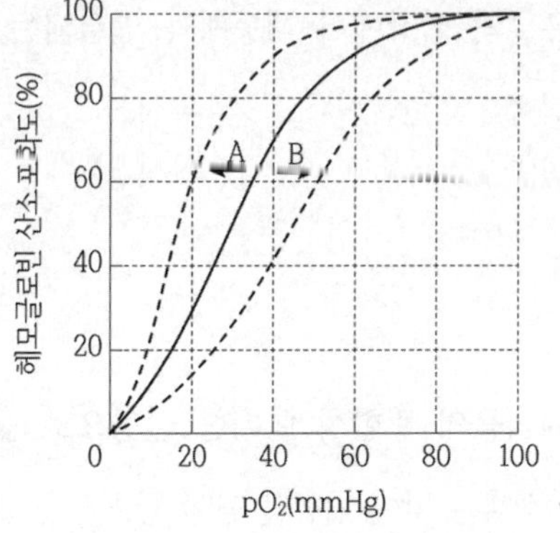

① pCO_2가 높아지면 해리 곡선이 B 방향으로 이동한다.
② pH가 낮아지면 해리 곡선이 A 방향으로 이동한다.
③ 온도가 낮아지면 해리 곡선이 B 방향으로 이동한다.
④ 말초조직의 모세혈관에서는 해리 곡선이 A 방향으로 이동한다.

09. 그림은 세포분열 과정에서 일어나는 DNA 상대량의 변화를 나타낸 것이다. 이에 대한 설명으로 옳지 않은 것은? (단, 돌연변이는 고려하지 않는다)

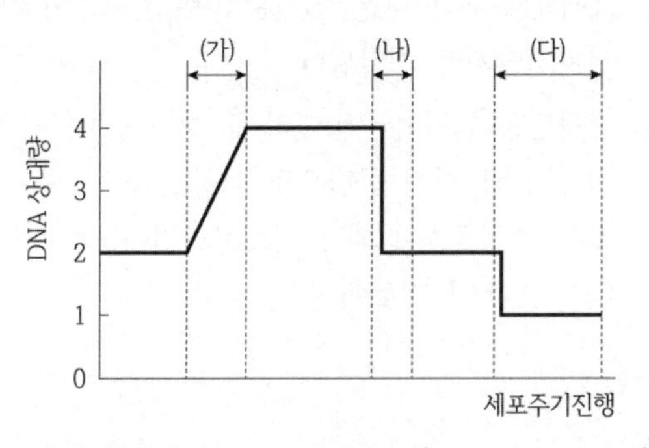

① (가) 단계에서 DNA 회전효소(topoisomerase)가 DNA 비틀림을 완화하는 작용을 한다.
② (나) 단계에서 유전적으로 동일한 딸세포가 2개 생성된다.
③ (다) 단계에서 생식세포가 생성된다.
④ 그림은 감수분열 과정에서 일어나는 변화이다.

10. DNA에서 뉴클레오타이드(nucleotide) 간의 탈수축합반응으로 형성되는 화학결합은?

① 수소결합(hydrogen bond)
② 글리코시드결합(glycosidic bond)
③ 이황화결합(disulfide bond)
④ 인산디에스테르결합(phosphodiester bond)

11. 다음은 어떤 유전병의 유전적 특징이다. 이에 대한 설명으로 옳지 않은 것은? (단, 돌연변이는 고려하지 않는다)

- 부모가 정상이면 자녀는 모든 경우에 정상이다.
- 유전병을 가진 남자와 정상인 여자 사이에서 태어나는 아들은 모든 경우에 정상이고, 딸은 모든 경우에 유전병을 가진다.

① 이 유전병을 일으키는 질병유전자는 열성이다.
② 이 유전병은 X－연관 유전자에 의해 발생한다.
③ 아들이 이 유전병을 가진 경우 그의 어머니도 유전병을 가진다.
④ 부모 모두 유전병을 가진 경우 정상인 자녀가 태어날 수 있다.

12. 진핵생물의 염색체에 대한 설명으로 옳은 것은?

① 히스톤(histone) 단백질은 음전하를 띤다.
② 뉴클레오솜(nucleosome)은 6개의 히스톤 단백질과 DNA로 구성되어 있다.
③ 히스톤 꼬리부분은 유전자의 발현 조절에 관여한다.
④ 이질염색질(heterochromatin)에서는 다른 염색질 부분보다 전사가 더 활발하게 일어난다.

13. 그림은 여성의 생식주기 중 혈중 생식샘자극호르몬의 농도를 나타낸다. (가)~(라)의 시기에 대한 설명으로 옳지 않은 것은?

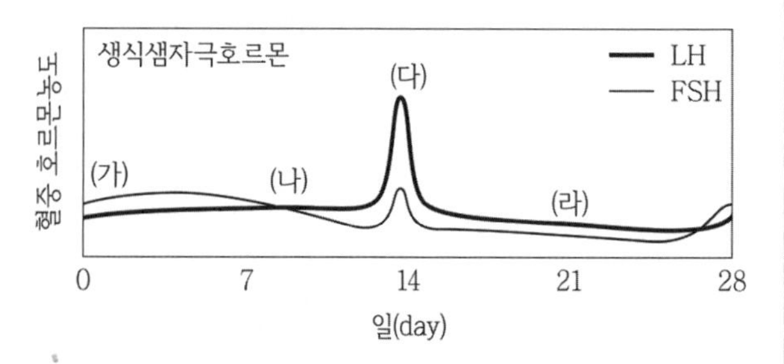

① (가): 여러 개의 여포가 발달하고 있다.
② (나): 에스트로겐(estrogen) 분비가 증가하여 자궁내막의 증식이 억제된다.
③ (다): 배란이 일어난다.
④ (라): 프로게스테론(progesterone)이 자궁내막의 분비샘을 자극한다.

14. 생명현상에 대한 설명으로 옳지 않은 것은?

① 세포주기는 사이클린(cyclin)과 인산화효소(kinase)의 상호작용을 통해서 조절된다.
② 텔로미어(telomere)는 반복 염기서열로 진핵생물의 염색체 끝에 존재하는 구조물이며, DNA 분자의 복제와 안정성에 관련이 있다.
③ 동물 바이러스는 수용체와의 결합을 통해 세포를 감염시킨다.
④ 제한효소(restriction enzyme)란 특정 염기서열을 인식하여 RNA를 자르는 효소를 말한다.

15. 바이러스에 대한 설명으로 옳지 않은 것은?

① 바이러스의 유전체(genome)는 이중가닥 DNA, 단일가닥 DNA, 이중가닥 RNA 또는 단일가닥 RNA로 이루어져 있다.
② 캡시드(capsid)는 바이러스의 유전체를 둘러싸는 단백질로 이루어진 껍질을 말한다.
③ COVID-19 바이러스는 AIDS의 원인인 HIV와 같은 증식회로를 가지는 레트로바이러스(retrovirus)이다.
④ 일부 바이러스는 당단백질로 이루어진 외피(envelope)를 가진다.

16. 사람 위(stomach)의 주요한 기능이 아닌 것은?

① 음식물 혼합 ② HCl 분비
③ 영양소 흡수 ④ 효소 분비

17. 단백질의 3차 구조(접힘)의 형성에 직접적으로 관여하는 화학결합이 아닌 것은?

① 펩티드결합(peptide bond)
② 소수성 상호작용(hydrophobic interaction)
③ 이온결합(ionic bond)
④ 이황화결합(disulfide bond)

18. 원핵세포에서 DNA 복제에 대한 설명으로 옳지 않은 것은?

① DNA 중합효소 Ⅲ은 DNA를 복제할 때 프라이머(primer)가 필요하다.
② 오카자키 절편은 지연가닥(lagging strand)에서 나타난다.
③ 지연가닥에서는 DNA 복제가 3′→5′ 방향으로 진행된다.
④ DNA 중합효소 Ⅰ은 프라이머를 제거하고 DNA 뉴클레오타이드로 교체한다.

19. 사람의 혈액 여과액이 네프론과 집합관을 지나 오줌이 되기까지 근위세뇨관과 원위세뇨관에서 수송되는 이온이 아닌 것은?

① HCO_3^-　　② K^+
③ H^+　　④ NO_3^-

20. 균류(fungi)에 대한 설명으로 옳지 않은 것은?

① 접합균류는 무성생식 단계에서 접합포자를 형성한다.
② 접합균류는 서로 다른 교배형의 균사체가 가까워지면서 배우자낭(gametangium)이 형성된다.
③ 자낭균류는 유성생식 단계 동안 자낭과(ascocarp)를 발달시킨다.
④ 자낭균류는 분생포자(conidium)를 생성하여 무성생식을 한다.

2020 서울시 8급(6월)
정답 및 해설

01	02	03	04	05	06	07	08	09	10
④	④	④	①	④	①	③	①	③	③
11	**12**	**13**	**14**	**15**	**16**	**17**	**18**	**19**	**20**
②	③	③	③	②	②	①	②	①	②

01

P_{fr}은 근적외선 흡수형 피토크롬이고 GTP는 구아노신3인산이므로 2차신호전달자가 아니다.

02

다른 자리 입체성조절과 헤모글로빈의 산소해리곡선은 협동성 때문에 S자형으로 된다.

03

알라닌(Ala), 발린(Val), 류신(Leu), 이소류신(Ile), 프롤린(Pro)은 비전하 무극성 아미노산이므로 소수성이다. 따라서 수용액에서 물과 멀어지기 위해서 단백질의 안쪽에 위치한다.

04

인간의 체중에서 차지하는 비율이 높은 순서는 O > C > H > N이다.

05

정자나 난자가 형성되는 동안에 한 대립유전자의 사이토신염기에 메틸화가 되는 것으로 유전체각인 현상이다.

06

ㄴ. B는 역전사효소이다.
ㄷ. HIV는 주로 CD4 T세포를 감염시켜 면역력을 약화시킨다.
ㄹ. HIV는 유전체로 RNA를 갖는 역전사바이러스에 속한다. 아데노바이러스는 DNA바이러스이다.

07

AaBbCcDd를 자가수분 시켰을 때 AaBBccDd의 유전자형을 가질 확률은 $\frac{2}{4}\times\frac{1}{4}\times\frac{1}{4}\times\frac{2}{4}=\frac{1}{64}$이다.

08

DNA 염기서열 분석에는 DNA연결효소는 사용되지 않고 DNA 중합효소가 필요하다.

09

엑손뒤섞기는 RNA의 가공과정에서 일어나는 것이 아니고 DNA상에서 유전자 내 또는 유전자간의 엑손 바꿔치기를 말한다.

10

레트로트랜스포존은 DNA에서 RNA로 전사된 후 이 RNA로부터 cDNA가 만들어져서 새로운 유전체로 삽입된다.

11

적색섬유에 풍부한 미토콘드리아에서 주로 호기성 호흡에 의해 ATP가 생성된다.

12

다수정의 느린 차단은 칼슘이온(Ca^{2+})에 의한 것으로 이 칼슘이온(Ca^{2+})은 피층 반응을 일으켜 투명대를 단단하게 만들고 후에 세포주기(난할)을 재개한다.

13

ㄱ. 대뇌변연계의 편도체에서 감정과 기억을 관장한다.
ㄹ. 후각망울이 후각정보처리에 중요한 역할을 한다.

14

A: FSH, B: LH, C: 프로제스테론
ㄱ. 혈중 뇌하수체 호르몬은 A와 B이다.
ㄹ. 대부분의 임신 테스트기는 HCG의 존재 유무를 확인하는 것이다.

15

ㄱ－ㄷ－ㄴ－ㄹ의 순서이므로 세 번째 단계는 ㄴ이다.

16

목본식물의 2기 생장은 측생분열조직인 형성층의 부피생장을 말한다.

17

단일식물의 경우 암처리 중에 적색광을 잠시 처리하면 암기가 짧아진 효과를 보여 개화하지 않지만, 적색광을 잠시 처리한 후 근적외선을 처리하면 근적외선(FR)은 적색광의 효과를 소멸시켜서 식물은 암처리가 중간에 중단된 적이 없었던 것으로 인지하여 개화한다. 따라서 맨 마지막에 FR을 처리한 경우만 개화한다.

18

ㄴ. 양막은 배의 가장 안쪽에 있는 것으로, 양막강을 형성한다.
ㄹ. 융모막은 외배엽과 중배엽에서 만들어지며 배의 가장 바깥쪽에 있는 막이다.

19

① 세균은 핵이 없는 단세포 원핵생물이다.

20

① 편형동물
③ 환형동물과 절지동물
④ 척삭동물

2021 서울시 8급(6월)
정답 및 해설

01	02	03	04	05	06	07	08	09	10
③	④	④	③	①	①	③	④	①	②
11	**12**	**13**	**14**	**15**	**16**	**17**	**18**	**19**	**20**
②	②	①	①	④	③	②	④	③	④

01

ㄱ. 같은 수의 탄소를 가지고 있는 포화지방산보다 수소의 수가 적다.

02

① ㈎는 대부분의 진핵세포에 모두 존재한다.
② ㈎, ㈏ 모두 기질에 DNA가 들어 있다.
③ 간세포나 근육세포같이 에너지 소비가 큰 세포는 ㈎가 많이 들어 있다.

03

ㄱ. 핵산은 인산기, 당, 질소함유염기로 이루어져 있다.
ㄴ. 소수성상호작용, 반데르발스인력, 수소결합, 이온결합, 이황화결합은 단백질의 3차구조를 형성하는 역할을 한다.
ㄷ. 콜레스테롤은 동물세포막의 구성성분이다.

04

C4 식물에서 최초 CO_2를 고정하는 효소인 PEP카복실레이스의 기질은 포스포에놀피루브산이다.

05

H^+을 세포 밖으로 능동수송 하여 세포 밖에 H^+을 농축시킴으로서 생성되는 H^+의 기울기를 사용한다. 공동수송단백질은 H^+이 되돌아갈 때 설탕이 같이 수송되도록 해준다. 따라서 세포 밖의 H^+이 많아야 하므로 세포 외부의 pH를 낮추어야 한다.

06

② 핵막은 전기에 사라진다.
③ 초기 배아세포는 G_1기와 G_2기가 거의 없으므로 상피세포보다 간기가 짧다.
④ DNA가 손상되면 DNA복제가 일어나지 않으므로 G_1/S확인점에서 세포주기가 종료된다.

07

유전암호(코돈)는 모두 공통성이 있다.

08

ㄱ. 제한효소는 제한효소자리라는 회문구조를 인식한다.
ㄴ. 제한효소는 박테리아가 자신을 보호하기 위해 다른 생물에서 유래한 DNA를 자르는 효소이다.
ㄷ. 제한효소에 의해 잘라진 조각을 DNA 연결효소로 연결할 수 있다.

09

완성된 cDNA는 이중 가닥으로 이루어져 있다.

10

상위에 관한 문제이다. 상위 B가 있어야 A_는 검은색, aa는 갈색을 나타내고 색소침착이 안 되는 bb를 가지면 노란색이 되므로 AaBb인 암수를 교배해서 얻은 자손 A_B_(검정색) : A_bb(노란색) : aaB_(갈색) : aabb(노란색) = 9 : 3 : 3 : 1이다. 따라서 노란색일 확률은 4/16이다.

11

포유류 암컷의 두 개의 X염색체 중 부계 또는 모계에서 유래된 것과 관계없이 무작위로 X염색체 한 개가 불활성화된다.

12

① 비로이드는 단백질 껍질이 없는 원형의 RNA이다.
③ 프로파지는 숙주 염색체에 삽입된 DNA이며 숙주세포 분열 시 복제되며 새로 형성된 딸세포로 전해진다.
④ 동물바이러스의 잠복기에는 새로운 바이러스를 생산하지 않는다.

13

여액에 있는 물질이 혈액으로 운반되는 것은 재흡수과정이다.

14

뼈대근육은 근육조직이다.

15

자연살해세포는 선천적 면역이고, MHC Ⅱ를 발현하는 세포는 수지상세포, 대식세포, B세포와 같은 항원제시세포이다.

16

칼시토닌은 갑상샘에서 분비된다.

17

엽록소 a에 포함되어 있는 금속이온은 Mg^{2+}이다.

18

① 광종속영양생물은 빛으로부터 에너지를 얻는다.
② 화학독립영양생물은 CO_2로부터 탄소를 얻는다.
③ 에너지원으로 빛을 이용하는 광종속영양생물은 CO_2를 고정하지 않고 유기물을 탄소원으로 이용한다.

19

상어, 가오리, 홍어는 연골어류이다.

20

ㄱ. 성선택을 비롯해 선호도를 보이며 대립유전자가 특정 유전자형에 집중되면 유전자 빈도가 변한다.
ㄴ. 병목현상은 다시 개체번식으로 집단크기를 회복해도 유전적 다양성을 확보하지 못한다.
ㄷ. 돌연변이는 유전적 다양성을 증가시키며, 생식세포에 돌연변이가 나타날 때만 가능하다.
ㄹ. 창시자 효과는 모집단을 떠나 작은 개체군이 형성되기 때문에 개체군 내 무작위적인 대립유전자는 모집단의 대립유전자 빈도와 다를 수 있고 모집단에서 희소했던 대립유전자가 더 많이 나타날 수 있다.

2022 서울시 8급(2월)
정답 및 해설

01	02	03	04	05	06	07	08	09	10
①	②	④	③	①	③	①	④	②	④
11	**12**	**13**	**14**	**15**	**16**	**17**	**18**	**19**	**20**
④	①	①	②	③	②	③	①	②	③

01

예를 들어 류신을 지정하는 코돈이 CUU, CUA라고 할 때 세 번째 염기인 U가 A로 바뀌어도 류신은 변하지 않게 되어 침묵돌연변이가 일어나지만, 메싸이오닌을 지정하는 코돈과 같이 AUG인 하나의 코돈만 지정 한다면 세 번째 염기인 G가 A로 바뀔 때 메싸이오닌이 라이신이라는 아미노산으로 바뀌기 때문에 침묵돌연변이는 일어나지 않는다.

02

$[H^+]$ 농도가 $\frac{1}{10^2}$ 이면 pH=2라 하고, $[H^+]$ 농도가 $\frac{1}{10^3}$ 이면 pH=3이라 한다. 따라서 pH 1 차이는 $[H^+]$ 농도 10배의 차이를, pH 2 차이는 $[H^+]$ 농도 100배의 차이를 뜻하며 pH가 높을수록 $[H^+]$ 농도는 낮아진다.

03

ㄴ. RNA 프리메이스(RNA primase)는 RNA 프라이머를 만든다.

04

ㄱ. 산화적 인산화: 미토콘드리아 내막
ㄴ. 피루브산 산화: 미토콘드리아 기질
ㄷ. 해당과정: 세포 기질
ㄹ. 시트르산 회로: 미토콘드리아 기질

05

① 부신피질에서 코르티솔의 분비는 혈중 Na^+ 이온의 농도 변화와 관련이 없다.

06

ㄱ. 생물체에서 아미노산과 당의 주 구성 원소에는 인(P)이 포함되지 않는다.
ㄹ. 인은 지구의 표면에서 기체의 형태로 나타낼 수 없으므로 생태계에서 매우 국한되는 국지적 순환을 한다.

07

엽록소는 청자색광과 적색광을 잘 흡수하고 녹색광은 거의 흡수하지 않고 반사 혹은 통과시키기 때문에 녹색으로 보이게 된다.

08

① 쌍떡잎식물의 잎맥은 보통 그물맥(망상맥)이고, 외떡잎식물의 잎맥은 보통 나란히맥(평행맥)이다.
② 쌍떡잎식물의 뿌리는 보통 곧뿌리(원뿌리)이고, 외떡잎식물의 뿌리는 보통 수염뿌리(원뿌리가 없음) 이다.
③ 쌍떡잎식물의 꽃가루는 보통 구멍이 3개이고, 외떡잎식물의 꽃가루는 보통 구멍이 1개이다.

09

내막계(부착리보솜에서 만들어지는 막 단백질로 구성된 세포 소기관): 핵막, 세포막, 소포체, 골지체, 리소좀, 중심 액포

10

ㄷ. 수축기 혈압과 이완기 혈압은 모두 동맥에서의 혈압이다.
ㄹ. 혈압의 항상성 유지를 위해 일산화질소는 혈관 확장을 유도하고 엔도텔린은 혈관 수축을 유도한다.

11

①, ②, ③은 선천성 면역에 해당하는 내용이고 ④가 후천성 면역에 해당된다.

12

ㄱ. 자포동물 - 해파리
ㄴ. 환형동물 - 지렁이

13

이형접합 야생형 암컷과 돌연변이 동형접합 수컷을 교배했다고 했으므로, 만약 야생형이 열성이라면 이형접합이 될 수 없다. 따라서 야생형이 우성이고 돌연변이형이 열성이다. 따라서 이형접합 야생형 암컷은 AaBb이고 돌연변이 동형접합 수컷은 aabb가 되므로 검정교배를 한 것이다.

① 이형접합인 AaBb를 검정교배 했을 때 독립유전이면 자손의 비가 1 : 1 : 1 : 1이고, 상인연관이면 자손의 비가 1 : 0 : 0 : 1이고, 상반연관이면 자손의 비가 0 : 1 : 1 : 0이어야 하는데 문제에서는 156 : 39 : 41 : 164라고 했으므로 연관되었다가 교차가 일어난 것이다.

② 재조합 빈도(교차율)= $\frac{80}{400} \times 100 = 20\%$ 이다.

③ 다른 염색체상에 있으면 독립유전이다.

④ 회색몸 정상날개는 야생형이므로 우성이며 검정교배결과 생긴 자손이므로 이형접합이 된다.

14

① (가)는 원중배엽 세포계이므로 선구동물에 해당한다.

③ (가)의 원구는 나중에 입으로 발달한다.

④ (가)와 (나)의 원장은 나중에 동물의 소화관을 형성한다.

15

ㄱ. AIDS를 일으키는 HIV(레트로바이러스)는 역전사효소라고 불리는 효소를 가지고 있으며 자신의 RNA 유전물질을 복제하기 위해 사용한다.

16

ㄴ. 성숙한 후각세포(collenchyma cell)는 유세포보다 두꺼운 1차벽을 가지며 지상부 어린 식물의 유연한 지지 기능을 한다.

ㄷ. 성숙한 후벽세포(sclerenchyma cell)는 두꺼운 2차벽을 가진 죽은 세포로 식물의 지지기능을 한다.

17

ㄴ. 불수의적으로 조절되는 호흡에서 갈비 사이근의 수축은 숨을 내쉬는 흡식(들숨) 과정을 일으킨다.

ㄷ. 주로 혈액 내의 이산화탄소 포화도를 pH 변화로 감지하여 호흡의 항상성이 조절된다.

18

스트렙토마이신이라는 항생제를 생성하는 스트렙토마이세스속에 속하는 종은 그람양성세균이다.

19

유전병은 동형접합일 경우에만 발생되므로 유전병은 열성이다. 정상(야생형) 유전자를 A, 유전병 유전자를 a라 하고 A가 일어날 확률을 p, a가 일어날 확률을 q라 하면 $q^2 = 1 / 100$이므로 q = 1 / 10이고 p = 9 / 10가 된다.

① 돌연변이 대립유전자의 빈도 q = 1 / 10이므로 10%이다.

② 보인자 Aa는 2pq = 2 × 9 / 10 × 1 / 10 = 18 / 100이므로 18%이다.

③ 야생형 대립유전자에 대해서 동형접합인 AA는 $p^2 = 81 / 100$이므로 81%이다.

④ 돌연변이 대립유전자(a)의 빈도 q(1 / 10)가 1 / 10로 감소하면, 돌연변이 대립유전자(a)의 빈도 q는 1 / 10 × 1 / 10 = 1 / 100이 된다. 따라서 열성유전병(aa)의 발생빈도는 q^2이므로 1 / 10000이 되어 10,000명당 한 명꼴로 나타나게 될 것이다.

20

ㄱ. 주변 표피세포에서 공변세포로 K^+이 유입되면 기공이 열린다.

ㄹ. 식물 호르몬인 앱시스산(abscisic acid)은 기공의 닫힘을 촉진한다.

2022 서울시 8급(6월)
정답 및 해설

01	02	03	04	05	06	07	08	09	10
③	④	③	①	①	①	③	②	④	④
11	**12**	**13**	**14**	**15**	**16**	**17**	**18**	**19**	**20**
③	②	①	④	②	②	③	④	④	④

01

형질 주입은 진핵생물에서 핵산을 도입할 때를 말한다.

02

A는 중간섬유, B는 미세소관, C는 세포막 아래에서 세포를 지탱하는 미세섬유이다.

① 중심립은 B로 구성되어 있다.
② 구형단백질인 액틴으로 구성되고 모든 진핵세포에서 관찰되는 것은 C이다.
③ 섬모, 편모 등을 구성하며 염색체나 세포 소기관의 이동에 관여하는 것은 B이다.
④ B는 모든 진핵세포에서 지름이 25nm정도로 거의 일정하며 튜불린으로 구성되어 있고, C는 모든 진핵세포에서 지름이 7nm정도로 거의 일정하며 액틴으로 구성되어 있다.

03

옥신은 낮은 농도에서 줄기의 신장을 촉진하며, 고농도의 옥신은 세포의 신장을 억제하는 에틸렌의 합성을 유도한다.

04

대체 RNA 스플라이싱에 의해서 하나의 유전자에서 두 종류 이상의 단백질이 만들어질 수 있다.

05

말피기소체의 사구체는 모세혈관으로 이루어져 있으며, 모세혈관과 폐포는 단층편평상피이다.

06

FSH는 세르톨리세포에 작용해서 정자 형성을 촉진하므로 FSH의 수치가 매우 낮으면 정자 생산이 안 될 것이다.

07

① A로부터 B가 전환되는 반응은 D에 의해 억제된다.
② A로부터 B가 전환되는 반응이 억제되므로 B로부터 D가 전환되는 반응도 억제된다.
④ D로부터 E가 전환되는 반응은 F에 의해 억제된다.

08

tRNA는 50여 종류이상의 수식(modification)된 염기가 존재하는데 이들 중 하나인 이노신(inosine, I)이 안티코돈의 첫 번째 위치에 종종 존재하게 되면 이노신은 G염기를 제외한 U, C, A염기 중 어느 것과도 쌍을 이룰 수 있다.

09

동물세포에서 간극연접과 기능이 유사한 원형질연락사는 식물세포에서 관찰되며, 세포벽을 관통하여 인접 세포를 서로 연결하는 통로이다.

10

V, D, J, C로 불리는 조각유전자의 재배열에 의한 림프구(체세포)의 돌연변이에 의해 다양한 항체가 생기게 된다. B세포 일부가 기억 B세포로 분화하는 클론선택은 동일한 기억B세포로 분화하는 것이므로 항체의 다양성을 증가시키는 요인과는 관계없다.

11

① A 지역(사막)은 기온의 일교차가 큰 편이며 선인장과 전갈 등이 대표서식 생물군이다.
② B 지역(툰드라)의 대표적 특징은 영구동토층이며 작은 관목, 이끼류, 지의류 등이 주로 분포한다.
③ C 지역(온대활엽수)은 낙엽성 목본이 우점종이다.
④ D 지역(열대다우림)은 생물다양성이 높아서 다른 지역에 비해 복잡한 생물군계를 나타낸다.

12

〈보기1〉은 개방 순환계를 나타낸 것이다. ㄴ과 ㄷ은 폐쇄순환계에 대한 설명이다.

13

유비퀴틴을 대상 단백질에 부착시켜 표시하게 되는데 대상 단백질에 존재하는 아미노산인 라이신(lysine)에 표지되면 표지된 단백질은 프로테아좀에 의해 분해된다.

14

원발암유전자는 정상세포에 존재하며 세포분열과 성장을 조절하는 유전자이다.

15

①, ③, ④는 빛에 의해 일어나는 반응이다.

16

제1 전령자에 의해 시작된 신호를 세포내부로 전달해주는 비단백질 분자나 이온을 2차 신호전달자라고 한다. G 단백질은 2차 신호전달자가 아니고 세포막의 세포질 쪽에 붙어있는 분자스위치로서의 기능을 하는 단백질이다.

17

① 주조직적합성복합체(MHC) 분자에 의해 제시된 항원을 인식하는 것은 D이다.
② 항체에서 2개의 Fab와 1개의 Fc로 분리되려면 B와 C의 윗부분 일부까지 절단되어야 한다.
  - 항원결합절편(Fab: Fragment antigen binding)
  - 결정화 절편(Fc: Fragment crystallizable)

④ 성숙된 T 세포는 수용체를 분비하지 않는다.

18

펩타이드 1은 첫 번째 염기부터, 펩타이드 2는 두 번째 염기부터, 펩타이드 3는 세 번째 염기부터 번역이 일어난 것임을 알 수 있다.

5′ – AAA – AAA – UUU – UGG – GUU – G – 3′
펩타이드 1: Lys – Lys – Phe – Trp – Val
5′ – A – AAA – AAU – UUU – GGG – UUG – 3′
펩타이드 2: Lys – Asn – Phe – Gly – Leu
5′ – AA – AAA – AUU – UUG – GGU – UG – 3′
펩타이드 3: Lys – Ile – Leu – Gly

④ DNA 염기서열은 3′ – TTTTTTAAAACCCAAC – 5′이다.

19

해당과정은 산소가 없어도 일어난다.

20

ㄱ. 속명과 종소명은 *Homo sapiens*와 같이 이탤릭체로 표기해야 하고, 같은 글에서 속명이 여러 번 이용될 때 한 번만 속명을 모두 써주고 그 후에는 속명의 머리글자만 표기해서 *H. sapiens*라고 이용한다.
ㄴ. 산검양옻나무의 학명에서 Siebold는 첫 글자가 대문자이고 정자체이므로 명명자를 나타낸다.
ㄷ. 산검양옻나무와 덤불조팝나무는 속명이 다르므로 서로 다른 종이다.
ㄹ. 국수나무는 덤불조팝나무와 속명이 같으므로 산검양옻나무보다 덤불조팝나무와 더 가까운 유연관계를 갖는다.

2023 서울시 8급(6월)
정답 및 해설

01	02	03	04	05	06	07	08	09	10
②	③	②	①	④	②	②	①	②	①
11	**12**	**13**	**14**	**15**	**16**	**17**	**18**	**19**	**20**
③	④	③	④	②	④	③	④	②	④

01
① 구조이성질체
③ 거울상이성질체
④ 동위원소

02
③ 분단성 선택에 의해서 종분화가 일어날 수도 있다.

〈생식적 격리 매커니즘〉
① 배우자 격리
② 잡종불임
④ 잡종불임

03
생식적 활동의 경우 부교감 신경이 교감신경에 대해 길항적으로 작용을 하면서 원활한 기능을 위해 보조적인 역할도 한다.

04
포도당 → 포도당 6-인산 → 과당 6-인산 → 과당 1,6-이인산 → 글리세르알데하이드 3-인산(G3P) → 1,3-이인산글리세르산(1,3-비스포스포글리세르산, 1,3-DPG) → 3-인산글리세르산(3-포스포글리세르산, 3-PG) → 2-인산글리세르산(2-포스포글리세르산, 2-PG) → 포스포에놀피루브산(PEP) → 피루브산으로 된다.

05
④ 전자를 $NADP^+$ 분자로 보내 NADPH를 생성한다. - 광계 Ⅰ에서 방출된 전자에 의해서 일어난다.

06
분만의 첫 번째 단계로는 태아가 자궁 내에서 머리를 아래로 향하면서 자궁경부를 확장시킨다. 이 기계적 자극은 모체의 뇌하수체 후엽에서 옥시토신의 분비를 증가시키고 이는 자궁경부에 더 많은 압박을 가하게 된다. 이러한 양성 되먹임은 보다 강한 분만 수축을 일으키게 한다.

07
② 효소는 반응물(기질)과 생성물의 자유에너지 차이(ΔG)는 변화시키지 않는다.

08
ㄷ. 뿌리 물관부 안이 잎의 물관부 안보다 수분 포텐셜이 크다.
ㄹ. 잎에서 기공이 열려 있는 시간이 길수록 물관부를 통한 물의 이동이 촉진된다.

09
② 일부는 공생 관계를 유지하지만 분해자의 역할을 하며 영양물질을 순환시키는 데 기여하고 있고 병원균으로 작용하기도 한다.

10
척삭동물(ㄴ) - 척추동물(ㄱ) - 유악동물(ㄹ) - 경골어류 - 잎사귀형 지느러미어류 - 사지류(ㄷ) - 유양막류(ㅂ) - 포유류(ㅁ)

11
ㄱ. ㉠은 검정색 털 유전자를 갖는 염색체와 자매염색분체이므로 동일한 유전자인 검정색 털 유전자를 갖는다.
ㄷ. ㉢은 파란색 눈 유전자이고, ㉣은 갈색 눈 유전자이다.

12
멘델이 완두의 변종을 교배하여 연구하였을 때 사용한 7가지 형질

① 꽃 색깔(보라색 - 흰색)
② 꽃 위치(축 방향 - 말단)
③ 종자 색깔(황색 - 녹색)
④ 종자 모양(둥근 - 주름진)
⑤ 콩깍지 색깔(녹색 - 황색)
⑥ 콩깍지 모양(부푼 - 수축된)
⑦ 줄기 길이(큰 - 작은)

13
배젖($3n$) > 접합자($2n$) = 대포자낭($2n$) > 소포자(n) = 알세포(n)

14
④ 바이로이드는 단백질 껍데기가 없는 원형 RNA분자이다.

15

(가)는 막사이 공간이고 (나)는 미토콘드리아 기질이다.

ㄷ. A는 전자운반체인 사이토크롬c이다.

16

1기 생장은 정단분열조직(생장점)에 의해서 일어나는 길이생장이고 2기 생장은 측생분열조직(형성층)에 의해서 일어나는 부피생장이다.

17

③ 사구체로 들어가 여과된 물과 대부분의 용질은 재흡수가 일어난다.

18

ㄱ. A가 동형접합이므로 반성유전이라고 가정했을 때 A는 X^TX^T또는 X^tX^t가 된다. 열성 반성유전이라고 가정했을 때는 정상 여자인 A가 X^TX^T이므로 유전병 남자인 X^tY 사이에서 유전병인 딸(X^tX^t)이 태어날 수 없다.
우성 반성유전이라고 가정했을 때는 정상 여자인 A가 X^tX^t이므로 유전병 남자인 X^TY 사이에서 유전병인 딸(X^TX^t)이 태어날 수 있지만 Ⅲ세대의 왼쪽 가계도에서 정상인 여자(X^tX^t)와 유전병 남자(X^TY) 사이에서 유전병인 아들(X^TY) B가 태어날 수 없다.
따라서 유전질환 X는 반성유전은 될 수 없고 상염색체유전이 되어야 하며, A가 동형접합이므로 TT 또는 tt가 되며, A가 TT라면 유전병인 딸(tt)이 태어날 수 없다. 따라서 A는 tt가 되어야 유전병 남자(TT 또는 Tt)사이에서 유전병 딸인 Tt가 태어날 수 있으므로 유전질환 X는 우성인 상염색체 우성유전이 된다.

ㄴ. Ⅲ세대의 유전병 남자(TT 또는 Tt)와 정상 여자(tt)사이에서 태어난 유전병인 아들B(Tt)가 정상 여자C(tt) 사이에서 태어난 아이가 질환 X를 가질 확률은 50%이다.

ㄷ. 헌팅턴 무도병 (Huntington's disease)은 상염색체 우성유전이므로 질환 X와 같은 방식으로 유전된다.

19

$\frac{120}{x}=\frac{50}{150}$이므로 x=360

20

아포플라스트는 세포벽과 세포벽사이의 간극을 말한다. 세포외 공간, 헛물관, 물관과 같은 죽은 세포의 내부까지도 포함된다.

2024 서울시 9급(6월)
정답 및 해설

01	02	03	04	05	06	07	08	09	10
③	②	④	④	①	②	③	④	③	①
11	**12**	**13**	**14**	**15**	**16**	**17**	**18**	**19**	**20**
②	①	①	③	①	①	②	③	④	②

01

ㄴ. 이 사람은 클라인펠터증후군을 앓고 있다.

02

ㄴ. 최대반응속도(Vmax)는 감소한다.
ㄹ. 경쟁적 저해제의 경우는 기질의 농도가 증가하면 저해제의 효과는 감소한다.

03

(가) 소뇌 (나) 간뇌 (다) 대뇌 (라) 연수
ㄱ. 척수 ㄴ. 간뇌 ㄷ. 중뇌 ㄹ. 연수

04

O > C > H > N > Ca > P > K > S > Na > Cl > Mg

05

① **기계수용기**: 청각, 촉각, 압각, 움직임, 신장(늘어남) 등과 같은 물리적 변형을 감지
② **화학수용기**: 미각, 후각, 혈중 용질 농도 등을 감지
③ **광수용기**: 가시광선
④ **통각수용기**: 통증을 감지

06

ㄱ. 유전적 다양성이 높은 종은 환경이 급격하게 변하거나 전염병이 발생했을 때 멸종될 확률이 낮다.
ㄴ. 종 다양성은 종의 수가 많을수록, 전체 개체수에서 각 종이 차지하는 비율이 균등할수록 높아진다.

07

ㄷ. 촉진확산은 ATP 에너지를 소모하지 않는다.

08

ㄱ은 외부 방어에 해당하는 선천성 면역이고 ㄴ, ㄷ, ㄹ은 내부 방어에 해당하는 선천성 면역이다.

09

심방은 정상적으로 정기적인 수축을 하는 것으로 보아 동방결절은 기능을 수행하고 있지만
심실은 몇 박동마다 수축을 하지 않는 것으로 보아 방실결절이 정상적으로 작동하지 않는 것임을 알 수 있다.

10

특정 질병을 일으키는 대립유전자의 빈도가 원집단에 비해 10배나 높게 나타났다면 처음에 정착한 소수의 집단(시조)이 질병을 일으키는 대립유전자를 가지고 있었기 때문이다.

11

ㄱ. 그람 음성 세균에 비해 펩티도글리칸층이 두껍다.
ㄷ. 세포벽 바깥쪽에 지질다당체(lipopolysaccharide)로 이루어진 막이 둘러싸고 있는 것은 그람음성균이다.

12

피루브산이 아세틸Co A로 되는 과정에서는 ATP가 생성되지 않는다.

13

여자 A와 남자 B는 뒤센 근위축증은 없지만 이들의 첫 아들은 이 질병을 가지고 있는 것으로 보아 여자 A는 보인자(X^0X)이고 남자는 XY이다. 따라서 X^0X와 XY사이에서 태어나는 자녀는 X^0X, X^0Y, XX, XY이므로 뒤센 근위축증을 가질 확률은 1/4이다.

14

① 혈액뇌 장벽(blood-brain barrier)은 모세혈관 내피 세포를 통한 물질의 이동을 제한함으로써 혈액에 존재하는 유해물질이 뇌로 들어가지 못하도록 차단한다.
② A는 감각신경과 운동신경으로 구분되는 체성신경계이다.
④ 신경전달 물질인 아세틸콜린은 A와 B에서 모두 발견된다.

15

① **엽록소의 구성성분**: C, H, O, N, Mg

16

ㄷ. Ca^{2+}은 Ca^{2+}통로를 통해 소포체에서 세포질로 확산된다.

17

ㄱ. 대사 효소가 없어서 독립적으로 물질대사를 하지 못한다.
ㄷ. 세포 구조를 갖추고 있지 않다.
ㅁ. 단백질 감염인자로서 뇌 질환을 일으킬 수 있는 감염체는 프라이온이다.

18

파충류, 조류, 포유류가 양막류에 해당한다.
ㄱ. 파충류
ㄴ. 원구류
ㄷ. 양서류

19

④ 세크레틴(secretin)은 위의 가스트린(gastrin) 분비를 억제한다.

20

호르몬 A의 농도가 높아질수록 생장을 억제하는 호르몬이므로 옥신의 효과와 반대작용을 하는 에틸렌이다.
ㄱ. 에틸렌
ㄴ. 사이토키닌
ㄷ. 에틸렌의 삼중반응
ㄹ. 브라시노스테로이드

2020 국가직 7급(9월)
정답 및 해설

01	02	03	04	05	06	07	08	09	10
②	③	①	③	②	②	④	②	①	④
11	**12**	**13**	**14**	**15**	**16**	**17**	**18**	**19**	**20**
①	②	②	④	④	③	②	①	①	③

01

접합자(zygote) 형성은 암수의 배우자가 융합하여 번식하는 유성생식 기작이다.

02

① 21번 염색체의 3염색체성으로 일어나는 다운증후군은 특이한 안면표정, 작은 키 등의 특징을 보인다.
② 클라인펠터 증후군의 경우 XXY의 염색체를 가진다.
④ 터너 증후군은 44+X=45개의 염색체를 가진다.

03

① 확산 – 용액의 농도가 높은 곳에서 낮은 곳으로 용질이 이동한다.

04

에틸렌(ethylene)에 의한 유식물의 삼중반응이다.

05

② 신경근접합 부위 축삭 말단의 시냅스 소포에서 신경전달물질이 방출되면 신경전달물질은 다음 뉴런의 세포막에서의 이온 채널을 통해 이온의 투과성을 증가시켜 탈분극을 일으킨다.

06

① 갑상샘은 칼시토닌을 분비하여 뼈에서 칼슘 방출을 억제한다.
③ 부신수질은 에피네프린과 같은 아민계 호르몬을 생산하여 스트레스 반응에 관여한다.
④ 췌장은 두 종류의 호르몬인 인슐린, 글루카곤을 생산한다.

07

④ 개체군의 크기가 클 때 밀도 의존적 요인에 의해 환경저항의 영향을 받아 개체군 성장이 줄어든다.

08

ㄴ. 유도다능줄기세포(역분화 줄기세포, iPS cell)는 분화된 세포를 미성숙한 세포로 역분화시켜 다시 모든 조직으로 발전시킬 수 있는 줄기세포이다.

09

① 사구체로부터 혈장단백질, 혈액세포, 혈소판 등 크기가 큰 물질들은 보먼주머니로 여과되지 않는다.

10

④ 한 집단의 안정화 선택에 의해서 종분화가 일어날 확률은 거의 없다.

11

극피동물, 반삭동물, 척삭동물은 후구동물이다.

12

② 미토콘드리아와 엽록체는 이중막으로 둘러싸여 있고 내부에 자체 유전체를 가지고 있다.

13

② 단백질의 합성과 조립에 중심적인 역할을 하는 것은 조면소포체이다.

14

④ 페니실린계 항생제는 특히 그람양성균에서 세포벽의 기능을 잃게 한다.

15

④ 바이러스 자신의 대사계가 없고, 이분법이나 유사분열을 하지 않으며 숙주 내에서 숙주의 효소를 이용하여 복제한다.

16

ㄱ. 베이츠의태는 포식자에 대한 피식자의 보호 방법으로 나타난 방호전략 중 하나이다.
ㄹ. 기생생물도 숙주의 생존, 생식 및 개체군 밀도에 영향을 준다.

17

ㄱ. 사가프 법칙이란 DNA는 이중나선 구조에서 아데닌(A)과 티민(T)의 함량이 항상 같고, 또 구아닌(G)과 사이토신(C)의 함량이 항상 같다. 즉 퓨린 염기의 합(A+G)과 피리미딘 염기의 합(T+C)이 같다는 것을 의미한다.

ㄹ. DNA가 복제될 때 반보존적으로 복제된다는 것을 메셀슨과 스탈이 대장균을 이용하여 증명하였다.

18

선택적 RNA 이어맞추기(alternative RNA splicing)에 의해서 어느 RNA 조각을 엑손 또는 인트론으로 취급하는가에 따라 서로 다른 모양의 성숙된 RNA를 만들어 낼 수 있게 된다.

19

ㄱ. 작동세포(effector cell)의 분화는 1차 항원에 노출된 후 약 2주 후에 최고치에 도달하고 난 뒤 95% 정도의 작동세포가 사라지게 되고 기억 세포(memory cell)가 그 기능을 수행하게 된다.

ㄴ. 항원에 노출되면 B세포가 형질세포로 분화되어 항체를 생성한다.

ㄷ. 2차 항원에 노출된 후에 기억 세포(memory cell: 기억 B세포, 기억도움 T 세포, 기억세포독성 T 세포)등이 면역기억에 관여한다.

ㄹ. 2차 항원에 노출되었을 때 면역반응은 빠르게 진행되고 강도도 강하다.

20

① 이와 같은 유전현상을 상위이라고 한다.

② E 유전자와 B 유전자는 우열관계가 없다.

④ e 유전자는 B와 b의 발현을 가리거나 억제하므로 B 또는 b 유전자에 대하여 열성 상위이다.

2021 국가직 7급(9월)
정답 및 해설

01	02	03	04	05	06	07	08	09	10
④	①	③	①	②	①	②	④	①	③
11	**12**	**13**	**14**	**15**	**16**	**17**	**18**	**19**	**20**
④	④	④	②	①	③	②	③	④	④
21	**22**	**23**	**24**	**25**					
②	①	③	②	③					

01

시트르산 회로는 미토콘드리아 기질에서 일어난다.

02

① 피리미딘 계열의 염기는 1개의 고리를 갖고, 퓨린 계열의 염기는 2개의 고리를 갖는다.

03

③ MHC Ⅱ형 항원제시세포(antigenpresenting cell)는 수지상세포, 대식세포, B세포이다.

04

① 칼시토닌은 갑생샘에서 분비되는 호르몬이다.

05

개화를 유도하는 개화 신호는 화성소(플로리겐, florigen)라고 하는 호르몬이 개화를 유도한 다.

06

생식샘 호르몬(에스트로젠, 테스토스테론) 부신겉질 호르몬(코르티솔)은 스테로이드 호르몬이다.

07

ㄱ. DNA바이러스와 RNA바이러스 모두 질병을 유발하는 바이러스이다.
ㄴ. 바이러스는 한 종류의 숙주만 감염시킬 수 있는 것도 있지만 숙주범위가 넓은 것도 있다.

08

ㄴ. RNA 이어맞추기(RNA splicing)는 인트론이 잘려 나가고 엑손만 서로 연결된 암호화서열을 갖는 mRNA를 형성한다.
ㄹ. 전사와 번역을 동시에 수행할 수 있는 것은 원핵세포이다.

09

① 동성 내 선택(intrasexual selection)은 수컷들에서 나타나는데 수컷들이 암컷을 차지하기 위해서 일어나는 선택이다.

10

① 사구체에서 단백질, 지방, 혈구는 여과되지 않는다.
② 단백질은 분비되지 않는다.
④ 여과액이 헨레고리 하행지를 지날 때 물이 삼투에 의해서 재흡수된다.

11

ㄱ. 교감신경 – 심장 박동 촉진
ㄷ. 교감신경 – 소화를 억제하므로 이자(이자액 분비)의 활성을 억제한다.

12

① 암세포는 접촉 저해가 없으므로 세포와 세포 간에 접촉을 해도 세포분열을 계속한다.
② 암세포는 세포외기질과 같은 기저층에 부착되어야 세포분열할 수 있는 부착의존성을 나타내지 않는다.
③ 암세포는 텔로미어(telomere)를 복구할 수 있는 텔로머레이스가 있어서 짧아진 DNA를 본래의 길이로 복구할 수 있다.

13

그람 음성균의 세포벽에는 펩티도글리칸의 함량은 적으나 지질다당체를 포함하는 외막 구조가 세포벽에 존재한다.

14

① S기에 DNA 복제가 일어난다.
③ M기의 중기에서 염색체가 중기판에 배열한다.
④ M기의 말기에서 분해된 핵막이 다시 형성된다.

15

콩과식물과 뿌리혹박테리아는 상리공생관계이다.

16

ㄱ. 주세포(chief cell)에서 분비된 펩시노겐(pepsinogen)은 펩신으로 된 후 단백질을 작은 폴리펩티드(polypeptide)로 분해한다.

ㄷ. 점액세포에서 분비된 점액인 뮤신은 염산과 펩신으로부터 위벽을 보호한다.

ㄹ. 벽세포에서 뉴클리에이스(nuclease)는 분비되지 않는다.

17

② (나)는 종다양성이므로 지구상의 각 지역에 따라 다르다.

18

③ 데스모좀(desmosome)은 카드헤린 족에 속하는 막 관통 단백질로 구성되어 있다.

19

④ 선도가닥(leading strand)은 DNA 중합효소 Ⅲ에 의해 5′→3′방향으로 연속적으로 합성된다.

20

④ 색맹은 원뿔세포(cone cell) 중에서 하나 이상이 없거나 기능장애가 있을 때 발생한다.

21

② (나)의 A에서 DNA의 변성이 일어나고 C에서 DNA의 증폭(신장)이 일어난다.

22

① 갑상샘은 내배엽에서 유래된다.

23

③ 난할 중인 세포는 G_1기와 G_2기가 거의 없으므로 단백질 합성이 잘 일어나지 않는다.

24

ㄷ. 아데닐산고리화효소는 ATP를 cAMP로 변화시킨다.

25

③ 의체강동물들의 체강도 체강의 기능을 한다.

2022 국가직 7급(10월)

정답 및 해설

01	02	03	04	05	06	07	08	09	10
③	③	②	③	①	②	③	③	①	③
11	**12**	**13**	**14**	**15**	**16**	**17**	**18**	**19**	**20**
④	④	④	①	④	②	③	②	②	④
21	**22**	**23**	**24**	**25**					
③	④	②	①	④					

01

③ 잡종 와해(hybrid breakdown)는 접합 후 장벽에 해당한다.

02

③ 사이토키닌(cytokinin)은 곁눈의 생장을 촉진한다.

03

① 생태천이는 일정한 방향성을 나타낸다.
③ K-선택종은 소수의 자손을 생산하여 늦게 성숙하고, 수명이 길다.
④ 2차 천이는 1차 천이보다 빠르게 진행된다.

04

③ 내재 단백질(integral protein)은 지질 이중층에 박혀 있는 막 관통 단백질이다.

05

경쟁적 억제제는 기질과 입체구조가 유사한 물질이 효소의 활성부위에 결합하여 효소의 작용을 방해하는 물질이다. 다른 자리 입체성 부위에 활성자가 결합하면 활성부위를 변화시켜 기질이 결합할 수 있고, 다른 자리 입체성 부위에 억제제가 결합하면 활성부위를 변화시켜 기질이 결합할 수 없게 된다.

06

② RNA 중합효소는 뉴클레오타이드를 5′→3′ 방향으로 첨가하는 반응을 촉매한다.

07

열성 대립유전자 e는 B와 b의 발현을 가리거나 억제해서 털색을 노란색으로 되게 하므로 e는 열성 상위 대립유전자이다.

08

③ 파라토르몬은 비타민D를 활성화시켜 소장에서 칼슘(Ca^{2+}) 흡수를 촉진한다.

09

① 아데노바이러스는 이중가닥 DNA 유전체를 가지고 있으며 유행성 호흡기 질환을 일으킨다. 일부 아데노바이러스가 동물에서 종양을 유발하기도 하지만 아직까지 사람에서 종양을 일으키는지에 대한 증거는 명확하지 않다.

10

G 단백질이 아데닐산고리화효소를 활성화시키면 아데닐산고리화효소에 의해 ATP가 cAMP로 되어 단백질 인산화효소 A를 활성화시킨다.

11

④ 알도스테론(aldosteron)은 부신 겉질에서 분비된다.

12

④ 원핵생물(세균, 고세균)은 핵막과 막성 세포소기관이 존재하지 않는다.

13

④ 형질세포(plasma cell)는 활성화된 B세포가 분화된 것으로 후천성 면역에 관여한다.

14

① 젤 전기영동(gel electrophoresis)은 전기장이 걸린 겔(gel)에서 단백질이나 핵산과 같은 분자를 전기적 전하나 크기에 따라 분리하는 방법이다.

15

④ 미세소관, 미세섬유, 중간섬유 중 가장 굵은 것은 미세소관이다.

16

물을 많이 마시면 혈액의 삼투농도가 감소하게 되고 이를 시상하부에서 감지하여 ADH의 분비를 감소시키면 원위세뇨관과 집합관에서 물에 대한 투과성을 감소시켜 물의 재흡수가 줄어들게 되고 많은 양의 오줌이 나온다.

17

광독립영양생물은 빛에너지를 이용하여 탄소동화작용을 하지만 화학독립영양생물은 무기물이 분해될 때 나오는 화학에너지를 이용하여 탄소동화작용을 한다.

18

② 꽃밥($2n$)의 세포는 감수분열 후에 화분세포(n)가 된 후 유사분열하여 꽃가루관세포(n)와 생식세포(n)를 형성한다.

19

② 접합균류는 접합포자낭에서 핵융합이 일어나 이배체($2n$)의 접합포자가 되었다가 곧이어 감수분열이 일어나 포자낭(n)으로 발아하는 유성생식 단계가 있다.

20

ㄹ. 측선계는 어류에서 물의 흐름, 먹이나 포식자에 의한 압력파, 물을 통해 전달되는 저주파소리를 감지하는 감각기관이다.

21

③ 털세포는 달팽이관, 안뜰기관, 반고리관이 가지고 있고 귀의 고막은 털세포(hair cell)가 없다.

22

① 난자는 감수2분열 중기인 제2난모세포의 상태로 정자와 만나 수정한다.
② 수정이 일어나는 장소는 수란관 상부이다.
③ 내세포괴는 상배엽층과 하배엽층으로 이루어진다.

23

① 용균성 파지는 파지가 증식하면서 숙주 세포를 파괴한다.
③ 용원성 파지 DNA가 숙주세포의 염색체로 삽입되면 프로파지가 된다.
④ T4 파지는 용균성 파지이다.

24

① 후벽세포(sclerenchyma cell)는 리그닌으로 이루어진 두꺼운 2차벽이 있다.

25

④ 모체의 혈액으로 가득 찬 혈액동(혈강, blood pool)이 형성되고, 그곳에 태아의 모세혈관이 분포하여 모체의 혈액과 태아의 모세혈관 사이에서 물질교환이 일어나므로 역류교환 현상이 아니다.

2023 국가직 7급(10월)

정답 및 해설

01	02	03	04	05	06	07	08	09	10
③	④	④	②	②	③	③	③	①	④
11	**12**	**13**	**14**	**15**	**16**	**17**	**18**	**19**	**20**
②	④	③	④	①	②	④	③	②	①
21	**22**	**23**	**24**	**25**					
②	③	①	①	②					

01

③ 촉진확산도 단순확산과 마찬가지로 농도경사에 의해 높은 농도에서 낮은 농도로 스스로 퍼져나가는 현상으로 에너지(ATP)가 소모되지 않는다.

02

① 갑상샘 – 내배엽, 근육 – 중배엽
② 이자 – 내배엽
③ 근육 – 중배엽

03

④ 물은 가열하면 수소결합이 끊이지고, 식히면 수소결합이 더 많이 생긴다.
따라서 물의 수소결합을 끊기 위해서는 열이 흡수되어야 하며, 수소결합이 형성될 때는 열이 방출된다.

04

② 염기와 당(5탄당)을 뉴클레오사이드라 하며 5탄당이 있다.

05

젖산 발효에서는 피루브산이 NADH의 전자를 받아 젖산으로 되고, 알코올 발효에서는 아세트알데하이드가 NADH의 전자를 받아 알코올로 된다.

06

③ 지용성 호르몬은 분비세포에서 세포막의 인지질층을 통과하여 혈액으로 분비된다.

07

① 세포는 과분극된다.
② 트랜스듀신(transducin)의 활성이 촉진된다.
③ 인산디에스터가수분해효소는 cGMP를 GMP로 가수분해하여 cGMP를 Na^+통로로부터 분리시킨다.
④ 인산디에스터가수분해효소(phosphodiesterase)의 활성이 촉진된다.

08

③ 퍼포린(perforin) 분자를 분비하는 세포는 세포독성 T 세포(cytotoxic T cell)이다.

09

① 뇌하수체 후엽은 시상하부의 연장으로 시상하부에 위치한 특정 신경분비세포의 축삭돌기가 뇌하수체 후엽까지 연장되어 있어서 시상하부에서 만들어진 신경호르몬이 축삭돌기를 따라 뇌하수체 후엽에 도달한다.

10

① 양막(amnion)은 척추동물 중 유양막류인 파충류, 조류, 포유류에서 나타난다.
② 액체 속에 배아를 둘러싸고 있는 주머니는 양막(amnion)이다.
③ 포유류에서 초기 혈구세포를 만드는 장소는 난황낭(yolk sac)이다
④ 융모막(장막, chorion): 배외막 중 가장 바깥에 위치하며 요막과 함께 기체교환을 담당한다.

11

② 리보솜의 P자리에 있는 폴리펩타이드는 리보솜의 A자리에 있는 아미노산과 펩타이드결합을 한다.

12

히스톤 단백질이 아세틸화되면 양성 전하를 잃게 되어(+전하 중화) 뉴클레오솜 간의 연결이 느슨해져 유전자의 전사를 용이하게 한다.

13

CAM 식물은 낮에는 기공을 닫고 밤에 기공을 연다. 따라서 낮에 CO_2를 흡수할 수 없기 때문에 기공이 열리는 밤에 CO_2를 흡수하여 PEP카복실화효소에 의해서 옥살아세트산으로 고정한 후 말산으로 되어 액포 속에 저장한다.

14

③ 낫모양적혈구빈혈증은 헤모글로빈 단백질 1차구조를 결정하는 유전정보인 GAG(글루탐산) 가 GUG(발린)로 되어 일어나는 돌연변이에 기인한다.
④ α나선구조는 단백질 2차구조의 하나이며, 나선구조의 폴리펩타이드 골격(=N−H기의 수소와 이웃하는 펩타이드 결합의 =C=O기에 있는 산소 사이)에서 수소결합이 만들어지기 때문에 유시된나.

15

② 포도당은 3탄당 화합물인 피루브산 2분자로 전환된다.
③ 세포질에서 일어난다.
④ 기질 수준 인산화반응에 의해 ATP가 생성된다.

16

① Pr형의 파이토크롬이 밤에 근적외선을 흡수할 경우 다시 기저상태의 Pr형으로 전환된다.
② 씨가 암소에 있으면 Pr형태로 유지되지만 씨가 처음으로 태양빛에 노출되면 Pfr형태로 전환되어 발아가 유도된다.
③ PHYB는 그늘에서의 풍부한 근적외선으로 인해 Pr형이 많아져 불활성화된다. 그 결과 줄기는 생장 억제가 풀려 빠른 신장으로 음지에서 벗어나게 된다.
④ Pfr은 근적외선(730 nm)을 받으면 Pr형으로 전환되어 세포질로 이동하게 된다.

17

④ 피층과립이 세포막과 융합하게 되면 느린 다수정 방지기작(slow block to polyspermy)이 시작된다.

18

③ 생물학적 종 개념에 따르면 같은 종은 자연 상태에서 자유로이 교배하여 생식능력이 있는 자손을 낳는 개체의 무리를 말하는 것으로 무성생식으로만 번식하는 원핵생물이나 화석에는 적용할 수 없으므로 이 개념은 한계가 있다.

19

척삭동물에는 두삭동물(창고기), 미삭동물(멍게), 척추동물이 있다.

20

① 고세균은 스트렙토마이신 처리해도 생장이 억제되지 않는다.

21

② 황체형성호르몬(LH)의 최고 농도 이후 배란이 유도된다.

22

③ 시냅스전 신경세포의 세포막과 시냅스후 신경세포의 세포막은 간극 연접을 통해 신호를 전달하는 것은 전기적 시냅스이다.

23

RNA 유도억압체(RNA-induced silencing complex, RISC)는 짧은 간섭 RNA(siRNA)와 마이크로RNA(miRNA)를 주형으로 상보적인 mRNA를 인식하며 유전자의 발현을 조절하는 기능을 한다.

24

① 크리스퍼/캐스9(CRISPR/Cas9) 시스템 기술은 원하는 DNA 부위만을 정밀하게 절단할 수 있는 장점을 가지고 있으며 이 기술을 활용해서 절단하기만 하는 것이 아니라 원하는 곳에 유전자를 추가할 수도 있다.

25

② 염색체 응축은 체세포분열의 전기에 시작된다.

2020 지방직 7급(10월) 정답 및 해설

01	02	03	04	05	06	07	08	09	10
②	④	③	④	③	②	③	②	①	④
11	**12**	**13**	**14**	**15**	**16**	**17**	**18**	**19**	**20**
②	②	①	①	①	②	③	④	②	③

01
② 콜라겐은 단백질이다.

02
① 근육과 시냅스를 이루는 운동신경의 말단에서 아세틸콜린이 분비된다.
② 근육섬유가 흥분되면 근소포체로부터 칼슘이 방출된다.
③ 근육이 수축하거나 이완해도 마이오신 필라멘트의 길이는 변함이 없다.

03
ㄱ. 전사할 때는 프라이머를 필요로 하지 않는다.
ㄷ. tRNA는 번역이 일어날 때 필요하다.

04
④ NADPH가 $NADP^+$로 산화된다.

05
③ 공변세포의 기공이 열릴 때 K^+을 능동적으로 축척하면서 일어난다.

06
100명 중 AA = 80명, Aa = 10명, aa = 10명이므로

유전자 풀
- A유전자 = 80 + 80 + 10 = 170
- a유전자 = 10 + 10 + 10 = 30

유전자 빈도
- A유전자 빈도 = 170 / 200
- a유전자 빈도 = 30 / 200 = 15 / 100 = 0.15

07
ㄱ. 세포와 세포가 간극 연접(gap junction)으로 연결되어 있는 것은 전기적 시냅스이다.

08
② B세포는 골수(bone marrow)에서 성숙하고, 가슴샘(thymus)에서 성숙하는 것은 T세포이다.

09
① 탈질화세균(탈질소세균)은 질산이온(NO_3^-)을 N_2로 전환한다.

10
① 촉수담륜동물은 선구동물에 속한다.
② 환형동물의 경우 발생 과정에서 원구가 입이 된다.
③ 절지동물의 경우 일반적으로 나선형 난할을 진행한다.

11
② 무체강동물이다.

12
② 물질 간의 화학 반응을 촉매하는 데 이용하는 것은 효소이다.

13
① 화학적 에너지 저장에 가장 효율적인 영양소는 지방이다(1g당 9kcal).

14
A와 T는 2개의 수소결합을 하고 있고 G와 C는 3개의 수소결합을 하고 있다. 따라서 수소결합 수가 많은 G와 C가 많을수록 온도를 높일 때 가장 높은 온도에서 단일 사슬로 변성된다.

15
활성화된 로돕신은 트랜스듀신(transducin)이라는 G단백질을 활성화시키고 활성화 된 트랜스듀신은 포스포다이에스터레이스(PDE, phosphodieτsterase)를 활성화시킨다.

활성화된 PDE는 cGMP를 GMP로 가수분해하여 cGMP를 Na^+통로로부터 분리시키면 Na^+통로가 닫히고 간상세포는 과분극 된다.

16

② 골지체에서 시스(cis)면이 트랜스(trans)면보다 핵에 가깝다.

17

③ 중간 교란은 군집의 종 다양도를 도와주는 조건을 만들 수 있다

18

모계영향유전자산물이 간극 유전자의 지역적 발현을 조절하며, 간극 유전자들은 쌍지배 유전자의 국소적 발현을 제어하고, 그 다음으로 체절극성 유전자들이 각 체절의 서로 다른 위치에서 활성화된다.

19

① 척추동물에서 호흡계는 내배엽으로부터 유래한다.
③ 개구리의 신경배는 척삭 → 신경판 → 신경관의 순서로 형성된다.
④ 닭의 낭배 형성 과정에서 원조를 구성하는 세포는 상배엽으로부터 내부로 이동한다.

20

① 네프론에서 단백질은 여과되지 않는다.
② 근위세뇨관에서 Cl^-은 수동 수송에 의해 재흡수된다.
④ 사구체는 피질(겉질)에 위치한다.

2021 지방직 7급(10월) 정답 및 해설

01	02	03	04	05	06	07	08	09	10
③	②	④	①	④	④	④	③	③	④
11	**12**	**13**	**14**	**15**	**16**	**17**	**18**	**19**	**20**
③	②	①	②	②	③	②	③	①	③

01

③ 미토콘드리아는 세포호흡(이화작용)이 일어나는 장소이다.

02

② 효소는 생체촉매로써 소모되지 않으므로 재사용된다.

03

① 음파를 모아서 외이도로 전달하는 곳은 귓바퀴이다.
② 중이와 외이의 압력을 같게 조절하는 곳은 귀인두관(유스타키오관)이다.
③ 몸의 회전 감각을 담당하는 곳은 반고리관이다.

04

② 글루카곤은 간에서 혈당량 증가
③ 부갑상샘호르몬(PTH)은 뼈, 소장, 세뇨관에서 혈액으로 Ca^{2+} 농도 증가
④ 갑상샘자극호르몬방출호르몬(TRH)은 뇌하수체 전엽에서 TSH방출 유도

05

④ ATP와 NADPH를 이용하여 이산화탄소가 고정되는 반응은 스트로마에서 일어난다.

06

ㄱ. 열대우림의 생물 다양성은 툰드라보다 높다.
ㄴ. 사막은 남북으로 위도 30도 부근지역이나 대륙의 안쪽에서 형성된다.

07

후두개는 음식물이 기도로 들어가지 못하도록 막아주는 기관의 입구인 후두의 뚜껑 역할을 하는 연골 부분이다.

08

③ 적혈구는 핵을 갖지 않는다. I형 MHC 분자는 핵을 가진 모든 세포에서 발견되며, II형 MHC 분자는 주로 수지상세포, 대식세포, B 세포 등에서 발견된다.

09

화분세포(소포자)에서 발생한 화분(꽃가루, 수배우체)의 생식핵(n)은 화분관 속에서 분열하여 2개의 정핵(수배우자, n)을 형성하게 된다. 배낭세포(대포자)에서 발생한 배낭(암배우체) 속에는 1개의 난세포(암배우자, n), 2개의 극핵, 2개의 조세포, 3개의 반족세포가 있다.

10

④ 세르톨리 세포에서 생성된 인히빈(inhibin)은 뇌하수체 전엽에 직접 작용하여 FSH의 분비를 억제한다.

11

③ 역전사효소는 RNA 정보를 토대로 DNA를 합성한다.

12

② 큰 집단보다 작은 집단에서 효과가 크게 나타난다.

13

① 개체군 A는 동일한 생태계 내에서 생활하는 같은 종의 무리이다.

14

② B는 응축된 상태인 이질염색질이므로 전사가 일어나지 않는다.

15

② 1차 천이는 암석 표면과 같은 곳에서 형성되는 건성 천이와 호수나 습지 같은 곳에서 형성되는 습성 천이가 있다

16

③ 유성생식은 유전적 다양성을 높여주기 때문에 환경 조건이 급격히 변할 때 살아남을 수 있는 생존율이 높다.

17

① 1세대와 2세대에서는 정상인과 보인자만 나타났고 질병 A는 나타나지 않는다.
② 남자에게도 보인자가 있으므로 성염색체 유전질환은 아니다.

③ 보인자는 질병A를 나타내지 않으므로 질병A가 열성으로 나타나는 열성유전이고, 정상 유전자를 T, 질병A 유전자를 t로 나타냈을 때 보인자(Tt) - 보인자(Tt) 부부의 일부 자손은 질병 A(tt)가 나타난다.
④ 정상인(TT) - 보인자(Tt) 부부 사이에서 질병 A(tt)는 발병하지 않는다.

18

효모는 산소가 없을 때 알코올발효를 하므로 에탄올을 생성하고 동물의 근육에서는 무산소 상태에서 젖산발효를 하므로 젖산을 생성한다.

19

② 흥분전달을 위한 신경세포의 탈분극은 Na^+이 급속하게 세포 내로 이동하면서 시작된다.
③ 세포막의 전위가 역치보다 낮을 때 활동전위가 발생되지 않는다.
④ 휴지전위에서 나트륨-칼륨펌프의 작용으로 막을 통한 이온의 이동이 일어난다.

20

ㄱ. α나선구조와 β병풍구조는 단백질의 2차 구조이다.

2022 지방직 7급(10월)
정답 및 해설

01	02	03	04	05	06	07	08	09	10
①	②	②	④	③	④	①	③	③	②
11	**12**	**13**	**14**	**15**	**16**	**17**	**18**	**19**	**20**
②	③	②	④	①	④	③	④	②	④

01
② 터너 증후군: X 염색체 1개 부족한 여성
③ 클라인펠터 증후군: 일반적으로 X 염색체 1개 많은 남성
④ 3X 염색체 증후군(XXX): X 염색체 1개 많은 여성

02
(나) 전기, 전중기 – (다) 중기 – (라) 후기 – (가) 말기

03
갈라파고스 군도 핀치의 경우 이소성 개체군은 유사한 형태의 부리를 갖고 있어 비슷한 크기의 씨앗을 먹을 것으로 생각되는데, 이 두 종이 동소성 개체군으로 살고 있는 군도에서는 한 종은 얕고 짧은 부리를 갖고 있으며 다른 한 종은 깊고 큰 부리를 가지고 있어서 서로 같은 장소에서 다른 크기의 씨앗을 먹도록 적응된 것을 형질치환이라 한다.

04
④ 아세틸 CoA 한 분자로부터 NADH 세 분자와 $FADH_2$ 한 분자가 생성된다.

05
③ 가을에 낙엽이 지는 현상을 촉진하는 식물호르몬은 에틸렌이다.

06
④ 유사분열 분열기의 말기에서 세포질분열 단계가 일어난다.

07
ㄴ. 염산(HCl)은 펩시노겐을 펩신으로 전환시킨다.
ㄹ. 가스트린이 분비되어 위액 생성을 촉진한다.

08
③ 선구동물은 나선형 난할을 하며, 후구동물은 방사대칭 난할을 한다.

09
신경계는 외배엽으로부터 발생하고, 호흡계는 내배엽으로부터 발생한다.

10
① 순환적 전자전달 과정의 생성물은 ATP이다.
③ 비순환적 전자전달 과정에서 전자가 광계 II를 거쳐 광계 I로 전달된다.
④ 화학삼투 동안 스트로마에서는 H^+ 농도가 낮고, 틸라코이드 공간에서는 H^+ 농도가 높다.

11
5′ – ATGCTCGTAACTCTA···//···GACTACTTACAGTCA – 3′
3′ – TACGAGCATTGAGAT···//···CTGATGAATGTCAGT – 5′
와 같은 이중가닥이므로 3′말단에 상보적인 5′프라이머를 붙여나가야 한다.

12
속명과 종소명은 이탤릭체, 명명자는 정자체로 표기하며 속명과 명명자의 첫 글자는 대문자로 표기하고 종소명의 첫 글자는 소문자로 표기한다.

13
단백질, 지방, 혈구와 같이 분자량이 큰 물질은 사구체를 빠져나올 수 없기 때문에 여과되지 않는다.

14
④ 리보솜의 tRNA 결합자리 중 A 자리는 아미노산이 결합되어 있는 tRNA(아미노아실tRNA)가 결합하는 자리이다.

15
① 포자체는 감수분열을 통해 포자를 만든다.

16
④ 여성 생식기관의 수란관에 있는 섬모의 운동은 미세소관의 작용에 의해 일어난다.

17
부신수질에서 분비되는 호르몬인 에피네프린의 효과는 교감신경에서 분비되는 에피네프린의 효과와 같다.

18

이산화탄소량이 많아지면 H^+ 농도가 높아지므로 pH는 낮아진다. 따라서 해리도는 증가하게 된다.

19

반성유전(유전형질 Z가 색맹유전)이라고 가정했을 때, 아버지가 정상이면 색맹인 딸(A)이 태어날 수 없는데 딸 A가 태어난 것으로 보아 반성유전은 아니다. 따라서 유전형질 Z는 상염색체유전이 되어야 하고, 정상 부모사이에서 유전병 Z인 자녀가 태어났으므로 유전병이 열성으로 유전되는 열성유전이다. 따라서 정상 유전자를 T, 유전병 유전자를 t라고 가정하면 어머니와 아버지는 Tt가 되어야 하고 Tt×Tt사이에서 태어난 딸C는 정상이므로 TT, Tt, Tt 중 하나가 되고 셋 중에서 어머니와 같은 유전자형(Tt)이 될 확률은 2/3 이다.

20

④ 대부분 검은색이었던 쥐의 수가 우연히 급격하게 줄어들게 된 것은 유전적 부동인 병목효과이다.

2023 지방직 7급(10월)
정답 및 해설

01	02	03	04	05	06	07	08	09	10
④	①	④	②	②	③	④	①	②	④
11	**12**	**13**	**14**	**15**	**16**	**17**	**18**	**19**	**20**
①	③	②	④	③	③	①	③	④	①

01

감수 Ⅰ 분열 후기에 상동염색체의 분리가 일어나고 감수 Ⅱ 분열 후기에 자매 염색분체의 분리가 일어난다.

02

흰개미는 소화기관에 사는 미생물의 도움으로 먹고 난 목재의 섬유소를 분해하며, 장내 미생물은 살아가는 장소와 먹이를 흰개미로부터 얻는다.

03

엽록소의 성분: C, H, O, N, Mg

04

강한 자극을 주어도 활동전위의 크기는 변하지 않고 활동전위의 빈도수가 많아진다.

05

우심실이 수축하면 정맥혈이 폐동맥을 통해 폐의 모세혈관으로 이동하여 폐포에 이산화탄소를 내보내고 산소를 받아 동맥혈로 되어 폐정맥을 통해 좌심방으로 들어온다.

06

① CAM 식물은 낮에 기공을 닫아 광호흡을 감소시킨다.
② C_4 식물에서 캘빈회로는 유관속초세포에서 일어난다.
④ C_4 식물과 CAM 식물은 모두 덥고 건조한 지역에 적응한다.

07

④ ATP 합성효소에 의해 미토콘드리아 기질에서 ATP가 만들어진다.

08

② pH가 낮아지면 해리 곡선이 B 방향으로 이동한다.
③ 온도가 낮아지면 해리 곡선이 A 방향으로 이동한다.
④ 말초조직의 모세혈관에서는 조직에 O_2를 공급해 주어야 하므로 해리 곡선이 B 방향으로 이동한다.

09

② (나) 단계에서 유전적으로 동일하지 않은 딸세포가 2개 생성된다.

10

뉴클레오타이드(nucleotide) 간의 탈수축합반응은 당의 3′ OH와 5′ 인산 사이에서 일어나는 공유결합인 인산디에스테르결합(phosphodiester bond)을 한다.

11

① 유전병인 남자에게서 태어나는 딸이 모두 유전병을 나타낸다면 우성 반성유전이다.
② 아들은 모두 정상이고, 딸은 모두 유전병이라면 성과 무관한 것이 아니므로 X-연관 유전이다.
③ 우성 반성유전의 경우 아들이 유전병일 경우 그의 어머니도 유전병을 가진다.
④ 부모 모두 유전병인 경우에도 어머니가 보인자라면 정상인 아들이 태어날 수 있다.

12

① 히스톤(histone) 단백질은 양전하를 띤다.
② 뉴클레오솜(nucleosome)은 8개의 히스톤 단백질과 DNA로 구성되어 있다.
③ 히스톤 꼬리부분에서 화학적 변형이 일어나게 되므로 유전자의 발현 조절에 관여한다.
④ 느슨해진 진정염색질(euchromatin)에서 전사가 더 활발하게 일어난다.

13

① (가)는 난소주기의 여포기이며 여러 개의 여포가 발달하지만, 보통은 하나만 성숙하고 나머지는 퇴화한다.
② (나): 에스트로겐(estrogen) 분비가 증가하여 자궁내막의 증식이 촉진된다.
③ (다): LH의 농도가 급상승하고 약 하루 뒤에 배란이 일어난다.
④ (라): 프로게스테론(progesterone)이 자궁내막의 분비샘을 자극하면 영양분이 들어 있는 액체가 분비되어 착상된 배아를 유지할 수 있도록 한다.

14

④ 제한효소(restriction enzyme)란 특정 염기서열을 인식하여 DNA를 자르는 효소를 말한다.

15

③ COVID-19 바이러스는 양성단일가닥 RNA 바이러스이므로 유전체 염기서열이 바이러스의 mRNA와 동일하기 때문에 감염 즉시 바이러스 단백질을 번역해 낼 수 있다

16

③ 영양소 흡수는 소장의 융털 돌기에서 일어난다.

17

① 펩티드결합(peptide bond)은 1차 구조를 형성하지만 접힘의 형성에는 관여하지 않는다.

18

③ 지연가닥에서도 DNA 복제는 5′ → 3′ 방향으로 진행된다.

19

④ 인체 내에서 생성되는 질소 노폐물은 NO_3^-가 아니고 NH_3이다.

20

① 접합균류는 유성생식 단계에서 접합포자를 형성한다.

② 접합균류는 2개의 균사가 접합하면 접촉 부위가 부풀어 오르고 접촉한 두 균사의 끝에서 여러 개의 반수체의 핵을 가진 배우자낭이 형성된다.

찾아보기

찾아보기

(ㅇ)

찾아보기